2022

ROP PHYSIOLOGY

농촌지도사 · 농업연구사

작물생리학

핵심이론 합격공략!

Always **with you**

사람이 길에서 우연하게 만나거나 함께 살아가는 것만이 인연은 아니라고 생각합니다.
책을 펴내는 출판사와 그 책을 읽는 독자의 만남도 소중한 인연입니다.
(주)시대고시기획은 항상 독자의 마음을 헤아리기 위해 노력하고 있습니다.
늘 독자와 함께하겠습니다.

PREFACE

머리글

오늘날의 농업은 첨단 과학기술을 바탕으로 한 정밀농업을 지향합니다. 농업의 첨단 과학기술들은 작물 생리에 대한 끊임없는 연구 성과에 힘입어 개발된 것입니다. 따라서 작물생리에 대한 이해는 첨단 농업기술을 이해하고, 나아가 새로운 농업기술의 개발을 위한 밑거름이라 할 수 있습니다. 이는 작물생리학을 공부함에 있어 식물체 안에서 일어나는 다양한 생명 현상을 이해하고, 그러한 이해를 농학에 접목하려는 노력이 있어야 한다는 의미이기도 합니다. 이러한 측면에서 보면 작물의 생리학에 대한 이론을 어렵지 않으면서도 꼼꼼하게 자가 학습할 수 있도록 준비한 본 수험서가 좋은 학습용 교재가 될 수 있을 것입니다.

본 교재는 이러한 점을 중요하게 집필했습니다.

첫째 작물생리학 시험을 꼼꼼하게 분석했습니다.

우리 교재는 식물의 내·외부 구조에서부터 수분과 양분 생리, 광합성과 호흡 작용, 생장과 발육, 그리고 생육 조절 등 식물 생리 전반에 걸쳐 17개 학습 내용으로 구성했고, 실제 현장에서 재배되고 있는 작물의 관점에서 설명했습니다.

둘째 부가적인 설명을 통해 어려운 내용도 쉽게 이해할 수 있습니다.

우리 교재는 'PLUS ONE', '참고' 등을 통해 친숙하지 않은 이론 및 개념에 대해서도 쉽게 이해할 수 있도록 하였습니다.

셋째 확인문제 및 기출문제, 예상문제를 수록하여 출제경향을 파악할 수 있습니다.

학습 내용 중간중간에 이론적 배경을 명확히 이해하는 데 도움이 되도록 확인문제를 두었고, 각 PART별로 마지막에 전체 학습 내용을 자가 평가할 수 있도록 다양한 유형의 문제를 제시하였습니다. 각 문제에는 정답과 함께 해설을 추가하였는데 해설은 정답 문항뿐만 아니라 오답 문항에 대한 궁금증도 해소될 수 있도록 준비했습니다.

도서의 설명 흐름에 따라 이론을 학습한 후에 문제를 풀어보고, 정답과 해설을 확인한다면 플러스 학습 효과가 있음을 느낄 수 있을 것입니다. 명확한 이해를 돕는 충실한 이론과 다양한 난이도의 평가 문제를 한 권에 담고 있는 본 수험서가 각종 작물생리학 시험을 대비하고 있는 수험생에게 분명 좋은 교재가 될 것으로 기대합니다.

수험생 여러분! 항상 힘내시고 좋은 성과 있으시길 간절히 기원합니다.

편저자 **유덕준**

이 책의 구성과 특징

이론

기출문제를 분석하여 이론을 완벽하게 정리하였습니다. 광범위한 시험 내용의 A부터 Z까지 핵심을 빠짐없이 학습할 수 있습니다. 방대한 작물생리학의 모든 이론을 학습하기보다는 시험에 자주 출제되는 부분 위주로 학습하시는 것이 더 효율적입니다.

CHAPTER
01 세포의 조성 성

(1) 세포의 종류

① 세포는 체세포와 생식세포(화분과 배낭)로 구분한다.
② 체세포는 기본적으로 외피 구조, 소기관, 골격 구조, 세포 기질로 구

(2) 식물 세포의 구성 요소 그림 2-1

구 분	구성 성분(세포 당 평균적인
외피 구조	• 세포벽(1), 원형질막(1) • 인접한 세포와의 경계가 되면서 원형질 연락사가 어서 중요한 기능을 수행함 • 세포벽으로 인해 식물 세포에는 세포 간극이 형성됨 • 세포벽과 원형질 연락사는 식물 세포에서만 볼 수

파트별 문제

출제 경향에 맞추어 2022년 시험에 출제될 가능성이 높은 문제를 수록했습니다. 파트별 학습이 끝나면 스스로 실력을 점검해보고 부족한 부분을 더 집중적으로 학습할 수 있습니다. 문제마다 친절하고 상세한 전문가의 해설을 함께 수록하여 기본문제부터 심화문제까지 확실히 대비할 수 있습니다.

PART
02 적중예상문제

01
동물 세포에는 없고 식물 세포에서만 볼 수 있는 것은?

① 핵
② 리보솜
③ 엽록체
④ 미토콘드리아

해설 동물 세포와는 달리 식물 세포는 세포벽이 있어 세포 간에 간극이 형성되고, 이로 인해 세포 간의 연결 통로로 원형질 연락사를 갖는다. 또한 광합성을

03
세포벽의 구성 성

① 셀룰로오스와 섬유를 만든다
② 셀룰로오스는
③ 인지질 이중층
④ 목재를 형성하 높다.

해설 세포벽은 는 포도당

학습목표

무엇을 공부해야할지 막연하다고요? 학습에 앞서 「학습의 길잡이」, 「무엇을 공부 할지」, 「어떤 내용을 중요하게 봐야 할지」 등을 알 수 있도록 학습목표를 수록했습니다. 첫걸음부터 목표를 갖는 효율적인 학습을 할 수 있습니다.

● 학습목표 ●

1. 세포의 구성 요소를 원형질, 후형질, 원형질체, 세포질, 시토졸 차원(
2. 두꺼운 세포벽과 그 안쪽의 얇은 원형질막(세포막)으로 구성된 세
3. 단막 또는 복막 구조의 세포 내 소기관의 구조와 기능에 대해 학습
4. 세포질 기질 가운데 골격 구조인 미세소관과 미세섬유의 구조와
5. 세포분열의 종류를 알고 증식 방법과 다양한 조직으로의 기본 분

이론확인문제

이론 학습이 끝난 후 얼마나 공부가 되었는지 '이론을 확인하는 문제'를 통해 확인해보세요. 학습이 끝난 후 문제를 풀어보며 실력을 점검할 수 있습니다. 또한 상세하고 정확한 해설로 가장 최신의 출제경향을 자신의 것으로 만들어보세요.

Level UP 이론을 확인하는 문제

( )에 들어갈 내용을 옳게 나열한 것은?

(ㄱ)은 근접한 두 세포의 1차벽이 결합한 부분에 보이는 뚜렷한 층으로 (ㄴ)이 주에서 접착제 역할을 한다.

① ㄱ : 중엽층, ㄴ : 펙틴
② ㄱ : 중엽층, ㄴ : 큐틴
③ ㄱ : 책상층, ㄴ : 펙틴
④ ㄱ : 책상층, ㄴ : 큐틴

해설 중엽층은 펙틴이 주성분인데 세포벽에서 접합제 역할을 하여 두 세포를 결합시킨다
정답 ①

그림

답답하게 글자만 보신다고요? 그림을 통해 식물의 정확한 구조와 형태를 이해하고, 나아가 2차적인 연상문제도 대비할 수 있도록 했습니다. 쉬운 학습, 빠른 이해와 정확한 내용 파악은 이런 디테일에서 나옵니다.

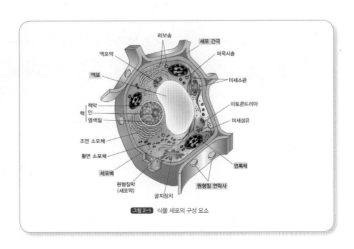
그림 2-1 식물 세포의 구성 요소

농촌지도직 공무원 시험안내

🌱 농촌지도직 공무원의 업무

❶ 농촌지도사업에 대한 장 · 단기 발전계획을 세우고, 농업농가의 발전을 위하여 농기계, 시설사업, 특용작물재배, 농촌연료, 재배기술 등을 조사

❷ 지도사업에 필요한 자료와 통계를 만들고, 홍보교육을 통하여 각종 작물재배방법을 지도하며 신품종 보급

❸ 병충해의 피해를 최소화시키기 위하여 방제적기와 방제법을 보급하고 농약안전사용 지도

❹ 농민과 농촌청소년 또는 농민후계자들을 대상으로 의식개발, 영농기술 및 경영능력 향상, 지도력의 배양을 위하여 전문 교육을 실시하고 농업경영에 따른 개선점 지도

❺ 각종 농업용 기계의 안전사용을 위하여 기계의 구조와 작동원리, 조정방법 교육

❻ 농민들의 건강향상을 위하여 편리하고 위생적인 생활에 대한 교육

🌱 국가공무원(농촌진흥청) 임용시험 연구직 공무원 시험안내(2021년도 기준)

▶ 선발인원 : 농업연구사 25명

직 렬	직 류	계	일 반	장애인 구분모집
농업연구	작 물	10	9	1
	농업환경	3	2	1
	작물보호	2	2	
	농 공	2	2	
	원 예	6	6	
	축 산	2	2	
합 계		25	23	

▶ 시험과목 : 필수 7과목('영어' 과목은 '영어능력검정시험'으로 대체됨)

직 렬	직 류	1차 시험과목	2차 시험과목
농업연구	작 물	국어(한문포함), 영어(영어능력검정시험 대체), 한국사	분자생물학, 재배학, 실험통계학, 작물생리학
	농업환경		식물영양학, 토양학, 농업환경화학, 실험통계학
	작물보호		식물병리학, 재배학, 작물보호학, 실험통계학
	농 공		물리학개론, 농업기계학, 농업시설공학, 응용역학
	원 예		작물생리학, 재배학, 원예학, 실험통계학
	축 산		축산식품가공학, 가축사양학, 가축번식학, 가축육종학

※ 연구 · 지도사의 한국사 과목이 2021년 지방직, 2022년 국가직(농촌진흥청)부터 한국사능력검정시험으로 대체될 예정입니다.

지방공무원 임용시험 공무원 시험안내(2021년도 기준)

▶ 농촌지도사 응시조건 및 공채공통과목

구 분	none	A형	B형	C형	D형	E형
응시조건	–	관련분야 전문대 이상 졸업자 ※ 전문대학 포함	관련분야 전공 졸업자 ※ 전문대학 제외	관련분야 석사 이상	학교장의 추천	거주지 제한 없음
공채 공통과목	국어(한문포함)/영어(대체 공고문 확인)/한국사(대체 공고문 확인)					

▶ 농촌지도사 공개채용정보 | 시험과목 : 필수 7과목('영어'과목은 '영어능력검정시험'으로 대체됨)

주관처	구 분	직 류	채 용	응시조건	시험과목
경상북도	농촌지도사	농업직	26명	none	공통+생물학개론, 재배학, 작물생리학, 농촌지도론
		원예직	13명		공통+생물학개론, 재배학, 원예학, 농촌지도론
		축산직	3명		공통+생물학개론, 가축사양학, 가축번식학, 농촌지도론
		농업기계직	5명		공통+물리학개론, 농업기계학, 농업시설공학, 농촌지도론
광주시	농촌지도사	농업직	5명		공통+생물학개론, 재배학, 작물생리학, 농촌지도론

※ 연구 · 지도사의 한국사 과목이 2021년 지방직, 2022년 국가직(농촌진흥청)부터 한국사능력검정시험으로 대체될 예정입니다.

▶ 농촌지도사 경력채용정보

주관처	구 분	직 류	채 용	응시조건	시험과목
강원도	농촌지도사	농업직	16명	A+D	재배학, 작물생리학, 농촌지도론
		원예직	1명	A+D	재배학, 원예학, 농촌지도론
		축산직	1명	A+D	축산학개론, 가축사양학, 농촌지도론
충청북도		농업직	14명	A+D	재배학, 작물생리학, 농촌지도론
		원예직	1명	A+D	재배학, 원예학, 농촌지도론
충청남도		농업직	26명	A+D	재배학, 작물생리학, 농촌지도론
전라북도		농업직	27명	A+D	재배학, 작물생리학, 농촌지도론
		축산직	2명	A+D	축산학개론, 가축사양학, 농촌지도론

전라남도	농촌지도사	농업직	24명	관련기사 이상	재배학, 작물생리학, 택 1(토양학, 작물육종학, 작물보호학, 농촌지도론)
		원예직	3명	관련기사 이상	재배학, 원예학, 농촌지도론
		축산직	1명	관련기사 이상 or 수의사	축산학개론, 가축사양학, 농촌지도론
		농업기계직	1명	관련기사 이상	물리학개론, 농업동역학, 농촌지도론
대전시		농업직	2명	A+D	재배학, 작물생리학, 농촌지도론
세종시		농업직	2명	A+D ※ 거주지제한(세종, 대전, 충남, 충북)	재배학, 작물생리학, 농촌지도론
대구시		농업직	1명	A+D	재배학, 작물생리학, 농촌지도론

시험방법

▶ 제1 · 2차 시험(병합실시) : 선택형 필기시험(매 과목 100점 만점, 사지선다형, 각 과목당 20문항)
▶ 제3차 시험 : 면접시험

접수방법

▶ 국가공무원 : 농촌진흥청 홈페이지(rda.go.kr)에서 인터넷 접수 가능
▶ 지방공무원 : 자치단체통합 인터넷원서접수센터(local.gosi.go.kr)에서 인터넷 접수 가능

영어능력검정시험 성적표 제출

대상 시험 및 기준 점수	토플(TOEFL)		토익 (TOEIC)	텝스 (TEPS)	지텔프 (G-TELP)	플렉스 (FLEX)
	PBT	IBT				
일반	530	71	700	340	65(Level 2)	625
청각2 · 3급	352	–	350	204	–	375

🍁 가산특전

▶ **자격증 소지자**

- 직렬 공통으로 적용되었던 통신 · 정보처리 및 사무관리분야 자격증 가산점은 2017년부터 폐지되었습니다.
- **직렬별로 적용되는 가산점** : 국가기술자격법령 또는 그 밖의 법령에서 정한 자격증 소지자가 해당 분야에 응시할 경우 필기시험의 각 과목 만점의 40% 이상 득점한 자에 한하여 각 과목별 득점에 각 과목별 만점의 일정비율에 해당하는 점수를 가산합니다(채용분야별 가산대상 자격증의 종류는 「연구직 및 지도직공무원의 임용 등에 관한 규정」 별표 7 참조).
- **가산비율** : (기술사, 기능장, 기사) 5%, (산업기사) 3%

▶ **연구직 공무원 채용시험 가산대상 자격증**

직 렬	직 류	「국가기술자격법」에 따른 자격증	그 밖의 법령에 따른 자격증
농업연구	작 물	• 기술사 : 종자, 시설원예, 농화학, 식품 • 기사 : 종자, 시설원예, 식물보호, 토양환경, 식품, 바이오화학제품제조, 유기농업, 화훼장식 • 산업기사 : 종자, 식물보호, 농림토양평가관리, 식품, 유기농업	-
	작물보호	• 기술사 : 종자, 시설원예, 농화학, 식품 • 기사 : 종자, 시설원예, 식물보호, 토양환경, 식품, 바이오화학제품제조, 유기농업, 화훼장식 • 산업기사 : 종자, 식물보호, 농림토양평가관리, 식품, 유기농업	-
	원 예	• 기술사 : 종자, 시설원예, 농화학, 조경, 식품 • 기사 : 종자, 시설원예, 식물보호, 토양환경, 조경, 식품, 바이오화학제품제조, 유기농업, 화훼장식 • 산업기사 : 종자, 식물보호, 농림토양평가관리, 조경, 식품, 유기농업	-

※ 참고 : 「연구직 및 지도직공무원의 임용 등에 관한 규정」 별표 7

▶ **지도직 공무원 채용시험 가산대상 자격증**

직 렬	직 류	「국가기술자격법」에 따른 자격증	그 밖의 법령에 따른 자격증
농촌지도	농 업	• 기술사 : 종자, 시설원예, 농화학, 식품 • 기사 : 종자, 시설원예, 식물보호, 토양환경, 식품, 바이오화학제품제조, 유기농업, 화훼장식 • 산업기사 : 종자, 식물보호, 농림토양평가관리, 식품, 유기농업	-
	원 예	• 기술사 : 종자, 시설원예, 농화학, 조경, 식품 • 기사 : 종자, 시설원예, 식물보호, 토양환경, 조경, 식품, 바이오화학제품제조, 유기농업, 화훼장식 • 산업기사 : 종자, 식물보호, 농림토양평가관리, 조경, 식품, 유기농업	-

※ 참고 : 「연구직 및 지도직공무원의 임용 등에 관한 규정」 별표 7

농촌지도직 공무원 시험안내

❧ 응시자격

▶ **응시연령** : 20세 이상

▶ **학력 및 경력** : 제한 없음

▶ **응시결격사유 등** : 최종시험 시행예정일(면접시험 최종예정일) 현재를 기준으로 「국가공무원법」 제33조의 결격사유에 해당하거나, 동법 제74조(정년)에 해당하는 자 또는 「공무원임용시험령」 등 관계법령에 의하여 응시자격이 정지된 자는 응시할 수 없음

국가공무원법 제33조(결격사유)

- 피성년후견인 또는 피한정후견인
- 파산선고를 받고 복권되지 아니한 자
- 금고 이상의 실형을 선고받고 그 집행이 종료되거나 집행을 받지 아니하기로 확정된 후 5년이 지나지 아니한 자
- 금고 이상의 형을 선고받고 그 집행유예 기간이 끝난 날부터 2년이 지나지 아니한 자
- 금고 이상의 형의 선고유예를 받은 경우에 그 선고유예 기간 중에 있는 자
- 법원의 판결 또는 다른 법률에 따라 자격이 상실되거나 정지된 자
- 공무원으로 재직기간 중 직무와 관련하여 「형법」 제355조 및 제356조에 규정된 죄를 범한 자로서 300만원 이상의 벌금형을 선고받고 그 형이 확정된 후 2년이 지나지 아니한 자
- 「형법」 제303조 또는 「성폭력범죄의 처벌 등에 관한 특례법」 제10조에 규정된 죄를 범한 사람으로서 300만원 이상의 벌금형을 선고받고 그 형이 확정된 후 2년이 지나지 아니한 사람(2019.4.16. 이전에 발생한 행위에 적용)
- 「성폭력범죄의 처벌 등에 관한 특례법」 제2조에 규정된 죄를 범한 사람으로서 100만원 이상의 벌금형을 선고받고 그 형이 확정된 후 3년이 지나지 아니한 사람(2019.4.17. 이후에 발생한 행위에 적용)
- 미성년자에 대하여 「성폭력범죄의 처벌 등에 관한 특례법」 제 2조에 따른 성폭력범죄, 「아동·청소년의 성보호에 관한 법률」 제2조 제2호에 따른 아동·청소년 대상 성범죄를 저질러 파면·해임되거나 형 또는 치료감호를 선고받아 그 형 또는 치료감호가 확정된 사람(집행유예를 선고받은 후 그 집행유예기간이 경과한 사람을 포함)
- 징계로 파면처분을 받은 때부터 5년이 지나지 아니한 자
- 징계로 해임처분을 받은 때부터 3년이 지나지 아니한 자

국가공무원법 제74조(정년)

- 공무원의 정년은 다른 법률에 특별한 규정이 있는 경우를 제외하고는 60세로 한다.
- 공무원은 그 정년에 이른 날이 1월부터 6월 사이에 있으면 6월 30일에, 7월부터 12월 사이에 있으면 12월 31일에 각각 당연히 퇴직된다.

이 책의 차례

PART 01 식물의 구조와 형태

CHAPTER 01	식물의 다양성	003
CHAPTER 02	식물체의 구조	007
CHAPTER 03	식물의 기관	009
CHAPTER 04	식물의 조직	019
적중예상문제		029

PART 02 식물 세포

CHAPTER 01	세포의 조성 성분	043
CHAPTER 02	세포의 외피 구조	045
CHAPTER 03	세포 내 소기관	051
CHAPTER 04	골격 구조와 기질	058
CHAPTER 05	세포분열과 증식	061
적중예상문제		063

PART 03 물의 특성과 수분퍼텐셜

CHAPTER 01	물의 물리화학	071
CHAPTER 02	물의 특성과 생리적 기능	074
CHAPTER 03	확산, 삼투 및 집단류	077
CHAPTER 04	수분퍼텐셜(Water potential)의 이해	079
적중예상문제		090

PART 04 수분의 흡수, 이동 및 배출

CHAPTER 01	수분의 흡수	099
CHAPTER 02	수분의 이동	103
CHAPTER 03	수분의 배출	107
CHAPTER 04	함수량과 요수량	114
적중예상문제		117

PART 05 식물의 무기영양

CHAPTER 01	식물체의 구성 성분	125
CHAPTER 02	필수원소와 유익원소	127
CHAPTER 03	원소별 주요 생리적 기능	132
CHAPTER 04	무기양분의 공급	142
적중예상문제		145

PART 06 무기양분의 흡수와 동화

CHAPTER 01	토양 속 무기양분의 동태	155
CHAPTER 02	무기양분의 흡수와 막투과	162
CHAPTER 03	무기양분의 체내 이동	168
CHAPTER 04	무기양분의 동화(Assimilation)	170
적중예상문제		180

PART 07 광합성

CHAPTER 01	명반응	191
CHAPTER 02	암반응	205
CHAPTER 03	C4와 CAM 회로	209
CHAPTER 04	광합성에 영향을 미치는 요인	215
적중예상문제		218

PART 08 동화산물의 수송과 저장

CHAPTER 01	동화산물의 대사	229
CHAPTER 02	동화산물의 수송	232
CHAPTER 03	동화산물의 저장	243
적중예상문제		246

PART 09 식물 호흡

CHAPTER 01	호흡의 개관	255
CHAPTER 02	해당과 5탄당 인산 경로	258
CHAPTER 03	해당 이후 유산소 호흡	263
CHAPTER 04	해당 이후 무산소 발효	271
CHAPTER 05	호흡에 영향을 미치는 요인들	273
적중예상문제		277

PART 10 식물의 휴면

CHAPTER 01	식물의 일생	287
CHAPTER 02	휴면의 의의와 종류	292
CHAPTER 03	종자의 휴면	295
CHAPTER 04	눈의 휴면	301
적중예상문제		305

PART 11 종자의 발아

CHAPTER 01 종자의 저장양분 313
CHAPTER 02 종자의 발아 과정 315
CHAPTER 03 발아의 외적 조건 324
CHAPTER 04 종자의 수명과 저장 332
적중예상문제 334

PART 12 식물 생장 생리

CHAPTER 01 기관의 생장 341
CHAPTER 02 생장 상관 348
CHAPTER 03 생장의 분석 353
CHAPTER 04 생장과 환경 358
적중예상문제 362

PART 13 개화 생리

CHAPTER 01 화성 유도와 꽃눈분화 369
CHAPTER 02 광주기성 372
CHAPTER 03 온도와 춘화 현상 381
CHAPTER 04 화기의 발달과 개화 386
적중예상문제 392

PART 14 결실과 노화

CHAPTER 01 수분과 수정 401
CHAPTER 02 종자의 형성 406
CHAPTER 03 착과와 성숙 408
CHAPTER 04 노화와 탈락 414
CHAPTER 05 수확 후 생리 419
적중예상문제 424

PART 15 식물호르몬

CHAPTER 01 식물호르몬 431
CHAPTER 02 옥 신 433
CHAPTER 03 지베렐린 442
CHAPTER 04 시토키닌 447
CHAPTER 05 아브시스산 452

CHAPTER 06 에틸렌 456
CHAPTER 07 기타 호르몬 460
CHAPTER 08 식물호르몬의 농업적 이용 463
적중예상문제 465

PART 16 환경 및 스트레스 생리

CHAPTER 01 환경과 스트레스 473
CHAPTER 02 저온 장해 476
CHAPTER 03 고온 장해 481
CHAPTER 04 가뭄 장해 483
CHAPTER 05 과습 장해 485
CHAPTER 06 광선 스트레스 488
CHAPTER 07 바람 스트레스 490
CHAPTER 08 염류 장해 491
CHAPTER 09 산도 스트레스 493
CHAPTER 10 환경 오염 스트레스 494
적중예상문제 499

PART 17 그 밖의 주요 생리

CHAPTER 01 지질대사 507
CHAPTER 02 2차 대사산물(2차 산물) 517
CHAPTER 03 피토크롬 523
CHAPTER 04 식물의 운동 530
적중예상문제 533

PART 18 기출문제

2020 서울시 지도사 기출문제 543

PART 01

식물의 구조와 형태

CHAPTER 01 식물의 다양성

CHAPTER 02 식물체의 구조

CHAPTER 03 식물의 기관

CHAPTER 04 식물의 조직

적중예상문제

● **학습목표** ●

1. 식물은 종류, 생장 단계에 따라 형태가 다양하지만 공통된 특성도 갖고 있어 이를 기준으로 분류할 수 있다.
2. 식물체를 지상부 슈트계와 지하부 뿌리계로 설명하고, 영양기관과 생식기관으로 구분할 수 있다.
3. 식물의 분열조직의 종류를 알아보고 성숙한 조직을 발달 순서, 기능, 형태에 따라 다양하게 분류할 수 있다.

합격의 공식
시대에듀

잠깐!

CHAPTER 01 식물의 다양성

• 생물은 3영역(세균, 고세균, 진핵생물) 6계(세균, 고세균, 원생생물, 식물, 균류, 동물)로 분류한다.
• 식물은 진핵생물 영역의 식물계에 해당한다.

(1) 식물계의 분류

① 속칭적 구분

  ㉠ 식물은 속칭 유관속 유무, 번식 수단, 꽃의 유무에 따라 2분법적으로 구분할 수 있다.

  ㉡ 유관속(維管束, 관다발)은 물과 양분의 수송을 담당하는 조직으로 비관속식물은 하등식물, 유관속식물은 고등식물로 구분한다.

  ㉢ 종자식물도 포자(대포자와 소포자)를 형성하지만 번식은 종자로 한다.

  ㉣ 나자식물은 꽃이 피지만 원시적이며 화피가 없어 진정한 의미의 꽃으로 보지 않는다.

속칭적 구분			학술적 분류		
유관속 유무	번식 수단	꽃의 유무	분류군(문)	종 수	대표 식물
비관속 (하등)	포 자	은화 (隱花)	선태식물	16,000	우산이끼, 솔이끼
유관속 (고등)			송엽란식물	10	송엽란(솔잎란)
			석송식물	1,065	석송, 바위손, 물부추
			속새식물	25	속새, 쇠뜨기
			양치식물	9,280	고비, 고사리류, 물개구리밥
	종 자		나자식물	900	은행나무, 소나무, 주목, 측백나무
		현화 (顯花)	피자식물	250,000	옥수수, 백합, 콩, 감자, 사과나무

② 학술적 분류

    ㉠ 식물의 유연관계를 기초로 한 체계적인 분류법이다.

    ㉡ 육상식물의 진화 과정을 세분하여 7개의 문(門, Phylum)으로 분류할 수 있다.

    ㉢ 양치식물문은 송엽란식물문, 석송식물문, 속새식물문, 양치식물문으로 세분한다.

    ㉣ 종자식물문을 세분하여 나자식물문과 피자식물문으로 분류한다.

    ㉤ 알려진 종의 수에 따르면 피자식물이 전체의 약 90%를 차지한다.

Level UP 이론을 확인하는 문제

분류학상 식물의 특징에 관한 설명으로 옳은 것을 모두 고른 것은?

> ㄱ. 선태식물은 유관속식물이다.
> ㄴ. 양치식물은 포자로 번식한다.
> ㄷ. 나자식물은 종자로 번식한다.
> ㄹ. 피자식물은 현화식물이다.

① ㄱ, ㄴ, ㄷ   ② ㄱ, ㄴ, ㄹ

③ ㄴ, ㄷ, ㄹ   ④ ㄱ, ㄴ, ㄷ, ㄹ

해설 선태식물은 비관속식물이다.

정답 ③

(2) 종자식물의 분류

① 나자(裸子, 겉씨)식물과 피자(被子, 속씨)식물

구 분	나자식물	피자식물
종 자	배주(종자)가 심피에 노출되어 있음 예 소나무는 솔방울(구과, 毬果)의 비늘조각(대포자엽, 심피, 종린)의 안쪽 기부에 붙어서 2개의 종자가 노출되어 있음	배주(종자)가 심피에 둘러싸여 과실 안에 들어있음 예 사과나무는 2개의 종자가 화통과 자방이 비대하여 형성된 과실 안에 있음
꽃, 과실	제대로 된 꽃과 과실이 없고 대신에 포자수(胞子穗), 구화수(毬花穗), 구과(Cone) 등을 가짐	화피가 있는 완전한 꽃을 피우고 과실이 발달함
잎	침엽이고 엽맥은 평행상	활엽이고 엽맥은 망상 또는 평행상
생 식	단일수정	중복수정
물관부	물관 대신에 헛물관이 발달함	물관이 발달함
자 엽	2~수 개의 다자엽 예 은행나무 2~3개, 소나무 6~16개	1개 아니면 2개

② 단자엽식물과 쌍자엽식물

   ⊙ 피자식물문은 80과 25만 여종으로 종자식물의 대부분을 차지하며 가장 큰 식물군으로 자엽수를 기준으로 단자엽식물과 쌍자엽식물의 두 강(綱, Class)으로 분류한다.

   ⓛ 이들은 자엽의 수 외에 여러 가지 면에서 형질의 차이를 나타낸다(그림 1-1).

구 분	단자엽식물	쌍자엽식물
자엽수	1개(A)	2개이나 수련은 예외적으로 1개임(E)
유관속	흩어져 있음(B)	환상으로 배치되어 있음(F)
엽 맥	평행상(C)	망상(G)
뿌 리	섬유근계 형성(D)	주근계 형성(H)
꽃잎 수	보통 3의 배수	보통 4 또는 5의 배수
화분(꽃가루)	발아구(또는 발아공)가 1개인 단구형(單溝型)	발아구(또는 발아공)가 3개인 3구형
종 수	5만 종이 알려져 있는데, 초본이 90%, 목본이 10%씩 차지함	20만 종이 알려져 있는데 초본과 목본이 각각 50%씩 차지함
예	벼, 옥수수, 마늘, 부추, 난초, 백합, 토란, 바나나, 야자 등	콩, 무, 배추, 참외, 토마토, 사과, 장미, 해바라기 등

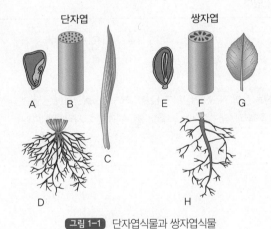

단자엽   쌍자엽

A   B   C   E   F   G

D   H

그림 1-1   단자엽식물과 쌍자엽식물

③ 초본식물과 목본식물

　　㉠ 종자식물은 조직의 목질화 여부에 따라 초본성과 목본성으로 나눌 수 있다.

　　㉡ 목질화는 세포벽에 리그닌(Lignin, 목질소)이 축적되어 조직이 단단해지는 것을 의미한다.

초본식물	목본식물
• 보통 풀이라 함 • 목질화가 이루어지지 않아 부드러움 • 온대 지방을 기준으로 1년생, 2년생, 다년생으로 분류 • 2기 생장을 하지 않거나 아주 미미하며 겨울에는 지상부가 죽음	• 보통 나무라 함 • 목질화가 이루어져 조직이 단단함 • 줄기의 생장 형태를 기준으로 교목과 관목으로 분류 • 다년생으로 2기 생장을 하면서 겨울에도 지상부가 죽지 않고 살아 있음

Level UP 이론을 확인하는 문제

나자식물에 관한 설명으로 옳은 것을 모두 고른 것은?

> ㄱ. 보통 자엽이 2개 이상이다.
> ㄴ. 대개 단일수정을 한다.
> ㄷ. 종자가 심피에 싸여있다.
> ㄹ. 물관이 잘 발달되어 있다.

① ㄱ, ㄴ 　　　　　　　　② ㄴ, ㄷ

③ ㄷ, ㄹ 　　　　　　　　④ ㄱ, ㄹ

해설 나자식물은 단일수정을 하며, 종자가 심피에 나출되어 있다. 물관부에는 물관 대신에 헛물관이 발달한다. 은화식물로 제대로 된 꽃과 과실은 없으며, 자엽이 2~수 개인 다자엽식물이다.

정답 ①

식물체의 구조

(1) 기부(基部, Proximal)와 정단부(頂端部, Distal)

① 기부는 지표와 맞닿은 부분이며 정단부는 줄기와 뿌리의 끝부분이다.

② 기부에서 정단부로의 진행을 향정적(向頂的, Acropetal), 각 정단부에서 기부로의 진행을 향기적(向基的, Basipetal)이라 한다.

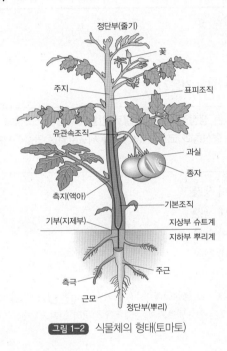

정단부(줄기)

꽃

주지

표피조직

유관속조직

과실

종자

측지(액아)

기본조직

기부(지제부)

지상부 슈트계

지하부 뿌리계

주근

측극

근모

정단부(뿌리)

그림 1-2 식물체의 형태(토마토)

(2) 슈트(Shoot)계와 뿌리계

슈트계(지상부)	뿌리계(지하부)
• 줄기가 기본 축이며 주지와 측지로 구분 • 줄기에 잎, 꽃, 눈이 달림 • 꽃은 수정 후 종자와 과실을 맺음 • 줄기를 축으로 하여 안쪽을 향축(向軸, Adaxial), 바깥쪽을 배축(背軸, Abaxial)이라 함	• 뿌리가 중심이며 주근과 측근으로 구분 • 근모가 발생함 • 지하부에 줄기의 일부(괴경)나 잎의 일부(인편, 인경)가 분포하기도 함 • 뿌리가 지상부에 분포하는 경우도 있음

슈트

원래 어린 가지와 새싹을 의미하며 우리말로는 묘조(苗條), 아조(芽條), 엽조(葉條)라고도 한다.

(3) 1기 생장과 2기 생장

1기 생장	2기 생장
• 줄기와 뿌리의 정단부에 있는 생장점의 세포분열로 만들어지는 1기 조직에 의한 길이 생장 • 초본식물은 전체, 목본식물의 경우는 어린 줄기와 뿌리, 잎, 꽃, 열매 등에서 볼 수 있음	• 목본식물에서 유관속 형성층과 코르크 형성층의 세포분열로 만들어지는 2기 조직에 의한 비대 생장 • 초본식물은 유관속 안에 있는 전형성층의 세포분열이 멈추기 때문에 둘레가 굵어지지 않음

Level UP 이론을 확인하는 문제

(   )에 들어갈 말을 옳게 나열한 것은?

줄기와 뿌리의 정단부에 있는 생장점의 세포분열로 만들어지는 1기 조직에 의한 (ㄱ)을 1기 생장이라 하고, 목본식물에서 유관속 형성층과 코르크 형성층의 세포분열로 만들어지는 2기 조직에 의한 (ㄴ)을 2기 생장이라 한다.

① ㄱ : 길이 생장, ㄴ : 길이 생장
② ㄱ : 길이 생장, ㄴ : 비대 생장
③ ㄱ : 비대 생장, ㄴ : 길이 생장
④ ㄱ : 비대 생장, ㄴ : 비대 생장

해설 생장점에 의한 길이 생장을 1기 생장이라 하고, 형성층에 의한 비대 생장을 2기 생장이라 한다. 초본식물은 유관속의 전형성층이 세포분열을 멈추기 때문에 2기 생장이 진행되지 않거나 아주 미미하다. 따라서 둘레가 굵어지지 않는다.

정답 ②

식물의 기관

> 피자식물의 기관은 크게 영양기관과 생식기관으로 나뉜다.
> • 영양기관 : 줄기, 잎, 뿌리
> • 생식기관 : 꽃, 종자, 과실

(1) 영양기관(營養器官)

① 줄 기

ㄱ 식물의 기본 축이다.

ㄴ 잎, 눈, 꽃, 과실 등을 부착한다.

ㄷ 유관속이 있어 무기양분, 수분, 광합성 물질을 필요한 부위로 수송한다.

ㄹ 식물에 따라서는 독특한 형태로 변하거나 특수한 기능을 갖기도 한다.

광합성	선인장
저장기관	감자, 콜라비

ㅁ 목본식물은 형성층의 비대 생장으로 2기 구조를 형성한다.

1기 구조	• 표피조직, 기본조직, 유관속조직으로 구성됨 그림 1-3 • 기본조직에 유관속조직이 위치함 • 유관속이 단자엽식물은 산재하고 쌍자엽식물은 환상으로 배열됨 • 쌍자엽식물은 유관속을 경계로 기본조직이 피층(皮層)과 수(髓)로 구분됨 　— 피층은 환상으로 배열된 유관속과 표피 사이의 기본조직임 　— 수는 환상으로 배열된 유관속 안쪽의 기본조직으로 줄기의 중심에 위치함
2기 구조	• 유관속 형성층과 코르크 형성층에 의해 형성됨 그림 1-4 • 유관속 형성층 안쪽으로 2기 물관부가 매년 채워짐 　— 2기 물관부는 형성층에서 멀어질수록 통도 기능은 떨어지고 세포벽은 두꺼워지며 목질소와 　　부패 방지 화합물이 쌓여 단단한 목재(木材, Wood)로 변화됨 　— 2기 물관부는 춘재와 추재의 생장률이 달라 나이테를 형성함 　— 춘재의 폭이 추재보다 넓음 • 유관속 형성층 바깥으로 채워지는 2기 체관부는 물관부에 비해 얇음 • 줄기가 더욱 비대해지면 2기 체관부와 표피 사이에 있는 피층의 바깥 세포층이 코르크 형성층 　으로 분화됨 　— 코르크 형성층의 활동으로 발달하는 코르크 조직이 바로 주피(周皮)임 　— 주피는 표피를 대신하여 줄기를 보호함 • 유관속 형성층 바깥에 있는 2기 체관부와 주피를 합쳐 수피(樹皮, Bark)라 함 　수피에 피목(皮目) 조직이 생겨 기공(氣孔)을 대신하여 통기 작용을 함

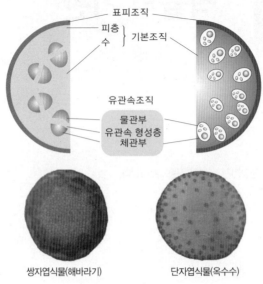

쌍자엽식물(해바라기)　　　　　단자엽식물(옥수수)

그림 1-3 초본식물 줄기의 1기 구조

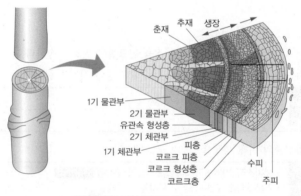

그림 1-4 목본식물 줄기의 2기 구조

이론을 확인하는 문제

주 식용 부위가 변형된 줄기에 해당하는 농산물은?

| ㄱ. 무 | ㄴ. 감 자 | ㄷ. 콜라비 | ㅁ. 양 파 |

① ㄱ, ㄴ　　　　　　　　　　　　　② ㄱ, ㄹ
③ ㄴ, ㄷ　　　　　　　　　　　　　④ ㄷ, ㄹ

해설 우리가 식용 부위로 이용하는 감자와 콜라비는 동화산물이 축적되면서 독특한 형태로 변한 줄기의 일부이다. 무와 고구마는 뿌리, 양파는 잎에 양분이 축적되어 형성된 농산물이다.

정답 ③

② 잎
　㉠ 광합성이 중요한 기능이다.
　㉡ 기공이 분포한다.
　　• 기공을 통한 증산 작용으로 수분을 배출한다.
　　• 광합성과 호흡 작용에 필요한 산소와 이산화탄소의 교환이 기공을 통해 이루어진다.
　㉢ 형태적으로 고도로 다양하다.
　　덩굴손(지지), 가시(보호), 아린(芽鱗, 눈 보호), 포(꽃 보호), 인엽과 자엽(양분 저장) 등을 형성하기도 한다.
　㉣ 내부 구조는 표피조직, 기본조직, 유관속조직으로 구성되어 있다(그림 1-5).

표피조직	• 상표피와 하표피로 구분함 • 표면은 각피(角皮, Cuticle)로 덮여 있음 • 표피세포는 편평하고 볼록하여 빛을 모으고 투과시키는데 유리함 • 특수화된 표피세포로 구성된 공변세포가 기공을 형성함	
기본조직	• 엽육(葉肉)조직으로 동화조직, 후벽조직, 저장조직 등으로 구성됨 • 쌍자엽식물의 동화조직은 책상(柵狀, 울타리)과 해면(海綿, 갯솜)조직으로 구성됨	
	책상조직	• 세포가 조밀하게 배열되어 있고 노출 면적이 넓어 빛 흡수에 유리함 • 광합성의 90% 이상은 책상조직에서 이루어짐
	해면조직	• 세포의 모양과 배열이 불규칙하고 간극이 넓어 빛의 산란을 도움 • 세포의 간극이 넓고 기공과의 연결로 물과 가스의 유입 및 확산이 용이함
	책상조직과 해면조직의 구분이 어려운 경우가 있고 책상조직만으로 구성된 경우가 있음 • 단자엽식물은 해면조직만으로 구성됨	
유관속조직	• 주변의 부속 세포들과 함께 엽맥을 구성함 • 엽맥의 상부에는 물관부가, 하부에는 체관부가 발달됨 • 엽병(葉柄, 잎자루)의 내부 구조는 줄기와 비슷하며 엽록체를 일부 갖고 있음	

Level UP 이론을 확인하는 문제

잎의 구조에 관한 설명으로 옳지 않은 것은?

① 유관속조직은 주변의 부속 세포들과 함께 엽맥을 구성한다.
② 단자엽식물의 동화조직은 책상조직만으로 구성되어 있다.
③ 해면조직의 구조는 물과 가스의 유입 및 확산에 용이하다.
④ 엽맥 상부에는 물관부가, 하부에는 체관부가 발달한다.

해설 단자엽식물의 동화조직은 해면조직만으로 구성되어 있다.

정답 ②

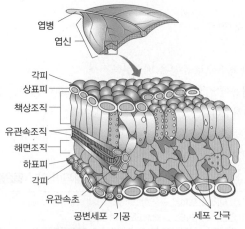

엽병
엽신
각피
상표피
책상조직
유관속조직
해면조직
하표피
각피
유관속초
공변세포 기공
세포 간극

그림 1-5 쌍자엽식물 잎의 내부 구조

③ 뿌 리

　　㉠ 식물체를 토양에 고착시키고 물과 무기양분을 흡수하여 지상부로 운송한다.

　　㉡ 저장이나 번식 기관으로서의 역할을 하기도 한다.

　　　　• 뿌리는 줄기보다 유조직이 많아 저장 능력이 뛰어나다.

　　　　• 변형되어 특수한 기능을 갖는데, 저장근(무, 고구마), 기근(난, 옥수수) 등이 좋은 예이다.

　　㉢ 쌍자엽식물은 유근이 자라 주근을 형성하고 여기에서 측근이 발생한다.

　　㉣ 단자엽식물은 대부분 유근이 죽고 줄기에서 생긴 부정근(不定根, 벼과식물은 종자근)과 이로부터 형성된 측근들이 수염뿌리를 형성한다.

　　㉤ 식물은 경우에 따라 자라면서 부정근이 뿌리 이외의 조직에서 생긴다.

　　㉥ 목본식물은 형성층이 있어 비대 생장을 하기 때문에 2기 구조를 갖는다.

1기 구조		• 뿌리 끝의 생장점이 근관(根冠, 뿌리골무)으로 둘러싸여 있음 • 생장점 위로 신장대가 있고, 그 위로 성숙대가 있음 그림 1-6 • 성숙대는 근모대 또는 흡수대라고도 함 　– 근모가 돌출하여 수분 흡수를 촉진함 　– 수경재배를 하면 근모가 생기지 않고, 수생식물은 근모가 없음 　– 표피, 피층, 내피, 내초(內鞘), 중심주로 구분되는 1기 구조가 분화되어 있음
	표 피	각피와 기공이 없으며 근모가 발달함
	피 층	유조직으로 저장 기능을 함
	내 피	수베린(Suberin)이 축적되어 카스파리대가 형성됨
	내 초	• 분열 능력이 있어 측근이 내초에서 내생적(內生的)으로 발달함 • 측근은 줄기의 측지와는 발생 면에서 다름
	중심주	• 내피와 내초에 둘러싸인 중앙에 있는 유관속조직 부위 • 식물에 따라 유관속의 배열 방식과 중심주의 구조가 다름

2기 구조	• 줄기와 달리 뿌리 유관속은 내피와 내초로 둘러싸여 중앙에 배열됨 • 전형성층과 내초 세포가 분열하여 유관속 형성층이 생성됨 • 환상의 유관속 형성층에서 안쪽으로는 2기 물관부, 바깥쪽으로는 2기 체관부가 형성되며 2기 생장을 함 • 2기 생장으로 뿌리의 둘레가 확장되면 피층과 표피는 파괴되어 떨어져 나감 • 확장 압력으로 자극을 받은 내초 세포들이 다시 분열하여 코르크 형성층으로 전환되어 주피를 형성함 • 뿌리의 수피는 줄기와 비슷하지만 얇고 외면이 매끈한 것이 다름

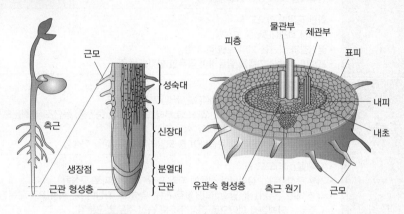

[그림 1-6] 뿌리의 선단과 쌍자엽식물 뿌리의 내부 구조

Level UP 이론을 확인하는 문제

뿌리에 관한 설명으로 옳지 않은 것은?

① 물과 무기양분을 흡수하여 지상부에 공급한다.

② 쌍자엽식물은 유근이 자라 주근을 형성한다.

③ 단자엽식물은 대부분의 유근이 죽고 부정근이 발달한다.

④ 식용 감자와 고구마는 뿌리에 양분이 축적되어 발달한다.

해설 감자(괴경)는 줄기에 양분이 축적되어 형성된 덩이줄기이다.

정답 ④

(2) 생식기관(生殖器官)

① 꽃

ㄱ) 꽃받침, 꽃잎, 수술, 암술로 이루어진 꽃을 완전화라고 한다(그림 1-7).

ㄴ) 꽃의 네 가지 구성 요소는 잎에서 진화한 것으로 보고 화엽(花葉)이라 한다.

꽃받침	• 악(萼)이라고도 함 • 수 개의 꽃받침 잎(萼片, 악편)으로 구성됨 • 엽록체를 갖고 있어 광합성을 함
꽃 잎	• 화판(花瓣)이라고도 함 • 모여서 화관(花冠)을 형성함 • 꽃받침과 화관을 화피(花被)라고 함 • 표피에 휘발성 기름을 함유하여 독특한 향기를 풍김
수 술	• 웅예(雄蕊)라고도 함 • 약(葯, 꽃가루 주머니)과 화사(花絲, 꽃실)로 구성됨 • 약은 수 개의 방으로 나뉘며 외측으로부터 표피, 내피, 중간층, 융단조직, 화분모세포 등으로 되어있음 • 화피와 수술의 하단부가 융합하여 통 모양의 화통(花筒)을 형성함

암 술	• 자예(雌蕊)라고도 함
	• 기본 구성단위는 심피이며 식물에 따라 1~수 개의 심피로 구성됨
	• 각 심피는 주두(柱頭, 암술머리), 화주(花柱, 암술대), 자방(子房, 씨방)으로 구분됨
	  – 주두는 단백질성 피막으로 건성 주두와 습성 주두로 구분됨
	  – 자방은 과실로 발달되는데 과실 종류에 따라 달리는 위치가 다름 그림 1-7

상위자방	화엽(꽃받침+꽃잎+수술)보다 위에 위치해 있는 자방	예 포도
중위자방	화엽의 중간에 위치해 있는 자방	예 복숭아
하위자방	화엽보다 아래에 위치해 있는 자방	예 사과

  – 자방벽은 유조직으로 구성되어 있고, 유관속과 각피로 덮인 표피가 있음
  – 자방 속에 배주가 붙는 자리를 태좌(胎座)라고 함
  – 배주(胚珠, 밑씨) 안에서 배낭모세포가 분화되어 종자로 발달

ㄷ) 꽃을 달고 있는 줄기를 화경(花梗, 꽃자루)이라 한다.

ㄹ) 화경의 선단에 화부(花部)기관이 붙는 부분을 화탁(花托, 꽃받기)이라 한다.

ㅁ) 꽃받침과 꽃잎의 내부 구조는 잎과 비슷하여 표피, 기본, 유관속조직으로 구성되어 있다.

ㅂ) 꽃의 유관속계는 줄기와 비슷하며 화탁의 중심주로부터 방사상으로 분기하여 각 화부기관에 연결된다.

ㅅ) 꽃이 화축(花軸)에 차례로 배열되는 순서를 화서(花序, 꽃차례)라고 한다(그림 1-7).

총상화서	주축에 소화경이 있음
원추화서	분지된 총상화서가 원추형을 이룸
수상화서	소화경이 없는 총상화서
복산형화서	전체적으로 펴 논 우산 모양임
두상화서	원반형의 화탁을 가짐

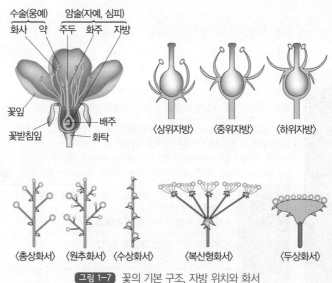

수술(웅예) 암술(자예, 심피)
화사 약 주두 화주 자방
꽃잎
꽃받침잎
배주
화탁

〈상위자방〉 〈중위자방〉 〈하위자방〉

〈총상화서〉 〈원추화서〉 〈수상화서〉 〈복산형화서〉 〈두상화서〉

그림 1-7 꽃의 기본 구조, 자방 위치와 화서

Level UP 이론을 확인하는 문제

꽃의 구조에 관한 설명으로 옳은 것을 모두 고른 것은?

ㄱ. 꽃받침은 엽록체를 함유하고 있어 광합성을 한다.
ㄴ. 꽃잎은 휘발성 기름을 함유해 독특한 향기를 풍긴다.
ㄷ. 수술은 주두와 화주로 구성되어 있다.
ㄹ. 암술을 구성하는 심피는 약, 화사, 자방으로 구분된다.

① ㄱ
② ㄱ, ㄴ
③ ㄱ, ㄴ, ㄷ
④ ㄱ, ㄴ, ㄷ, ㄹ

해설 수술은 약과 화사로 구성되어 있고, 암술을 구성하는 심피는 주두, 화주, 자방으로 구분된다.

정답 ②

② 종 자

　㉠ 자방 안의 배주가 수정 후 발달하여 종자가 된다.

　㉡ 성숙한 종자는 기본적으로 배(胚, 씨눈), 배유(胚乳, 씨젖), 종피(種皮)로 구성된다.

배	• 자엽과 배축으로 구성됨 • 배축의 위에는 유아, 아래에는 유근이 자람 • 벼과식물은 자엽 대신에 자엽초와 배반(변태된 자엽)이 발달함		
배 유	• 배주의 주심조직(외배유)과 배유핵(내배유)으로부터 발달하는 유조직 • 발아 후 초기 생장에 필요한 양분을 저장함 • 배유가 작거나 없는 종자는 자엽이 발달하고 이곳에 양분을 저장함 　밀, 양파는 단자엽, 상추, 비트, 토마토는 쌍자엽, 전나무는 다자엽임 그림 1-8		
	밀	• 배유에 녹말립을 함유하고 종피 안쪽에 다량의 단백질을 함유하는 호분층(糊粉層)을 가짐 • 하나의 자엽이 배반으로 변태됨	
	상 추	• 과피로 싸여 있는 과실적 종자임 • 배유 대신 자엽이 발달함	
	비 트	내배유와 외배유를 가짐	
	토마토	종피에 강모가 발달되어 있음	
종 피	• 배를 보호하고 산포를 돕고 발아를 조절함 • 배주의 주피에서 발달함 　주피의 대부분은 퇴화하면서 일부만이 종피로 발달함 • 구조가 다양하며 표면에 모용(毛茸), 가시, 강모(剛毛) 등이 발달하기도 함		

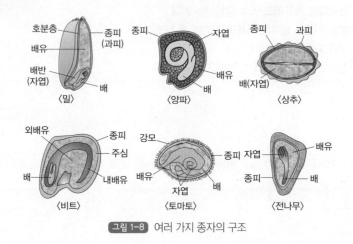

그림 1-8 여러 가지 종자의 구조

종자에 관한 설명으로 옳지 않은 것은?

① 자방 안의 배주가 발달하여 종자가 된다.
② 종자 내 배는 자엽과 배축으로 구성되어 있다.
③ 종자 내 배유는 초기 생장에 필요한 양분을 저장한다.
④ 종피는 배주의 주심조직으로부터 발달한다.

해설 종피는 배주의 주피에서 발달한다.

정답 ④

③ 과 실

　㉠ 자방과 그 주변의 기관들이 비대 발달한 것이다.

　㉡ 크게 진과(眞果)와 위과(僞果)로 나뉜다.

진 과	자방이 비대한 과실 예 핵과류(자두, 살구, 매실, 복숭아), 포도, 감, 토마토, 고추, 가지 등
위 과	자방 이외의 화탁 등이 더불어 발달하여 형성된 과실 예 인과류(사과, 배), 박과채소류(오이, 호박, 참외), 딸기, 무화과, 파인애플 등

　㉢ 구성에 가담한 심피 수에 따라 단과와 복과로 분류한다.

단 과	하나의 꽃에서 1개 또는 여러 개가 1개로 융합된 심피로부터 발달한 과실 예 사과
복 과	블랙베리처럼 2개 또는 그 이상의 심피가 발달한 과실

　㉣ 자방벽이 비대 발육하지 못하고 그대로 종피 위에 말라붙어 있는 과실을 수과(瘦果, 여윈과실, Achene)라고 한다.

　　• 벼, 보리, 상추, 시금치, 우엉 등은 수과의 좋은 예이다.
　　• 이러한 종자를 별도로 과실적 종자라고도 한다.
　　• 딸기는 위과로 화탁이 비대하여 식용 부위가 되는데 그 위에 점점이 박혀있는 것은 수과이다.

　㉤ 과실은 건과와 다육과로 구분할 수도 있다.

건 과	• 즙이 적은 건조한 상태의 과실 • 콩이나 봉숭아는 과피가 열리는 건개과(乾開果)에 해당함 • 벼는 건폐과(乾閉果)로 외부적인 요인이 작용하지 않으면 계속 닫혀 있음
다육과	육질성인 과실

ⓗ 과실의 과피는 유세포로 구성되어 있고 성숙하면서 외과피, 중과피, 내과피로 구분되지만, 이런 구분이 모든 과실에서 나타나는 것은 아니다(그림 1-9).

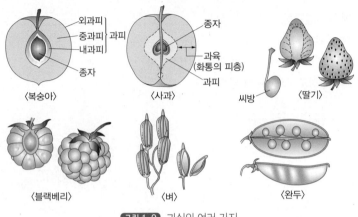

그림 1-9 과실의 여러 가지

Level UP 이론을 확인하는 문제

(　　)에 들어갈 내용을 옳게 나열한 것은?

자방벽이 비대 발육하지 못하고 그대로 종피 위에 말라붙어 있는 과실을 (ㄱ) 또는 과실적 종자라 하는데 (ㄴ) 종자는 (ㄱ)의 좋은 예이다.

① ㄱ : 위과, ㄴ : 벼
② ㄱ : 단과, ㄴ : 우엉
③ ㄱ : 건과, ㄴ : 콩
④ ㄱ : 수과, ㄴ : 상추

해설 위과는 자방 이외의 꽃받기 등이 더불어 발달하여 형성된 과실을, 단과는 하나의 꽃에서 1개 또는 여러 개가 1개로 융합된 심피로부터 발달한 과실, 건과는 즙이 적은 건조한 상태의 과실을 말한다.

정답 ④

식물의 조직

- 세포들이 모여 구조상, 또는 기능상 서로 구별될 때 그 세포 집단을 조직이라 한다.
- 분열조직에서 분열된 세포들이 형태와 기능이 특수화된 다양한 성숙조직을 만든다.

(1) 분열조직

① 위치에 따라 정단, 측재, 개재 분열조직으로 나눈다.

② 정단(頂端) 분열조직(Apical meristem)

ⓐ 줄기와 뿌리의 끝에 있는 분열조직으로 구성된 생장점을 말한다.

ⓑ 줄기의 생장점은 어린잎으로, 뿌리의 생장점은 근관으로 둘러싸여 보호를 받는다.

ⓒ 생장점에 있는 시원세포(군)으로부터 1기 분열조직이 분화하는 것으로 보고 있다(그림 1–10).

줄 기	• 외의–내체(外衣–內體 , Tunica–corpus)라는 시원세포군의 분열 및 분화로 줄기의 생장을 설명함 　– 외의 : 정단을 둘러싼 수 층의 세포층 　– 내체 : 외의 안쪽의 조직 • 이들 시원세포군으로부터 원표피, 기본 분열조직, 전형성층 등의 1기 분열조직이 분화됨 　– 원표피는 표피, 기본 분열조직은 피층, 수 등과 같은 기본조직으로 발달됨 　– 전형성층은 유관속 형성층으로 발달됨
뿌 리	• 3층의 시원세포군의 분열 및 분화로 뿌리의 생장을 설명함 • 맨 아래층의 시원세포군에서 근관이, 중간층에서 원표피와 기본 분열조직이, 맨 위층에서 전형성층이 발달하여 1기 분열조직이 분화됨

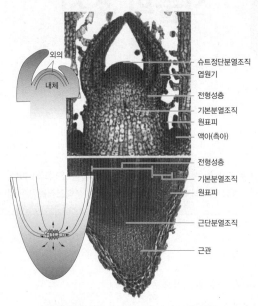

외의
내체

슈트정단분열조직
엽원기

전형성층

기본분열조직
원표피
액아(측아)

전형성층

기본분열조직
원표피

근단분열조직

근관

그림 1-10 줄기와 뿌리의 정단 분열조직

ⓔ 1기 분열조직의 활동으로 길이 생장, 즉 1기 생장이 일어나고, 1기 조직을 만들어 1기 식물체를 구성한다.

ⓜ 줄기의 정단 분열조직에서 줄기, 잎, 측아 등이 분화된다.

ⓗ 어느 시기에 이르면 줄기의 정단이 질적 변화를 통해 화서(花序, 꽃) 분열조직으로 전환된다.
- 대사 작용과 세포분열이 활발해지면서 RNA와 단백질이 증가한다.
- 정단이 넓어지고 커진다.
- 엽원기 대신에 포원기(苞原基)가 형성된다.
- 꽃받침, 꽃잎, 수술, 심피 등이 구정적(求頂的, Acropetal)으로 발달된다.

Level UP 이론을 확인하는 문제

뿌리의 끝부분에 위치하며 분열조직(생장점)을 보호하는 역할을 하는 조직은?

① 근 모 ② 근 관
③ 내 피 ④ 내 초

해설 뿌리의 생장점은 근관이라는 조직이 뿌리 끝에 위치해 있어 흙을 헤치고 나갈 때 보호를 받는다. 줄기의 생장점은 어린잎으로 둘러싸여 보호를 받는다.

정답 ②

③ 측재(側在) 분열조직(Lateral meristem)

    ㉠ 줄기와 뿌리의 측면에 원통형으로 배열되어 있으며 비대 생장을 주도한다.

    ㉡ 2기 분열조직으로 2기 생장을 일으키고 2기 조직을 만들어 2기 식물체를 구성한다.

    ㉢ 유관속 형성층(Vascular cambium)과 코르크 형성층(Cork cambium)이 있다.

유관속
형성층
	• 1기 분열조직 가운데 전형성층에서 분화되는 측재 분열조직
	  – 전형성층에서 1기 물관부와 체관부로 구성된 유관속이 발달하여 환상으로 배열됨. 이때까지
	    는 속내 형성층과 속간 형성층이 구분이 됨
	  – 2기 생장에 접어들면 두 형성층이 연결되면서 둥근 통모양의 유관속 형성층이 완성됨
	• 유관속 형성층의 세포분열로 2기 물관부와 2기 체관부가 형성됨
	• 온대 지방에서는 형성층의 활동이 계절별로 달라 춘재와 추재가 구분되고, 생장륜(나이테)이 생김
	• 식물체에 상처가 생기면 형성층에서 유합조직(癒合組織, Callus)이 발달함
	  – 유합조직은 상처 부근의 유조직세포가 분열하여 형성되기도 하지만 주로 가까운 형성층에서
	    발달됨
	  – 접목은 접수와 대목의 절단면에 생성되는 유합조직이 새로운 물관부와 체관부를 분화시켜 양
	    수분의 이동 통로를 연결시키는 것임
	  – 삽목은 절단면에서 발달하는 유합조직에서 부정근을 분화시켜 새로운 개체를 만들어 가는 번
	    식법임

코르크 형성층	• 2기 생장으로 굵어지는 줄기나 뿌리의 피층에서 분화되는 측재 분열조직 • 피층의 바깥 층 세포가 코르크 형성층으로 분화됨 • 코르크 형성층은 세포분열을 통해 바깥쪽에 코르크 조직을, 안쪽에 코르크 피층을 발달시켜 주 피를 만듦 • 주피는 2기 생장으로 찢어지고 파괴되는 표피를 대신하여 식물체를 보호함

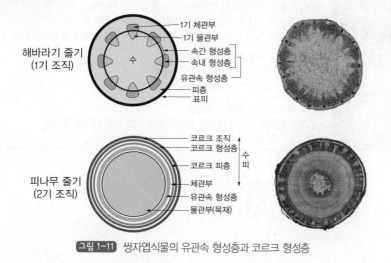

그림 1-11 쌍자엽식물의 유관속 형성층과 코르크 형성층

유관속 형성층에 관한 설명으로 옳지 않은 것은?

① 줄기나 뿌리의 피층에서 분화되는 분열조직이다.

② 세포분열로 2기 물관부와 체관부를 형성한다.

③ 상처가 생기면 유합조직을 발달시킨다.

④ 계절별 활동 차이로 생장륜(나이테)을 만든다.

해설 줄기나 뿌리의 피층에서 분화되는 분열조직은 코르크 형성층이다.

정답 ①

④ 개재 분열조직(Intercalary meristem)

ㄱ 성숙한 조직이나 마디 사이에 존재하기 때문에 개재 분열조직이라 한다.

ㄴ 절간 분열조직 또는 부간 분열조직이라고도 한다.

ㄷ 정단 분열조직에 비하여 조직이 치밀하지 못하고 구분이 명확하지 않다.

ㄹ 벼과식물의 줄기 마디 사이와 엽신과 엽초의 기부에 분포한다(그림 1-12).

마디 사이	• 분화 초기에는 절간 전체에서 세포분열이 일어남 • 마디가 신장하면서 점차 상부로부터 분열 능력을 상실함 • 절간 생장이 끝난 후에는 절간 기부에 분열 능력이 약하게 남음 • 내강(內腔)이 발달한 후에는 관절(Joint, 쌍자엽식물의 엽침에 해당) 부위에만 분열 능력이 남음
엽 신	• 기부 쪽으로 분열 활동이 제한됨 • 전개되면서 분열조직의 활동은 바로 멈춤 • 엽신의 확장은 분열된 세포의 신장에 의해 일어남
엽 초	• 기부 쪽으로 분열 활동이 제한됨 • 엽초는 엽신이 완전히 전개된 후에도 상당 기간 분열 능력을 유지함 • 잎에서 가장 젊은 부위는 엽초 기부

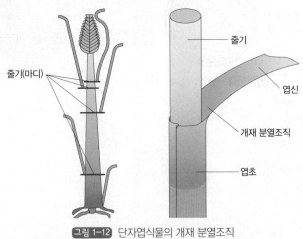

줄기(마디)
줄기
엽신
개재 분열조직
엽초

그림 1-12 단자엽식물의 개재 분열조직

ⓜ 쓰러진 보리가 일어설 수 있는 것은 관절의 개재 분열조직이 다시 활동하기 때문이다.

ⓗ 개재 분열조직은 목장의 초지와 잔디밭에서 줄기와 잎의 재생에 중요한 역할을 한다.

Level UP 이론을 확인하는 문제

벼과식물에서 개재 분열조직이 위치하는 장소는?

① 줄기의 정단부

② 잎의 가장자리

③ 엽초의 기부

④ 물관부와 체관부 사이

해설 벼과식물에서 개재 분열조직은 줄기의 절간(마디 사이)과 잎의 엽초와 엽신의 기부에 분포한다.

정답 ③

(2) 성숙조직

① 표피조직(표피세포, 각피, 기공, 수공, 모용), 기본조직(유조직과 기계조직), 유관속조직(물관부와 체관부)으로 나눌 수 있다

② 표피조직

　ⓐ 모든 표피조직은 표피세포로 서로 연속되어 있다.

　ⓑ 보통 원표피라는 1기 분열조직으로부터 분화된 한 층의 세포로 구성된다.

　　• 인도고무나무 잎은 다층 표피로 구성되어 강한 햇빛을 차단하고 물을 저장한다.

　　• 난초의 기근(氣根, Aerial roots)에서 볼 수 있는 근피(根皮, Velamen)도 다층 표피이며 수분을 저장하는 기능을 한다.

　ⓒ 대부분의 표피세포는 납작하며 서로 조밀하게 붙어있다.

　　• 대개 표피세포는 엽록체를 갖고 있지 않아 투명하다.

　　• 액포가 잘 발달하며 때로는 이곳에 색소를 갖고 있다.

　　• 붉은 양배추는 표피세포의 액포에 안토시아닌이라는 색소를 함유하고 있다.

　　• 종자의 경우는 표피조직의 세포벽이 두껍고 목화되어 있다.

　ⓓ 잎은 표피세포의 바깥층에 펙틴층이 있고 그 위에 각피(角皮, Cuticle)가 발달되어 있다.

　　• 각피는 지질 유도체의 중합체인 큐틴을 주성분으로 하고 여기에 왁스, 셀룰로오스 등이 섞여 있다.

　　• 각피층은 구성 성분에 따라 표면에서부터 상각피 왁스층, 순각피층(큐틴+각피왁스), 각피층(큐틴+셀룰로오스)으로 세분한다.

　ⓔ 표피조직은 내부 조직을 보호하고 양수분을 흡수하며 가스 교환 등의 기능을 수행한다.

　ⓕ 2기 식물체는 표피가 파괴되고 대신에 주피가 발달한다.

ⓐ 표피세포는 특이하게 변형되어 독특한 기능을 수행하기도 한다.

공변세포	잎에서 기공과 수공 형성
모용(毛茸, Trichome)	구조와 기능이 다양한 돌기물, 분비털, 털 등의 총칭
근 모	뿌리 표면을 확장하여 수분과 양분의 흡수를 도움
거품세포	기동세포라고도 하는데 수분의 출입으로 잎의 운동에 관여함

Level UP 이론을 확인하는 문제

표피조직에 관한 설명으로 옳지 않은 것은?

① 대개 엽록체를 갖고 있다.

② 액포가 잘 발달되어 있다.

③ 표피에 각피가 발달되어 있다.

④ 난초 기근의 근피는 다층 표피이다.

해설 대개 표피세포는 엽록체를 갖고 있지 않아 투명하다.

정답 ①

③ 기본조직

  ㉠ 기본 분열조직으로부터 분화되어 1기 식물체의 대부분을 차지한다.

  ㉡ 줄기와 뿌리의 피층과 수는 거의 완전하게 기본조직으로 되어있다.

  ㉢ 표피로 덮여 있고 유관속조직을 둘러싸고 있다.

  ㉣ 저장 기능과 기본 대사 작용을 하는 유조직(柔組織, Parenchyma tissue)과 지지 작용을 하는 기계 조직 등이 있다(그림 1-13).

  기계조직에는 세포벽의 비후가 불균일한 후각조직(厚角組織, Collenchyma)과 고르게 일어난 후벽 조직(厚壁組織, Sclerenchyma)이 있다.

유조직	• 유세포로 구성 　－ 세포벽이 얇고 액포가 크며 원형질을 갖고 있음 　－ 성숙해도 살아있으며 대사 작용이 활발하게 일어남 　－ 분열 능력과 전체 형성능을 갖고 있으며 탈분화와 재분화가 가능함 • 기능에 따라 동화조직, 저장조직, 통기조직, 분비구조 등으로 나눔 • 세포의 긴장으로 식물체의 형태를 유지함

기계조직	**후각조직**	• 유세포로부터 분화된 살아있는 후각세포로 구성됨 • 후각세포는 유연하며 목질화되지 않은 1차 세포벽으로 구성되어 팽창과 신장이 가능함 　– 기계적 스트레스 자극(바람, 비, 동물)에 의해 분화가 촉진됨 　– 불균등하게 비후되어 세포벽에 각(角)진 부분이 생김 　– 세포벽은 비후 형태가 다양하며, 보통 펙틴 45%, 헤미셀룰로오스 35%, 셀룰로오스 20%로 　　구성되어 있음 　– 펙틴은 흡습성이 강해 후각세포의 벽은 소성(Plasticity)을 가짐 　– 외부 압력이 가해지면 세포벽 자체가 진흙처럼 변형되면서 주변의 다른 세포에게 압력을 가 　　하지 않음. 즉, 이웃세포를 다치지 않게 함 • 후각조직은 쌍자엽식물의 줄기와 뿌리의 주된 보호조직임
	후벽조직	• 유세포로부터 분화되며 성숙해서 죽은 후벽세포로 구성됨 • 후벽세포는 골고루 두껍게 비후한 목질화된 2차 세포벽을 가짐 　– 벽공이 잘 발달되어 있음 　– 세포벽이 탄성(Elasticity)을 가져 외부에서 압력이 가해지면 변형되었다가 압력이 없어지면 　　원래 모양으로 되돌아감 　– 죽기 전에 형성된 세포벽의 골격으로 지지 작용과 보호 작용을 함 • 성숙한 식물의 모든 부위에서 생기는데 보강(保强)세포(Sclereid)와 섬유(纖維)세포(Fibrous 　cell)의 2 종류가 있음

보강세포	• 종피, 과피 등에서 다양한 형태의 단단한 조직을 만듦 • 콩과식물 경실 종자의 종피에 발달하는 책상층(Palisade layer, 　Macrosclereids)과 배의 과실 중심에 있는 석세포(Brachysclereids, Stone 　cell)가 대표적임
섬유세포	• 가늘고 길며 특히 양끝이 뾰족함 • 세포벽이 두꺼워 안쪽 공간이 거의 없음 • 주로 유관속조직에 많이 분포하는데 세포벽은 목화되고 세포들 간에도 서로 　밀집해서 튼튼한 조직을 구성함

• 목화 섬유는 후벽조직이 아니고 종피에서 발달한 일종의 털

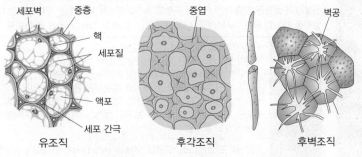

그림 1-13 유조직, 후각조직 및 후벽조직

안심Touch

유조직을 구성하는 유세포에 관한 설명으로 옳지 않은 것은?

① 세포벽이 두껍다
② 액포가 크다.
③ 대사 작용이 활발하다.
④ 재분화가 가능하다.

해설 유조직을 구성하는 유세포는 세포벽이 얇고, 액포가 크며, 원형질을 갖고 있어 성숙해도 살아 있으며 대사작용이 활발하게 일어난다. 분열 능력과 전체 형성능을 갖고 있으며 탈분화와 재분화가 가능하다.

정답 ①

④ 유관속(維管束, 관다발, Vascular bundle)조직
  ㉠ 물과 무기물질, 그리고 광합성 산물을 수송하기 위해 특수화된 조직이다.
  ㉡ 식물의 전 부위에 연결되어 식물체를 지지하는 기능도 있다.
  ㉢ 형성층의 안쪽에 물관부(木部, 목부, xylem Gk. xylon = wood)가, 바깥쪽에 체관부(篩部, 사부, phloem Gk. phloios = bark)가 발달한다.
  ㉣ 통도세포(물관과 체관), 수송세포, 저장 유세포, 섬유세포 등으로 구성된 복합 조직이다(그림 1-14).

물관부		• 물과 무기양분의 수송 통로임 • 전형성층에서 발달한 1기 물관부와 형성층에서 발달한 2기 물관부로 구분됨 • 2기 물관부는 누적 발달하여 목재를 만들기 때문에 목부라고 함 • 통도 요소인 헛물관과 물관, 지지 작용을 하는 섬유세포, 후형 물질을 저장하는 유세포로 구성됨 • 헛물관과 물관은 성숙하면 죽는데 두껍고 목질화된 2차 세포벽을 가져 붕괴를 막고 지지 작용을 함 • 일부를 제외한 모든 피자식물은 헛물관(가도관, 假導管, Tracheid)과 물관(도관, Vessel)을 모두 가짐
	헛물관	• 원시적이며 특수화가 덜된 물관요소 • 속이 빈 1개의 죽은 세포로 가늘고 끝이 다소 뾰족함 • 끝부분 위아래에 있는 다른 헛물관과 서로 중첩되어 있음 • 물은 오직 측벽에 생기는 벽공을 통해서만 통과할 수 있음 • 원형질 연락사도 있지만 직경이 작아 물 수송에 별로 중요하지 않음 • 모든 유관속식물에 있지만 물관이 없는 나자식물과 양치식물에서는 물을 수송하는 유일한 요소임
	물관	• 물관세포(물관요소, 도관절, Vessel member)가 연결되어 형성됨 • 물관세포는 헛물관보다 짧고 넓음 • 물관세포는 끝이 중첩되어 있지 않고 서로 마주 닿아 연결되어 있음 • 물관세포의 격벽(隔壁, End wall)이 분해되어 생긴 구멍을 천공(穿孔, Perforation)이라 하며, 천공을 갖고 있는 격벽을 천공판이라 함 • 천공판은 종류에 따라 천공의 수와 모양이 다양함 • 물관에서 물은 천공을 통해 물관세포 사이를 통과함 • 측벽에도 벽공이 있어 물이 다른 물관으로의 횡방향 이동이 가능함

체관부	• 물에 녹은 당과 같은 유기양분을 수송하는 통로임
	• 체관부에서 용질은 식물체의 모든 방향으로 이동함
	• 전형성층에 발달한 1기 체관부와 형성층에서 발달한 2기 체관부로 구분됨
	• 세포벽에 체처럼 구멍이 뚫려 있어 체관부라고 함
	• 체관부는 통도 요소(체세포와 체관세포), 동반세포, 섬유세포, 유세포 등으로 구성됨
	• 체세포와 체관세포(체관요소, 사관절, Sieve tube member)를 체요소(Sieve element)라고 함
	  – 살아 있으며 얇은 1차 세포벽만을 가지며 핵은 갖고 있지 않은 세포임
	  – 얇은 세포벽에는 체공이라는 구멍이 뚫려 있음
	  – 체공들이 모여있는 부분을 체지역이라 함
	  – 체관부에서 물질의 이동은 체지역의 체공을 통해서 이루어짐

체세포	• 원시적인 통도세포로 피자식물 이외의 유관속식물에서 발견됨 • 헛물관처럼 긴 방추형이며 끝이 뾰족하고 서로 중첩되어 있음 • 체지역은 세포벽의 전 표면에 분포 • 나자식물의 체세포에는 알부민세포라는 유세포가 붙어 있어 체세포의 활성을 조절함
체관세포	• 오로지 피자식물에서만 볼 수가 있음 • 위아래 격벽이 서로 연결되어 체관(사관, 篩管, Sieve tube)을 형성함 • 격벽에 넓은 체지역과 직경이 큰 체공을 갖는 부분을 체판이라 함 • 측벽의 체지역은 체세포에 비해 좁고 체공도 직경이 작음 • 사부–단백질(P–protein ; P는 phloem의 약자)을 합성하거나 칼로오스(Callose)라는 포도당의 중합체를 가짐 • 사부–단백질은 체관부에 상처가 났을 때 또는 휴면기에 체판의 체공을 막아 물질의 이동을 차단함

• 체관세포에 동반세포(同伴細胞, Companion cell)라는 특수한 세포가 붙어 있음
  – 동반세포는 세포벽이 얇고 원형질을 함유함
  – 동반세포는 체관세포와 동일한 모세포에서 발생하여 상호 의존적임
  – 원형질 연락사로 연결되어 있어 동반세포가 체관세포의 탄수화물 수송을 조절함
  – 동반세포는 체관의 압력 기울기 유지에 중요한 역할을 담당함
• 체관과 체관 사이에 짧은 기둥 모양의 유조직세포가 분포함
  – 유조직세포는 세포벽이 얇고 원형질을 함유함
  – 체관의 압력 기울기의 유지에 중요한 역할을 담당함
• 체관부 섬유는 방추형의 가느다란 후벽세포로 기계적 지지의 기능이 있음

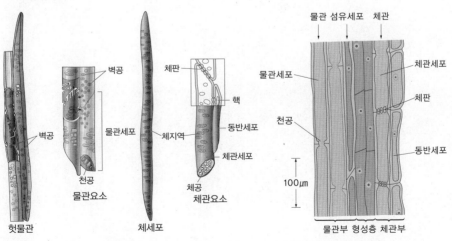

그림 1–14 물관부와 체관부의 통도요소 및 유관속의 종단면

동반세포(또는 반세포)라는 특수한 세포를 가지는 식물의 조직은?

① 물관부 조직

② 체관부 조직

③ 동화유조직

④ 저장유조직

해설 체관부는 체세포와 체관세포, 동반세포, 섬유세포, 유세포 등으로 구성되어 있으며 당과 같은 동화산물을 수송하는 역할을 한다.

정답 ②

적중예상문제

01

전체 식물 중에서 차지하는 비중이 가장 큰 식물문은?

① 선태식물 　　　② 양치식물
③ 속새식물 　　　④ 피자식물

해설　피자식물이 전체 식물의 약 90%를 차지하고 있다.

02

대표 식물을 올바르게 나열한 것은?

① 선태식물 - 석송, 바위손
② 양치식물 - 우산이끼, 솔이끼
③ 속새식물 - 고비, 고사리
④ 피자식물 - 옥수수, 백합

해설　석송과 바위손은 석송식물, 우산이끼와 솔이끼는 선태식물, 고비와 고사리는 양치식물로 분류된다. 속새식물에는 속새, 쇠뜨기가 있다.

03

고비, 고사리류가 속해 있는 식물문은?

① 선태식물 　　　② 속새식물
③ 양치식물 　　　④ 나자식물

해설　• 선태식물 : 우산이끼, 뿔이끼, 솔이끼 등
　　　• 속새식물 : 속새, 쇠뜨기 등
　　　• 양치식물 : 고비, 고사리류, 물개구리밥 등
　　　• 나자식물 : 은행나무, 소나무, 주목, 측백나무 등

04

나자식물에 관한 설명으로 옳지 않은 것은?

① 고등식물이다.
② 종자식물이다.
③ 현화식물이다.
④ 유관속식물이다.

해설　나자식물은 은화식물로 꽃과 과실 대신에 포자수, 구화수, 구과 등을 가진다.

05

나자식물에 관한 설명으로 옳은 것은?

① 보통 자엽이 1개이다.
② 대개 단일수정을 한다.
③ 종자가 심피에 싸여있다.
④ 현화식물로 분류된다.

해설　나자식물은 단일수정을 하며, 종자가 심피에 나출되어 있다. 은화식물로 제대로 된 꽃과 과실은 없다. 자엽이 2~수 개인 다자엽식물이다.

06

( )에 들어갈 내용을 옳게 나열한 것은?

> (ㄱ)은 종자가 심피에 싸여있다. 잎이 활엽이며 엽맥은 망상 또는 평행상이다. 생식은 (ㄴ)을 한다. 자엽은 1개 내지 2개이다.

① ㄱ : 나자식물, ㄴ : 단일수정
② ㄱ : 나자식물, ㄴ : 중복수정
③ ㄱ : 피자식물, ㄴ : 단일수정
④ ㄱ : 피자식물, ㄴ : 중복수정

해설 피자식물에 관한 설명이며, 피자식물은 중복수정을 한다.

07

단자엽식물만을 고른 것은?

> ㄱ. 배 추   ㄴ. 토 란
> ㄷ. 마 늘   ㄹ. 수 련
> ㅁ. 장 미

① ㄱ, ㄴ
② ㄴ, ㄷ
③ ㄷ, ㄹ
④ ㄹ, ㅁ

해설 배추, 수련, 장미는 쌍자엽식물이고, 토란, 마늘은 단자엽식물이다.

08

단자엽식물에 관한 설명으로 옳지 않은 것은?

① 자엽이 한 개다.
② 잎의 엽맥이 망상이다.
③ 뿌리는 섬유근계를 형성한다.
④ 꽃잎의 수는 보통 3의 배수이다.

해설 단자엽식물은 자엽이 1개이고, 꽃잎의 수는 보통 3의 배수이다. 엽맥은 평행상이고, 뿌리는 섬유근계를 형성한다.

09

소나무에 관한 설명으로 옳은 것은?

① 포자로 번식하는 유관속식물이다.
② 포자로 번식하는 은화식물이다.
③ 종자로 번식하는 현화식물이다
④ 종자로 번식하는 유관속식물이다.

해설 소나무는 유관속이 있는 고등식물로 종자로 번식한다.

10

옥수수에 관한 설명으로 옳은 것은?

① 자엽이 2개이다.
② 엽맥이 평행상이다.
③ 잎은 엽병과 엽신으로 나뉜다.
④ 잎에 책상조직이 잘 발달되어 있다.

해설 ① 옥수수는 단자엽식물로 자엽이 1개이다.
③ 잎은 엽초와 엽신으로 구성되어 있다.
④ 엽육조직은 책상조직이 없이 해면조직으로만 되어 있다.

11

쌍자엽식물만을 나열한 것은?

① 벼, 옥수수
② 무, 백합
③ 콩, 바나나
④ 토마토, 해바라기

해설 벼, 옥수수, 백합, 바나나는 단자엽식물이고, 무, 콩, 토마토, 해바라기는 쌍자엽식물이다.

12

(   )에 들어갈 말을 옳게 나열한 것은?

(ㄱ)은 엽맥이 (ㄴ)이고 줄기의 유관속이 환상으로 배치되어 있으며 뿌리는 (ㄷ)를 형성한다.

① ㄱ : 단자엽식물, ㄴ : 평행상, ㄷ : 섬유근계
② ㄱ : 쌍자엽식물, ㄴ : 평행상, ㄷ : 섬유근계
③ ㄱ : 단자엽식물, ㄴ : 망상, ㄷ : 주근계
④ ㄱ : 쌍자엽식물, ㄴ : 망상, ㄷ : 주근계

해설 줄기의 유관속이 환상으로 배치되어 있는 식물은 쌍자엽식물로 엽맥은 망상이고 뿌리는 주근계를 형성한다.

13

해바라기에 관한 설명으로 옳은 것은?

① 자엽이 2개이다.
② 잎에 책상조직이 없다.
③ 뿌리는 섬유근계를 형성한다.
④ 잎은 엽초와 엽신으로 나뉜다.

해설 해바라기는 쌍자엽식물로 자엽이 두 개이고, 엽맥은 망상이며, 뿌리는 주근계를 형성한다. 꽃잎은 보통 4 또는 5의 배수이다.

14

목본식물의 특징에 관한 설명으로 옳지 않은 것은?

① 목질화가 이루어져 조직이 단단하다.
② 1기 생장을 하지 않고 2기 생장을 한다.
③ 줄기의 둘레가 매년 굵어진다.
④ 겨울에 지상부가 죽지 않고 살아 있다.

해설 목본식물은 보통 나무라고 부르는데 목질화가 이루어져 조직이 단단하다. 다년생으로 2기 생장을 하면서 둘레가 굵어지는 비대 생장을 하고 겨울에도 지상부가 죽지 않고 살아있다. 목본식물의 경우 어린 줄기와 뿌리, 잎, 꽃, 열매 등은 1기 생장을 한다.

15

목본식물 줄기의 구조에 관한 설명으로 옳은 것은?

① 생장점의 비대 생장으로 2기 구조가 형성된다.
② 피층은 유관속 안쪽의 기본조직으로 줄기의 중심에 위치한다.
③ 유관속 형성층 바깥으로 2기 물관부가 매년 채워진다.
④ 코르크 형성층의 활동으로 주피가 형성된다.

해설 목본식물의 줄기는 생장점의 길이 생장으로 1기 구조를, 형성층의 비대 생장으로 2기 구조를 형성한다. 줄기에서 피층은 환상으로 배열된 유관속과 표피 사이의 기본조직이며, 유관속 안쪽으로 줄기의 중심에 위치한 기본조직은 수이다. 유관속 형성층 바깥으로는 2기 체관부가, 안쪽으로는 2기 물관부가 매년 채워진다.

16

목본식물의 2기 구조에 관한 설명으로 옳은 것은?

① 올해 새로 자란 가지에서 볼 수 있다.
② 2기 물관부가 2기 체관부에 비해 두껍다.
③ 2기 물관부는 유관속 형성층 바깥쪽으로 매년 채워진다.
④ 줄기 비대는 대부분 2기 체관부의 발달로 이루어진다.

해설 올해 새로 자란 가지에서는 1기 구조만을 볼 수 있다. 2기 구조는 유관속 형성층과 코르크 형성층에 의해 형성된다. 유관속 형성층 안쪽으로 2기 물관부가, 바깥으로 2기 체관부가 채워진다. 체관부보다 물관부가 두꺼워 2기 물관부의 발달이 비대 생장의 주를 이룬다.

17

( )에 들어갈 내용을 차례대로 옳게 나열한 것은?

목본식물의 줄기에서 유관속 형성층 바깥에 있는 (ㄱ)와 (ㄴ)을/를 합쳐 수피라 하고 수피에는 기공을 대신하는 (ㄷ) 조직이 생겨 통기 작용을 한다.

① ㄱ : 2기 물관부, ㄴ : 주피, ㄷ : 피목
② ㄱ : 2기 물관부, ㄴ : 피목, ㄷ : 주피
③ ㄱ : 2기 체관부, ㄴ : 피목, ㄷ : 주피
④ ㄱ : 2기 체관부, ㄴ : 주피, ㄷ : 피목

해설 2기 체관부와 주피를 합쳐 수피라 하고 수피에 피목조직이 생겨 통기 작용을 한다.

18

온대 목본식물의 2기 물관부에 관한 설명으로 옳은 것을 모두 고른 것은?

ㄱ. 형성층에서 멀어질수록 통도 기능이 떨어진다.
ㄴ. 목질소와 부패 방지 화합물이 쌓여 단단한 목재가 된다.
ㄷ. 춘재와 추재의 생장률 차이로 나이테가 형성된다.
ㄹ. 춘재의 생장량이 추재의 생장량보다 많다.

① ㄱ
② ㄱ, ㄴ
③ ㄱ, ㄴ, ㄷ
④ ㄱ, ㄴ, ㄷ, ㄹ

해설 2기 물관부는 형성층 안쪽으로 누적 발달하여 목재를 만들기 때문에 목부라고 부른다. 목부에는 목질소와 부패 방지 화합물이 쌓여 단단해지므로 형성층에서 멀어질수록 통도 기능이 떨어진다. 온대 지방에서 형성층의 활동이 계절별로 달라 춘재와 추재로 구분되는 나이테가 생기는데 추재보다 춘재의 생장량이 많다.

19

목본식물의 2기 체관부에 관한 설명으로 옳은 것을 모두 고른 것은?

ㄱ. 코르크 형성층의 활동으로 발달한다.
ㄴ. 2기 물관부에 비해 얇다
ㄷ. 주피와 함께 수피를 형성한다.
ㄹ. 뿌리에서 흡수한 무기양분의 이동 통로이다.

① ㄱ, ㄴ
② ㄱ, ㄹ
③ ㄴ, ㄷ
④ ㄷ, ㄹ

해설 목본식물의 2기 체관부는 유관속 형성층의 활동으로 발달하며 형성층 바깥으로 매년 채워진다. 뿌리에서 흡수한 무기양분의 이동 통로는 물관부이다.

20

잎이 변형되어 생긴 것은?

① 장미 가시
② 선인장 가시
③ 탱자나무 가시
④ 아까시 가시

해설 잎은 때때로 형태적으로 변형되어 특수한 기능을 수행하기도 한다. 선인장의 가시는 잎이 변형되어 생긴 것이다. 장미, 탱자나무, 아까시 가시는 줄기가 변형된 것이다.

21

잎이 형태적으로 변형되어 형성된 기관을 모두 고른 것은?

> ㉠ 선인장 가시
> ㉡ 포도 덩굴손
> ㉢ 마늘의 인편
> ㉣ 눈비늘조각(아린)

① ㉠, ㉡
② ㉢, ㉣
③ ㉠, ㉡, ㉣
④ ㉠, ㉡, ㉢, ㉣

해설 잎은 형태적이고 고도로 다양하다. 때로는 엽침이나 인엽처럼 변형되어 특수한 기능을 수행하기도 한다. 덩굴손(지지), 가시(보호), 아린(芽鱗, 눈보호), 포(꽃보호), 인엽과 자엽(양분 저장) 등은 잎이 고도로 변형된 예이다.

22

쌍자엽식물에서 광합성이 주로 이루어지는 엽육조직은?

① 표피조직
② 해면조직
③ 책상조직
④ 유관속조직

해설 쌍자엽식물 잎의 엽육조직은 책상조직(울타리조직)과 해면조직(갯솜조직)으로 구성되어 있는데 책상조직에서 광합성의 90% 이상이 이루어진다.

23

( )에 들어갈 내용을 옳게 나열한 것은?

> 쌍자엽식물 잎의 동화조직은 (ㄱ)과 (ㄴ)으로 구성되어 있다. (ㄱ)은 세포가 조밀하게 울타리처럼 배열되어 있고 노출 면적이 넓어 빛 흡수에 유리하고, (ㄴ)은 세포의 모양과 배열이 스펀지처럼 불규칙하고 간극이 넓어 빛의 산란에 도움이 된다.

① ㄱ : 책상조직, ㄴ : 해면조직
② ㄱ : 해면조직, ㄴ : 책상조직
③ ㄱ : 중심조직, ㄴ : 피층조직
④ ㄱ : 피층조직, ㄴ : 중심조직

해설 책상조직은 조밀하게 배열되어 있고 빛 흡수에 유리해 광합성의 90% 이상을 차지한다. 해면조직은 세포의 간극이 넓고 기공과의 연결로 물과 가스의 유입 및 확산이 용이하다.

안심Touch

24

잎을 구성하는 조직 중에서 광합성이 일어나지 않는 조직은?

① 책상조직
② 해면조직
③ 유관속초세포조직
④ 표피조직

해설 표피조직은 대개 엽록체를 갖고 있지 않아 광합성을 하지 않으며, 내부 조직을 보호하고 양수분을 흡수하며 가스 교환 등의 기능을 수행한다. C_4 식물은 유관속초세포가 잘 발달되어 있고 엽록체가 있어 활발한 광합성을 한다.

25

잎에서 엽맥을 구성하는 조직은?

① 표피조직
② 책상조직
③ 해면조직
④ 유관속조직

해설 잎의 유관속은 주변의 부속세포들과 함께 엽맥을 구성하며 양수분과 동화산물을 수송하는 역할을 한다.

26

뿌리에서 측근을 발생시키는 조직은?

① 피 층
② 내 피
③ 내 초
④ 중심주

해설 측근은 줄기의 측지와는 발생 면에서 다르다. 뿌리에서 측근은 분열 능력이 있는 내초에서 내생적(內生的)으로 발달한다.

27

뿌리의 1기 구조에 관한 설명으로 옳지 않은 것은?

① 뿌리 끝의 생장점은 근관으로 둘러싸여 있다.
② 표피에 각피와 기공이 없으며 근모가 발달한다.
③ 생장점 위로 신장대가 있고, 그 위로 성숙대가 있다.
④ 피층에 수베린이 축적되어 카스파리대를 형성한다.

해설 내피 조직에 수베린이 축적되어 카스파리대를 형성한다.

28

뿌리에서 수베린이 축적되어 카스파리대를 형성하는 조직은?

① 피 층
② 내 피
③ 내 초
④ 표 피

해설 뿌리의 내피에 수베린(Suberin)이 축적되어 카스파리대가 형성된다.

29

화엽보다 자방이 아래에 위치해 있는 과실은?

① 사 과
② 복숭아
③ 포 도
④ 감 귤

해설 자방이 포도, 감귤은 화엽보다 상위에, 복숭아는 중위에 위치해 있다.

30

( )에 들어갈 내용을 옳게 나열한 것은?

> 밀 종자는 (ㄱ)에 녹말립을 함유하고 종피 안쪽에 다량의 단백질을 함유하는 (ㄴ)을 가진다.

① ㄱ : 배유, ㄴ : 호분층
② ㄱ : 자엽, ㄴ : 호분층
③ ㄱ : 배유, ㄴ : 중엽층
④ ㄱ : 자엽, ㄴ : 중엽층

해설 배유에 양분을 저장하는 밀 종자는 종피 안쪽 호분층에 다량의 단백질을 함유하고 있어 종자 발아 시 이곳에서 가수분해효소가 합성된다.

31

과실의 특성에 관한 설명으로 옳지 않은 것은?

① 감은 자방과 더불어 화탁이 발달하여 형성된 위과이다.
② 벼는 외부적인 요인이 작용하지 않으면 계속 닫혀 있는 건폐과이다.
③ 블랙베리는 2개 이상의 심피가 발달하여 형성된 복과이다.
④ 콩은 즙이 적은 건조한 상태의 과실로 과피가 열리는 건개과이다.

해설 감은 자방만이 발달하여 형성된 과실로 진과에 해당한다.

32

과피로 싸여 있는 과실적 종자로 배유 대신에 자엽이 발달하는 종자는?

① 밀
② 상추
③ 비트
④ 토마토

해설 밀, 비트, 토마토는 종피로 싸여 있다. 밀은 배유, 비트는 내배유와 외배유를 갖는다. 토마토 종피에는 강모가 발달되어 있다.

33

위과에 속하는 과실만을 나열한 것은?

① 포도, 감귤
② 자두, 복숭아
③ 고추, 가지
④ 오이, 호박

해설 위과는 자방 이외의 화탁 등이 비대하여 형성된 과실로 사과, 배 등의 인과류, 오이, 호박, 참외 등의 박과채소류와 딸기, 파인애플 등을 예로 들 수 있다.

34

위과에 속하는 딸기의 식용 부위에 해당하는 꽃의 기관은?

① 수술
② 암술
③ 꽃받침
④ 꽃받기

해설 딸기는 꽃받기(화탁)가 비대하여 식용 부위가 된 위과이며, 과실 표면에 점점이 박혀 있는 것이 과실적 종자로 수과라고 한다.

안심Touch

35

딸기의 과실 표면에 점점이 박혀 있는 것은 무엇인가?

① 주두의 흔적이다.
② 피목 조직이다.
③ 과실적 종자이다.
④ 건조한 수공이다.

> **해설** 딸기 과실의 표면에 점점이 박혀 있는 것은 과실적 종자로 수과라고 한다. 과실적 종자는 자방벽이 비대 발육하지 못하고 그대로 종피 위에 말라붙어 있는 과실을 말한다.

36

화서 분열조직에서 화기의 발달 순서를 옳게 나열한 것은?

① 꽃받침 – 꽃잎 – 수술 – 암술
② 꽃받침 – 꽃잎 – 암술 – 수술
③ 꽃잎 – 꽃받침 – 암술 – 수술
④ 꽃잎 – 꽃받침 – 수술 – 암술

> **해설** 화기는 꽃받침, 꽃잎, 수술, 심피(암술) 순으로 밖에서 안쪽 방향으로 발달한다.

37

뿌리의 생장점에 위치해 있는 분열조직은?

① 정단 분열조직 ② 측재 분열조직
③ 개재 분열조직 ④ 절간 분열조직

> **해설** 줄기와 뿌리의 끝에는 원추상의 생장점이 있다. 이 생장점은 정단 분열조직으로 구성되어 있다.

38

벼과식물의 개재 분열조직에 관한 설명으로 옳은 것은?

① 정단 분열조직보다 조직이 치밀하고 구분이 명확하다.
② 마디가 신장하면서 마디 상부로부터 분열 능력이 사라진다.
③ 엽신은 말단 조직의 분열 활동으로 전개된다.
④ 엽초는 엽신이 전개되면 바로 분열 능력이 사라진다.

> **해설** 개재 분열조직은 정단 분열조직보다 조직이 치밀하지 못하고 구분이 명확하지 않다. 엽신은 기부 쪽으로 분열 활동이 제한되어 있고, 엽초는 엽신이 완전히 전개된 후에도 상당 기간 분열 능력을 유지한다.

39

보리밟기로 쓰러진 보리가 다시 일어설 수 있는 이유는?

① 정단 분열조직의 활동 재개
② 유관속 형성층의 활동 재개
③ 코르크 형성층의 활동 재개
④ 개재 분열조직의 활동 재개

> **해설** 쓰러진 보리가 일어설 수 있는 것은 관절의 개재 분열조직이 다시 활동하기 때문이다.

40

다년생 목본식물 줄기의 비대 생장을 주도하는 분열조직은?

① 유관속 형성층
② 생장점조직
③ 개재 분열조직
④ 유합조직

해설 줄기와 뿌리에서의 비대 생장은 환상으로 배열된 측재 분열조직이 주도한다. 측재 분열조직으로 유관속 형성층과 코르크 형성층이 있다.

41

( )에 들어갈 내용을 옳게 나열한 것은?

잎은 표피세포의 바깥층에 펙틴층이 있고 그 위에 (ㄱ)가 잘 발달되어 있다. (ㄱ)는 지질 유도체의 중합체인 (ㄴ)을 주성분으로 하고 여기에 왁스, 셀룰로오스 등이 섞여 있다.

① ㄱ : 각피, ㄴ : 큐틴
② ㄱ : 각피, ㄴ : 수베린
③ ㄱ : 주피, ㄴ : 큐틴
④ ㄱ : 주피, ㄴ : 수베린

해설 잎이 표피에 각피가 잘 발달되어 있는데 각피는 지질 유도체의 중합체인 큐틴이 주성분이다.

42

표피세포의 일종으로 기동세포라고도 하는데 수분의 출입으로 잎의 운동에 관여하는 세포는?

① 공변세포
② 거품세포
③ 후각세포
④ 후벽세포

해설 공변세포는 기공과 수공을 형성하여 가스 출입을 조절하고, 후각세포와 후벽세포는 기계조직을 구성하는 세포들이다.

43

잎 표피조직의 바깥쪽 표면에 발달하는 각피층을 구성하는 주성분 물질은?

① 큐 틴
② 탄 닌
③ 수베린
④ 리그닌

해설 잎의 표면은 각피(Cuticle)로 덮여 있는데 각피는 지질 유도체의 중합체인 큐틴의 퇴적으로 형성된다.

44

외부의 충격으로부터 식물체를 단단하게 지지하는 기계조직은?

① 동화조직
② 저장조직
③ 유조직
④ 후벽조직

해설 기계조직이 각 부위에 적절하게 배치되어 식물체를 단단하게 지지해 준다. 기계조직으로 세포벽의 비후가 불균일한 후각조직과 고르게 일어나는 후벽조직이 있다.

45

후각세포에 관한 설명으로 옳지 않은 것은?

① 유세포로부터 분화된다.
② 성숙 후에도 살아 있는 세포이다.
③ 세포벽이 불균등하게 비후한다.
④ 세포벽이 탄성을 가져 식물을 보호한다.

해설 후각세포는 유세포로부터 분화되며 세포벽이 불균등하게 비후되어 각진 부분이 생기는 기계조직의 일종으로 살아있는 세포이다. 세포벽이 탄성을 갖는 세포는 후벽세포이다.

46

후벽조직에 관한 설명으로 옳은 것은?

① 살아 있는 후벽세포로 구성된다.
② 목질화된 2차 세포벽을 갖는다.
③ 세포벽이 소성을 가져 식물을 보호한다.
④ 목화 섬유는 일종의 후벽조직이다.

해설 후벽조직은 유세포로부터 분화되지만 성숙해서 죽은 후벽세포로 구성된다. 후벽세포는 골고루 두껍게 비후한 목질화된 2차 세포벽을 갖고 있어 압력이 가해지면 변형되었다가 압력이 없어지면 원래 모양으로 되돌아가는 탄성을 갖는다. 목화 섬유는 후벽조직이 아니고 종피에서 발달한 일종의 털이다.

47

후각조직 세포의 세포벽에 관한 설명으로 옳은 것은?

① 균일하게 비후한다.
② 얇고 소성을 갖는다.
③ 2차벽이 발달한다.
④ 목질화되어 있다.

해설 후각조직의 세포벽은 불균등하게 비후되어 비후 형태가 다양하고 각진 부분이 생긴다. 얇은 1차벽으로 구성되어 유연하고, 목질화되어 있지 않아 팽창과 신장이 가능하다. 보통 펙틴 45%, 헤미셀룰로오스 35%, 셀룰로오스 20%로 구성되어 있으며 소성을 갖는다.

48

동양배 과육에 존재하는 석세포는?

① 저장조직이다.
② 후각조직이다.
③ 후벽조직이다.
④ 유관속조직이다.

해설 배의 과육에 존재하며 아삭아삭한 식감을 주는 석세포는 대표적인 보강세포로 후벽세포의 일종이다.

49

유관속조직의 구성 요소 가운데 뿌리가 흡수한 무기양분을 지상부로 수송해 주는 세포는?

① 물관세포
② 체관세포
③ 동반세포
④ 섬유세포

해설 유관속조직은 물관부와 체관부로 구성되어 있다. 물관부는 뿌리로부터 흡수한 물과 무기양분의 운송 통로이고, 체관부는 광합성으로 생성한 당을 수송하는 통로이다. 물관부에서 통도 요소는 헛물관과 물관이다.

50

물관부에 관한 설명으로 옳지 않은 것은?

① 물과 무기양분의 수송 통로이다.
② 2기 물관부가 목재를 만든다.
③ 유관속 형성층의 안쪽으로 발달한다.
④ 물관은 성숙해도 살아있다.

> **해설** 헛물관과 물관은 성숙하면 죽는데 두껍고 목질화된 2차 세포벽을 가져 붕괴를 막고 식물체를 지지하는 작용을 한다.

52

체관부 조직에 존재하며 체관부 단백질(Phloem protein)과 비슷한 역할을 수행하는 물질은?

① 큐 틴
② 수베린
③ 칼로오스
④ 리그닌

> **해설** 체관세포들은 체관부 단백질과 비슷한 역할을 하는 칼로오스라고 하는 포도당 중합체를 갖고 있다. 칼로오스는 체관부에 상처가 났을 때나 휴면기에 체판의 체공을 막아 물질의 이동을 차단하는 역할을 한다.

51

체관세포에 관한 설명으로 옳은 것은?

① 나자식물에서 볼 수 있다.
② 긴 방추형이며 끝이 뾰족하다.
③ 살아 있어 1차 세포벽만을 가진다.
④ 물질 수송은 주로 측벽의 체지역을 통해 이루어진다.

> **해설** 체관세포는 피자식물에서 볼 수 있다. 방추형이 아니며 끝이 뾰족하지도 않다. 서로 중첩되어 있지 않고 긴 원통형 세포의 위아래 격벽이 서로 연결되어 체관(사관, 篩管, Sieve tube)을 형성한다. 격벽에 넓은 체지역과 직경이 큰 체공을 갖는 체판이 있어 이를 통해 물질 수송이 이루어진다.

PART 02

식물 세포

CHAPTER 01   세포의 조성 성분

CHAPTER 02   세포의 외피 구조

CHAPTER 03   세포 내 소기관

CHAPTER 04   골격 구조와 기질

CHAPTER 05   세포분열과 증식

적중예상문제

● **학습목표** ●

1. 세포의 구성 요소를 원형질, 후형질, 원형질체, 세포질, 시토졸 차원에서 이해하고 세포의 소기관을 기능적으로 이해할 수 있다.

2. 두꺼운 세포벽과 그 안쪽의 얇은 원형질막(세포막)으로 구성된 세포 외피의 구조와 기능에 대해 학습한다.

3. 단막 또는 복막 구조의 세포 내 소기관의 구조와 기능에 대해 학습한다.

4. 세포질 기질 가운데 골격 구조인 미세소관과 미세섬유의 구조와 기능에 대해 학습한다.

5. 세포분열의 종류를 알고 증식 방법과 다양한 조직으로의 기본 분화 원리에 대해 학습한다.

세포의 조성 성분

(1) 세포의 종류

① 세포는 체세포와 생식세포(화분과 배낭)로 구분한다.

② 체세포는 기본적으로 외피 구조, 소기관, 골격 구조, 세포 기질로 구성되어 있다.

(2) 식물 세포의 구성 요소 그림 2-1

구 분		구성 성분(세포 당 평균적인 분포 수) 및 특징
외피 구조		• 세포벽(1), 원형질막(1) • 인접한 세포와의 경계가 되면서 원형질 연락사가 있어 세포들 간의 상호 작용과 연락에 있어서 중요한 기능을 수행함 • 세포벽으로 인해 식물 세포에는 세포 간극이 형성됨 • 세포벽과 원형질 연락사는 식물 세포에서만 볼 수 있음
소기관	복막 구조	• 핵(1), 엽록체(20), 미토콘드리아(200) • 서로 이질적이며 연속성이 없는 두 겹의 단위막으로 싸여 있음 • 모두가 자체 DNA를 가짐 • 엽록체는 식물 세포에서만 볼 수 있음
	단막 구조	• 소포체(1), 골지장치(100), 액포(1), 퍼옥시솜(100) • 기본적으로 한 겹의 막으로 싸여 있음 • 일반적으로 원형질막보다 조금 얇음 • 포상(胞狀)의 구조체로 막(膜), 구(球), 관(管)의 형태를 가짐 • 막의 바깥은 시토졸과 접함 • 액포는 식물 세포에서만 볼 수 있음 • 올레오솜, 글리옥시솜은 특정 기관의 세포에서만 볼 수 있음
골격 구조		• 미세소관(1000), 미세섬유(1000) • 단백질의 집합체로 가역적으로 해리와 결합이 가능함 • 이들은 세포 특이성이 없고 인접 세포 간에 교환도 가능함
세포 기질		• 원형질막과 소기관들 사이에 있는 가용성 투명질 • 물, 당, 녹말, 단백질, 지질, 핵산, 탄닌 등

※ 리보솜은 막 구조체가 아니기 때문에 제외

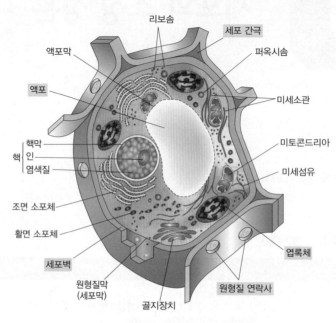

리보솜

세포 간극

액포막

퍼옥시솜

액포

미세소관

핵막
인
염색질
핵

미토콘드리아

미세섬유

조면 소포체

활면 소포체

엽록체

세포벽

원형질막
(세포막)

원형질 연락사

골지장치

그림 2-1 식물 세포의 구성 요소

(3) 세포 구성 요소의 구분

① 원형질(原形質, Protoplasm)과 후형질(後形質, Metaplasm), 원형질체(Protoplast)

원형질	세포가 생길 때부터 있던 세포막, 핵, 소기관을 말함
후형질	• 세포의 활동 결과로 생겨난 세포벽, 액포, 대사산물 등을 말함 • 보통 후형질을 따로 구분하지 않고 원형질막에 싸인 내용물 전체를 원형질이라 함
원형질체	원형질과 이를 둘러싼 원형질막을 합쳐 부르는 용어

② 세포질(細胞質, Cytoplasm)과 시토졸(Cytosol)

세포질	원형질에서 핵을 제외한 나머지 부분
시토졸	세포질에서 소기관들 사이에 있는 가용성의 기질

Level **UP** 이론을 확인하는 문제

평균적으로 한 세포 내에 분포하는 수가 가장 많은 세포 소기관은?

① 핵

② 소포체

③ 엽록체

④ 미토콘드리아

해설 세포 당 평균적인 분포 수는 핵 1개, 소포체 1개, 엽록체 20개, 미토콘드리아 300개 정도이다.

정답 ④

세포의 외피 구조

(1) 세포벽(Cell wall)

PLUS ONE

- 식물 세포는 외측에 두껍고 견고한 세포벽을 형성한다.
- 세포벽 성분과 구조는 종류와 생육 단계에 따라 다르다.

① 세포벽의 구성 성분

세포벽은 원섬유(原纖維, Fibril)와 기질(基質, Matrix)로 구성된 복합체이다.

원섬유	• 글루코오스(포도당)의 중합체인 셀룰로오스로 구성된 섬유 모양의 세포벽 물질 그림 2-2 　－곧은 사슬 모양의 셀룰로오스(섬유소, 포도당의 중합체)가 서로 꼬여 미소원섬유(微少原纖維, Microfibril)를 만듦 　－미소원섬유가 다시 모여 섬유 모양의 원섬유를 형성함 • 세포벽에서 가장 큰 비중을 차지함
기 질	• 원섬유 사이에 존재하며 세포벽을 더욱 단단하게 하는 성분 • 헤미셀룰로오스, 펙틴, 리그닌 등의 다당류와 세포벽 단백질, 지질, 무기염류 등으로 구성됨 • 목재를 형성하는 수목에는 리그닌의 함량이 매우 높음

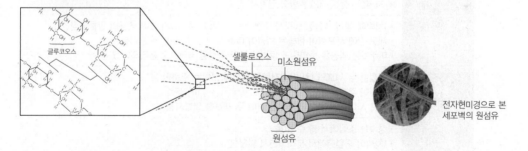

글루코오스 　 셀룰로오스 　 미소원섬유 　 원섬유 　 전자현미경으로 본 세포벽의 원섬유

그림 2-2 원섬유를 구성하는 셀룰로오스 분자

> **식물의 세포벽을 구성하는 성분 가운데 비중이 가장 큰 성분은?**
>
> ① 펙틴
> ② 리그닌
> ③ 셀룰로오스
> ④ 헤미셀룰로오스
>
> **해설** 세포벽은 원섬유와 기질로 구성되어 있다. 원섬유는 포도당 중합체인 셀룰로오스(섬유소) 분자로 구성되며,
> 기질은 헤미셀룰로오스, 펙틴, 리그닌 등의 다당류와 세포벽 단백질, 지질, 무기염류 등으로 구성되어 있다.
> 세포벽 구성 성분 가운데 셀룰로오스가 가장 큰 비중을 차지한다.
>
> **정답** ③

② 세포벽의 기본 구조

ㄱ 1차벽과 2차벽으로 구분하는데 두께는 0.1~1μm로 세포에 따라 차이가 크다.

ㄴ 세포벽에 원형질 연락사와 벽공(壁孔, Pit)이 발달해 인접한 세포와의 연락을 담당한다.

ㄷ 세포와 세포 사이에는 중엽층(中葉層, Middle lamella)과 세포 간극이 있다.

1차벽	세포의 안쪽을 향하여 형성되어 가는데 처음 형성된 벽
2차벽	• 1차벽 안쪽으로 추가로 형성되는 벽 • 미소원섬유의 배열 방향에 따라 S1, S2, S3의 3개 층으로 세분함
원형질 연락사	세포벽으로 차단된 세포 간의 물질 이동을 가능케 함 ※ 자세한 내용은 '(2) 원형질 연락사' 참고
벽공	• 1차벽에 생긴 원형질 연락사 주변에는 2차벽이 발달하지 않아 벽공이 만들어짐 • 세포 간에 세포벽이 함몰된 벽공이 마주 보고 있어 벽공 쌍을 이룸 • 마주보는 벽공은 중엽층과 1차벽으로만 구성된 격막으로 분리되어 있음
중엽층	• 근접한 두 세포의 1차벽이 결합한 부분에 보이는 뚜렷한 층 • 펙틴이 주성분임 • 세포 사이에서 접착제 역할을 하여 두 세포를 결합시킴
세포 간극	• 성숙한 조직에서 볼 수 있음 • 1차벽이 중엽층에서 분리되면서 발달함 • 2개 이상의 세포가 결합한 모서리에서 펙틴이 효소에 의해 분해되면서 발달함

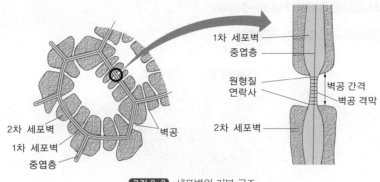

1차 세포벽
중엽층

원형질
연락사

벽공 간격
벽공 격막

2차 세포벽
1차 세포벽
중엽층

벽공

2차 세포벽

그림 2-3 세포벽의 기본 구조

Level UP 이론을 확인하는 문제

( )에 들어갈 내용을 옳게 나열한 것은?

(ㄱ)은 근접한 두 세포의 1차벽이 결합한 부분에 보이는 뚜렷한 층으로 (ㄴ)이 주성분으로 세포 사이에서 접착제 역할을 한다.

① ㄱ : 중엽층, ㄴ : 펙틴
② ㄱ : 중엽층, ㄴ : 큐틴
③ ㄱ : 책상층, ㄴ : 펙틴
④ ㄱ : 책상층, ㄴ : 큐틴

해설 중엽층은 펙틴이 주성분인데 세포벽에서 접착제 역할을 하여 두 세포를 결합시킨다.

정답 ①

③ 세포벽의 주요 기능

식물체의 지지, 형태 유지와 보호	• 세포벽의 주 기능 • 세포벽의 미섬유 사이 또는 표면에 목질소(木質素, Lignin), 목전소(木栓素, Suberin), 각피소(角皮素, Cutin) 등이 퇴적하여 조직을 견고하게 하여 외부 환경의 영향을 완충, 수분과 병원균의 출입을 제한함 • 외액보다 삼투퍼텐셜이 높아 세포액의 팽압이 증가할 때, 세포벽에 의해 형성되는 벽압이 작용하기 때문에 팽압을 견딜 수 있음
세포의 기능 특수화	세포벽은 가소성을 가지는 후각세포처럼 구조와 기능이 특수화되기도 함
식물의 운동 조절	세포벽에 따라서는 탄성을 가지기 때문에 팽압 변화에 의한 식물의 운동(기공 개폐 등)이 가능함
세포와 세포 사이의 상호 연락	두꺼운 세포벽에는 무수히 많은 벽공과 원형질 연락사가 있어 세포 간의 물질 투과와 정보 교환이 가능함

(2) 원형질 연락사(原形質連絡絲, Plasmodesma)

① 원형질 연락사의 구조 및 특징 [그림 2-4]

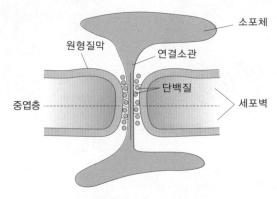

그림 2-4 원형질 연락사

㉠ 1차 세포벽을 가로 질러 이웃해 있는 2개의 세포 사이를 연결하는 작은 구멍이다.

㉡ 직경은 작지만 수는 대단히 많은데 주로 1차 세포벽의 벽공 지역에 많이 분포한다.

㉢ 2차벽에서는 벽공에만 남는다.

㉣ 가운데에 소포체와 연속되어 있는 연결소관(Desmotubule)이 원형질막으로 싸여있다.

㉤ 연결소관과 원형질막 사이에 물질 통과를 조절하는 구형 또는 사상체 단백질이 있다.

㉥ 세포 내 소기관들은 이동하지 못하고 RNA와 같은 크기의 분자들만이 이동이 가능하다.

㉦ 식물 세포는 원형질 연락사가 있어 세포 간의 원형질체가 연결되므로 식물체의 모든 원형질은 하나
로 연결되어 있다고 볼 수 있다.

② 심플라스트(Symplast, 전원형질)와 아포플라스트(Apoplast, 전세포벽)

심플라스트	• 한 식물체 안에 있는 원형질 전체 • 원형질 연락사를 통한 물질의 수송을 심플라스트 수송이라 함
아포플라스트	• 한 식물체에서 전원형질을 둘러싸고 있는 공간과 세포벽의 통칭 • 세포벽의 모세관과 세포 간극을 통해서도 물질의 수송이 가능함 • 이들 공간을 통한 물질의 수송을 아포플라스트 수송이라 함 • 가스의 신속한 확산에 매우 중요한 공간임

( )에 들어갈 내용을 옳게 나열한 것은?

> 원형질 연락사는 원형질막과 (ㄱ) 사이에 물질 통과를 조절하는 구형 또는 사상체 단백질을 가지며 이
> 공간을 통한 물질 수송을 (ㄴ) 수송이라 한다.

① ㄱ : 튜불린(Tubulin), ㄴ : 아포플라스트(Apoplast)

② ㄱ : 데스모튜블(Desmotubule), ㄴ : 아포플라스트

③ ㄱ : 튜불린, ㄴ : 심플라스트(Symplast)

④ ㄱ : 데스모튜블, ㄴ : 심플라스트

해설 원형질 연락사의 가운데에 데스모튜블(Desmotubule)있고 원형질막과의 공간을 통해 물질 수송이 이루어질
수 있는데 이를 심플라스트 수송이라 한다.

정답 ④

(3) 원형질막(Plasma-membrane)

① 세포벽 안쪽에서 원형질을 둘러싸는 막구조이다.

② 세포막(Cell membrane)이라고도 하는데 세포막은 세포 내 소기관을 감싸는 막의 개념도 포함된다.

③ 원형질막의 구조적 특징

　㉠ 원형질막의 두께는 평균 7~9nm이다.

　㉡ 구성 성분은 인지질 60~80%, 단백질이 20~40%이다.

　㉢ 원형질막의 구조는 유동모자이크 모델(Fluid mosaic model)로 설명한다(그림 2-5).

　　• 친수성 머리와 소수성 꼬리로 구분되는 인지질이 이중으로 배열

　　• 움직이는 액체의 성질을 띠는 인지질 '바다'에 띄엄띄엄 떠다니는 단백질이 모자이크 모양을 연상
시켜 원형질막의 구조를 유동모자이크 모델로 설명하고 있음

　　• 막의 중요한 기능은 대부분 구성 단백질에 의해 조절

내재성 단백질	• 인지질 이중층 안에 박혀 있는 단백질 • 양쪽 끝이 막 밖으로 나와 있음 • 세포벽 쪽으로 탄수화물의 짧은 사슬이 결합되어 있는 것도 있음 • 내재성 단백질은 운반체, 채널, 펌프 등의 역할을 함
표재성 단백질	• 인지질 이중층 막 표면에 붙어 있는 단백질 • 막 표면이나 내재성 단백질의 친수성 부위와 이온결합이나 수소결합으로 붙어 있다가 필요 한 경우에 해리됨 • 골격 구조와 상호 작용하여 세포벽 생성에 관여함

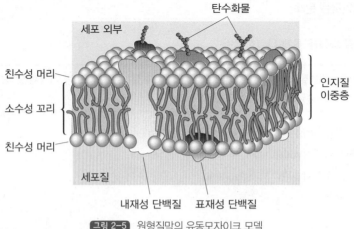

친수성 머리

소수성 꼬리

친수성 머리

세포 외부

탄수화물

세포질

내재성 단백질   표재성 단백질

인지질
이중층

그림 2-5   원형질막의 유동모자이크 모델

④ 원형질막의 주요 기능

　ⓐ 외부와의 경계막으로 화학적 신호를 전달한다.

　ⓑ 물질을 인식하고 선택적으로 투과시킨다.

　ⓒ 고분자 물질의 내외 출입을 제한한다.

　ⓓ 세포벽과 교차 결합하여 세포벽 성분의 합성과 세포벽 형성에 관여한다.

　ⓔ 특히 원형질막에는 섬유소를 합성하는 효소 복합체가 분포한다.

Level UP 이론을 확인하는 문제

원형질막을 구성하는 단백질에 관한 설명으로 옳지 않은 것은?

① 위치가 고정되어 있다.

② 운반체, 채널, 펌프의 역할을 한다.

③ 세포벽 생성에 관여한다.

④ 골격 구조와 상호 작용한다.

해설 원형질막의 주 구성 성분은 인지질과 단백질인데 단백질은 모자이크 모양을 형성하면서 인지질 바다를 떠다니는 유동성을 나타낸다.

정답 ①

세포 내 소기관

(1) 복막 구조체

PLUS ONE

- 두 겹의 단위막으로 싸여 있는 구조체이다.
- 핵, 엽록체, 미토콘드리아가 해당된다.

① 핵(核, Nucleus)

    ㉠ 구형을 띠며 직경이 10μm 정도이고 핵막으로 싸여 있다.

- 외막은 소포체 막과 연결되어 있다.
- 내막은 핵라미나라고 하는 지지 섬유들의 네트워크와 연결되어 있다.
- 내막과 외막 사이에는 20~40nm 떨어진 핵막 공간이 있다.

    ㉡ 핵 안에는 핵질(Nucleoplasm), 염색체(Chromosome), 인(仁, 핵소체, Nucleolus)이 있다.

    ㉢ 핵막에 핵공(Nuclear pore)이 있어 핵과 세포질 사이의 물질 이동이 가능하다.

핵 질	• DNA, RNA, 효소, 단백질, 물 등을 포함한 핵 기능에 필요한 물질 • 단백질이 가장 큰 비중을 차지함 • DNA와 RNA의 함량비는 식물의 종류와 기관에 따라 다름
염색체	• 단백질(히스톤, Histone)과 DNA로 구성됨 • 종에 따라 모양과 수가 다름 • 평상시 실모양의 염색사(染色絲) 또는 염색질(染色質, Chromatin)로 흩어져 있음
인	• 섬유 뭉치 모양을 한 염색체의 일부분 • 리보솜을 구성하는 rRNA(리보솜RNA)를 생산함 • rRNA는 세포질로 빠져 나와 특정 단백질과 결합하여 리보솜을 만듦

핵 공	• 서로 다른 단백질이 팔각형으로 배열된 핵공 복합체(Nuclear pore complex, NPC)로 이루어짐
	• 지름이 70~150nm 정도로 핵과 세포질 사이 물질 수송에 관여함
	  – 크기가 작은 물질은 NPC에 있는 확산 채널을 통해 수동적으로 수송됨
	  – 크기가 큰 물질 수송은 에너지를 이용하는 능동적 수송에 의해 일어남
	  – 특히 핵 안에서 만들어진 수많은 mRNA가 핵공으로 나옴

    ㉣ 핵은 세포의 중앙에 위치하지만 성숙하면서 액포에 밀려 원형질막 근처로 이동한다.

핵에 관한 설명으로 옳지 않은 것은?

① 외막은 소포체 막과 연결되어 있다.

② 핵 내 염색체는 평상시 실모양의 염색사로 흩어져 있다.

③ 핵질 가운데 함량이 가장 많은 물질은 DNA이다.

④ 핵 내 인(핵소체)은 리보솜을 구성하는 rRNA를 생산한다.

해설 핵질 가운데 함량이 가장 많은 물질은 단백질이다.

정답 ③

② 엽록체(葉綠體, Chloroplast)

　㉠ 접시 또는 볼록렌즈 모양이며 크기는 폭 $1\mu m$, 지름 $5 \sim 8\mu m$ 정도이다.

　㉡ 1개의 엽육세포에 보통 100여 개가 들어있다.

　㉢ 막의 이중층을 구성하는 성분은 대부분이 당지질이다.

　㉣ 내막과 외막은 구조와 기능이 서로 다르다.

　　• 외막은 용질이 자유롭게 통과하나 내막은 선택성이 높다.

　　• 내막의 분화로 엽록체 내부는 막포와 스트로마(Stroma)로 구분할 수 있다(그림 2-6).

막 포	• 기본 구성단위는 얇은 동전 모양의 틸라코이드(Thylakoid)임 • 틸라코이드막에서 광합성의 명반응(광화학 반응)이 일어남 • 틸라코이드막에 엽록소와 보조색소가 단백질과 복합체를 형성하고, 전자 전달계, ATP 합성 효소 등이 정교하게 기하학적으로 배열되어 있음 • 틸라코이드가 겹겹이 쌓여 그라나(Grana)를 형성함(엽록체당 50여 개) • 그라나 구조 안의 공간을 틸라코이드 루멘(Rumen)이라 하는데, 여기에는 양성자(H^+)가 축적되어 있음 • 그라나는 스트로마 라멜라(Stroma lamella)라고 부르는 비중첩 틸라코이드에 의해 연결되어 있음
스트로마	• 틸라코이드를 둘러싸고 있는 액상의 기질, 또는 그 공간 • 광합성의 암반응에 필요한 각종 효소가 있음 • 독자적인 DNA와 리보솜이 있어 RNA와 단백질을 합성하고 엽록체 증식에 관여함

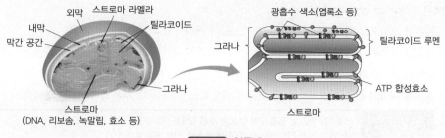

그림 2-6 엽록체

ⓜ 엽록체의 주요 기능은 광합성 작용이다.

- 질소, 유황 등의 동화 작용도 엽록체에서 일어난다.
- 아미노산, 지방산, ABA, 포르피린 등도 합성한다.
- 녹말립을 일시적으로 저장하기도 한다.

+ PLUS ONE

전색소체(Proplastid)와 백색체(Leucoplast)

- 어린 세포에는 전색소체가 있다.
- 전색소체가 빛을 받으면 엽록체가 되고, 어두운 조건에서는 백색체가 된다.
- 주로 백색체는 저장 조직에서 녹말을 저장한다.
- 전색소체는 잡색체로 발달하여 여러 가지 색소를 함유하기도 한다.

Level UP 이론을 확인하는 문제

엽록체 틸라코이드 막에 관한 설명으로 옳은 것은?

① 내막의 분화로 형성된다.

② 광합성 색소를 갖는다.

③ 겹겹이 쌓여 그라나를 형성한다.

④ 캘빈회로에 관여하는 효소를 갖는다.

해설 광합성의 암반응 과정을 캘빈회로로 설명하는데 이 반응은 기질 스트로마에서 일어난다.

정답 ④

③ 미토콘드리아(Mitochondria)

　㉠ 원통형 모양으로 엽록체보다 크기(0.5~2μm)가 작다.

　㉡ 세포당 개수는 엽록체 수보다 훨씬 많다.

　㉢ 외막은 미끈하며 막공이 있다.

　㉣ 내부는 내막의 돌출로 크리스타(Crista)와 매트릭스(Matrix)로 구분된다(그림 2-7).

크리스타	• 내막이 안으로 돌출하여 형성된 주름 모양의 막 구조 • 막의 70%가 단백질로 호흡 관련 효소와 전자 전달계가 있음 • 막 주름은 표면적을 넓혀 ATP 생산 효율을 높여줌 　– 막이 양성자(H^+) 이동을 차단하며 내외의 전기화학적 농도 기울기를 유지함 　– 막의 ATP 합성효소가 H^+의 막관통 효소로 작용하면서 ATP를 합성함
매트릭스	• 크리스타 안쪽에 액상의 기질을 담고 있는 공간 • 크렙스 회로에 관여하는 각종 효소를 함유함 • 자체 DNA와 리보솜을 갖고 있어 단백질을 합성함 • 자기 증식이 가능함

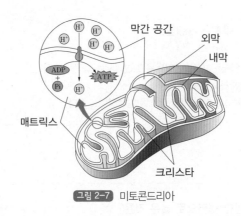

그림 2-7 미토콘드리아

미토콘드리아의 막구조 크리스타에 관한 설명으로 옳은 것은?

① 내막의 돌출로 형성된다.　　　　② 전자 전달계가 존재한다.

③ ATP 생산에 관여한다.　　　　　④ 크렙스 회로에 관여하는 효소를 갖는다.

해설 호흡 과정 중에 크렙스 회로는 미토콘드리아의 매트릭스에서 일어난다.

정답 ④

(2) 단막 구조체

- 한 겹의 단위막으로 싸여있는 구조체이다.
- 소포체, 골지장치, 퍼옥시솜, 올레오솜, 글리옥시솜, 액포가 해당한다.
- 리보솜은 막 구조체가 아니지만 소포체와 밀접하게 연관되어 있다.

① 리보솜(Ribosome), 소포체(小胞體, Endoplasmic reticulum ; ER), 골지장치(Golgi apparatus, 이탈리아의 Golgi가 발견) 그림 2-8 .

리보솜	• 단백질과 RNA로 구성된 과립 • 소포체에 붙어있거나 세포질에 유리된 상태로 분포함 • 핵, 엽록체 또는 미토콘드리아 안에서도 발견됨 • 아미노산이 결합되어 단백질을 합성하는 장소임 • 일부 세포에서는 폴리리보솜(Polyribosome)이 발견되는데, 이곳에서는 다량의 단백질이 합성됨
소포체	• 원형질막에서 돌출하여 핵막까지 연결된 얇고 긴 주머니 모양의 낭(囊, 시스티네, Cisternae) • 조면 소포체(Rough ER)와 활면 소포체(Smooth ER)로 구분됨 <table><tr><td>조면 소포체</td><td>• 막의 표면에 리보솜이 붙어 있는 소포체 • 리보솜과 단백질을 합성하여 분비함</td></tr><tr><td>활면 소포체</td><td>• 리보솜이 붙어 있지 않은 관상 모양의 소포체 • 지질 합성과 막 조립의 기능에 관여함</td></tr></table> • 원형질 연락사를 통한 세포 간 물질 수송에도 관여함

골지장치	• 세포 내 딕티오솜(Dictyosome)의 집합체
	• 동물 세포에서는 이 딕티오솜을 골지체(Golgi body)라고 함
	• 양끝이 부푼 낭구조(시스티네)가 여러 개 겹쳐져 있는 모양임
	• 소포체에서 분비하는 단백질을 가공하고 농축하여 저장함
	• 저장 물질을 변형시켜 새로운 물질을 합성함
	• 세포벽 물질을 합성함
	  – 탄수화물을 합성하고 단백질과 결합시켜 탄수화물–단백질의 복합체를 만듦
	  – 탄수화물–단백질 복합체가 작은 알갱이(Vesicle) 형태로 세포벽으로 이동하여 세포벽 합성에 이용됨

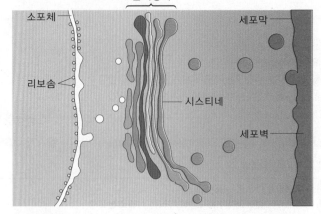

골지장치

소포체

리보솜

세포막

시스티네

세포벽

그림 2-8 리보솜, 소포체, 골지장치 그리고 세포벽의 상호 작용

② 퍼옥시솜(Peroxisome), 올레오솜(Oleosome), 글리옥시솜(Glyoxysome)

퍼옥시솜	• 작은 알갱이 형태를 보임 • 광호흡으로 생긴 글리콘산을 받아들이고 산화 과정에서 과산화수소(H_2O_2, Peroxide)를 생성시킴 • 카탈라제(Catalase)라는 효소가 있어 식물체에 해로운 과산화수소를 물과 산소로 분해함 • 광호흡과 관련이 있어 엽록체, 미토콘드리아와 공간적으로 밀접하게 배열되어 있음
올레오솜	• 스페로솜(Spherosome), 지질체(Lipid body), 유체(Oil body) 또는 기름방울이라고도 함 • 종자의 발달 과정에서 소포체에서 합성된 중성지방을 저장하는 소기관임 • 기관 자체가 소포체에서 유래하는데 반단위막(Half-unit membrane)인 인지질 단일층으로 둘러싸여 있음 • 반단위막에 올레오신(Oleosin)이라는 단백질이 분포되어 있어 올레오솜이 서로 융합하지 않음 • 종자가 발아할 때 중성지방이 지방산으로 분해되어 글리옥시솜으로 들어감

글리옥시솜	• 지방이 저장된 종자나 어린식물에서 볼 수 있으며 성장하면서 없어짐
	• 올레오솜에서 유래한 지방산을 산화시키는 소기관임
	   – 지방산이 아세틸-CoA를 거쳐 숙신산을 생성함
	   – 숙신산은 미토콘드리아로 들어가 말산을 만듦
	   – 말산은 세포질로 나가 당으로 전환되어 종자의 발아와 유식물의 생장에 이용됨
	• 지방이 당으로 전환되는 데 있어서 기능을 효과적으로 수행하기 위해 글리옥시솜, 미토콘드리아와 밀접하게 공간적으로 배열되어 있음

③ 액포(液胞, Vacuole)

  ㉠ 액포막(Tonoplast)으로 둘러싸여 있다.

  ㉡ 어린 세포는 작은 액포를 많이 갖고 있다.

  ㉢ 성숙 세포의 90% 이상은 액포가 차지한다.

- 세포가 커갈 때 비례적으로 자라지 못한 소기관들에 의해 생긴 빈 공간을 작은 액포들이 융합하여 만든 큰 액포가 차지한다.
- 최종적으로는 하나의 액포가 세포의 대부분을 차지하게 된다.
- 성숙 세포의 소기관들은 액포에 밀려 원형질막 주변에 몰려 있게 된다.

ⓔ 영양 물질과 노폐물 등 여러 가지 대사산물을 저장하는 작용을 한다.

- 식물은 노폐물을 배출하는 구조가 없고 액포에 영구히 저장한다.
- 액포는 안토시아닌과 같은 수용성 색소의 집적 장소이다.
- 액포는 늙고 병든 소기관들을 흡수하여 효소로 분해시킨다.
- 고분자 화합물을 분해하여 축적하고 재사용하는 작용도 한다.

Level **UP** 이론을 확인하는 문제

한 겹의 단위막으로 둘러싸여 있는 세포의 구성 요소는?

① 핵

② 엽록체

③ 액 포

④ 리보솜

해설 세포의 소기관은 단막과 복막 구조체로 구분할 수 있다. 핵, 엽록체, 미토콘드리아는 복막 구조체이고, 액포는 단막 구조체이다. 리보솜은 단백질과 RNA로 구성된 과립이다.

정답 ③

CHAPTER 04

골격 구조와 기질

(1) 골격 구조

① 세포벽 물질을 갖고 있는 소낭들을 원형질막의 특정 부분으로 유도하여 세포벽 합성에 관여한다.

② 미세소관(Microtuble)과 미세섬유(Microfilament)가 있다.

미세소관		• 튜불린(Tubulin)이라는 구형의 단백질 이량체(α와 β)가 나선형으로 중합 배열하여 만든 가운데가 빈 곧은 관 • 가늘고 긴 원통형 구조로 지름은 대략 25nm이나 길이는 다양함 • 세포질과 핵의 기질에 들어 있음
	세포질 미세소관	• 원형질막의 안쪽에 위치하여 세포벽 합성 물질의 정열에 관여함 • 세포벽 물질이 들어있는 소낭들을 원형질막의 특정한 부분으로 가도록 하거나 접근하지 못하도록 막아줌 • 원섬유의 배열을 조절하여 세포의 생장 방향을 조절함
	핵 미세소관	• 세포가 분열할 때 염색체의 이동과 세포판 형성에 관여함 • 튜불린이 식물성 알칼로이드와 특이적으로 결합하는 특성이 있음 알칼로이드의 일종인 콜히친을 처리하면 미세소관이 형성되지 않아 염색체가 배수화됨
미세섬유		• 수축성 단백질인 액틴(Actin) 단량체가 중합화하여 생긴 긴 2가닥의 섬유가 이중 나선으로 꼬인 구조체 • 지름은 5~7nm 정도임 • 미세소관과 마찬가지로 세포벽 형성에 관여하며, 특히 화분관이 신장할 때 정단의 새로운 세포벽 형성 부위로 소낭을 인도함 • 세포 원형질 유동의 원동력이 되며 운동 방향에 영향을 줌 • 체관부 단백질(P-protein)은 미세섬유의 일종으로 체관의 체공을 막아 물질 수송을 조절함

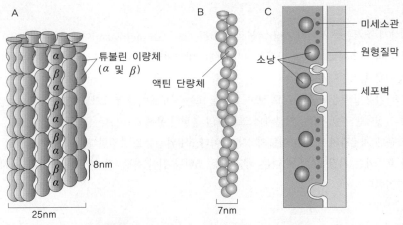

그림 2-9 미세소관(A)과 미세섬유(B)의 구조와 기능(C)

( )에 들어갈 내용을 옳게 나열한 것은?

미세소관은 (ㄱ)이라는 구형의 단백질 이량체가 나선형으로 중합 배열하여 만든 관이고, 미세섬유는 수축성 단백질인 (ㄴ) 단량체가 중합화하여 생긴 긴 2가닥의 섬유가 이중 나선으로 꼬인 구조체이다.

① ㄱ : 데스모튜블(Desmotubule), ㄴ : 튜불린(Tubulin)

② ㄱ : 튜불린, ㄴ : 액틴(Actin)

③ ㄱ : 액틴, ㄴ : 미오신(Myosin)

④ ㄱ : 미오신, ㄴ : 데스모튜블

해설 미세소관은 튜불린, 미세섬유는 액틴으로 구성된 세포 내 골격 구조이다.

정답 ②

(2) 세포 기질

① 세포질에서 소기관들 사이의 가용성 물질을 기질(基質, Groundplasm)이라 한다.

② 소기관을 막 구조체로 본다면 리보솜, 미세소관, 미세섬유도 기질에 포함되어야 하지만, 관찰되는 구조체이기 때문에 기질에서 제외한다.

③ 무구조의 가용성 부분만을 기질로 보고 투명질 또는 시토졸이라 부르기도 한다.

④ 세포의 기질에는 각종 이온, 저분자와 고분자의 물질이 용해되어 있다.

⑤ 기질 가운데 저분자와 이온은 세포의 삼투압이나 pH 완충능을 조절한다.

⑥ 다양한 효소계는 기질에서 일어나는 해당 작용, 5탄당 인산 회로, 당 형성 대사 작용 등 세포의 기초 대사에 관여한다.

Level UP 이론을 확인하는 문제

세포 내 구성 요소인 골격 구조에 관한 설명으로 옳지 않은 것은?

① 세포벽 물질을 갖고 있는 소낭을 원형질막의 특정 부위로 유도한다.

② 미세소관은 데스모튜블(Desmotubule)이라는 단백질로 구성되어 있다.

③ 콜히친을 처리하면 미세소관이 형성되지 않는다.

④ 체관부 단백질(P-protein)은 미세섬유의 일종이다.

해설 세포 내 구성 성분으로 미세소관과 미세섬유가 골격 구조에 해당한다. 미세소관은 튜불린(Tubulin)이라는 구형의 단백질 이량체(α와 β)가 나선형으로 중합 배열하여 만든 가운데가 빈 곧은 관이고 미세섬유는 액틴 단량체의 중합체이다. 체관부 단백질은 미세섬유의 일종이다. 데스모튜블(Desmotubule)은 원형질 연락사 가운데에 소포체와 연속되어 있는 연결소관을 말하며 원형질막으로 싸여있다.

정답 ②

세포분열과 증식

PLUS ONE

세포는 분열하여 똑같은 낭세포(딸세포)를 만들어 증식한다.

(1) 세포분열

체세포분열	• 체세포는 세포 주기를 반복하면서 분열함 • 세포 주기가 진행되는 과정에서 분화가 일어나 더 이상의 분열이 일어나지 않는 경우도 있음 • 체세포분열로 생겨난 2개의 낭세포는 염색체 수와 유전적 조성이 같음 식물은 하나의 접합체 세포에서 출발하였기 때문에 식물을 구성하는 수많은 세포는 동일한 염색체와 유전적 조성을 가짐
감수분열	• 생식기관인 꽃의 약과 배낭에서는 모세포의 감수분열로 핵상이 반수체(n)인 배우자세포(생식세포, 화분과 배낭)가 만들어짐 • 생식세포들은 염색체 수는 동일하지만 유전자 조성은 서로 다름 • 유전적 조성이 다른 생식세포를 만든다는 점이 감수분열의 존재 의미임

(2) 세포 증식

① 식물 세포는 체세포분열로 증식하면서 조직과 기관을 형성한다.

② 식물체에서는 분열의 축과 방향이 일정한 질서정연한 생장을 하게 된다.

③ 식물의 세포분열은 기준면과의 방향에 따라 수층분열(垂層分裂, Anticlinal division)과 병층분열(竝層 分裂, Periclinal division)로 구분한다(그림 2-10).

수층분열	• 어떤 기준면에 대하여 분열면이 직교하는 세포분열 • 쌍자엽식물의 생장점에서 외의층 세포나 엽원기의 표피세포는 표피를 기준면으로 했을 때 직교하는 수층분열에 의해서만 증식함
병층분열	• 기준면에 대하여 분열면이 평행하게 일어나는 세포분열 • 외의내층으로부터 엽원기가 또는 내초로부터 측근 원기가 발달할 때는 표피에 평행한 병층분열을 함 • 형성층이 방사 방향으로 세포를 증식하거나 기관이 두께를 증대시킬 때 일반적으로 병층분열함
캘러스	• 분열조직에서 분열의 축이 없이 무방향으로 세포가 분열하여 형성한 일정한 형태가 없는 세포 덩어리 • 조직 배양에서 캘러스(Callus)가 생김 • 식물체가 상처를 입었을 때도 상처 주변에 캘러스(유상조직 또는 유합조직)가 생김

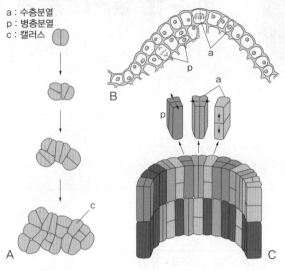

a : 수층분열
p : 병층분열
c : 캘러스

B

a

p

a

C

A

그림 2-10 캘러스 형성(A), 수층분열과 병층분열(B, C)

표피를 기준으로 했을 때 측근 원기가 내초로부터 발달할 때의 세포분열 방식은?

① 감수분열

② 단층분열

③ 병층분열

④ 수층분열

해설 식물의 세포분열은 기준면과의 방향에 따라 수층분열과 병층분열로 구분한다. 측근 원기가 내초로부터 발달할 때는 표피에 평행한 병층분열을 한다.

정답 ③

01

동물 세포에는 없고 식물 세포에서만 볼 수 있는 것은?

① 핵
② 리보솜
③ 엽록체
④ 미토콘드리아

해설 동물 세포와는 달리 식물 세포는 세포벽이 있어 세포 간에 간극이 형성되고, 이로 인해 세포 간의 연결 통로로 원형질 연락사를 갖는다. 또한 광합성을 위한 엽록체가 있으며 분비 구조를 가지고 있지 않아 노폐물 저장을 위한 액포를 갖는다.

02

복막 구조의 세포 내 소기관을 모두 고른 것은?

ㄱ. 핵	ㄴ. 액 포
ㄷ. 소포체	ㄹ. 엽록체
ㅁ. 미토콘드리아	

① ㄱ, ㄴ, ㄷ
② ㄴ, ㄷ, ㄹ
③ ㄷ, ㄹ, ㅁ
④ ㄱ, ㄹ, ㅁ

해설 식물 세포의 소기관 가운데 핵, 엽록체, 미토콘드리아는 복막 구조체이고, 소포체, 골지장치, 액포, 퍼옥시솜은 단막 구조체이다.

03

세포벽의 구성 성분에 관한 설명으로 옳은 것은?

① 셀룰로오스와 헤미셀룰로오스가 서로 꼬여 원섬유를 만든다.
② 셀룰로오스는 포도당의 중합체이다.
③ 인지질 이중층이 여러 겹으로 겹쳐 있어 두껍다.
④ 목재를 형성하는 수목에는 펙틴의 함량이 제일 높다.

해설 세포벽은 원섬유와 기질로 구성되어 있다. 원섬유는 포도당 중합체인 셀룰로오스(섬유소) 분자로 구성되며, 기질은 헤미셀룰로오스, 펙틴, 리그닌 등의 다당류와 세포벽 단백질, 지질, 무기염류 등으로 구성되어 있다. 세포벽 구성 성분 가운데 셀룰로오스가 가장 큰 비중을 차지한다.

04

( )에 들어갈 내용을 옳게 나열한 것은?

> 세포벽은 원섬유와 기질로 구성된 복합체이다. 원섬유는 (ㄱ)의 중합체인 (ㄴ)로/으로 구성된 섬유 모양의 세포벽 물질로 세포벽에서 가장 큰 비중을 차지한다.

① ㄱ : 글루코오스, ㄴ : 셀룰로오스
② ㄱ : 프럭토오스, ㄴ : 셀룰로오스
③ ㄱ : 글루코오스, ㄴ : 리그닌
④ ㄱ : 프럭토오스, ㄴ : 리그닌

해설 세포벽의 원섬유는 글루코오스(포도당)의 중합체인 셀룰로오스(섬유소)로 구성된 섬유 모양의 세포벽 물질이다.

05

식물에서 볼 수 있는 원형질 연락사가 위치하는 곳은?

① 소포체막   ② 원형질막
③ 세포벽   ④ 액포막

해설 원형질 연락사와 벽공이 세포벽에 발달되어 있어 인접한 세포 간의 연락을 담당한다. 원형질 연락사는 1차 세포벽을 가로질러 이웃한 두 세포를 연결한다.

06

세포벽에 관한 설명으로 옳지 않은 것은?

① 세포벽에 원형질 연락사가 있어 세포 간에 물질 이동이 가능하다.
② 세포벽은 세포의 바깥쪽으로 형성되어 간다.
③ 세포벽으로 인해 세포 간극이 발달한다.
④ 세포 간에 벽공은 마주 보고 있어 벽공 쌍을 이룬다.

해설 세포벽은 세포의 안쪽으로 형성되어 간다.

07

원형질 연락사에 관한 설명으로 옳지 않은 것은?

① 1차 세포벽의 벽공 지역에 많이 분포한다.
② 연결소관(Desmotubule)이 소포체와 연결되어 있다.
③ 연결소관과 원형질막 사이에 구형 또는 사상체 단백질이 있다.
④ 세포 내 소기관들의 세포 간 이동 통로이다.

해설 세포 내 소기관들은 원형질 연락사를 통과하여 이동하지 못하고 RNA와 같은 크기의 분자들만이 이동할 수 있다.

08

세포막을 구성하는 주요 성분은?

① 펙틴과 리그닌
② 셀룰로오스와 헤미셀룰로오스
③ 왁스와 수베린
④ 인지질과 단백질

해설 식물의 세포막은 인지질 이중층에 단백질이 군데군데 박혀 있는 구조로 반투성막으로 선택적 투과성을 가진다.

09

세포막에 관한 설명으로 옳지 않은 것은?

① 외부와의 경계막으로 화학적 신호를 전달한다.
② 세포벽 성분의 합성에 관여한다.
③ 인지질 이중층 구조를 하고 있다.
④ 크기가 작은 이온은 쉽게 통과시킨다.

해설 세포막은 반투성막으로 이온에 대하여 선택적 투과성을 가진다.

10

세포를 구성하는 성분 가운데 유동모자이크 모델 구조를 띠고 있는 것은?

① 세포막
② 세포벽
③ 스트로마
④ 매트릭스

해설 세포막은 인지질 이중층에 단백질 분자들이 띄엄띄엄 모자이크 모양으로 떠 있는 형태로 인지질의 바다에 떠다니는 단백질 빙산의 모습을 연상시키는 유동모자이크 모델 구조를 하고 있다.

11

엽록체에 관한 설명으로 옳지 않은 것은?

① 두 겹의 단위막으로 싸여 있다.
② 막 이중층의 주성분은 당지질이다.
③ 스트로마에 엽록소가 들어있다.
④ 독자적인 DNA를 갖고 있다.

해설 엽록체는 당지질이 주성분인 두 겹의 단위막으로 싸여있다. 내부는 내막의 분화로 막포와 스트로마로 구분할 수 있다. 막포의 구성단위가 틸라코이드막이며 광합성의 명반응에 관여하는 색소(엽록소, 카로티노이드)와 단백질이 박혀있다. 스트로마에는 암반응에 필요한 각종 효소가 들어있고, 또한 독자적인 DNA를 갖고 있어 자체 증식이 가능하다.

12

엽록체 내에서 광합성 색소인 엽록소가 위치하는 장소는?

① 루 멘   ② 스트로마
③ 외 막   ④ 틸라코이드막

해설 엽록체 내 막포의 구성단위가 틸라코이드막이며 광합성의 명반응에 관여하는 색소(엽록소, 카로티노이드)와 단백질이 박혀있다.

13

보기 중 엽록체에서 일어나는 대사 작용을 모두 고른 것은?

| ㉠ 광합성 | ㉡ 질소 동화 |
| ㉢ ABA 합성 | ㉣ 지방산 합성 |

① ㉠   ② ㉠, ㉡
③ ㉠, ㉡, ㉢   ④ ㉠, ㉡, ㉢, ㉣

해설 엽록체에서 광합성, 질소, 유황 등의 동화 작용은 물론 아미노산, 지방산, ABA, 포르피린 등이 합성된다. 또한 녹말립을 일시적으로 저장하기도 한다.

14

미토콘드리아에 관한 설명으로 옳은 것은?

① ATP를 분해하는 장소이다.
② 기질을 스트로마라 한다.
③ 세포당 개수가 엽록체 수보다 훨씬 적다.
④ 자기 증식이 가능하다.

해설 미토콘드리아는 원통형으로 엽록체보다 작지만 세포당 개수는 엽록체수보다 훨씬 많다. 내막이 안으로 돌출하여 크리스타를 형성하는데 그 안쪽에 액상의 기질을 담고 있는 공간을 매트릭스라고 한다. 크리스타 막에는 호흡에 필요한 효소와 전자전달계가 자리 잡고 있어 ATP의 생산 능력을 높여준다. 매트릭스에는 크렙스 회로에 관여하는 각종 효소와 함께 자체 DNA와 리보솜을 갖고 있어 단백질을 합성하고 자기 증식이 가능하다.

15

식물의 세포를 구성하는 요소 가운데 자체 DNA를 갖고 있지 않은 소기관은?

① 핵
② 엽록체
③ 미토콘드리아
④ 소포체

해설 식물 세포를 구성하는 소기관 가운데 자체 DNA를 갖고 있는 것은 핵, 엽록체, 미토콘드리아이다.

16

세포 내에서 단백질이 합성되는 장소는?

① 리보솜
② 리소솜
③ 퍼옥시솜
④ 글리옥시솜

해설 리보솜은 단백질과 RNA로 구성된 과립이다. 이곳에서 아미노산이 결합되어 단백질이 합성된다.

17

리보솜에 관한 설명으로 옳지 않은 것은?

① 한 겹의 단위막으로 싸여있다.
② RNA와 단백질로 구성되어 있다.
③ 핵 안에서도 발견된다.
④ 단백질을 합성하는 장소이다.

해설 리보솜은 막 구조체가 아니라 단백질과 RNA로 구성된 과립이다.

18

조면 소포체에 관한 설명으로 옳지 않은 것은?

① 한 겹의 단위막으로 싸여있다.
② 막의 표면에 리보솜이 붙어 있다.
③ 지질 합성과 막 조립의 기능에 관여한다.
④ 원형질막에서 돌출하여 핵막까지 연결되어 있다.

해설 지질 합성과 막 조립의 기능에 관여하는 하는 소포체는 활면 소포체이다.

19

세포 내 소기관인 소포체에 관한 설명이다. (   )에 들어갈 말을 순서대로 나열한 것은?

> 막의 표면에 리보솜이 붙어 있는 (   ) 소포체는 (   )을 합성하여 분비한다.

① 조면, 단백질
② 활면, 단백질
③ 조면, 지질
④ 활면, 지질

해설 리보솜이 붙어 있지 않은 활면 소포체는 관상의 모양으로 지질 합성과 막 조립에 관여한다.

20

세포 내 소기관인 골지장치에 관한 설명으로 옳지 않은 것은?

① 세포 내 딕티오솜(Dictyosome)의 집합체를 말한다.
② 양끝이 부푼 낭 구조가 여러 개 겹쳐져 있는 모양이다.
③ 소포체에서 분비하는 단백질을 가공하여 저장한다.
④ 세포막 지질의 합성에 관여한다.

해설 골지장치는 단백질을 가공 · 농축 · 저장하고, 저장물질을 변형시켜 새로운 물질을 합성하기도 하는데, 특히 세포벽 물질을 합성한다.

21

( )에 들어갈 내용을 옳게 나열한 것은?

> (ㄱ)은/는 소포체에서 분비하는 단백질을 가공하고 농축하여 저장하며 (ㄴ) 물질을 합성한다.

① ㄱ : 골지장치, ㄴ : 세포막
② ㄱ : 골지장치, ㄴ : 세포벽
③ ㄱ : 폴리리보솜, ㄴ : 세포막
④ ㄱ : 폴리리보솜, ㄴ : 세포벽

해설 골지장치는 단백질을 가공 농축하고 세포벽 물질을 합성한다.

22

세포 소기관인 퍼옥시솜에 관한 설명으로 옳지 않은 것은?

① 한 겹의 단위막으로 싸여 있다.
② 광호흡으로 생긴 글리콘산을 받아들인다.
③ 과산화수소를 생성한다.
④ 중성지방을 저장한다.

해설 종자의 발달 과정에서 소포체에서 합성된 중성지방을 저장하는 세포 소기관은 올레오솜이다.

23

카탈라제(Catalase)라는 효소가 들어있어 식물체에 해로운 과산화수소(H_2O_2)를 물과 산소로 분해시키는 세포 내 소기관은?

① 퍼옥시솜(Peroxisome)
② 올레오솜(Oleosome)
③ 글리옥시솜(Glyoxysome)
④ 스페로솜(Spherosome)

해설 퍼옥시솜에 카탈라제(Catalase)라는 효소가 들어있어 식물체에 해로운 과산화수소를 물과 산소로 분해시킨다.

24

세포 내 소기관인 올레오솜(Oleosome)에 관한 설명으로 옳은 것은?

① 딕티오솜(Dictyosome)이라고도 한다.
② 종자의 발달 과정에 소포체에서 합성된 중성지방을 저장한다.
③ 인지질 이중층의 단일막으로 둘러싸여 있다.
④ 지방산을 산화시켜 숙신산을 생성한다.

해설
① 딕티오솜(Dictyosome)은 골지장치의 구성 성분이다.
② 올레오솜은 인지질 단일층으로 둘러싸여 있다.
④ 지방산을 산화시켜 숙신산을 생성하는 장소는 글리옥시솜이다.

25

글리옥시솜에 관한 설명으로 옳은 것은?

① 두 겹의 단위막으로 싸여 있다.
② 카탈라제라는 효소가 들어 있다.
③ 중성지방을 저장한다.
④ 지방산을 산화시킨다.

해설 글리옥시솜은 올레오솜에서 유래한 지방산을 산화시키는 세포 소기관이다.

26

지방이 저장된 종자나 어린 식물에서 지방산 산화에 관여하며, 성장하면 사라지는 세포 내 소기관은?

① 퍼옥시솜(Peroxisome)
② 올레오솜(Oleosome)
③ 글리옥시솜(Glyoxysome)
④ 딕티오솜(Dictyosome)

> 해설 글리옥시솜은 올레오솜에서 유래한 지방산을 산화시키는 소기관으로 지방이 저장된 종자나 어린식물에서 볼 수 있으며 성장하면서 없어진다.

27

다음 기능을 수행하는 세포 소기관은?

> • 단막구조체이다.
> • 노폐물을 저장한다.
> • 안토시아닌의 집적 장소이다.
> • 늙고 병든 소기관을 흡수하여 분해한다.

① 액포   ② 소포체
③ 잡색체   ④ 스페로솜

> 해설 영양물질과 노폐물 등 여러 가지 대사산물을 저장하는 작용을 하는 세포 소기관은 액포이다.

28

식물 세포의 액포에 관한 설명으로 옳은 것은?

① 복막으로 구성되어 있다.
② 세포가 성숙하면서 점점 커진다.
③ 엽록소의 저장 장소이다.
④ 노폐물을 세포 밖으로 배출한다.

> 해설 액포는 단막으로 구성된 세포 내 소기관으로 세포가 커 가면서 증가하여 성숙한 세포의 체적 중 90% 이상을 액포가 차지한다. 액포는 세포의 노폐물을 저장하는데 안토시아닌과 같은 수용성 색소를 집적하기도 한다.

29

기관의 발달에 있어 세포의 증식 방식이 다른 하나는?

① 엽원기가 외의내층으로부터 발달할 때
② 측근 원기가 내초로부터 발달할 때
③ 형성층이 방사 방향으로 세포를 증식할 때
④ 줄기 상처 주변에 유합조직이 생길 때

> 해설 식물체 상처 주변의 유합조직(유상조직 또는 캘러스)은 분열 축 없이 무방향으로 세포가 분열하여 형성된 형태가 없는 세포 덩어리이다. 나머지는 기관 발달에서 기준면에 대하여 분열면이 평행하게 일어나는 병층분열을 통해 세포 증식이 일어난다.

30

(   )에 들어갈 내용을 옳게 나열한 것은?

> (ㄱ)로 생긴 2개의 낭세포는 염색체 수와 유전적 조성이 같은 반면 (ㄴ)은 유전적 조성이 다른 (ㄷ)를 만든다는 점에서 유의미하다.

① ㄱ : 체세포분열, ㄴ : 감수분열, ㄷ : 생식세포
② ㄱ : 감수분열, ㄴ : 체세포분열, ㄷ : 체세포
③ ㄱ : 체세포분열, ㄴ : 감수분열, ㄷ : 체세포
④ ㄱ : 감수분열, ㄴ : 체세포분열, ㄷ : 생식세포

> 해설 식물은 하나의 접합체 세포에서 출발하였기 때문에 체세포 분열로 생긴 수많은 세포는 동일한 염색체와 유전적 조성을 가진다. 반면에 감수분열로 생긴 생식세포는 유전적 조성이 서로 다르다.

PART 03

물의 특성과 수분퍼텐셜

CHAPTER 01 물의 물리화학

CHAPTER 02 물의 특성과 생리적 기능

CHAPTER 03 확산, 삼투 및 집단류

CHAPTER 04 수분퍼텐셜(Water potential)의 이해

적중예상문제

● 학습목표 ●

1. 물의 독특한 물리화학적인 특성에 있어서 물 구성 원자 간, 물 분자 간 결합 방식을 이해한다.

2. 물의 분자 간의 수소결합에 따른 물리화학적 특성을 이해하고 이에 따른 식물체 내에서의 다양한 생리적 기능을 알아본다.

3. 물의 흡수 이동 경로를 확인하고 이 과정에서 일어나는 수분퍼텐셜의 개념으로 물의 이동 원리를 학습한다.

4. 가압상법을 포함하여 여러 가지의 식물체 수분퍼텐셜 측정 원리를 이해한다.

물의 물리화학

(1) 물의 원자 간 결합

① 원자 간 결합 방식

　㉠ 원자의 성질, 특히 전기 음성도(電氣陰性度)에 의해 결정된다.

　　• 전기 음성도는 한 원자가 다른 원자의 전자를 끌어당기는 힘의 상대적 크기이다.

　　• 전기 음성도는 비금속 원소(2.2 이상)가 금속원소(1.7 이하)보다 크다.

　㉡ 전기 음성도 차에 따른 원자 간 결합 방식으로 이온결합, 공유결합, 금속결합이 있다.

이온결합	• 전기 음성도의 차이가 큰 금속원소와 비금속원소 간에 일어남 • 전자를 쉽게 주고받아 이온화됨
공유결합	• 전기 음성도가 비슷하거나 같은 비금속원소 간에 일어남 • 전자를 서로 공유함
금속결합	• 전기 음성도가 비슷하거나 같은 금속원소 간에 일어남 • 자유전자(전자구름)를 공유하면서 생기는 정전기적 인력으로 결합함

② 물 분자의 원자 간 결합

　㉠ 비금속원소인 수소(H)와 산소(O)가 공유결합한 분자이다(그림 3-1).

　　• 전기 음성도가 수소(2.2)가 산소(3.5)보다 작지만, 그 차이가 크지 않아 공유결합을 한다.

　　• 수소와 산소 원자가 2개의 전자쌍을 공유하면서 최외각 전자 수요를 만족시킨다.

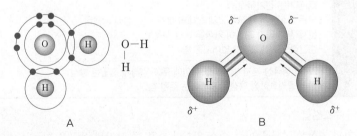

그림 3-1 ▶ 물 분자의 공유결합(A)과 분자 구조(B)

　㉡ 전자가 산소 쪽으로 치우쳐 산소는 음전하, 수소는 양전하를 띤다.

　㉢ 물과 같이 극성 공유결합을 하는 분자를 쌍극성 분자 또는 쌍극자(雙極子)라고 한다.

( )에 들어갈 내용을 옳게 나열한 것은?

(ㄱ)은 전기음성도의 차이가 큰 금속원소와 비금속원소 간에 일어나고 (ㄴ)은 전기음성도가 비슷하거나 같은 비금속원소 간에 일어난다.

① ㄱ : 이온결합, ㄴ : 공유결합
② ㄱ : 공유결합, ㄴ : 금속결합
③ ㄱ : 금속결합, ㄴ : 수소결합
④ ㄱ : 수소결합, ㄴ : 이온결합

해설 이온결합은 금속과 비금속, 공유결합은 비금속원소, 금속결합은 금속원소 간에 일어난다.

정답 ①

(2) 물의 분자 간 결합

① 분자 간 결함

물질의 분자 간 결합에는 중력(Gravity), 판데르발스(Van der Waals) 힘, 그리고 수소결합(Hydrogen bond) 등이 작용한다.

중 력	• 질량을 갖는 모든 물체 사이에 작용하는 만유인력 • 질량이 작은 분자들 사이에는 무시할 수 있을 정도로 미약한 힘임
판데르발스 힘	• 한 분자의 핵을 구성하는 양성자(분자핵, +전하)와 다른 분자의 전자(최외각전자, −전하) 사이에 서로 당기는 전기적 인력 • 모든 물질에서 액체나 고체 상태의 분자 간 결합에 작용함 • 분자 간 거리가 충분히 가까울 때만 작용함 • 순간적으로 생겼다가 없어지곤 함
수소결합	• 2개의 쌍극성 분자가 수소를 사이에 두고 약하게 결합된 방식 • 물의 물리화학적 특성을 지배하는 주된 힘임

② 물 분자 간의 수소결합

㉠ 산소 원자와 결합한 양극을 띠는 수소 원자가 다른 물 분자의 음극을 띠는 산소와도 정전기적 인력으로 결합하여 산소−수소−산소로 이어지는 수소결합 양상을 띤다(그림 3-2).

㉡ 수소결합은 매우 약한 결합이지만 물의 물리화학적 특성을 지배하는 중요한 힘이 된다.

㉢ 물과 같은 쌍극성 분자로 암모니아(NH_3), 불화수소(HF) 등이 있다. 황화수소(H_2S)는 물 분자와 비슷하지만 유황의 전기 음성도가 크지 않아 극성이 분명하게 나타나지 않는다.

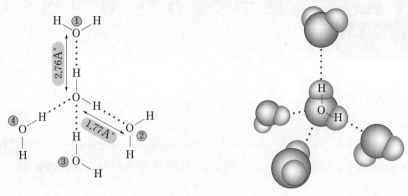

그림 3-2 물 분자의 수소결합

Level UP **이론을 확인하는 문제**

( ) 들어갈 내용을 옳게 나열한 것은?

> 물의 분자 간 결합에 있어서 산소 원자와 결합한 (ㄱ)을 띠는 수소 원자가 다른 물 분자의 (ㄴ)을 띠는
> 산소와도 정전기적 인력으로 결합하여 산소–수소–산소로 이어지는 (ㄷ)결합 양상을 띤다.

① ㄱ : 음극, ㄴ : 양극, ㄷ : 이온

② ㄱ : 양극, ㄴ : 음극, ㄷ : 이온

③ ㄱ : 음극, ㄴ : 양극, ㄷ : 수소

④ ㄱ : 양극, ㄴ : 음극, ㄷ : 수소

해설 물 분자에서 전자가 산소 쪽으로 치우쳐 산소는 음전하, 수소는 양전하를 띠고 두 물 분자 간 산소–수소–산
소 간의 정전기적 인력으로 결합을 하는데 이를 수소결합이라 한다.

정답 ④

안심Touch

물의 특성과 생리적 기능

➕ PLUS ONE

물의 물리화학적 특성을 지배하는 수소결합이 식물의 생리적 기능을 발휘하는 데 결정적 역할을 한다.

(1) 높은 끓는점(Boiling point)

① 물은 끓는점이 높아 상온에서 액체 상태이며, 액체 상태의 물은 부피가 변하지 않는다.

화합물	분자량	비등점(℃)
물(H_2O)	18.0	100.2
네온(Ne)	20.0	−246.0
메탄(CH_4)	16.0	−161.3
황화수소(H_2S)	34.1	−59.5
셀렌화수소(H_2Se)	81.0	−41.3
텔루르화수소(H_2Te)	129.6	−2.0

② 이런 물의 특성으로 식물체는 형태를 유지하고, 체내 물질의 이동과 대사 작용을 가능케 하고, 세포를 팽창시켜 생장을 이끌며, 세포의 팽압을 조절하여 식물의 운동을 가능케 한다.

(2) 큰 비열(比熱, Specific heat)과 잠열(潛熱, Latent heat)

➕ PLUS ONE

비열이란 단위 질량의 물질을 1℃ 올리는 데 필요한 열에너지의 양(cal, 칼로리)이다.

① 액체 상태의 물은 액체 암모니아 외의 그 어떤 액체보다 비열이 높다.
② 비열이 높다는 것은 많은 열을 흡수하고 방출할 수 있으며, 상태 변화 시 높은 잠열(기화열, 융해열)을 갖고 있다는 것을 의미한다.
③ 물은 기화할 때는 기화열을 흡수하고, 액화 또는 고체화할 때는 융해열을 방출한다.
④ 물의 이러한 특성은 지상의 기온을 유지하고 온도의 급격한 변화를 방지하며 식물체가 체온을 유지하면서 주변의 기온 변화에 대처할 수 있게 해준다.
⑤ 잎에서 증산 작용이 일어날 때 주변으로부터 기화열을 빼앗아 잎이 냉각된다.

(3) 액체(물)과 고체(얼음)의 분자 배열이 다름

① 물이 얼면 사면체의 결정 구조를 형성하면서 분자 간 공간이 커지고 부피가 늘어난다.

② 같은 부피의 얼음은 액체 물에 비해 분자 수는 적고 분자 밀도가 낮다.

③ 비중이 낮은 얼음이 위로 뜨기 때문에 겨울 수중 생태계를 보호하는 데 큰 역할을 한다.

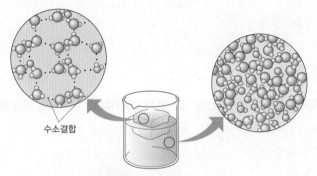

수소결합

그림 3-3 얼음과 물의 분자 배열

④ 반면 식물체 조직이 얼면 증가하는 부피에 의해 동해를 받게 된다.

(4) 탁월한 용해성

① 물은 크기가 작고 쌍극성 분자로 다양한 물질을 다량으로 용해시킬 수가 있다.

　이온성 화합물이나 극성을 띠는 $-OH$ 또는 $-NH_2$ 잔기를 갖고 있는 당이나 단백질 분자들을 잘 녹일 수가 있다.

② 물질 용해 시 물 분자는 전기적으로 하전된 이온이나 분자에 이끌리어 주변으로 수화각(水和殼, Shell of hydration)을 형성한다(그림 3-4).

　수화각은 이온 간의 결합을 막고, 고분자 물질 간의 상호 작용을 감소시킨다.

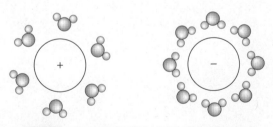

그림 3-4 이온 주변에서의 물 분자의 배열(수화각 형성)

③ 뛰어난 용해성으로 물은 각종 염류와 광합성 산물을 분해, 흡수, 이동시키며 체내의 여러 가지 대사 작용을 가능케 해준다.

(5) 부착력(Adhesive force)과 응집력(Cohesive force)

① 물 분자는 다른 물질에 부착력이 있고, 물 분자들 사이에는 응집력이 있다.

  ㉠ 두 힘은 물의 표면장력과 모세관 현상을 일으키는 중요한 요인이 된다.

  ㉡ 물방울은 응집력을 보여주는 좋은 예이다.

② 물의 부착력과 응집력은 식물체의 수분 이동에 큰 영향을 끼친다. 특히 키 큰 나무의 꼭대기까지 물을 끌어 올리는 힘이 되기도 한다.

Level UP 이론을 확인하는 문제

식물체로 하여금 체온을 유지하면서 주변의 기온 변화에 대처할 수 있게 하는 물의 물리화학적 특성은?

① 끓는점이 높다.

② 비열과 잠열이 크다.

③ 용해성이 탁월하다.

④ 부착력과 응집력이 크다.

해설 비열이 높다는 것은 많은 열을 흡수하고 방출할 수 있다는 것을 의미하는데 물은 액체 암모니아 외의 그 어떤 액체보다 비열이 높다. 이러한 물의 특성이 지상의 기온을 유지하고 급격한 온도 변화에 식물체의 체온을 유지할 수 있게 해준다. 기온이 높아 잎에서 증산 작용이 왕성하게 일어날 때는 주변으로부터 기화열을 빼앗아 잎을 냉각시킨다.

정답 ②

확산, 삼투 및 집단류

(1) 확산, 삼투 및 집단류의 이해

① 물의 이동 방식에는 확산(擴散, Diffusion), 삼투(滲透, Osmosis) 그리고 집단류(集團流, Bulk flow)가 있다.

② 확산과 삼투는 물 분자의 개별적인 운동에 의한 이동이고, 집단류는 물 분자가 집단으로 이동하는 것이다.

③ 확산에 의한 이동은 눈에 잘 띄지 않고, 집단류는 쉽게 확인할 수 있다.

(2) 확산, 삼투 및 집단류의 비교

확 산	• 분자들의 운동 에너지에 의해 무방향으로 이동하는 현상
	• 물의 확산 속도와 이동 방향은 온도, 압력, 용질, 흡착 표면 등에 의해 결정됨
	   – 온도와 압력이 높은 쪽에서 낮은 쪽으로 확산됨
	   – 당이나 염류 같은 용질이 첨가되거나 점토처럼 물이 흡착하는 표면을 가진 기질이 있으면 그 방향으로 확산됨

삼 투	• 세포막과 같은 반투성막을 통하여 어느 한쪽으로 수분이 확산되는 현상 예 순수한 물과 설탕 용액 사이에 반투성막을 두면 순수한 물은 반투성막을 거쳐 설탕 용액 쪽으로 수분퍼텐셜이 같아질 때까지 확산해 들어감 그림 3-5 • 삼투 현상으로 물이 식물의 세포 안으로 들어오면 그 바깥으로 세포벽이 있기 때문에 압력이 증가함

집단류	• 어떤 힘이 외부로부터 작용하여 압력 기울기가 발생할 때 일어남
	• 물 분자는 집단에 압력이 가해지면 압력이 낮은 쪽으로 집단적으로 이동함
	  예 강물의 흐름이나 수도관을 통한 물의 이동
	• 식물의 세포막에서도 물 선택적 채널(수송관)인 아쿠아포린이라는 내재성 단백질이 있어 미약하지만 집단류가 발생함 그림 3-6
	  아쿠아포린은 무기이온 수송 채널과는 다르며 주로 수분 흡수 부위에 분포함
	• 줄기에서도 물관 내 수액의 장력, 정수압 등 압력의 기울기가 원인이 되어 집단류가 발생함
	• 식물체에서 수분의 신속한 이동과 원거리 이동은 주로 집단류에 의해 일어나며 집단류와 함께 각종 용질 분자가 동시에 이동함

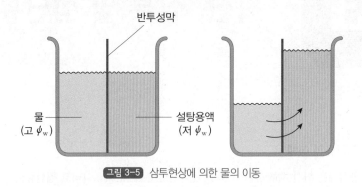

반투성막

물
(고 ψ_w)

설탕용액
(저 ψ_w)

그림 3-5 삼투현상에 의한 물의 이동

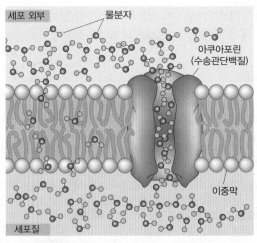

세포 외부

물분자

아쿠아포린
(수송관단백질)

이중막

세포질

그림 3-6 세포막에서 물의 확산 이동과 집단류

Level UP 이론을 확인하는 문제

식물의 세포막에 존재하는 내재성 단백질로 집단류를 유발하는 물 선택적 채널(수송관)은?

① 원형질 연락사

② 아쿠아포린

③ 데스모튜블

④ 미세소관

해설 세포막에 아쿠아포린이라는 수분 선택적인 채널을 형성하는 수송관 단백질이 있어 이곳을 통해 미세한 집단류가 일어나 빠르게 수분이 세포막을 통과할 수 있다.

정답 ②

수분퍼텐셜(Water potential)의 이해

(1) 수분퍼텐셜의 개념

① 자유에너지

ㄱ 열의 변형과 에너지에 관한 열역학에서는 계(系, System)를 설정하고 경계를 기준으로 주위와 구분한다.

ㄴ 계와 주위 사이의 경계를 넘어 일에 사용될 수 있는 에너지의 척도가 자유에너지이다.

- 일정한 온도와 기압 하에서 일로 전환될 수 있는 최대 에너지의 양을 자유에너지라 할 수 있다.
- 에너지는 부피나 질량이 없어 절대량은 측정할 수 없고 오로지 물질에 나타나는 작용 효과로서만 관찰되므로 에너지의 변화량은 계산할 수가 있다.
- 여기서 에너지가 변한다는 것은 에너지가 이동한다는 의미이다.

ㄷ 자유에너지의 변화량은 줄(J) 또는 칼로리(cal) 단위로 나타낸다.

- 화학퍼텐셜은 어떤 물질 1g 분자량의 자유에너지(J/mol)를 말하는데 주어진 상태에서 한 물질의 퍼텐셜과 표준 상태에서 같은 물질의 퍼텐셜과의 차이인 상대적인 값으로 나타낸다.
- 통상 물의 화학퍼텐셜을 수분퍼텐셜이라 한다.

② 수분퍼텐셜(ψ_w, psi)의 추정

ㄱ 수분퍼텐셜과 관련이 있는 에너지도 자유에너지(Gibbs free energy)로 절대량을 측정할 수 없다.

ㄴ 어떤 기준점을 설정하여 이를 중심으로 상대적인 값으로 표시한다.

➕PLUS ONE

Slatyer와 Taylor(1962)는 한 조건에서 용액 중의 물의 화학퍼텐셜(μ_w)과 대기압 하의 같은 온도에서 순수한 물의 화학퍼텐셜(μ^o_w)과의 차이를 물의 부분 몰부피(V_w, 물 1몰부피, $18cm^3/mol$)로 나눈 값으로 수분퍼텐셜을 정의하였다.

$$\psi_w = (\mu_w - \mu^o_w)/V_w$$

ㄷ 현재 1기압 등온 조건의 기준 상태에서 순수한 물의 수분퍼텐셜을 0으로 간주한다. 따라서 용액의 수분퍼텐셜은 항상 0보다 낮은 음(−)의 값을 갖게 된다.

③ 수분퍼텐셜의 단위

  ㉠ 수분퍼텐셜은 토양과 식물체의 수압이나 삼투압 등을 고려하여 압력 단위인 ·바(bar) 또는 MPa(Megapascal)로 나타낸다.

  ㉡ 파스칼(Pa, Pascal)은 $1m^2$에 균일하게 작용하는 1뉴턴(Newton)의 힘이다.

  ㉢ 1바는 10^5Pa에 해당한다($1bar = 10^5Pa = 0.1MPa$, $10^6Pa = 10bar$).

  ㉣ 자동차 타이어의 공기압, 가정용 수도관의 수압이 약 0.2MPa이다.

  ㉤ 대기압 하에서 순수한 물의 수분퍼텐셜(ψ_w)은 0MPa이다.

Level UP 이론을 확인하는 문제

수분퍼텐셜의 크기가 다른 하나는?

① 1bar

② 0.1MPa

③ $10^5N/m^2$

④ pF 1

> 해설 수분퍼텐셜은 토양과 식물체의 수압이나 삼투압 등을 고려하여 압력 단위인 bar 또는 MPa을 이용한다. 파스칼은 $1m^2$에 균일하게 작용하는 1뉴턴(Newton, N)의 힘이며, 1bar는 10^5Pa에 해당한다. pF는 토양 입자의 수분 흡착력, 즉 수분 장력을 나타내는 수치로 많이 사용되는데 수분 흡착력에 상당하는 물기둥의 높이(cm)의 상용대수를 취한 값으로 표시한다. 따라서 1기압에서 수주 높이가 1000cm이므로 pF 값은 3이 된다.
>
> 정답 ④

(2) 수분퍼텐셜의 응용

① 물의 이동 방향 파악

  ㉠ 물은 수분퍼텐셜이 높은 곳에서 낮은 곳으로 이동한다(그림 3-7).

  • U자형 유리관 하단 중앙에 반투성막을 설치하고 순수한 물을 일정 수준 채운 후 양쪽에 용질과 압력을 가하면 수분퍼텐셜이 높은 곳에서 낮은 곳으로 물이 이동한다.

  • 순수한 물에 용질을 첨가하면 수분퍼텐셜(ψ_s, 삼투퍼텐셜)이 내려가고 압력을 가하면 수분퍼텐셜(ψ_p, 압력퍼텐셜)이 증가한다.

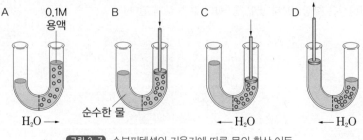

그림 3-7 수분퍼텐셜의 기울기에 따른 물의 확산 이동

ⓛ 특정한 계에서 물은 시간과 위치에 따라 수분퍼텐셜의 평형을 향하여 이동하는데 이는 물의 형태가 변하는 것이 아니라 에너지 상태가 변하는 것이며 에너지가 이동하는 것이다.

② 수분퍼텐셜 결정 요인 분석

수분퍼텐셜은 온도와 압력이 높아지면 증가하고, 용질의 농도가 증가하면 감소한다(그림 3-8).

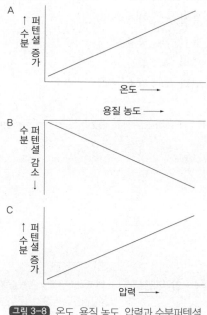

그림 3-8 온도, 용질 농도, 압력과 수분퍼텐셜

③ 토양-식물-대기의 수분퍼텐셜 기울기

ⓐ 토양에서 대기로 갈수록 수분퍼텐셜이 낮아지며, 이러한 수분퍼텐셜의 기울기로 인하여 토양에 있던 수분이 식물체를 거쳐 대기로 이동한다.

ⓑ 아래 표는 소형나무이고, 토양수분은 충분히 관수된 상태이며, 대기의 상대습도는 50%, 기온은 22℃일 때의 수분퍼텐셜 추정치이다.

• 토양에서 대기로 갈수록 수분퍼텐셜이 낮아진다.
• 수분퍼텐셜의 기울기에 따라 토양에 있던 수분이 식물체를 거쳐 대기로 이동한다.

구 분	ψ(bar)	$\Delta\psi$
토양 수분	−0.5	−
뿌 리	−2	−1.5
줄 기	−5	−3
잎	−15	−10
대 기	−1,000	−985

( )에 들어갈 내용을 옳게 순서대로 나열한 것은?

> 수분퍼텐셜은 온도와 (ㄱ)이 증가하면 (ㄴ)하고, (ㄷ)이 증가하면 (ㄹ)한다.

① ㄱ : 압력, ㄴ : 증가, ㄷ : 용질, ㄹ : 감소
② ㄱ : 압력, ㄴ : 감소, ㄷ : 용질, ㄹ : 증가
③ ㄱ : 용질, ㄴ : 증가, ㄷ : 압력, ㄹ : 증가
④ ㄱ : 용질, ㄴ : 감소, ㄷ : 압력, ㄹ : 감소

해설 수분퍼텐셜은 온도와 압력에 비례하여 증가하고, 용질이 증가하면 감소한다.

정답 ①

(3) 수분퍼텐셜(ψ_w)의 구성

PLUS ONE

> 수분퍼텐셜(ψ_w) = 삼투퍼텐셜(ψ_s) + 압력퍼텐셜(ψ_p) + 매트릭퍼텐셜(ψ_m) + 중력퍼텐셜(ψ_g)

① 삼투퍼텐셜(Osmotic potential, ψ_s)
  ㉠ 용액의 용질 분자에 의해 생긴다.
    • 용질의 농도가 높아지면 물의 농도가 감소하여 그 값이 낮아진다.
    • 용액 내 용질에 의하여 형성되므로 용질퍼텐셜(Solute potential)이라고도 한다.
  ㉡ ψ_s 또는 π(파이)로 표시되며, 항상 음(−)의 값을 갖는다.
  ㉢ 용액의 삼투퍼텐셜은 대기압 하에서 그 용액의 수분퍼텐셜과 같다.
  ㉣ 식물체 내에서는 반투성막(세포막)을 사이에 두고 물은 삼투퍼텐셜이 높은 용액으로부터 낮은 용액으로 확산된다(그림 3-9).
    • 식물체 내의 함수량과 가용성 물질이 삼투퍼텐셜을 좌우하며 체내에서의 수분 이동에 관여한다.
    • 삼투 현상으로 세포 안쪽으로 물이 이동하면 식물 세포에서는 팽압과 벽압이 발생한다.

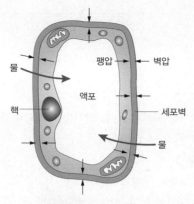

그림 3-9 세포 내 팽압과 벽압

　㉺ 일반 토양에서는 삼투퍼텐셜이 무시될 수 있지만, 염류 농도가 높은 토양에서는 삼투퍼텐셜이 식물
　　체의 수분 흡수에 영향을 미친다.

Level UP 이론을 확인하는 문제

수분퍼텐셜의 결정 요인으로 용액의 용질 분자에 의해서 형성되는 퍼텐셜은?

① 삼투퍼텐셜 　　　　　　　　　　　② 압력퍼텐셜
③ 매트릭퍼텐셜 　　　　　　　　　　④ 중력퍼텐셜

해설 삼투퍼텐셜은 용질, 압력퍼텐셜은 압력, 매트릭퍼텐셜은 토양 입자나 고형물질 등, 중력퍼텐셜은 수분이 갖
는 위치에너지에 의해 수분퍼텐셜에 관여한다. 삼투퍼텐셜은 용액 내 용질에 의하여 형성되므로 용질퍼텐셜
(Solute potential)이라고도 한다.

정답 ①

② **압력퍼텐셜(Pressure potential, ψ_p)**
　㉠ 압력에 의해 생긴다.
　　• 압력이 주어지면 압력퍼텐셜이 증가하고 수분퍼텐셜이 높아진다.
　　• 압력을 받은 쪽에서 반대 방향으로 수분이 이동한다.
　㉡ 식물 세포는 세포벽이 있기 때문에 세포 안쪽으로부터 정(+)의 정수압(靜水壓, Hydrostatic pres-
　　sure)이 생기는데 이를 팽압(膨壓, Turgor pressure)이라 한다.
　　벽압은 팽압과 같은 값을 가지나 방향이 정반대이다(그림 3-9).

초본식물 잎 세포의 팽압
- 여름 정오 : 0.3~0.5MPa
- 여름 밤 : 약 1.5MPa

ⓒ 식물 세포에서 압력퍼텐셜은 양(+)의 값을 갖으나 죽은 세포의 물관에서는 장력이 작용하여 음(−)의 값을 가질 수도 있다.

③ 매트릭퍼텐셜(Matric potential, ψ_m)

ㄱ 대기압 하에서 물 분자를 흡착하는 성향에 대한 척도이다.

ㄴ 물 분자와 접촉되는 매트릭스(토양 입자, 고형물질, 세포벽 등) 간의 장력, 매트릭스에서 물 분자를 떼어내는 데 들어가는 힘을 의미한다.

ㄷ 외부에서 힘(압력)을 받아야 물을 떼어낼 수 있으므로 압력 단위로 나타낼 수 있다.

ㄹ 항상 음(−)의 값을 가져 음의 압력퍼텐셜이라 볼 수 있다.

ㅁ 식물 세포에서는 수분퍼텐셜에 거의 영향을 주지 않기 때문에 무시할 수 있다.

ㅂ 건조한 종자나 토양에서는 수분퍼텐셜을 결정하는 데 매우 중요하다.

④ 중력퍼텐셜(Gravitational potential, ψ_g)

ㄱ 수분이 갖는 위치 에너지(퍼텐셜 에너지)이다.

ㄴ 지구 인력(중력)의 반대 방향으로 물체를 들어 올리기 위해서는 일을 해야 하며, 들어 올려진 물체는 그만큼의 위치 에너지를 갖게 된다.

ㄷ 수분도 주어진 위치에 해당하는 만큼의 에너지를 갖는데, 그것이 바로 중력퍼텐셜이다.

ㄹ 기준점 위의 물은 양의 중력퍼텐셜을 지난 반면, 기준점 밑의 물은 음의 값을 갖는다.

ㅁ 물이 지구와의 중력 상호 작용에 의하여 생기는 중력퍼텐셜의 기울기로 인하여 높은 곳에서 낮은 곳으로 이동하는 것을 강물의 흐름이나 폭포수에서 볼 수 있다.

Level UP 이론을 확인하는 문제

매트릭퍼텐셜에 관한 설명으로 옳지 않은 것은?

① 물 분자와 접촉되는 토양 입자나 고형물질에 의해서 생긴다.

② 매트릭퍼텐셜은 항상 음(−)의 값을 가진다.

③ 식물체 물관에서 수분퍼텐셜에 큰 영향을 준다.

④ 건조한 종자에서 수분퍼텐셜을 결정하는 중요한 요소이다.

해설 식물 물관에서는 매트릭퍼텐셜이 수분퍼텐셜에 거의 영향을 주지 않기 때문에 무시할 수 있다.

정답 ③

(4) 성분퍼텐셜의 상호 관계

① 토양의 수분퍼텐셜

ㄱ 성분퍼텐셜 가운데 중력퍼텐셜과 삼투퍼텐셜은 토양에서 값이 작아 무시할 수 있다.

ㄴ 압력퍼텐셜과 매트릭퍼텐셜이 토양 수분퍼텐셜의 중요한 요소가 된다.

ㄷ 토양 공극의 포화도에 따라 포화토양의 경우는 압력퍼텐셜이, 불포화토양에서는 매트릭퍼텐셜이 큰 비중을 차지한다.

- 토양이 건조할수록 매트릭퍼텐셜은 음(−)의 값을 나타내므로 수분퍼텐셜은 낮아진다.
- 토양수분 상수에 따른 매트릭퍼텐셜은 포장용수량에서 가장 높다.

토양 수분 상수	ψ_m(MPa)
흡착계수	−3.1
위조점	−1.5
포장용수량	−0.3

- 매트릭퍼텐셜은 건조 토양에서는 값이 낮고, 수분 함량이 증가하면 점차 증가한다(그림 3-10).

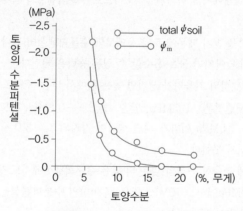

그림 3-10 토양 수분함량과 수분퍼텐셜

② 식물 세포의 수분퍼텐셜

ㄱ 매트릭퍼텐셜과 중력퍼텐셜은 거의 영향을 미치지 않는다.

ㄴ 주로 압력퍼텐셜과 삼투퍼텐셜에 의해 좌우된다.

- 식물체의 수분퍼텐셜과 이들 성분퍼텐셜과의 상호 관계는 팽압의 변화에 따라 부피가 크게 변화되는 세포에서 볼 수 있다.
- 수분퍼텐셜이 떨어지면 팽만 상태의 세포가 원형질 분리 상태로까지 변하게 된다.
- 원형질막이 세포벽으로 분리되어 떨어져 나가면 원형질체가 쭈그러든다.

	수분퍼텐셜(ψ_w)		삼투퍼텐셜(ψ_s)		압력퍼텐셜(ψ_p)
팽만 상태	0MPa	=	−2.0MPa	+	2.0MPa
약간 팽만 상태	−1.2MPa	=	−2.5MPa	+	1.3MPa
원형질 분리 상태	−2.5MPa	=	−2.5MPa	+	0MPa

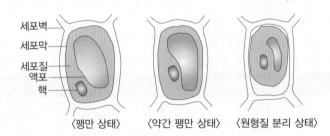

〈팽만 상태〉　　〈약간 팽만 상태〉　　〈원형질 분리 상태〉

그림 3-11 식물 세포의 수분퍼텐셜과 팽압 변화

- 압력퍼텐셜과 삼투퍼텐셜의 절대값이 같을 때 세포의 수분퍼텐셜은 0이 된다.
- 초기 원형질 분리 상태에서 압력퍼텐셜이 0이므로 수분퍼텐셜과 삼투퍼텐셜은 같아진다($\psi_w = \psi_s$).

③ 식물체의 수분퍼텐셜

㉠ 식물의 물관부는 장력을 받기 때문에 토양 용액보다 수분퍼텐셜이 낮다.

식물의 수분퍼텐셜이 낮아지면 물을 흡수할 수 있는 능력은 커진다.

㉡ 식물체에서도 수분퍼텐셜의 기울기가 생기면 높은 쪽에서 낮은 쪽으로 수분은 이동한다.

대체로 뿌리의 수분퍼텐셜은 −0.5MPa, 잎은 −0.8 ~ −0.2MPa 정도이다 그림 3-12 .

㉢ 잎은 수분퍼텐셜이 −1.5MPa 이하가 되면 생장이 정지되고, −3.0 ~ −2.0MPa 이하가 되면 수분이 공급되어도 회복되지 못한다.

㉣ 사막이나 해안 지대에 적응한 식물의 잎은 더 낮은 수분퍼텐셜에서도 생존할 수 있다.

㉤ 건조한 종자는 −6.0MPa에서 −10MPa 또는 그 이하의 수분퍼텐셜을 나타내기도 한다. 이로 인해 파종하면 수분의 흡수력이 대단히 높다.

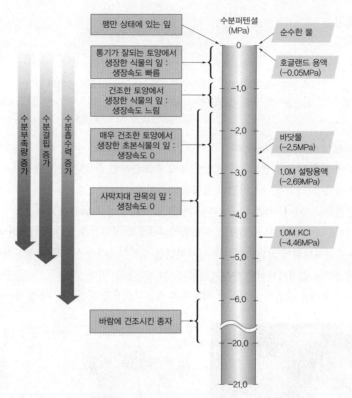

<table>
<tr><td>팽만 상태에 있는 잎</td></tr>
<tr><td>통기가 잘되는 토양에서
생장한 식물의 잎 :
생장속도 빠름</td></tr>
<tr><td>건조한 토양에서
생장한 식물의 잎 :
생장속도 느림</td></tr>
<tr><td>매우 건조한 토양에서
생장한 초본식물의 잎 :
생장속도 0</td></tr>
<tr><td>사막지대 관목의 잎 :
생장속도 0</td></tr>
<tr><td>바람에 건조시킨 종자</td></tr>
</table>

수분퍼텐셜 (MPa)

순수한 물

호글랜드 용액 (−0.05MPa)

바닷물 (−2.5MPa)

1.0M 설탕용액 (−2.69MPa)

1.0M KCl (−4.46MPa)

수분부족량 증가 / 수분결핍 증가 / 수분흡수력 증가

0 −1.0 −2.0 −3.0 −4.0 −5.0 −6.0 −20.0 −21.0

그림 3-12 식물에 있어서 수분퍼텐셜의 수준

Level UP 이론을 확인하는 문제

매트릭퍼텐셜이 가장 낮은 토양수분 상수는?

① 영구 위조점

② 초기 위조점

③ 흡착계수

④ 포장용수량

해설 흡착계수의 매트릭퍼텐셜 값은 −3.1MPa이며 위조점, 포장용수량으로 갈수록 매트릭퍼텐셜이 차지하는 비중이 작아지면서 그 값이 커진다.

정답 ③

안심Touch

(5) 수분퍼텐셜의 측정

PLUS ONE

- 식물체의 수분퍼텐셜 측정법으로 가압상법, 조직무게변화측정법, 차르다코프 방법이 있다.
- 그 밖에도 증기압법, 빙점강하법, 노점식방법(싸이크로메타법) 등이 있는데 기술이 까다롭고 비용이 많이 든다.

① 가압상법(Pressure chamber method)

㉠ 가압 상자에 잎을 넣고 엽병의 절단면만을 밖으로 노출시킨 후 상자를 밀폐한다.

㉡ 가압 상자에 질소 가스를 주입하면서 압력을 가한다.

㉢ 엽병 절단면으로 수분이 빠져 나올 때의 압력을 압력계를 통해 읽는다.

㉣ 측정한 압력은 물관부의 부압(負壓), 특히 압력퍼텐셜의 절대값과 같다고 가정한다.

㉤ 물관부의 수분퍼텐셜에 압력퍼텐셜과 삼투퍼텐셜이 관여하지만 물관부의 삼투퍼텐셜이 0에 가깝기 때문에 물관부의 압력퍼텐셜은 수분퍼텐셜과 같다고 볼 수 있다.

㉥ 기구의 설치나 이용 방법이 간편해서 식물체의 수분퍼텐셜을 측정하는 데 많이 이용한다.

그림 3-13 가압상을 이용한 수분퍼텐셜의 측정

② 조직무게변화측정법(Constant volume method)

㉠ 수분퍼텐셜이 높은 조직에서 낮은 조직으로 물이 이동한다는 원리를 이용한다.

㉡ 일정한 부피와 무게의 식물체 조직(감자 괴경)을 농도를 달리한 여러 용액에 넣는다.

㉢ 조직 안팎의 수분퍼텐셜의 차이에 따라 물이 이동하도록 충분한 시간을 경과시킨다.

㉣ 조직의 무게 또는 부피를 측정하여 증가 또는 감소 여부를 파악한다.

㉤ 조직의 무게나 부피가 변하지 않은 용액의 농도를 찾아 그 용액의 삼투퍼텐셜을 계산하면 그것이 바로 해당 조직의 수분퍼텐셜이 된다.

㉥ 용액의 용질로는 조직에 쉽게 흡수되지 않는 소르비톨(Sorbitol), 만니톨(Mannitol), PEG(Poly-ethylene glycol) 등을 사용한다.

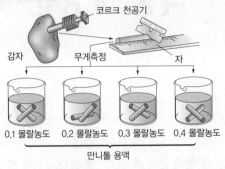

코르크 천공기

감자   무게측정   자

0.1 몰랄농도   0.2 몰랄농도   0.3 몰랄농도   0.4 몰랄농도

만니톨 용액

그림 3-14 조직무게변화측정법

③ 차르다코프 방법(Chardakov method)

  ㉠ 조직무게변화측정과 원리는 같지만 조직의 무게나 부피 대신에 용액의 농도 변화를 확인하는 것이다.

  ㉡ 만일 용액의 농도가 변하지 않았다면 그 용액의 수분퍼텐셜은 식물 조직의 그것과 같다고 추정할 수 있다.

  ㉢ 삼투에 의하여 물이 식물 조직으로 들어가거나 빠져 나오면 용액은 극히 좁은 범위 내에서 농축되거나 희석되어 밀도의 변화가 있다.

    • 메틸렌블루(Methylene blue)와 같은 청색 용액을 첨가하여 밀도 변화를 확인한다.

    • 메틸렌블루의 이동 속도나 확산 정도를 관찰하여 미세한 농도 변화를 확인할 수 있다.

    • 조직을 첨가해도 농도의 변화를 보이지 않는 용액의 삼투퍼텐셜을 계산하여 그 조직의 수분퍼텐셜을 알 수 있다.

  ㉣ 러시아의 차르다코프(Chardakov)가 개발한 방법으로 특수한 기기나 장치가 없어도 수분퍼텐셜을 쉽게 측정할 수 있다.

Level UP 이론을 확인하는 문제

식물체의 수분퍼텐셜 측정법으로 차르다코프 방법에 관한 설명으로 옳은 것은?

① 용액의 농도 변화를 이용하여 수분퍼텐셜을 측정한다.
② 식물체 조직의 부피 변화를 이용하여 수분퍼텐셜을 측정한다.
③ 식물체 조직의 무게 변화를 이용하여 수분퍼텐셜을 측정한다.
④ 가압상을 이용하여 식물체의 수분퍼텐셜을 측정한다.

해설   차르다코프 방법은 농도별 설탕 용액에 식물의 조직을 잠기게 한 후 조직과 용액 사이의 물의 이동을 메틸렌블루와 같은 청색 용액을 첨가하여 확인한 후 농도의 변화를 보이지 않는 용액의 삼투퍼텐셜을 그 조직의 수분퍼텐셜로 이용한다.

정답   ①

01

물의 물리화학적 특성을 지배하는 물 분자 간의 주된 결합 방식은?

① 공유결합
② 이온결합
③ 금속결합
④ 수소결합

해설 물 분자 간에는 중력, 판데르발스 힘, 수소결합에 의한 힘이 작용한다. 이 가운데 가장 크고 중요한 힘은 수소결합으로 물의 물리화학적 특성을 지배한다.

02

물의 구성 원소인 산소와 수소 원자 간의 결합 방식은?

① 공유결합
② 이온결합
③ 금속결합
④ 수소결합

해설 물의 물리화학적 특성은 원자 간의 공유결합과 분자 간의 수소결합에 의해서 생긴다.

03

물 분자의 원자 간 결합에 관한 설명으로 옳지 않은 것은?

① 수소와 산소가 공유결합을 한다.
② 수소와 산소 원자가 2개의 전자쌍을 공유한다.
③ 산소의 전기음성도가 수소보다 작다.
④ 전자가 산소 쪽으로 치우쳐 산소는 음전하를 띤다.

해설 수소의 전기음성도는 2.20이고 산소의 전기음성도는 3.50이다.

04

식물체에서 물의 생리적 기능에 관한 설명으로 옳지 않은 것은?

① 세포를 팽창시켜 형태를 유지하고 생장을 이끈다.
② 체내 물질의 이동과 대사 작용을 가능케 한다.
③ 세포의 팽압을 조절하여 식물의 운동을 가능하게 한다.
④ 증산 작용을 하면서 잎의 온도를 높여준다.

해설 증산을 할 때 물이 기화되면서 주변의 열을 흡수하기 때문에 잎의 온도가 높아지는 것을 방지해 준다.

05

식물체 내에서 수분의 이동에 큰 영향을 끼치는 물의 물리적 특성은?

① 높은 끓는점
② 높은 비열과 잠열
③ 뛰어난 용해성
④ 부착력과 응집력

> **해설** 키 큰 나무의 꼭대기까지 물을 끌어올릴 수 있는 것은 식물체 내에서 끊임없이 수분이 이동할 수 있게 해주는 물의 부착력과 응집력 때문이다.

06

(   )에 들어갈 내용을 옳게 나열한 것은?

> 물이 얼면 사면체 결정 구조를 하면서 (   )이/가 증가하면서 얼음이 위로 뜨기 때문에 겨울 수중 생태계를 보호할 수 있다. 반면 식물체 조직이 얼면 증가하는 (   )에 의해 동해를 받게 된다.

① 무 게
② 부 피
③ 비 중
④ 밀 도

> **해설** 물이 얼면 부피가 증가하면서 같은 부피의 물보다 밀도가 낮아져 비중이 낮아지면서 얼음이 물 위로 떠오른다.

07

물의 물리화학적 특성에 관한 설명으로 옳지 않은 것은?

① 끓는점이 높아 상온에서 부피가 변하지 않는 액체 상태이다.
② 비열과 잠열이 작아 급격한 기온 변화에 대한 완충력이 크다.
③ 이온성이나 극성을 띠는 당이나 아미노산을 잘 녹일 수 있다.
④ 부착력과 응집력이 있어 표면장력과 모세관 현상을 일으킨다.

> **해설** 물은 비열과 잠열이 커 급격한 기온 변화에 대한 완충력이 크다. 비열이 크다는 것은 많은 열을 흡수하고 방출할 수 있으며 상태 변화 시 높은 잠열(기화열, 융해열)을 갖고 있다는 것을 의미한다.

08

토양에서 식물 뿌리가 물을 흡수할 때 세포 간에 나타나는 물의 이동 방식에 해당하지 않는 것은?

① 확 산
② 삼 투
③ 집단류
④ 침 윤

> **해설** 세포막 또는 원형질 연락사를 통한 식물 세포 간의 물의 이동 방식으로 확산, 삼투 그리고 집단류가 있다. 확산과 삼투는 물 분자의 개별적인 운동에 의한 이동 방식이고, 집단류는 물 분자가 집단으로 이동하는 것을 의미한다. 세포막에 아쿠아포린이라는 단백질이 있어 집단류 형태의 물 이동이 이루어진다.

09

물의 이동에 관한 설명으로 옳지 않은 것은?

① 물 분자들이 운동 에너지에 의해 무방향으로 이동하는 현상을 확산이라 한다.
② 물은 용질 농도가 높은 용액 쪽에서 낮은 용액 쪽으로 확산 이동한다.
③ 반투성막을 통해 순수한 물이 설탕 용액 쪽으로 이동하는 현상을 삼투라 한다.
④ 식물의 세포막에서는 아쿠아포린 단백질을 통한 집단류가 일어난다.

> **해설** 물은 당이나 염류 같은 용질이 첨가되면 그 방향으로 물이 확산된다. 즉, 용질 농도가 낮은 용액 쪽에서 높은 용액 쪽으로 확산 이동한다.

10

물의 확산에 관한 설명이다. 옳은 것만을 모두 나열한 것은?

> ㉠ 물은 압력이 높은 쪽에서 낮은 쪽으로 확산된다.
> ㉡ 물은 당이 첨가된 쪽으로 확산된다.
> ㉢ 물은 점토가 첨가된 쪽으로 확산된다.
> ㉣ 확산에 의한 물의 이동 방향과 온도는 무관하다.

① ㉠
② ㉠, ㉡
③ ㉠, ㉡, ㉢
④ ㉠, ㉡, ㉢, ㉣

> **해설** 물은 온도가 높은 쪽에서 낮은 쪽으로 확산된다.

11

줄기의 물관에서 이루어지는 물의 원거리 이동 방식은?

① 침 윤
② 확 산
③ 삼 투
④ 집단류

> **해설** 식물체 줄기에서 수분 이동은 압력 기울기에 따른 집단류의 형태로 일어나며 집단류와 함께 각종 용질 분자가 동시에 이동한다.

12

수분퍼텐셜에 관한 설명으로 옳지 않은 것은?

① 수분퍼텐셜의 절대량을 측정하여 비교하면 물의 이동 방향을 알 수 있다.
② 대기압 하에서 순수한 물의 수분퍼텐셜은 0MPa이다.
③ 순수한 물에 용질을 첨가하면 수분퍼텐셜이 낮아진다.
④ 압력은 수분퍼텐셜을 증가시킨다.

> **해설** 수분퍼텐셜과 관련이 있는 에너지는 자유에너지(Gibbs free energy)이다. 자유에너지는 절대량을 측정할 수 없다.

13

수분퍼텐셜과 물의 이동 방향과의 관계에 관한 설명이 옳은 것은?

① 물은 수분퍼텐셜의 값이 0이 되는 방향으로 이동한다.
② 물은 수분퍼텐셜이 높은 쪽에서 낮은 쪽으로 이동한다.
③ 물이 유입되면 세포의 수분퍼텐셜이 낮아진다.
④ 물의 이동 방향은 수분퍼텐셜의 기울기와 무관하다.

해설 물은 수분퍼텐셜의 기울기에 따라 이동 방향이 결정되는데 그 어떤 경우이든 수분퍼텐셜이 높은 쪽에서 낮은 쪽으로 이동한다. 세포 내로 물이 유입되면 세포의 수분퍼텐셜은 높아진다.

14

식물의 수분퍼텐셜 값을 표시할 때 가장 일반적으로 사용하는 단위는?

① J/mol
② Siemens
③ MPa
④ pF

해설 식물의 수분퍼텐셜은 식물체의 수압이나 삼투압 등을 고려하여 에너지 단위(J/mol) 대신에 압력 단위인 파스칼(MPa) 또는 바(bar)로 표시한다.

15

삼투퍼텐셜에 관한 설명으로 옳지 않은 것은?

① 용질이 첨가될수록 삼투퍼텐셜이 증가한다.
② 항상 음의 값을 가진다.
③ 삼투퍼텐셜이 높은 용액에서 낮은 용액으로 물이 확산된다.
④ 삼투퍼텐셜은 ψ_s로 표시한다.

해설 용액의 용질 분자에 의해 생긴다. 용질의 농도가 높아지면 물의 농도가 감소하여 삼투퍼텐셜 값이 낮아진다.

16

수분퍼텐셜이 0MPa인 순수한 물과 설탕 용액 사이에 반투성막을 두고 설탕 용액에 2.5MPa의 압력을 가했을 때 반투성막을 통한 물의 이동이 없었다. 이때 설탕 용액의 삼투퍼텐셜과 수분퍼텐셜의 값을 순서대로 나열한 것은?

① 0MPa, 2.5MPa
② 2.5Mpa, 0MPa
③ 0MPa, −2.5MPa
④ −2.5MPa, 0MPa

해설 반투성막을 사이에 두고 물의 이동이 없었다는 것은 설탕 용액의 수분퍼텐셜이 0MPa임을 의미한다. 2.5MPa의 압력이 가해졌을 때 수분퍼텐셜이 0이라는 것은 설탕 용액의 삼투퍼텐셜이 −2.5MPa이라는 것을 뜻한다.

17

토양의 수분퍼텐셜 결정에 관한 설명으로 옳지 않은 것은?

① 염류농도가 높은 토양에서는 삼투퍼텐셜이 뿌리의 수분 흡수에 크게 영향을 준다.
② 일반토양에서는 공극이 불포화 상태인 경우 매트릭퍼텐셜의 비중이 크다.
③ 일반토양에서는 공극이 포화 상태인 경우 압력퍼텐셜의 비중이 크다.
④ 매트릭퍼텐셜 값은 위조 상태가 포장용수량 상태보다 더 높다.

해설 토양수분 상수(흡착계수, 위조점, 포장용수량)에 따른 매트릭퍼텐셜 값은 포장용수량에서 가장 높다.

18

식물 세포의 수분퍼텐셜에 관한 설명으로 옳지 않은 것은?

① 주로 압력퍼텐셜과 삼투퍼텐셜에 의해 좌우된다.
② 세포의 부피 변화에 따라 압력퍼텐셜이 변화한다.
③ 압력퍼텐셜과 삼투퍼텐셜의 절대값이 같을 때 세포의 수분퍼텐셜은 0이 된다.
④ 원형질 분리 초기 상태일 때의 수분퍼텐셜 값이 0이다.

해설 초기의 원형질 분리 상태는 압력퍼텐셜이 0이고 식물 세포의 삼투퍼텐셜이 0 이하이므로 수분퍼텐셜은 음(−)의 값을 갖게 된다.

19

수분퍼텐셜 값이 가장 높은 상태에 있는 것은?

① 팽만 상태의 잎
② 바람에 건조시킨 종자
③ 사막지대 관목의 잎
④ 건조한 토양에서 생장한 식물의 잎

해설 팽만 상태의 잎은 수분퍼텐셜이 0MPa로 다른 조건보다 높다.

20

삼각 플라스크에 들어있는 물의 수분퍼텐셜이 감소했다. 그 이유에 해당하지 않는 경우는?

① 설탕을 넣어 주었다.
② 감압으로 공기를 빼냈다.
③ 물의 온도를 높여 주었다.
④ 토양 입자를 넣어 주었다.

해설 용질, 토양 입자와 같은 매트릭스의 추가와 감압은 수분퍼텐셜을 낮춘다. 반면 온도가 증가하면 수분퍼텐셜이 증가한다.

21

증산 작용이 왕성한 한낮에 식물체에서 수분퍼텐셜이 가장 낮은 부위는?

① 잎   ② 엽 병
③ 줄 기   ④ 뿌 리

해설 증산이 활발한 식물체 내에서 수분은 수분퍼텐셜의 기울기에 따라 수분퍼텐셜이 높은 뿌리에서 줄기를 거쳐 수분퍼텐셜이 낮은 잎으로 이동한다. 증산으로 수분이 대기로 빠져나간 잎의 수분퍼텐셜이 가장 낮다고 할 수 있다.

22

( )에 들어갈 내용을 옳게 나열한 것은?

> 식물 세포에서 초기 원형질 분리 상태에서 수분
> 퍼텐셜은 (ㄱ)퍼텐셜이 0이므로 (ㄴ)퍼텐셜과
> 같아진다.

① ㄱ : 삼투 ㄴ : 압력
② ㄱ : 압력, ㄴ : 삼투
③ ㄱ : 삼투, ㄴ : 매트릭
④ ㄱ : 압력, ㄴ : 매트릭

해설 초기 원형질 분리 상태에서는 압력이 작용하지 않
는 상태로 식물 세포의 압력퍼텐셜이 0이 된다. 따
라서 이 상태에서의 식물 세포의 수분퍼텐셜은 삼
투퍼텐셜과 같아진다.

23

팽만 상태에 있는 식물체 내 세포의 삼투퍼텐셜이
−2.0MPa일 때 이 세포에 작용하는 압력퍼텐셜은
얼마인가?

① 0MPa
② 1.0MPa
③ 2.0MPa
④ 3.0Mpa

해설 식물 세포의 수분퍼텐셜은 매트릭퍼텐셜과 중력퍼
텐셜은 거의 영향을 미치지 않고 압력퍼텐셜과 삼
투퍼텐셜에 의해 좌우된다. 팽만 상태에 있는 식물
세포의 수분퍼텐셜이 0MPa이므로 압력퍼텐셜은
2.0MPa으로 추정할 수 있다.

24

초기 원형질 분리 상태에 있는 식물 세포의 압력퍼
텐셜 값은 얼마인가?

① 0MPa
② 1.0MPa
③ 2.0MPa
④ 3.0Mpa

해설 초기의 원형질 분리 상태는 압력이 작용하지 않
는다는 것을 의미하므로 이 세포에 작용하는 압력퍼
텐셜은 0MPa이다.

25

초기 원형질 분리 상태에 있는 식물 세포의 수분퍼
텐셜이 −2.5MPa일 때, 이 세포의 삼투퍼텐셜 값은
얼마인가?

① −1.5MPa
② −2.0MPa
③ −2.5MPa
④ −3.0MPa

해설 초기 원형질 분리 상태에 있는 식물 세포의 압력퍼
텐셜 값이 0MPa이므로 이 세포의 삼투퍼텐셜 값이
수분퍼텐셜 값이 된다.

26

식물생리학에서 가압상법을 이용하여 측정하고자
하는 것은?

① 염류농도
② 증산량
③ 수분퍼텐셜
④ 수증기압 부족량

해설 식물체의 수분퍼텐셜은 가압상법, 조직무게변화측
정법, 차르다코프 방법 등을 이용하여 측정한다. 가
압상법은 압력을 가할 수 있는 상자에 식물체의 엽
병 또는 잎줄기의 절단면만을 밖으로 노출시킨 후
압력을 가하여 수분이 절단면으로 밀려나올 때의 압
력을 측정하여 식물체 내의 수분퍼텐셜로 이용한다.

27

가압상법 측정원리에 관한 설명이다. (   )에 들어
갈 내용을 옳게 나열한 것은?

> 식물 물관부의 수분퍼텐셜에 (ㄱ)퍼텐셜과 (ㄴ)
> 퍼텐셜이 관여하지만 물관부의 (ㄱ)퍼텐셜이
> 0에 가깝기 때문에 물관부의 수분퍼텐셜은 (ㄴ)
> 퍼텐셜와 같다고 볼 수 있다.

① ㄱ : 삼투, ㄴ : 압력
② ㄱ : 압력, ㄴ : 삼투
③ ㄱ : 삼투, ㄴ : 매트릭
④ ㄱ : 압력, ㄴ : 매트릭

해설 물의 물관부를 구성하는 세포는 이웃 세포 간에 구
멍이 뚫려 삼투의 작용이 미약하므로 물관부의 수
분퍼텐셜은 주로 압력퍼텐셜에 의해 결정된다.

PART 04

수분의 흡수, 이동 및 배출

CHAPTER 01 수분의 흡수

CHAPTER 02 수분의 이동

CHAPTER 03 수분의 배출

CHAPTER 04 함수량과 요수량

적중예상문제

● 학습목표 ●

1. 뿌리의 수분 흡수 부위와 수분 흡수 기구를 알고 수분 흡수에 영향을 미치는 요인들에 대해 학습한다.
2. 뿌리에서 수분의 흡수 이동, 줄기에서 수분의 상승, 횡방향, 하강 이동 경로와 의미를 파악한다.
3. 필요한 부위로 이동한 수분이 배출되는 방식으로 일액, 일비, 증산의 개념과 의미를 알고 이들에 영향을 미치는 요인들에 대해 학습한다.
4. 함수량과 요수량의 개념과 의미를 학습하고 식물에 있어서 물의 중요성을 확인한다.

수분의 흡수

(1) 뿌리의 수분 흡수 부위

① 뿌리의 끝 부분에 있는 생장점과 근관은 수분을 거의 흡수하지 않는다.

② 뿌리의 수분 흡수는 근모의 발생이 많은 뿌리 선단에 위치한 근모대에서 이루어진다.

　㉠ 근모대를 흡수대라고 부르기도 한다.

　㉡ 다수의 근모는 토양과의 접촉면을 늘려 효율적인 수분 흡수를 돕는다(그림 4-1).

　㉢ 근모는 표피세포의 일부가 돌출한 것이다.

　㉣ 근모의 길이는 1.3cm에 달하기 때문에 육안으로 관찰이 가능하다.

　㉤ 근모는 성장 속도가 매우 빨라 하루에 1억 개 이상을 생성하는 식물도 있다.

　㉥ 근모는 연약하여 토양에 부딪히면 쉽게 상처를 입으며 평균 수명은 5일 정도이다.

　㉦ 수분은 근모의 느슨한 세포벽과 원형질막의 인지질 이중층을 확산으로 침투해 들어간다.

　㉧ 근모의 원형질막에는 아쿠아포린이라는 일종의 수송관 단백질이 있어 집단류로 흡수되는 수분도 있다.

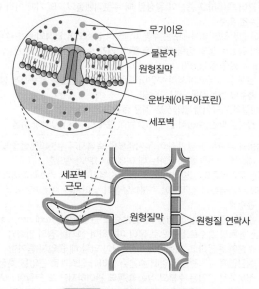

무기이온
물분자
원형질막
운반체(아쿠아포린)
세포벽

세포벽
근모
원형질막
원형질 연락사

그림 4-1 　근모에서의 수분 흡수

③ 원형질막 안으로 흡수된 수분은 원형질 연락사를 통하여 빠르게 안으로 이동하여 토양과 근모 세포와의
수분퍼텐셜의 기울기를 유지한다.

④ 근모대를 지나 위로 올라 갈수록 목질화가 진행되어 수분 흡수는 제한된다.

Level UP 이론을 확인하는 문제

뿌리 조직 가운데 수분의 흡수가 가장 활발하게 일어나는 장소는?

① 생장점 부위   ② 신장대

③ 근모대   ④ 근관조직

해설 식물 뿌리 선단에 있는 근모대는 다수의 근모가 형성되어 토양과의 접촉면을 늘려 수분을 효율적으로 흡수
할 수 있다. 그래서 근모대를 흡수대라고 부르기도 한다. 뿌리의 끝 부분에 있는 생장점과 근관은 수분을 거
의 흡수하지 않으며, 근모대를 지나 위로 올라 갈수록 목질화가 진행되어 수분 흡수가 제한된다.

정답 ③

(2) 뿌리의 수분 흡수 기구

수동적 흡수	• 토양 수분이 충분하고 증산이 왕성할 때 수분퍼텐셜의 기울기에 따라 에너지 소모 없이 확산으로 이루어지는 수분 흡수
	  – 증산이 활발하면 엽육세포는 수분퍼텐셜이 감소되어 엽맥의 수분을 끌어들임
	  – 수분의 감소로 물의 장력(부압, 負壓)이 커져 수분퍼텐셜이 낮아진 엽맥의 물관은 줄기와 뿌리로부터 집단류로 물을 끌어올림
	  – 이로 인해 생긴 뿌리에서의 부압이 토양으로부터 수분을 흡수하게 함
	• 수동적 흡수의 원동력은 증산 작용임
	• 수분퍼텐셜의 기울기를 결정짓는 것은 물관의 압력퍼텐셜임
	• 증산이 왕성할 때는 수동적 흡수가 능동적 흡수의 10~100배에 이름

능동적 흡수	• 증산 작용과 무관하게 물관 내에 무기염류를 축적시켜 수분퍼텐셜을 낮춤으로서 이루어지는 수분 흡수
	  – 물관 내로 무기염류를 축적하는 데 에너지(ATP)가 필요함
	  – 축적된 무기염류의 일방적인 외부 유출은 뿌리 내피의 카스파리대가 막아줌
	  – 물관에 무기염류가 집적되어 수분퍼텐셜이 낮아지면 수분퍼텐셜의 기울기에 따라 물이 토양에서 뿌리로 흡수됨
	• 능동적 흡수는 증산 작용이 약할 때 활발하고, 근압(根壓, Root pressure)을 생기게 함
	  – 근압은 능동적 흡수로 물관으로 물이 이동하여 생기는 정의 압력임
	  – 토양 수분이 충분하고, 지온이 높고, 증산이 약할 때 근압이 증가함
	  – 줄기 절단면에 유리관을 연결해 수은주 높이나 압력계로 근압을 측정할 수 있음
	  – 일부 식물에서 근압은 수분의 상승 이동에 관여하지만 그 역할이 크지는 않음

( )에 들어갈 내용을 옳게 나열한 것은?

(ㄱ)적 흡수는 수분퍼텐셜의 기울기에 따라 에너지 소모없이 확산으로 이루어지는데 원동력은 (ㄴ)이다. 반면에 (ㄷ)적 흡수는 물관 내에 무기염류를 축적시켜 수분퍼텐셜을 낮춤으로서 이루어진다.

① ㄱ : 능동, ㄴ : 증산, ㄷ : 수동   ② ㄱ : 능동, ㄴ : 근압, ㄷ : 수동
③ ㄱ : 수동, ㄴ : 증산, ㄷ : 능동   ④ ㄱ : 수동, ㄴ : 근압, ㄷ : 능동

해설 에너지 소모 없이 이루어지는 수분 흡수를 수동적 흡수라 하고 이에 반해 수분 흡수에 에너지 소모가 필요한 경우 능동적 흡수라 한다. 물관 내에 무기염류 축적에는 에너지가 필요하다.

정답 ③

(3) 수분 흡수에 영향을 미치는 요인들

① 기상 조건은 수동적 흡수의 원동력이 되는 증산 작용에 영향을 미친다.
② 토양 조건은 뿌리의 발육은 물론이고 수분의 흡수에 직접적인 영향을 미친다.
③ 뿌리의 분포, 토양 수분, 토양 온도, 염류 농도 등이 수분 흡수에 크게 영향을 미친다.

뿌리 분포	• 뿌리가 깊고 넓게 분포하면 그만큼 수분의 흡수가 촉진됨 • 배수가 잘되며 통기성이 좋은 토양에서는 뿌리가 깊게 들어가지만, 배수가 불량한 점질토에서는 지표 가까이 분포함 • 건조한 토양에서는 깊고 넓게 퍼지고 밀식하면 뿌리의 분포 범위가 좁아짐
토양 수분	• 충분하면 토양의 수분 보유력이 감소해 뿌리의 수분 흡수가 용이해짐 • 지나치게 많으면 오히려 뿌리의 수분 흡수력이 감퇴됨 　– 통기성이 나빠지면 뿌리의 호흡이 저해되어 흡수 기능이 억제되기 때문임 　– 증산이 왕성할 때 과습한 토양에서 식물이 오히려 시드는 것을 볼 수가 있음 • 토양의 수분 조건은 뿌리의 생육에 영향을 미침 그림 4-2 　– 벼를 밭에 재배하면 근모가 생기며 표피가 형성되고 중심주 물관이 잘 발달됨 　– 벼를 논에서 재배하면 근모와 표피가 없고 외피가 바로 노출됨 　– 논벼는 중심주 물관의 발달도 치밀하지 못하고 엉성함 　– 논벼는 피층에 통기 조직이 발달해 산소 공급이 원활함
토양 온도	• 뿌리의 생육은 물론 수분의 흡수에 직접적인 영향을 줌 • 낮으면 물의 점도가 높아지고 원형질막의 투과성이 떨어지며 뿌리 세포의 생리적 기능이 약해져 수분의 흡수가 억제됨 지온이 내려갈 때 식물이 시드는 것은 바로 수분 흡수가 억제되기 때문임
염류 농도	• 지나치게 토양이 건조하거나 염류 농도가 높으면 토양의 삼투퍼텐셜이 감소하여 수분 흡수를 억제하고 생육을 저해함 • 심하지 않을 때는 토양 용액의 삼투퍼텐셜이 낮아지면 이에 대한 반응으로 뿌리의 삼투퍼텐셜을 더 낮추어 정상적으로 수분을 흡수함

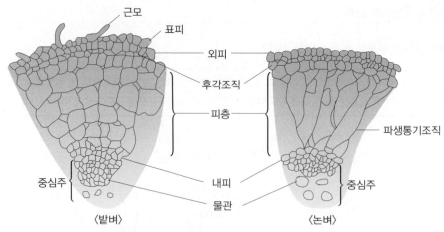

〈밭벼〉 〈논벼〉

그림 4-2 밭과 논에서 자란 벼의 뿌리 조직 특징

이론을 확인하는 문제

밭에서 자란 벼와 비교할 때 논에서 자란 벼의 뿌리 특징에 관한 설명으로 옳지 않은 것은?

① 근모가 잘 발달한다.

② 중심주 물관이 엉성하다.

③ 피층에 파생통기조직이 발달한다.

④ 표피가 없고 외피가 바로 노출된다.

해설 논벼는 담수 상태에서 자라기 때문에 근모와 표피가 필요 없고 물관도 치밀하지 못하며 피층에 파생통기조직이 잘 발달하여 산소 공급을 원활하게 할 수 있는 구조를 갖는다.

정답 ①

수분의 이동

(1) 뿌리에서 수분의 흡수 이동

① 수분이 뿌리의 근모나 표피에서 흡수되어 중심의 물관까지 이동하는 데는 크게 아포플라스트(전세포벽)와 심플라스트(전원형질)의 2가지 경로를 거친다.

② 물이 피층을 통과할 때에는 두 가지 경로를 다 함께 이용한다.

③ 피층 조직은 세포 배열이 느슨하여 심플라스트보다는 아포플라스트 경로를 더 많이 택하는 것으로 보인다.

아포플라스트 경로	• 세포벽과 세포 간극 등 세포벽 전체를 통한 이동 경로
	• 뿌리의 내피에 발달한 카스파리대에 의하여 차단되기 때문에 불연속적임
	  – 카스파리대(Casparian strip)는 내피의 세포벽에 지방산과 알코올의 복잡한 혼합물인 수베린이 부분적으로 퇴적 비후하여 형성된 환상의 띠임
	  – 카스파리대는 장벽으로 물질의 이동을 차단함
	• 표피에서 흡수된 수분이 아포플라스트 경로를 따라 이동하다가 카스파리대를 만나면 반드시 세포막을 통과해야 물관으로 들어갈 수 있음

심플라스트 경로	• 세포 사이를 연결하는 원형질 연락사를 통한 이동 경로 • 근모에서 흡수된 수분은 주로 심플라스트 경로를 통하여 안쪽으로 이동함

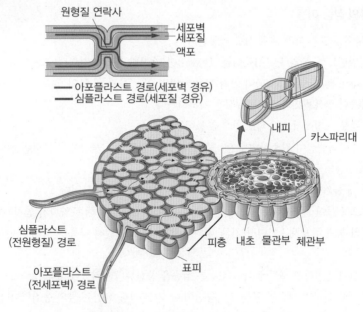

그림 4-3 뿌리에서 물의 이동 경로와 카스파리대

위 두 가지 경로 외에 막횡단 경로를 별도로 제시하는 학자도 있다. 아포플라스트와 심플라스트 두 경로 간의 물이 교환될 때 막의 수송과 액포막과 같은 세포 소기관의 막을 가로지르는 수송을 이 경로에 포함시킬 수 있다.

Level UP 이론을 확인하는 문제

뿌리에서 수분 흡수와 이동에 관한 설명으로 옳은 것은?

① 아포플라스트를 통해 유입된 물은 카스파리대를 우회하기 위해 세포막을 통과해야 한다.

② 근모에서 세포 내로 흡수된 물은 심플라스트 경로만을 통해 물관까지 도달할 수는 없다.

③ 수분 이동에 있어서 피층조직은 아포플라스트보다 심플라스트 경로를 더 많이 채택한다.

④ 잎에서 증산 작용이 이루어지지 않으면 뿌리는 수분을 흡수할 수 없다.

해설 근모에서 세포 내로 흡수된 물은 원형질 연락사를 통해 물관까지 도달할 수 있다. 피층 조직은 세포 배열이 느슨하여 심플라스트보다는 아포플라스트 경로를 더 많이 택하여 수분을 흡수한다. 잎에서 증산 작용이 없더라도 뿌리는 능등적으로 수분을 흡수할 수 있다.

정답 ①

(2) 줄기에서 수분의 상승 이동

① 줄기에서 물은 물관을 따라 위로 상승 이동한다.

② 1914년 아일랜드의 헨리 딕슨(Henrey Dixon)이 제창한 증산응집력설(蒸散凝集力說, Transpiration-cohesion tension theory)이 널리 지지를 받고 있는 물관 내 물의 상승 기구이다.

　㉠ 증산 작용이 엽육세포의 수분퍼텐셜을 저하시킨다.

　㉡ 엽맥의 통도 조직에서 엽육세포 안으로 물이 이동한다.

　㉢ 엽맥의 수분퍼텐셜이 감소하면서 잎-줄기-뿌리로 연결되는 물관에 수분퍼텐셜의 기울기가 형성되어 수분 이동의 구동력(Driving force)이 생긴다.

　　• 물관 내 물기둥으로 있는 물은 강한 응집력에 의해 서로 끌어당긴다.

　　• 증산으로 물이 끌어당겨질 때 그 견인력은 줄기와 뿌리를 통해 토양까지 연결된다.

　　• 식물의 물관은 모세관이면서 자체 내의 특수한 구조로 인해 공동 현상에 의한 끊김이 생기지 않는다.

　㉣ 잎의 증산에 기인하기 때문에 물관의 수분 상승을 증산류(蒸散流, Transpiration stream)라고 한다.

③ 증산응집력설에 의하면 상승의 구동력은 증산이고, 기본 상승 요인은 물의 응집력이다.

④ 증산 작용이 약하거나 전혀 없을 때는 근압에 의해 수분이 밀려서 올라가기도 한다. 근압에 의한 상승 이동은 증산 작용에 의한 수분에 비하면 매우 적은 양이다.

⑤ 야간에 증산이 정지된 상태에서 엽육조직의 흡수력이 지속되거나 줄기 선단에서 물의 소비가 왕성한 경우에도 수분이 위로 상승할 수 있다.

⑥ 이 외에도 모세관 현상, 수화 현상(부착력), 삼투 현상 등도 수분의 상승 이동에 보조적인 작용을 한다.

Level UP 이론을 확인하는 문제

( )에 들어갈 내용을 옳게 나열한 것은?

1914년에 헨리 딕슨이 제창한 "줄기에서 물은 물관을 따라 위로 상승한다"는 (ㄱ)설에 의하면 상승의 구동력은 (ㄴ)이고, 기본 상승 요인은 물의 (ㄷ)이다.

① ㄱ : 증산응집력, ㄴ : 증산, ㄷ : 응집력
② ㄱ : 모세관, ㄴ : 근압, ㄷ : 부착력
③ ㄱ : 증산응집력, ㄴ : 근압, ㄷ : 부착력
④ ㄱ : 모세관, ㄴ : 증산, ㄷ : 응집력

[해설] 헨리 딕슨은 식물 줄기에서 물 상승의 구동력이 증산이고 기본 상승 요인이 물의 응집력이라는 증산응집력설을 제창한 바 있다.

[정답] ①

(3) 줄기에서 수분의 횡방향 및 하강 이동

① 횡방향 이동

　⊙ 한쪽 뿌리가 절단되어도 횡방향으로 물이 이동하기 때문에 그 방향의 잎이 시들지 않는다.

　　• 물관의 세포벽에는 얇은 부분이 있어 쉽게 인접한 세포로 수분이 이동할 수 있다.

　　• 두꺼운 세포벽에는 벽공이 있어 수분의 횡방향 이동이 가능하다.

　⊙ 수분의 이동 방향은 수분퍼텐셜의 기울기에 따라 높은 곳에서 낮은 곳으로 이동한다. 인접한 세포의
　　수분퍼텐셜이 낮으면 물관부에서 주변 세포로 물이 이동하게 된다.

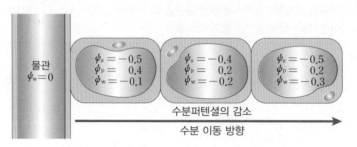

그림 4-4　수분퍼텐셜의 기울기와 물의 횡방향 이동

② 하강 이동

　⊙ 주로 수분 부족 상태에서 뿌리의 수분퍼텐셜이 줄기보다 낮아질 때 일어난다.

　⊙ 엽병의 절단면에 색소를 흡수시키면 줄기에서 물의 상승과 하강을 모두 관찰할 수 있다.

　⊙ 식물의 생장이 왕성한 계절에는 주로 상승하고 생장이 둔해지면 하강량이 늘어난다.

03 수분의 배출

- 흡수된 수분은 액체 또는 기체 상태로 배출된다.
- 수분의 배출은 수분의 흡수와 이동의 원동력이다.
- 수분의 배출 방식으로 일액과 일비 현상, 그리고 증산 작용이 있다.

(1) 일액(溢液, Guttation)과 일비(溢泌, Exudation) 현상

일 액	• 식물이 잎의 선단(단자엽식물, 벼과식물)이나 가장자리(쌍자엽식물)에 있는 수공을 통해 수분을 물방울 형태로 배출하는 현상
	   – 수공은 기공의 변태라고 볼 수 있는 일종의 배수조직임
	   – 수공은 기공과 마찬가지로 2개의 공변세포로 구성됨
	   – 수공은 기공과는 달리 개폐 작용이 없고 항상 열려 있음
	 • 낮이 따뜻하고 밤이 차가운 날 수분 흡수는 왕성하고 증산 작용이 억제되는 밤에서부터 이른 새벽에 많이 나타남
	 • 구동력은 뿌리의 능동적 흡수에 의해 생기는 근압임
	 • 근압이 물관 내의 물을 밖으로 밀어내는 것임
	 • 주로 화곡류, 토마토, 양배추, 고구마 등에서 잘 관찰됨
	 • 배출액은 거의 순수한 물에 가까움

일 비	• 줄기를 절단하거나 물관부에 구멍을 냈을 때 다량의 수액이 배출되는 현상
	   절구(切口)에서 물의 배출은 내부의 높은 압력에 의해 압출되어 나오는 것임
	 • 일비 압력은 근압에서 유래함
	   근압은 능동적 흡수에 의한 것으로 주변에 활력이 있는 세포들이 존재해야 함
	 • 수분 흡수가 왕성하고 증산이 억제되는 조건에서 일비 현상이 증가함
	   – 대개 이른 봄 싹트기 전인 수목들이 일비액을 많이 배출하는 것을 볼 수 있음
	   – 뽕나무나 수세미 등은 증산 작용이 활발한 여름에도 다량의 일비액을 배출함
	 • 일비액은 대개 다량의 탄수화물, 무기염류, 유기산 등의 물질을 함유함

(2) 잎의 배수구조

① 잎의 가장자리를 따라 엽맥의 끝 부분에 위치하며, 그 끝에 헛물관이 있다.

② 물은 헛물관의 바로 위에 있는 누수조직(漏水組織, Epithem)을 거쳐 표피에 있는 수공(水孔, Water pore)을 통하여 배출된다.

③ 유관속초는 물이 다른 조직으로 이동되는 것을 막아준다.

④ 수공으로 배출되는 수액은 바로 발산하기 때문에 쉽게 인지되지 않지만 때로는 맺혀있는 물방울을 관찰할 수 있다.

⑤ 수공으로 배출되는 물방울은 이슬방울과는 다르다.

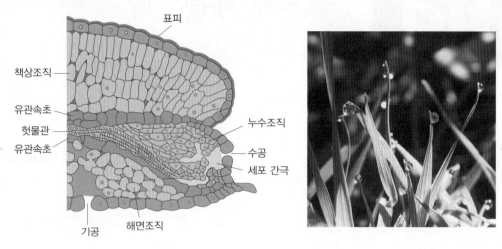

표피
책상조직
유관속초
헛물관
유관속초
누수조직
수공
세포 간극
기공
해면조직

그림 4-5 잎의 배수구조와 수공을 통한 일액 현상

Level UP 이론을 확인하는 문제

( )에 들어갈 내용으로 옳게 나열한 것은?

식물이 잎의 선단이나 가장자리에 있는 (ㄱ)을 통해 수분을 물방울 형태로 배출하는 현상을 (ㄴ) 현상
이라 하고, 줄기를 절단하거나 물관부에 구멍을 냈을 때 다량의 수액이 배출되는 현상을 (ㄷ) 현상이라
고 한다. 일액과 일비 현상은 뿌리의 능동적 흡수에 의해 생기는 (ㄹ)이 구동력이다.

① ㄱ : 기공, ㄴ : 일액, ㄷ : 일비, ㄹ : 근압
② ㄱ : 기공, ㄴ : 일비, ㄷ : 일액, ㄹ : 증산
③ ㄱ : 수공, ㄴ : 일액, ㄷ : 일비, ㄹ : 근압
④ ㄱ : 기공, ㄴ : 일비, ㄷ : 일액, ㄹ : 증산

해설 일액 현상은 수공을 통해 일어난다. 일액과 일비의 구동력은 근압이다.

정답 ③

(3) 증산 작용

① 증산(蒸散作用, Transpiration) 작용의 의의

ㄱ 체내 수분을 기체 상태로 배출하는 작용을 증산이라 한다.

ㄴ 흡수한 수분의 대부분은 증산 작용으로 빠져 나간다.

생육 기간 중 증산에 의한 수분 배출량을 보면 감자와 밀은 95L이며 옥수수는 무려 206L나 된다.

ㄷ 식물의 증산 작용은 생리적으로 중요한 의미를 갖고 있다.

- 수분의 흡수와 체내 이동의 원동력이 된다.
  - 증산이 엽육세포의 수분퍼텐셜을 감소시켜 물관의 수분을 상승 이동시킨다.
  - 수분의 상승 이동은 뿌리에서의 흡수는 물론 무기염류의 흡수와 이동을 촉진시킨다.
- 잎의 온도를 조절해준다. 잎에서 물이 기화할 때 기화열로 주변의 열을 빼앗기 때문이다.
- 광합성의 원료를 원활하게 공급해준다. 증산이 활발하면 수분 흡수가 촉진되고 기공이 열려 있어 CO_2가 쉽게 유입된다.

② 증산과 기공

ㄱ 식물의 증산은 주로 잎에서 일어난다.

ㄴ 줄기에서도 일어나지만 표면적이 잎에 비해 작아서 중요성이 낮다.

ㄷ 잎의 증산은 각피 증산(角皮蒸散, Cuticular transpiration)과 기공 증산(氣孔蒸散, Stomatal transpiration)으로 구분된다.

각피 증산	• 잎의 표피조직과 각피를 통하여 이루어지는 증산 • 각피도 적은 양의 수증기는 투과시킬 수가 있음 • 각피의 발달이 나쁠수록 각피 증산의 비율이 늘어남 • 기공이 열려있을 때 각피 증산이 10% 정도임		
기공 증산	• 잎의 기공을 통해 이루어지는 증산 • 기공은 어린 줄기에도 있지만 주로 잎에 분포함 • 잎에 분포하는 기공의 수, 향축면과 배축면의 분포 비율, 기공의 크기, 분포 형태 등은 식물의 종류와 재배 환경에 따라 다름		
	$1mm^2$당 기공의 수	향축:배축으로 토마토 12:130개, 감자 51:161개, 사과 0:294개, 떡갈나무 0:340개, 밀 33:14개, 귀리 25:23개, 옥수수 52:68개	
	향축:배축의 기공 분포 비율	• 쌍자엽식물은 향축보다는 배축에 기공 수가 많은 편임 • 쌍자엽 목본식물은 배축에만 기공이 분포함 • 단자엽식물은 양면이 비슷한 분포 비율을 보임	
	기공의 크기	• 쌍자엽식물인 콩은 $7 \times 3 \mu m$, 토마토는 $13 \times 6 \mu m$ 정도임 • 단자엽식물인 밀은 $38 \times 7 \mu m$, 귀리는 $38 \times 8 \mu m$ 정도임	
	분포 형태	• 쌍자엽식물인 감자의 기공은 흩어져 있음 • 단자엽식물인 옥수수의 기공은 일렬로 배치되어 있음	

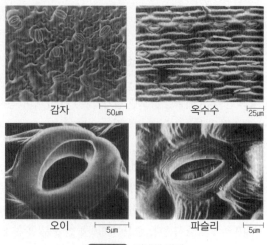

감자   옥수수
        50μm   25μm

오이   파슬리
        5μm   5μm

그림 4-6 기공의 개폐

③ 기공의 개폐 기구

㉠ 공변세포의 팽압 변화와 구조적 특징이 개폐를 좌우한다.

팽압 변화	• 기공은 두 개의 공변세포와 그 주변의 세포들로 구성됨 • 수분의 이동에 따른 공변세포의 팽압 변화로 기공이 열리고 닫힘(그림 4-7). 　팽압이 높으면 기공이 열리고, 팽압이 줄어들면 기공이 닫힘 • 공변세포의 팽압 변화는 용액의 농도와 그에 따른 수분퍼텐셜의 변화로 생김 　– 공변세포의 용액 농도가 높아지면 삼투퍼텐셜이 감소하고 수분이 세포 안으로 들어옴에 따라 　　팽압이 증가하고 기공이 열림 　– 용액의 농도가 감소하면 반대의 현상이 일어나 기공이 닫힘
구조적 특징	• 팽압 변화에 따른 기공의 개폐는 전적으로 공변세포의 구조적 특성에 기인함 그림 4-8 • 기공 쪽에서 반대쪽으로의 방사형 미소원섬유의 배열이 기공 개폐에 관여 • 세포벽에 미소원섬유(Microfibril)의 배열이 기공 쪽과 반대쪽이 서로 다름(A) • 공변세포의 양 끝은 서로 붙어 있고 기공의 개폐에 관계없이 길이가 일정함(B, C, D) • 팽압이 발생하여 세포가 확장될 때 횡방향이 많이 확장되고, 죔임 정도의 차이도 생겨 공변세포 　가 안쪽으로 휘면서 기공이 더 많이 열림(D)

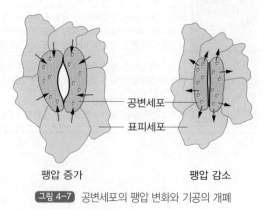

공변세포

표피세포

팽압 증가   팽압 감소

그림 4-7 공변세포의 팽압 변화와 기공의 개폐

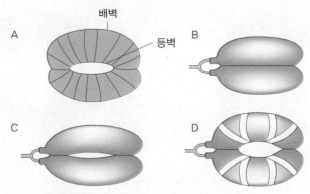

배벽

등벽

A

B

C

D

그림 4-8 공변세포의 수축에 따른 기공 개폐 모식도

ⓛ 기공 개폐에는 여러 가지의 요인이 관여하고 있다.

칼륨이온 (K^+)	• 공변세포와 주변세포 사이에 K^+이 왔다 갔다 하면서 공변세포의 수분퍼텐셜, 수분의 이동, 나아가 팽압을 조절함 그림 4-9 공변세포의 K^+이 증가하면 수분퍼텐셜이 감소하고, 이로 인해 수분이 이동해 들어와 팽압이 높아지면서 기공이 열림 • 밤에 기공을 여는 CAM 식물을 비롯하여 약 50여 종의 식물에서 열린 기공의 공변세포에서 K^+이 축적되는 것을 볼 수 있음
ABA	• ABA가 기공 개폐를 조절함 엽육세포의 엽록체에서 합성된 ABA가 공변세포에 도달하면 그 안의 K^+ 이온이 감소하면서 기공이 닫힘 • 식물은 수분스트레스를 받으면 ABA 함량이 증가하면서 기공이 닫힘 • 식물체에 ABA를 처리하면 기공이 닫히는 것을 볼 수 있음
CO_2 농도	• 야간에는 호흡 작용으로 CO_2 농도가 높아지면 공변세포의 탄산 농도($H_2O+CO_2 \rightarrow H_2CO_3$)가 높아져 pH가 내려가면서 기공이 닫힘 • 주간에는 광합성으로 CO_2 농도가 낮아지면 pH가 올라가서 기공이 열림 • 이런 현상은 공변세포의 녹말이 pH가 높을 때는 효소 녹말포스포릴라아제(Starch phosphorylase)에 의해 포도당-6-인산(Glucose-6-phosphate)으로 분해되고, pH가 낮을 때에는 반대로 녹말을 합성하면서 수분퍼텐셜과 팽압을 조절하기 때문에 일어남
온 도	• 생육 적온을 벗어나 30℃ 이상의 고온에서는 기공이 닫힘 • CO_2가 배제된 상태에서는 고온의 영향이 나타나지 않는 것으로 보아 엽 안의 CO_2 농도와 관련됨 고온에서 호흡이 증가하고 동시에 CO_2가 증가하므로 공변세포의 팽압이 감소하여 기공이 닫힘 • 고온지대에서 많은 식물들이 한낮에 기온이 높을 때 고온에 의한 CO_2의 축적으로 기공이 닫히는 것을 볼 수 있음
건조 기후	건조한 사막지대의 CAM 식물은 독특한 기공 개폐 리듬을 가짐 - 한낮에 기공을 닫고 증산 작용을 억제하여 수분 손실을 방지함 - 기온이 낮은 밤에 기공을 열어 CO_2를 흡수하여 체내에 저장함 - 위에서 설명한 온도 조건에 따른 기공 개폐와는 관계없는 개폐 리듬임 - 건조 기후에 적응하기 위한 CAM 식물의 기공 개폐 리듬으로 이해됨

안심Touch

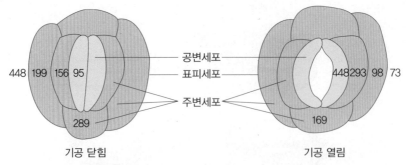

그림 4-9 기공 주변세포의 칼륨이온 농도와 기공의 개폐

④ 증산 작용에 영향을 미치는 요인들

㉠ 식물의 형태와 구조

엽면적	• 엽면적이 작으면 증산 면적이 작아져 증산량이 감소함 • 단위 면적당 증산량은 엽면적이 작을수록 증가할 수 있음
기공의 수와 크기	단위 엽면적당 기공의 수가 많고 기공이 크면 그만큼 증산 작용이 활발하게 일어남
각피의 발달 정도	잎의 표면에 각피가 잘 발달하면 각피 증산이 억제됨

㉡ 기상 조건

일 조	• 일조는 엽온을 높여 증산을 촉진함
	• 일조 조건에서 기공이 열리는 데 기공의 개도는 광도와 밀접하게 관련됨 그림 4-10
	  – 광도와 기공의 개도의 일변화를 보면 평행적으로 증감함 그림 4-10
	  – 광도가 가장 높은 정오 12시 부근에서 기공의 개도가 최댓값을 나타냄
	  – 오후에는 광도의 감소에 비하여 기공의 개도가 늦게 감소함

대기습도	• 대기의 습도가 낮아지면 기공이 잘 열리고 증산 작용이 왕성함 그림 4-10 • 증기압 부족량(Vapor pressure deficit)이 클수록 증산 작용은 잘 일어남 증기압 부족량은 공기가 수증기를 받아들일 수 있는 정도를 나타내는데, 대기의 증기압을 그 공기의 포화 수증기압에서 빼면 얻을 수 있음
온 도	• 기온이 상승하면 증기압 부족량이 증대하여 증산이 촉진되고, 기온이 떨어지면 반대로 증산 작용이 감소함 • 기온은 대기 습도와 식물의 체온에 영향을 주므로 증산 작용에 영향을 미침 • 기온이 상승하면 수증기의 확산 운동이 증가되어 증산이 촉진됨
바 람	• 가벼운 바람은 엽면과 그 주변의 수증기를 유동시켜 증산 작용을 도움 • 대기가 습한 경우에는 바람이 엽온을 낮추어 증산 작용을 둔화시킴 • 지나치게 강한 바람은 기공을 닫게 하여 증산 작용을 억제함

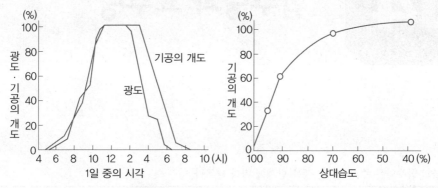

그림 4-10 광도, 상대습도의 변화와 기공 개도

ⓒ 토양 및 재배 조건

토양 조건	• 토양의 온도, 함수량, 통기성 등은 뿌리의 수분 흡수에 영향을 미치고 결과적으로 증산 작용에 영향을 줌 • 뿌리에서 수분 흡수량이 많으면 증산이 활발, 적으면 둔화됨
재배 조건	• 칼륨이나 석회 시비가 증산을 억제함 • 보리는 밟아주기를 하면 증산이 억제됨 • 농업에서는 증산 억제제가 실용적으로 이용되고 있음

Level UP 이론을 확인하는 문제

증산 작용에 영향을 미치는 요인에 관한 설명으로 옳지 않은 것은?

① 대기의 습도가 낮아지면 증산이 증가한다.

② 광도와 기공의 개도는 정의 상관을 보인다.

③ 기온이 상승하면 증산이 억제된다.

④ 가벼운 바람은 증산 작용을 촉진한다.

해설 기온이 상승하면 수증기의 확산 운동이 증가하여 증기압 부족량이 증대하므로 증산이 촉진된다.

정답 ③

안심Touch

함수량과 요수량

(1) 함수량

① 식물의 함수량은 종류, 기관, 생육 단계에 따라 다르다.

종 류	• 채소류의 잎이나 과실은 90% 이상이 수분임 • 과수나 화곡류의 잎은 대략 60~80% 정도의 수분을 함유함
기 관	• 활동이 왕성한 기관은 함수량이 많고, 생리적 기능이 저하된 기관은 적음 • 특히 휴면 중인 종자는 8~17%의 적은 함수량(아래표 참조)을 나타냄
생육 단계	계절적으로 봄, 여름의 생장기에는 함수량이 많고, 겨울의 휴면기에는 적음

재배식물	기 관	함수량(%)	재배식물	기 관	함수량(%)
오 이	과 실	96.0	옥수수	잎	65.0~82.0
상 추	결구엽	94.0	수 수	잎	58.0~79.0
양배추	결구엽	90.0	목 화	잎	70.0~78.0
감 자	괴 경	79.9	호 밀	종 자	9.6~17.4
토마토	잎	85.0~95.0	밀	종 자	9.3~17.3
포 도	잎	72.0~80.0	옥수수	종 자	9.3~16.8
복숭아	잎	61.0~70.0	벼	종 자	9.0~16.9
사 과	잎	59.0~62.0	귀 리	종 자	8.8~16.1

② 함수량은 하루 중에도 변하여 오후에는 낮고, 오전에는 높다.

Level UP 이론을 확인하는 문제

식물의 함수량에 관한 설명으로 옳은 것은?

① 겨울 휴면기보다 여름 생장기에 함수량이 적다.

② 하루 중 함수량은 오전에 낮고, 오후에 높다.

③ 활동이 왕성한 기관에서 함수량이 높다.

④ 화곡류의 종자는 함수량이 90% 이상이다.

해설 식물은 하루 중 오전에 함수량이 높고, 오후에 낮아진다. 생리적으로 활동이 왕성한 기관에서 함수량이 높은 데 휴면기에는 함수량이 감소한다. 화곡류의 종자는 함수량이 20% 이하로 낮은 편이다.

정답 ③

(2) 요수량(要水量, Water requirement)

① 1g의 건물을 생산하는 데 필요한 수분량(g)을 나타내는 수치이다.

② 생육 기간 중에 흡수된 수분량을 그 기간 중에 축적한 건물량(g)으로 나누어 구한다.

③ 증산량과 같다고 보아 증산계수(蒸散係數, Transpiration coefficient)라고도 한다.

④ 한 식물이 생육 기간 중 어느 정도의 물을 이용하였는지를 나타내는 데 이용된다.

⑤ 한 식물의 요수량을 보면 그 식물의 수분 요구도를 추정할 수 있다.

　㉠ 옥수수, 수수, 기장 등은 요수량이 적어 내건성이 강하다.

　㉡ 호박, 오이 같은 채소류는 요수량이 많아 생육 중 많은 양의 수분을 요구하며 실제로 관수의 효과가 다른 작물에 비하여 크게 나타난다.

재배식물	요수량(g)	재배식물	요수량(g)
호 박	834	밀	513
오 이	713	옥수수	368
감 자	636	수 수	322
귀 리	597	기 장	310
보 리	534		

 이론을 확인하는 문제

다음 중에서 증산계수가 커서 관수의 효과가 가장 크게 나타나는 작물은?

① 밀

② 옥수수

③ 감 자

④ 호 박

해설　호박, 오이 같은 채소류는 요수량이 커서 생육 중 많은 양의 수분을 요구하므로 실제로 관수의 효과가 다른 작물에 비해 크게 나타난다.

정답　④

(3) 수분 이용 효율(Water Use Efficiency ; WUE)

① 요수량의 역수는 수분의 이용 효율이 된다.

② 건물량(g)을 증산량(kg)으로 나누어 구한다.

③ 옥수수, 수수와 같은 C_4 식물은 요수량은 작고 WUE는 높다.

④ CAM 식물은 WUE는 높지만 생산성이 낮아 작물로서의 이용에 제한을 받는다.

⑤ 농업적으로 이용되는 작물은 WUE를 높이는 방향으로 관리하는 것이 좋다.

Level UP 이론을 확인하는 문제

(   )에 들어갈 내용으로 옳게 나열한 것은?

> (ㄱ)의 역수를 수분 이용 효율이라 하는데 건물량(g)을 증산량(kg)으로 나누어 구한다. 옥수수, 수수와 같은 (ㄴ)은 (ㄱ)은 작고 수분 이용 효율은 높다.

① ㄱ : 함수량, ㄴ : C_3 식물

② ㄱ : 요수량, ㄴ : C_3 식물

③ ㄱ : 함수량, ㄴ : C_4 식물

④ ㄱ : 요수량, ㄴ : C_4 식물

해설 요수량의 역수는 수분 이용 효율이 되는데 C_4 식물은 요수량은 작고 수분 이용 효율은 높다. CAM 식물은 수분 이용 효율이 높지만 생산성은 낮다.

정답 ④

01

뿌리를 구성하는 조직 가운데 근모가 발달되는 조직은?

① 표피조직
② 피층조직
③ 내피조직
④ 내초조직

해설 뿌리 표면에 발달하는 근모는 표피세포의 일부가 돌출한 것으로 1.3cm 정도로 육안 관찰이 가능하다.

02

뿌리에 발달하는 근모에 관한 설명으로 옳지 않은 것은?

① 토양과의 접촉면을 늘려주어 수분 흡수를 돕는다.
② 내초에서 발생한 근모 원기의 발달로 생긴다.
③ 길이가 약 1.3cm에 달해 육안으로 관찰이 가능하다.
④ 근모의 원형질막에 아쿠아포린이 존재한다.

해설 근모는 표피세포의 일부가 돌출한 것이다.

03

( )에 들어갈 내용을 옳게 나열한 것은?

> 수분은 근모의 원형질막 인지질 이중층을 확산으로 침투해 들어간다. 또한 근모의 원형질막에는 (ㄱ)이라는 수송관 단백질이 있어 (ㄴ)의 형태로 흡수되는 수분도 있다.

① ㄱ : 아쿠아포린, ㄴ : 삼투
② ㄱ : 아쿠아포린, ㄴ : 집단류
③ ㄱ : 데스모튜블, ㄴ : 삼투
④ ㄱ : 데스모튜블, ㄴ : 집단류

해설 수분은 개별적으로 인지질 이중층을 확산으로 침투해 들어가지만 아쿠아포린을 통해 집단류 형태로 흡수되기도 한다. 아쿠아포린은 일종의 수분 선택적 채널이다.

04

뿌리에서 수분의 수동적 흡수에 관한 설명으로 옳은 것은?

① 뿌리에 근압이 생기게 한다.
② 토양 수분이 충분하고 증산이 왕성할 때 주로 일어난다.
③ 수분 흡수에 에너지 소모를 동반한다.
④ 수동적 흡수의 원동력은 물관 내 무기염류의 축적이다.

> **해설** 수동적 흡수의 원동력은 증산 작용으로 토양 수분이 충분하고 증산이 왕성할 때 일어난다. 증산으로 형성된 엽육세포, 엽맥, 줄기의 수분퍼텐셜 기울기에 따라 생긴 뿌리에서의 부압이 에너지 소모 없이 수분퍼텐셜이 높은 토양으로부터 수분을 흡수하게 한다.

05

뿌리에서 수분의 능동적 흡수에 관한 설명으로 옳은 것은?

① 증산 작용이 왕성할 때 증가한다.
② 물관 내 무기염류의 축적으로 이루어진다.
③ 에너지 소모 없이 이루어진다.
④ 지온이 낮을 때 증가한다.

> **해설** 능동적 흡수는 증산 작용과 무관하게 물관 내에 무기염류를 축적시켜 수분퍼텐셜을 낮춤으로써 이루어지는 수분 흡수를 말한다. 이때 물관 내로 무기염류를 축적하는 데 에너지(ATP)를 소모한다. 토양 수분이 충분하고, 지온이 높고, 증산이 약할 때 능동적 흡수가 증가한다.

06

뿌리에서 수분의 출입을 차단하는 카스파리대가 발달되어 있는 조직은?

① 표 피　　　　　② 외 피
③ 내 피　　　　　④ 내 초

> **해설** 카스파리대는 뿌리의 내피 조직에서 발달한다. 내피 조직의 세포벽에 지방산과 알코올의 복잡한 혼합물인 수베린이 부분적으로 퇴적 비후하여 환상의 띠를 형성하면서 수분과 양분의 투과를 차단한다.

07

뿌리의 내피조직에 발달해 있는 카스파리대의 주요 구성 물질은?

① 리그닌　　　　　② 큐 틴
③ 수베린　　　　　④ 펙 틴

> **해설** 카스파리대는 내피 조직의 세포벽에 지방산과 알코올의 복잡한 혼합물인 수베린이 부분적으로 퇴적 비후하여 형성된 환상의 띠이다.

08

뿌리의 내피에 있는 카스파리대의 역할과 거리가 먼 것은?

① 수분의 내외 출입을 차단한다.
② 무기염류의 외부 유출을 차단한다.
③ 내초와 함께 측근의 발생량을 조절한다.
④ 물관의 수분퍼텐셜을 낮게 유지해 준다.

> **해설** 카스파리대는 무기염류의 외부 유출을 차단하여 물관의 수분퍼텐셜을 낮게 유지해 줌으로써 계속적인 수분 흡수를 가능하게 한다.

09

(　　)에 들어갈 내용을 옳게 나열한 것은?

> 뿌리의 (ㄱ)에 발달한 카스파리대는 세포벽에 (ㄴ)이 부분적으로 퇴적 비후하여 형성된 환상의 띠로 물질의 이동을 차단한다.

① ㄱ : 내피, ㄴ : 수베린
② ㄱ : 내피, ㄴ : 리그닌
③ ㄱ : 내초, ㄴ : 수베린
④ ㄱ : 내초, ㄴ : 리그닌

해설 카스파리대는 내피에 수베린이 축적되어 발달하며 물질의 내외 출입을 차단하다.

10

뿌리에서 수동적 수분 흡수가 이루어지게 하는 가장 큰 원동력은?

① 일액 현상
② 일비 현상
③ 기공 증산
④ 각피 증산

해설 뿌리에서 수분의 수동적 흡수는 토양에 수분이 충분하고 증산 작용이 왕성한 경우 수분퍼텐셜의 기울기에 따라 수분이 흡수되는 것으로 증산 작용이 원동력이다. 증산 작용이 왕성할 때는 수동적 흡수가 능동적 흡수의 10~100배에 달하는 것으로 알려져 있다. 기공이 열려 있을 때 10% 정도 각피 증산이 일어난다.

11

헨리 딕슨이 제창한 증산응집력설이 설명하고자 하는 작용 기작은?

① 뿌리의 물 흡수 기작
② 물관 내 물의 상승 기작
③ 잎 기공의 개폐 기작
④ 잎에서 물의 배출 기작

해설 증산응집력설은 수분이 흡수되어 위로 상승하는 원동력은 증산 작용이고, 상승 이동을 가능케 하는 것은 물의 응집력이라는 설로 물관 내 물의 상승 기작이다.

12

물이 식물체 밖으로 배출될 때 잎 끝에 있는 수공을 통해 액체 상태로 배출되는 현상은?

① 증 산
② 일 액
③ 일 비
④ 누 수

해설 식물체로부터의 수분 배출 방식으로 일액과 일비, 그리고 증산이 있다. 일액 현상은 잎 끝의 수공을 통해 물방울 형태로 배출되는 현상이고, 일비 현상은 줄기를 절단하거나 구멍을 내었을 때 수액이 압출되어 나오는 현상이다. 증산은 주로 잎의 기공을 통해 수분이 기체 상태로 배출되는 것을 말한다.

13

일액 현상에 관한 설명으로 옳지 않은 것은?

① 뿌리의 능동적 흡수에 의해 생기는 근압에 의해 일어난다.
② 수공을 통해서 수분을 배출하는 현상이다.
③ 배출액은 거의 순수한 물에 가깝다.
④ 낮에 온도가 낮고 밤에 온도가 높을 때 왕성해진다.

해설 낮이 따뜻하고 밤이 차가운 날 수분 흡수는 왕성하고 증산 작용이 억제되는 밤에서부터 이른 새벽에 많이 나타난다.

14

( )에 들어갈 내용을 옳게 나열한 것은?

> 잎의 배수 구조는 가장자리를 따라 엽맥의 끝부분에 위치하는데 그 끝에 (ㄱ)이 있다. (ㄱ)의 바로 위로 있는 누수조직을 거쳐 표피에 있는 (ㄴ)을 통해 물이 물방울 형태로 배출된다.

① ㄱ : 물관, ㄴ : 기공
② ㄱ : 물관, ㄴ : 수공
③ ㄱ : 헛물관, ㄴ : 기공
④ ㄱ : 헛물관, ㄴ : 수공

해설 엽맥의 끝부분에 헛물관이 위치하고 최종적으로 수공을 통해 물이 물방울 형태로 배출되는 현상을 일액이라 한다. 증산이 적고 체내 수분이 많은 경우 발생한다.

15

식물체의 수분 배출 구조인 수공에 관한 설명으로 옳지 않은 것은?

① 잎의 가장자리에서 발견된다.
② 2개의 공변세포로 구성되어 있다.
③ 일액 현상을 관찰할 수 있다.
④ 개폐 작용을 한다.

해설 수공은 기공의 변태라고 볼 수 있는 일종의 배수조직으로 2개의 공변세포로 구성되어 있다. 잎의 가장자리에서 발견되는데 기공과는 달리 개폐 작용이 없이 항상 열려 있다.

16

잎의 가장 자리에 위치하며 수분을 액체 상태로 분비하는 배수 구조는?

① 기 공
② 수 공
③ 각 피
④ 선 모

해설 일액 현상은 잎 끝의 수공을 통해 물방울 형태로 배출되는 현상이고, 일비 현상은 줄기를 절단하거나 구멍을 내었을 때 수액이 압출되어 나오는 현상이다.

17

활발한 증산 작용의 생리적 의미와 거리가 먼 것은?

① 수분의 흡수와 체내 이동의 원동력이다.
② 잎의 온도를 낮추어 준다.
③ 광합성의 원료를 원활하게 공급해준다.
④ 뿌리에 근압이 생기게 한다.

해설 증산 작용이 활발하게 일어나는 경우는 뿌리에 부압이 형성되기 때문에 근압이 생기지 않는다.

18

쌍자엽식물의 증산과 기공에 관한 설명으로 옳은 것은?

① 기공이 열려 있을 때 각피 증산은 일어나지 않는다.
② 배축면보다 향축면에 기공 수가 많은 편이다.
③ 목본식물은 배축면에만 기공이 분포한다.
④ 감자의 기공은 일렬로 배치되어 있다.

해설 ① 기공이 열려 있을 때 각피 증산이 10%를 차지한다.
② · ③ 쌍자엽식물은 기공이 배축면에 많은데, 목본식물은 배축면에만 기공이 분포한다.
④ 단자엽식물과는 달리 쌍자엽식물인 감자의 기공은 흩어져 있다.

19

잎의 배축면에만 기공이 분포하는 식물은?

① 밀 　　　　　　　② 토마토
③ 감 자 　　　　　　④ 사 과

> **해설** 사과, 떡갈나무 등 쌍자엽 목본식물은 잎의 배축면에만 기공이 분포한다. 토마토, 감자는 향축면보다 배축면에 기공이 더 많다.

20

잎의 배축면보다 향축면에 기공이 많이 분포하는 식물은?

① 밀 　　　　　　　② 토마토
③ 감 자 　　　　　　④ 사 과

> **해설** 19번 해설 참고. 밀의 향축면:배축면의 1mm²당 기공의 수는 33:14이다.

21

(　)에 들어갈 내용으로 옳게 나열된 것은?

> 수분의 이동에 따른 공변세포의 팽압 변화로 기공이 열리고 닫힌다. 공변세포에 용질 농도가 높아져 삼투퍼텐셜이 (ㄱ)하면 수분이 공변세포 안으로 들어와 팽압이 (ㄴ)하고 기공이 (ㄷ).

① ㄱ : 증가, ㄴ : 감소, ㄷ : 열린다
② ㄱ : 감소, ㄴ : 증가, ㄷ : 열린다
③ ㄱ : 증가, ㄴ : 감소, ㄷ : 닫힌다
④ ㄱ : 감소, ㄴ : 증가, ㄷ : 닫힌다

> **해설** 용질의 농도가 높아지면 삼투퍼텐셜이 낮아져 수분이 유입된다.

22

기공이 열리는 공변세포의 조건은?

① pH 감소
② ABA 증가
③ 칼륨 이온 증가
④ 이산화탄소 농도 증가

> **해설** 칼륨 이온이 증가하면 수분퍼텐셜이 낮아져 물이 유입되면서 기공이 열린다. 이산화탄소 농도가 높아지면 공변세포의 탄산농도가 높아져 pH가 내려가면서 기공이 닫힌다. ABA가 기공 개폐를 조절하는데 수분 스트레스를 받으면 ABA 함량이 증가하면서 기공이 닫힌다.

23

식물체 내에 수분이 부족할 때 기공이 닫히게 하는데 관여하는 식물호르몬은?

① IAA 　　　　　　② NAA
③ GA 　　　　　　④ ABA

> **해설** 식물호르몬 가운데 ABA는 기공의 개폐를 조절한다. 식물이 수분 부족 스트레스에 놓이면 ABA 함량이 증가하면서 기공이 닫힌다.

24

기공을 닫히게 하는 공변세포의 조건은?

① K^+ 농도가 증가하였다.
② 수분퍼텐셜이 감소하였다.
③ 팽압이 증가하였다.
④ ABA가 증가하였다.

> **해설** 공변세포의 K^+ 농도가 증가하면 수분퍼텐셜이 감소하고, 이로 인해 수분이 이동해 들어와 팽압이 높아지면서 기공이 열린다. ABA는 공변세포에서 K^+ 농도를 감소시켜 기공을 닫히게 한다.

25

증산 작용에 관한 설명으로 옳은 것을 모두 고른 것은?

> ㄱ. 엽면적이 감소하면 증산량이 감소한다.
> ㄴ. 단위면적당 기공 수가 많으면 증산량이 증가한다.
> ㄷ. 잎의 표면에 각피가 잘 발달하면 각피 증산이 잘 일어난다.

① ㄱ
② ㄱ, ㄴ
③ ㄴ, ㄷ
④ ㄱ, ㄴ, ㄷ

해설 잎의 표면에 발달하는 각피는 수분의 출입을 차단하는 효과가 있다.

26

식물 생장에 있어서 요수량에 관한 설명으로 옳지 않은 것은?

① 1g의 건물을 생산하는데 필요한 수분량을 의미한다.
② 생육 기간 중에 흡수한 물의 양을 알 수 있다.
③ 식물의 수분 요구도를 추정할 수 있다.
④ 호박보다 옥수수의 수분 요구도가 더 크다.

해설 요수량은 1g의 건물을 생산하는 데 필요한 수분량(g)을 나타내는 수치로 수분 요구도를 추정할 수 있다. 요수량은 생육 기간 중에 흡수된 수분량을 그 기간 중에 축적한 건물량(g)으로 나누어 구할 수 있다. 호박, 오이 같은 채소류는 요수량이 커서 생육 중 많은 양의 수분을 요구한다.

27

요수량이 작은 식물의 특징에 관한 설명으로 옳은 것은?

① 수분 요구도가 크다.
② 내건성이 약하다.
③ 수분 이용 효율이 높다.
④ 증산계수가 크다.

해설 증산량과 같다고 보아 요수량을 증산계수라고도 한다. 일반적으로 요수량이 큰 경우 수분 요구도가 커 내건성이 약하고 수분 이용 효율이 낮다. 반면 요수량이 작은 식물은 이와 반대의 특징을 나타낸다.

28

재배식물의 요수량의 크기를 옳게 나열한 것은?

① 호박 〉 감자 〉 밀 〉 수수
② 수수 〉 호박 〉 감자 〉 밀
③ 밀 〉 수수 〉 호박 〉 감자
④ 감자 〉 밀 〉 수수 〉 호박

해설 옥수수, 수수, 호박, 기장 등은 요수량이 작아 내건성이 강하고, 호박, 오이 같은 채소류는 요수량이 커서 생육 중 많은 양의 수분을 요구한다.

PART 05

식물의 무기영양

CHAPTER 01   식물체의 구성 성분

CHAPTER 02   필수원소와 유익원소

CHAPTER 03   원소별 주요 생리적 기능

CHAPTER 04   무기양분의 공급

적중예상문제

● **학습목표** ●

1. 식물체 구성 성분을 유기성분과 무기성분으로 구분할 수 있다.
2. 필수원소와 유익원소의 개념을 알고 식물체 생육에 반드시 필요한 17종의 필수원소를 다량원소와 미량원소로 구분할 수 있다.
3. 필수원소의 식물체 내 생리적 기능을 알고 과부족 증상에 대해 학습한다.
4. 식물체의 영양 진단과 함께 무기양분의 공급을 작물의 시비 기술과 함께 알아본다.

CHAPTER 01 식물체의 구성 성분

(1) 자연계 원소 분포의 특징

① 자연계를 구성하는 원소는 92종(인공원소 제외)이다.

② 지각은 산소가 49.5%, 규소가 25.3%로 두 원소가 74.8%를 차지한다.

③ 산소와 탄소는 동물에서 각각 14.62%와 55.99%, 식물에서 각각 44.43%와 43.57%로 생물체에서 차지하는 비중이 높다.

④ 지각에 25% 분포하는 규소는 동물에는 거의 없고 식물체에서는 1% 정도 분포한다.

⑤ 생물체에서 많이 분포하는 탄소는 지각에서는 거의 분포하지 않는다.

(2) 식물체의 구성 원소

구성 원소	기 호	중량(건물 %, 옥수수)	구성 원소	기 호	중량(건물 %, 옥수수)
산 소	O	44.43	알루미늄	Al	0.11
탄 소	C	43.57	염 소	Cl	0.14
수 소	H	6.24	철	Fe	0.08
질 소	N	1.46	몰리브덴	Mo	0.05
칼 륨	K	0.92	망 간	Mn	0.04
칼 슘	Ca	0.23	아 연	Zn	0.02
인	P	0.20	붕 소	B	0.02
마그네슘	Mg	0.18	구 리	Cu	0.01
황	S	0.17	규 소	Si	1.17

PLUS ONE

건물(乾物, Dry matter)

식물체를 구성하는 성분 가운데 수분을 제외한 나머지로 110℃의 건조기에서 24시간 이상 말린 후 그 무게를 건물 중으로 삼는다.

① 식물체에서 발견되는 원소는 약 60여 종이다.

② 건물중 기준으로 산소, 탄소, 수소의 분포 비중이 높다.

③ 그 밖에 질소, 칼륨, 칼슘, 인, 마그네슘, 유황이 비교적 많이 함유되어 있다.

④ 특이하게 규소가 질소 다음으로 함유량이 많다.

(3) 식물체 구성 유기성분과 구성 원소

유기성분	구성 원소	유기성분	구성 원소
셀룰로오스	C, H, O	단백질	C, H, O, N, S
헤미셀룰로오스	C, H, O	핵산	C, H, O, N, P
펙틴	C, H, O	아미노산	C, H, O, N, S
녹말	C, H, O	엽록소	C, H, O, N, Mg
리그닌	C, H, O	카로틴	C, H, O
유지방	C, H, O	안토시아닌	C, H, O
유기산	C, H, O	비타민 C	C, H, O

① 건물의 95%는 유기화합물이고, 나머지 5%가 무기화합물이다.

② 유기성분의 종류는 다양하지만 구성 원소는 단순하다.

　　㉠ 기본 원소가 C, H, O이고, N, P, S, Mg 등이 포함된다.

　　㉡ C, H, O가 유기성분의 기본 원소이므로 식물체에서 이들 비율이 매우 높다.

Level UP 이론을 확인하는 문제

식물체의 구성 성분에 관한 설명으로 옳지 않은 것은?

① 건물중 기준으로 산소와 탄소가 가장 큰 비중을 차지한다.

② 건물의 95%는 유기화합물이다.

③ 녹말을 구성하는 원소는 C, H, O, N, S이다.

④ 규소는 식물체의 구성 원소 중의 하나이다.

해설 녹말을 구성하는 원소는 C, H, O이다.

정답 ③

필수원소와 유익원소

 PLUS ONE

> 무기원소의 필수성이나 유익성 여부는 수경재배로 확인할 수가 있다.

(1) 수경재배(水耕, Hydroponics)

① 토양 대신에 무기양분을 고루 갖춘 양액을 이용하여 식물을 재배하는 기술을 말한다.

② 19세기 중엽 독일의 식물생리학자 작스(J. Sachs, 1832~1897)가 처음으로 사용하였다.

③ 식물 영양 생리의 연구 수단으로 유용하다.

양액의 조성 성분을 조절해 가면서 식물의 생육 반응을 조사하면 각 원소의 필수성과 아울러 그들 원소의 생리적 기능을 파악할 수 있다.

(2) 필수원소(必須元素, Essential element)

① 식물체에 분포하는 원소 중에서 생육에 꼭 필요한 원소들을 말한다.

② 필수원소의 조건

　㉠ 부족하거나 없으면 자신의 생활환을 완성할 수 없다.

　㉡ 식물체를 구성하는 필수 성분(엽록소 등)의 구성 성분이다.

　㉢ 식물체 내에서의 기능과 효과 면에서 다른 원소로 대체할 수가 없다.

　㉣ 단순히 상호 작용의 효과 때문에 요구되는 것이 아니다.

③ 필수원소의 분포 농도에 따른 분류

　㉠ 현재까지 확인된 식물의 필수원소는 17종이다.

　㉡ 건물당 체내 분포 농도에 따라 다량원소(Macroelements)와 미량원소(Microelements)로 구분한다.

구 분	체내 분포 농도	필수원소	비 중	비 고
다량원소	30mmol/kg 이상	C, H, O	96%	비광물성
		N, P, K, Ca, Mg, S	3.5%	광물성
미량원소	3mmol/kg 이하	Cl, Fe, B, Mn, Zn, Cu, Ni, Mo	0.5%	

ⓒ 필수원소 중에 비광물성인 C, H, O가 전체의 96%를 차지한다.

ⓓ 나머지 광물성인 14종의 필수원소가 4%를 차지하고 있다.

ⓔ 광물성 필수원소 가운데 다량원소가 3.5%, 미량원소가 0.5%를 차지하고 있다.

ⓕ 니켈은 가장 최근에 필수 미량원소에 포함된 원소이다.

④ 필수원소의 흡수 이용 형태

구 분	원소명	기 호	영명(라틴어)	흡수 이용 형태	건물당 농도 (mmol/kg)
다량 원소	수 소	H	Hydrogen	H_2O	60,000.0
	탄 소	C	Carbon	CO_2	40,000.0
	산 소	O	Oxygen	O_2, H_2O	30,000.0
	질 소	N	Nitrogen	질산(NO_3^-), 암모늄(NH_4^+)	1,000.0
	칼 륨	K	Potassium(kalium)	K^+	250.0
	칼 슘*	Ca	Calcium	Ca^{2+}	125.0
	마그네슘	Mg	Magnesium	Mg^{2+}	80.0
	인	P	Phosphorus	$H_2PO_4^-$, HPO_4^{2-}	60.0
	황*	S	Sulfur	SO_4^{2-}	30.0
미량 원소	염 소	Cl	Chlorine	Cl^-	3.0
	철*	Fe	Iron(ferrum)	Fe^{2+}, Fe^{3+}	2.0
	붕 소*	B	Boron	H_3BO_3(붕산)	2.0
	망 간	Mn	Manganese	Mn^{2+}	1.0
	아 연	Zn	Zink	Zn^{2+}	0.3
	구 리*	Cu	Copper(cuprum)	Cu^+, Cu^{2+}	0.1
	니 켈	Ni	Nickel	Ni^{2+}	0.05
	몰리브덴	Mo	Molybdenum	MoO_4^{2-}	0.001

※ * 표시된 원소는 비이동성 원소로서 체내에서 불용성 화합물을 만들기 때문에 이동과 재분배가 상대적으로 어렵다.

ⓐ 모든 원소는 식물이 이용 가능한 형태로 존재해야만 흡수가 가능하다.

ⓑ 비광물성 원소인 C, H, O는 이산화탄소(CO_2)와 물(H_2O)에서 얻는다.

ⓒ 광물성 원소들은 토양에서 물과 함께 흡수된다.

⑤ 필수원소의 흡수 특징

질 소	• 주로 NO_3^-의 형태로 많이 흡수됨 • 식물에 따라서는 NH_4^+을 우선적으로 흡수하기도 함 • NH_4^+만 흡수하는 식물도 있음
인	• 토양 pH에 따라 이온의 분포 비율이 조절됨 　중성에서는 $H_2PO_4^-$, 염기성에는 HPO_4^{2-}의 농도가 높음 • 식물은 주로 $H_2PO_4^-$를 많이 흡수함
마그네슘	• Mg^{2+}은 다른 양이온과 길항작용이 심함 • 특히 Ca^{2+}, NH_4^+, Mn^{2+} 등의 이온과는 서로 흡수를 방해함
철	• Fe^{2+}가 용해도가 커서 Fe^{3+}보다 더 잘 흡수됨 • 하지만 철이온은 쉽게 불용성이 되어 흡수가 어려운 것이 특징임 • pH가 높으면 흡수가 잘 안 됨 • K^+, Ca^{2+}, Mn^{2+}, Cu^{2+}, Zn^{2+} 등과는 길항관계임
붕 소	이온화되지 않은 형태로 흡수됨
망 간	• Mn^{2+}은 다른 2가의 양이온과 길항작용을 함 • 특히 Mg^{2+}에 의해 흡수가 억제됨
아 연	• Zn^{2+}은 다른 2가의 양이온과 서로 길항관계임 • 특히 Cu^{2+}와는 길항작용이 큼
구 리	• Cu^{2+}가 많이 흡수됨 • Zn^{2+}과는 길항관계가 심함
몰리브덴	• 주로 능동적으로 흡수됨 • 흡수 시 SO_4^{2-}와는 길항적으로, 인산이온과는 상조적으로 작용함

⑥ 흡수에 있어서 필수원소 간의 상호 작용

상조작용(相助作用, Synergism)과 길항작용(拮抗作用, Antagonism)이 있다.

상조작용	• 두 이온 상호 간에 서로의 흡수를 촉진하는 작용 • Mg^{2+}과 K^+은 상조작용을 함
길항작용	• 두 이온이 상호 경쟁 관계에 있어서 서로의 흡수를 억제하는 작용 • K^+와 Na^+, Mg^{2+}와 Ca^{2+} 그리고 NO_3^-와 Cl^-은 서로 간에 길항작용을 함

⑦ 광물성 필수원소의 식물체 내 분포 특징

질 소	• 잎에 많이 분포하며 기관 상호 간에 재분배가 잘 이루어짐 • 질소가 부족하면 노엽의 질소가 생장 중의 어린잎으로 이동되어 이용됨
인	• 체내에서 쉽게 이동하고 재분배가 용이함 • 새로운 조직에 많이 분포하고 오래된 조직에는 결핍되기 쉬움 • 영양생장 중에는 줄기나 잎에 많이 분포함 • 생식생장에 들어가면 종자나 과실로 이동됨 • 경우에 따라서는 50% 이상이 생식기관에 집중적으로 분포하는 경우도 있음
칼 륨	• 흡수 속도가 빠르고 체내 이동과 재분배가 용이함 • 무기염이나 유기산염으로 분포함 • 이온화되어 있거나 이온화되기 쉬운 상태로 존재하며 독자적인 활동을 함 • 대부분의 식물은 무기원소 가운데 칼륨을 가장 많이 함유함 • 광합성이 활발한 잎이나 세포분열이 왕성한 생장점 부위에 다량 분포함

칼 슘	• 토양에 많이 함유되어 있지만 식물의 흡수율이 낮은 편임 • 흡수된 칼슘은 잎에 많이 분포하며 체내 이동과 재분배가 잘 안 됨 • 콩과식물은 벼과식물의 3배를 함유. 무, 양배추, 감자 등에도 많이 들어 있음
마그네슘	• 엽록소를 갖는 잎에 많이 분포하고 종자에도 많이 함유됨 • 특히 콩과 같은 지방 종자에 많이 분포함 • 이동성이 좋아 노엽에서 유엽으로 쉽게 이동됨
황	• 환원되어 =S=O, –S–, –S–S–, –SH, –N=C=S 등의 황유기화합물을 생성함 • 체내에서 이동성이 낮아 쉽게 움직이지 않음
철	• 미량원소 가운데 가장 많이 요구되는 원소로 다량원소로 간주하기도 함 • 체내 이동이 어렵고 재분배가 거의 되지 않음
염 소	• 토양 중에 풍부하게 분포함 • 물에 잘 녹으며 흡수 속도가 빠름 • 식물은 자신이 필요한 것보다 훨씬 높은 농도의 염소를 능동적으로 흡수함
붕 소	• 체내에서의 이동과 재분배가 어려운 원소임 • 호박의 잎을 보면 붕소의 50%가 세포벽이나 세포 내의 물질에 고정됨
망 간	• 이동성은 좋지 않은 편이지만 분열조직으로 먼저 이동됨 • 무기태로 존재하거나 효소 단백질과 결합되어 있음
아 연	• 이온 형태로 이동하며 이동성은 좋지 않은 편임 • 여러 기관에 널리 분포하는 데 지상부보다 뿌리에 많이 분포함 • 엽록체 안에도 상당량의 아연이 분포한다는 보고도 있음
구 리	• 체내 이동은 잘 안 되는 편임 • 아연과 마찬가지로 줄기와 잎보다는 뿌리에 많이 분포함 • 세포 안에서는 엽록체와 미토콘드리아에 비교적 많이 분포함
니 켈	• 토양에 풍부하며 이온의 형태로 쉽게 흡수됨 • 식물 조직의 곳곳에 분포함 • 식물이 생활사를 완성하는데 필요한 양은 약 200ng임 • 보통 종자에 들어 있는 니켈 함량으로 식물의 생활사를 충당함 • 건물 1kg당 0.05~5mg이 들어 있음
몰리브덴	• 체내 이동성은 중간 정도임 • MoO_4^{2-}, Mo–S–아미노산 복합체, 또는 당 복합체로 이동함 • 체내 함량은 1ppm 이하이고, 기공이 많은 곳에 다량으로 분포함

다음의 조건을 모두 충족하는 필수원소는?

- 미량원소이다.
- 체내에서 이동과 재분배가 어려운 원소이다.
- 이온화되지 않은 형태로 흡수된다.
- 호박의 잎을 보면 50%가 세포벽이나 세포 내 물질에 고정되어 있다.

① 칼 슘   ② 황
③ 붕 소   ④ 구 리

해설 미량원소로 체내 이동과 재분배가 어려운 원소는 붕소와 구리이다. 붕소는 이온화되지 않은 형태로 흡수된다.

정답 ③

(3) 유익원소(Beneficial element)

① 필수원소 이외의 원소 가운데 특정 식물의 생육에 유익한 작용을 하는 원소를 말한다.

나트륨(Na)	대부분의 염생식물은 나트륨을 흡수하여 세포의 삼투퍼텐셜을 유지하면서 염류농도 장해를 방지함
규소(Si)	벼과식물은 규소를 흡수하여 잎의 기계적 지지나 내병충성을 강화함
셀레늄(Se)	동물의 필수원소로 사료작물에서 중요함
코발트(Co)	콩과식물의 근류 발달과 질소 고정에 필요함

② 알루미늄도 구리, 인, 망간의 해독 작용을 방지하여 생육을 촉진하기 때문에 유익원소로 검토되고 있다.

콩과식물의 근류 발달과 질소 고정에 필요한 유익원소는?

① 나트륨   ② 규 소
③ 셀레늄   ④ 코발트

해설 식물에서 코발트의 생리적 기능으로 알려진 것은 거의 없다. 다만 콩과식물에서 뿌리혹 박테리아의 활동, 근류헤모글로빈의 형성에 관여하는 등 근류 발달과 질소 고정에 필요한 유익원소로 알려져 있다.

정답 ④

원소별 주요 생리적 기능

(1) 필수 다량원소

① 질 소

생리적 기능	• 동화 과정을 거쳐 아미노산, 단백질, 효소, 핵산, 엽록소, 비타민, 호르몬 등과 같은 유기화합물을 만듦 • 흡수된 질소의 80~85%는 단백질 합성에 이용됨
과잉 증상	• 과다하면 광합성 산물이 단백질 합성에 소모되어 가용성 탄수화물이 줄어들고 셀룰로오스와 같은 무질소화합물의 합성이 억제됨 • 세포의 크기는 증대하지만 세포벽이 얇아지면서 식물이 도장하고 꽃눈분화가 억제됨
결핍 증상	• 엽록체 단백질이 분해되어 노엽부터 황백화(Chlorosis)됨 • 단백질 합성이 억제되어 여분의 탄수화물이 줄거나 엽병의 목질화를 촉진하고 안토시안과 같은 색소를 만들어 축적하기도 함 • 개화기가 앞당겨지고 과실은 작고 성숙이 지연됨

② 인

생리적 기능	• 체내에서 유기 인화합물 또는 무기 인산염의 형태로 분포됨 • 유기 인화합물로는 핵산, 인지질, 효소, ATP, 피틴 등이 있음 　– 유기 인화합물은 세포의 생장과 증식에 반드시 필요한 물질임 　– 핵산은 유전 현상에, 인지질은 물질의 투과성에 관여함 　– 피틴(Phytin)은 피트산(Phytic acid)을 말하는데 종자의 저장양분 가운데 인산의 중요한 저장 물질임 　그림 5-1 　– 피틴은 물에 잘 녹지 않으며 특히 곡류 종자에 많이 분포함 • 무기태의 인산염은 물질 대사 과정에서 당류와 결합하여 생화학적인 반응을 촉진하며 ATP를 합성하여 에너지의 저장과 방출을 조절함
과잉 증상	아연, 철, 구리 이온 등의 흡수와 전류를 방해함
결핍 증상	• 핵산의 합성이 억제되어 단백질이 감소하고 세포분열이 저해됨 • 잎의 색깔이 암녹색을 띠거나 안토시안의 발현으로 녹자색을 띰 • 줄기는 가늘고 딱딱해지며 과실은 작고 성숙이 늦어짐 • 성숙한 조직에서 유조직으로 인의 재분배가 일어남

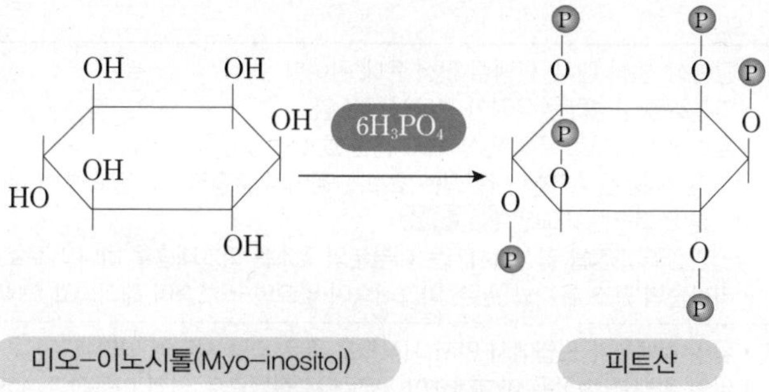
OH
OH
OH
OH
HO
OH
6H3PO4
P
O
미오-이노시톨(Myo-inositol)
피트산

그림 5-1 피틴의 인산 결합

③ 칼 륨

생리적 기능	• 수분의 흡수, 기공의 개폐, 동화물질의 전류, 효소의 활성화 등에 관여함 • 특히 체내에서 삼투퍼텐셜의 기울기를 형성하여 수분의 흡수와 이동을 조절함 • 호흡 작용과 광합성에 관여하는 많은 효소를 활성화함
결핍 증상	• 초기에는 잘 안 나타나고 생육이 어느 정도 진행된 다음에 나타남 • 결핍 시 세포의 pH가 증가하여 물질 대사의 진행을 억제함 • 오래된 잎부터 황백화되고, 잎의 가장자리가 황갈색으로 변하기도 함 • 줄기와 뿌리는 가늘어지고 특히 줄기의 유관속은 목질화가 억제되어 조직이 연약해지고 잘 쓰러짐

④ 칼 슘

생리적 기능	• 지방산, 유기산, 펙틴 등과 결합함 • 분열조직에서 펙틴산 칼슘은 딸세포 사이에 생기는 세포판에서 중층을 형성하여 세포분열을 완성하고, 성숙 과정에 두 세포를 견고하게 밀착시킴 • 액포에서는 수산(옥살산)과 결합하여 수산석회라는 불용의 결정체를 만듦 녹말 당화 효소인 디아스타아제(Diastase)는 수산에 의해 활력이 떨어지는데, 칼슘이 수산을 불용의 수산석회로 만들어 탄수화물의 전류를 원활하게 함 • 효소와 결합하여 효소를 활성화함 – ATPase, α–아밀라아제(α–amylase), 포스포리파아제 D(Phospholipase D) 등의 효소를 활성화함 – 특히 칼모듈린(Calmodulin)과 결합하여 칼모듈린–칼슘 복합체를 만들어 2차 신호 전달자의 역할을 하면서 다양한 대사 작용을 조절함
결핍 증상	• 체내 이동이 어려워 분열조직 부위, 어린잎의 정단이나 가장 자리, 과실, 저장 조직 등에서 결핍 증상이 잘 나타남 – 황화하거나 괴사하며, 또는 세포벽이 용해되어 연해지고 흑갈색으로 변함 – 변색은 칼슘과 킬레이트(Chelate)를 형성하지 못한 페놀화합물의 산화로 일어남 • 사과의 고두병, 토마토의 배꼽썩음병은 대표적인 칼슘 결핍증임

⑤ 마그네슘

생리적 기능	• 광합성, 인산 대사, 단백질 합성 등에 관여함
	• 엽록소를 구성하는 유일한 광물성 원소임
	• 효소의 활성제로 특히 인산 대사 관련 효소와 밀접한 관계임
	   – 마그네슘은 ATP와 관련되는 효소 반응에서 결정적으로 필요한 데 효소의 활성 부위에 ATP 분자를 연결하는 가교임 〔그림 5-2〕
	   – 인산화 과정을 활성화시키는 대부분의 효소는 마그네슘을 하나의 보조 인자(Cofactor)로 필요로 함
	• 리보솜의 구조 유지와 관련. 마그네슘이 없으면 리보솜이 해리되고 tRNA의 전송이 억제됨

결핍 증상	• 잎의 황백화가 노엽에서 먼저 시작되고 주로 엽맥 사이에 나타남 • 잎의 황백화 증상은 마그네슘이 노엽에서 신엽으로 쉽게 이동하고, 엽맥 사이에 있는 엽록소가 쉽게 분해되기 때문에 나타남

〔그림 5-2〕 효소복합체와 ATP 사이의 Mg 가교

⑥ 황

생리적 기능	• 필수아미노산 가운데 시스틴, 메티오닌은 황 함유 아미노산임
	• 비타민으로 티아민, 바이오틴, 호흡에 관여하는 조효소(Coenzyme) A, 산화 반응에 관여하는 리포산(Lipoic acid), 식물의 2차 산물로 양파의 알릴 설파이드(Allyl sulfide), 배추과식물의 글루코시놀레이트, 마늘의 알리인 등은 대표적인 황 함유 유기화합물임 〔그림 5-3〕
	   – 마늘의 알리인은 세포벽에 분포하는 효소 알리나제의 작용으로 알리신, 피루브산, 그리고 암모니아로 분해. 알리신이 항암, 항균, 매운맛 등을 나타냄
	   – 글루코시놀레이트는 배추과식물에 분포하는 기능성 물질로 매운맛이 특징
	• 페레독신처럼 철–황 단백질을 형성하여 광합성과 질소 고정의 전자 전달 반응에 중요한 역할을 함

결핍 증상	• 황 함유 아미노산과 단백질 생성이 억제됨 • 엽록소가 엽록소–단백질 복합체를 형성하지 못해 잎이 황백화됨 • 비이동성 원소이기 때문에 어린잎에서 결핍 증상이 먼저 나타남

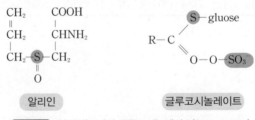

〔그림 5-3〕 알리인(Alliin)과 글루코시놀레이트(Glucosinolate)

Level UP 이론을 확인하는 문제

수분의 흡수와 이동, 기공 개폐에 관여하고 결핍 시 줄기 유관속의 목질화가 억제되어 조직이 연약해지게 하는 필수원소는?

① 칼 륨
② 칼 슘
③ 아 연
④ 구 리

해설 칼륨은 독자적인 이온 상태로 활동하는 데 주요 기능은 수분의 흡수 조절, 기공의 개폐조절, 동화물질의 전류 촉진, 효소의 활성화 등에 관여한다. 결핍 시 줄기와 뿌리가 가늘어지는데 특히 줄기의 유관속은 목질화가 억제되어 조직이 연해진다.

정답 ①

Level UP 이론을 확인하는 문제

사과의 생리장해 가운데 하나인 고두병의 직접적인 원인은?

① 칼륨 결핍
② 칼슘 결핍
③ 마그네슘 결핍
④ 붕소 결핍

해설 사과의 고두병이나 토마토의 배꼽썩음병은 대표적인 칼슘 결핍증이다. 칼슘은 비이동성 원소로 분열조직 부위, 어린잎의 정단이나 가장자리, 과실, 저장 조직 등에서 결핍되는 경우가 많다.

정답 ②

(2) 필수 미량원소

① 철

생리적 기능	• Fe^{2+}과 $Fe^{3+} + e^-$의 상호 전환을 통해 전자 전달(산화환원)의 기능을 함
	   – 전자 전달계의 시토크롬 c와 페레독신 같은 철단백질의 구성에 참여함
	   – 시토크롬 c는 헴(Heme) 단백질의 일종인데 헴의 중심에 2가의 철 원자를 가지며 다른 시토크롬 과 함께 전자 전달계를 구성함 그림 5-4
	 • 산화효소인 카탈라아제(Catalase), 과산화효소(Peroxidase)의 구성 성분으로 퍼옥시다아제 독성을 방지
	 • 아질산 환원효소, 질산 환원효소, 질소 고정효소 등의 구성 성분임
	 • 엽록소 형성에 관여하는 효소의 생합성에도 관여함

결핍 증상	• 철이 부족하면 엽록체의 구조가 깨지고 아울러 엽록소가 소실됨 • 체내 이동이 잘 안되기 때문에 어린잎이나 생장점 부근의 잎에서부터 결핍 증상이 나타남 • 잎이 황백화되며, 심하면 전체가 백색으로 변함 • 어린잎의 황백화는 전면에 걸쳐 나타나지만 식물에 따라서는 엽맥은 그대로 녹색으로 남아있는 경우도 있음

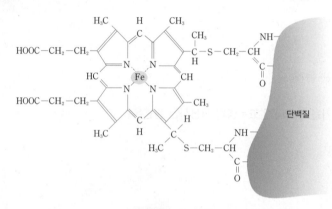

그림 5-4 시토크롬 c

② 염소

생리적 기능	• 광합성에서 물의 광분해로 생기는 전자를 제2광계에 전달함 • 세포의 삼투압과 pH를 조절하고 효소 아밀라아제를 활성화함 • 체내에서 유기화는 잘 이루어지지 않지만 안토시아닌의 한 구성 원소임
결핍 증상	• 일반 토양에서 염소의 과잉이나 결핍으로 생기는 장해는 찾아 볼 수 없음 • 염소가 고갈되면 어린잎이 황백화하고, 잎 끝이 시들고 점차 구리 빛으로 변하고, 뿌리는 짧고 굵어 지며, 선단이 곤봉형으로 변함

③ 붕 소

생리적 기능	• 흡수된 붕산이 -OH기를 가진 유기화합물과 에스테르 결합을 함 • 특히 세포벽 성분과 결합하여 세포벽의 안정성을 높임 • 펙틴의 형성에도 관여함 • 핵산 합성과 세포분열과도 밀접하게 관련됨 • 동화산물의 전류를 촉진하고 옥신의 활성을 제어함 • 콩과식물에서는 근류균의 형성과 질소 고정을 촉진함
결핍 증상	• 부족하면 동화물질의 전류가 억제되고 옥신이 지나치게 생성됨 • 형성층이 이상 비대하여 주변 조직이 붕괴되고 표피조직에 균열이 생김 • 세포벽의 셀룰로오스나 펙틴이 떨어져 나감 • 액포에는 탄닌이 축적되어 조직이 흑갈색으로 변함 • 생장점 부근과 어린잎이 검게 괴사함 • 과실은 기형이 되거나 과피에 갈변, 균열, 괴사, 코르크화 증상이 나타남 • 배추는 주맥에 해당하는 엽륵에 균열이 생기면서 갈변하고, 무는 중심이 코르크화되거나 공동화되면서 흑갈색으로 변함 그림 5-5

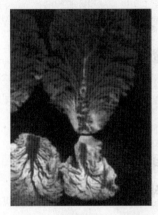

그림 5-5 배추와 무의 붕소결핍증

④ 망 간

생리적 기능	• 광합성 과정에서 산소 방출 복합체(Oxygen Evolving Complex ; OEC)와 결합하여 물의 광분해와 그 결과로 생기는 산소의 방출을 주도함 • 제2광계의 전자 전달을 촉진하고 효소 복합체와 ATP 사이에 다리 역할을 하여 인산화를 도움 • 광합성 효소계는 물론 각종 효소의 활성제로 작용. 특히 IAA 산화효소(Oxidase)를 활성화시켜 IAA를 산화시킴
결핍 증상	• 엽록체의 막 구조가 파괴되고 엽록소 형성이 억제되며 잎이 황백화됨 • 황백화는 어린잎에 먼저 나타나고, 황색 반점이 나타나기도 하며, 잎은 조기에 고사하여 떨어짐 • 귀리에서는 엽기부에 줄무늬와 회색 반점(Grey speck)이 생김

⑤ 아 연

생리적 기능	• 여러 가지 효소의 활성제로 다양한 대사 작용을 조절함 • 탄산 탈수효소(Carbonic anhydrase)를 활성화하여 탄산을 만들어 엽록체의 pH를 조절하고 단백질의 변성을 막으면서 CO_2의 고정을 조절함 $H_2O + CO_2 = H^+ + HCO_3^-$ • 엽록소와 트립토판의 생합성에도 관여함
결핍 증상	• 트립토판에서 IAA가 생합성되는 과정이 진행되지 않고, 퍼옥시다아제가 활성화되어 IAA의 산화가 촉진됨 • 식물체는 마디 사이가 짧아지고 잎이 왜소해지면서 주변이 오그라들어 로제트형의 생장 습성이 나타남 • 옥수수, 콩, 사탕수수 등에서는 엽록소 합성이 억제되어 엽맥 사이가 황백화됨

⑥ 구 리

생리적 기능	• 엽록체의 전자 전달체인 플라스토시아닌(Plastocyanin)의 구성 원소임 • 엽록소의 합성과 안정에 관여함 • 여러 가지 효소의 보조 인자로 다양한 대사 작용에 관여함 　－ 폴리페놀 산화효소(Polyphenol oxidase ; PPO)의 보조 인자로 페놀의 산화 반응에 관여함 　　 그림 5-6 　－ PPO는 모노페놀(Monophenol)을 디페놀(Diphenol)을 거쳐 O-퀴논(O-quinone)으로 산화시켜 조직을 암갈색으로 변화시킴 　－ 사과나 감자 등에서 절단 부위가 변색하는 것은 바로 PPO 반응의 결과임
결핍 증상	• 잎이 암녹색으로 변하고, 어린잎은 정단부터 괴사하고, 뒤틀리거나 기형이 되기도 함 • 벼과식물은 잎이 황백화됨 • 감귤에서는 잎이 떨어지고 가지가 마름 • 사과는 선단의 잎이 갈변 괴사하고, 가지가 선단부터 말라 들어감

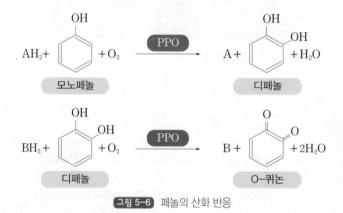

그림 5-6 페놀의 산화 반응

⑦ 니 켈

생리적 기능	• 요소 분해효소(Urease)의 구성 성분임
	  – 식물은 체내에서 요소를 생산하기 때문에 요소 분해효소가 반드시 필요함
	  – 특히 콩과식물은 질소의 공급원으로 시트룰린(Citrulline)과 같은 우레이드(Ureide)를 뿌리혹에서
	    형성하여 새잎이나 발달 중인 종자로 이동시키는데 이것이 분해되면 요소가 생산됨
	• 수소화효소(Hydrogenase)의 구성 성분임. 수소화효소는 콩과식물에서 질소 고정 과정에 필요한 수
	  소를 회복시킴

결핍 증상	• 식물의 요구도는 극히 낮지만 수경재배 중에 니켈을 제거하면 잎에서 요소 분해효소가 생성되지 않 아 요소가 축적되고 정단 부위에 괴사 현상이 나타남 • 콩과식물에서 수소화효소의 활성이 억제되어 질소 고정 효율이 떨어짐

⑧ 몰리브덴

생리적 기능	• 질산의 환원과 공중질소의 고정을 도움
	  – 질산 환원효소의 구성 원소로 전자를 주고받으면서($Mo^{5+} = Mo^{6+} + e^-$) NO_3^-를 환원시킴
	  – 질소 고정효소(Nitrogenase)라는 효소 복합체에 함유되어 질소 고정에도 관여함
	• IAA 산화효소의 활성제로 체내 IAA의 농도를 적정 수준으로 유지함

결핍 증상	• 부족하면 질산염이 축적되면서 단백질의 합성과 아스코르브산이 감소됨
	• 꽃양배추, 상추, 무, 토마토에서 엽맥 사이가 황백화되고, 잎은 끝이 시들고 말리며 배상(盃狀)의 잎
	  이 됨
	• 꽃양배추나 브로콜리에서는 심한 경우 엽신이 형성되지 않고 엽맥만 남아 잎이 마치 회초리같이 보
	  이는 편상엽(鞭狀葉, Whiptail)이 됨

Level UP 이론을 확인하는 문제

식물체 내에서 다음과 같은 생리적 기능을 나타내는 필수원소는?

• 전자 전달계 시토크롬 c의 구성 성분으로 전자 전달에 관여한다.
• 카탈라아제, 퍼옥시다아제의 구성 성분으로 과산화수소의 독성을 방지한다.
• 엽록소 형성에 관여하는 효소의 생합성에 관여한다.
• 결핍 시 식물에 따라서는 엽맥 사이의 황백화를 유도한다.

① 철
② 염 소
③ 붕 소
④ 망 간

해설 철은 $Fe^{2+} \leftrightarrow Fe^{3+} + e^-$의 상호 전환을 통하여 전자 전달(산화 환원)의 기능을 한다.

정답 ①

안심Touch

(3) 유익원소

① 흡수 이용 형태 및 특징

원소	흡수 형태	특징
나트륨(Na) [Sodium, Natrium(라)]	Na^+	• 염생식물은 다량 흡수하며 일반 식물도 어느 정도 흡수함 • 피자식물의 평균 함량은 1,200ppm 정도임
규소(Si) (Silicon)	H_2SiO_3	• 피자식물의 규소 함량은 100ppm 가량 • 단자엽식물이 쌍자엽식물보다 함량이 높음. 벼과식물에 많이 분포하며 벼에서는 거의 필수원소로 인정됨(아래 표 참조) • 함량이 높은 식물체에서는 지상부가 뿌리보다 분포 농도가 높음 • 표피조직이나 유관속조직의 세포벽 외측에 집중적으로 분포함
셀레늄(Se) [Selenium, Selen(라)]	SeO_4^{2-}, SeO_3^-	• 이동과 동화는 SO_4^{2-}와 유사함 • 식물에 따라 축적 유무가 다름. 자운영 같은 사료작물은 4,000ppm까지 축적됨
코발트(Co) (Cobalt)	Co^{2+}	• 비타민 B_{12}를 구성하는 중심 원소임 • 생리적 기능에 대해서는 알려진 것이 거의 없음

〈수경재배된 식물의 규산 함유율〉

작물	SiO₂(대건물, %)		작물	SiO₂(대건물, %)	
	지상부	근부		지상부	근부
벼	10.4	3.4	무	0.9	0.9
보리	2.1	1.9	배추	0.2	0.3
토마토	1.0	1.3	파	0.1	0.3

※ 수경액의 규산 농도는 100ppm이며 벼와 보리는 완숙기에, 나머지는 영양생장기에 수확하였다.

② 주요 생리적 기능

나트륨	• 염생식물의 세포액 삼투퍼텐셜을 낮추어 수분 흡수와 기공 개폐를 조절함 • 마늘, 순무, 양배추, 근대, 귀리 등의 작물에서 나트륨이 수량을 증대시킴 • C_4나 CAM 식물에서 PEP 탈탄산효소(Carboxylase)의 기능 발휘에 관여함 • 부족하면 C_4 식물의 광합성 경로가 C_3 경로로 바뀜 • 부족하면 C_4 식물에서 잎이 황백화되거나 괴사함
규소	• 체내 규소의 대부분은 실리카겔(Silica gel, $SiO_2 \cdot nH_2O$)의 형태로 분포(벼의 경우 90~95%) 　- 흡수된 규산이 세포벽의 외측에 분비되어 실리카겔 상태로 고정되어 침적하면 이동성이 없어짐 　- 세포벽의 규질화는 잎의 수광 태세를 향상시켜 광합성을 촉진하고 병원미생물에 대한 기계적 저항과 생리적 저항성을 높여 내병성을 증대시킴 • 당, 셀룰로오스, 단백질 등과 결합하는 성질이 있음 • 뿌리의 신장이나 분얼을 촉진하고 잎을 강건하게 해 건물중을 증가시킴 • 결핍되면 전체적으로 생육이 억제되며, 도열병에 대한 저항성이 약해지고, 수량이 떨어짐 • 결핍되면 기형이 생기거나 불임으로 백수(白穗)가 생기기도 함

셀레늄	• 시스테인(Cysteine)의 황(S)과 치환되면 21번째의 아미노산으로 알려진 셀레노시스테인(Selenocysteine) 이 생성됨 • 식물은 생리적으로 활성이 없는 메틸셀레노시스테인(Methylselenocysteine)으로 변화시켜 축적하기 때문에 해작용이 나타나지 않음 • 셀레늄 함유 단백질(Selenoprotein)은 황 함유 단백질보다 기능면에서 떨어지기 때문에 생육을 저해함 • 인체 내에서는 항산화, 항암 기능이 있음 • 양이나 소에 있어서는 결핍되면 근육백화증(筋肉白化症) 발생함

코발트	• 질소 고정 세균에게 반드시 필요하며, 공생 관계를 갖고 있는 콩과식물의 생장에 필수적인 원소임
	• 비타민 B_{12}[일명 코발라민(Cobalamin)]의 중심 구성 원소로 콩과식물에서 뿌리혹 박테리아의 활동, 레그헤모글로빈의 형성에 관여함
	  – 미생물만이 합성하는 비타민 B_{12}가 뿌리혹에 많이 분포하는데 최근 연구에 의하면 뿌리에 공생하는 세균들이 비타민 B_{12}를 합성함
	  – 비타민 B_{12}가 식물의 필수 비타민이 아니라는 점에서 공생균이 공생 관계에서 발생하는 장애의 극복 수단으로 합성하는 것으로 판단됨
	  – 비타민 B_{12}는 동물에서 조혈 작용을 하며 부족하면 악성 빈혈을 발생시킴

Level UP **이론을 확인하는 문제**

코발트의 생리적 기능에 관한 설명으로 옳은 것은?

① 사료작물에 중요하며 결핍 시 양이나 소에서 근육백화증을 유발한다.

② 비타민 B_{12}의 중심 구성 원소로 콩과식물의 생장에 관여한다.

③ 세포벽의 외측에 분비되어 세포벽의 규질화를 유도한다.

④ 세포액의 삼투퍼텐셜을 낮추어 수분 흡수와 기공 개폐를 조절한다.

해설 셀레늄이 양이나 소에서 부족하면 근육백화증을 일으킨다. 세포벽의 규질화는 규소, 세포액의 삼투퍼텐셜 조절에는 나트륨이 작용을 한다.

정답 ②

(1) 식물의 영양 진단

경작지에서는 작물이 특정 무기양분을 지속적으로 흡수하기 때문에 토양이나 엽의 분석을 통해 부족한 경우 인위적으로 공급해야 한다.

① 토양분석(Soil analysis)과 엽분석(Leaf analysis)

토양분석	• 뿌리 주변에서 채취한 토양 시료의 무기양분 함량을 알아보기 위한 화학적 분석 • 식물이 이용 가능한 경작지의 무기양분 상태를 알 수 있음

식물 또는
엽분석
	• 식물의 무기양분 흡수량은 토양의 무기양분 상태와 반드시 일치하지 않기 때문에 식물 분석(Plant analysis)으로 식물체의 영양 진단을 병행하는 것이 좋음
	• 1년생 초본식물은 줄기와 잎을 분석하여 영양 상태를 파악할 수 있음
	• 포장에서 간단하게 생체 조직을 압착하여 얻은 즙액에 적당한 시약을 첨가하여 정색 반응을 보고 영양 상태를 진단하기도 함
	• 특히 식물의 잎은 토양 무기양분에 대하여 민감한 반응을 보일 뿐 아니라 다루기가 쉬워 과수의 영양 진단에 많이 이용함
	  - 과수에서 엽분석이란 잎을 채취하여 건조시킨 후 무기성분을 분석하는 것임
	  - 엽분석을 통해 다년생인 과수의 영양 상태를 진단할 수 있을 뿐 아니라, 그 식물이 자라고 있는 과수원 토양의 무기양분의 상태를 파악할 수가 있음

② 무기양분 농도와 식물체의 수량과의 관계

  ㉠ 영양 상태의 최적 범위에 미치지 못하면 결핍 증상이 나타나고, 이 범위를 벗어나면 과잉 소비가 되며, 농도가 더욱 지나치면 독성을 나타낸다(그림 5-7).

  ㉡ 결핍 범위와 적정 범위의 경계가 되는 무기양분 농도를 임계농도(Critical concentration)라고 한다.

  ㉢ 식물체의 무기양분이 임계농도 이하로 떨어져 결핍 증상이 나타나기 이전에 부족한 양분을 공급해주어 최적 범위를 유지하도록 해야 한다.

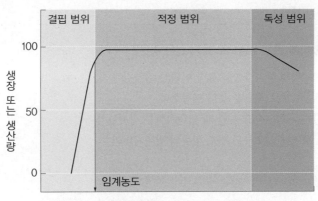

| 결핍 범위 | 적정 범위 | 독성 범위 |

그림 5-7 식물의 체내 무기양분 농도와 수량과의 관계

(2) 시비(施肥, Fertilization)

① 비료를 작물에 공급해 주는 것을 말한다.

② 무기양분이 토양으로부터 흡수되기 때문에 시비는 보통 토양에 한다.

③ 경우에 따라서는 무기양분을 수용액으로 만들에 잎에 살포하는데 이것을 엽면시비(葉面施肥, Foliar application)라고 한다.

토양시비	• 반복적인 재배가 이루어지는 경작지 토양은 특정 양분이 결핍되기 쉬움 • 작물의 정상적인 생육을 위해서 경작지에 무기양분을 공급함 • 주로 경작지 토양에 부족하기 쉬운 질소, 인산, 칼륨 등의 무기양분을 비료로 만들어 공급함
엽면시비	• 엽면시비를 하면 무기양분이 잎의 기공, 큐티클층 또는 표피조직을 통하여 수분과 함께 확산되어 흡수됨 　- 기공의 구조적 특징과 그에 따른 확산 저항 때문에 기공을 통한 흡수는 어렵고 주로 큐티클층을 통하여 확산 침투하여 세포로 흡수됨 　- 흡수된 양분은 주로 체관을 통해 이동하는 것으로 추정됨 • 농업에서는 토양시비의 보조적인 수단으로 아래와 같은 경우에 널리 이용함 　- 영양 부족을 신속히 회복시키고자 할 때 　- 토양시비의 효과가 잘 나타나지 않을 경우 　- 토양에 직접 시비하기가 어려운 경우

무기양분의 엽면시비에 관한 설명으로 옳지 않은 것은?

① 무기양분이 주로 잎의 큐티클층을 통하여 확산 침투한다.

② 흡수된 무기양분은 주로 체관을 통해 이동한다.

③ 영양 부족을 신속히 회복하고자 할 때 엽면시비를 실시한다.

④ 액비의 형태로 토양에 살포하는 것도 일종의 엽면시비이다.

> 해설 액비의 형태로 토양에 살포하는 것은 토양시비의 일종이다.

> 정답 ④

적중예상문제

01
엽록소의 구성 원소에 해당하지 않는 것은?

① 탄소(C)　　　　② 질소(N)
③ 황(S)　　　　　④ 마그네슘(Mg)

해설　엽록소를 구성하는 원소는 탄소(C), 수소(H), 산소(O), 질소(N), 마그네슘(Mg)이다.

02
핵산의 구성 원소에 해당하는 것은?

① 인(P)　　　　　② 황(S)
③ 철(Fe)　　　　　④ 마그네슘(Mg)

해설　핵산은 C, H, O, N, P의 원소로 구성되어 있다.

03
옥수수 식물체의 건물에서 원소가 차지하는 비중을 순서대로 나열한 것은?

① 탄소 > 수소 > 질소 > 인
② 수소 > 탄소 > 질소 > 인
③ 탄소 > 수소 > 인 > 질소
④ 수소 > 탄소 > 인 > 질소

해설　옥수수 식물체 건물에 분포하는 원소 비중을 보면 산소 44.43%, 탄소 43.57%, 수소 6.24%, 질소 1.46%, 인 0.20%이다.

04
식물 영양 생리의 연구 수단에서 탄생해 첨단 시설 농법으로 발전한 기술은?

① 수경재배
② 유기농업
③ 촉성재배
④ 정밀농업

해설　식물체를 구성하는 원소의 필수성 여부를 가리는 데 이용하였던 것이 수경법이다. 이 수경법이 발전하여 오늘날의 첨단 시설농법인 수경재배(양액재배) 방식이 탄생하였다.

05
다음의 조건을 모두 충족하는 필수원소는?

- 다량원소이다.
- 체내에서 이동과 재분배가 어려운 원소이다.
- 음이온 형태로 흡수가 이루어진다.
- 단백질의 구성 원소이다.

① 질 소
② 인
③ 칼 슘
④ 황

해설　칼슘과 황은 체내에서 비이동성 원소로 이동과 재분배가 상대적으로 어렵다. 칼슘과 황은 각각 Ca^{2+}, SO_4^{2-}의 형태로 흡수된다. 황은 단백질의 구성 원소이기도 하다

06

체내에서 쉽게 이동하고 재분배가 잘 이루어지는
필수원소는?

① 칼 륨   ② 칼 슘

③ 붕 소   ④ 구 리

해설 체내 이동과 재분배가 어려운 원소로 칼슘, 황, 철,
붕소, 구리 등이 알려져 있다. 칼륨은 흡수 속도가
빠르고 체내 이동과 재분배가 용이하다.

07

아미노산, 단백질, 핵산, 엽록소와 같은 유기화합물
의 구성 원소로 과잉 시 식물이 도장하고 꽃눈분화
가 억제되는 필수원소는?

① 질 소   ② 인

③ 칼 륨   ④ 황

해설 아미노산, 단백질, 핵산, 엽록소의 공동 구성 원소로
는 탄소, 수소, 산소, 질소가 있다.

08

핵산, 인지질, ATP와 같은 유기화합물의 구성 원소
로 결핍 시 잎의 색깔이 암녹색을 띠거나 안토시아
닌의 발현으로 녹자색을 띠게 하는 필수원소는?

① 질 소   ② 인

③ 칼 륨   ④ 황

해설 핵산, 인지질, ATP의 공동 구성 원소로 탄소, 수소,
산소, 인이 있다.

09

보기의 설명을 모두 충족하는 필수원소는?

> • 흡수 속도가 빠르다.
> • 체내 이동과 재분배가 용이하다.
> • 이온화되어 있거나 이온화되기 쉬운 상태로
>   존재한다.
> • 광합성이 활발한 잎이나 세포분열이 왕성한
>   생장점 부위에 다량 분포한다.

① 칼 륨   ② 칼 슘

③ 붕 소   ④ 코발트

해설 칼륨에 관한 설명이다.

10

체내 이동성이 상대적으로 떨어져 식물체 내에서
재분배가 어려운 필수 다량원소는?

① 질 소   ② 칼 륨

③ 칼 슘   ④ 붕 소

해설 필수원소 중 다량원소로 칼슘과 황, 미량원소로 철,
붕소, 구리는 체내에서 불용성화합물을 만들기 때
문에 이동과 재분배가 어려워 비이동성 원소로 분
류한다.

11

분열조직에서 펙틴과 결합하여 딸세포 사이에 생기는 세포판에서 중층을 형성하여 세포분열을 완성하고, 성숙 과정에 두 세포를 견고하게 밀착시키는 필수원소는?

① 칼 륨 ② 칼 슘
③ 아 연 ④ 구 리

해설 칼슘은 분열조직에서 펙틴산칼슘으로 딸세포의 세포판에서 중층을 형성해 두 세포를 밀착시키는 역할을 한다.

12

칼모듈린과의 결합으로 복합체를 형성하여 2차 신호 전달자의 역할을 하면서 다양한 대사작용을 조절하는 필수원소는?

① 칼 륨 ② 칼 슘
③ 아 연 ④ 구 리

해설 칼모듈린 단백질과 결합하여 2차 신호 전달자 역할을 하는 무기원소는 칼슘이다.

13

엽록소를 구성하는 광물성 원소이며 인산화 과정에 관여하는 효소의 보조 인자 역할을 하는 필수원소는?

① 몰리브덴 ② 마그네슘
③ 알루미늄 ④ 코발트

해설 마그네슘이 엽록소를 구성하는 유일한 광물성 원소이다.

14

필수 아미노산인 시스틴과 메티오닌의 구성 원소이며 결핍 시 엽록소–단백질 복합체를 형성하지 못해 잎의 황백화를 일으키는 필수원소는?

① 인 ② 황
③ 철 ④ 구 리

해설 필수 아미노산 가운데 시스틴과 메티오닌은 황을 함유하고 있는 아미노산이다.

15

체내에서의 이동성이 상대적으로 낮아 재분배가 어려운 필수 미량원소끼리 짝지은 것은?

① 칼륨, 황
② 칼륨, 마그네슘
③ 칼슘, 철
④ 붕소, 구리

해설 다량원소로 칼슘, 황, 미량원소로 철, 붕소, 구리 등은 비이동성 원소로서 체내에서 불용성 화합물을 만들기 때문에 이동과 재분배가 상대적으로 어렵다.

16

광합성에서 물의 광분해로 생기는 전자를 제2광계에 전달하고 효소 아밀라아제의 활성화에 관여하는 필수원소는?

① 철 ② 염 소
③ 붕 소 ④ 아 연

해설 광합성에서 물의 광분해로 생기는 전자를 제2광계의 엽록소에 전달하는 기능을 하는 원소는 염소이다.

17

붕소의 생리적 기능에 관한 설명으로 옳지 않은 것은?

① 세포벽 성분과 결합하여 세포벽의 안정성을 높인다.
② 페레독신의 구성에 참여해 전자 전달 기능을 한다.
③ 동화산물의 전류를 촉진하고 옥신의 활성을 제어한다.
④ 콩과식물에서 근류균의 형성과 질소 고정을 촉진한다.

> **해설** 페레독신의 구성에 참여해 전자 전달 기능을 하는 필수원소는 철 성분이다.

18

붕소 결핍 시 발생하는 증상이 아닌 것은?

① 동화물질의 전류가 억제되고 옥신이 지나치게 생성된다.
② 형성층이 이상 비대하여 주변 조직이 붕괴되고 표피조직에 균열이 생긴다.
③ 엽록체의 막 구조가 파괴되고 엽록소 형성이 억제되며 잎이 황백화된다.
④ 액포에 탄닌이 축적되어 조직이 흑갈색으로 변한다.

> **해설** 이외에도 붕소 결핍 시 생장점 부근과 어린잎이 검게 괴사하며 과실은 기형이 되거나 과피에 갈변, 균열, 괴사, 코르크화 등의 증상이 나타난다. 엽록체의 막 구조가 파괴되고 엽록소 형성이 억제되며 잎이 황백화되는 경우는 철이나 망간 결핍 시 일어난다.

19

중심이 코르크화 및 공동화되면서 흑갈색으로 변하는 무 생리장해의 주요 원인은?

① 뿌리혹선충의 피해
② 칼슘의 과잉
③ 붕소의 결핍
④ 바람들이

> **해설** 배추과 채소에 붕소 결핍에 의한 생리장해가 자주 발생하는데 배추는 엽륵이 거북이 등처럼 갈라지고 조직이 괴사하면서 흑갈색으로 변한다.

20

식물체 내에서 다음과 같은 생리적 기능을 나타내는 필수원소는?

- 광합성 과정에서 산소 방출 복합체(Oxygen Evolving Complex)와 결합하여 물의 광분해를 돕는다.
- 제2광계의 전자 전달을 촉진하고 효소 복합체와 ATP 사이에 다리 역할을 하여 인산화를 돕는다.
- IAA 산화 효소를 활성화시켜 IAA을 산화시킨다.

① 철
② 염 소
③ 붕 소
④ 망 간

> **해설** 산소 방출 복합체에서 결합하여 물의 광분해와 산소 방출을 돕는 원소는 망간이다.

21

식물의 필수원소로서 미량원소만을 나열한 것은?

① 수소, 탄소　　　　② 질소, 칼슘
③ 인, 황　　　　　　④ 붕소, 망간

> **해설** 식물체 내 분포 농도를 기준으로 다량과 미량원소로 구분한다. C, O, H, N, K, Ca, Mg, P, S의 9종은 다량원소이고, Cl, Fe, B, Mn, Zn, Cu, Ni, Mo의 8종은 미량원소이다.

22

결핍 시 식물체 마디가 짧아지고 잎이 왜소해지면서 주변이 오그라들어 로제트형의 생장 습성이 나타나게 하는 필수원소는?

① 아 연　　　　　　② 염 소
③ 붕 소　　　　　　④ 망 간

> **해설** 아연이 부족하면 IAA 생합성 과정이 진행되지 않고 퍼옥시다아제의 활성화로 IAA 산화가 촉진되며 식물체는 로제트형이 된다.

23

식물의 요구도는 낮지만 수경 중에 제거하면 잎에서 요소 분해효소가 생성되지 않아 요소가 축적되고 정단 부위에 괴사 현상이 나타나게 하는 요소 분해효소의 구성 필수원소는?

① 아 연　　　　　　② 니 켈
③ 붕 소　　　　　　④ 망 간

> **해설** 체내에서 생산되는 요소를 분해하기 위해 식물에는 요소 분해효소가 반드시 필요한데 니켈은 요소 분해효소와 수소화효소의 구성 성분으로 알려져 있다.

24

질산 환원효소와 질소 고정효소 복합체에 함유되어 질소 고정에 관여하는 필수원소를 나열한 것은?

① 망간과 마그네슘
② 철과 마그네슘
③ 철과 몰리브덴
④ 망간과 몰리브덴

> **해설** 철은 전자 전달계의 철단백질, 카탈라아제, 과산화효소, 아질산 환원효소, 질산 환원효소, 질소 고정효소, 몰리브덴은 질산 환원효소와 질소 고정효소의 구성 성분이다.

25

식물 뿌리가 질소를 흡수하는 일반적인 형태는?

① 공중질소(N_2)
② 질산태질소(NO_3^-)
③ 질산칼륨(KNO_3)
④ 수산화암모늄(NH_4OH)

> **해설** 필수원소는 반드시 이용 가능한 형태로 존재해야 식물이 흡수할 수 있다. 질소는 뿌리 주변에 NO_3^- 또는 NH_4^+ 이온으로 존재해야 흡수가 가능하다.

26

식물체에 흡수될 때 상조작용을 하는 원소끼리 짝지은 것은?

① 마그네슘(Mg^{2+})과 칼슘(Ca^{2+})
② 망간(Mn^{2+})과 마그네슘(Mg^{2+})
③ 구리(Cu^{2+})와 아연(Zn^{2+})
④ 몰리브덴(MoO_4^{2-})과 인산($H_2PO_4^-$)

해설　몰리브덴은 SO_4^{2-}와는 길항적으로, 인산이온과는 상조적으로 작용한다.

27

필수원소의 식물체 내 분포에 관한 설명으로 옳지 않은 것은?

① 질소는 잎에 많이 분포하며 기관 상호 간에 재분배가 잘 일어난다.
② 인은 새로운 조직에 많이 분포하고 오래된 조직에는 결핍되기 쉽다.
③ 칼륨은 세포분열이 왕성한 생장점 부위에 많이 분포한다.
④ 칼슘은 식물에 흡수가 잘되고 체내 이동이 용이하다.

해설　칼슘은 토양에 많이 함유되어 있지만 식물의 흡수율이 낮은 편이다. 흡수된 칼슘은 잎에 많이 분포하며 체내 이동과 재분배가 잘 안 된다.

28

엽록소의 구성 성분으로 부족하면 잎의 황백화를 일으키는 필수원소는?

① N　　　　　　　　② K
③ Ca　　　　　　　④ Mn

해설　엽록소를 구성하는 5가지 필수원소는 C, H, O, N, Mg로 질소와 마그네슘은 엽록소의 무기 구성 성분이다. 질소가 결핍되면 엽록체 단백질이 분해되어 노엽부터 황백화가 나타난다. 마그네슘이 결핍되면 엽록소 형성이 억제되어 노엽부터 황백화가 일어나는데 주로 엽맥 사이에 증상이 나타난다.

29

식물체 내에 존재하는 유기 인화합물은?

① 핵 산　　　　　　② 아미노산
③ 유기산　　　　　④ 지방산

해설　유기 인화합물로는 핵산, 인지질, 효소, ATP, 피틴 등이 있다.

30

물에 잘 녹지 않으며, 곡류 종자에 많이 분포하는 인산의 중요한 저장 형태의 유기 인화합물질은?

① 핵산(Nucleic acid)
② G3P
③ ATP
④ 피틴(Phytin)

해설　피틴(Phytin)은 피트산(Phytic acid)을 말하는데 종자의 저장양분 가운데 인산의 중요한 저장 물질이다. 물에 잘 녹지 않으며 특히 곡류 종자에 많이 분포한다.

31

부족할 때 잎의 황백화를 일으키는 무기원소가 아닌 것은?

① 질 소
② 인
③ 마그네슘
④ 철

해설 인이 부족하면 잎의 색깔이 암녹색을 띠거나 안토시안의 발현으로 녹자색을 띤다.

32

황을 함유하는 유기화합물이 아닌 것은?

① 알릴설파이드(Allyl sulfide)
② 글루코시놀레이트(Glucosinolate)
③ 알리인(Alliin)
④ 안토시아닌(Anthocyanin)

해설 안토시아닌은 C, H, O로 이루어져 있다. 이외의 황 함유 유기화합물로 시스틴, 메티오닌, 티아민, 바이오틴, 조효소 A, 리포산 등이 있다.

33

철이 구성 성분으로 들어있지 않은 효소는?

① 카탈라아제(Catalase)
② 과산화효소(Peroxidase)
③ 질산 환원효소(Nitrate reductase)
④ ATP 합성효소(ATPase)

해설 철은 산화효소인 카탈라아제, 과산화효소의 구성 성분으로 과산화수소의 독성을 방지한다. 그리고 아질산 환원효소, 질산 환원효소, 질소 고정효소 등의 구성 성분이다.

34

페놀의 산화를 촉매하는 폴리페놀 산화효소(Polyphenol oxidase)의 보조 인자로 사과나 감자 등에서 절단 부위가 변색되는 반응에 관여하는 필수원소는?

① 망 간
② 아 연
③ 구 리
④ 니 켈

해설 구리는 폴리페놀 산화효소(Polyphenol oxidase ; PPO)의 보조 인자로 페놀의 산화 반응에 관여한다.

35

부족할 때 다음과 같은 증상을 일으키는 필수원소는?

꽃양배추나 브로콜리에서 엽신이 형성되지 않고 엽맥만 남아 있어 마치 회초리같이 보이는 편상엽(鞭狀葉, Whiptail)이 생겼다.

① 마그네슘
② 철
③ 아 연
④ 몰리브덴

해설 몰리브덴이 부족할 때 나타나는 생리장해 증상이다.

36

염생식물에서 세포액의 삼투퍼텐셜을 낮추어 수분 흡수와 기공 개폐를 조절하는 유익원소는?

① 나트륨
② 규 소
③ 셀레늄
④ 코발트

해설 대부분의 염생식물은 나트륨을 흡수하여 세포의 삼 투퍼텐셜을 유지하면서 수분 흡수와 기공 개폐를 조절하고, 염류농도 장해를 방지한다.

37

벼과식물에서 많이 흡수하는 규소의 주 기능은?

① 내습성 강화
② 내병성 강화
③ 내건성 강화
④ 내한성 강화

해설 규소는 벼과식물에서 거의 필수원소로 인정되고 있는 유익한 원소이다. 벼과식물은 규소를 흡수하여 세포벽을 규질화하고 잎의 기계적 지지나 내병충성을 강화한다.

38

과수에서 주기적으로 엽분석을 실시하는 주된 이유는?

① 수분퍼텐셜 진단
② 광합성률 진단
③ 내한성 진단
④ 무기양분 진단

해설 과수를 재배할 때 수체의 무기영양 상태를 파악하기 위해 주기적으로 엽분석을 실시한다. 엽분석은 잎의 무기양분을 분석하는 영양진단법이다.

PART 06

무기양분의 흡수와 동화

CHAPTER 01 토양 속 무기양분의 동태

CHAPTER 02 무기양분의 흡수와 막투과

CHAPTER 03 무기양분의 체내 이동

CHAPTER 04 무기양분의 동화(Assimilation)

적중예상문제

● **학습목표** ●

1. 토양 중 무기양분의 동태를 살펴보고, 이들이 뿌리에서 어떻게 흡수되는지 알아본다.
2. 세포막의 투과성을 이해하고, 흡수 기작을 수동적 흡수와 능동적 흡수로 구분하여 학습한다.
3. 흡수된 무기양분의 이동 경로를 추적해보고 무기양분의 동화 과정을 살펴본다.
4. 콩과식물에서 일어나는 생물적 질소 고정의 과정을 개략적으로 살펴본다.

01 토양 속 무기양분의 동태

(1) 토양 입자의 음전하

① 토양의 삼상(三相)

토양은 고상, 액상, 기상의 삼상으로 구성되어 있다.

고 상	광물과 유기체를 주체로 하며 무기양분을 저장하고 공급함
액 상	무기양분을 용존 상태로 보존하면서 뿌리에서의 흡수를 도움
기 상	호흡과 질소 고정에 필요한 산소, 질소 등을 공급함

② 토양 입자

㉠ 자갈, 모래, 점토에 이르기까지 크기가 다양하다.

㉡ 토양 입자 중에서 점토(Clay)와 부식토(Humus)는 토양의 비옥도, 즉 보비력과 보수력을 결정하는 중요한 요소이다.

㉢ 점토와 부식토는 공통적으로 콜로이드 입자의 비중이 커 콜로이드적 성질을 가지며 표면은 대부분 음전하를 띤다.

점 토	• 무기 토양 입자로 격자형의 광물 • 구성 원소인 Si^{4+}, Al^{3+}와 같은 다가 이온이 Ca^{2+}, Mg^{2+}와 같은 저가 이온으로 형태상의 변화 없이 동형으로 치환되어 음전하를 띰
부식토	• 유기화합물로 구성된 유기 토양 입자 • 유기화합물의 카르복실기(COO^-), 수산기(OH^-) 등이 이온화되어 음전하를 띰

토양 입자에 관한 설명이다. (   )에 들어갈 말을 차례대로 나열한 것은?

> (   )는 무기 토양 입자로 격자형 광물이고, (   )는 유기화합물로 구성된 유기 토양 입자이다. 공통적으로 콜로이드적 성질을 가지면 표면은 대부분 (   )를 띤다.

① 점토, 부식토, 양전하   ② 부식토, 점토, 양전하

③ 점토, 부식토, 음전하   ④ 부식토, 점토, 음전하

해설 점토는 무기 토양 입자로 격자형 광물이다. 구성 원소인 Si^{4+}, Al^{3+}와 같은 다가 이온이 Ca^{2+}, Mg^{2+}와 같은 저가 이온으로 형태상의 변화 없이 동형으로 치환되어 음전하를 띤다. 부식토는 유기 토양 입자로 유기화합물의 카르복실기(COO^-), 수산기(OH^-) 등이 이온화되어 음전하를 띤다.

정답 ③

(2) 토양의 양이온 치환능력

PLUS ONE

토양 입자는 음전하를 띠기 때문에 양이온을 흡착한다.

① 양이온 치환용량(Cation Exchange Capacity ; CEC)
  ㉠ 단위량의 토양 입자가 흡착할 수 있는 양이온의 총량을 의미한다.
  ㉡ 건조한 토양 100g이 보유하는 치환성 양이온의 총량을 mg당량(Mille equivalent, mEq)으로 표시한다.
  ㉢ 수소이온이 양이온으로 치환할 수 있는 자리의 수, 즉 음전하의 수와도 같다.
  ㉣ 양이온 치환용량이 크면 잠재적으로 토양이 비옥하다고 볼 수 있다.
② 이액순위(離液順位, Lyotropic series)
  ㉠ 토양 입자에 대한 양이온의 흡착력 또는 치환 침입력의 크기 순서이다.
  ㉡ 토양 입자에 흡착된 하나의 양이온이 자신보다 친화력이 큰 다른 이온이 접근하면 치환될 수 있다.
  ㉢ 대체로 이온의 농도가 높고, 원자가가 클수록, 이온의 크기와 수화도가 작을수록 침입력이 커진다.
  ㉣ 이액순위 : $Al^{3+} > H^+ > Ca^{2+} > Mg^{2+} > K^+ = NH_4^+ > Na^+$
  ㉤ 수소이온(H^+)은 1가 이온이지만 침입력이 상대적으로 커 이액순위가 비교적 높기 때문에 다른 양이온들과 쉽게 교환이 이루어진다.

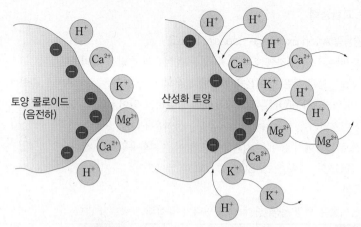

그림 6-1 토양 입자의 표면에서 양이온 교환

③ 수소이온 농도와 토양 비옥도
  ㉠ 수소이온의 농도가 높으면 토양 입자에 흡착되어 있던 많은 양이온이 떨어져 나와 지하수나 표층수로 유실되어 토양이 산성화되면서 척박해진다.
  ㉡ 따라서 양이온 치환용량은 토양의 잠재적 비옥도를 나타낼 뿐이다.
④ 염기포화도(Degree of base saturation)
  ㉠ 양이온 치환용량 가운데 특정한 치환성 염기와 같은 무기양분이 차지하는 비율이 실제 토양 비옥도에 있어서 중요하다.
  ㉡ 치환성 염기는 알칼리 및 알칼리토 금속인 Ca^{2+}, Mg^{2+}, K^+, Na^+를 말한다.
  ㉢ 토양의 양이온 총량에 대한 치환성 염기의 총량 비율을 염기포화도라 한다.

$$V = S/T \times 100(V : 염기포화도, S : 치환성\ 염기총량, T : 양이온\ 치환용량)$$

  ㉣ 염기포화도가 높을수록 토양은 염기성화되어 pH가 올라가고 비옥도가 높아진다.

Level UP 이론을 확인하는 문제

양이온 치환용량(Cation exchange capacity)에 관한 설명으로 옳지 않은 것은?

① 단위량의 토양 입자가 흡착할 수 있는 양이온의 총량을 의미한다.
② 건조한 토양 100g이 보유하는 치환성 양이온의 총량을 mg당량(mEq)으로 표시한다.
③ 수소이온이 양이온으로 치환할 수 있는 자리의 수, 즉 음전하의 수와도 같다.
④ 양이온 치환용량이 크면 잠재적 토양 비옥도는 낮아진다.

해설 양이온 치환용량이 크면 이용 가능한 양이온이 많다고 볼 수 있으므로 잠재적으로 토양이 비옥하다고 볼 수 있다.

정답 ④

(3) 토양의 음이온 교환능력

① 음이온 치환용량(Anion Exchange Capacity ; AEC)

㉠ 양전하를 띠는 토양 입자에 흡착할 수 있는 음이온의 총량을 의미한다.

㉡ Mg^{2+}, Ca^{2+} 등과 같은 양이온을 함유한 일부의 토양 입자는 음이온이 느슨하게 흡착되기도 한다.

㉢ 일부 토양 입자는 $Fe(OH)_2$나 $Al(OH)_3$을 함유하고 있어 SO_4^{2-}, $H_2PO_4^-$와 기타 음이온이 수산기 (OH)와 치환되며 흡착될 수가 있다(금속-음이온+OH^-).

㉣ 일반적으로 토양에서 음이온 치환용량은 양이온 치환용량보다 작다.

② 이액순위 : SiO_4^{4-} > PO_4^{3-} > SO_4^{2-} > NO_3^- = Cl^-

③ 음이온의 특징

대부분의 음이온은 토양 용액 중에 남아 있다가 유실되는 경우가 많다.

질산이온 (NO_3^-)	• 가장 흔히 요구되는 음이온 가운데 하나임 • 물에 씻겨 쉽게 없어짐 • 특히 경작지에 사용된 질산이온은 일부만 흡수되고 대부분이 유실되어 강과 호수로 흘러들어가 부영양화(富營養化)를 촉진함
염소이온 (Cl^-)	• 가장 흔히 요구되는 음이온 가운데 하나임 • 물에 쉽게 씻겨 내려감 • 자연 상태에서 Cl^-의 결핍 증상은 거의 나타나지 않음
인산이온 (HPO_4^{2-}, $H_2PO_4^-$)	• 토양 용액 중에 농도가 낮은 편임 • 알루미늄, 철과 반응하여 $AlPO_4$, $FePO_4$와 같은 염을 만들어 침전되기 때문에 이동성과 이용성이 크게 떨어짐
황산이온 (SO_4^{2-})	• 물에 용해되어 쉽게 흡수됨 • 칼슘이온(Ca^{2+})이 있으면 $CaSO_4$로 침전되어 흡수가 억제됨 • 비록 $CaSO_4$는 용해도가 낮지만 생장에 필요한 만큼은 용해되기 때문에 부족 현상은 잘 나타나지 않음

Level UP 이론을 확인하는 문제

다음 음이온 가운데 물에 가장 쉽게 씻겨 내려가는 것은?

① 질산이온(NO_3^-) 　　　　　　② 인산이온($H_2PO_4^-$)

③ 규산이온(SiO_4^{4-}) 　　　　　　④ 황산이온(SO_4^{2-})

해설 SO_4^{2-}, $H_2PO_4^-$와 기타 음이온은 양전하를 띠는 토양 입자에 수산기(OH^-)와 치환되며 흡착될 수가 있다. 음전하의 이액순위는 SiO_4^{4-} > PO_4^{3-} > SO_4^{2-} > NO_3^- = Cl^-의 순이다.

정답 ①

(4) 토양 pH와 무기양분의 가용성

식물은 대체로 약산성(pH 5.5~6.5), 균류는 강산성, 세균은 중성에서 생장이 우세하다. 이것은 토양 pH에 따라 무기양분의 가용성이 달라지기 때문이다.

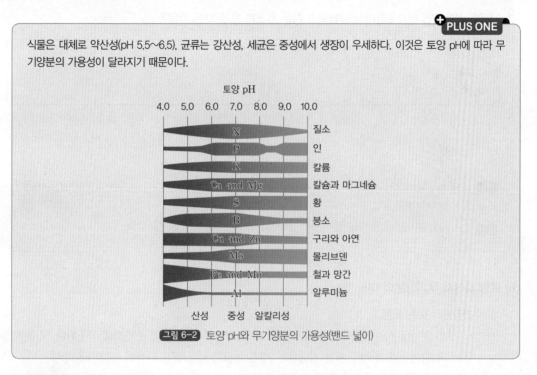

그림 6-2 토양 pH와 무기양분의 가용성(밴드 넓이)

① 토양 pH와 무기양분 가용성

토양의 pH는 무기양분의 가용성을 결정한다.

토양의 pH가 낮으면	• Ca, Mg이 결핍되기 쉬움 • pH 4.0 이하이면 Fe, Mn, Al은 이온화되기 쉬움. Al^{3+}는 식물에 피해를 줌
토양의 pH가 7 이상이면	• Fe, Mn 등이 식물에 대한 유효성을 잃음 • 알칼리 토양에서는 산성 토양에서 용해되어 용탈되기 쉬운 B, Zn, Cu 등이 불용화되어 결핍되기 쉬움

② 토양 산성화의 원인

㉠ 강우가 많은 지역에서 산성인 빗물의 유입과 알칼리성 양분의 용탈

㉡ 토양 미생물에 의해 유기물이 분해될 때 생성되는 NH_3, H_2S

㉢ 뿌리에서 발생하는 CO_2

㉣ 산성비료

토양 pH가 4인 산성토양에서 결핍되기 쉬운 원소를 모두 고른 것은?

ㄱ. Ca	ㄴ. Mg
ㄷ. Fe	ㄹ. Mn
ㅁ. Al	

① ㄱ, ㄴ   ② ㄷ, ㄹ

③ ㄱ, ㄴ, ㅁ   ④ ㄷ, ㄹ, ㅁ

해설 토양 pH가 낮으면 Ca, Mg이 결핍되기 쉬운 반면, pH가 4.0 이하에서 Fe, Mn, Al은 이온화되기 쉬우며 Al^{3+}는 식물에 피해를 준다.

정답 ①

(5) 토양 내에서 무기양분의 이동

① 무기양분의 이동 특징

ㄱ 토양의 무기양분은 집단류와 확산에 의한 수분 이동에 따라 뿌리 주변으로 이동한다. 수분 이동이 빠르고 양분 농도가 높을 때는 집단류가, 양분 농도가 낮을 때는 확산이 큰 역할을 한다.

ㄴ 뿌리가 무기양분을 흡수할 경우 뿌리 주변의 가까운 곳과 먼 곳 사이에 농도 기울기가 생겨 확산이 촉진된다.

② 뿌리 주변 무기양분의 특징

ㄱ 무기양분이 흡수되고 확산에 의한 공급이 감소하면 뿌리 주변에 무기영양 결핍대가 형성되며 결핍 영역은 점차 확대되어 간다. 결핍대의 범위는 확산 속도와 흡수량에 차이 때문에 무기양분의 종류에 따라 달라진다.

ㄴ 무기양분의 흡수를 극대화하기 위해서는 뿌리가 새로운 토양으로 계속 자라야 한다. 특히 $H_2PO_4^-$나 Zn^{2+}처럼 이동성이 낮은 성분은 뿌리가 흡수할 수 있는 범위 내의 성분량이 적기 때문에 뿌리의 생장이나 균근의 역할이 특히 중요하다.

토양 pH와 무기양분의 가용성에 관한 설명으로 옳은 것은?

① 토양 pH가 낮으면 Ca, Mg의 식물에 대한 유효성이 좋아진다.

② 토양 pH가 너무 낮으면 Al이 이온화(Al^{3+})되어 식물에 피해를 준다.

③ 토양 pH가 높으면 Fe, Mn 등의 식물에 대한 유효성이 좋다.

④ 토양 pH가 높으면 B, Zn, Cu 등이 용해되어 용탈되기 쉽다.

해설 토양 pH가 낮으면 Ca, Mg이 결핍되기 쉽다. 반면에 토양 pH가 높으면 Fe, Mn 등이 식물에 대한 유효성을 잃게 되고, 산성 토양에서 용해되어 용탈되기 쉬운 B, Zn, Cu 등이 불용화되어 결핍되기 쉽다.

정답 ②

무기양분의 흡수와 막투과

(1) 뿌리의 양분 흡수

① 양분 흡수 부위

    ㉠ 무기양분이 가장 활발하게 흡수되는 뿌리 부위는 뿌리 끝에서 0.5cm, 또는 수 cm에 이르는 정단부, 그리고 근모이다.

    ㉡ 정단부는 무기이온을 많이 요구하면서 다량의 양분을 흡수할 수 있는 위치에 있다.

근모대	수분의 흡수와 함께 무기이온의 수동적 흡수가 왕성하게 일어남
신장대	• 세포의 신장과 액포화가 일어나는 곳으로 조직의 활력이 커서 능동적 흡수가 활발하게 일어남 • 무기이온이 근모대보다 신장대에서 더 많이 흡수되는 경우도 있음

    ㉢ 뿌리의 무기양분 흡수력은 정단에서 멀어질수록 떨어진다. 특히 근모대를 지나 위로 올라 갈수록 표면에 수베린이 많이 퇴적되어 있고, 내피가 발달하여 무기양분의 흡수가 어려워진다.

    ㉣ 무기양분의 흡수 부위는 식물과 무기이온의 종류에 따라 다르다.

        • 옥수수에서 NH_4^+은 정단 분열조직에서 주로 흡수되고, K^+와 NO_3^-은 신장대에서 더 잘 흡수된다.

        • 일부 식물의 경우는 인산염이 주로 근모에서 흡수된다.

② 양분의 흡수에 있어서 뿌리의 생리 작용

    ㉠ 뿌리는 다양한 물질(설탕, 아미노산, 유기산, 다당류, 효소, 페놀성화합물, 이산화탄소, 에탄올 등)을 분비한다.

        • 뿌리의 분비물이 토양과 함께 점액질을 만들어 뿌리의 건조를 막는다.

        • 뿌리의 분비물이 불용성 무기성분을 가용성으로 만들어 토양 미생물의 번식을 돕는다.

        • 공생 균근 곰팡이는 뿌리에서 떨어져 있는 이동성이 낮은 인산의 흡수를 도와준다.

        • 뿌리가 분비한 포스파타아제는 인산화합물을 분해시켜 무기인산을 방출시킨다.

    ㉡ 뿌리는 유기산과 함께 수소이온을 방출하여 주변의 토양을 산성화시킨다.

        • 암모늄의 흡수와 동화 동안에 수소이온을 방출한다.

        • 수소이온과 유기산이 유기인산과 무기인산을 용해시켜 인산의 효율적 흡수를 돕는다.

    ㉢ 뿌리는 철의 이용도와 용해도를 증가시키는 기작을 갖고 있다.

        • 식물은 토양 중에서 $Fe(OH)_2^+$, $Fe(OH)_3$, $Fe(OH)_4^-$와 같은 제2철(Fe^{3+})의 산화물 형태로 존재하는 철을 이용한다.

        • 토양을 산성화시켜 중성 pH에서 난용성인 제2철의 용해도를 높인다.

        • 뿌리가 수소공여체(NADPH)와 철-킬레이트화 환원효소를 사용하여 제2철을 용해도가 큰 제1철(Fe^{2+})로 환원시킨다.

        • 뿌리가 분비한 킬레이트제가 철과 안정적이고 용해 가능한 복합체를 형성하여 체내로 운반한다.

② 뿌리의 표면은 음전하를 띠면서 양이온을 흡착한다.

⑩ 뿌리는 뿌리 표면의 수소이온(H^+)과 맞교환하여 토양 입자에 흡착된 양이온을 흡수하기도 한다.

③ 이온의 종류별 흡수 속도

　㉠ 무기염류가 해리되면 종류에 따라서 양이온 또는 음이온이 잘 흡수되기도 한다.

　　例 $CaCl_2$는 완두에서는 Ca^{2+}가, 잠두에서는 Cl^-의 흡수가 더 빠르다.

　㉡ 일반적으로 무기이온의 원자가가 작을수록 더 빠르게 더 많이 흡수되는 경향이 있다. K^+, Cl^-, NO_3^- 등은 Ca^{2+}, Mg^{2+}, SO_4^{2-} 등의 2가 이온보다 흡수가 더 빠르다.

　㉢ 산성비료로 분류되는 황산암모늄[$(NH_4)_2SO_4$]은 NH_4^+가 SO_4^{2-} 보다 빨리 흡수되어 토양을 산성화시킨다.

　㉣ Na^+는 염생식물에서 잘 흡수한다.

　㉤ 질소의 경우 식물에 따라서는 NH_4^+의 형태를 우선적으로 흡수하거나 그 형태로만 흡수하게끔 적응된 식물도 있다.

④ 체내 이온의 농도 조절

　㉠ 식물의 뿌리는 양이온과 음이온을 선택적으로 흡수하여 세포 내외에 형성된 전장(電場)에 대한 조절 기능을 갖는다.

　　例 K_2SO_4는 토양 용액 중에서 해리되면 1가의 K^+의 흡수가 많아지는데, 식물은 세포 내 유기산 음이온(CH_3COO^-)을 생성시키고 양이온(H^+)을 체외로 방출하여 전기적 평형을 유지하게 한다.

　㉡ 내피의 카스파리대는 뿌리 바깥쪽으로 이온이 역확산되는 것을 막아 물관부가 토양 용액보다 더 높은 이온 농도를 유지할 수 있게 해준다.

Level UP 이론을 확인하는 문제

( )에 들어갈 내용을 옳게 나열한 것은?

> 옥수수 뿌리는 무기이온의 종류에 따라 흡수 부위가 다른데 NH_4^+는 (ㄱ)에서 주로 흡수되고, K^+나 NO_3^-는 (ㄴ)에서 더 잘 흡수된다.

① ㄱ : 정단 분열조직, ㄴ : 근모대
② ㄱ : 정단 분열조직, ㄴ : 신장대
③ ㄱ : 근모대, ㄴ : 정단 분열조직
④ ㄱ : 신장대, ㄴ : 정단 분열조직

해설 무기양분의 흡수 부위는 식물과 무기이온의 종류에 따라 다르다. 예를 들어 옥수수에서 NH_4^+는 정단 분열조직에서 주로 흡수되고, K^+나 NO_3^-는 신장대에서 더 잘 흡수된다.

정답 ②

(2) 무기양분의 막투과성

① 세포막의 선택적 투과성

㉠ 인지질 이중층의 세포막은 반투성막이며 선택적 투과성을 가지고 있다.

세포막은 산소, 이산화탄소, 물 등은 자유롭게 투과시키지만 용질 분자나 이온화된 무기양분은 선택적으로 투과시킨다(그림 6-3).

㉡ 인공막 실험에 따르면 세포막의 선택적 투과성은 인지질 이중층에 다양한 단백질이 분포하는 구조적 특징과 관계가 있음을 알 수 있다(그림 6-4).

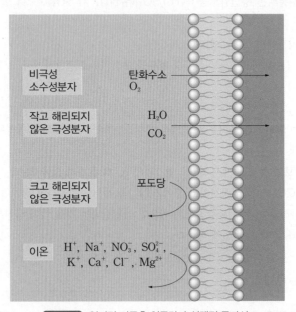

비극성
소수성분자   탄화수소
             O_2

작고 해리되지
않은 극성분자 H_2O
              CO_2

크고 해리되지
않은 극성분자   포도당

이온 H^+, Na^+, NO_3^-, SO_4^{2-},
       K^+, Ca^+, Cl^-, Mg^{2+}

그림 6-3 인지질 이중층 인공막과 선택적 투과성

② 양분의 막투과 수송

㉠ 내부에 수송관이 있는 수송관 단백질(Channel protein), 수송관이 없는 운반체 단백질(Carrier protein), 이온 펌프의 역할을 하는 효소 단백질이 인지질 이중층에 분포되어 있어 서로 다른 양분이 선택적으로 세포막을 투과할 수 있다.

㉡ 양분의 선택적 막투과 수송은 크게 수동적 수송과 능동적 수송으로 나뉜다(그림 6-4).

수동수송	무기양분이 세포막을 사이에 두고 전기화학적 퍼텐셜이 높은 쪽에서 낮은 쪽으로 이동하는 확산에 의한 수송
능동수송	막의 이온 펌프가 작동하여 ATP를 소모하면서 막 내외 농도 기울기에 역행하여 일어나는 수송

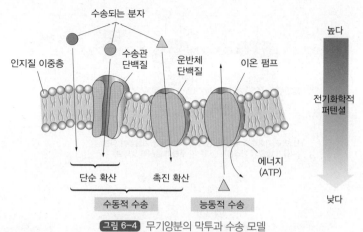

그림 6-4 무기양분의 막투과 수송 모델

ⓒ 수동적 수송에서의 확산은 유형에 따라 단순 확산과 촉진 확산으로 구분한다.

단순 확산	• 물, 산소, 탄산가스가 인지질 이중층을 통하여 확산되는 경우에 해당됨 • 인지질을 투과할 수 없는 무기이온이 수송관 단백질을 통해 확산되는 경우도 이에 해당됨 　수송관 단백질의 경우 입구의 크기와 내부의 전하량에 따라 수송될 무기이온이 결정됨
촉진 확산	• 인지질을 투과할 수 없는 무기이온이 운반체 단백질을 통해 확산되는 경우에 해당됨 • 무기이온마다 운반체 단백질이 달라 막의 선택적 투과성이 생김 • 운반체 단백질은 구조가 변하면서 특정 무기이온과 결합하여 그 이온의 막투과성을 크게 증가시킴 　– 전기화학적 퍼텐셜이 높은 고농도 쪽의 입구가 열려 무기이온이 운반체 안으로 들어오면 단백질의 구조가 변하면서 반대편 입구가 열려 이온이 막을 투과 　– 에너지를 소모하는 것은 아니지만 운반체 단백질의 역할 때문에 단순 확산보다 확산 속도가 훨씬 빠름

ⓓ 능동적 수송에는 1차 능동수송과 2차 능동수송이 있다.

1차 능동수송	• 1차적으로 펌프를 작동시켜 전기화학적 퍼텐셜의 기울기를 발생시키는 것 그림 6-5 • 세포막(원형질막, 액포막)의 양성자(수소이온, H^+) 펌프가 주도함 • 양성자 펌프의 역할은 ATPase(ATP 가수분해효소)가 담당 　– ATPase가 ATP를 가수분해 시키면서 양성자(H^+)를 특정한 방향으로 펌핑 수송하여 농도 기울기를 발생시킴 　– H^+가 전기화학적 퍼텐셜 기울기의 방향을 역행하여 수송됨
2차 능동수송	• 1차 양성자 펌프에 의해 생긴 전기화학적 양성자(H^+)의 농도 기울기에 의해 여러 가지 이온들이 역행하여 수송되는 것 그림 6-5 　– 1차 능동수송으로 발생한 전기화학적 양성자의 농도 기울기가 2차 능동수송의 구동력으로 작용함 　– 즉 2차 수송은 H^+의 수송과 동시에 각 이온의 농도 기울기에 거슬러 공동으로 또는 역으로 이루어짐 • 2차 능동수송을 추진하는 에너지는 ATP가 아니고 양성자 기동력(Proton Motive Force ; PMF)임

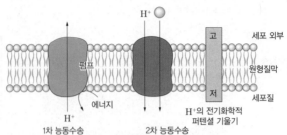

H+

펌프

에너지

H+

1차 능동수송
(H+의 전기화학적 퍼텐셜 (전기화학적 퍼텐셜 기울기에 의한
기울기 방향의 거스름) H+의 수송과 동시에 일어남)

2차 능동수송

세포 외부

원형질막

세포질

H+의 전기화학적
퍼텐셜 기울기

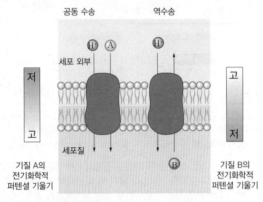

공동 수송

역수송

세포 외부

세포질

저

고

고

저

기질 A의
전기화학적
퍼텐셜 기울기

기질 B의
전기화학적
퍼텐셜 기울기

그림 6-5 세포막에서의 능동수송

Level UP 이론을 확인하는 문제

세포막에서 일어나는 무기양분의 수송에 있어서 능동적 수송에 해당하는 것은?

① 물과 산소가 인지질 이중층을 통하여 직접적으로 세포막을 통과하였다
② 인지질을 투과할 수 없는 무기이온이 수송관 단백질을 통해 세포막을 통과하였다.
③ 인지질을 투과할 수 없는 무기이온이 운반체 단백질을 통해 세포막을 통과하였다.
④ 무기이온이 ATP를 소모하면서 농도 기울기에 역행하여 세포막을 통과하였다.

해설 무기이온이 막의 이온 펌프가 작동되어 ATP를 소모하면서 막 내외 농도 기울기에 역행하여 수송이 일어나는 경우는 능동적 수송이라 한다.

정답 ④

(3) 외포작용(Exocytosis)과 내포작용(Endocytosis)

① 세포막의 변형에 의해 생긴 운반주머니(소낭)에 의해 이루어지는 수송 방식이다.

② 주로 동물이나 미생물의 물질 흡수와 배출에 적용된다.

③ 식물은 뿌리에서 윤활유 역할을 하는 점액질 다당류를 체외로 내보낼 때 또는 콩과식물에서 뿌리혹 박테리아가 내부로 침투해 들어갈 때는 이러한 기작을 활용한다(그림 6-6).

외포작용	세포막의 변형으로 생긴 작은 운반 주머니에 의해 노폐물이나 분비물이 세포막 밖으로 내보내지는 수송 방식
내포작용	세포막의 변형으로 생긴 작은 운반 주머니에 의해 큰 입자나 박테리아가 세포막 안으로 들여보내지는 수송 방식

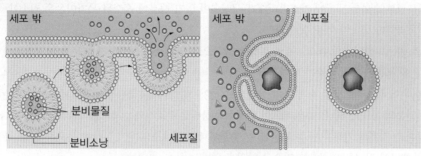

그림 6-6 외포작용(왼쪽)과 내포작용(오른쪽)

Level UP 이론을 확인하는 문제

( )에 들어갈 내용을 옳게 나열한 것은?

(ㄱ)와 (ㄴ)작용은 (ㄷ)의 변형에 의해 생긴 운반주머니(소낭)에 의해 이루어지는 수송 방식으로 식물에서 (ㄱ)작용은 뿌리에서 윤활유 역할을 하는 점액질 다당류를 체외로 내보낼 때, 반면 (ㄴ)작용은 콩과식물에서 뿌리혹 박테리아가 체내 침투해 들어갈 때 볼 수 있다.

① ㄱ : 내포, ㄴ : 외포, ㄷ : 세포막

② ㄱ : 내포, ㄴ : 외포, ㄷ : 세포벽

③ ㄱ : 외포, ㄴ : 내포, ㄷ : 세포막

④ ㄱ : 외포, ㄴ : 내포, ㄷ : 세포벽

해설 외포와 내포작용은 세포막으로부터 생긴 소낭에 의해 큰 입자나 박테리아가 세포 내외로 수송되는 것을 말한다.

정답 ③

무기양분의 체내 이동

(1) 뿌리에서 무기이온의 이동

① 뿌리의 표면에서 흡수된 무기이온은 물과 함께 아포플라스트와 심플라스트의 두 경로를 거쳐 중심주 물관으로 이동한다.

② 뿌리 중심부의 외측 내피에 카스파리대가 생성되어 있기 때문에 흡수된 무기이온은 최소한 한번은 세포막을 통과해야 물관에 이를 수 있다.

③ 내피의 카스파리대는 물관요소에서 뿌리 바깥쪽으로 역확산을 차단하기 때문에 비교적 높은 농도의 무기이온을 물관에 유지할 수가 있다.

④ 무기이온이 심플라스트를 빠져 나와 물관으로 들어가는 과정을 물관부 적재(Xylem loading)라고 한다.

　㉠ 물관부의 통도요소들은 죽은 세포이기 때문에 물관부 유조직과는 세포질적인 연속성이 없다.

　㉡ 물관부 적재의 기작은 단순 확산이며, 물관부 유조직세포의 원형질막에 분포하는 양이온 펌프와 이온 채널이 적재를 조절하는 것으로 알려져 있다.

(2) 줄기에서의 상하 이동

① 무기양분의 상승 이동

　㉠ 물관과 헛물관을 통하여 일어난다. 줄기를 환상박피하여 물관부만 남기고 체관부가 포함된 수피를 제거해도 수분과 무기양분이 정상적으로 상승하는 것을 확인할 수가 있다.

　㉡ 수분과 함께 증산류에 의해 위로 이동한다. 식물을 수경재배하면서 줄기의 물관부와 체관부를 격리하고 흡수된 ^{42}K 동위원소의 이동을 추적해 보면 무기이온의 상승이 물의 상승에 수반하여 이루어지고 물관을 통하여 이동된다는 사실을 알 수 있다(그림 6-7).

② 무기이온의 하강 이동

　㉠ 거의 체관을 통하여 일어난다. 목화 잎의 인산 동위원소의 동선 추적으로 확인할 수 있다.

　㉡ 엽면시비로 흡수된 무기양분은 체관을 통하여 아래로 이동한다.

　㉢ 뿌리에서 흡수된 일부의 무기원소는 물관에서 체관으로 이동하여 하강하기도 한다.

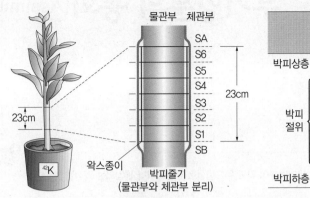

		ppm ^{42}K	
		체관부	물관부
박피상층	SA	53	47
박피 절위	S6	11.6	119
	S5	0.9	122
	S4	0.7	112
	S3	0.3	98
	S2	0.3	108
	S1	20	113
박피하층	SB	84	58

그림 6-7 칼륨 동위원소(^{42}K)의 이동

(3) 무기이온의 횡방향 이동

① 무기이온은 물관부에서 체관부로, 체관부에서 물관부로의 횡방향 이동도 이루어진다.

② 무기양분의 횡방향 이동도 동위원소나 체내 무기이온 분석을 통해 확인할 수 있다. 박피 상층과 하층 체관
부에 다량의 ^{42}K 동위원소가 함유되어 있는 것으로 횡방향 이동 여부를 알 수 있다.

Level UP 이론을 확인하는 문제

뿌리의 무기양분 흡수에 관한 설명으로 옳지 않은 것은?

① 신장대는 조직의 활력이 커서 능동적 흡수가 활발하게 일어난다.

② 근모대는 수분의 흡수와 함께 무기이온의 수동적 흡수가 왕성하다.

③ 근모대를 지나 위로 올라가면 내피가 발달하여 무기양분의 흡수가 수월해진다.

④ 뿌리는 유기산과 수소이온을 방출하여 인산의 용해도를 증가시켜 흡수 효율을 높인다.

해설 뿌리의 흡수력은 정단에서 멀어질수록 떨어진다. 특히 근모대를 지나 위로 올라갈수록 표면에 수베린이 많
이 퇴적되어 있고, 내피가 발달하여 무기양분의 흡수가 어려워진다.

정답 ③

무기양분의 동화(Assimilation)

PLUS ONE

동화는 토양으로부터 흡수된 무기양분이 각종 유기물질로 전환되거나 편입되는 과정을 말한다.

(1) 질소의 동화

① 질산태질소의 환원, 암모니아의 동화, 단백질 합성 과정을 통해 이루어진다.

② 질산태질소의 환원

    ㉠ 식물은 암모늄염(암모늄태질소, 암모늄이온, NH_4^+)보다 질산염(질산태질소, 질산이온, NO_3^-) 형태를 더 잘 흡수한다. 동화할 때 암모니아로의 환원 과정의 번거로움에도 NO_3^-을 선호하는 이유는 NH_4^+의 농도가 높으면 다양한 저해 작용을 하는 독성이 있기 때문이다.

    ㉡ 흡수된 NO_3^-은 액포에 저장되거나 뿌리 또는 잎에서 곧바로 환원된다.

        • 뿌리 세포의 시토졸로 들어온 NO_3^-은 액포에 임시 저장되며 동화에 이용되다가 뿌리의 동화 능력이 떨어지면 잎으로 이동하여 액포에 대량으로 저장된다.

        • NO_3^-의 동화는 성숙한 초본식물은 잎에서, 어린 초본과 목본식물, 콩과식물은 주로 뿌리에서 일어난다.

    ㉢ 동화 과정에서 NO_3^-은 세포의 시토졸에서 NO_2^-로 환원되고(1단계), NO_2^-가 색소체(뿌리-백색체, 잎-엽록체)로 이동하여 NH_3로 환원된다(2단계) 그림 6-8 .

1단계 환원	• 시토졸에서 이루어짐
	• 질산 환원효소(Nitrate reductase, NR)가 촉매함
	  – 이 효소는 FAD와 Mo를 함유하는 금속플라빈(Flavin)이라는 단백질임
	  – 이 효소는 NADH 또는 NADPH를 수소공여체로 이용함
	  – 이 효소는 NADH를 사용하지만 뿌리에서는 NADPH도 사용할 수 있음
	• 요약 과정 : $NO_3^- + NADH + H^+ \rightarrow NO_2^- + NAD^+ + H_2O$

2단계 환원	• 색소체에서 이루어짐
	• 아질산 환원효소(Nitrite reductase)가 촉매함
	  – 이 효소는 일종의 금속플라빈이라는 단백질임
	  – 이 효소의 활성화에 ATP, 구리, 철 등이 필요함
	• 잎의 엽록체에서는 광반응에서 방출된 전자가, 뿌리의 색소체에서는 5탄당 인산 회로에서 공급받는 NADPH가 페레독신(Ferredoxin)을 환원시키고, 환원된 페레독신이 NO_2^-를 NH_3로 환원시킴
	• 요약 과정 : $NO_2^- + 6e^- + 7H^+ \rightarrow NH_3 + 2H_2O$

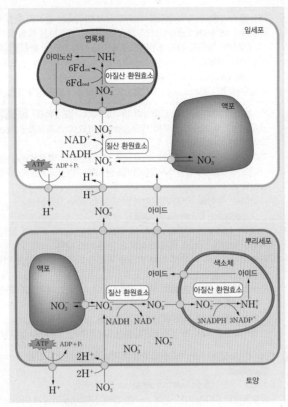

그림 6-8 질산염(NO_3^-)의 단계별 동화 과정

③ 암모니아의 동화

   ⊙ 암모니아(NH_3)는 질산이온의 환원으로 생성된다.

     • 근류 안에서는 질소 고정균이 공중질소(N_2)를 환원시켜 NH_3로 고정한다.

     • 토양으로부터 직접 흡수하는 NH_3도 있다($NH_4^+ + OH^- \rightarrow NH_3 + H_2O$).

     • 유기태질소 · 요소태질소의 분해($CO(NH_2)_2 + H_2O \rightarrow 2NH_3 + CO_2$)나 광호흡 과정에서도 NH_3가 발생한다.

   ⊙ NH_3는 수용액에서는 암모늄이온(NH_4^+)으로 존재한다.

   ⊙ NH_3는 체내에 축적되면 효소의 활성화와 ATP 생성을 방해하는 독성을 나타내기 때문에 즉시 아미노산으로 동화되어야 한다.

   ⊙ NH_3는 글루탐산의 생성, 아미드 생성, 아미노기 전이를 통해 다양한 아미노산으로 동화된다.

글루탐산의 생성	• NH₃ 동화의 첫 번째 과정으로 α–케토산이 아미노산 합성의 출발 물질임 　α–케토산에 α–케토글루타르산, 옥살아세트산, 피루브산 등의 유기산이 있음 • α–케토산의 환원적 아민화 반응으로 아미노산을 생성함 그림 6-9 　– α–케토글루타르산(α–ketoglutaric acid)이 NH₃와 결합하여 α–이미노글루타르산(α–iminoglutaric acid)을 생성함 　– 글루탐산(Glutamic acid) 합성효소의 촉매로 α–이미노글루타르산으로부터 글루탐산이 생성됨
아미드의 생성	• NH₃는 일부 아미노산과 결합하여 아미드(Amide)도 생성함 그림 6-10 　글루탐산의 아미드가 글루타민(Glutamine)이고, 아스파르산(Asparatic acid)의 아미드가 아스파라긴(Asparagine)임 • 아미드도 아미노산의 일종이며 뿌리의 백색체, 잎의 엽록체에서 생성됨 • 아미드기(–CO–NH₂)는 NH₃와 아미노산 꼬리 말단의 카르복실기(–COOH) 간의 탈수축합으로 형성됨 　– 아미드 생성에 글루타민 합성효소(Glutamine Synthetase ; GS)와 아스파라긴 합성효소(Asparagine Synthetase ; AS)가 관여함 　– GS의 작용에는 ATP와 Mg가 요구되며, AS는 GS에 비하여 활성이 낮음 • 아미드 함량은 식물의 종류와 생육 조건에 따라 다름 • 아미드는 NH₃의 독성에 의한 피해를 막아주고 질소의 저장고 역할을 하며 질소화합물의 전구물질로 이용됨 　– 노엽에서 단백질 분해로 생긴 글루타민은 어린잎, 뿌리, 꽃, 과실 등 필요한 부위로 이동하여 재사용됨 　– 콩과식물에서는 아스파라긴이 이 역할을 함 　– 글루타민은 다시 α–케토글루타르산과 반응하면 2분자의 글루탐산을 생성함
아미노기의 전이	• 한 아미노산에서 α–케토산으로의 아미노기(–NH₂) 전이반응(Transamination)이 일어날 수 있음 그림 6-11 　아미노기 전이효소(Amino transferase)가 촉매함 • 글루탐산의 아미노기는 여러 α–케토산에 전이되어 다양한 아미노산을 생성함 　– 옥살아세트산에 아미노기가 전이되면 아스파르트산 　– 피루브산에 아미노기가 전이되면 알라닌 • 2종의 아미드를 포함하여 식물의 단백질을 구성하는 아미노산은 21종임 　사람이 반드시 섭취해야 하는 필수아미노산은 9종임

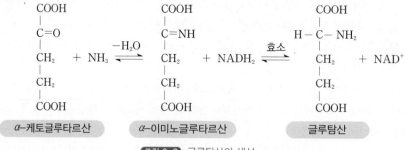

그림 6-9 글루탐산의 생성

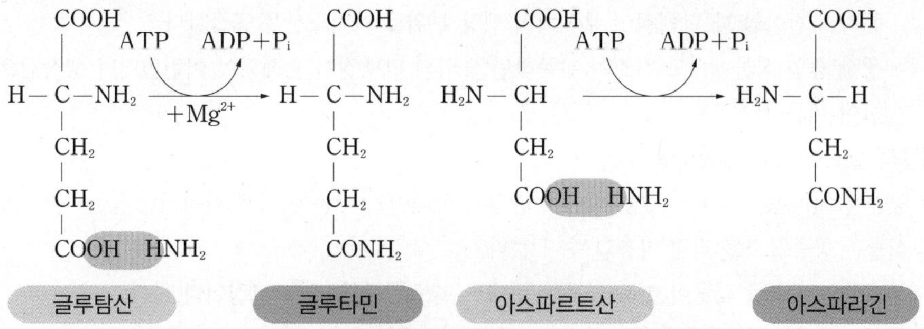

$$\underset{\text{글루탐산}}{\begin{array}{c} COOH \\ | \\ H-C-NH_2 \\ | \\ CH_2 \\ | \\ CH_2 \\ | \\ COOH \quad HNH_2 \end{array}} \xrightarrow[+Mg^{2+}]{ATP \quad ADP+P_i} \underset{\text{글루타민}}{\begin{array}{c} COOH \\ | \\ H-C-NH_2 \\ | \\ CH_2 \\ | \\ CH_2 \\ | \\ CONH_2 \end{array}} \qquad \underset{\text{아스파르트산}}{\begin{array}{c} COOH \\ | \\ H_2N-CH \\ | \\ CH_2 \\ | \\ COOH \quad HNH_2 \end{array}} \xrightarrow{ATP \quad ADP+P_i} \underset{\text{아스파라긴}}{\begin{array}{c} COOH \\ | \\ H_2N-C-H \\ | \\ CH_2 \\ | \\ CONH_2 \end{array}}$$

그림 6-10 아미드의 생성

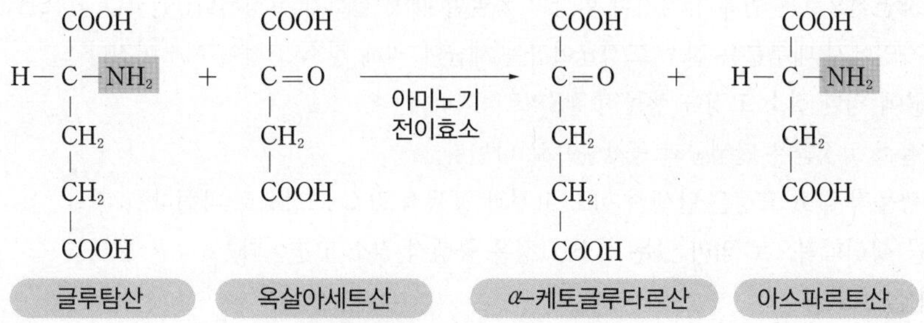

$$\underset{\text{글루탐산}}{\begin{array}{c} COOH \\ | \\ H-C-NH_2 \\ | \\ CH_2 \\ | \\ CH_2 \\ | \\ COOH \end{array}} + \underset{\text{옥살아세트산}}{\begin{array}{c} COOH \\ | \\ C=O \\ | \\ CH_2 \\ | \\ COOH \end{array}} \xrightarrow[\text{전이효소}]{\text{아미노기}} \underset{\alpha\text{-케토글루타르산}}{\begin{array}{c} COOH \\ | \\ C=O \\ | \\ CH_2 \\ | \\ CH_2 \\ | \\ COOH \end{array}} + \underset{\text{아스파르트산}}{\begin{array}{c} COOH \\ | \\ H-C-NH_2 \\ | \\ CH_2 \\ | \\ COOH \end{array}}$$

그림 6-11 아미노기 전이반응

④ 단백질의 합성과 분해

　㉠ 아미노산이 펩티드 결합(Peptide bond)으로 서로 연결되어 단백질을 합성한다.
　　• 한 아미노산의 아미노기($-NH_2$)와 다른 아미노산의 카르복실기($-COOH$) 간의 탈수축합으로 이루어진 결합을 펩티드 결합이라 한다.
　　• 펩티드 결합에 참여하는 아미노산의 수에 따라 디-, 트리-, 폴리펩티드라고 부른다.
　　• 단백질은 종류에 따라 300개에서 3,000개의 아미노산이 결합된다.
　㉡ 단백질은 폴리펩티드의 일종으로 리보솜에서 합성된다.
　　• 고도로 특이한 효소의 촉매로 세포질에 있는 아미노산이 활성화된다.
　　• 활성화된 아미노산이 특정 tRNA에 부착되어 리보솜으로 운반된다.
　　• 안티코돈을 가진 tRNA가 리보솜에 부착된 mRNA의 코돈에 상보적으로 결합한다.
　　• 리보솜에서 연속적인 펩티드 결합 반응이 일어나 폴리펩티드를 형성한다.
　㉢ 단백질의 입체 구조는 펩티드 결합과 아미노산의 종류별 배열 순서에 의해 결정된다.
　　• 단백질은 수소결합, 반데르발스 힘 등이 작용하여 나선형으로 꼬이고 중첩되면서 다양한 입체 구조를 갖게 된다.
　　• 단백질의 구조적 특징은 효소 단백질의 촉매 역할이나 무기이온의 선택적 흡수 등과 같은 다양한 기능과 관련되어 있다.
　㉣ 단백질은 끊임없이 합성과 분해가 행해지면서 적정한 수준으로 함량을 유지한다.
　　• 단백질의 분해는 가수분해효소의 작용으로 이루어지며 아미노산으로 유리된다.

- 종자가 발아할 때 단백질이 분해되어 생장 부위로 아미노산을 공급한다.
- 생장 중인 식물에서도 질소가 부족하면 노엽의 단백질이 분해되어 어린잎이나 생장점으로 아미노산이 이동한다.

⑤ 생물적 질소 고정(Nitrogen fixation)

ㄱ 공중질소(N_2)는 원자 간 결합이 매우 안정된 상태이기 때문에 쉽게 환원되지 않는다.

ㄴ 식물은 공중질소를 직접 이용할 수가 없다.

ㄷ 분자상의 질소를 식물이 이용 가능한 형태로 만드는 것을 질소 고정이라 한다.

ㄹ 질소 고정은 자연 상태에서도 일어나지만 인위적으로 할 수도 있다.
- 질소질 비료는 공장에서 인위적으로 공중질소를 고정한 것이다($N_2 + 2H_2 \rightarrow 2NH_3$).
- 자연적으로는 번개가 치거나 화산이 폭발할 때에 질소가 고정된다($N_2 + O_x \rightarrow 2NO_x$).
- 자연에서 대부분은 질소 고정균이라는 세균에 의해 질소 고정이 이루어진다.

ㅁ 세균에 의한 질소 고정을 생물적 질소 고정이라 한다.
- 질소 고정균은 단생균과 공생균으로 나뉜다.
- 생물적 질소 고정은 단생적 질소 고정과 공생적 질소 고정으로 나뉜다.

ㅂ 식물 생리학적으로 의미 있는 질소 고정은 공생적 질소 고정이다.

⑥ 공생적 질소 고정

ㄱ 공생균이 식물의 뿌리에 침입하여 근류를 형성하기 때문에 공생균을 근류균(뿌리혹 박테리아)이라 부르기도 한다(근류를 형성하지 않는 것도 있음).

ㄴ 콩이나 알팔파와 같은 콩과식물은 주로 리조비움(*Rhizobium*)속 세균들이 공생하면서 근류를 형성한다.

ㄷ 근류 안에서 공생 관계를 형성하면 균체가 커지고 피막을 형성하여 운동성이 없는 박테로이드로 변형되어 질소 고정 능력을 발휘하게 된다.
- 뿌리혹 세포의 세포질에는 수천 개의 박테로이드가 들어있다.
- 여러 개의 박테로이드가 모여 피막으로 둘러싸여 마치 세포 소기관처럼 보이는 심비오솜(Symbiosome)을 형성하기도 한다.

ㄹ 질소 고정은 박테로이드에서 직접 일어나는데 균체의 중심에 질소 고정효소(Nitrogenase)가 있다 (그림 6-12).
- 질소 고정효소는 철-몰리브덴 단백질과 철단백질의 두 가지 단위로 구성되어 있다.
- 철-몰리브덴 단백질은 분자량이 18만이며 Fe과 Mo의 비율이 9:1로 함유되어 있다.
- 철단백질은 분자량이 5만 1,000이며 철이 함유되어 있다.
- 질소 고정효소의 작용으로 공중질소(N_2)가 디이미드(N_2H_2), 히드라진(N_2H_4)를 거쳐 NH_3로 환원된다.
- 질소 고정 과정에서 필요한 전자와 ATP는 박테로이드의 호흡 작용으로 얻는다.
- 호흡 작용에 필요한 산소는 적색을 띤 레그(근류)헤모글로빈(Leghemoglobin)이 공급한다.
- 레그(근류)헤모글로빈은 분자량이 15만~17만 정도인 헤모글로빈으로 뿌리혹 세포에서 형성되어 세포질이나 박테로이드와 그들을 감싸는 피막 사이에 분포하면서 산소를 전달한다.

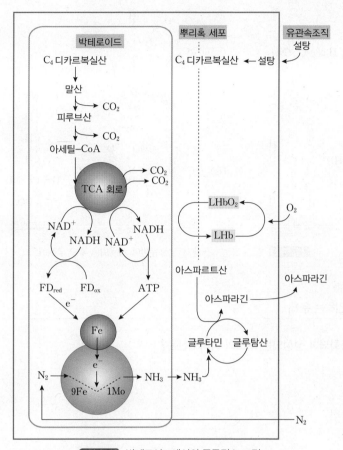

그림 6-12 박테로이드에서의 공중질소 고정

ⓜ 박테로이드에서 NH_3로 고정된 질소는 뿌리혹 세포의 세포질로 이동하여 글루탐산, 글루타민, 아스파라긴, 우레이드 등을 합성한다.
  • 우레이드는 요소의 유도체로 보이며, 요산으로부터 형성되며 모두 N–C–N의 요소 골격을 갖고 있다.
  • 식물은 우레이드를 요소로 분해하고, 이 요소를 다시 우레아제로 가수분해해야만 질소를 이용할 수 있다.
ⓗ 질소 고정 식물에서 동화된 질소는 식물의 종류에 따라 아미드, 또는 우레이드 형태로 물관을 통하여 줄기나 잎으로 운반된다(**그림 6-13**).

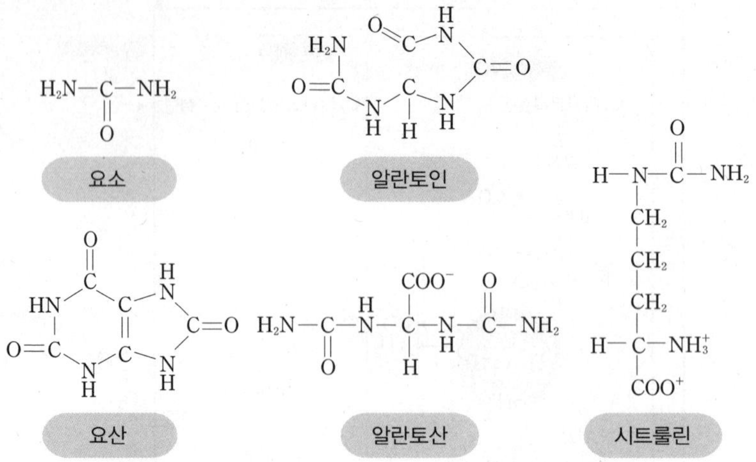

그림 6-13 질소 고정 식물에서 질소 운반에 사용되는 주요 우레이드

Level UP 이론을 확인하는 문제

암모니아가 동화되어 생성되는 최초의 아미노산은?

① 글루탐산

② 글루타민

③ 옥살아세트산

④ 피루브산

해설 암모니아가 α-케토산의 하나인 α-케토글루타르산과 결합하여 α-이미노글루타르산을 거쳐 글루탐산이라는 아미노산을 생성한다. 단백질을 형성하는 가장 흔한 아미노산이 글루탐산이다.

정답 ①

(2) 황과 기타 무기이온의 동화

- 무기이온의 동화에는 Mg^{2+}와 엽록소, Ca^{2+}와 세포벽의 펙틴산, Mo^{2+}와 질소 고정효소 등에서처럼 유기화합물과 복합체를 형성하는 과정이 포함된다.
- 해당 무기이온이 제거되면 복합체는 기능을 완전히 잃게 된다.

① 황의 동화

　㉠ 황은 황산염(SO_4^{2-})의 형태로 흡수되어 시스테인과 같은 아미노산으로 동화되어 간다.

황의 공급	• 황산염은 토양의 모암으로부터 유래함 • 대기의 이산화황(SO_2)과 황화수소(H_2S)가 빗물로 토양에 공급되기도 함 • 저농도의 이산화황은 기공을 통해 흡수되어 이용되기도 함
황의 이동	• 황산염이 세포막에 분포하는 수소이온–황산염 공동 수송체에 의해 수송됨 • 이동 후 과량의 황산염은 액포에 저장됨
황의 동화	• 황산염의 동화는 뿌리세포의 색소체와 엽육세포의 엽록체에서 이루어짐 • 보통 잎에서 동화가 더 활발함 • 동물은 황산염을 동화하지 못해 식물에 의존함 • 동화 과정을 거쳐 철–황 복합체(전자 전달 물질), 조효소 A, 아미노산(시스테인, 메티오닌, 글루타치온), 2차 산물(알린, 글루코시눌레이트), 황지질(틸라코이드막) 등을 형성함

　㉡ 황산염은 매우 안정된 물질이기 때문에 동화 반응이 일어나려면 활성화되어야 한다.

　　• 황산염의 활성화는 ATP sulfurylase의 촉매로 이루어진다.

　　• 황산염이 ATP와 반응하여 활성형 황산염인 APS(Adenosine–5'–phosphosulfate 혹은 AMP–sulfate)로 전환된다($SO_4^{2-} + ATP \rightarrow APS + PP_i$)

　㉢ APS는 환원효소의 촉매로 글루타치온(GSH)으로부터 2개의 전자를 받아 AMP와 아황산염(SO_3^{2-})을 생성한다{$APS + 2GSH \rightarrow AMP + SO_3^{2-} + 2H^+ + GSSG$(산화형 GSH)}.

　㉣ 아황산염은 환원효소의 촉매로 페레독신으로부터 6개의 전자를 받아 황화물인 설피드(Sulfide, S^{2-})를 생성한다($SO_3^{2-} + 6Fd_{red} \rightarrow S^{2-} + 6Fd_{ox}$).

　　환원형 페레독신은 전자 공여체로 광합성에서 생성되어 공급된다.

　㉤ 설피드는 O–아세틸세린과 반응하여 시스테인과 초산을 만든다(O–아세틸세린 $+ S^{2-} \rightarrow$ 시스테인 $+$ 아세트산).

　　• O–아세틸세린은 세린의 활성형으로 세린과 아세틸–CoA가 반응하여 만들어진 것이다.

　　• O–아세틸세린은 전자 공여체로 광호흡에서 생성되어 공급된다.

　㉥ 잎에서 동화된 시스테인은 체관을 통하여 단백질 합성 장소로 이동한다.

　　시스테인은 주로 글루타치온(트리펩티드, Glu-Cys-Gly)의 형태로 이동된다.

　㉦ 한편 APS키나아제는 APS와 ATP의 반응을 촉매하여 PAPS(3'–phosphoadenosine –5'–phosphosulphate)를 형성한다.

　　황산기 전달효소는 PAPS의 황산기를 각종 황 함유 유기화합물에 전달한다.

② 기타 무기이온의 동화

인산의 동화		• HPO_4^{2-} 형태로 흡수되고 양이온–인산 공동 운반체를 통해 세포 내로 흡수됨 • 흡수된 인산은 엽록체에서 광인산화, 미토콘드리아에서 산화적 인산화, 세포질에서 기질 수준의 인산화로 ATP를 합성함 • ATP에 편입된 인산기는 여러 가지 반응 경로를 거쳐 당인산, 인지질, 핵산과 같은 다양한 인산 유기화합물을 형성함
양이온 동화		• 흡수한 양이온들은 비공유 결합으로 유기화합물과 복합체를 형성함 • 양이온과 탄소화합물 사이에 형성되는 비공유 결합에는 배위 결합(Coordination bond)과 정전기적 결합(Electrostatic bond)이 있음 〔그림 6-14〕
	배위 결합	탄소화합물의 일부 산소나 질소가 비공유 전자를 제공하여 양이온과 결합하는 것으로, 양이온의 양전하가 중화됨 예 엽록소(–마그네슘), 시토크롬(–철), 구리–주석산 복합체
	정전기적 결합	• 양으로 하전된 양이온과 탄소화합물의 카르복실이온(–COO⁻)처럼 음으로 하전된 작용기 사이의 인력에 의해 생성됨 • 배위 결합과는 다르게 정전기적 결합의 양이온은 양전하를 유지함 예 말산–칼륨 복합체, 펙틴산 칼슘 • 칼륨이온은 대부분 세포질과 액포에서 유리 이온으로 존재하지만 유기산의 카르복실기와 정전기적 결합으로 유기산 칼륨 복합체를 형성함

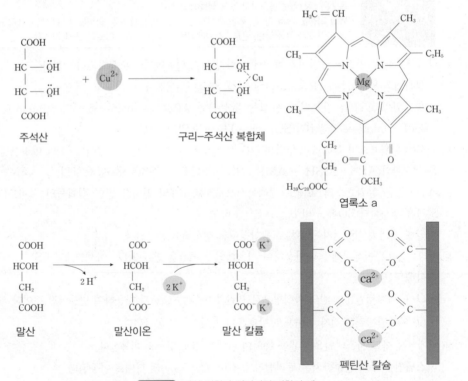

그림 6-14 배위 결합과 정전기적 결합의 예

황의 동화산물에 해당하는 것을 모두 고른 것은?

ㄱ. 조효소 A	ㄴ. 시스테인
ㄷ. 메티오닌	ㄹ. 알 린

① ㄱ, ㄴ, ㄷ 　　　　　　　　② ㄱ, ㄷ, ㄹ
③ ㄴ, ㄷ, ㄹ 　　　　　　　　④ ㄱ, ㄴ, ㄷ, ㄹ

해설　황은 생명체의 필수 성분으로 철-황복합체(전자 전달 물질), 조효소 A, 아미노산(시스테인, 메티오닌, 글루타치온), 2차 산물(알린, 글루코시놀레이트), 황지질(틸라코이드막) 등에 들어 있다.

정답　④

01

점토에 관한 설명으로 옳지 않은 것은?

① 유기화합물로 구성된 유기 토양 입자이다.
② 콜로이드 입자의 비중이 커 콜로이드적 성질을 가진다.
③ 표면은 대부분 음전하를 띤다.
④ 토양의 보수력과 보비력을 높여준다.

해설 점토는 무기 토양 입자로 격자형 광물이다. 구성 원소인 Si^{4+}, Al^{3+}와 같은 다가 이온이 Ca^{2+}, Mg^{2+}와 같은 저가 이온으로 형태상의 변화 없이 동형으로 치환되어 음전하를 띤다. 부식토는 유기 토양 입자로 유기화합물의 카르복실기(COO^-), 수산기(OH^-) 등이 이온화되어 음전하를 띤다.

02

부식토에 관한 설명으로 옳지 않은 것은?

① 격자형 광물 입자이다.
② 대부분 음전하를 띤다.
③ 콜로이드적 성질을 가진다.
④ 보수력과 보비력을 높인다.

해설 부식토는 유기 토양 입자이다.

03

이액순위가 가장 큰 양이온은?

① Al^{3+}
② Ca^{2+}
③ NH_4^+
④ Na^+

해설 토양 입자에 흡착된 하나의 양이온은 다른 이온으로 치환이 가능한데 토양 입자에 대한 양이온의 흡착력 또는 치환 침입력의 크기 순서를 이액순위라 한다. 주요 양이온의 대체적인 이액순위는 $Al^{3+} > H^+ > Ca^{2+} > Mg^{2+} > K^+ = NH_4^+ > Na^+$이다.

04

음전하를 띠는 토양 입자에 대한 양이온의 이액순위를 옳게 나열한 것은?

① $Al^{3+} > Mg^{2+} > Na^+ > H^+$
② $Al^{3+} > Mg^{2+} > H^+ > Na^+$
③ $Al^{3+} > H^+ > Mg^{2+} > Na^+$
④ $H^+ > Al^{3+} > Mg^{2+} > Na^+$

해설 음전하를 띠는 토양 입자에 대한 양이온의 흡착력 또는 치환 침입력의 크기 순서를 이액순위라 한다. Al^{3+}, H^+, Mg^{2+}, Mg^{2+}, K^+, Na^+ 순으로 침입력이 크다.

05

토양 비옥도에 관한 설명으로 옳은 것을 모두 고른 것은?

> ㄱ. 보수력과 보비력을 결정하는 중요한 요소이다.
> ㄴ. 양이온 치환 용량이 크면 잠재적 토양 비옥도가 크다.
> ㄷ. 치환성 염기의 비율이 증가하면 토양 비옥도가 증가한다.
> ㄹ. 치환성 염기에 칼륨, 칼슘, 마그네슘과 함께 수소이온이 포함된다.

① ㄱ, ㄴ, ㄷ
② ㄱ, ㄴ, ㄹ
③ ㄴ, ㄹ, ㄷ
④ ㄱ, ㄴ, ㄷ, ㄹ

해설 양이온 치환 용량이 크면 잠재적 토양 비옥도가 크다고 할 수 있지만 양이온으로 수소 이온이 차지하는 비중이 높아지면 비옥한 토양이라고 볼 수 없다. 치환성 염기 비율이 높아야 토양 비옥도가 증가하는데 치환성 염기로는 칼륨, 칼슘, 마그네슘, 나트륨 등이 있다.

06

다음 무기이온 중에서 토양 입자에서 가장 쉽게 떨어져 나올 수 있는 것은?

① Al^{3+}
② H^+
③ K^+
④ Na^+

해설 토양 입자에 대한 흡착력이 약한, 즉 이액순위가 낮은 원소일수록 쉽게 분리되어 떨어져 나올 수 있다.

07

염기포화도에 관한 설명으로 옳은 것은?

① 토양의 수소이온 총량에 대한 치환성 염기의 총량 비율을 말한다.
② 치환성 염기 대신 수소이온이 많을수록 토양 비옥도는 높아진다.
③ 치환성 염기는 Ca^{2+}, Mg^{2+}, K^+, Na^+를 말한다.
④ 염기포화도가 높을수록 토양 pH가 내려간다.

해설 토양의 양이온 총량에 대한 치환성 염기의 총량 비율을 염기포화도라 한다. 치환성 염기는 알칼리 및 알칼리토 금속인 Ca^{2+}, Mg^{2+}, K^+, Na^+를 말한다. 염기포화도가 높을수록 토양은 염기성화되어 pH가 올라가고 비옥도가 높아진다.

08

양전하를 띠는 토양 입자에 대한 음이온의 이액순위를 옳게 나열한 것은?

① $SiO_4^{4-} > PO_4^{3-} > SO_4^{2-} > NO_3^-$
② $PO_4^{3-} > SiO_4^{4-} > SO_4^{2-} > NO_3^-$
③ $PO_4^{3-} > SiO_4^{4-} > NO_3^- > SO_4^{2-}$
④ $SiO_4^{4-} > PO_4^{3-} > NO_3^- > SO_4^{2-}$

해설 양전하를 띠는 토양 입자에 대한 음이온의 흡착력 또는 치환 침입력의 크기는 SiO_4^{4-}, PO_4^{3-}, SO_4^{2-}, NO_3^- 순이다.

안심Touch

09

알루미늄, 철과 반응하여 염을 만들어 침전되기 때문에 이동성과 이용성이 떨어지는 음이온은?

① 질산이온(NO_3^-)
② 염소이온(Cl^-)
③ 인산이온($H_2PO_4^-$)
④ 황산이온(SO_4^{2-})

해설 인산이온은 알루미늄, 철과 반응하여 $AlPO_4$, $FePO_4$와 같은 염을 만들어 침전되기 때문에 이동성과 이용성이 크게 떨어진다.

10

대부분이 유실되어 강과 호수로 흘러들어가 부영양화(富營養化)를 촉진하는 음이온은?

① 질산이온(NO_3^-)
② 염소이온(Cl^-)
③ 규산이온(SiO_4^{4-})
④ 황산이온(SO_4^{2-})

해설 질산이온은 식물에 가장 흔히 요구되는 음이온 가운데 하나로 물에 쉽게 씻겨 내려가는데, 특히 경작지에 사용된 질산이온은 일부만 흡수되고 대부분이 유실되어 강과 호수에서 부영양화를 촉진한다.

11

pH 7 이상의 토양에서 불용화되어 결핍되기 쉬운 원소는?

① 망 간   ② 칼 륨
③ 마그네슘   ④ 몰리브덴

해설 토양 pH에 따라 무기양분의 가용성이 달라지는데 pH가 7.0 이상이면 철과 망간 등이 불용화되어 식물에 대한 유효성을 잃게 된다.

12

토양 산성화의 원인에 해당하는 것을 모두 고른 것은?

> ㉠ 산성을 띠는 빗물의 유입
> ㉡ 칼슘, 마그네슘 등 치환성 양이온의 용탈
> ㉢ 토양 유기물의 분해로 생성되는 암모니아, 황화수소
> ㉣ 뿌리 호흡에 의해 발생하는 이산화탄소

① ㉠, ㉡, ㉢   ② ㉠, ㉡, ㉣
③ ㉡, ㉢, ㉣   ④ ㉠, ㉡, ㉢, ㉣

해설 강우가 많은 지역은 산성인 빗물과 알칼리성 양분의 용탈로 인하여 토양이 산성화된다. 토양 미생물에 의해 유기물이 분해될 때 생성되는 NH_3, H_2S가 토양을 산성화시킨다. 뿌리에서 발생하는 CO_2가 토양을 산성화시킨다. 또한 산성 비료도 토양을 산성화시킨다.

13

바깥쪽으로 무기이온의 역확산을 막아 물관부가 토양 용액보다 더 높은 이온 농도를 유지할 수 있게 하는 뿌리 조직은?

① 2차 세포벽
② 카스파리대
③ 큐티클층
④ 코르크층

해설 내피의 카스파리대는 뿌리 바깥쪽으로 이온이 역확산되는 것을 막아 물관부가 토양 용액보다 더 높은 이온 농도를 유지할 수 있게 해준다.

14

내피의 카스파리대를 구성하는 성분은?

① 수베린   ② 펙 틴
③ 리그닌   ④ 칼로오스

> **해설** 카스파리대는 내피 조직의 세포벽에 지방산과 알코올의 복잡한 혼합물인 수베린이 부분적으로 퇴적 비후하여 형성된 환상의 띠로 수분 장벽을 형성한다.

15

이중층의 인지질만으로 구성된 인공막을 직접 투과할 수 없는 것은?

① 물   ② 산 소
③ 이산화탄소   ④ 양성자

> **해설** 인지질 이중층은 분자량이 큰 물질이나 극성을 띠는 무기이온은 투과시키지 않고 크기가 작고 이온화되지 않은 산소, 이산화탄소, 물 등은 자유롭게 투과시킨다.

16

세포막의 투과성에 관한 설명으로 옳지 않은 것은?

① 크기가 작지만 양성자는 인지질 막을 투과할 수 없다.
② 가용성 당과 아미노산은 인지질 막을 쉽게 투과할 수 있다.
③ 물은 세포막을 단순 확산이나 집단류 형태로 투과할 수 있다.
④ 단백질이 있어 세포막은 무기이온에 대해 선택적 투과성은 갖는다.

> **해설** 이온 상태이거나 극성을 띠는 친수성 화합물은 인지질 이중막을 투과할 수 없다. 반면에 비극성 화합물은 막에 잘 녹아들기 때문에 세포막을 투과할 수 있다.

17

세포막은 무기이온을 선택적으로 투과시킬 수 있다. 이에 직접적으로 관여하는 것은?

① 인지질
② 단백질
③ 스테롤
④ 황지질

> **해설** 세포막은 인지질 이중층에 수송관, 운반체, 펌프 등의 역할을 하는 단백질이 군데군데 박혀 있어 무기이온들을 선택적으로 투과시킬 수 있다.

18

( )에 들어갈 내용을 옳게 나열한 것은?

> 인지질 이중층의 세포막은 반투성막으로 (ㄱ)은/는 자유롭게 투과시키지만 (ㄴ)은/는 선택적으로 투과시킨다.

① ㄱ : 물, ㄴ : 이산화탄소
② ㄱ : 이산화탄소, ㄴ : 산소
③ ㄱ : 산소, ㄴ : 무기이온
④ ㄱ : 무기이온, ㄴ : 물

> **해설** 세포막은 산소, 이산화탄소, 물 등은 자유롭게 투과시키지만 이온화된 무기양분은 선택적으로 투과시킨다.

19

( )에 들어갈 내용을 옳게 나열한 것은?

> 세포막을 통한 무기양분의 선택적 막투과 수송은 크게 (ㄱ)수송과 (ㄴ)수송으로 나뉜다. (ㄱ) 수송은 무기양분이 세포막을 사이에 두고 전기 화학적 퍼텐셜이 높은 쪽에서 낮은 쪽으로 이동하는 (ㄷ)에 의한 수송을 말한다. (ㄴ)수송은 막의 이온 펌프가 작동하여 (ㄹ)를 소모하면서 막 내외 농도 기울기에 역행하여 일어나는 수송을 말한다.

① ㄱ : 수동, ㄴ : 능동, ㄷ : 삼투, ㄹ : ATP
② ㄱ : 수동, ㄴ : 능동, ㄷ : 확산, ㄹ : ATP
③ ㄱ : 능동, ㄴ : 수동, ㄷ : 삼투, ㄹ : NADPH
④ ㄱ : 능동, ㄴ : 수동, ㄷ : 확산, ㄹ : NADPH

해설 수동수송은 확산에 의해, 능동수송은 ATP를 소모하며 일어난다.

20

세포막을 통한 무기이온의 2차 능동수송의 구동력은?

① 삼투압 기울기
② 수분퍼텐셜 기울기
③ 무기이온의 농도 기울기
④ 양성자의 농도 기울기

해설 2차 능동수송은 1차 양성자 펌프에 의해 생긴 전기 화학적 양성자 기울기에 의해 여러 가지 이온들이 농도 기울기에 역행하여 수송되는 것을 말한다.

21

다음 무기이온 중에서 식물 뿌리가 토양으로부터 흡수할 때 더 빠르게, 더 많이 흡수하는 것은?

① K^+
② Ca^{2+}
③ Mg^{2+}
④ $SO_4{}^{2-}$

해설 무기이온은 일반적으로 원자가가 작을수록 더 빠르게, 더 많이 흡수된다. 1가 이온(K^+, Cl^-, $NO_3{}^-$ 등)이 2가 이온(Ca^{2+}, Mg^{2+}, $SO_4{}^{2-}$ 등)보다 더 빨리 흡수된다. 산성비료로 분류되는 황산암모늄[$(NH_4)_2SO_4$]은 $NH_4{}^+$가 $SO_4{}^{2-}$보다 빨리 흡수되어 토양을 산성화시킨다.

22

노폐물이 세포막의 변형으로 생긴 작은 운반 주머니에 의해 세포 밖으로 내보내지는 수송 방식은?

① 수동수송
② 능동수송
③ 내포수송
④ 외포수송

해설 ① 수동수송 : 무기양분이 세포막을 사이에 두고 전기화학적 퍼텐셜이 높은 쪽에서 낮은 쪽으로 이동하는 확산에 의해 수송
② 능동수송 : 막의 이온 펌프가 작동하여 ATP를 소모하면서 막 내외 농도 기울기에 역행하여 일어나는 수송
③ 내포수송 : 세포막의 변형으로 생긴 작은 운반 주머니에 의해 큰 입자나 박테리아를 세포막 안으로 들여보내지는 수송

23

뿌리에서의 무기이온의 이동에 관한 설명으로 옳은 것만을 고른 것은?

> ㄱ. 뿌리 바깥쪽에서 물과 함께 중심주 물관으로 이동한다.
> ㄴ. 최소 한번은 세포막을 통과해야 물관에 이를 수 있다.
> ㄷ. 내피의 카스파리대는 물관에서 뿌리 바깥쪽으로의 역확산을 차단한다.
> ㄹ. 물관부 적재의 기작은 단순 확산이다.

① ㄱ
② ㄱ, ㄴ
③ ㄱ, ㄴ, ㄷ
④ ㄱ, ㄴ, ㄷ, ㄹ

해설 무기양분은 뿌리의 표면에서 흡수되어 심플라스트와 아포플라스트의 이동 경로를 따라 중심부로 수송되는데, 내피에 무기이온의 출입을 차단하는 카스파리대가 존재하기 때문에 최소 한번은 세포막을 투과해야 한다. 물관부는 죽은 세포이기 때문에 적재 기작은 단순 확산이다.

24

줄기에서 무기양분의 이동에 관한 설명으로 옳지 않은 것은?

① 수분과 함께 증산류에 의해 위로 이동한다.
② 엽면시비로 흡수된 무기양분은 체관을 통해 아래로 이동한다.
③ 환상박피로 체관부를 제거하면 무기양분이 상승하지 않는다.
④ 무기이온은 체관부와 물관부 사이의 횡방향 이동이 이루어진다.

해설 무기양분은 수분과 함께 물관부를 통해 상승하므로 체관부가 제거되어도 상승 이동할 수 있다.

25

토양으로부터 식물의 뿌리가 흡수할 수 있는 가장 일반적인 질소의 형태는?

① N
② N_2
③ NO_2^-
④ NO_3^-

해설 식물 뿌리는 토양으로부터 질산염(질산태질소, 질산이온, NO_3^-)과 암모늄염(암모늄태질소, 암모늄이온, NH_4^+)의 두 가지 형태로 질소를 흡수한다. 일반적으로 식물은 NO_3^-를 더 많이 더 잘 흡수한다.

26

질소의 동화 과정 중에서 시토졸에서 일어나는 질산태질소(NO_3^-)의 제1단계의 환원 과정으로 생성되는 물질은?

① 암모니아
② 아질산이온
③ 글루탐산
④ 글루타민

해설 동화 과정에서 질산이온은 세포의 시토졸에서 1단계로 아질산이온으로 환원되고, 색소체로 이동하여 2단계로 암모니아로 환원된다.

27

질산태질소의 동화에 관한 설명이다. (   )에 들어갈 낱말을 순서대로 나열한 것은?

> 잎으로 이동한 NO_3^-은 세포의 (   )에서 NO_2^-로 환원되고, NO_2^-는 (   )로 이동하여 NH_3로 환원된다.

① 시토졸, 엽록체
② 시토졸, 소포체
③ 액포, 엽록체
④ 액포, 소포체

해설 질산이온은 세포의 시토졸에서 1단계로 아질산 이온으로 환원되고 색소체로 이동하여 2단계로 암모니아로 환원된다. 잎에서는 엽록체에서 2단계 환원이 일어난다.

28

질산 환원효소에 관한 설명으로 옳지 않은 것은?

① FAD와 Mo를 함유하는 금속플라빈(Flavin) 단백질 복합체이다.
② 수소 공여체로 NADH나 NADPH를 이용한다.
③ 암모니아(NH_3)를 질산이온(NO_3^-)으로 환원시킨다.
④ 시토졸에서 질산이온의 환원을 촉매한다.

> **해설** 질산 환원효소는 NO_3^-를 NO_2^-로 환원시키는 FAD와 Mo를 함유하는 금속플라빈(Flavin)이라는 단백질 복합체로 NADH나 NADPH를 수소 공여체로 이용한다.

29

질산 환원효소(Nitrate reductase)에 관한 설명으로 옳은 것만을 모두 고른 것은?

> ㄱ. 아질산태질소를 질산태질소로 환원시킨다.
> ㄴ. 금속플라빈 단백질이다.
> ㄷ. 몰리브덴(Mo)를 함유한다.
> ㄹ. NADH를 수소 공여체로 이용한다.

① ㄱ, ㄴ, ㄷ
② ㄱ, ㄷ, ㄹ
③ ㄴ, ㄷ, ㄹ
④ ㄱ, ㄴ, ㄷ, ㄹ

> **해설** 질산 환원효소는 질산태질소를 아질산태질소로 환원시킨다. 이효소는 FAD와 Mo를 함유하는 금속플라빈이라는 단백질이며 NADH 또는 NADPH를 수소 공여체로 이용한다.

30

암모니아와 아미노산의 결합으로 생성되는 아미드(Amide)끼리 짝지은 것은?

① 알라닌과 글루타민
② 글루타민과 아스파라긴
③ 아스파라긴과 세린
④ 세린과 알라닌

> **해설** 암모니아는 일부 아미노산과 결합하여 아미드를 생성한다. 아미드도 아미노산의 일종이며 글루탐산의 아미드가 글루타민이고, 아스파르트산의 아미드가 아스파라긴이다.

31

아질산 환원효소(Nitrite reuctase)의 활성화에 필요한 성분이 아닌 것은?

① ATP
② Cu
③ Fe
④ Mn

> **해설** 아질산 환원효소는 시토졸에서 아질산을 암모니아로 환원시킨다. 이 효소는 일종의 금속플라빈 단백질로 ATP, 구리, 철 등이 활성화에 필요하다.

32

( )에 들어갈 내용을 옳게 나열한 것은?

> 아미노기(-NH₂) 전이반응에 의해 글루탐산의 아미노기가 옥살아세트산에 전이되면 (ㄱ)이 생성되고, 피루브산에 전이되면 (ㄴ)이 생성된다.

① ㄱ : 알라닌, ㄴ : 프롤린
② ㄱ : 프롤린, ㄴ : 라이신
③ ㄱ : 라이신, ㄴ : 아스파르트산
④ ㄱ : 아스파르트산, ㄴ : 알라닌

해설 아미노기 전이효소(Amino transferase)에 의해 글루탐산의 아미노기가 여러 α-케토산에 전이되어 다양한 아미노산을 생성하는데 아미노기가 옥살아세트산에 전이되면 아스파르트산이, 피루브산에 전이되면 알라닌이 생성된다.

33

단백질 합성에 관한 설명으로 옳지 않은 것은?

① 단백질은 폴리펩티드의 일종이다.
② 단백질은 리보솜에서 합성된다.
③ 단백질의 기본 구성 단위는 아미노산이다.
④ 아미노기(-NH₂)와 히드록실기(-OH)의 탈수 축합으로 합성된다.

해설 아미노산이 펩티드 결합으로 서로 연결되어 단백질을 합성한다. 펩티드 결합은 아미노산의 아미노기(-NH₂)와 카르복실기(-COOH)의 탈수 축합으로 이루어진다.

34

질소 고정효소에 관한 설명으로 옳은 것은?

① 색소체에 존재하며 질소를 고정한다.
② 공중 질소를 질산으로 환원시킨다.
③ 구성 단백질로 철-몰리브덴 단백질이 있다.
④ 뿌리 세포의 호흡으로 얻는 ATP에 의해 활성화된다.

해설 질소 고정은 균류 안에 형성된 박테로이드에서 일어나는데 균체의 중심에 질소 고정효소가 있고 이 효소의 작용으로 공중 질소가 암모니아로 환원된다. 질소 고정효소는 철-몰리브덴 단백질과 철 단백질 두 가지 단위로 구성되어 있으며 효소 활성에 필요한 ATP는 박테로이드의 호흡 작용으로 얻는다.

35

글루탐산의 아미노기가 피루브산으로 전이되면 생성되는 아미노산은?

① 글리신　　　　　② 알라닌
③ 티로신　　　　　④ 프롤린

해설 글루탐산의 아미노기가 피루브산에 전이되면 알라닌이라는 아미노산이 만들어진다.

36

콩과식물의 뿌리에 공생하며 뿌리혹을 형성하는 근류균의 주된 역할은?

① 공중질소 고정　　② 단백질의 분해
③ 생장 호르몬 분비　④ 부정근 발생 유도

해설 콩이나 알팔파와 같은 콩과식물은 리조비움(Rhizobium)속 세균들이 공생하면서 뿌리혹을 형성하고 공중질소를 고정하여 식물에 공급해주는 역할을 한다.

37

질소 고정 식물인 콩과식물의 뿌리혹 세포에 존재하는 레그헤모글로빈의 역할은?

① 산도 조절   ② 질소 고정
③ 산소 수송   ④ 삼투 조절

해설 뿌리혹 세포에 공생하는 박테로이드의 호흡 작용에 필요한 산소는 적색을 띤 레그(근류)헤모글로빈 (Leghemoglobin)이 전달한다. 박테로이드와 그들을 감싸는 피막 사이에 분포하면서 산소를 전자 전달계에 전달한다.

38

콩과식물의 뿌리에 발달해 있는 뿌리혹이 붉은색으로 보이는 이유는?

① 산소를 전달하는 레그헤모글로빈 때문이다.
② 붉은 색소를 가지고 있는 적조류 때문이다.
③ 카로틴 색소가 다량 축적되었기 때문이다.
④ 안토시아닌 색소가 다량 축적되었기 때문이다.

해설 뿌리혹이 붉은색으로 보이는 것은 박테로이드의 호흡 작용에 필요한 산소를 공급하는 적색을 띤 레그(근류)헤모글로빈 때문이다.

39

엽육세포에서 황산염(SO_4^{2-})의 동화가 일어나는 장소는?

① 시토졸   ② 엽록체
③ 소포체   ④ 액포

해설 황산염 동화는 뿌리세포의 색소체와 엽육세포의 엽록체에서 이루어지는데 보통 잎에서 더 활발하게 동화가 일어난다.

40

양이온의 동화에 관한 설명이다. ( )에 들어갈 내용을 옳게 나열한 것은?

> 체내로 흡수된 양이온은 비공유 결합으로 유기화합물에 동화되는데 엽록소에서 마그네슘은 (ㄱ)으로 복합체를 형성하나, 펙틴산 칼슘에서 칼슘은 (ㄴ)으로 복합체를 형성한다.

① ㄱ : 공유결합, ㄴ : 이온결합
② ㄱ : 이온결합, ㄴ : 배위 결합
③ ㄱ : 배위 결합, ㄴ : 정전기적 결합
④ ㄱ : 정전기적 결합, ㄴ : 공유결합

해설 비공유 결합으로 배위 결합과 정전기적 결합이 있다. 배위 결합은 탄소화합물의 일부 산소나 질소가 비공유 전자를 제공하여 양이온과 결합하는 것으로 엽록소에서 마그네슘, 시토크롬에서 철, 구리-주석산 복합체의 결합이 예이다. 정전기적 결합은 양으로 하전된 양이온과 탄소화합물의 카르복실기 이온처럼 음으로 하전된 작용기 사이의 인력에 의해 생긴다. 말산-칼륨 복합체와 펙틴산 칼슘이 예이다.

PART 07

광합성

CHAPTER 01   명반응

CHAPTER 02   암반응

CHAPTER 03 C_4와 CAM 회로

CHAPTER 04   광합성에 영향을 미치는 요인

적중예상문제

● 학습목표 ●

1. 50여 단계를 거치는 광합성 과정을 크게 명반응과 암반응으로 나누어 학습한다.

2. 명반응은 광에너지 흡수, 물의 광분해, 전자전달과 광인산화 반응으로 세분하여 자세히 알아본다.

3. 암반응 과정인 캘빈회로를 CO_2 고정, PGA 환원, RuBP 재생의 3단계로 구분하여 학습한다.

4. 광호흡의 의미를 파악하고 이를 극복하기 위한 추가적인 특이 경로를 갖는 C_4, CAM 식물에 대해 학습한다.

5. 복합적인 상호 작용을 하는 광합성에 영향을 미치는 외적, 내적 요인에 대해 알아본다.

합격의 공식 **시대에듀**

잠깐!

명반응

PLUS ONE

- 빛이 있는 조건에서 엽록체의 틸라코이드막에서 일어난다.
- 광 에너지의 흡수 → 물의 광분해 → 전자전달 → 광인산화 반응으로 구분할 수 있다.
- 암반응에 필요한 에너지원인 ATP와 수소 공여체인 NADPH를 합성한다.
- 물의 광분해 과정에서 산소(O_2)가 발생한다.

(1) 광합성 색소

① 고등식물은 엽록체에 들어 있는 광합성 색소를 통해 광에너지를 흡수한다.

광합성 색소		분포 비율	종 류
엽록소(Chlorophyll)		65%	엽록소 a, 엽록소 b
카로티노이드 (Carotenoid)	카로틴(Carotene)	6%	β-카로틴, 라이코펜 등
	잔토필(Xanthophyll, 엽황소)	21%	비올라잔틴, 제아잔틴 등

② 엽록소(Chlorophyll)

㉠ 광 에너지를 흡수하는 가장 중요한 색소이다.

㉡ 나자식물이나 조류에서는 암상태에서도 효소 작용으로 합성된다.

㉢ 피자식물에서는 빛이 있는 조건에서만 합성된다.

- 글루탐산을 출발 물질로 하여 마그네슘이 삽입되고 빛이 있는 조건에서 생성된 클로로필리드와 피톨 측쇄가 결합되는 여러 단계를 거쳐 생합성된다.
- 백자(白子, Albino) : 유전적으로 엽록소가 형성되지 않는 개체를 말한다. 이들은 광 에너지를 흡수할 수 없기 때문에 발아 후 곧 죽는다.

㉣ 머리와 꼬리 부분으로 구분된다(그림 7-12).

머리 부분	• 포르피린 고리(Porphyrin ring) • 고리 가운데에 마그네슘이 들어간 킬레이트 구조임 • 마그네슘은 고리에 있는 2개 질소와 전자를 공유하고, 나머지 2개의 질소가 비공유 전자쌍을 공여하여 배위 결합을 함 • 탄소 원자 간에 이중과 단일 결합이 교대로 되어 있음 • 광 에너지를 받으면 쉽게 들뜬상태로 전이될 수 있음
꼬리 부분	• 피톨 측쇄(Phytol chain) • 탄화수소로 이루어져 있어 소수성을 나타냄

ⓜ 고등식물은 엽록소 a와 엽록소 b를 갖고 있다.

엽록소 a	엽록소 b
머리 부분에 메틸기(–CH₃)	머리 부분에 알데히드기(–CHO)

- 엽록소 a와 b는 광 흡수 스펙트럼에서 차이를 보임
- 엽록소 a와 b의 분포 비율은 식물에 따라 다른데, C_3 식물의 경우 대략 3 : 1 정도임

ⓑ 엽록소는 물에 잘 녹지 않으며 아세톤과 같은 유기용매에 잘 녹는다.

ⓢ 엽록소는 내재성 단백질이 결합된 엽록소–단백질 복합체(Chlorophyll–protein complex, CP복합체)의 형태로 틸라코이드막에 분포한다.

ⓞ 엽록소–단백질 복합체는 기하학적으로 정교하게 배열되어 있어 에너지와 전자 전달이 효율적으로 일어난다.

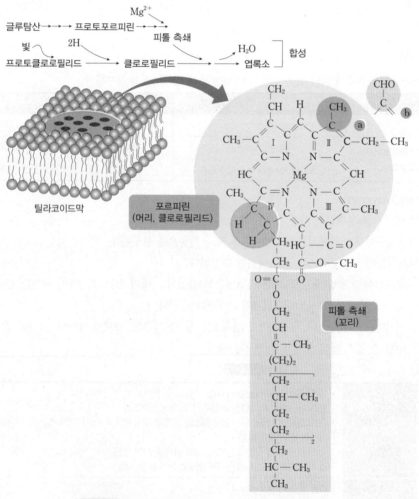

그림 7-1 엽록소의 생합성 과정과 엽록소 a와 b의 분자 구조

③ 광합성 관련 보조 색소

ㄱ 카로틴(Carotenes)과 잔토필(Xanthophylls)류의 카로티노이드계 색소이다.

ㄴ 엽록소의 광 에너지 흡수를 보조한다.

- 엽록소가 흡수하지 못하는 영역의 광 에너지를 흡수하여 반응중심으로 전달해 준다.
- 에너지 전달 효율은 30~40% 정도로 엽록소의 95~99% 보다 낮다.

ㄷ 과도한 에너지로부터 광합성 기구를 보호하는 역할을 한다(광보호, Photoprotection).

- 엽록소가 과도한 빛을 흡수하면 활성산소와 같은 유독 물질을 생산해 광합성 기구를 손상시킬 수 있다.
- 보조 색소가 과도한 에너지를 열로 발산시키면서 들뜬 엽록소를 진정시켜 활성산소의 생성을 억제하거나 생성된 활성산소를 바닥상태의 안정된 산소로 바꾸어준다.

ㄹ 잎에서는 엽록체의 틸라코이드막에 단백질 복합체로 분포하는데 엽록소에 가려서 색깔은 나타나지 않는다.

ㅁ 뿌리, 꽃, 열매 등에서는 적색이나 황색을 나타낸다.

Level UP 이론을 확인하는 문제

엽록소의 포르피린 고리(Porphyrin ring)에 관한 설명으로 옳지 않은 것은?

① 고리 가운데에 마그네슘이 들어간 킬레이트 구조를 하고 있다.

② 탄화수소로 구성되어 있어 소수성을 띤다.

③ 탄소 원자 간에 이중과 단일 결합이 교대로 되어 있다.

④ 광 에너지를 받으면 쉽게 들뜬 상태로 전이될 수 있다.

해설 탄화수소로 이루어져 있어 소수성을 띠는 부분은 꼬리 부분인·피톨 측쇄(Phytol chain)이다.

정답 ②

(2) 광 에너지 흡수와 전달

① 광합성 색소의 광 흡수 스펙트럼

ㄱ 광합성에 주로 이용되는 광선은 파장이 380~750nm 사이인 가시광선이다.

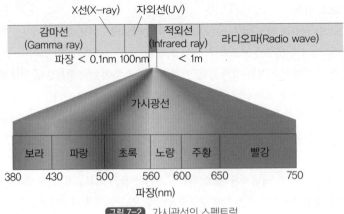

그림 7-2 가시광선의 스펙트럼

ⓛ 엽록소는 650nm 부근의 적색과 450nm 부근의 청색광을 가장 잘 흡수한다(그림 7-3).

ⓒ 550nm 부근의 녹색광은 흡수하지 않고 반사하기 때문에 식물의 잎은 녹색을 나타낸다.

ⓔ 카로티노이드계 색소는 적황색 부근에서 흡수가 이루어지지 않는다.

ⓜ 광 흡수와 광합성 작용 스펙트럼에 따르면 적색광과 청색광이 광합성에 가장 효과적인 광선이라는 것을 알 수 있다(그림 7-3).

PLUS ONE

광합성 작용 스펙트럼은 파장별 단색광을 사용하여 측정한 광 생물학적 반응의 크기(예 광합성률)를 나타낸 것이다.

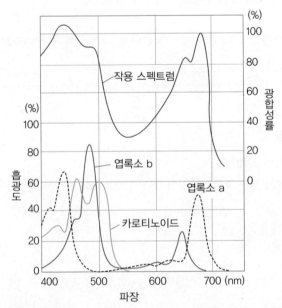

그림 7-3 광합성 색소의 광 흡수 스펙트럼과 광합성 작용 스펙트럼. 단, 광합성률은 670nm의 광합성률을 100으로 봤을 때 그에 대한 상대치임

② 광 에너지 흡수

　㉠ 안정된 바닥상태(Ground state)의 엽록소 분자가 광 에너지를 흡수하면 불안정한 들뜬상태(Excited state)로 전이된다.

들뜬상태
- 원자핵 주변의 안정된 궤도에 머물러 있던 전자가 흡수된 에너지 수준에 해당되는 만큼의 더 높은 궤도로 상승하여 들떠있는 상태를 말한다.
- 흡수한 광 에너지의 수준에 따라 들뜬상태의 높이가 다른데 에너지가 더 큰 청색광이 적색광보다 더 높은 에너지 상태로 들뜨게 한다.

　㉡ 높게 들뜬상태의 엽록소는 매우 불안정하기 때문에 에너지의 일부를 주변에 열로 방출하고 낮은 들뜬상태로 신속하게 되돌아온다.

　㉢ 가장 낮은 들뜬상태라도 여전히 불안정하기 때문에 광자 방출, 에너지 전달, 전자 전달 중 한 가지 경로를 택해 다시 바닥상태가 된다(그림 7-4).

광자 방출	• 흡수한 에너지를 광자의 형태(형광)로 방출하고 바닥상태가 되는 경로(A) • 에너지 일부가 열로 소실되므로 형광은 흡수한 광보다 파장이 길고 에너지 수준이 낮음 • 이 형광을 측정하면 광합성 활성을 알 수 있음
에너지 전달	• 흡수한 에너지를 인접한 엽록소로 전달하여 들뜨게 한 후에 자신은 바닥상태가 되는 경로(B) • 주변에 에너지 수용체가 있어야 함 • 광 수확 안테나 엽록소의 에너지 전달이 여기에 해당됨
전자 전달	• 들뜬 전자를 주변의 전자 수용체로 방출하고 바닥상태로 되는 경로(C) • 에너지를 전달받은 반응중심의 들뜬 엽록소가 전자를 방출하는 광화학 반응이 여기에 해당됨

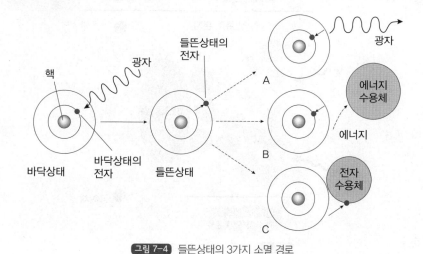

그림 7-4 들뜬상태의 3가지 소멸 경로

③ 광 에너지 전달

　㉠ 많은 엽록소 분자들이 서로 협력하는 가운데 이루어진다.

　㉡ 대부분의 색소들은 광 에너지를 수확해서 반응중심에 전달하는 안테나 구실을 한다.

　㉢ 에너지 전달로 들뜬상태가 된 반응중심은 전자를 방출해 광화학 반응을 유발한다.

안테나 엽록소	• 에너지 전달 효율이 95~99%로 대단히 높고, 흡수한 에너지의 일부만 열로 소실됨 • 대부분의 에너지가 분자에서 분자로 가장 짧은 거리로 이동하여 최종적으로 반응중심에 전달됨 　그림 7-5
반응중심	• 주변 안테나 엽록소로부터 에너지를 전달받는 중심 엽록소 • 에너지 수용 부위는 수 개의 엽록소임 • 안테나 엽록소들을 서로 공유함 • 에너지 전달 과정에서 한 반응중심 엽록소가 들뜬상태로 있으면 안테나 엽록소들은 인접한 다른 반응중심 엽록소로 에너지를 전달함 • 하나의 반응중심 엽록소가 안테나 엽록소들로부터 집중적으로 에너지를 전달받아 들뜬상태가 되면 전자를 방출하여 수용체에 전달함
광합성 단위 (Photosynthetic unit)	• 반응중심과 주변에서 에너지 전달에 관여하는 색소의 집단 • 반응중심당 색소 분자의 수를 광합성 단위의 크기로 나타냄 • 광합성 단위 크기는 생물의 종류와 생육 환경에 따라 다름 　– 광합성 세균은 20~30개, 조류는 수천 개의 엽록소 분자로 이루어짐 　– 고등식물은 약 300개로 보고 있는데, 1932년 에머슨(Emerson)과 아놀드(Arnold)가 클로렐라에서 1분자의 산소를 방출하는 데 약 2,500개의 엽록소 분자가 관여한다는 사실에 근거하여 계산함

　㉣ 전자를 방출한 반응중심 엽록소는 공여체로부터 전자를 보충 받는다.

　㉤ 결론적으로 안테나 엽록소에서는 물리적인 에너지 전달이 일어나고, 반응중심에서는 화학적 반응
　　(광화학 반응, 산화환원 반응)으로 전자 전달이 이루어진다고 할 수 있다.

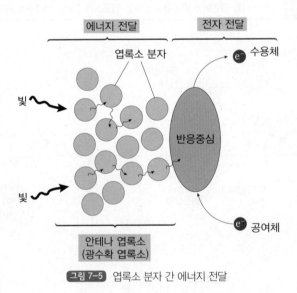

그림 7-5 엽록소 분자 간 에너지 전달

④ 과도한 광 에너지 해소

  ㉠ 과도하게 흡수된 엽록소의 에너지가 산소(O_2)로 전달되어 반응성이 높은 활성산소류{일중항 산소($^1O_2$), 초산화물(O_2^-), 과산화수소(H_2O_2), 히드록실라디칼($^*OH$)}를 생성할 수 있다.

     활성산소는 엽록소와 세포의 막구조 성분(특히, 불포화지방산)을 손상시킨다.

  ㉡ 반응중심 엽록소는 과도한 에너지가 축적되면 복합체의 일부(D1 단백질)를 불활성화 시켜 광합성 기구를 보호하기도 한다.

  ㉢ 카로티노이드계 보조 색소들은 엽록소의 들뜬상태를 신속하게 소멸시키는 작용을 한다.

     엽록소의 에너지를 수용하여 자신이 들뜬상태가 되었다가 에너지를 열로 방출하며 바닥상태로 되돌아간다.

Level UP 이론을 확인하는 문제

파장대별 광합성 작용에 있어서 효과가 가장 큰 가시광선은?

① 적색광   ② 녹색광

③ 황색광   ④ 자색광

해설 엽록소는 650nm 부근의 적색광과 450nm 부근의 청색광을 가장 잘 흡수한다. 엽록소의 파장별 광합성 작용 스펙트럼과 일치하는데 이는 엽록소가 잘 흡수하는 적색광과 청색광이 광합성에 가장 효과적인 광선이라는 뜻이다. 녹색광은 반사하기 때문에 식물 잎이 녹색을 나타낸다.

정답 ①

(3) 물의 광분해

① 물의 분해에 광 에너지가 필요하다.

② 광이 직접 물을 분해하는 것이 아니고, 들뜬 엽록소의 에너지 일부가 물의 분해에 이용되는 것이다.

③ 물이 광분해(Photolysis) 되면 산소(O_2), 수소이온(H^+, 양성자) 및 전자(e^-)가 방출된다.

  ㉠ 1930년 영국의 힐(Robin Hill)은 엽록체의 부유액에 CO_2의 주입을 차단하고 페리시아니드(Ferricyanide)와 같은 수소 수용체를 첨가한 다음 빛을 조사해 주면 O_2가 발생하는 것을 발견하였다(힐반응, Hill reaction).

  ㉡ 루벤(Ruben, 1941)과 홀트(Holt, 1948)는 방사성 동위원소 H_2O^{18}과 CO_2^{18}을 사용하여 광합성 과정에서 방출되는 O_2는 물(H_2O)에서 유래한다는 사실을 확인하였다(그림 7-6).

$$2H_2O^{18}+CO_2 \xrightarrow[\text{엽록소}]{\text{광}} O_2^{18}+CH_2O$$

$$2H_2O+CO_2^{18} \xrightarrow[\text{엽록소}]{\text{광}} O_2+CH_2O^{18}$$

$$H_2O \xrightarrow{\text{광}} \frac{1}{2}O_2+2H^++2e^-$$

그림 7-6 물의 광분해

④ 반응중심 엽록소에서 방출된 전자는 물의 광분해에서 방출된 전자로 보충받는다. 틸라코이드 막의 루멘에 위치하는 산소 방출 복합체(OEC ; Oxygen Evolving Complex)에 결합되어 있는 4개의 Mn^{2+}이 전자를 매개하여 반응중심 엽록소 a로 전달한다.

⑤ 물의 광분해로 생성된 수소이온과 전자가 광화학 반응계에 계속하여 회수되기 때문에 물의 광분해가 촉진되고 지속적으로 산소가 방출된다. OEC는 명칭에서 보는 것처럼 물의 광분해(산화)로 생기는 산소 발생을 주도한다.

Level UP 이론을 확인하는 문제

(   )에 들어갈 내용을 옳게 나열한 것은?

반응중심 엽록소에서 방출된 전자는 (ㄱ)의 광분해로 방출된 전자로 보충받는다. 틸라코이드막의 (ㄴ) 쪽에 위치한 산소 방출 복합체에 결합되어 있는 4개의 Mn^{2+}이 전자를 매개하여 반응중심 엽록소로 전달한다. 1분자의 (ㄱ)이/가 광분해되면 2개의 전자가 발생한다.

① ㄱ : 이산화탄소, ㄴ : 루멘
② ㄱ : 이산화탄소, ㄴ : 스트로마
③ ㄱ : 물, ㄴ : 루멘
④ ㄱ : 물, ㄴ : 스트로마

해설 2분자의 물이 광분해되면 1분자의 산소, 4개의 수소이온, 4개의 전자가 방출되며 방출된 전자가 반응중심 엽록소로 전달되어 지속적인 전자 전달을 일으킨다.

정답 ③

(4) 전자 전달

① 광계(Photosystem)의 발견

 ㉠ 1957년에 미국의 식물 생리학자 에머슨(Emerson)은 파장이 다른 두 개의 광선을 이용하여 에머슨
의 광합성 촉진 효과(Photosynthetic enhancement)를 발견하였다(그림 7-7).

  • 장파장(720nm)과 단파장(640nm)을 동시에 조사하면, 개별적으로 조사하여 그들의 광합성률을
합한 것보다 증가하는 현상을 에머슨의 광합성 촉진 효과라고 한다.

  • 이 발견은 광합성에 관여하는 2개의 광화학 반응계(광계)를 밝히는 계기가 되었다.

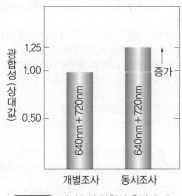

그림 7-7 에머슨의 광합성 촉진 효과

 ㉡ 1960년 힐(Hill) 등은 시토크롬을 산화하는 경향이 있는 광화학 반응과 시토크롬을 환원시키는 경향
이 있는 광화학 반응을 실험적으로 확인하였다. 광합성을 수행하는 데 틸라코이드막에 상호 협력하
는 2개의 독립된 광계가 관여한다는 사실을 알게 되는 토대가 되었다.

② 광계의 구성

 ㉠ 광계(Photosystem)는 반응중심에서 일어나는 일련의 광화학 반응을 위한 시스템이다.

 ㉡ 거대한 다분자 복합체로 수 개의 성분으로 구성되어 있다.

 ㉢ 광 에너지 수용 부위는 엽록소와 카르티노이드로 구성되어 있다.

 ㉣ 반응중심 엽록소 이외의 색소는 광수확 엽록소(LHC ; Light Harvesting Chlorophyll)로 반응중심
주변에서 안테나 엽록소의 기능을 한다.

 ㉤ 발견 순서에 따라 제1광계(PS I)과 제2광계(PS II)로 부른다.

제1광계	제2광계
• 700nm(원적색광)을 가장 잘 흡수함 • 반응중심 엽록소를 P700이라 함 • 스트로마로 돌출하는 틸라코이드막의 비중첩 부위(스트로마 라멜라)에 분포함	• 680nm(적색광)을 가장 잘 흡수함 • 반응중심 엽록소를 P680이라 함 • 주로 틸라코이드막의 중첩 부위에 분포함

 ㉥ 반응중심은 수 개의 엽록소 외 특정 단백질, 보조 인자 등으로 구성되어 있다.

 ㉦ 제2광계가 제1광계보다 1.5배 정도 많이 존재하는 것으로 알려져 있다.

③ 전자 전달계(Electron transport system)

　㉠ 엽록체의 틸라코이드막에 전자 수용체 분자들이 전자 친화력의 순서에 따라 연쇄적으로 배열되어 있는 것을 말한다(그림 7-8). 전자 수용체 분자는 내재성 단백질과 복합체를 형성하여 대부분 막 이중층에 묻혀 있다.

　㉡ 전자 수용체 분자로 제2광계, 시토크롬 b_6/f, 플라스토시아닌, 제1광계, ATP 합성효소가 방향성을 갖고 전자와 양성자를 전달한다(그림 7-8).

제2광계	• P680(반응중심, 엽록소 a 4~6개), D1과 D2(반응중심 단백질), Pheo(페오피틴), Q_A와 Q_B(단백질–플라스트퀴논 복합체), CP43과 CP47(엽록소–단백질 복합체, CP ; Chlorophyll Protein), LHC(광수확 복합체), OEC(산소 방출 복합체), Mn^{2+}와 같은 보조인자(Ca^{2+}, Cl^-) 등으로 구성 그림 7-8 • 전자 전달이 빠른 것은 피코초(10^{-12}초), 느려도 밀리초(10^{-3}초) 안에 일어남 　– 들뜬 $P680^*$에서 방출된 전자는 Pheo라는 1차 전자 수용체로 전달됨 　– 전자를 잃은 P680은 OEC의 매개로 물의 광분해에서 나온 전자로 환원됨 　– Pheo에 전달된 전자는 다시 반응중심에 결합되어 있는 두 개의 플라스토퀴논(Q_A와 Q_B)에 전달됨 　– Q_A는 하나의 전자를 전달하고, Q_B는 두 개의 전자를 운반함 　– 두 개의 전자를 받은 $Q_B{}^{2-}$는 두 개의 H^+을 스트로마로부터 취하여 환원 플라스트퀴놀(PQH_2)이 됨 　– PQH_2가 제2광계 복합체로부터 분리되어 플라스토퀴논 풀에 합류 　– 이동성 PQH_2는 시토크롬 b_6/f 복합체를 만나 전자를 전달해 줌
시토크롬 b_6/f 복합체	• 거대한 고분자 단백질 복합체로 주성분은 b_6, f. 이외에 리스케(Rieske) 철–황(Fe–S) 단백질을 갖고 있음 • PQH_2에서 하나의 전자는 Cyt b_6에 전달된 후에 다시 PQ^-로 전달됨 • 나머지 하나는 Fe–S를 거쳐 Cyt f로 전달되고, 최종 루멘에 있는 플라스토시아닌(PC)으로 전달됨
플라스토시아닌	• 루멘 쪽 틸라코이드막을 따라 확산 이동할 수 있는 외재성 단백질임 • 제1광계로 이동하여 $P700^+$를 환원하여 P700으로 재생시킴
제1광계	• P700(반응중심 엽록소)과 여러 개의 단백질 복합체로 구성. 단백질 중에는 Fd(페레독신)과 PC(플라스토시아닌)이 결합할 수 있는 것도 들어있음 • P700에서 방출된 전자가 전자 전달 보조 인자인 A(엽록소 분자 Ao와 필로퀴논 A1)를 거쳐 1차 전자 수용체인 황화철 단백질을 환원시킴 • 환원된 황화철 단백질은 공여받은 전자를 Fd(스트로마 쪽에 녹아있는 또 다른 철–황(Fe–S) 단백질)을 거쳐 $Fd–NADP^+$ 환원효소(FNR ; Ferredoxin $NADP^+$ Reductase)의 촉매로 $NADP^+$(Nicotinamide adenosine dinucleotide phosphate)로부터 NADPH를 생성시킴 • 체내에서 NADPH를 생산할 필요가 없는 경우에는 페레독신을 경유하여 시토크롬 b_6/f 복합체로 전자를 넘겨주어 P700으로 전달하게 되는데, 이것을 순환적 전자 전달이라고 함 • 이와는 달리 물의 산화로부터 $NADP^+$까지의 경로는 비순환적 전자 전달이라 함
ATP 합성효소	• 전자 전달 과정에서 전자 전달체를 통과할 때마다 전자 자체의 에너지 준위는 낮아짐 • 이 과정에서 루멘에 H^+이 농축되고, 이로 인해 생기는 양성자 기울기가 ATP 생산에 이용됨[(5) 광인산화 참고]

ⓒ 이들 전자 수용체 분자들은 인접한 분자들과 전자를 주고받는 관계에 있기 때문에 전자 전달계는 일련의 산화환원 반응계라고 볼 수 있다.

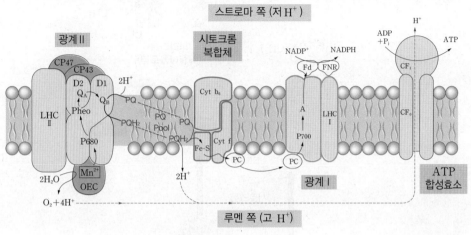

그림 7-8 광계와 전자 전달계

④ 광합성 전자 전달 저해 제초제

ⓐ 틸라코이드막에 있는 특정 단백질에 결합하여 전자 전달체의 전자 전달을 차단한다
그림 7-9).

파라콰트 (Paraquat)	• 제1광계의 환원 부위에 결합 • 제1광계에서 페레독신을 경유하여 $NADP^+$로 가는 전자를 산소 분자로 전달하여 슈퍼옥시드(활성 산소)를 생성시켜 엽록체의 활성을 소실시키고 세포막 구조를 손상시킴
디우론 (DCMU)	• 제2광계의 퀴논(Q_B) 전자 전달체에 결합 • Q_B와 결합하여 PQ가 전자를 받아들일 수 없고, Q_A에 전자가 머물게 하여 광합성을 저해함

(A)

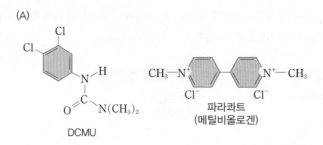

DCMU

파라콰트
(메틸비올로겐)

(B)

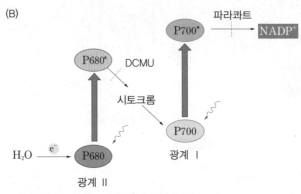

그림 7-9 광합성 전자 전달 저해 제초제(A)의 작용 부위(B)

ⓛ 광합성 전자 전달계의 특정 부위에서 작용하는 이들 제초제는 역으로 전자 전달계를 연구하는 데 이용되기도 한다.

ⓒ 두 광계 사이의 전자 전달을 차단하고자 할 때 디우론이 흔히 사용되고 있다.

Level UP 이론을 확인하는 문제

제1광계의 환원 부위에 결합하여 활성산소를 발생시켜 식물을 죽게 하는 광합성 저해 제초제는?

① 디우론(Diuron)
② 시마진(Simazine)
③ 아트라진(Atrazine)
④ 파라콰트(Paraquat)

해설 파라콰트와 다이콰트(Diquat)는 제1광계에서 페레독신으로부터 전자를 받아들여 자유라디칼(Free radical)을 형성하고 산소를 산화시켜 활성산소를 생성한다. 제2광계에 관여하는 제초제로는 우레아(Urea)계 디우론, 트리아진(Triazine)계의 아트라진과 시마진 등을 예로 들 수 있다.

정답 ④

(5) 광인산화(Photophosphorylation)

> **광인산화**
> • 전자 전달 과정을 거쳐 형성되는 틸라코이드막 내외의 양성자 기울기를 이용하여 ATP를 합성하는 것을 말한다.
> • ATP는 ADP에 무기인산이 결합하여 생성되는데 광 에너지의 일부를 ATP라는 고에너지 화합물에 저장하는 화학 반응이라 할 수 있다.
> • 광합성 과정에서의 이산화탄소 환원은 물론 엽록체에서 일어나는 다양한 대사 활성에 필요한 ATP를 끊임없이 공급하는 데 있어 매우 중요하다.

① 광인산화는 1960년 밋첼(Mitchell)이 제안한 화학 삼투설로 설명하고 있다.
　㉠ 물의 광분해와 전자 전달 과정에서 루멘 쪽으로 양성자(수소이온, H^+)가 방출되어 막 내외의 양성자 농도 기울기가 형성된다.
　㉡ 틸라코이드막 내외의 양성자 농도 기울기(전기 화학퍼텐셜 기울기)가 ATP 합성효소(ATPase)를 구동하여 ATP를 합성한다.
　㉢ 일반적으로 4개의 양성자가 ATP 합성효소를 통과할 때마다 하나의 ATP가 합성되는 것으로 알려져 있다.
② 틸라코이드막 ATP 합성효소의 구조와 ATP 합성 모델은 그림 7-10과 같다.
　㉠ 틸라코이드막의 ATP 합성효소는 F형의 $H^+ - ATPase$(F$-H^+-$ATPase, F$-H^+-$ATP 가수분해효소)이다.
　㉡ 400KDa에 이르는 대형 효소 복합체로 2개의 소단위 복합체(CF_0-CF_1)로 구성되어 있다.
　㉢ CF는 엽록체의 짝짓기인자(Chloroplast coupling factor)에서 유래한다.
　㉣ CF_0는 소수성(내재성) 막 복합체로 회전 모터 기능을 한다.
　㉤ CF_1은 친수성(표재성) 막 복합체로 ATP 합성을 촉매하는 효소로 작용한다.
　㉥ CF_0는 a 소단위체와 b 소단위체 고리 사이의 연결 부위에 양성자(H^+) 통로를 형성하여 전기화학적 양성자 기동력에 의해 양성자가 채널을 통과하면서 회전모터를 돌린다.
　㉦ 이에 따라서 CF_1이 회전하면서 ADP와 P_i를 결합하여 ATP를 생성한다.
　㉧ F형은 V형과는 달리 모터의 회전 방향이 시계 반대 방향이다(큰 화살표 방향).

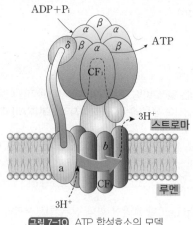

그림 7-10 ATP 합성효소의 모델

Level UP 이론을 확인하는 문제

광합성 과정의 광인산화에 관한 설명이다. (   )에 들어갈 낱말을 순서대로 나열한 것은?

> 물의 광분해와 전자 전달 과정에서 (   )에서 (   ) 쪽으로 양성자(H^+)가 방출되어 형성된 틸라코이드막 내외의 양성자 농도 기울기가 막 효소를 구동하여 (   )를 합성한다.

① 루멘, 스트로마, ADP
② 스트로마, 루멘, ADP
③ 루멘, 스트로마, ATP
④ 스트로마, 루멘, ATP

해설 물이 광분해되면 산소, 양성자(H^+), 전자가 발생한다. 물에서 발생한 전자는 전달 과정 중에 스트로마에서 루멘 쪽으로 양성자를 이동시킨다. 물의 광분해와 전자 전달 과정 중에 형성된 틸라코이드막 내외의 양성자 농도 기울기가 ATP 합성효소를 구동하여 ATP를 합성하게 된다.

정답 ④

CHAPTER 02 암반응

PLUS ONE

- 명반응에서 생산한 에너지원인 ATP와 수소 공여체인 NADPH를 이용하여 이산화탄소를 환원시키는 과정이다.
- 엽록체의 스트로마(기질)에서 일어난다.

(1) 캘빈회로(Calvin's cycle)

① 캘빈회로란?

    ㉠ 생화학자 캘빈(Melvin Calvin, 1957, 미국)과 그의 동료들이 밝힌 광합성의 CO_2 고정 암반응 과정을 말한다.

        • 동위원소인 $^{14}CO_2$나 ^{32}P 등을 클로렐라(Chlorella, 단세포의 녹조류)에 주입하고 일정 시간 광합성을 시킨 후 중간산물을 동정하는 일련의 실험을 거쳐 밝혀내었다.

        • 이 실험은 나중에 시금치 잎에서 분리한 온전한 식물의 엽록체에서도 확인되었다.

    ㉡ 광합성 탄소 환원(Photosynthetic Carbon Reduction cycle ; PCR)회로라고 불린다.

    ㉢ 환원 과정에서 5탄당이 형성됨에 따라 환원적 5탄당 인산 회로라고도 부른다.

② 캘빈회로의 구분

    이산화탄소의 고정(카르복실화), PGA의 환원, RuBP 재생의 3단계가 반복적으로 연결되는 생화학적 반응 경로이다(그림 7-11).

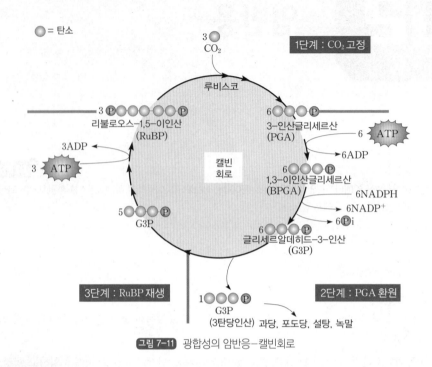

그림 7-11 광합성의 암반응-캘빈회로

CO₂ 고정 단계	• RuBP(Ribulose-1,5-bisphosphate, 리불로오스-1,5-이인산)에 CO₂가 첨가되어 카르복실화 반응을 일으킴 • 탄소가 6개인 불안정한 중간화합물이 일시적으로 생성된 후 곧바로 가수분해되어 최초의 안정된 중간산물인 3-인산글리세르산(3-phosphoglyceric acid, 3-PGA) 두 분자를 형성함 • 이 카르복실화를 촉매하는 효소가 지구상에서 가장 풍부하고 중요한 루비스코(Rubisco, RuBP carboxylase/oxygenase)임 • 루비스코는 캘빈회로에서는 카르복실라아제로 작용하고, 광호흡 때에는 옥시게나아제로 작용함

PGA
환원 단계
	• PGA가 ATP에 의해 인산화되어 반응성이 큰 BPGA(1,3-이인산글리세르산, 1,3-bisphosphoglyceric acid)로 환원됨
	• BPGA는 NADPH에 의해 G3P(글리세르알데히드-3-인산, Glyceraldehyde 3-phosphate)로 환원됨 그림 7-12
	• G3P는 RuBP 재생 단계로 넘어감
	• 남는 일부 G3P가 설탕과 녹말을 합성함
	   - G3P는 삼탄당 인산 이성질화 효소에 의해 DHAP(디히드록시아세톤-3-인산, dihydroxy acetone-3-phosphate)로 전환됨
	   - G3P와 DHAP는 상호 전환이 가능함
	   - G3P와 DHAP가 축합되어 과당-1,6-이인산(Fructose-1,6-bisphosphate) 등 6탄당 인산 풀(Pool)을 거쳐 녹말로 전환되어 일시적으로 저장됨
	   - G3P 풀 일부는 시토졸에서 설탕으로 전환되어 수송됨

RuBP 재생 단계	재생 단계로 넘어온 G3P는 3, 4, 5, 6 및 7탄당이 관여하는 일련의 반응을 거쳐 RuBP를 재생산하여 이산화탄소 고정의 순환적 회로를 완성함 그림 7-12

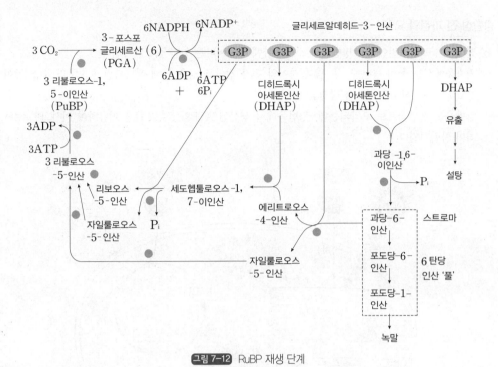

<figure>그림 7-12 RuBP 재생 단계</figure>

캘빈회로에 관한 설명으로 옳지 않은 것은?

① 호흡 과정의 한 부분이다.
② 이산화탄소를 환원시키는 과정이다.
③ NADPH를 수소 공여체로 이용한다.
④ ATP를 에너지원으로 이용한다.

해설 광합성 과정의 한 부분으로 암반응에 해당한다. 암반응은 명반응에서 준비된 수소 공여체인 NADPH와 에너지원인 ATP를 이용하여 이산화탄소를 탄수화물로 환원시키는 과정이다.

정답 ①

(2) 광합성 전 과정의 요약

① 틸라코이드에서 일어나는 명반응과 스트로마에서 일어나는 암반응으로 나뉜다.

② 명반응에서는 물의 광분해, 두 광계 사이의 전자 전달 과정을 통해 에너지원인 ATP와 수소 공여체인 NADPH를 생산하고 산소를 방출한다.

③ 암반응은 캘빈회로로 요약되는데, 명반응에서 생산된 ATP와 NADPH를 이용하여 이산화탄소를 고정하여 환원시킨다.

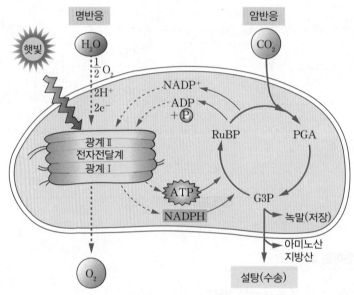

그림 7-13 광합성 전 과정 요약

Level UP 이론을 확인하는 문제

(   )에 들어갈 내용을 옳게 나열한 것은?

광합성은 (ㄱ)에서 일어나는 명반응과 (ㄴ)에서 일어나는 암반응으로 나뉜다. 암반응은 명반응에서 생산된 ATP와 (ㄷ)를 이용하여 이산화탄소를 고정해 탄수화물을 합성하는 과정이다.

① ㄱ. 틸라코이드, ㄴ. 스트로마, ㄷ. NADH

② ㄱ. 스트로마, ㄴ. 틸라코이드, ㄷ. NADH

③ ㄱ. 스트로마, ㄴ. 틸라코이드, ㄷ. NADPH

④ ㄱ. 틸라코이드, ㄴ. 스트로마, ㄷ. NADPH

해설 광합성은 틸라코이드 막에서 일어나는 명반응과 명반응에서 생성된 ATP와 NADPH를 기질로 스트로마에서 이산화탄소를 탄수화물로 동화시키는 암반응 과정으로 구분된다.

정답 ④

CHAPTER 03 C₄와 CAM 회로

(1) 광호흡(光呼吸, Photorespiration)

① 광조건에서 O_2를 소모하고 CO_2를 방출하는 과정을 말한다(그림 7-14).

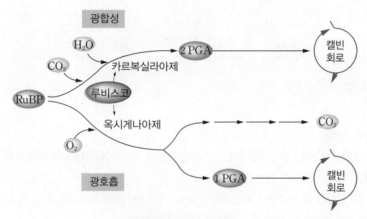

그림 7-14 광합성과 광호흡

   ㉠ 광호흡은 여름철에 온도와 광도가 높아 기공이 닫힐 때 증가한다.

   ㉡ 기공이 닫히면 광합성으로 잎 내부의 CO_2 농도는 계속 감소하고 O_2 농도는 증가한다.

   ㉢ CO_2 농도가 낮을 경우 캘빈회로의 루비스코는 옥시게나아제로 작용한다.

   ㉣ 루비스코 옥시게나아제가 CO_2 대신에 O_2를 RuBP와 결합시켜 2분자의 PGA 대신에 1분자의 PGA
와 일련의 과정을 거쳐 CO_2를 생성시킨다.

② 광호흡은 엽록체에서 시작되지만 반응 경로를 보면 퍼옥시솜, 미토콘드리아를 넘나들면서 일어나고 반
응 경로에는 다양한 유기화합물들이 관여한다.

③ 광호흡은 고정된 탄소의 절반을 CO_2로 되돌아가게 하여 광합성 효율을 떨어뜨린다.

④ 식물이 환경에 적응하는 수단의 하나로 고농도의 O_2로부터 엽록체의 산화적 광파괴(Oxidative pho-
todestruction)를 방지하는 기작으로 이해되고 있다.

⑤ 광호흡에 의한 비효율성을 극복하기 위한 수단으로 다소 특이한 이산화탄소 농축 기작을 갖는 식물인
C₄ 식물과 CAM 식물이 전체 식물의 15% 정도를 차지하고 있다. C₄ 식물과 CAM 식물은 각각 C₄ 회로
와 크래슐산대사(CAM) 회로를 가지고 있다.

광호흡에 관한 설명으로 옳지 않은 것은?

① 광조건에서 O_2를 소모하고 CO_2를 방출하는 과정을 말한다.

② 여름철에 온도와 광도가 높을수록 증가한다.

③ 루비스코가 옥시게나아제로 작동하여 O_2를 RuBP와 결합시킨다.

④ 광호흡을 하면 PGA가 생성되지 않는다.

해설 루비스코 옥시게나제가 CO_2 대신에 O_2를 RuBP와 결합시켜 2분자의 PGA 대신에 1분자의 PGA와 일련의 과
정을 거쳐 CO_2를 생성시킨다.

정답 ④

---

(2) C_4 회로

① C_4 회로와 C_4 식물

  ㉠ 캘빈회로만을 거치는 일반식물을 C_3 식물이라 한다. C_3 식물은 CO_2가 고정되어 최초의 안정된 물
  질로 탄소 3개인 PGA를 생성한다.

  ㉡ 어떤 식물에서는 탄소 4개인 말산(Malic Acid)이나 아스파르트산(Aspartic Acid)이 최초의 산물인
  데 이와 관련된 일련의 반응을 C_4 회로라고 한다.

  • 1965년 코르차크(Kortschak)가 광합성 효율이 높은 사탕수수에서 처음 발견하였다.

  • 1970년 오스트레일리아의 해치와 슬랙(Hatch & Slack)이 이를 재확인하였다.

  • 이로 인해 C_4 회로를 Hatch–Slack 회로라고도 한다(그림 7-15).

    – 엽육세포의 엽록체에서 PEP(Phosphoenol pyruvate, 인산에놀피루브산)가 CO_2를 받아
    OAA(Oxaloacetic acid, 옥살로아세트산)로 변한다.

    – 식물에 따라서 OAA가 말산 또는 아스파르트산으로 전환된다.

    – 탄소 4개인 이들 유기산들이 원형질 연락사를 통해 유관속초세포로 이동한다.

    – 유관속초세포의 엽록체에서 유기산이 탈탄산 작용(Decarboxylation)으로 피루브산으로 전환
    되며 CO_2를 방출한다.

    – 방출된 CO_2가 RuBP와 결합하는 캘빈회로에 연결되고, 피루브산은 엽육세포로 돌아가 ATP를
    사용하여 PEP로 재생된다.

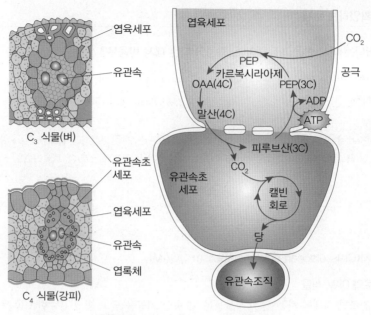

엽육세포

유관속

C_3 식물(벼)

유관속초세포

엽육세포

유관속

엽록체

C_4 식물(강피)

엽육세포

PEP

카르복시라아제

OAA(4C)   PEP(3C)

CO₂

공극

ADP

말산(4C)   ATP

피루브산(3C)

유관속초세포   CO₂

캘빈회로

당

유관속조직

그림 7-15 C_4 탄소회로(Hatch-Slack 회로)

ⓒ 추가의 C_4 회로를 거치는 식물을 C_4 식물이라 하는데 18과에 1,500종이 알려져 있다.

- C_4 식물은 주로 열대성 초본 단자엽식물(사탕수수, 옥수수, 수수, 난류)에서 볼 수 있다.
- 쌍자엽식물인 국화과, 비름과식물에서도 찾아 볼 수 있다.

② C_3와 C_4 식물 잎의 구조적 차이 **그림 7-15**

ㄱ C_4 식물은 둥글고 큰 유관속초세포가 잘 발달한다.

ㄴ C_4 식물은 유관속초세포 안에 엽록체가 들어있다.

ㄷ C_4 식물은 유관속초 주변으로 엽육세포가 빽빽하게 들어차 있다.

ㄹ C_4 식물은 유관속초세포와 엽육세포 간에 원형질 연락사가 잘 발달되어 있다.

③ C_4 회로의 의미

ㄱ C_4 회로는 열대식물의 광호흡을 극복하기 위한 수단으로 보인다.

ㄴ C_4 식물은 추가적인 CO_2 공급 회로가 있어 광호흡을 하지 않거나 대단히 낮다.

ㄷ CO_2 공급이 원활해 C_4 식물은 C_3 식물에 비하여 광포화점이 높고, CO_2 보상점과 포화점이 낮다.

ㄹ C_4 식물이 고온 건조한 열대성 기후에서 잘 자라는 것은 수분 손실을 막기 위해 기공을 부분적으로 닫아도 광호흡이 적고 광합성을 효율적으로 할 수 있기 때문이다.

잎에서 일어나는 대사 반응 과정들이다. 특성이 다른 대사 반응은?

① TCA 회로

② Hatch-Slack 회로

③ Krebs 회로

④ Citric acid 회로

해설 크렙스(Kerbs), TCA, 시트르산(Citric Acid) 회로는 호흡 관련 반응 과정이다. Hatch-Slack 회로는 C_4 식물이 광호흡을 극복하기 위해 캘빈회로에 추가적으로 갖는 광합성 관련 회로로 C_4 회로라고도 한다.

정답 ②

(3) 크래슐산 대사(Crassulacean acid metabolism ; CAM)

① CAM 회로와 CAM 식물

ⓐ 고온 건조한 지대에 사는 일부 식물들은 낮 동안 기공을 닫고 밤에 흡수한 CO_2를 이용하여 광합성을 한다.

ⓑ 돌나물과(Crassulaceae)의 꿩의비름에서 발견하여 관련 반응 대사 과정을 CAM이라 한다(그림 7-16).

• CAM 경로를 가진 식물을 CAM 식물이라 한다.

• CAM 식물은 기온이 낮은 밤에 기공을 열어 CO_2를 흡수한다.

• 흡수한 CO_2는 시토졸에서 PEP와 반응시켜 OAA를 거쳐 말산으로 고정한다.

• 고정한 말산을 액포로 이동하여 저장한다.

• 낮이 되면 기공을 닫은 상태에서 액포에서 말산을 꺼내 피루브산과 CO_2로 분해시킨다.

• CO_2는 엽록체로 유입시켜 캘빈회로에 투입한다.

• 피루브산은 CO_2로 산화 또는 PEP로 재생시키거나 PGA로 변환시켜 당 합성에 이용한다.

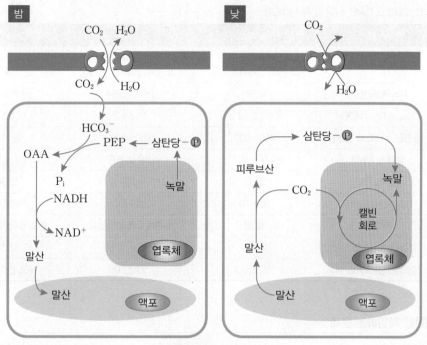

그림 7-16 CAM 회로

ⓒ CAM 식물은 총 23과에서 발견된다.

- 돌나물과와 선인장과의 식물 대부분은 CAM 식물이다.
- 돌나물과의 에케베리아, 칼랑코에, 돌나물, 그리고 선인장류, 그 밖의 용설란, 파인애플 등은 대표적인 CAM 식물이다.
- 평상시에는 C_3 식물로 행동하나 고온이나 수분 스트레스를 받으면 CAM 회로를 이용하는 특정식물(Ice-plant)도 있다.

② CAM 식물의 특징

ⓐ 수분 손실을 최소화하는 해부학적 특징을 가지고 있다.

ⓑ 다육질이며 체적에 비해 표면적이 작다.

ⓒ 각층이 두껍게 발달한다.

ⓓ 기공이 깊이 묻혀있으면서 기공 개도가 작고, 열림 빈도도 적다.

ⓔ 액포가 크다.

ⓕ 물이 풍부해 낮에 CO_2를 흡수할 수 있으면 장기간에 걸쳐 C_3 경로로 전이되기도 한다.

③ CAM 회로의 의미

ⓐ 광합성 효율을 높이기 위한 것은 아니다.

ⓑ 고온 건조한 곳에서 광호흡을 극복하고 CO_2 농도가 제한되는 환경에서나마 광합성을 효율적으로 할 수 있도록 발달시킨 것으로 본다.

ⓒ 수생 식물에서도 CAM 회로가 발견되는데 이는 수생 환경에서 저농도의 CO_2를 효율적으로 획득 이용하는 수단으로 발전한 것이다.

④ C₃, C₄ 그리고 CAM 식물의 특성 비교

구 분	C₃ 식물	C₄ 식물	CAM 식물
잎의 해부 형태	유관속초세포 또는 그 안에 엽록체가 없음	유관속초세포와 그 안에 엽록체가 있음	책상조직이 없고, 큰 액포 발달
카르복실라아제	RuBP	PEP, RuBP	PEP, RuBP
CO_2 : ATP : NADPH	1 : 3 : 2	1 : 5 : 2	1 : 6.5 : 2
증산율(g H_2O/g 건물)	450~950	250~350	18~125
엽록소 a/b율	2.8 ± 0.4	3.9 ± 0.6	2.5 ± 3.0
Na 요구도	없 음	있 음	있 음
CO_2 보상점(ppm)	30~70	0~10	0~5(암소)
광호흡	있 음	유관속초세포만 있음	정오 후에 측정 가능
광합성 적정온도(℃)	15~25	30~47	약 30
건물생산량(ton/ha/년)	22 ± 0.3	39 ± 17	낮고 변이가 큼

Level UP 이론을 확인하는 문제

CAM 식물의 특징에 관한 설명으로 옳은 것은?

① C₃ 식물보다 CO_2 보상점이 높다.

② C₃ 식물보다 내건성이 강하다.

③ C₄ 식물보다 낮의 증산율이 높다.

④ C₄ 식물보다 연간 건물 생산량이 높다.

해설 CAM 식물은 고온 건조한 지역에 적응한 식물이다. C₃ 및 C₄ 식물에 비해 낮 동안의 증산율, 건물 생산량, CO_2 보상점이 낮다.

정답 ②

광합성에 영향을 미치는 요인

- 광합성에 영향을 미치는 요인은 외적 요인과 내적 요인으로 구분할 수 있다.
- 내외의 요인은 상호 복합적으로 작용한다.

(1) 외적 요인

광 도	- 광보상점(Light compensation point) : 광도가 증가할 때 광합성으로 흡수되는 CO_2량과 호흡으로 배출되는 CO_2량이 같아지는 때의 광도 그림 7-17 - 광포화점(Light saturation point) : 광보상점을 지나 광도가 계속 증가할 때 광합성량이 증가하다가 더 이상 증가하지 않는 때의 광도 - 광포화점에서는 CO_2의 농도와 온도가 광합성의 제한 요인이 되어 이들의 조건이 바뀌지 않으면 광도를 높여도 더 이상 광합성량은 증가하지 않음 - 지나친 강광은 엽록소를 파괴시키거나 체내 조건을 불활성화시켜 광합성을 저해하는데, 이를 광합성의 솔라리제이션(Solarization)이라 함
CO_2 농도	- 다른 요인을 고정한 상태에서 CO_2 농도를 점차 높여 가면 그에 따라 광합성도 증가. CO_2 농도의 경우도 보상점과 포화점이 있음 그림 7-18 - CO_2 포화점은 대기 중의 이산화탄소 농도인 350ppm보다 훨씬 높음 - CO_2 농도를 높여 주면 광합성량이 증가하여 작물의 수량을 증대시킴 - 온실 등의 시설재배에서는 CO_2 부족으로 광합성이 억제될 수 있으므로 CO_2를 시설 내에 투입하는 CO_2 시비를 통해 수량 증대를 꾀함

온 도	- 온도의 영향은 광도가 높을 때 그 영향이 큼(그림 7-19). 벼의 광합성량은 약광에서는 온도 간에 차이가 없으나 광도가 높을 때는 온도의 영향이 크게 나타남
	- 지나친 고온에서는 광합성이 오히려 저해됨
	- 식물에 따라 생육 적온과 광합성 적온이 있음
	- 광합성률은 온도가 상승함에 따라 호흡률보다 더 빨리 감소됨
	- 일정 수준 이상의 고온에서는 순동화량이 감소함
	  - 고온에서 호흡률(R)이 광합성률(P)을 훨씬 능가하여 P/R율이 1 이하가 됨
	  - 고온은 광호흡을 촉진시키거나 광합성 기관을 파괴시켜 광합성을 억제함

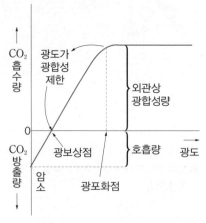

그림 7-17 광보상점과 광포화점

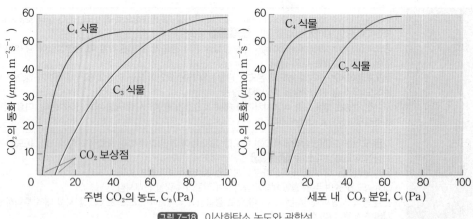

그림 7-18 이산화탄소 농도와 광합성

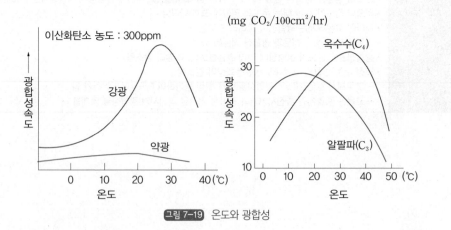

그림 7-19 온도와 광합성

(2) 내적 요인

엽록소 함량	• 엽록소의 함량은 광합성과 밀접한 관련이 있어 엽록소의 생합성을 돕는 것이 광합성을 촉진하는 것임 • 고등식물의 엽록소의 생합성은 유전자가 관여하고 광조건에서만 이루어짐 • 엽록소 형성에 산화환원 반응이 관여하기 때문에 산소 공급이 반드시 필요함 • 질소와 마그네슘이 엽록소의 구성 원소로 공급되어야 함 • 철, 구리, 망간 등은 엽록소의 형성 과정에서 요구되는 무기원소임
함수량	• 광합성에 직접 사용되는 물은 식물이 흡수한 물의 1% 이하이므로 체내 수분 부족으로 광합성이 억제되는 일은 거의 없음 • 체내의 함수량이 적을 경우 체내 수분보다 다른 요인에 의해 광합성이 억제됨 　– 함수량이 적어 기공이 닫히면 가스의 확산력이 떨어져 광합성이 억제될 수 있음 　– 세포 내의 엽록소나 원형질의 수화도가 감소해서 광합성이 억제될 수도 있음 　– 이는 광합성이 조직 내 수분량보다 삼투 농도에 더 관계된다는 것을 나타냄 • 선인장은 넓은 다육성 줄기를 떼어내도 기공을 닫고 CAM 대사를 하면서 광합성을 할 수 있기 때문에 수 개월 동안 살 수 있음
동화물질의 축적	• 광합성이 지나치게 왕성하면 동화물질이 미처 전류하지 못하고 엽육세포나 엽록체에 축적됨 　– 동화물질이 엽육세포에 축적되면 광합성이 억제됨 　– 포도나무의 잎은 탄수화물이 건물량의 17~25%로 증가하면 광합성이 완전히 정지됨 • 세포 내 탄수화물의 축적이 광합성을 저하시키는 기구로 세포액의 삼투퍼텐셜이 낮아져 원형질이 탈수를 일으키거나 엽록체 안에 다량의 녹말이 생기면서 일련의 광합성 관련 화학 반응이 저해되기 때문임

Level UP 이론을 확인하는 문제

광합성에 영향을 주는 요인에 관한 설명으로 옳은 것은?

① 동화산물이 엽육세포에 축적되면 광합성이 촉진된다.

② 광포화점에서는 광합성에 미치는 온도의 영향이 크지 않다.

③ 광포화점에서는 이산화탄소 농도를 높여도 광합성에 변화가 없다.

④ 시설재배에서 CO_2 농도를 높여 주면 작물의 수량을 증대시킬 수 있다.

해설 이산화탄소 농도와 온도의 영향은 광도가 높을 때, 즉 광포화점에서 제한요인으로 작용하여 영향이 크게 나타난다. 동화산물이 전류되지 못하고 광합성 조직인 엽육세포에 축적되면 광합성은 감소한다.

정답 ④

01

광합성에 이용될 빛에너지를 흡수하는 색소가 아닌 것은?

① 엽록소
② 카로틴
③ 잔토필
④ 안토시아닌

> **해설** 엽록소는 광합성에서 광에너지를 흡수하는 가장 중요한 색소이다. 카로틴과 잔토필은 카로티노이드계에 속하는 광합성 보조색소이다. 이들 색소가 엽록체에 들어있으며 광합성에 이용될 빛에너지를 흡수한다.

02

광합성 색소인 엽록소에 관한 설명으로 옳은 것은?

① 시토졸에서 생합성이 이루어진다.
② 친수성으로 물에 잘 녹는다.
③ 엽록체의 스트로마에 위치한다.
④ 빛 에너지를 전달하는 역할을 한다.

> **해설** 엽록소는 색소체에서 생합성이 이루어진다. 소수성으로 틸라코이드막에 존재해 유기 용매로 추출할 수 있다.

03

광합성 색소인 엽록소가 엽록체에서 분포되어 있는 위치는?

① 외 막
② 내외막간 공간
③ 틸라코이드막
④ 스트로마

> **해설** 엽록소는 엽록소–단백질 복합체로 틸라코이드막에 분포하며, 이들은 에너지 전달과 전자 전달이 효율적으로 일어날 수 있도록 기하학적으로 정교하게 배열되어 있다.

04

엽록소에 관한 설명으로 옳지 않은 것은?

① 피자식물은 암조건에서도 효소 작용으로 엽록소를 합성한다.
② 글루탐산을 출발 물질로 엽록체에서 합성된다.
③ 탄화수소로 이루어진 피톨 측쇄(Phytol chain)를 가진다.
④ 포르피린 고리(Porphyrin ring) 가운데에 마그네슘이 들어가 있다.

> **해설** 피자식물은 빛이 있는 조건에서만 엽록소를 합성하지만 나자식물이나 조류는 암상태에서도 효소 작용으로 합성한다.

05

엽록소에 관한 설명으로 옳지 않은 것은?

① 엽록소 a는 포르피린 고리에 메틸기($-CH_3$)를 갖는다.
② 엽록소 b는 포르피린 고리에 알데히드기 ($-CHO$)를 갖는다.
③ 엽록소 a와 b의 꼬리 부분(피톨 측쇄)은 동일하다.
④ 엽록소 a와 b는 광흡수 스펙트럼에 차이가 없다.

> **해설** 엽록소는 머리 부분인 포르피린 고리와 꼬리 부분인 피톨 측쇄로 구성되어 있다. 엽록소 a와 b의 차이는 포르피린 고리에 작용기로 각각 메틸기과 알데히드기를 갖는다는 것이다. 이로 인해 엽록소 a와 b는 광 흡수 스펙트럼이 달라지는데 이는 빛의 이용 영역을 확장시킨다는 측면에서 의미가 있다.

06

광합성 보조 색소인 카로티노이드에 관한 설명으로 옳지 않은 것은?

① 에너지 전달 효율이 엽록소보다 높다.
② 뿌리, 꽃, 열매 등에서 적색이나 황색을 나타낸다.
③ 적황색 부근의 가시광선을 흡수하지 않는다.
④ 과도한 에너지로부터 광합성 기구를 보호하는 역할을 한다.

> **해설** 광합성 보조 색소는 엽록소가 흡수하지 못하는 영역의 광 에너지를 흡수하여 반응중심으로 전달해주는 역할을 하는데 에너지 전달 효율은 30~40% 정도로 엽록소의 95~99% 보다 낮다.

07

광합성 색소이면서 과도하게 흡수된 빛 에너지를 열로 발산시켜 광합성 기구를 보호하는 역할을 하는 보조 색소는?

① 제아잔틴
② 피토크롬
③ 플라보놀
④ 안토시아닌

> **해설** 광합성 색소로 엽록소와 카로티노이드 색소가 있다. 카로티노이드는 광합성의 보조색소로 과도한 에너지에 의한 광산화를 방지하는 역할도 한다. 카로티노이드계 색소는 크게 카로틴와 잔토필로 구분할 수 있는데 제아잔틴은 잔토필에 속한다.

08

광합성에 가장 효과적인 광선은?

① 적색광과 청색광
② 청색광과 녹색광
③ 녹색광과 자색광
④ 자색광과 적색광

> **해설** 광흡수 스펙트럼과 광합성 작용 스펙트럼에 따르면 식물의 광합성에 가장 효과적인 광선은 가시광선 영역의 적색광과 청색광이다.

09

다음 중 식물체의 엽록소가 가장 잘 흡수하는 가시광선의 파장대는?

① 350nm 부근
② 550nm 부근
③ 650nm 부근
④ 750nm 부근

> **해설** 엽록소는 650nm 부근의 적색광과 450nm 부근의 청색광을 가장 잘 흡수한다. 엽록소의 파장별 광합성 작용 스펙트럼과 일치하는데 이는 엽록소가 잘 흡수하는 적색광과 청색광이 광합성에 가장 효과적인 광선이라는 뜻이다.

10

사과나무의 잎이 우리 눈에 초록색으로 보이는 이유는?

① 잎의 엽록소가 녹색광을 잘 흡수하기 때문이다.
② 잎의 엽록소가 녹색광을 잘 반사하기 때문이다.
③ 잎의 엽록소가 적외선을 잘 흡수하기 때문이다.
④ 잎의 엽록소가 적외선을 잘 반사하기 때문이다.

해설 녹색광을 반사하기 때문에 식물 잎이 녹색을 나타낸다.

11

안테나 엽록소에 관한 설명으로 옳지 않은 것은?

① 상호 간에 물리적으로 에너지를 전달한다.
② 에너지 전달 효율이 95~99%이다.
③ 반응 중심에 전자를 전달한다.
④ 엽록소 b보다 엽록소 a 함량이 높다.

해설 안테나 엽록소는 반응 중심에 물리적으로 에너지를 전달할 뿐이며 전자를 주지는 않는다. 에너지 전달 효율은 95~99%로 대단히 높다. 반응 중심에 공급되는 전자는 물의 광분해로 발생한 것이다. 보통 대략 엽록소 a와 b의 분포 비율은 3:1 정도이다.

12

광화학 반응계의 구성 요소인 반응중심에 관한 설명으로 옳지 않은 것은?

① 전자를 방출하여 광화학 반응을 유발한다.
② 안테나 엽록소로부터 전자를 전달받는다.
③ 수 개의 엽록소로 구성되어 있다.
④ 안테나 엽록소들을 서로 공유한다.

해설 반응중심은 주변 안테나 엽록소로부터 에너지를 전달받아 전자를 방출하여 광화학 반응을 일으킨다.

13

광합성의 명반응이 일어나는 장소는?

① 틸라코이드막   ② 스트로마
③ 매트릭스   ④ 엽록체 외막

해설 광합성의 명반응은 광에너지를 흡수하는 광합성 색소가 위치한 틸라코이드막에서 이루어진다.

14

엽록체 내에서 막구조를 손상시키는 활성산소류가 아닌 것은?

① 일중항산소($^1O_2$)
② 삼중항산소($^3O_2$)
③ 초산화물(O_2^-)
④ 과산화수소(H_2O_2)

해설 공기 중의 산소는 삼중항산소로 반응성이 없으나 에너지나 전자를 전달받으면 일중항산소, 초산화물, 과산화수소 등과 같은 반응성이 높은 활성산소류를 만들어 엽록소와 막구조를 파괴한다.

15

광합성의 명반응에서 전자 전달 흐름 방향을 옳게 나열한 것은?

① 물 → 제1광계 → 시토크로 b_6/f → 제2광계 → NADPH
② 물 → 제1광계 → 제2광계 → 시토크로 b_6/f → NADPH
③ 물 → 제2광계 → 제1광계 → 시토크로 b_6/f → NADPH
④ 물 → 제2광계 → 시토크로 b_6/f → 제1광계 → NADPH

해설 제1광계에서 방출된 전자는 몇 단계를 거쳐 최종적으로 $NADP^+$에 전달되어 NADPH를 합성한다. 제1단계에서 방출된 전자는 제2광계로부터 보충받는데 제2광계의 반응중심에서 방출된 전자가 페오피틴, Q_A와 Q_B를 거쳐 플라스트퀴논 풀에 합류한 후 시토크롬 b_6/f 복합체로 전달되고 플라스토시아닌을 거쳐 제1광계에 도달한다. 한편 제2광계에서 방출된 전자는 물의 광분해로 발생한 전자로 보충받는다.

16

광합성의 명반응 과정에서 생기는 물질을 모두 고른 것은?

㉠ CO_2	㉡ O_2
㉢ NADPH	㉣ ATP
㉤ PGA	

① ㉠, ㉡, ㉢
② ㉡, ㉢, ㉣
③ ㉢, ㉣, ㉤
④ ㉠, ㉢, ㉤

해설 명반응은 암반응에 필요한 ATP와 NADPH를 광조건에서 합성하면서 O_2를 방출하는 과정으로 틸라코이드막에서 일어난다. 암반응 과정에서는 PGA, G3P, RuBP 등이 생성된다. PGA는 암반응에서 탄산가스가 고정되어 최초로 생성되는 안정된 물질이다.

17

광합성 과정에서 힐반응(Hill Reaction)으로 알 수 있는 것은?

① H_2O의 광분해
② CO_2의 광분해
③ ATP의 생합성
④ NADPH의 생합성

해설 1930년 영국의 힐(Robin Hill)은 엽록체의 부유액에 CO_2의 주입을 차단하고 페리시아니드(Ferricyanide)와 같은 수소 수용체를 첨가한 다음 빛을 조사해 주면 O_2가 발생하는 것을 발견하고 물의 광분해를 발견하였다(힐반응, Hill Reaction).

18

광합성의 명반응 과정에서 방출되는 산소는 무엇의 분해산물인가?

① 탄수화물
② 이산화탄소
③ 물
④ 엽록소

해설 산소는 광합성의 명반응 과정에서 물이 광분해되면서 방출되는 것이다.

19

광계(Photosystem)에 관한 설명으로 옳지 않은 것은?

① 반응중심 엽록소 이외의 엽록소는 안테나 엽록소의 기능을 한다.
② 제1광계(PSⅠ)는 틸라코이드막의 비중첩 부위에 주로 분포한다.
③ 제2광계(PSⅡ)는 680nm의 빛을 가장 잘 흡수한다.
④ PSⅠ이 PSⅡ보다 1.5배 정도 많이 존재한다.

해설 제2광계가 제1광계보다 1.5배 정도 많이 존재하는 것으로 알려져 있다. 제1광계는 700nm의 빛을 가장 잘 흡수한다. 제2광계는 주로 틸라코이드막의 중첩 부위에 분포한다.

안심Touch

20

제2광계의 구성 성분이 아닌 것은?

① 페레독신(Ferredoxin)–NADP$^+$ 환원효소
② 광수확 복합체(Light Harvesting Complex)
③ 페오피틴(Pheophytin)
④ 산소 방출 복합체

해설 페레독신(Ferredoxin)–NADP$^+$ 환원효소는 제1광계에서 전자를 받은 페레독신을 이용하여 NADP$^+$를 NADPH로 환원시키는 효소이다.

21

제2광계에서의 전자 전달 순서를 옳게 나열한 것은?

① P680 → 페오피틴 → Q_A와 Q_B
② 페오피틴 → P680 → Q_A와 Q_B
③ P680 → Q_A와 Q_B → 페오피틴
④ 페오피틴 → Q_A와 Q_B → P680

해설 반응중심에서 방출된 전자가 페오피틴, Q_A와 Q_B를 거쳐 플라스트퀴논 풀에 합류된다.

22

광합성 명반응의 전자 전달 과정에서 제2광계의 반응중심(P680)이 방출한 전자의 1차 수용체는?

① 플라스트퀴놀 ② 플라스트퀴논
③ 페오피틴 ④ 플라스토시아닌

해설 제2광계의 들뜬 반응중심 엽록소인 P680*에서 방출된 전자는 페오피틴이라 하는 1차 전자수용체로 전달된다. 페오피틴은 Mg^{2+}가 2개의 수소로 치환된 엽록소 a의 형태로 무색이다. 페오피틴이 수용한 전자는 다시 반응중심에 결합되어 있는 두 개의 플라스토퀴논(Q_A와 Q_B)에 전달된다.

23

광합성의 명반응에 관한 설명으로 옳은 것은?

① 전자는 제1광계에서 제2광계로 전달된다.
② 비순환적 전자 전달 과정은 제2광계가 관여하지 않는다.
③ 비순환적 전자 전달 과정은 O_2를 방출하지 않는다.
④ 순환적 전자 전달은 NADPH를 생성하지 않는다.

해설 비순환적 전자 전달 과정은 물의 산화로부터 NADP$^+$까지의 경로를 거쳐 이루어지므로 제2광계, 물의 광분해, 제1광계 모두가 관여한다. 순환적 전자 전달 과정은 체내에서 NADPH를 생산할 필요가 없는 경우에 페레독신을 경유하여 시토크롬 b_6/f 복합체로 전자를 넘겨주어 P700으로 전달하는 반응 경로이다.

24

( )에 들어갈 내용을 옳게 나열한 것은?

광합성 전자 전달 저해제로 (ㄱ)은/는 (ㄴ)의 환원 부위에 결합하여 페레독신을 경유하여 NADP$^+$로 가는 전자를 산소 분자로 전달하여 활성산소를 생성시켜 손상을 준다.

① ㄱ. 파라콰트, ㄴ. 제1광계
② ㄱ. 파라콰트, ㄴ. 제2광계
③ ㄱ. 디우론, ㄴ. 제1광계
④ ㄱ. 디우론, ㄴ. 제2광계

해설 디우론은 제2광계의 퀴논(Q_B)에 결합하여 플라스토퀴놀이 전자를 받아들일 수 없게 하고 Q_A에 전자가 머물게 하여 광합성을 저해한다.

25

틸라코이드 막의 ATP 합성효소에 관한 설명으로 옳지 않은 것은?

① V형의 ATP 합성효소이다.
② ADP와 무기인산의 결합을 촉매한다.
③ 구동력은 막 내외 양성자의 농도 기울기이다.
④ CF_1 모터의 회전 방향이 시계 반대 방향이다.

해설 틸라코이드 막의 ATP 합성효소는 F형으로 ATP를 소모하는 V형과는 달리 모터의 회전이 시계 반대 방향이다.

26

캘빈회로는 광합성의 어떤 과정을 의미하는가?

① 명반응 과정
② 암반응 과정
③ 전자전달 과정
④ 광인산화 과정

해설 명반응에서 준비한 NADPH와 ATP를 이용하여 이산화탄소를 환원시키는 과정이 암반응이며 이때 관여하는 회로가 캘빈회로이다.

27

캘빈회로와 같은 의미의 대사 반응 경로는?

① G3P 회로
② PCR 회로
③ TCA 회로
④ CAM 회로

해설 캘빈회로는 광합성 탄소환원(Photosynthetic Carbon Reduction ; PCR)회로라고도 한다.

28

캘빈회로의 반응 기질에 해당하지 않는 것은?

① CO_2
② H_2O
③ ATP
④ NADPH

해설 암반응은 명반응에서 생산한 ATP와 NADPH를 이용하여 이산화탄소를 환원시키는 과정이다.

29

광합성의 암반응이 일어나는 장소는?

① 틸라코이드막
② 스트로마
③ 루 멘
④ 엽록체 외막과 내막 사이

해설 광합성의 명반응은 틸라코이드막에서, 암반응은 스트로마(기질)에서 일어난다.

30

광합성의 암반응 과정에 생기는 물질이 아닌 것은?

① G3P
② ATP
③ RuBP
④ PGA

해설 ATP는 명반응 과정에서 생성된 것으로 암반응 과정에 에너지원으로 이용된다. 암반응 과정에서는 PGA, G3P, RuBP 등이 생성된다. PGA는 암반응에서 탄산가스가 고정되어 최초로 생성되는 안정된 물질이고, G3P는 RuBP로 재생이 되며 일부는 포도당과 설탕을 만드는 출발 물질이 된다.

31

루비스코(RuBP carboxylase/oxygenase)에 관한 설명이다. (   )에 들어갈 낱말을 순서대로 나열한 것은?

> 지구상에서 가장 풍부한 루비스코는 (   ) 과정에서는 카르복실라아제로 작용하여 RuBP와 (   )를, (   ) 과정에서는 옥시게나아제로 작용하여 RuBP와 (   )의 반응을 촉진적으로 촉매한다.

① 캘빈회로, 산소, 광호흡, 이산화탄소
② 캘빈회로, 이산화탄소, 광호흡, 산소
③ 광호흡, 산소, 캘빈회로, 이산화탄소
④ 광호흡, 이산화탄소, 캘빈회로, 산소

해설 루비스코는 캘빈회로에서는 카르복실라아제로 이산화탄소와, 광호흡에서는 옥시게나아제로 산소와 RuBP의 반응을 촉진적으로 촉매한다.

32

광합성에 관한 설명으로 옳은 것은?

① 녹색을 띠는 잎은 광합성에 녹색광이 가장 효과적이다.
② 암반응은 ATP와 NADPH를 이용하여 CO_2를 환원시키는 과정이다.
③ 제1광계와 제2광계가 독립적으로 명반응에 관여한다.
④ CO_2가 고정되어 최초로 생성하는 안정된 중간산물은 G3P이다.

해설 잎이 녹색을 띠는 이유는 녹색광을 잘 반사하기 때문이다. 명반응에서 제1광계와 제2광계는 전자 전달에 있어 밀접하게 연관되어 있다. CO_2가 고정되어 최초로 생성하는 안정된 중간산물은 PGA이다.

33

광호흡에 관여하는 세포 소기관을 모두 고른 것은?

> ㄱ. 엽록체
> ㄴ. 퍼옥시솜
> ㄷ. 글리옥시솜
> ㄹ. 미토콘드리아

① ㄱ, ㄴ, ㄷ
② ㄱ, ㄴ, ㄹ
③ ㄱ, ㄷ, ㄹ
④ ㄴ, ㄷ, ㄹ

해설 광호흡은 엽록체에서 시작하지만 반응 경로를 보면 퍼옥시솜, 미토콘드리아를 넘나들면서 일어난다. 글리옥시솜은 지방산 산화가 일어나는 소기관으로 지방이 저장된 종자나 어린 식물에서 볼 수 있으며 성장하면서 없어진다.

34

C_4 식물의 일반적 특징에 관한 설명으로 옳은 것은?

① 주로 한대 원산 식물이 많다.
② 엽육조직에 유관속초세포가 없다.
③ 한 여름에 광호흡이 매우 활발하다.
④ 광합성 효율이 C_3 식물보다 높다.

해설 C_4 식물은 엽육조직에 유관속초세포가 잘 발달되어 있고 엽록체가 있어 광합성이 활발히 이루어진다. C_4 식물은 주로 열대 원산 식물들로 광호흡때문에 생기는 광합성의 비효율성을 극복하기 위한 수단으로 C_4 회로를 추가로 가지는 식물이다. C_3 식물에 비해 광합성 효율이 높은 것이 특징이다.

35

C$_4$ 식물만을 고른 것은?

> ㄱ. 벼
> ㄴ. 강 피
> ㄷ. 수 수
> ㄹ. 옥수수

① ㄱ, ㄴ, ㄷ
② ㄱ, ㄴ, ㄹ
③ ㄴ, ㄷ, ㄹ
④ ㄱ, ㄴ, ㄷ, ㄹ

해설 벼는 C$_3$ 식물이다. C$_4$ 식물은 강피를 포함하여 주로 열대성 초본 단자엽식물(사탕수수, 옥수수, 수수)에서 볼 수 있다.

36

C$_3$와 C$_4$ 식물에 관한 설명으로 옳은 것은?

① C$_3$ 식물보다 C$_4$ 식물의 이산화탄소 보상점이 더 높다.
② C$_3$ 식물보다 C$_4$ 식물의 증산율이 더 높다.
③ 한여름에 C$_4$ 식물보다 C$_3$ 식물의 광호흡이 더 높다.
④ C$_4$ 식물보다 C$_3$ 식물의 유관속초세포가 더 잘 발달되어 있다.

해설 C$_3$ 식물보다 C$_4$ 식물은 이산화탄소 보상점과 증산율이 낮고, 유관속초세포가 더 잘 발달되어 있다.

37

CAM 식물의 특징에 관한 설명으로 옳지 않은 것은?

① 다육질이며 체적에 비해 표면적이 작다.
② 각피층이 두껍게 발달한다.
③ 기공이 깊이 묻혀 있으면서 기공 개도가 작다.
④ 대체로 액포가 작다.

해설 CAM 식물은 고온 건조한 기후 조건에서 수분 손실을 최소화하는 해부학적 특징을 가지고 있다. 밤에 기공을 열고 이산화탄소를 흡수하여 액포에 저장하기 때문에 대체로 액포가 큰 특징이 있다.

38

( )에 들어갈 내용으로 옳은 것은?

> (ㄱ)은/는 C$_3$ 식물이고, (ㄴ)은/는 C$_4$ 식물이며, (ㄷ)은/는 CAM 식물이다.

① ㄱ. 벼, ㄴ. 수수, ㄷ. 파인애플
② ㄱ. 밀, ㄴ. 옥수수, ㄷ. 사탕수수
③ ㄱ. 강피, ㄴ. 알팔파, ㄷ. 바나나
④ ㄱ. 보리, ㄴ. 용설란, ㄷ. 돌나물

해설 벼, 밀, 보리, 알팔파, 바나나는 C$_3$, 수수, 옥수수, 사탕수수, 강피는 C$_4$, 파인애플, 용설란, 돌나물은 CAM 식물이다.

39

돌나물 식물에서 볼 수 있는 특이한 광합성 경로는?

① C_3 회로
② C_4 회로
③ Hatch-Slack 회로
④ CAM 회로

해설　돌나물과식물은 CAM 식물이다. 돌나물과의 에케베리아, 칼랑코에, 돌나물 등은 대표적인 CAM 식물들이다.

40

온도가 높고 건조한 조건에서의 광합성 경로가 다른 식물은?

① 에케베리아
② 칼랑코에
③ 바나나
④ 파인애플

해설　돌나물과식물과 선인장류는 대부분이 CAM 식물이다. 돌나물과의 에케베리아, 칼랑코에, 돌나물 그리고 선인장류, 그 밖의 용설란, 파인애플 등은 대표적인 CAM 식물들이다. 바나나는 CAM 식물이 아니다.

41

온도와 광합성에 관한 설명으로 옳지 않은 것은?

① 온도의 영향은 광도가 높을 때보다 낮을 때 그 영향이 크다.
② 온도가 상승하면 광합성률이 호흡률보다 더 빨리 감소한다.
③ 35℃에서 알팔파보다 옥수수의 광합성률이 높다.
④ 고온은 광합성 기관을 파괴시켜 광합성을 억제한다.

해설　광합성에 대한 온도의 영향은 광도가 높을 때 영향이 크다.

42

광합성의 내적 요인에 관한 설명으로 옳지 않은 것은?

① 엽록소 함량이 높으면 광합성이 촉진된다.
② 체내 수분 함량이 적어 기공이 닫히면 광합성이 감소한다.
③ 동화물질이 엽육세포에 축적되면 광합성이 억제된다.
④ 엽록체 안에 다량의 녹말이 생기면 광합성이 촉진된다.

해설　광합성이 지나치게 왕성하면 생성된 동화물질이 미처 수송되지 못하고 엽육세포나 엽록체에 축적되기 쉽다. 이렇게 동화물질이 체내에 축적되면 광합성이 억제된다.

PART 08

동화산물의 수송과 저장

CHAPTER 01 동화산물의 대사

CHAPTER 02 동화산물의 수송

CHAPTER 03 동화산물의 저장

적중예상문제

● 학습목표 ●

1. 광합성의 1차 최종 산물인 설탕과 녹말의 생합성 대사를 학습하고 이들의 상호 경쟁적 관계를 이해한다.
2. 동화산물의 수송과 관련하여 수송 통로, 수송 패턴, 수송 형태, 수송 기구에 대해 알아본다.
3. 수송된 동화산물의 저장기관과 저장물질에 대해 학습한다.

동화산물의 대사

(1) 녹말과 설탕의 합성

① 녹말(전분, Starch)

　㉠ 식물의 중요한 저장 탄수화물로 엽록체에서 합성된다(그림 8-1).

　㉡ 엽록체의 스트로마에 과립의 형태로 일시적으로 축적된다.

　㉢ 야간에는 분해되어 호흡 기질로 이용된다.

　㉣ 포도당의 중합체로서 아밀로오스(Amylose)와 아밀로펙틴(Amylopectin)의 두 가지 형태로 존재한다. 이들 녹말의 합성에는 ATP가 요구된다.

아밀로오스	• 포도당이 α-(1,4) 결합한 선형의 중합체 • 동화산물인 삼탄당 인산 G3P와 DHAP가 축합 반응으로 과당-1,6-이인산을 만들고, 차례로 과당-6-인산 → 포도당-6-인산 → 포도당-1-인산으로 전환됨 • 포도당-1-인산이 ATP와 반응하여 ADP-포도당을 생성함 • ADP-포도당은 포도당의 활성형으로 녹말 합성효소의 촉매로 아밀로오스를 생성함
아밀로펙틴	• 아밀로오스에 α-(1,6) 결합의 곁가지를 갖는 중합체 • 녹말 분지효소에 의해 아밀로오스로부터 합성됨

② 설탕(자당, Sucrose)

　㉠ 포도당과 과당이 결합한 수용성 이당류로 시토졸에서 합성된다(그림 8-1).

　　• 3탄당 인산이 엽록체 내막의 운반체를 통해 시토졸로 빠져 나온다.

　　• 시토졸에서 3탄당 인산(G3P와 DHAP)이 서로 결합하여 과당-1,6-이인산으로 축합된다.

　　• 과당-1,6-이인산이 각각의 경로를 거쳐 과당-6-인산(Fructose-6-phosphate)과 UDP-포도당으로 전환되고, 이들이 결합하여 설탕-6-인산(Sucrose-6-phosphate)을 합성한다.

　　• 설탕-6-인산이 가수분해되면 인산이 분리되면서 설탕이 합성된다.

　　• 설탕 합성효소는 주로 시토졸에만 존재한다.

　㉡ 설탕 합성에서는 ATP 대신 UTP(Uridine triphosphate)가 이용된다.

　㉢ 합성된 설탕은 대부분 체관을 통해 필요한 부위로 수송되어 호흡 기질로 이용되기도 하고 저장기관에 녹말, 프락탄 등의 형태로 저장된다.

　㉣ 사탕수수나 사탕무의 경우에는 저장기관의 액포에 설탕으로 저장된다.

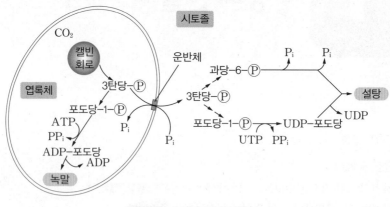

그림 8-1 녹말과 설탕의 합성

(2) 녹말과 설탕의 생합성 경쟁

① 녹말과 설탕의 생합성 경쟁 그림 8-1

　㉠ 녹말과 설탕은 둘 다 3탄당 인산을 반응 기질로 사용하기 때문에 서로 경쟁적이다.

　㉡ 시토졸에서 설탕 합성과 수송이 광합성 속도를 따르지 못할 때에는 3탄당 인산이 엽록체에서 바로 녹말로 전환되어 임시로 저장된다.

② 녹말과 설탕의 생성 비율

　㉠ 무기인산(P_i)과 3탄당 인산의 농도 비율에 의해 조절된다.

　㉡ 특히 3탄당 인산의 배분은 엽록체와 시토졸 간의 무기인산의 농도에 의해 결정된다.

　　• 시토졸의 P_i 농도가 높으면 엽록체의 3탄당 인산이 시토졸로 유출되어 설탕 합성에 이용된다.

　　• 시토졸의 P_i 농도가 낮으면 3탄당 인산은 엽록체에 남아서 녹말 합성에 이용된다.

　　• 이때 엽록체 내막에서 인산과 3탄당을 수송하는 단백질을 인산/3탄당 인산 운반체(P/triose-P transporter)라고 부른다.

ⓒ 결국 엽록체 안에서 일어나는 녹말 합성과 시토졸에서 일어나는 설탕 합성은 인산 운반체의 활동, 무기인산(P_i)의 농도, 광합성 속도, 광합성 산물의 축적과 전류, 다양한 관련 효소의 활성 등에 의하여 조절된다.

Level UP 이론을 확인하는 문제

녹말과 설탕의 생성에 관한 설명으로 옳지 않은 것은?

① 3탄당 인산을 반응 기질로 사용하기 때문에 서로 경쟁적이다.
② 녹말은 엽록체에서, 설탕은 시토졸에서 합성된다.
③ 시토졸의 무기인산 농도가 높으면 녹말 합성이 촉진된다.
④ 광합성 속도보다 전류 속도가 빠르면 설탕 합성이 촉진된다.

해설 녹말과 설탕의 합성에 있어서 3탄당 인산의 배분은 엽록체와 시토졸 간의 무기인산의 농도에 의해 결정된다. 시토졸의 무기인산 농도가 높으면 엽록체의 3탄당 인산이 시토졸로 유출되어 설탕 합성에 이용된다.

정답 ③

동화산물의 수송

체관부를 포함하는 환상박피 후의 박피 아랫부분 줄기의 생장과 $^{14}CO_2$를 잎에 처리한 후 체관액을 분석하면 동화산물의 수송 통로를 알 수 있다.

(1) 수송 통로(체관부)

① 체관부의 구조

　㉠ 동화산물의 수송은 체관부를 통해 이루어진다.

　㉡ 체관부는 체요소, 반세포, 유조직, 섬유 및 보강세포 등으로 구성되어 있다(그림 8-2).

체요소	• 동화물질의 수송은 체관부의 체요소를 통하여 이루어짐 　– 체요소는 피자식물의 체관요소와 나자식물의 체세포를 아우르는 용어임 　– 체요소는 살아있지만 성숙하면서 세포벽이 얇아지고 세포막은 세포벽에 밀착되며 핵과 액포가 소실됨 　– 성숙한 체관요소의 내부는 얇게 수축된 세포질로 구성되며, 세포질에는 변형된 소포체, 미토콘드리아, 색소체 등이 보임 • 체관요소가 길게 길이로 연결되어 형성한 관이 체관임 • 체관요소 간 연결 부위에 체판이 있어 동화물질이 쉽게 이동함. 필요에 따라 체판의 구멍을 막아 물질의 이동을 차단함 • 체관요소가 살아있다는 것은 수송 기작에 중요한 역할을 한다는 것을 의미하며 고도로 특수화된 체관요소는 반세포의 도움을 받아야 함
반세포	• 체관요소에 붙어 있음 • 밀도가 높은 세포질과 핵을 가지고 있음 • 세포질에 액포와 엽록체를 갖고 있으며 세포벽이 잘 발달되어 있음 • 세포벽에서는 자신과 짝지어진 체관요소 쪽으로만 원형질 연락사가 발달되어 있어 두 세포 간의 기능적 연관성을 짐작할 수 있음 • 동화산물을 체관요소로 적재함 • 단백질과 ATP를 합성하여 체관요소에 공급함 • 체관요소의 기능이 활발하면 존재하지만 체관이 노화하면 파괴됨 • 정상적인 반세포 외에 중간세포, 수송세포라는 특수한 형태의 반세포도 존재하는데 이들은 구조가 다름
유조직	• 체관요소 주변에 위치하며 세포벽이 얇고 길이로 길게 신장되어 있음 • 저장 기능과 함께 동화물질을 분열조직이나 저장기관으로 횡적으로 운반하는 작용을 함 • 에너지를 생산하여 동화물질을 능동적으로 수송함
섬유 및 보강세포	두꺼운 세포벽을 갖고 있어 체관이 압력에 잘 견딜 수 있도록 함

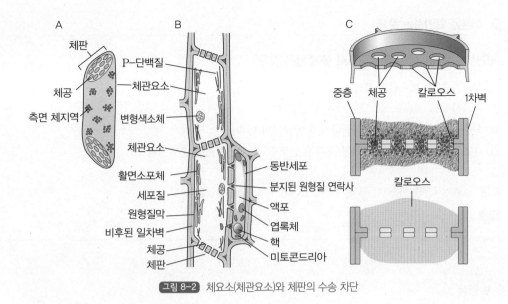

그림 8-2 체요소(체관요소)와 체판의 수송 차단

② P-단백질과 칼로오스

체관은 손상되면 일시적으로는 P-단백질(Phloem protein, 체관부 단백질)로, 장기적으로는 칼로오스(Callose)로 메워진다.

P-단백질	· 피자식물의 체관요소에는 P-단백질이 풍부함
	· 반세포에서 합성되어 체관요소로 수송되어 결합된 P-단백질 섬유와 P-단백질체를 말함
	· 작은 단백질로 보이다가 체관요소가 성숙하면 커지고 세포질에 흩어져 분포함
	· 탄수화물과 쉽게 결합함
	· 체관요소의 세포 내벽에 위치하다가, 체관요소가 상처를 입으면 바로 겔(Gel)화되면서 체공을 막아 수액의 소실이나 미생물의 감염을 방지함
	   – 일부 학자들은 상처를 입으면 팽압이 해제되면서 체관액이 체공을 빠져 나갈 때 P-단백질이 체관요소를 막아 수액의 소실을 막아 주는 것으로 보고 있음
	   – 체관액을 빨아 먹는 곤충들에 대한 방어 기작의 하나로 보지만 일시적이면서 단기적으로 체관액의 누출을 차단하는 데 관여한다는 것은 명확함

칼로오스	· β-1,3 결합의 포도당 중합체
	· 녹말과 셀룰로오스와 관련됨
	· 정상 체관요소에서는 소량이 체판의 표면에서 발견됨
	· 체관요소가 상처를 입었거나 더 이상 기능을 하지 않는 체관요소에서 장기적으로 체판의 구멍을 봉합하여 식물의 수송시스템을 유지할 수 있도록 함
	   – 체관요소가 상처를 입으면 캘러스(Callus, 유합조직)의 형성과 함께 급격히 합성되어 체판에 축적됨
	   – 성숙하여 기능을 상실한 체관요소에는 다량의 칼로오스가 체판 위에 축적됨

체관부의 반세포에 관한 설명으로 옳지 않은 것은?

① 밀도가 높은 세포질과 핵을 가지고 있다.

② 동화산물을 체관요소로 적재하는 역할을 한다.

③ 체관요소 쪽으로만 원형질 연락사가 발달되어 있다.

④ 유조직에서 합성된 P−단백질(체관부 단백질)을 체관요소로 운반한다.

해설 반세포가 P−단백질(체관부 단백질)을 합성하여 체관요소에 공급한다.

정답 ④

(2) 수송 양상

① 소스에서 싱크로

　㉠ 체관부에서 동화산물 수송은 상부나 하부로 일정하지 않다.

　㉡ 체관부의 수송은 중력의 영향을 받지 않는다.

　㉢ 동화산물은 소스(Source)라는 공급부에서 싱크(Sink)라는 수용부로 수송된다(그림 8-3).

② 소스와 싱크

　㉠ 특정기관이나 조직은 소스가 될 수도 있고 싱크가 될 수도 있다.

　㉡ 같은 기관이라도 생육 단계에 물질을 공급하는 입장에 있으면 소스, 수용하는 입장에 있으면 싱크이다.

　㉢ 광합성 산물을 만들어 공급하는 잎은 대표적인 소스이지만 어린잎은 싱크가 된다.

　㉣ 벼는 동화물질이 줄기에 일시적으로 저장되기 때문에 줄기는 싱크이자 소스가 된다.

　㉤ 싱크였던 감자나 당근의 저장기관은 이듬해 생장을 할 때는 소스가 된다.

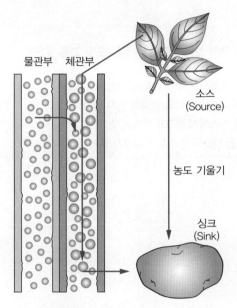

물관부 체관부

소스
(Source)

농도 기울기

싱크
(Sink)

그림 8-3 감자에 있어서 소스와 싱크

③ 동화산물의 수송 양상

　㉠ 광합성이 이루어지는 잎은 식물의 대표적인 소스이다. 잎의 동화산물은 엽맥으로 이동하고, 줄기의
　　 체관을 통하여 저장기관으로 이동한다.

　㉡ 저장기관은 식물의 대표적인 싱크이다.

　　 • 동화물질은 종자, 열매, 괴경, 인경, 뿌리와 같은 싱크로 이동하여 저장된다.

　　 • 뿌리나 줄기의 생장점, 어린 뿌리나 잎도 중요한 싱크이다.

　㉢ 동화산물을 받을 수 있는 싱크의 능력을 싱크 강도(Sink strength)라고 한다.

　　 • 싱크 강도는 싱크 조직의 크기(무게)와 싱크 조직 단위 중량당 동화산물을 흡수할 수 있는 능력
　　　 (속도), 즉 싱크 활성(Sink activity)에 의해 결정된다.

　　 • 싱크 활성은 설탕 합성효소와 설탕 분해효소가 중요한 역할을 하는 것으로 보인다.

　㉣ 과수에서 싱크 활성도는 과실 > 잎 > 줄기 > 새 가지 > 뿌리의 순이다.

④ 체관부 수송 양상의 복잡성

　㉠ 초본성 식물에서 보면 소스는 가까운 싱크에 동화산물을 우선적으로 공급한다.

　　 성숙한 상부의 잎은 정단부 어린잎으로, 성숙한 하부의 잎은 지하부 뿌리로 동화산물을 공급한다.

　㉡ 발달 과정에서도 영양생장 중에는 뿌리와 줄기의 정단이, 생식생장 중에는 열매가 중요한 수용부로
　　 작용한다.

　㉢ 잎의 경우는 유관속이 직접 연결된 수용부에 우선적으로 공급한다.

　㉣ 전정이나 적엽 등으로 수송 경로가 차단되면 대안적인 유관속 상호 연결 경로가 생긴다.

체관부의 동화산물 수송에 관한 설명으로 옳은 것을 모두 고른 것은?

> ㄱ. 체관부에서 동화산물의 수송은 상부나 하부로 일정하지 않다.
> ㄴ. 체관부에서 동화산물의 수송은 중력의 영향을 받지 않는다.
> ㄷ. 체관부에서 동화산물은 소스에서 싱크로 이동한다.
> ㄹ. 같은 기관이라도 생육 단계에 따라 소스와 싱크가 될 수 있다.

① ㄱ, ㄴ, ㄷ   ② ㄱ, ㄷ, ㄹ

③ ㄴ, ㄷ, ㄹ   ④ ㄱ, ㄴ, ㄷ, ㄹ

해설 모두 옳은 설명이다.

정답 ④

(3) 수송 형태와 속도

① 체관부 수송 성분

 ⊙ 체관부에서 동화산물의 수송 형태는 수액의 성분으로 알 수 있다.

 ⓒ 체관부 수액 성분은 진딧물의 침(빨대입, Stylet)을 이용하거나 상처를 내어 체관의 수액을 채취하여 분석하면 알 수 있다.

  • 상처를 내는 경우는 주변 손상 세포의 내용물이 혼입되기 쉬우므로 체요소에서 수액을 빨아먹는 진딧물의 침을 주로 이용한다.

  • 진딧물이 체요소에 침을 꽂은 상태에서 이산화탄소를 이용하여 마취시킨 후 레이저를 이용하여 침을 자른 후 단면에서 흘러나오는 순수한 수액을 모아 분석한다.

 ⓒ 탄수화물, 핵산, 아미노산, 단백질, 유기산, 무기이온, 호르몬 등이 체관에 함유되어 있다.

탄수화물	• 대부분은 비환원당으로 설탕이 큰 비중을 차지함 • 활발하게 생장 중인 피마자의 줄기에서 채취한 체관 수액의 주성분을 보면 총건물의 80%가 설탕임
핵산	주로 mRNA와 병원성 RNA임
아미노산	주로 글루탐산과 아스파르트산, 이들의 아미드 형태인 글루타민과 아스파라긴임
단백질	P-단백질과 기타 수용성 단백질임
유기산	• 세포 간 수송에는 중요한 부분을 차지하나 체관 수송에는 역할이 빈약함 • 말산, 시트르산, 옥살산 등의 유기산이 소량 포함됨
무기이온	• 칼륨, 마그네슘, 인산염, 염소 등을 함유함 • 칼슘, 황, 철, 질산염은 체관을 통해 이동하지 않음
호르몬	• 대부분의 체관액에서 발견됨 • 이는 호르몬이 생성 부위에서 작용 부위로 이동할 때 체관을 통해 이동한다는 것을 의미함

② 동화산물의 수송 형태

 ㉠ 체관액의 10~25%가 설탕이며 체관액 건물의 80% 이상을 차지하는 것은 가장 중요한 동화산물의 수송 형태가 설탕이라는 것을 나타내는 결과이다.

 ㉡ 일부 식물에서는 소량이지만 라피노오스(Raffinose), 스타키오스(Stachyose), 버바스코오스(Verbascose) 등의 올리고당류로도 수송된다.

 ㉢ 장미과식물에서는 당알코올인 만니톨(Mannitol)과 소르비톨(Sorbitol) 형태로 수송되기도 하는데 특히 소르비톨은 사과나무의 중요한 수송 형태이다.

③ 비환원당과 수송

비환원당 (설탕, 올리고당)	• 화학적으로 안정되어 수송 도중에 다른 물질과 화학 반응을 일으킬 가능성이 적음 • 비교적 높은 자유에너지를 갖고 있어 운동성이 큼 • 수송 후 수용부에서 쉽게 대사될 수 있음
환원당 (포도당, 과당)	• 환원성 자유 알데히드기나 케톤기가 노출되어 있어 반응성이 상대적으로 큼 • 수송 형태라기보다는 설탕의 가수분해 산물로 판단됨

④ 수송 속도

 ㉠ 특정 체요소의 단면을 통과한 동화산물의 수송 속도는 탄소의 동위원소나 염색된 추적 입자를 이용하여 측정할 수 있다.

 ㉡ 일반적으로 수송 속도는 단위 시간당 이동 직선 거리(cm/h)로 표현한다.

 ㉢ 체관부에서의 동화산물의 수송 속도는 식물의 종류에 따라 다르다.

식물 종류	속도(cm/h)	식물 종류	속도(cm/h)
강낭콩	107	사탕수수	270
사탕무	85~100	주키니호박	290
포 도	60	콩	100
버드나무	100	호 박	40~60

 ㉣ 당, 아미노산 등 동화산물의 종류에 따라서도 수송 속도가 다른데, 당류에서는 설탕이 상대적으로 빠르다.

Level UP 이론을 확인하는 문제

다음 재배식물 중에서 체관부의 동화산물 수송 속도가 가장 느린 식물은?

① 콩   ② 강낭콩

③ 사탕수수   ④ 호 박

해설 호박은 체관부에서 동화산물의 수송 속도가 40~60cm/h로 콩 100cm/h, 강낭콩 107cm/h, 사탕수수 270cm/h 보다 훨씬 느리다.

정답 ④

(4) 동화물질의 수송 기구

① 체관부 적재(Phloem loading)

　　㉠ 공급부에서 동화산물이 여러 경로를 거쳐 최종적으로 체요소로 운송되는 것을 말한다.

　　㉡ 체관부 적재 시 엽육세포의 동화산물은 가장 작은 엽맥으로 이동하고 엽맥을 따라 이동한다.

　　　　• 주맥에서 순차적으로 갈라져 나온 4～5차 지맥이 엽육세포와 접속되어 있다.

　　　　• 작은 엽맥은 하나의 물관과 1～2개의 체관을 가진다.

　　　　• 최종 지맥 간의 거리는 65μm 정도이며, 2～3개의 엽육세포가 최종 지맥의 각 측면에 존재한다.

　　㉢ 동화산물의 이동은 엽육세포 → 유관속초세포 → 체관부 유조직세포 → 반세포 → 체요소로 이루어진다.

　　㉣ 동화산물은 유조직세포까지는 원형질 연락사를 통해 이동하며 정상적인 반세포와 체요소 사이의 세포벽에는 원형질 연락이 없어 능동적 수송을 통해 체관요소로 운송된다.

　　㉤ 유조직세포에서 체요소로 동화산물이 이동하는 과정은 식물의 종류에 따라서 심플라스트와 아포플라스트의 두 가지 경로를 거친다(그림 8-4).

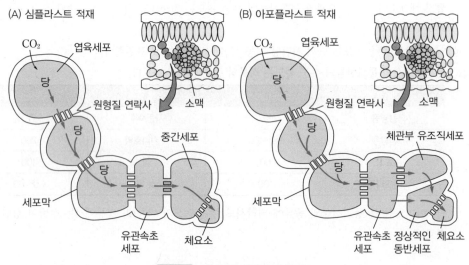

그림 8-4 잎에서의 사관부 적재 경로

심플라스트 적재 경로	• 호박에서 볼 수 있음
	• 호박은 중간세포라는 특수한 형태의 반세포를 가짐
	  – 중간세포(반세포)는 원형질 연락사가 풍부하고 체요소와의 사이에는 상대적으로 큰 원형질
	    연락사가 발달되어 있음
	  – 이런 경로를 갖는 식물은 설탕 외에도 라피노오스와 스타키오스와 같은 올리고당도 수송함
	  – 중간세포에서 합성된 올리고당(설탕 분자보다 큼)을 체요소로 수송하기 위해 더 큰 원형질
	    연락사가 필요함 그림 8-5
	• 심플라스 경로에서 원형질 연락사를 통한 확산은 단순한 물리적 현상임
	• 일부 식물에서 체요소와 반세포 내의 설탕 농도가 엽육세포보다 높게 나타나는 경우에도 역류
	  현상이 생기지 않고 체요소–반세포 복합체 방향으로 확산 이동이 계속 일어나는데·중합체–포
	  획 모델로 설명함 그림 8-5
	  – 설탕이 특수형태의 반세포인 중간세포로 들어오면 라피노오스, 스타키오스 등과 같은 올리고
	    당으로 전환됨
	  – 올리고당은 분자가 커서 되돌아 나가지 못하고 상대적으로 큰 원형질 연락사를 통해 체요소
	    로 수송됨

아포플라스트 적재 경로	• 곡류, 사탕무, 유채, 감자 등에서 볼 수 있음
	• 정상적인 반세포나 수송 세포를 가짐
	• 반세포와 주변 세포와의 사이에 원형질 연락사가 거의 없어서 설탕이 주변 세포에서 반세포로
	  이동하려면 아포플라스트를 거쳐야만 함
	• 이 경로를 가진 식물은 설탕만을 배타적으로 수송함
	• 아포플라스트의 설탕 농도가 공급부 세포보다 낮기 때문에 에너지나 운반체의 도움 없이 설탕
	  이 쉽게 이동됨
	• 아포플라스트로 이동된 설탕은 에너지(ATP)를 요구하는 특별한 수송체계의 도움으로 반세포
	  안으로 들어감 그림 8-6
	  – 반세포의 원형질막에 분포하는 설탕/수소이온 공동 수송체의 도움이 필요함
	  – 공동수송체 작동에는 수소이온펌프(H^+–ATPase, H^+–ATP 가수분해효소)에 의한 원형질막
	    내외의 수소이온(양성자) 기울기가 형성되어야 함
	  – 이 때 필요한 ATP는 설탕과 글루탐산을 기질로 사용하는 호흡 대사에서 만들어짐
	  – 세포막 밖의 수소이온의 농도가 높아지고 막 내외의 농도차가 전기화학적 퍼텐셜 기울기를
	    형성하면서 설탕/수소이온 공동운반체가 수소이온과 함께 설탕을 동시에 안으로 수송함
	  – 이는 동화산물의 농도 기울기에 역행하는 능동적 수송의 존재를 의미하며, 실제 호흡 저해제
	    를 처리하면 에너지 생산이 차단되어 당의 적재가 억제되는 것으로 확인됨

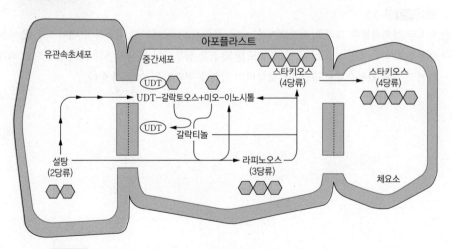

그림 8-5 심플라스트 체관부 적재 경로의 중합체–포획모델(Polymer–trapping model)

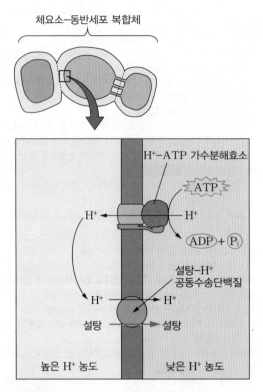

체요소-동반세포 복합체

H⁺-ATP 가수분해효소

ATP

H⁺

ADP + Pᵢ

설탕-H⁺
공동수송단백질

H⁺

설탕 → 설탕

높은 H⁺ 농도   낮은 H⁺ 농도

그림 8-6 체요소-동반세포 복합체에서 설탕의 적재 모델

② 체관부 하적(篩管部荷積, Phloem unloading)

㉠ 체관의 말단 부위에서 당이 수용 부위(Sink)로 빠져 나가는 것을 말한다.

㉡ 체관부 하적과 단거리 수송은 심플라스트와 아포플라스트의 두 가지 경로를 거친다.(그림 8-7).

㉢ 아포플라스트 경로에서는 설탕이 과당과 포도당으로 가수분해 되어 싱크 세포로 하적되기도 한다 (그림 8-7의 ②).

㉣ 하적된 동화산물은 그대로 저장되거나, 수용 부위의 다른 세포로 이동하여 대사 작용에 이용된다.

㉤ 수용부로의 하적은 체요소 내 당의 농도를 낮추고 삼투압이 낮아지면서 물이 물관으로 빠져 나가게 하여 팽압을 낮춤으로서 공급원으로부터의 압력을 전달받을 수 있게 한다.

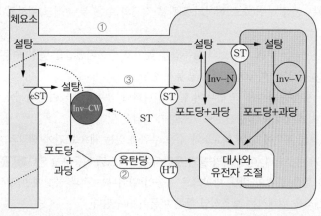

그림 8-7 수용 부위에서 설탕의 하적 경로. ① 심플라스트 경로, ②와 ③ 아포플라스트 경로. 단, eST 는 설탕유출수송체(efflux Sucrose Transporter), Inv-CW는 세포벽 인버타아제(Cell wall invertase), ST는 설탕수송체(Sucrose transporter), HT는 육탄당수송체(Hexose transporter), Inv-N은 중성 인버타아제(Neutral invertase), Inv-V는 액포 인버타아제(Vascuolar invertase)임

Level UP 이론을 확인하는 문제

잎에서 동화산물의 채관부 적재 이동 경로를 바르게 나열한 것은?

① 엽육세포 → 유관속초세포 → 반세포 → 체관부 유조직세포 → 체요소

② 엽육세포 → 체관부 유조직세포 → 반세포 → 유관속초세포 → 체요소

③ 엽육세포 → 체관부 유조직세포 → 유관속초세포 → 반세포 → 체요소

④ 엽육세포 → 유관속초세포 → 체관부 유조직세포 → 반세포 → 체요소

해설 잎에서 동화산물의 이동은 엽육세포 → 유관속초세포 → 체관부 유조직세포 → 반세포 → 체요소로 이루어 진다.

정답 ④

(5) 체관부 수송 기작

① 압류설(壓流說, Pressure flow hypothesis)

   ㉠ 피자식물에서 체관부 수송 기작으로 가장 설득력이 높은 가설이다.

   ㉡ 1927년 독일의 식물생리학자 뮝크(Munch, 뮌히, 뮌슈)가 제창하였다.

   ㉢ 체관 내 용액의 이동은 압력 기울기에 의해 일어나며, 용액이 이동하면서 용질(동화산물)이 함께 수 송된다는 설이다.

   ㉣ 가설에 따르면 공급 부위의 체요소와 수용 부위의 체요소 간의 압력 기울기에 의하여 물이 집단으로 이동하면서 동시에 동화물질이 수송되는 것으로 보고 있다.

ⓜ 압력 기울기는 공급 부위(소스)에서의 체관부 적재와 수용 부위(싱크)에서의 체관부 하적의 결과로 생긴다.

ⓗ 체관부 적재는 공급 부위 체요소의 삼투압을 높이고 수분퍼텐셜을 낮춰 수분퍼텐셜의 기울기에 따라 물관부로부터 물이 이동하여 팽압을 높게 한다.

ⓢ 수용 부위의 체관부 하적은 그 반대의 현상이 나타나 삼투압이 낮아지고 수분퍼텐셜은 높아져 물이 수분퍼텐셜 기울기에 따라 물관부로 이동하여 팽압을 낮춘다.

ⓞ 결과적으로 공급 부위에 있는 체요소와 수용 부위에 있는 체요소 간에 팽압의 차이로 체관 내 위아래 압력 기울기가 형성되며, 이에 따라 물과 용질이 집단적으로 이동하게 된다 그림 8-8.

ⓩ 체관 안에서 같은 물질이 반대 방향으로 수송이 일어나는 것과 물질에 따라서는 수송 속도가 다른 것에 대한 해석을 위해서는 보조적인 다른 이론이 요구된다.

② 그 밖의 가설로 전기삼투류설, 원형질유동설 등이 있다.

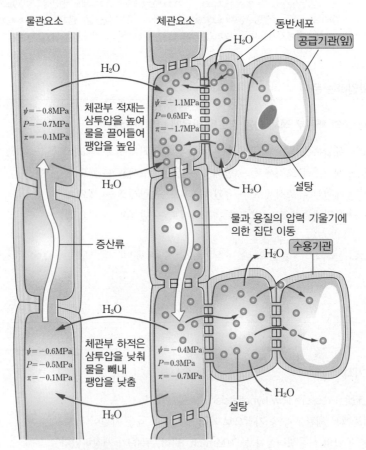

그림 8-8 체요소 내 수송 기구 모식도(압류설)

동화산물의 저장

(1) 저장기관

① 저장기관은 번식기관으로 이용되면서 다음 세대의 생장에 이용된다.

② 재배식물에 있어서는 대부분의 저장기관이 수확 이용의 대상이 된다.

③ 식물의 저장기관은 잎, 줄기, 뿌리와 같은 영양기관은 물론 종자나 열매와 같은 생식기관 등 매우 다양하다.

종 자	• 중요한 저장기관이면서 번식 수단임 • 배유 또는 자엽에는 여러 가지의 저장양분이 있음 • 저장양분은 종자 번식을 하는 경우 발아 후 초기 생장에 이용됨 • 벼, 보리와 같은 곡류나 완두, 대두, 강낭콩 등과 같은 콩류는 인간의 식량으로서 중요함
종자외 기관	• 벼와 같은 벼과식물은 줄기에 일시적으로 양분을 저장함 • 벼 줄기의 저장양분은 최종적으로 종자에 수송되어 저장됨 • 화훼나 채소류는 변태된 줄기(괴경 : 감자, 연, 토란), 잎(인경 : 마늘, 양파, 백합), 뿌리(괴근 : 고구마, 달리아) 등에 양분을 저장함 • 과수, 화목, 뽕나무 등과 같은 목본식물에서는 보통 줄기나 뿌리에 양분을 저장함 • 목본식물의 저장양분은 월동 후 이듬해 봄 새싹의 초기 생장에 이용됨 • 초본식물은 개체의 생존 기간이 짧고, 이에 따라 개체의 생장에 이용되는 저장양분이 수목에서처럼 영양기관에 축적되지 않음

Level UP 이론을 확인하는 문제

변태된 잎에 광합성 산물을 저장하는 식물만을 나열한 것은?

① 양파, 마늘　　　　　　　　　② 감자, 고구마

③ 백합, 달리아　　　　　　　　④ 감자, 토란

해설　감자, 연, 토란은 변태된 줄기(괴경)에 동화산물을 저장하고, 마늘, 양파, 백합은 변태된 잎(인경), 고구마, 달리아는 변태된 뿌리(괴근)에 저장한다.

정답　①

(2) 저장물질

① 저장 형태

탄수화물	• 식물의 주된 저장 탄수화물은 녹말임 • 수용부 세포로 수송된 당이 녹말체(Amyloplast)에 들어가 녹말로 전환되어 저장됨 `그림 8-9` • 마늘 등에서 보는 것처럼 프락탄의 형태로 저장되는 경우도 있음 • 사탕수수와 사탕무는 각각 줄기와 뿌리에 설탕을 다량으로 저장함 • 과실에서는 포도당이나 과당과 같은 단당류가 축적됨
단백질과 지질	• 대부분의 종자는 단백질과 지질이 다량으로 저장됨 • 콩과식물의 종자에는 탄수화물보다는 단백질과 지질이 훨씬 더 많음 • 단백질은 아미노산의 형태로 수송되어 저장기관에서 합성됨 • 지질은 중성지방(주로 트리아실글리세롤, 식물성기름)의 형태로 종자에서 합성되어 축적됨

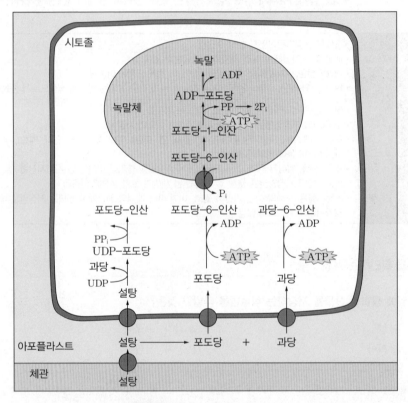

`그림 8-9` 수용부 설탕의 대사 과정

② 동화산물의 저장에 영향을 미치는 환경 조건

　　㉠ 생장이나 호흡 작용에 영향을 미치는 여러 가지의 환경 조건은 바로 양분 저장에 영향을 미친다.

　　㉡ 새로운 조직이 형성되거나 호흡 작용이 왕성한 경우 동화산물이 소비된다.

　　㉢ 생장이 왕성한 경우 이미 저장되어 있는 양분의 소모가 촉진되기도 한다.

③ 저장양분의 이용

　　㉠ 종자의 배유나 자엽에 저장된 양분은 발아할 때 가수분해 되어 배의 생장에 이용된다.

　　㉡ 발아 후에도 어린 식물체가 잎을 전개하여 스스로 광합성을 하여 독립영양을 할 수 있을 때까지 배유나 자엽의 양분이 이용된다.

　　㉢ 저장기관이 번식 수단으로 이용하는 경우에는 바로 저장기관 속의 양분들이 가수분해되어 마찬가지로 유식물체의 초기 생장에 이용된다.

적중예상문제

01

녹말의 생합성에 관한 설명으로 옳지 않은 것은?

① 녹말은 엽록체에서 합성된다.
② 아밀로오스(Amylose)는 포도당이 α-(1,4) 결합하는 선형의 중합체이다.
③ 아밀로펙틴(Amylopectin)은 아밀로오스에 α-(1,6) 결합의 곁가지를 갖는 중합체이다.
④ 녹말의 합성에는 ATP 대신에 UTP(Uridine Triphosphate)가 이용된다.

해설 녹말의 합성에는 ATP가 요구된다. 시토졸에서 설탕이 합성될 때는 ATP 대신에 UTP(Uridine Triphosphate)가 이용된다.

02

( )에 들어갈 내용을 옳게 나열한 것은?

포도당의 중합체인 녹말은 (ㄱ)에서 합성되고, 포도당과 과당이 결합한 설탕은 (ㄴ)에서 합성되는데 공통 기질인 포도당이 녹말 합성에는 (ㄷ)-포도당의 형태로, 설탕 합성에는 (ㄹ)-포도당의 형태로 이용된다.

① ㄱ. 엽록체, ㄴ. 시토졸, ㄷ. UDP, ㄹ. ADP
② ㄱ. 엽록체, ㄴ. 시토졸, ㄷ. ADP, ㄹ. UDP
③ ㄱ. 시토졸, ㄴ. 엽록체, ㄷ. ADP, ㄹ. UDP
④ ㄱ. 시토졸, ㄴ. 엽록체, ㄷ. UDP, ㄹ. ADP

해설 녹말은 엽록체에서, 설탕은 시토졸에서 합성된다. 녹말 합성에는 ATP가 사용되지만 설탕 합성에는 UTP가 이용된다.

03

( )에 들어갈 내용을 옳게 나열한 것은?

캘빈 회로를 거쳐 생성된 3탄당 인산(G3P)은 엽록체와 시토졸 간의 무기인산(P_i)의 농도에 따라 배분이 결정된다. 시토졸의 P_i 농도가 (ㄱ)으면 3탄당 인산이 엽록체에서 시토졸로 유출되어 (ㄴ) 합성에 이용되고 시토졸의 P_i 농도가 (ㄷ)으면 3탄당 인산이 엽록체에 남아서 (ㄹ) 합성에 이용된다.

① ㄱ. 높, ㄴ. 설탕, ㄷ. 낮, ㄹ. 녹말
② ㄱ. 낮, ㄴ. 설탕, ㄷ. 높, ㄹ. 녹말
③ ㄱ. 낮, ㄴ. 녹말, ㄷ. 높, ㄹ. 설탕
④ ㄱ. 높, ㄴ. 녹말, ㄷ. 낮, ㄹ. 설탕

해설 녹말과 설탕의 합성은 서로 경쟁적이다. 녹말과 설탕의 생성 비율은 무기인산(P_i)과 3탄당 인산의 농도 비율에 의해 조절되는데 시토졸의 P_i 농도가 높으면 엽록체의 3탄당 인산은 P_i와 교환되어 시토졸로 유출되어 설탕 합성에 이용된다. 반대의 경우 3탄당 인산은 엽록체에 남아 녹말 합성에 이용된다.

04

설탕의 생합성에 관한 설명이다. (   )에 들어갈 말을 순서대로 나열한 것은?

> 설탕은 (   )과 (   )이 결합한 수용성 이당류로 (   )에서 합성된다.

① 포도당, 포도당, 시토졸
② 포도당, 과당, 시토졸
③ 포도당, 포도당, 엽록체
④ 포도당, 과당, 엽록체

해설 설탕은 포도당과 과당이 결합한 수용성 이당류로 시토졸에서 합성된다.

05

동화산물의 수송 형태인 설탕이 생성되는 엽육세포 내 장소는?

① 엽록체   ② 소포체
③ 시토졸   ④ 액 포

해설 포도당과 과당으로 구성된 수용성 이당류인 설탕(자당, Sucrose)은 엽육세포의 시토졸에서 합성되어 체관부를 통해 저장기관으로 수송된다.

06

체관부에 관한 설명으로 옳지 않은 것은?

① 체관요소는 죽은 세포이다.
② 동화산물의 이동 통로이다.
③ 체관은 동반세포를 가진다.
④ 섬유세포는 체관을 보호한다.

해설 체관요소는 성숙하면서 세포벽이 얇아지고 세포막은 세포벽에 밀착되며 핵과 액포가 소실되지만 살아 있는 세포이다. 성숙된 체관요소의 세포질에는 소포체, 미토콘드리아, 색소체 등이 보안다.

07

체관부 유조직에 관한 설명으로 옳지 않은 것은?

① 단백질과 ATP를 합성하여 체관요소에 공급한다.
② 체관요소 주변에 위치하며 세포벽이 얇고 길이로 길게 신장되어 있다.
③ 동화물질을 분열조직이나 저장기관으로 횡적으로 운반하는 작용을 한다.
④ 에너지를 생산하여 동화물질을 능동적으로 수송하기도 한다.

해설 단백질과 ATP를 합성하여 체관요소에 공급하는 체관부 조직은 반세포이다.

08

체관요소에 있는 체관부 단백질(P-단백질)에 관한 설명으로 옳은 것은?

① 유조직으로부터 공급을 받는다.
② 체관요소가 성숙하면 점차 분해된다.
③ 지방성분과 결합하는 특성을 가진다.
④ 체관요소가 상처를 입으면 겔(Gel)화되면서 체공을 막는다.

해설 반세포가 공급하고, 체관요소가 성숙하면 점차 커지고, 탄수화물과 결합하는 특성을 가지고 있다.

안심Touch

09

다음 설명에 해당하는 체관 내 물질은?

> • 베타-1,3 결합의 포도당 중합체이다.
> • 상처를 입거나 기능을 상실한 체관요소의 체판 구멍을 막아 식물의 수송 시스템을 유지시킨다.

① 소르비톨　　　　② 칼로오스
③ 라피노오스　　　④ 스타키오스

해설 체관이 손상되면 일시적으로 P-단백질로, 장기적으로는 칼로오스로 메워진다. 칼로오스는 베타-1,3 결합으로 형성되는 포도당의 중합체로 체관요소가 상처를 입으면 캘러스의 형성과 함께 급격히 합성되어 체판에 축적된다.

10

체관요소에 존재하는 칼로오스의 기능은?

① 물질 수송을 차단한다.
② 체관요소를 분해한다.
③ 상처를 치유한다.
④ 동화산물을 분해한다.

해설 칼로오스는 β-1,3 결합으로 형성되는 포도당의 중합체로서 체관요소가 상처를 입거나 성숙하여 기능을 상실하면 축적되어 장기적으로 체판의 구멍을 봉합하여 전류를 차단함으로써 식물의 수송시스템을 유지할 수 있도록 한다.

11

식물체가 광합성을 활발하게 하고 있을 때 소스의 역할을 하는 영양기관은?

① 잎　　　　　　　② 꽃
③ 줄 기　　　　　　④ 뿌 리

해설 광합성 산물을 만드는 잎은 소스가 되고 생식기관 및 저장기관인 감자는 싱크가 된다.

12

8월에 사과나무의 기관 중에서 싱크 활성도가 가장 큰 기관은?

① 줄 기　　　　　　② 새 가지
③ 뿌 리　　　　　　④ 과 실

해설 과수에서 싱크 활성도는 과실 > 잎 > 줄기 > 새 가지 > 뿌리의 순이다.

13

광합성 산물이 체관부를 통해 저장기관으로 이동할 때 가장 중요한 수송 형태는?

① 포도당　　　　　② 과 당
③ 설 탕　　　　　　④ 녹 말

해설 체관에서 채취한 수액을 분석해 보면 동화산물의 수송 형태를 알 수 있는데 설탕이 가장 큰 비중을 차지한다.

14

동화산물의 수송에 관한 설명으로 옳은 것은?

① 무기이온 중 질산염은 체관부에서도 다량 발견된다.

② 체관요소는 죽은 조직으로 체관을 형성해 동화산물을 수송한다.

③ 체관부에서 발견되는 아미노산은 주로 글루타민과 아스파라긴이다.

④ 환원당인 포도당과 과당은 동화산물의 주요 수송 형태이다.

해설 체관부는 칼슘, 황, 철, 질산염 등의 무기이온을 수송하지 않는다. 체관요소는 살아 있는 조직으로 동화산물 수송에 관여하는데 주요 수송 형태는 비환원당인 설탕이다.

15

장미과식물의 하나인 사과나무에서 동화산물의 수송 형태에 해당하는 것은?

① 포도당

② 라피노오스

③ 소르비톨

④ 녹말

해설 장미과식물에서는 당알코올인 만니톨(Mannitol)과 소르비톨(Sorbitol) 형태로 수송되기도 하는데 특히 사과나무에서 동화산물의 중요한 수송 형태는 소르비톨이다.

16

(   )에 들어갈 내용을 옳게 나열한 것은?

> (ㄱ)은/는 동화산물이 공급부에서 여러 경로를 거쳐 최종적으로 체요소로 운송되는 것을 말한다. 이때 동화산물은 유조직세포까지는 (ㄴ) 경로를 통해 이동한다.

① ㄱ. 체관부 적재, ㄴ. 심플라스트

② ㄱ. 체관부 적재, ㄴ. 아포플라스트

③ ㄱ. 체관부 하적, ㄴ. 아포플라스트

④ ㄱ. 체관부 하적, ㄴ. 심플라스트

해설 체관부 적재가 일어날 때 동화산물이 2~3개의 엽육세포를 거쳐 유조직세포까지는 원형질 연락사를 통하여 이동한다. 이처럼 원형질 연락사를 통한 세포 간 물질 수송을 심플라스트 수송이라 하고 이들 경로를 심플라스트 경로라 부른다. 반면 원형질을 둘러싸고 있는 전체 세포벽 공간도 물질 이동 경로가 될 수 있는데 이 아포플라스트 경로를 통한 물질 수송을 아포플라스트 수송이라 한다.

17

잎에서 합성된 동화산물의 수송 통로 역할을 하는 조직은?

① 물관부 조직

② 체관부 조직

③ 동화조직

④ 표피조직

해설 줄기에서 체관부를 포함하는 수피를 환상으로 벗겨 낸 후 체관액을 분석하면 동화산물이 체관부의 체관요소를 통과한다는 사실을 확인할 수 있다. 잎에 동위원소로 표지된 $^{14}CO_2$를 처리한 후 체관액의 분석을 통해서도 알 수 있다.

18

동화산물의 적재가 이루어지는 체관요소의 특징에 관한 설명으로 옳은 것은?

① 삼투압이 낮아진다.
② 팽압이 낮아진다.
③ 물이 빠져 나온다.
④ 수분퍼텐셜이 낮아진다.

해설 동화산물의 체관부 적재는 체관요소의 삼투압을 높이고 수분퍼텐셜을 낮추는 기능을 하므로 물이 유입되어 팽압이 높아지게 된다.

19

호박에서 동화산물의 심플라스트 적재 경로에 관한 설명으로 옳은 것은?

① 중간세포라는 특수한 형태의 반세포를 가진다.
② 설탕만을 배타적으로 수송한다.
③ 반세포와 체관요소 사이에는 원형질 연락사가 거의 없다.
④ ATP를 소모하며 설탕을 능동적으로 수송하는 경로이다.

해설 호박이 갖고 있는 중간세포(반세포)는 원형질 연락사가 풍부하고 반세포와 체관요소 사이에 상대적으로 큰 원형질 연락사가 발달해 있다. 심플라스트 경로에서 원형질 연락사를 통한 확산은 단순한 물리적 현상이다.

20

감자의 동화산물 적재부에 위치한 체관부 조직에 관한 설명으로 옳지 않은 것은?

① 정상적인 반세포를 갖는다.
② 반세포와 체관요소 사이에 원형질 연락사가 없다.
③ 동화산물이 반세포로 유입될 때 아포플라스트 경로를 거친다.
④ 설탕만을 배타적으로 수송한다.

해설 반세포와 체관요소 사이에 원형질 연락사를 통해 동화산물 수송이 이루어진다.

21

체관부 하적이 이루어지는 체관요소의 특징은?

① 동화물질의 함량이 높아진다.
② 삼투퍼텐셜이 낮아진다.
③ 수분퍼텐셜이 낮아진다.
④ 팽압이 낮아진다.

해설 체관부 하적은 동화물질이 체관요소를 빠져 나가는 것으로 체관요소의 삼투퍼텐셜과 수분퍼텐셜을 높여 주변으로 물을 빼내 팽압을 낮춘다.

22

동화산물의 저장에 관한 설명으로 옳지 않은 것은?

① 벼는 종자의 배유에 녹말을 저장한다.
② 콩 종자는 탄수화물보다 단백질을 훨씬 많이 저장한다.
③ 사탕무의 뿌리에는 다량의 설탕이 저장된다.
④ 포도의 과실은 올리고당을 저장한다.

해설 포도의 과실은 단당류를 많이 저장한다.

23

변태된 줄기에 광합성 산물을 저장하는 식물을 고른 것은?

㉠ 마 늘	㉡ 양 파
㉢ 토 란	㉣ 감 자
㉤ 고구마	

① ㉠, ㉡
② ㉡, ㉢
③ ㉢, ㉣
④ ㉣, ㉤

해설 감자, 연, 토란은 변태된 줄기(괴경)에 동화산물을 저장하고, 마늘, 양파, 백합은 변태된 잎(인경), 고구마, 달리아는 변태된 뿌리(괴근)에 저장한다.

24

뿌리에 동화산물을 저장하는 식물만을 나열한 것은?

① 마늘, 양파
② 감자, 토란
③ 백합, 토란
④ 고구마, 달리아

해설 마늘, 양파, 백합은 잎에, 감자와 토란은 줄기에 동화산물을 저장한다.

PART 09

식물 호흡

CHAPTER 01 호흡의 개관

CHAPTER 02 해당과 5탄당 인산 경로

CHAPTER 03 해당 이후 유산소 호흡

CHAPTER 04 해당 이후 무산소 발효

CHAPTER 05 호흡에 영향을 미치는 요인들

적중예상문제

● 학습목표 ●

1. 세포호흡을 유산호 호흡과 무산소 호흡(발효)로 구분하여 설명할 수 있다.

2. 유산소 호흡을 크게 해당 과정, 5탄당 인산회로, 아세틸–CoA의 형성, 크렙스 회로, 전자 전달, 산화적 인산화 과정으로 구분 하여 설명할 수 있다.

3. 무산소 호흡의 과정을 설명하고 무산소 호흡이 갖는 의미를 설명할 수 있다.

4. 호흡이 갖는 의미를 이해하고 식물의 호흡에 영향을 미치는 요인들을 제시하고 설명할 수 있다.

호흡의 개관

(1) 호흡 기질과 호흡 계수

① 호흡 기질

  ㉠ 호흡 대사에 사용되어 에너지를 방출하는 유기 물질을 말한다.

  ㉡ 탄수화물, 지질, 단백질이 바로 호흡 기질이다.

  ㉢ 탄수화물(녹말, 프럭탄 등)은 대표적인 호흡 기질이다.

  ㉣ 포도당은 표준 호흡 기질로 사용되고 있다. 식물은 수송되는 당의 형태가 설탕이기 때문에 동물과는 달리 설탕을 진정한 당 기질로 보기도 한다.

  ㉤ 식물에서는 다른 대사 과정에서 생성되는 6탄당 인산, 3탄당 인산, 유기산(말산, 시트르산) 등이 호흡에 이용되기도 한다.

② 호흡 계수(Respiratory quotient ; RQ)

  ㉠ 식물에 있어서 호흡 기질은 종류, 기관, 발달 단계, 생리적 상태 등에 따라 달라진다.

  ㉡ RQ는 소비된 O_2에 대한 발생한 CO_2의 비율로 나타낸다.

  RQ = 발생한 CO_2 몰수/소비된 O_2 몰수

  ㉢ RQ는 호흡 기질의 종류를 알아보는 수단으로 이용할 수 있다.

호흡 기질	이론적 호흡 계수
탄수화물	1.0(실험치, 0.97~1.17)
지질, 단백질	0.7
유기산	1.3

  • RQ에 따르면 단백질은 완전한 산화(호흡)에 더 많은 산소가 필요하며 유기산은 산소가 덜 필요하다는 의미로 해석할 수 있다.

  • 실제로 RQ 값을 해석할 때는 여러 가지의 변수를 고려해야 한다. 두 가지 이상의 기질이 동시에 쓰이거나 무산소 발효가 일어나거나 하면 값이 다르게 나타날 수 있다.

> **호흡 기질로 이용되었을 때 이론적 호흡 계수가 가장 큰 분자는?**
>
> ① 탄수화물 　　　　　　　　　② 단백질
>
> ③ 지 질 　　　　　　　　　　④ 유기산
>
> ---
>
> **해설** 호흡 기질의 이론적 호흡 계수에 따르면 탄수화물은 1.0, 지질과 단백질은 0.7, 유기산은 1.3이다.
>
> **정답** ④

(2) 개략적 호흡 과정

① 유산소 호흡

　㉠ 식물 기준으로 설탕을 대상으로 한 개략적 호흡 과정은 아래와 같다.

$$C_{12}H_{22}O_{11} + 12O_2 \rightarrow 12CO_2 + 11H_2O + 1,380kcal/mol$$

　㉡ 설탕(포도당)이 산화되는 과정에서 1몰당 1,380(686)kcal의 자유에너지를 방출한다.

　㉢ 이 자유에너지를 화학에너지 형태인 ATP에 저장한다.

　㉣ 호흡 과정은 해당(5탄당 인산 회로 포함), 아세틸-CoA 형성, 크렙스 회로, 전자 전달, 산화적 인산화 반응 경로로 세분할 수 있다.

　　• 해당과 5탄당 인산 회로는 미토콘드리아 밖의 시토졸과 색소체에서, 나머지 단계는 미토콘드리아 안의 기질과 내막(크리스타)에서 일어난다.

　　• 아세틸-CoA의 형성은 크렙스 회로에 넣기도 하며, 전자 전달과 산화적 인산화 반응은 하나의 반응 단계로 묶기도 한다.

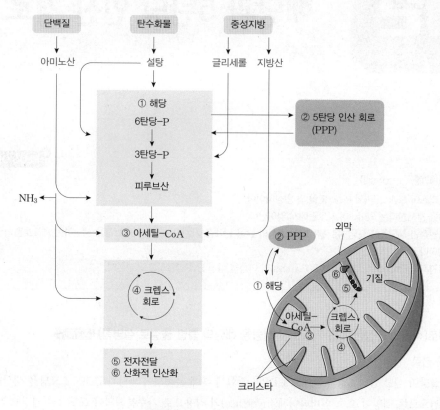

그림 9-1 호흡 기질과 개략적 호흡 과정

② 무산소 호흡

　ⓐ 무산소 조건으로 유산소 호흡이 일어나지 않을 때 일어난다.

　ⓑ 시토졸과 색소체에서 일어나는 해당과 5탄당 인산 경로는 산소를 필요로 하지 않아 혐기성 호흡 또는 무산소 호흡이라 한다.

Level UP 이론을 확인하는 문제

무산소 조건에서도 진행되는 호흡 과정은?

① 해당 과정　　　　　　　　　　② 아세틸–CoA의 형성

③ 크렙스 회로　　　　　　　　　④ 산화적 인산화

해설　일반적인 해당은 시토졸에서 기질인 포도당 1분자가 10여 가지의 반응 단계를 거쳐 2분자의 피루브산을 생성하는 세포호흡의 첫 과정으로 무산소 조건에서도 일어난다.

정답　①

해당과 5탄당 인산 경로

해당(解糖, glycolysis)
- 그리스어 Glykos(당)와 Lysis(분할)의 합성어이다.
- 당을 분해한다는 의미이며 시토졸에서 일어난다.
- 일반적인 해당은 포도당 1분자가 10여 가지의 반응 단계를 거쳐 2분자의 피루브산을 생성하는 세포호흡의 첫 과 정이다.
- 발견자들(Embeden, Meyerhof & Parnass)의 이름을 따서 EMP경로라고도 부른다.

(1) 해당 경로(식물의 진정한 호흡 기질로서 설탕을 해당의 출발 물질로 설명함) 그림 9-2

① 반응 경로

　㉠ 설탕이 설탕 합성효소의 촉매로 UDP와 결합된 후에 분해되어 과당과 UDP-포도당을 생산한다. 한 편으로는 설탕이 효소 인버타아제(Invertase)의 작용으로 가수분해되어 포도당과 과당으로 분해되 어 각각 해당에 참여하기도 한다.

설탕 합성효소(Sucrose Synthase)는 가역반응 효소로서 설탕의 합성을 촉매할 뿐만 아니라 설탕의 분해를 촉매해 과당과 UDP-포도당을 생산하기도 한다.

　㉡ UDP-포도당은 포도당-1-인산을 거쳐 포도당-6-인산으로 전환되어 과당과 함께 해당 과정을 거 친다.

　㉢ 포도당-6-인산이 과당-6-인산을 거쳐 과당-1,6-이인산으로 전환된 후 3탄당 인산인 G3P와 DHAP로 분해된다. 이들은 이성체화효소(Isomerase)에 의해 상호 전환이 가능하다.

　㉣ 3탄당 인산은 1,3-이인산글리세르산(1,3-DPGA), 3-인산글리세르산(3-PGA), 2-인산글리세르 산(2-PGA), 인산에놀피루브산(PEP)을 거쳐 피루브산을 생성한다.

　㉤ PEP 대부분은 피루브산을 만들지만, 일부는 옥살초산을 거쳐 말산으로 전환된 후 액포에 저장되거 나 미토콘드리아로 수송되어 크렙스 회로에 들어간다.

　㉥ 색소체(엽록체 또는 녹말체)에서도 부분적인 해당 과정이 일어난다. 즉, 녹말 분해로 얻어지는 포도 당이나 광합성 산물인 3탄당 인산을 해당 과정에 필요한 기질로 공급한다.

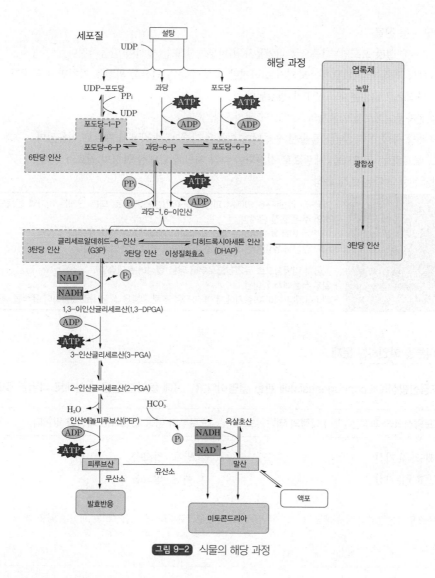

그림 9-2 식물의 해당 과정

Level UP 이론을 확인하는 문제

다음 중 세포호흡의 첫 단계에 진행되는 과정은?

① 해당 과정

② 물의 광분해 과정

③ 크렙스 회로

④ 전자 전달 과정

해설 해당은 시토졸에서 기질인 포도당 1분자가 10여 가지의 반응 단계를 거쳐 2분자의 피루브산을 생성하는 과정으로 세포호흡의 첫 단계에 해당한다.

정답 ①

② 해당 반응 산물

　　㉠ 1분자 설탕(포도당) 기준으로 4(2)분자의 피루브산 또는 말산이 만들어진다.

　　㉡ 해당 과정에서 ATP가 소모되기도 하지만 기질 수준의 인산화 과정을 거치면서 ATP가 생산되어 결과적으로 4(2)분자의 ATP가 생성된다.

　　㉢ 전자공여체로 4(2)분자의 NADH도 생성된다.

　　㉣ 해당 중에 여러 중간산물들이 생성되며 이들은 다른 대사 작용의 재료로 이용된다.

　　　　예 G3P는 글리세롤, 세린으로 전환되어 각각 지방과 단백질 합성의 원료가 된다.

③ 해당 반응의 주된 조절 과정

비가역 반응 단계	• 과당-6-인산(F-6-P)에서 과당-1,6-이인산(FDP)으로 되는 단계는 비가역 반응으로 해당 과정의 주된 조절 단계임 • 이 단계 반응에 관여하는 효소의 활성이 체내의 ATP 함량에 의해 조절됨 • ATP 함량이 많아지면 효소 활성이 낮아져 해당 반응이 억제됨
포도당신합성 (Gluconeogenesis)	• 해당의 역방향으로 유기산으로부터 당을 합성하는 과정임 • 일부 식물에서 일어남 • 해바라기나 피마자 종자에서 이 과정을 통해 지방을 설탕으로 전환하여 유식물 생장에 이용함

Level UP 이론을 확인하는 문제

포도당신합성(Gluconeogenesis)에 관한 설명이다. (　　)에 들어갈 말을 순서대로 나열한 것은?

> 포도당신합성 과정은 (　　) 과정의 역방향으로 (　　)으로부터 당을 합성하는 과정을 말한다.

① 해당, 유기산　　　　　　　　　　② 발효, 알코올

③ 발효, 유기산　　　　　　　　　　④ 해당, 알코올

해설 　포도당신합성 과정은 해당 과정의 역방향으로 유기산으로부터 당을 합성하는 과정을 말한다.

정답 　①

(2) 5탄당 인산 경로

5탄당 인산 경로(Pentose Phosphate Pathway ; PPP)
- 해당 경로의 대사산물(6탄당 인산)을 공유하면서 당을 산화하는 또 다른 경로이다.
- 시토졸과 색소체에서 일어나는데 색소체에서의 경로가 시토졸 경로보다 압도적이다.
- 체내 당 대사의 10%가 이 경로를 통해 이루어진다.

① 반응 경로

㉠ 포도당-6-인산(Glucose-6-phosphate)의 산화로부터 시작된다(그림 9-3).

㉡ 포도당-6-인산이 탈수소 효소의 작용으로 6-포스포글루콘산(6-phosphogluconate)으로 변하면서 NADPH가 생성된다. 첫 번째 안정된 중간산물로 이 이름을 따서 포스포글루콘산 경로라고 부르기도 한다.

㉢ 포스포글루콘산은 탈탄산 작용으로 리불로오스-5-인산으로 전환되면서 다시 NADPH가 생성된다.

㉣ 이어 3 · 4 · 5 · 6 · 7탄당인 3-포스포글리세알데히드, 에리트로오스-4-인산, 자이룰로오스-5-인산, 리보오스-5-인산, 과당-6-인산, 세도헵툴로오스-7-인산 등 여러 가지 중요한 중간 대사산물이 생성된다.

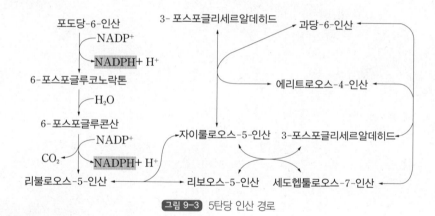

그림 9-3 5탄당 인산 경로

② 중간 대사산물의 이용

리보오스-5-인산	RNA와 DNA 합성에 이용됨
NADPH	전자 공여체로 지방산 합성과 같은 생합성 반응에 이용됨
과당-6-인산	해당 과정의 중간 대사 물질로 바로 해당 과정으로 들어감
3-포스포글리세알데히드	
에리트로오스-4-인산	PEP와 결합하여 방향족 아미노산, 리그닌, 플라보노이드, 페놀화합물의 생합성에 이용됨

③ 5탄당 인산 경로의 의의

ㄱ ATP를 사용하지 않고 동화 작용과 호흡 대사에 필요한 NADPH를 공급한다.

ㄴ 중간 대사산물은 다른 생합성 반응의 기질로 이용된다.

ㄷ 어린 잎조직에서는 광합성이 정상적으로 이루어지기 전인 녹화 초기 단계에서 광합성 암반응(캘빈 회로)의 중간산물을 생성한다.

Level UP 이론을 확인하는 문제

5탄당 인산 경로(Pentose phosphate pathway)에 관한 설명으로 옳지 않은 것은?

① 시토졸과 미토콘드리아에서 일어난다.

② 포도당-6-인산의 산화로부터 시작된다.

③ ATP를 사용하지 않고 전자 공여체인 NADPH를 공급한다.

④ RNA와 DNA 합성에 이용되는 리보오스-5-인산을 생성한다.

해설 5탄당 인산 경로는 시토졸과 색소체에서 일어난다. 색소체에서의 경로가 시토졸 경로보다 압도적이다.

정답 ①

해당 이후 유산소 호흡

(1) 아세틸–CoA의 형성

- 유산소 조건에서 미토콘드리아에서 일어난다.
- 시토졸에서 미토콘드리아로 들어간 피루브산이 반응 기질이다.
- 피루브산이 탈수소 효소의 효소 복합체에 의해 일련의 화학 반응(탈탄산, 산화, CoA와의 결합)을 거쳐 아세틸–CoA를 형성한다.

① 아세틸–CoA 형성 경로

   ⊙ 탈탄산 작용에 피루브산으로부터 1개의 탄소가 이산화탄소로 제거된다(그림 9-4 의 ①).

   ⓛ 탈수소 효소에 의해 수소가 떨어져 나오면 NAD^+가 수용하여 NADH로 환원된다(그림 9-4 의 ②).

   ⓒ 나머지 2개의 탄소는 아세틸기로 산화된 후 조효소 A(Coenzyme A ; CoA)의 유황 원자와 결합하여 아세틸–CoA를 형성한다(그림 9-4 의 ③).

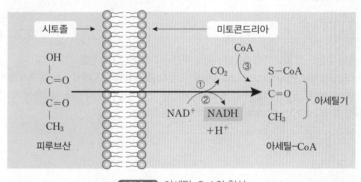

그림 9-4 아세틸–CoA의 형성

② 아세틸–CoA 형성 과정의 반응 산물

   ⊙ 피루브산 1분자가 아세틸–CoA 1분자를 형성하면서 CO_2와 NADH를 1분자씩 만든다.

   ⓛ 1분자의 설탕(포도당)으로 보면 4(2)분자씩의 CO_2와 NADH가 만들어지는 것이다.

③ 아세틸-CoA 형성의 의의

   ⊙ 아세틸-CoA는 고에너지 화합물로 아세틸기 전이를 통하여 해당 과정과 크렙스 회로를 연결시켜주는 역할을 한다.

   ⓛ 아세틸-CoA는 여러 가지 물질의 생합성에 있어서 기초 물질이 되기도 한다.

Level UP 이론을 확인하는 문제

호흡 과정에서 아세틸-CoA 형성 과정에 관한 설명으로 옳지 않은 것은?

① 유산소 조건에서 일어난다.

② 시토졸에서 일어난다.

③ 피루브산이 반응 기질이다.

④ 이산화탄소가 발생한다.

> 해설   호흡 과정에서 아세틸-CoA 형성은 시토졸에서 미토콘드리아로 들어간 피루브산이 매트릭스에서 반응 기질로 작용하여 일어나는 반응으로 아세틸-CoA를 형성하면서 이산화탄소를 발생시킨다.
>
> 정답   ②

(2) 크렙스 회로(Krebs cycle)

> **PLUS ONE**
>
> • 아세틸-CoA가 일련의 반응을 거쳐 CO_2와 H_2O로 완전 산화되는 순환적 반응 경로이다.
> • 1937년 영국의 생화학자 한스 크렙스(Hans Krebs, 독일 태생)가 동물 세포에서 처음 발견하였다.
> • 3개의 카르복실기를 갖는 시트르산(구연산, Citric acid)을 처음 생산하기 때문에 시트르산 회로(구연산 회로), 트리카르복실산 회로(Tricarboxylic acid, TCA cycle)로도 불린다.

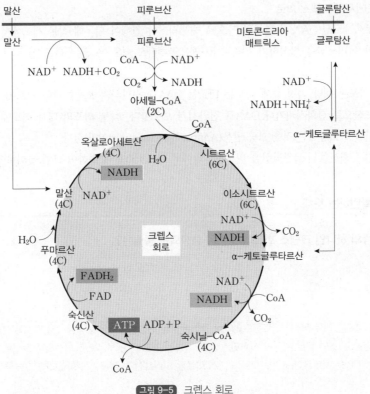

말산 | 피루브산 | 글루탐산

미토콘드리아 매트릭스

말산 → NAD⁺ NADH+CO₂ 피루브산 CoA/NAD⁺ CO₂/NADH 아세틸−CoA (2C) 글루탐산

NAD^+

$NADH+NH_4^+$

α−케토글루타르산

옥살로아세트산 (4C) H_2O NADH 시트르산 (6C)

말산 (4C) NAD^+

이소시트르산 (6C) NAD^+ NADH CO_2

H_2O 푸마르산 (4C) FADH₂ FAD 크렙스 회로 α−케토글루타르산 NAD^+ NADH CoA CO_2

숙신산 (4C) ATP ADP+P 숙시닐−CoA (4C)

CoA

그림 9-5 크렙스 회로

① 반응 경로 그림 9-5

㉠ 아세틸−CoA가 H_2O의 도움으로 아세틸기(2C)를 옥살로아세트산(4C)으로 전달하여 시트르산(6C)을 형성한다. 시트르산을 생성하는 이 단계는 비가역적으로 일어난다.

㉡ 시트르산이 계속해서 탈탄산, 탈수소, 가수화 작용을 거치면서 이소시트르산 → α−케토글루타르산 → 숙시닐−CoA → 숙신산 → 푸마르산 → 말산을 거쳐 옥살로아세트산으로 재생된다. 이 단계는 모두 가역 반응이다.

② 반응 산물

㉠ 아세틸기 1분자가 크렙스 회로를 거쳐 CO_2 2분자, NADH 3분자, FADH₂ 1분자, ATP 1분자를 생성한다.

㉡ 설탕(포도당) 1분자 기준으로 보면 CO_2 8(4)분자, NADH 12(6)분자, FADH₂ 4(2)분자, ATP 4(2)분자를 생성한다.

③ 중간 대사산물의 이용

㉠ 여러 가지 유기 화합물의 생합성에 이용된다.

㉡ 옥살로아세트산은 아스파르트산, α−케토글루타르산은 글루탐산과 같은 아미노산의 생합성 물질이다.

㉢ 숙시닐(Succinyl)−CoA는 포르피린(Porphyrins)의 전구 물질이다.

④ 식물 세포에서의 크렙스 회로

　　㉠ 옥살로아세트산(OAA)이 충분한 양으로 재생되어야 진행이 되는데 식물 세포에서는 질산염 동화에 필요한 아미노산을 합성하기 위하여 α-케토글루타르산(2-옥소글루타르산)을 끌어다 쓰기 때문에 OAA가 부족되기 쉽다.

　　㉡ 식물 세포는 해당 과정 중에 나오는 PEP를 OAA로 전환시켜 보충하거나 액포에 저장해 둔 말산을 피루브산으로 산화시키거나 OAA로 전환시켜 보충한다. 식물 세포의 대사 회로에서 부족하기 쉬운 중간산물을 보충하는 것을 보충 반응(Anaplerotic reaction)이라 한다.

　　㉢ 질산염 동화산물인 글루탐산을 미토콘드리아의 매트릭스로 수송하여 크렙스 회로에 참여시킨다.

Level UP 이론을 확인하는 문제

호흡 경로 중의 하나인 크렙스 회로에서 처음 생성되는 물질은?

① 말 산　　　　　　　　　　② 시트르산
③ 숙신산　　　　　　　　　　④ 푸마르산

해설 ｜ 크렙스 회로는 시토졸에서 미토콘드리아로 들어온 피루브산으로부터 형성된 아세틸-CoA가 일련의 반응을 통해 이산화탄소와 물로 완전히 산화되는 순환적 반응 경로이다. 처음으로 생성되는 물질은 3개의 카르복실기를 갖고 있는 시트르산(구연산)으로 크렙스 회로를 시트르산 회로(구연산 회로)라고도 부른다.

정답 ｜ ②

(3) 전자 전달과 산화적 인산화

① 전자 전달계 그림 9-6

　　㉠ 미토콘드리아 내막의 크리스타에 위치해 있다.

　　㉡ 호흡 과정에서 생산된 $NADH$와 $FADH_2$가 방출한 전자를 최종적으로 산소에 전달한다.

　　㉢ 전자 전달계에서 전자는 전자친화력이 높은 쪽으로, 즉 상대적 자유에너지(에너지 준위, 산화 환원 전위)가 낮은 쪽으로 전달된다.

　　㉣ 전자 전달계는 일련의 전자 운반체들로 4개의 거대 단백질복합체(Ⅰ~Ⅳ)와 2개의 이동성 운반체(우비퀴논, 시토크롬 c)로 구성된다. 각 복합체는 수 개의 전자 전달 분자를 포함하고 있으며, 모두가 내막 이중층 내부에 자리 잡고 있다.

복합체 I (NADH 탈수소 효소)	• 전자 전달 분자는 FMN(Flavin mononucleotide), Fe–S 단백질 등임 • 기질의 NADH($NAD^+ + 2e^- + H^+$)로부터 두 개의 전자를 받아 우비퀴논(Ubiquinone ; UQ)으로 전달함 • 전자가 복합체를 통과하면서 기질로부터 막간 공간으로 전자쌍 당 네 개의 H^+을 퍼냄
복합체 II (숙신산 탈수소 효소)	• 숙신산의 산화를 촉매하는 막결합 효소 단백질 • 전자 전달 분자로 FAD와 Fe–S 단백질을 함유함 • 숙신산으로부터 전자를 받아 $FADH_2$로 환원시킨 후 전자를 우비퀴논으로 전달함 • 이 복합체는 H^+을 펌핑하지 않음
복합체 III (시토크롬 bc_1 복합체)	• 환원된 우비퀴논으로부터 전자를 받음 • 전자를 시토크롬 b, Fe–S 중심, 시토크롬 c_1을 거쳐 시토크롬 c로 전달 • 전자쌍 당 네 개의 H^+을 퍼냄
복합체 IV (시토크롬 c 산화효소 또는 시토크롬 a/a_3 복합체)	• 두 개의 구리 분자, 시토크롬 a와 a_3를 포함함 • 최종 산화효소로서 시토크롬 c로부터 전자를 전달받아 O_2를 환원시켜 H_2O를 만듦($O_2 + 4e^- + 4H^+ = 2H_2O$) • 전자쌍 당 두 개의 H^+를 막간 공간으로 퍼냄
이동성 운반체	우비퀴논 (Ubiquinone)	• 약자로 Q 또는 UQ로 표시함 • 환원형을 우비퀴놀(Ubiquinol)이라 하는데 일종의 막결합 내재성 단백질임
	시토크롬 c	막간 공간 쪽에 위치하는 표재성 단백질임

ⓜ 식물은 대체 전자 전달 경로라는 5개의 추가적인 전자 전달 효소를 막 표면에 갖고 있다.

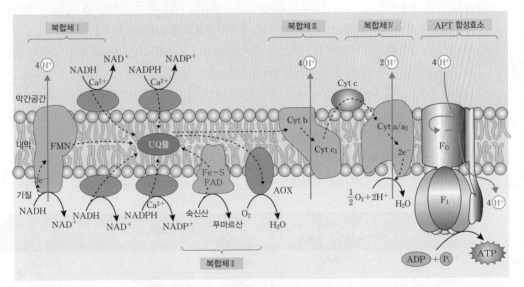

그림 9–6 미토콘드리아에서의 전자 전달과 산화적 인산화

② 호흡 과정에서의 산소의 의미

　　㉠ 전자 전달계를 거친 전자가 최종적으로 산소에 전달된다.

　　㉡ 만약 산소가 없다면 전자를 수용하지 못하므로 전자 전달계가 포화되어 전자 전달이 중지되고 크렙스 회로도 반응이 정지된다.

　　㉢ 또한 전자와 결합한 산소가 바로 물로 환원되지 않으면 활성산소가 되며, 이것이 다른 화합물과 반응하여 여러 가지 해 작용을 일으킬 수 있다.

③ 산화적 인산화 그림 9-6

　　㉠ 미토콘드리아 내막에 위치한 ATP 합성효소(F-ATPase)에 의해 일어난다.

　　　엽록체 틸라코이드막에 분포하는 ATP 합성효소와 구조와 기능이 비슷하다.

　　㉡ ATP 합성효소가 전자 전달 과정에서 형성된 막 내외의 H^+ 농도 기울기를 구동력으로 ATP를 합성한다.

　　　막간 공간의 H^+ 농도차를 극복하기 위하여 기질 쪽으로 H^+을 이동시키는 과정에서 ATP 합성효소가 구동되어 ADP와 무기인산(P_i)이 결합하여 ATP를 생산한다.

　　㉢ 전자 전달이라는 전자를 잃는 과정이 일어나고, 산소 의존적이기 때문에 호흡 과정에서 일어나는 ATP 합성 과정을 산화적 인산화라고 한다.

④ 호흡 단계별 ATP 생성

　　㉠ 전자 전달 과정에서 수송되는 H^+수를 바탕으로 합성되는 ATP 수를 계산할 수 있는데, 1분자의 ATP를 생산하기 위해 4개의 H^+이 필요하다(3개 또는 2개가 필요하다는 학자도 있음).

　　㉡ 한 쌍의 전자가 각각의 복합체(H^+ 펌프)를 통과할 때마다 Ⅰ에서 4개, Ⅲ에서 4개, Ⅳ에서 2개의 H^+을 퍼낸다(복합체마다 3개씩, 또는 2개씩 퍼낸다는 주장도 있음).

　　　• 기질의 NADH를 떠난 전자쌍은 총 10개의 H^+를 퍼내 2.5(10/4)개의 ATP를 생산한다.

　　　• 시토졸의 NADH는 왕복운반자(Shuttle carrier)에 의해 전자만을 미토콘드리아 막의 우비퀴논으로 바로 전달하여 1.5(6/4)개의 ATP만을 생산한다.

　　　• 기질의 $FADH_2$를 떠난 전자쌍도 우비퀴논으로 전달되어 1.5개의 ATP만을 생산한다.

　　㉢ 결국 1분자의 포도당이 완전히 산화되어 생산할 수 있는 ATP는 총 30개이고, 설탕 기준으로는 30×2 = 60개이다.

호흡 단계	기질 수준의 인산화	전자 공여체(S)	1분자당 ATP 합성 분자 수	산화적 인산화
해당 과정	2ATP	2NADH	1.5(2)	3(4)ATP
아세틸-CoA 형성	-	2NADH	2.5(3)	5(6)ATP
크렙스 회로	2ATP	6NADH	2.5(4)	15(18)ATP
		$2FADH_2$	1.5(2)	3(4)ATP

※ 이론적 계산이고 실제로는 이보다 적을 수도 있다. 학자들에 따라 ATP 산출을 32개, 36개, 또는 38개 등으로 달리 계산하고 있다. 괄호 안은 1분자의 ATP 생산에 $3H^+$이 필요하고, 기질 NADH는 $9^+/3^+$ = 3개, 시토졸 NADH와 FADH2는 $6^+/3^+$ = 2개의 ATP를 생산한다고 가정했을 때이며 총 36개의 ATP를 생산한다.

⑤ 호흡의 효율

　㉠ 1몰의 포도당(설탕)이 완전히 산화되면 총 30(60)몰의 ATP가 합성된다.

　㉡ 1몰의 ATP가 가수분해 되면서 방출하는 에너지는 7~12kcal/mol이다.

　㉢ 가장 낮은 에너지 값으로 총 30(60)몰의 열량을 계산해 보면 $7 \times 30(60) = 210(420)$kcal/mol이다.

　㉣ 포도당(설탕) 1몰의 연소열 686(1,380)kcal의 최소 약 30%에 해당하는 에너지가 30(60)몰의 ATP에 저장되고 나머지는 열로 소실됨을 알 수 있다.

⑥ 대체 전자 전달 경로

　㉠ 식물은 정상적인 전자 전달계에 추가적으로 대체 전달 경로를 갖고 있다(그림 9-6).

　㉡ 대체 전자 전달 경로에 5개의 산화환원 효소가 관여하며 그 중 일부는 Ca^{2+} 의존적이다.

NADH 탈수소 효소 4개	• 막간 공간 쪽의 막 표면에 2개의 NAD(P)H 탈수소 효소가 위치함 　시토졸(해당)에서 생성된 NAD(P)H를 산화시킴 • 기질 내막 쪽 막 표면에 2개의 NAD(P)H 탈수소 효소가 위치함 　매트릭스에서 생성된 NAD(P)H를 산화시킴 • 막 표면에서 NADH로부터 전자를 받아 우비퀴논으로 전달함
대체 산화효소 (Alternative oxydase)	• 기질쪽 막에 내재하는 막단백질 복합체임 • 우비퀴논에서 전자를 받아 직접 산소로 전달하는 반응을 진행시킴($O_2 + 4e^- + 4H^+ \rightarrow H_2O$)

　㉢ 대체 전자 전달 경로는 복합체(H^+ 펌프) Ⅰ과 Ⅱ를 우회하기 때문에 양성자(H^+) 수송이 부분적으로 일어나거나 전혀 일어나지 않는다.

　㉣ ATP 수율이 크게 떨어지는데 곧바로 우비퀴논으로 들어가 대체 산화효소를 이용하는 경우에는 전혀 ATP가 합성되지 않는 경우도 있다.

　㉤ 이 대체 경로로 전자가 전달되면 ATP로 저장되어야 할 자유에너지가 열로 발산된다.

　㉥ 식물의 대체 전자 전달 경로가 갖는 의미

　　• 과잉 에너지 또는 과잉 환원력을 해소하여 활성산소에 의한 세포 손상을 막는다.

　　　－ 광호흡에서 생긴 글리신이 미토콘드리아에서 세린으로 산화되면서 NADH가 생성되어 필요 이상의 ATP 합성이 일어난다.

　　　－ 지나친 환원을 방지할 목적으로 ATP를 합성하지 않으면서도 남아도는 NADH를 산화시켜 배출시키는 기작으로 판단된다.

　　　－ 대체 산화효소는 복합체 Ⅲ과 Ⅳ를 우회하므로 양성자 수송과 ATP 합성이 일어나지 않으면서 에너지를 열로 소산시키고 과잉으로 축적된 호흡 기질을 처분할 수 있다.

　　• 과도한 환경 스트레스를 극복한다.

　　　－ 대체 산화효소가 기능적으로 유용한 예는 천남성과의 부두릴리, 앉은부채 등에서 볼 수 있다. 이들은 꽃받침 안으로 육수화서(肉穗花序)가 발달한다.

　　　－ 이들 육수화서 조직은 꽃가루받이 직전에 대체 경로를 통한 호흡률을 크게 증가시켜 화서의 온도를 주변보다 25℃ 이상 상승시킨다.

　　　－ 이런 열 발생으로 고약한 물질(아민, 인돌, 테르펜)의 휘발을 촉진하여 수분 곤충을 유인하는데 이용한다.

- 로테논, 안티마이신, 시안화물(HCN) 등의 전자 전달 저해 작용을 무력화하는 수단이다.
  - 국화과식물 데리스의 뿌리에서 추출한 로테논은 천연 살충제로 동물에서 복합체 I의 전자 전달을 저해한다.
  - 안티마이신이라는 항생물질은 복합체 III과 결합하여 전자 전달을 저해한다.
  - 청산가리(시안화칼륨)와 같은 시안화물(HCN)은 복합체 IV와 결합하여 전자 전달을 저해한다.
  - 식물은 대체 전자 전달 경로를 가지기 때문에 이들의 작용을 무력화 한다.

Level UP 이론을 확인하는 문제

호흡 과정의 전자 전달계에 있어서 수소이온을 기질로부터 막간 공간으로 퍼내지 않는 전자 전달 복합체는?

① NADH 탈수소 효소 ② 숙신산 탈수소 효소
③ 시토크롬 b/c_1 복합체 ④ 시토크롬 c 산화효소

해설 NADH 탈수소 효소, 시토크롬 b/c_1 복합체, 시토크롬 c 산화효소는 각각 전자 전달 복합체 I, III, IV로 전자 쌍 당 각각 4개, 4개, 2개의 수소이온을 기질로부터 막간 공간으로 퍼낸다. 숙신산 탈수소 효소복합체 II는 숙신산으로부터 전자를 받아 $FADH_2$로 환원시킨 후 전자를 우비퀴논으로 전달하지만 수소이온을 펌핑하지는 않는다.

정답 ②

CHAPTER 04 해당 이후 무산소 발효

(1) 무산소 발효 그림 9-7

① 해당 반응 산물이 무산소 조건에서 젖산이나 에탄올로 전환되는 과정을 말한다.

알코올 발효	• 피루브산이 탈탄산 작용에 의하여 아세트알데히드가 되고, 이 물질은 다시 알코올 탈수소 효소의 작용으로 알코올로 환원됨 • 식물 세포와 효모에 의해 일어남
젖산 발효	• 피루브산이 젖산 탈수소 효소와 NADH에 의하여 직접 전환되어 젖산을 생성함 • 동물 세포와 젖산균에 의해 일어남

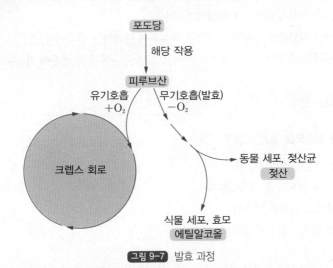

그림 9-7 발효 과정

② 효모나 젖산균과 같은 혐기성 미생물은 이러한 발효 과정을 통해 에너지를 얻는다.

③ 해당 과정에서 생성되는 NADH로 피루브산을 환원하여 젖산이나 알코올을 합성하기 때문에 산소가 없어도 해당 과정을 반복할 수 있다.

④ 발효 과정은 호흡 기질이 부분적으로 산화되는 것이며 산소가 궁극적인 전자 수용체가 아니다.

⑤ 포도당 1분자당 발효 과정에서 생성되는 에너지는 2분자의 ATP뿐이다.

⑥ 열량으로 환산하면 14kcal/mol에 해당된다. 포도당이 가지고 있던 대부분의 결합 에너지는 무기호흡의 최종 산물인 에틸알코올에 존재하게 된다.

(2) 무산소 발효 조건

① 발효는 주로 혐기성 미생물에서 일어난다.

② 호기성 고등생물에서도 산소가 부족하면 젖산 발효나 알코올 발효가 일어난다.

    ㉠ 심한 운동으로 산소가 부족해지면 동물의 근육에서 젖산 발효가 일어나 젖산이 축적된다.

    ㉡ 식물은 침수나 배수가 불량한 경우 또는 종피의 가스 투과성이 낮은 종자의 발아 시에 산소가 부족
       하면 알코올 발효가 일어난다.

③ 대부분의 식물은 무산소 발효 과정으로 오랜 기간 생명을 유지할 수가 없다.

    ㉠ 일부의 식물은 이런 상태에서 1~2일이면 죽는다.

    ㉡ ATP 부족이나 알코올이 유해한 수준으로 축적되어 나타나는 결과이다.

④ 수생식물은 유기호흡을 할 수 있는 구조를 가지고 있기 때문에 물속 생존이 가능하다.

Level UP 이론을 확인하는 문제

무기호흡에 관한 설명으로 옳은 것은?

① 미토콘드리아 기질에서 일어난다.

② 발효 과정을 거쳐 포도당을 재합성한다.

③ 산소가 최종적으로 전자를 받는다.

④ 해당 과정이 반복적으로 일어난다.

> **해설** 해당 과정의 반응 산물인 피루브산을 젖산이나 에탄올로 전환시키기 때문에 해당 과정이 반복적으로 일어
> 날 수 있다.
>
> **정답** ④

(1) 식물의 호흡 특징

① 대사적으로 불활성인 액포와 세포벽 성분이 큰 비중을 차지하기 때문에 동물에 비해 호흡률이 낮다. 그러나 일부 조직은 동물과 비슷한 호흡률을 보이기도 한다.

② 광합성을 하는 녹색 조직에서도 이루어지며, 하루 24시간 밤낮없이 계속된다.

③ 대략 광합성 산물의 50% 정도를 호흡으로 소모한다.

④ 농업 생산 측면에서 보면 생장을 방해하지 않는 범위 내에서 호흡을 억제하는 것이 중요하다.

(2) 식물의 호흡에 영향을 미치는 요인들

① 식물 자체 요인

㉠ 호흡량이나 호흡 속도는 대사 상태를 반영하는 것으로 식물 개체, 기관, 조직에 따라 다르다.

• 원형질이 풍부한 유세포로 구성된 어린 조직은 호흡이 왕성하다.

• 보리는 뿌리가 종자보다, 밀은 어린잎이 늙은 잎보다, 사과는 미숙과가 숙과보다 호흡량이 높다.

식물 기관(조직)		호흡량(μMO_2/hr/생체|g)	식물 기관(조직)		호흡량(μMO_2/hr/생체|g)
보 리	종 자	0.003	당 근	뿌 리	1.0
	뿌 리	50.0	감 자	괴 경	0.3
밀	잎, 5일	22.0	사 과	미숙과	10.0
	잎, 13일	8.0		숙 과	0.5

㉡ 나이에 따라 어린 식물체가 늙은 식물체보다 호흡량이 많다(그림 9-8).

• 처음 생장 기간에는 세포분열과 신장에 많은 물질과 에너지를 요구하기 때문에 호흡량이 많다.

• 나이가 들어 성숙하는 동안에는 연관된 대사 요구가 줄어들기 때문에 호흡이 감소한다.

• 잎이나 과실에서 노화나 죽음에 앞서 호흡의 일시적 상승 현상을 보인다. 이러한 호흡 급등(Climacteric rise)은 산화적 인산화 반응의 감소, ATP 생성과 전자 전달이 더 이상 짝지어 일어나지 않는다는 것을 암시하는 것이다.

• 목본성 식물에서 나이가 들면서 가지나 줄기의 호흡이 감소하는 것은 불활성 조직이 상대적으로 많아지기 때문이다.

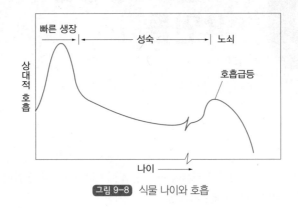

그림 9-8 식물 나이와 호흡

② 온 도

    ㉠ 일반적으로 저온에서는 호흡이 억제되고 고온에서는 호흡이 촉진된다.

        • 30~40℃의 범위에서 최대의 호흡량을 보이고 40~50℃에서는 호흡이 정체된다.

        • 높은 고온에서는 기질이 부족해지고 산소 용해도가 감소하기 때문에 호흡이 억제된다.

        • 특히 50℃ 이상에서는 호흡 효소의 변성이 일어나고 막이 손상을 입는다.

    ㉡ 최대의 호흡률을 보이는 최적 온도는 식물의 종류에 따라 다르다. 일반적으로 호온성 식물이 호냉성 식물보다 높다.

    ㉢ 호흡의 최저 온도에서 최적 온도에 이를 때까지는 온도가 10℃ 상승할 때마다 호흡률은 약 2배가 된다.

> **온도 계수(Temperature coefficient, Q10)**
> 특정한 온도 범위(0~30℃) 내에서 기준 온도의 호흡률(반응 속도)과 10℃ 상승 시의 호흡률(호흡 속도)을 비교하여 몇 배가 증가했는가를 나타내는 값을 말한다. 벼의 온도 계수는 1.6~2.0이다.

    ㉣ 채소나 과실을 저온에 저장하면 호흡을 낮춰 오랜 저장이 가능하다.

    ㉤ 감자는 7~9℃에서 저장하여 호흡과 발아를 최소화하면서 저장성을 높인다.

        • 5℃ 이하에 저장하면 호흡과 출아가 억제되지만 녹말이 분해되고 설탕으로 전환돼 맛과 색의 변화를 초래한다.

        • 감자의 괴경은 10℃에 저장하면 호흡은 억제되나 보조적인 대사로 출아가 된다.

③ 산 소

    ㉠ 대기 중의 산소 농도는 21%로 기공이 열려 있는 한 식물체 내로 충분히 공급된다.

    ㉡ 대기 산소 농도가 낮아지면 호흡이 제한된다. 농도가 낮으면 산소가 조직으로 스며들기 어렵고 액상을 통한 확산이 제한되기 때문이다.

    ㉢ 토양이 침수되거나 배수 불량으로 토양의 공극이 물로 포화되는 경우에는 산소가 부족하여 유산소 호흡이 제한되거나 무기호흡이 일어나게 된다.

ⓔ 일반적으로 대기 중 산소 농도가 5% 이하가 되거나, 조직 내에서 2~3% 이하로 떨어지면 호흡률이 감소한다.

CA(Controlled atmosphere)저장
산소 농도를 낮추고 이산화탄소 농도를 높인 저장고에 사과를 두면 호흡이 억제되어 저장력을 높일 수 있는 저장법 이다.

• 산소 농도가 너무 낮으면 무산소 발효 과정으로 들어가 당이 에탄올과 CO_2로 신속하게 분해되어 CO_2 방출이 급격히 증가한다.

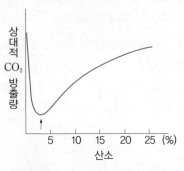

그림 9-9 산소 농도와 사과의 호흡 작용

ⓜ 수경재배에서는 반드시 산소 공급 장치를 동원하여 뿌리에 산소를 공급해 준다.

ⓗ 물에 잠긴 토양에서도 잘 자라는 식물은 대개 뿌리에 산소를 공급하는 통기조직이 잘 발달되어 있다.

④ 이산화탄소

ⓗ 대기 중의 이산화탄소 농도는 0.038%(380ppm)로 이를 훨씬 초과하는 3~5%의 농도에서도 호흡률 은 크게 저해되지 않는다.

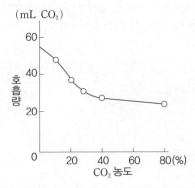

그림 9-10 이산화탄소 농도에 따른 발아 중인 겨자 종자의 호흡량 변화

ⓛ 고농도의 이산화탄소에 의한 영향은 식물의 종류나 기관에 따라 다르다.

　　이산화탄소의 농도가 20% 이상이 되면 아스파라거스는 호흡이 저하하지만, 당근은 영향이 없고, 감자나 양파는 오히려 호흡이 왕성해 진다.

ⓒ 일반적으로 식물의 호흡은 약간의 예외를 제외하면 이산화탄소 농도가 증가하면 호흡이 저하된다.

ⓔ 이산화탄소 농도의 효과는 온도가 낮고 산소가 부족한 때에 더욱 심하게 호흡을 억제한다.

　　• 원예산물의 CA저장과 MA저장에 이 원리를 이용하고 있다.

+ PLUS ONE

MA(Modified atmosphere)저장

산물을 PVC 등으로 포장하여 호흡에 의해 방출되는 이산화탄소를 필름 포장 내부에 축적시켜 이산화탄소 농도 증가에 따른 호흡 억제로 저장성을 향상시키고자 시행하는 저장법이다.

• 저온에서 2~3%의 산소와 3~5%의 이산화탄소 농도에 원예산물을 저장하면 호흡을 크게 억제하여 품질을 오래 유지할 수 있다.

• 저온과 저산소가 호흡을 억제하는데, 무산소 조건에서는 발효 대사를 일으키기 때문에 일정 수준의 산소 농도를 유지해야 한다.

Level UP 이론을 확인하는 문제

식물의 호흡에 영향을 미치는 요인에 관한 설명으로 옳지 않은 것은?

① 주변 산소 농도가 낮고 이산화탄소 농도가 높을 때 호흡은 억제된다.

② 수분은 성숙한 건조 종자에서 호흡의 제한 요인으로 작용한다.

③ 호흡은 저온에서 감소하고 고온에서 증가한다.

④ 어린 식물체보다 늙은 식물체에서 호흡량이 많다.

해설 나이에 따라 어린 식물체가 늙은 식물체보다 호흡량이 많다. 처음 생장 기간에는 세포분열과 신장에 많은 물질과 에너지를 요구하기 때문에 호흡량이 많고 나이가 들어 성숙하는 동안에는 연관된 대사 요구가 줄어들기 때문에 호흡이 감소한다.

정답 ④

적중예상문제

01

유산소 호흡 과정에 해당하지 않는 것은?

① 해당 과정
② 아세틸-CoA 형성
③ 캘빈 회로
④ 전자 전달과 산화적 인산화

해설 캘빈 회로는 광합성 관련 대사 과정이다.

02

해당 이후의 유산소 호흡 과정을 옳게 나열한 것은?

① 크렙스 회로 → 아세틸 CoA 형성 → 산화적 인
산화 → 전자 전달
② 아세틸 CoA 형성 → 크렙스 회로 → 산화적 인
산화 → 전자 전달
③ 아세틸 CoA 형성 → 크렙스 회로 → 전자 전달
→ 산화적 인산화
④ 크렙스 회로 → 아세틸 CoA 형성 → 전자 전달
→ 산화적 인산화

해설 해당 이후의 유산소 호흡은 해당 과정에서 생성된
피루브산이 미토콘드리아로 유입되어 아세틸 CoA
를 형성한 이후 크렙스 회로, 전자 전달과 산화적
인산화 과정을 거치면서 ATP를 생산하는 일련의
화학반응 과정으로 전자를 받는 산소가 존재할 때
일어난다.

03

미토콘드리아 밖에서 진행되는 세포 내 호흡 과정은?

① 해당 과정
② 크렙스 회로
③ 전자 전달 과정
④ 산화적 인산화 과정

해설 해당 과정은 미토콘드리아 밖의 시토졸에서, 나머
지 단계인 아세틸-CoA 형성, 크렙스 회로, 전자 전
달계, 산화적 인산화 반응 과정은 미토콘드리아 안
의 기질과 내막에서 일어난다.

04

해당 과정에서 생성되는 산물이 아닌 것은?

① 피루브산
② ATP
③ NADH
④ CO_2

해설 해당 과정을 거치면 포도당 1분자당 2분자의 피루
브산, 2분자의 ATP, 2분자의 NADH가 생성된다.

05

해당 과정의 중간 대사산물이 아닌 것은?

① 포도당-6-인산
② 과당-1,6-이인산
③ α-케토글루타르산
④ 인산에놀피루브산

해설 α-케토글루타르산은 크렙스 회로의 중간 대사산물
이다.

06

( )에 들어갈 내용을 옳게 나열한 것은?

> 포도당 1분자가 해당 과정을 거쳐 피루브산 (ㄱ)
> 분자, ATP (ㄴ)분자, NADH (ㄷ) 분자를 생성
> 시킨다.

① ㄱ. 1, ㄴ. 1, ㄷ. 1
② ㄱ. 1, ㄴ. 2, ㄷ. 1
③ ㄱ. 2, ㄴ. 1, ㄷ. 2
④ ㄱ. 2, ㄴ. 2, ㄷ. 2

해설 해당 과정에서 포도당 1분자는 각각 2분자씩의 피루브산, ATP, NADH를 생성시킨다.

07

세포호흡의 첫 단계인 해당 과정의 최종 산물은?

① 말 산
② 피루브산
③ 시트르산
④ 글루탐산

해설 해당 과정은 1분자의 포도당이 분해되어 2분자의 피루브산을 생성하는 과정이다.

08

해당 과정의 주된 조절 단계로 비가역 반응은?

① UDP-포도당이 포도당-1-인산으로 되는 단계
② 포도당-1-인산이 포도당-6-인산으로 되는 단계
③ 포도당-6-인산이 과당-6-인산으로 되는 단계
④ 과당-6-인산이 과당-1,6-이인산으로 되는 단계

해설 과당-6-인산이 과당-1,6-이인산으로 되는 단계가 비가역 반응으로 해당 과정의 주된 조절 단계이다.

09

시토졸과 색소체에서 일어나는 호흡 작용과 관련이 있는 체내 당 대사 반응 회로는?

① 캘빈 회로
② 크렙스 회로
③ CAM 회로
④ 5탄당 인산 회로

해설 호흡 작용과 관련하여 해당 경로의 대사산물(6탄당 인산)을 공유하면서 당을 산화하는 5탄당 인산 회로(PPP)가 있다. 시토졸과 색소체에서 일어나며 체내 당 대사의 10%가 이 경로를 통해 이루어진다.

10

RNA와 DNA의 합성에 이용되는 5탄탄 인산 경로의 중간 대사산물은?

① 에리트로오스-4-인산
② 리보오스-5-인산
③ 6-포스포글루콘산
④ 세도헵툴로오스-7-인산

해설 5탄당 인산 경로에서 생성되는 5탄당 인산, 즉 리보오스-5-인산은 핵산(RNA와 DNA) 합성에 이용된다.

11

( )에 들어갈 내용으로 옳지 않은 것은?

> 5탄당 인산 경로의 중간 대사산물로 생성된 에리트로오스-4-인산이 인산에놀피루브산(PEP)과 결합하여 ( )의 생합성에 이용된다.

① 방향족 아미노산
② 리그닌
③ 플라보노이드
④ 카로티노이드

5탄당 인산 경로에서 생성되는 4탄당인 에리트로오스-4-인산은 PEP와 결합하여 방향족 아미노산, 리그닌, 플라보노이드, 페놀화합물의 생합성에 이용된다. 카로티노이드는 테르페노이드의 일종으로 이소프렌을 기본 단위로 한다.

크레슐산 대사 회로는 CAM 식물이 보이는 특이 광합성 경로이다.

12

호흡 과정에서 아세틸-CoA가 형성되는 장소는?

① 미토콘드리아 내막
② 미토콘드리아 외막
③ 미토콘드리아 막간 공간
④ 미토콘드리아의 매트릭스

호흡 과정에서 아세틸-CoA 형성은 시토졸에서 미토콘드리아로 들어간 피루브산이 매트릭스에서 반응 기질로 작용하여 일어나는 반응으로 아세틸-CoA를 형성하면서 이산화탄소를 발생시킨다.

15

크렙스 회로를 구성하는 성분은?

① 피루브산   ② 글루탐산
③ 아스파르트산   ④ 옥살로아세트산

크렙스 회로는 시트르산, 이소시트르산, α-케토글루타르산, 숙시닐-CoA, 숙신산, 푸마르산, 말산, 옥살로아세트산, 다시 시트르산 방향으로 반응이 일어나 형성된다.

13

호흡 과정 가운데 아세틸-CoA 형성 과정에서 생성되는 산물이 아닌 것은?

① NADH   ② CO_2
③ H^+ ④ 피루브산

피루브산은 호흡 과정에서 아세틸-CoA 형성 과정에 있어서 반응 기질로 이용된다.

16

크렙스 회로의 대사 진행 방향이 옳게 나열된 것은?

① 시트르산 → 옥살로아세트산 → α-케토글루타르산 → 숙신산
② 옥살로아세트산 → 시트르산 → α-케토글루타르산 → 숙신산
③ 옥살로아세트산 → 시트르산 → 숙신산 → α-케토글루타르산
④ 시트르산 → 옥살로아세트산 → 숙신산 → α-케토글루타르산

크렙스 회로는 시트르산, 이소시트르산, α-케토글루타르산, 숙시닐-CoA, 숙신산, 푸마르산, 말산, 옥살로아세트산, 다시 시트르산 방향으로 반응이 일어나 형성된다.

14

호흡 작용과 관련된 반응 경로가 아닌 것은?

① 크렙스 회로
② 시트르산 회로
③ 트리카르복실산 회로
④ 크레슐산 대사 회로

17

크렙스 회로의 중간 대사산물로 글루탐산의 생합성 물질은?

① 숙시닐-CoA
② 이소시트르산
③ 옥살로아세트산
④ α-케토글루타르산

해설 α-케토글루타르산에 아미노기가 전이되면 글루탐산이 된다.

18

크렙스 회로의 중간 대사산물로 포르피린(Porphyrins)의 전구 물질은?

① 숙시닐-CoA
② 이소시트르산
③ 옥살로아세트산
④ α-케토글루타르산

해설 크렙스 회로의 중간 대사산물 가운데 유기산은 아미노산의 생합성 물질이며, 숙시닐-CoA는 포르피린의 전구 물질이다.

19

크렙스 회로의 호흡 과정 결과물로 생성되는 분자가 아닌 것은?

① CO_2
② NADH
③ ATP
④ O_2

해설 크렙스 회로의 호흡 과정에서 1분자의 피루브산이 완전 산화되면서 2분자의 CO_2, 3분자의 NADH, 1분자의 $FADH_2$, 1분자의 ATP가 생성된다.

20

아세틸-CoA의 아세틸기 1분자가 크렙스 회로를 거쳐 생성하는 산물과 분자 수가 옳게 나열된 것은?

① CO_2, 3분자
② NADH, 3분자
③ $FADH_2$, 2분자
④ ATP, 2분자

해설 아세틸기 1분자가 크렙스 회로를 거쳐 CO_2 2분자, NADH 3분자, $FADH_2$ 1분자, ATP 1분자를 생성한다.

21

미토콘드리아의 호흡에 관여하는 전자 전달계에 관한 설명으로 옳지 않은 것은?

① 미토콘드리아 내막의 크리스타에 위치한다.
② NADH와 $FADH_2$가 방출한 전자를 전달한다.
③ 전달된 전자는 최종적으로 산소에게 전달된다.
④ 일부 전자 전달체가 막간 공간의 수소이온을 기질로 펌핑한다.

해설 미토콘드리아 내막의 크리스타에 있는 전자 전달계는 호흡 과정에서 생산된 NADH와 $FADH_2$가 방출한 전자를 최종적으로 산소에 전달한다. 전달 과정 중에 일부 전자 전달체가 기질에 있는 수소이온을 막간 공간으로 펌핑한다.

22

미토콘드리아에서 전자 전달 저해 작용을 하는 물질이 아닌 것은?

① 로테논
② 파라쿼트
③ 시안화칼륨
④ 안티마이신

해설 미토콘드리아에서 천연 살충제인 로테논은 복합체 I 과, 항생 물질인 안티마이신은 복합체 III과, 청산가리(시안화칼륨)와 같은 시안화물은 복합체 IV와 결합하여 각각 그들의 전자 전달을 저해한다. 파라쿼트는 제초제로 엽록체의 전자 전달을 차단한다.

23

호흡 과정의 전자 전달계에 있어서 전자쌍당 4개의 수소이온을 기질로부터 막간 공간으로 퍼내는 전자 전달 복합체끼리 짝지은 것은?

> ㉠ NADH 탈수소 효소
> ㉡ 숙신산 탈수소 효소
> ㉢ 시토크롬 c 산화효소
> ㉣ 시토크롬 b/c1 복합체

① ㉠, ㉡
② ㉡, ㉢
③ ㉢, ㉣
④ ㉠, ㉣

해설 NADH 탈수소 효소, 시토크롬 b/c_1 복합체, 시토크롬 c 산화효소는 각각 전자 전달 복합체 I, III, IV로 전자쌍당 각각 4개, 4개, 2개의 수소이온을 기질로부터 막간 공간으로 퍼낸다. 숙신산 탈수소 효소 복합체 II는 숙신산으로부터 전자를 받아 우비퀴논으로 전달하지만 수소이온을 펌핑하지는 않는다.

24

호흡 과정의 전자 전달계에서 산소(O_2)에게 전자를 주어 물로 환원시키는 매개체는?

① 페레독신
② 페오피틴
③ 우비퀴논
④ 시토크롬 c

해설 전자 전달계에서 최종 산화효소인 복합체 IV(시토크롬 c 산화효소 또는 시토크롬 a/a_3 복합체)는 시토크롬 c의 전자를 O_2에게 전달해 H_2O로 환원시킨다.

25

대체 산화효소에 관한 설명이다. (   )에 들어갈 말을 순서대로 나열한 것은?

> 대체 산화효소(Alternative oxydase)는 (   ) 쪽 막에 내재하는 단백질 복합체로 (   )에서 전자를 받아 직접 산소로 전달하는 반응을 진행시킨다.

① 기질, 우비퀴논
② 기질, 시토크롬 c
③ 막간 공간, 우비퀴논
④ 막간 공간, 시토크롬 c

해설 대체 산화효소는 기질 쪽 막에 내재하는 단백질 복합체로 우비퀴논에서 전자를 받아 직접 산소로 전달하는 역할을 한다.

안심Touch

26

식물의 대체 전자 전달 경로에 관한 설명으로 옳지 않은 것은?

① 복합체 Ⅰ과 Ⅱ의 전자 전달 경로를 거치지 않기 때문에 더 많은 ATP를 합성할 수 있다.
② 과잉 에너지 또는 과잉 환원력을 해소하는 효과가 있다.
③ 앉은부채는 이 경로를 이용하여 과도한 환경 스트레스를 극복한다.
④ 대체 전자 전달 경로로 인해 식물은 시안화물(HCN) 저항성 호흡을 한다.

해설 전자 전달 과정에 복합체 Ⅰ과 Ⅱ의 전자 전달 경로를 거치지 않기 때문에 ATP 수율이 크게 감소한다.

27

식물이 청산가리와 같은 시안화물(HCN)에 저항성을 띠며 호흡을 지속할 수 있는 이유는?

① 대체 전자 전달 경로를 가지기 때문이다.
② 시안화물이 식물에서 바로 분해되기 때문이다.
③ 시안화물과 반응하는 대사물질이 없기 때문이다.
④ 시안화물이 금속이온과 결합하여 불용화되기 때문이다.

해설 청산가리와 같은 시안화물은 시토크롬 c 산화효소와 결합하여 전자 전달을 저해하기 때문에 동물 세포에서 독성을 띠어 치명적이나 식물 세포에서는 대체 전자 전달 경로가 있어 전자 전달계에 의한 전자 전달이 차단되어도 독성을 띠지 않아 시안화물에 저항성을 나타내게 된다.

28

호흡 작용에 관한 설명으로 옳은 것은?

① 무산소 조건이 되면 해당 반응이 일어나지 않는다.
② 무산소 조건에서는 ATP가 생성되지 않는다.
③ 유산소 조건에서 전자 전달계에 공급된 전자는 최종적으로 O_2에 전달된다.
④ 유산소 조건에서 해당 반응으로 생성된 NADH는 전자 전달 과정에 참여하지 않는다.

해설 무산소 조건에서 해당이 반복적으로 일어나며, ATP와 NADH를 생성한다. 유산소 조건에서 해당 과정에 형성된 NADH는 미토콘드리아 내로 전자를 제공하여 최종 1분자당 2분자의 ATP를 생성하게 한다.

29

식물의 호흡에 관한 설명으로 옳은 것은?

① 밤에만 이루어진다.
② 동물에 비해 호흡률이 높은 편이다.
③ 저온에서 호흡이 억제된다.
④ 호흡률이 높을수록 생장량이 많다.

해설 세포의 호흡은 모든 조직에서 24시간 내내 일어나는데 식물은 액포, 세포벽 등 대사적으로 불활성 부분이 많기 때문에 동물보다 호흡률이 낮은 편이다. 식물은 호흡률이 광합성률보다 높을 때 생장은 정지되는데 식물은 대략 광합성 산물의 50% 정도를 호흡으로 소모한다. 일반적으로 호흡은 저온에서 억제되고 고온에서는 촉진된다.

30

저장물의 호흡을 억제하는 CA저장 방법은?

① 저장고 내 산소와 이산화탄소 농도를 낮춰준다.
② 저장고 내 산소와 이산화탄소 농도를 높여준다.
③ 저장고 내 산소 농도는 낮춰주고 이산화탄소 농도는 높여준다.
④ 저장고 내 산소 농도는 높여주고 이산화탄소 농도는 낮춰준다.

> **해설** CA저장은 공기 조성을 인위적으로 조절하여 농산물의 저장성을 향상시키는 방법으로 보통 저장물의 호흡을 억제시키기 위해 저온 저장고 내의 산소 농도를 낮추고 이산화탄소 농도는 높여준다.

31

이산화탄소 농도가 20% 이상이 되면 호흡이 왕성해지는 농산물을 모두 고른 것은?

> ㄱ. 아스파라거스
> ㄴ. 양 파
> ㄷ. 감 자
> ㄹ. 당 근

① ㄱ, ㄴ
② ㄱ, ㄹ
③ ㄴ, ㄷ
④ ㄷ, ㄹ

> **해설** 일반적으로 이산화탄소 농도가 높을수록 호흡률이 감소하나 이산화탄소 농도의 영향은 식물의 종류나 기관에 따라 다르다. 예를 들면 이산화탄소의 농도가 20% 이상이 되면 아스파라거스는 호흡이 저하하지만, 당근은 영향이 없고, 감자나 양파는 오히려 호흡이 왕성해진다.

32

사과의 호흡이 가장 억제되는 저장 조건은?

① 25℃, 21% 산소, 0.04% 이산화탄소
② 25℃, 21% 산소, 3% 이산화탄소
③ 5℃, 5% 산소, 3% 이산화탄소
④ 5℃, 5% 산소, 0.04% 이산화탄소

> **해설** 농산물의 호흡에는 온도, 산소, 이산화탄소가 영향을 끼친다. 일반적으로 저온 조건에서 산소 농도가 낮고 이산화탄소 농도가 높으면 호흡이 억제된다.

시대접은 win 시대로 www.sdedu.co.kr/winsidaero

PART 10

식물의 휴면

CHAPTER 01   식물의 일생

CHAPTER 02   휴면의 의의와 종류

CHAPTER 03   종자의 휴면

CHAPTER 04   눈의 휴면

적중예상문제

● 학습목표 ●

1. 식물 종류와 번식 방법에 따를 식물의 생활환의 차이를 이해한다.
2. 식물을 1년생 식물, 2년생 식물, 다년생 초본식물과 목본식물로 구분하고 이들의 생활환에 있어서의 특징을 설명할 수 있다.
3. 식물의 생활환에서 휴면이 갖는 의미를 이해하고 휴면의 종류를 설명할 수 있다.
4. 종자의 휴면 원인과 휴면 타파 방법에 대해 학습한다.
5. 눈 휴면의 생리적 의의와 종류, 유도와 타파에 대해 학습한다.

식물의 일생

(1) 세대교번과 생식

- 식물의 일생 또는 생육 주기를 생활환(生活環, Life cycle)이라 한다.
- 식물의 생활환은 세대교번으로 완성되고 생식을 통하여 되풀이 된다.

① 고등식물의 세대교번(世代交番, Alteration of generation)

    ㉠ 포자체(胞子體, Sporophyte)가 이끄는 무성세대와 배우체(配偶體, Gametophyte)가 이끄는 유성세
    대가 교대로 이어지는 것을 말한다(그림 10-1).

포자체	• 핵상이 $2n$인 이배체 식물체 • 접합자(Zygote)로부터 발달함 • 화분모세포와 배낭모세포를 거쳐 포자를 생성함 • 각 모세포는 감수분열하여 대포자와 소포자를 만들고 이들이 배우체로 발달됨
배우체	• 핵상이 n인 반수체 생식세포(화분)나 생식구조체(배낭) • 성숙하여 배우자인 정핵과 난핵을 만듦 • 암수의 배우자가 수정하여 접합자를 만들어 다음 세대로 이어줌 • 배우체는 포자체로부터 발생해 그곳에 기생하면서 배우자를 형성함

    ㉡ 고등식물 중 고사리는 전형적인 세대교번 식물이다.

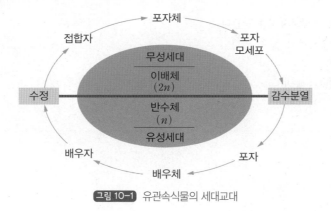

그림 10-1 유관속식물의 세대교대

안심Touch

② 유성생식(有性生殖, Sexual reproduction)과 무성생식(無性生殖, Asexual reproduction)

유성생식	암수 배우자가 관여하는 생식이며 종자를 형성하기 때문에 종자 번식을 함
무성생식	• 배우자가 관여하지 않으며 영양체를 이용하는 영양번식을 함 • 재배적으로 영양번식을 하는 식물도 대개는 유성세대를 가지고 있음 　예 딸기는 포복지(葡匐枝, Stolon, runner)를 이용한 무성번식과 종자를 이용한 유성번식을 함 　그림 10-2

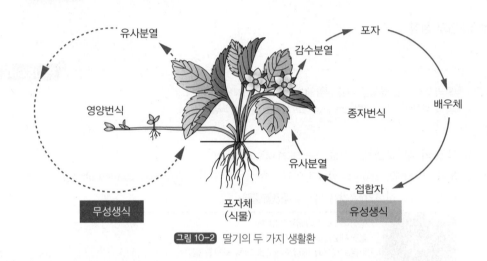

그림 10-2 딸기의 두 가지 생활환

Level UP 이론을 확인하는 문제

고등식물에 있어서 무성세대를 이끄는 포자체에 관한 설명으로 옳지 않은 것은?

① 핵상이 $2n$인 이배체이다.

② 접합자로부터 발달한다.

③ 화분모세포와 배낭모세포를 만든다.

④ 화분이나 배낭을 예로 들 수 있다.

해설 화분이나 배낭은 핵상이 반수체인 배우체로 성숙하여 배우자인 정핵과 난핵을 만든다.

정답 ④

(2) 종류별 생활환

① 1년생 식물

　　㉠ 자신의 생활환을 1년 안에 마친다.

　　㉡ 발아 → 영양생장 → 생식생장 → 결실의 과정을 거치고 성숙한 종자는 일정 기간 휴면한다.

여름형 (Summer annual)	• 단일식물인 벼, 콩, 코스모스 등은 봄부터 여름에 이르는 장일 조건에서 영양생장을 하고, 하지 이후의 단일 조건에서 생식생장으로 넘어감 • 중성식물인 가지, 토마토, 메밀 등은 일장에 관계없이 영양생장이 어느 정도 진행되면 바로 생식생장으로 이행됨 • 종자 상태로 휴면하면서 겨울의 저온을 극복함
겨울형 (Winter annual)	• 월동 1년생 식물로 추파성 맥류, 유채 등이 있음 • 가을에 파종하면 유식물 상태로 겨울을 경과하면서 춘화 처리를 받고, 이듬해 봄에 고온 장일 조건에서 출수 개화함 • 종자 상태로 휴면하면서 여름의 고온을 극복함

　　㉢ 벼, 보리 등은 영양생장을 한 다음 이어서 생식생장을 한다.

　　㉣ 콩과, 가지과, 박과에 속하는 많은 작물들은 영양생장과 생식생장이 동시에 이루어진다.

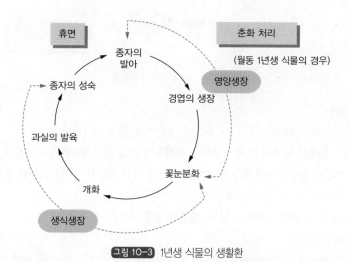

그림 10-3 1년생 식물의 생활환

② 2년생 식물

　　㉠ 배추, 양배추, 케일, 사탕무, 결구상추, 양파, 당근, 셀러리 등은 대표적인 2년생 식물들이다.

　　　• 2년간에 걸쳐 자신의 생활환을 마친다(그림 10-4).

　　　• 1년차에 영양생장을 하고 2년차에 생식생장을 한다.

　　㉡ 영양생장 기간 동안 영양기관이 뚜렷하게 비대 생장하고 여기에 저장양분을 축적한다.

ⓒ 영양기관은 겨울에 저온 자극을 받고 이듬해 봄의 고온 장일 조건에서 줄기와 화경이 길게 신장하여 추대하면서 개화하고 결실한다. 이 과정에서 전 해에 축적한 저장양분을 생장에 사용한다.

② 주로 녹식물 춘화형으로 겨울 월동 중에 저온 자극으로 춘화 처리를 받는다.

ⓜ 월동 1년생 식물과 다른 점은 반드시 1년차에 저장기관을 형성하고 월동 중에 녹식물 춘화 처리를 받는다는 것이다.

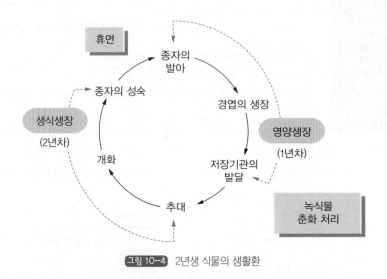

그림 10-4 2년생 식물의 생활환

③ 다년생 초본식물

㉠ 감자, 고구마, 마늘, 숙근초, 구근류, 목초류 등은 다년생 초본식물이다.

㉡ 이들은 매년 봄에서 여름에 걸쳐 지상부가 생장하여 개화하고 가을이면 고사한다.

㉢ 지하부의 뿌리는 살아남아서 월동하고 이듬해 봄에 다시 지상부가 이들로부터 돋아난다.

㉣ 지하부에 이듬해 사용할 양분을 저장한다.

• 다량의 녹말, 이눌린, 프럭탄, 당류, 단백질 등을 축적하여 지하경, 괴경, 괴근, 구경, 인경 등을 형성하기도 한다.

• 지하부에 형성된 저장기관에는 눈이 있으며 겨울에 휴면을 하고 다음해 봄에 맹아한다.

• 맹아 후에 독립 영양생장을 하기 전까지 전년도에 축적해 둔 저장양분을 생장에 이용한다.

㉤ 주로 무성번식을 하는데 지하부 저장기관이 바로 중요한 번식 기관이 된다.

㉥ 유성번식이 가능하여 지상부에 결실하는 종자를 이용한 번식도 가능하다.

• 이러한 식물의 종자를 진정 종자(眞正種子, True seed)라고 부르기도 한다.

• 딸기도 다년생 초본식물로서 진정 종자를 생성하지만 주로 액아에서 발달하는 포복지를 번식 수단으로 삼는다(그림 10-2).

④ 다년생 목본식물

　㉠ 나무는 봄이 되면 가지의 눈이 맹아하여 생장을 시작한다.

　㉡ 가지의 눈은 잎눈, 꽃눈, 그리고 혼합눈로 구분한다.

잎눈(葉芽, Leaf bud)	잎 또는 새 가지가 생김
꽃눈(花芽, Flower bud)	꽃이 핌
혼합눈(混合芽, Mixed bud)	잎과 꽃이 함께 핌

　㉢ 가지의 눈은 기온이 높고 일장이 긴 여름에 빠른 속도로 생장하여 무성한 잎과 새로운 가지를 만들고 아울러 종자와 과실을 맺는다.

　㉣ 가을을 맞이하기 전에 가지에 또 다시 눈을 형성한다.

　㉤ 본격적인 가을에 접어들면 종자와 과실은 성숙하고 잎은 단풍이 들거나 퇴색한다.

　㉥ 가을에 일장이 짧아지고 기온이 내려가면 모든 열매와 잎은 모체로부터 분리되어 떨어지고, 가지의 눈은 휴면 상태에 들어간다.

　㉦ 모든 눈은 휴면 상태로 추운 겨울을 보내고, 월동 중 충분한 저온 자극을 받으면서 휴면이 타파된다.

　㉧ 다년생 목본식물에 있어서 나뭇가지의 눈은 일종의 겨울나기 방법의 하나로 동아(冬芽, Winter bud)라고도 한다.

Level UP 이론을 확인하는 문제

2년간에 걸쳐 자신의 생활환을 마치는 2년생 식물이 아닌 것은?

① 배 추　　　　　　　　　　② 당 근
③ 셀러리　　　　　　　　　　④ 마 늘

해설　2년생 식물은 1년차에 영양생장을 하고 2년차에 생식생장을 하는 반면, 마늘은 다년생 초본으로 매년 영양생장과 생식생장을 반복한다. 마늘은 지하부 인경이 살아남아 번식 수단이 된다.

정답　④

휴면의 의의와 종류

⊕ PLUS ONE

휴면(休眠, Rest dormancy)
- 휴면은 식물이 일시적으로 쉬며 잠을 잔다는 뜻으로 생존에 필요한 최소한의 대사 작용만 유지하는 생리적 현상을 의미한다.
- 식물은 일생 중 특정한 생육 단계에서 휴면을 한다.

(1) 휴면의 의의

① 휴면은 불량 환경의 극복 수단으로 자연에서 식물의 독특한 생존 수단이라 할 수 있다.

② 자신의 생장과 발육에 부적합한 환경에 처하면 스스로 살아남기 위해 휴면을 하는 것이다.

③ 식물은 진정한 휴면 중일 때에는 적절한 환경 조건을 부여해도 발아나 맹아하지 않는다.

④ 우기와 건기, 저온기와 고온기가 연중 주기적으로 반복되는 환경 변화에 효과적으로 대처할 수 있는 수단이 바로 휴면이다.

　㉠ 열대식물들은 건기에 접어들면 휴면을 하면서 건조한 기후 조건을 극복한다.

　㉡ 온대식물들은 가을이 되면 눈이나 종자가 휴면에 들어가 춥고 건조한 겨울을 극복한다.

　㉢ 호냉성 월동작물은 마늘에서 보는 것처럼 여름에 인경 형태로 휴면하면서 고온을 극복한다.

⑤ 식물의 휴면 기관은 종자, 저장기관, 눈 등이 대표적이지만, 식물체가 휴면을 하여 일시적으로 생장이 정지되는 경우도 있다.

⑥ 야생식물은 재배식물보다 이러한 휴면 현상을 많이 가지고 있다.

⑦ 재배식물의 휴면은 종자의 관리, 각종 농산물의 저장과 이용에 유용하게 활용될 수 있다.

　㉠ 마늘은 휴면이 깊을수록 저장성이 좋다.

　㉡ 벼나 맥류는 수확 전 이삭 상태에서 일어나는 발아, 즉 수발아(穗發芽, Viviparous germination)를 억제할 수 있다.

　　• 수확기에 비가 자주 오거나 태풍으로 도복이 되면 수발아가 일어난다.

　　• 수발아는 품질과 수량을 크게 떨어트린다.

　　• 수발아 발생은 품종별로 차이가 있으며 주로 휴면성이 낮은 품종에서 많이 발생한다.

　㉢ 잡초 종자의 휴면성을 파악하면 그들을 효율적으로 방제할 수 있다.

식물의 휴면에 관한 설명으로 옳지 않은 것은?

① 불량 환경의 극복 수단이다.

② 진정 휴면 종자라도 생장에 적합한 환경에서는 발아한다.

③ 열대지역 식물은 건기에 휴면을 한다.

④ 마늘은 휴면이 깊을수록 저장성이 좋다.

해설 휴면은 생존에 필요한 최소한의 대사작용만 유지하는 생리적 현상으로 식물이 진정한 휴면 중에 있을 때에는 아무리 적절한 환경 조건을 부여해도 발아나 맹아 등의 생장 활동을 하지 않는다.

정답 ②

(2) 휴면의 종류

① 종자의 휴면

1차 휴면 (Primary dormancy)	• 식물체의 내적인 요인에 의하여 일어남 • 식물체가 생장에 적합한 환경 조건이 만들어져도 생장을 하지 않음 • 자발 휴면(Innate dormancy) 또는 절대 휴면(Absolute dormancy)이라 함 • 진정한 의미의 휴면
2차 휴면 (Secondary dormancy)	• 1차 휴면이 타파된 후 또는 원래부터 휴면이 없는 식물체가 외적 요인, 주로 환경 조건에 의하여 생장이 정지된 상태 • 타발 휴면(Exogenous dormancy) 또는 상대 휴면(Relative dormancy)이라 함 • 생장이 부적당한 환경 조건에서 이루어지는 휴면이기 때문에 강제 휴면(Enforced dormancy) 이라고도 함 • 휴지 상태(Quiescence)라고 부르면서 휴면과 구분하기도 함

② 수목 눈의 휴면

외재 휴면 (外在休眠, Paradormancy)	• 정아 우세성에 의하여 자라지 못하는 그 아래의 눈들에서 보는 것처럼 다른 눈이 주변의 눈의 생장을 억제하는 경우 • 상관적 억제(Correlative inhibition)라고 부르며, 때로는 의사(擬似) 휴면이나 거짓 휴면이라고도 함
내재 휴면 (内在休眠, Endodormancy)	식물체 자체에 그 원인이 있는 휴면으로 자발 휴면에 해당됨
환경 휴면 (Ecodormancy)	• 환경적 요인에 의한 휴면 • 타발 휴면에 해당하며 생태 휴면이라고도 함

1차 휴면에 관한 설명으로 옳은 것은?

① 식물체의 내적인 요인에 의해 일어난다.

② 1차 휴면 중인 식물체는 적합한 환경에 놓이면 생장한다.

③ 생장이 부적당한 환경 조건에서 이루어져 강제 휴면이라고도 한다.

④ 휴면이 없는 식물체가 환경에 의해 생장이 정지된 상태를 말한다.

해설 1차 휴면은 식물체의 내적인 요인에 의하여 일어나는 휴면으로 생장에 적합한 환경이 만들어져도 생장을 하지 않는다. 자발 또는 절대 휴면이라고도 한다. 진정한 의미의 휴면이다.

정답 ①

(1) 휴면의 유도

① 배의 휴면

배(胚)가 미숙하거나 배 자체의 생리적 원인에 의해 종자의 휴면이 일어난다.

배의 미숙	• 외관과 달리 내부의 배가 완전하게 발달하지 못한 종자는 발아에 적합한 환경 조건이라도 발아하지 못함 • 벚나무, 은행나무, 물푸레나무, 유럽소나무, 인삼 등은 외형상 성숙한 종자로 채종되지만 배의 미숙으로 휴면 상태를 유지함 • 인삼은 모식물에 그대로 두면 배는 언제까지라도 생장하지 않는 특성이 있음
생리적 원인	• 배의 발달이 완전해도 생리적 원인에 의해 종자의 휴면이 일어남 • 보리, 밀, 귀리 등의 벼과식물과 사과, 복숭아, 배, 장미, 주목 등의 장미과식물의 종자에서 많이 볼 수 있음

② 종피에 의한 휴면

㉠ 종피가 물질을 투과시키지 않거나 배의 신장을 기계적으로 억제할 때 일어나는 휴면이다.

㉡ 경실종자(Hard seed)에서 볼 수 있는데 경피(硬皮)가 원인이다.

불투수성	• 콩, 감자, 오크라, 나팔꽃의 종자는 부분적으로 0.1~17%의 경피 종자가 섞여 있음
	• 경피 종자는 유전하며 환경 조건에 따라서도 발생할 수 있음
	   – 강낭콩은 종자의 함수율이 낮을수록, 토양 수분이 많을수록, 소립 종자일수록, 숙도가 높을수록 경실 비율이 높음
	   – 영양과 관련하여 칼슘의 농도가 높으면 경실 종자가 많아짐
	   – 종자의 저장 조건이나 저장 방법에 따라서 종자가 경실화되는 경우도 있음
	• 콩과식물 경실 종자의 불투수성은 두껍고 단단한 책상층이라는 불투수층이 원인이고, 원인 물질은 펙틴과 수베린임 그림 10–5
	   – 종피에 각피층과 두껍고 단단한 책상층(Palisade layer)이 있음
	   – 책상층은 길이로 신장한 대형 보강세포(Macrosclereid, Malphigian cell)가 울타리처럼 가지런히 정렬되어 있음
	   – 책상조직 세포는 적절한 용매에서 불리면 개개 세포로 분리가 가능함
	   – 책상층 아래에는 뼈 모양의 골상 보강세포가 얇은 층을 이룸
	   – 책상층의 바깥 표면 쪽에 가늘게 이어지는 연속선이 관찰되는데 이것이 명선(明線, Light line)임
	   – 명선은 책상층 보강세포 상단의 같은 위치에서 세포벽의 비대로 세포 내강이 폐쇄되면서 생긴 빛의 굴절로 나타나는 일종의 착시 현상임

불투기성	• 종피가 산소를 투과시키지 않아 휴면이 되기도 함 　－ 도꼬마리 열매에서 아래쪽 종자는 성숙 후에 바로 발아하지만, 위쪽 종자는 종피의 산소 투 　　과성이 낮아 이듬해 봄에 휴면이 타파되어야 발아할 수 있음 　－ 감자의 종피는 산소 투과성이 나빠 발아가 억제됨 　－ 벼과식물은 공기 중의 산소 압력을 높이면 발아가 촉진됨 • 종피는 이산화탄소의 배출을 차단하여 호흡을 억제하기도 함
기계적 저항	• 질경이, 털비름, 나팔꽃, 소립땅콩 등은 종피의 기계적 저항으로 발아가 안 됨. 이러한 종자는 　수분을 충분히 함유하고 있으면 수개월에서 수년간 휴면을 함 • 종피가 한 번 건조해지면 종피 안의 교질물에 변화가 일어나 기계적 저항력이 크게 약해짐

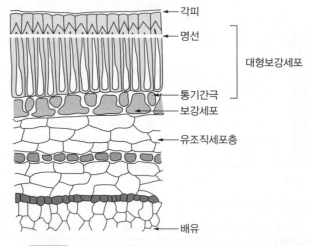

그림 10-5 전동싸리(스위트클로버) 종자의 종피 단면

③ 발아 억제 물질

　㉠ 건기에 휴면을 하는 사막 자생 식물의 종자는 종피나 과피에 발아 억제 물질을 가지고 있다.

　　　• 이러한 억제 물질에 의한 휴면은 건조 지대 식물의 생태에 중요한 의미를 갖는다.

　　　• 우기에 들어서면 이들 물질이 씻겨나가 발아가 가능해진다.

　㉡ 소립종 땅콩 중에 종피에 발아 억제 물질이 함유되어 있는 것이 있는데, 갈색의 엷은 속껍질인 종피
　　를 제거하면 발아를 시킬 수 있다.

　㉢ 다즙성 과실은 많은 물을 함유하고 있음에도 그 안의 성숙한 종자는 발아하지 않는다.

겨우살이, 수세미	과즙의 삼투 퍼텐셜이 낮아 종자가 물을 흡수하지 못해 발아하지 못함
토마토, 오이, 수박, 참외, 표주박	과즙 중에 특수한 발아 억제 물질이 존재하기 때문에 발아하지 못함

　　　• 수박의 과즙은 수박, 무, 양배추의 종자 발아를 억제하고 생장 중인 유근의 발육을 억제한다.

　　　• 쥐똥나무의 과즙, 사탕무의 과피, 상추의 종피 등에도 발아 억제 물질이 존재하는 것으로 알려져
　　　　있다.

ⓔ 발아 억제 물질은 종피, 배유, 배 등 과실과 종자의 여러 부위에도 분포되어 있다.

ⓜ 박과식물의 종자는 종피와 배의 양쪽에 발아 억제 물질이 함유되어 있다.

종 자	분포 부위	발아 억제 물질
벼	외 피	ABA
보 리	외 피	쿠마린, 페놀산, 스코폴레틴
밀	과피, 종피	카테킨, 카테킨타닌
근 대	과 피	페놀산, ABA
사탕무	과 피	페놀산, ABA, 고농도의 무기이온
단풍나무	과 피	ABA
개암나무	종 피	ABA
보리수나무	과피, 종피	쿠마린
물푸레나무	과 피	ABA
장 미	과피, 종피	ABA

ⓗ ABA가 가장 널리 분포하는 대표적인 발아 억제 물질이다. 이외 발아 억제 물질로 쿠마린(Couma-rin), 페놀산(Phenolic acid), 카테킨(Catechin), 카테킨타닌(Catechin tannin), 스코폴레틴(Sco-poletin) 등이 잘 알려져 있다.

발아 억제 물질의 억제 작용이 발아의 억제인지 발아 후 생장의 억제인지는 명확하지 않다.

Level UP 이론을 확인하는 문제

다즙성 과실인 수박에 있어서 종자가 과실 안에서 발아하지 못하는 이유는?

① 종자의 배가 미성숙한 상태를 유지하기 때문이다.

② 과즙에 종자의 발아를 억제하는 물질이 함유되어 있기 때문이다.

③ 단단한 종피가 수분을 통과시키지 않기 때문이다.

④ 배가 단단한 종피를 뚫고 나오지 못하기 때문이다.

> **해설** 다즙성 과실은 많은 물을 함유하지만 과즙의 삼투퍼텐셜이 낮아 종자가 물을 흡수할 수 없거나(겨우살이, 수세미) 과즙 중에 특수한 발아 억제 물질이 존재하는 경우(토마토, 오이, 수박, 참외, 표주박)에 발아하지 못하고 휴면 상태를 유지한다.
>
> **정답** ②

(2) 휴면의 타파

① 배의 휴면 타파

후숙(後熟, After ripening)	• 배의 미숙으로 휴면을 하는 종자는 일정 기간 후숙을 거쳐야 발아할 수 있음 　- 후숙 처리는 저온, 변온 또는 광처리임 　- 후숙으로 발아 능력을 갖기까지 소요되는 기간은 식물의 종류와 온도, 습도 등의 조건에 따라 　　달라짐 　- 10일 정도의 후숙 기간을 필요로 하는 종자도 있지만, 물푸레나무와 같은 경우는 4개월 이상 필 　　요함 • 인삼 종자는 지베렐린을 처리하면 후숙 촉진으로 발아가 촉진됨
습윤 저온 처리	• 배 자체의 생리적 원인에 의하여 휴면이 일어나는 경우는 습윤 저온 처리를 하면 휴면을 타파할 　수 있음 　- 장미과식물의 종자에서 볼 수 있음 　- 야생에서는 종자가 땅에 떨어져 습한 토양을 만나고 월동 중 저온을 경과해야 휴면이 타파되고 　　이듬해 봄에 발아함 　- 건조한 상태에서 월동시키면 휴면 타파가 안 되고, 발아도 이루어지지 않음 　- 인위적으로 5℃ 내외의 저온에서 수개월 동안 저장하면 휴면을 타파시킬 수 있음 • 층적법(Stratification)은 휴면 타파를 위해 습한 모래나 젖은 이끼를 종자와 엇갈려 층상으로 쌓아 　저온에 두는 습윤 저온 처리법임 　- 목본식물의 종자는 대개 층적법으로 휴면을 타파함 　- 층적 처리를 하면 효소의 활력이 증가하고, 당류, 아미노산 같은 유기물이 집적되며 불용성 물 　　질이 가용성으로 변하여 삼투퍼텐셜 등이 변함 　- 층적 처리는 또한 아브시스산(ABA)과 같은 발아 억제 물질이 감소하고, 지베렐린(GA)과 같은 　　발아 촉진 물질이 증가하여 휴면이 타파됨 〈그림 10-6〉

ⓐ 후숙에 의한 휴면 타파

구 분	휴면 상태	후숙 처리 방법	추숙 처리 기간(개월)
벼	종피 휴면	–	23
보 리	종피 휴면	저 온	0.5~9
밀	종피 휴면	광	3~7
야생귀리	배 휴면	저 온	30
상 추	종피 휴면	광, 저온	12~18
단풍잎돼지풀	배 휴면	저 온	12
네군도단풍	종피 휴면	저 온	7~8
자작나무	종피 휴면	광, 저온	12
수 영	종피 휴면	변온, 광, 저온	60

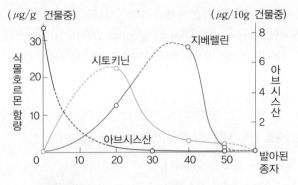

그림 10-6 저온 처리에 의한 생장 조절 물질의 변화

② 종피의 불투성 제거

종피 파상 (Scarification)	• 종피의 일부를 가위로 잘라 내거나 송곳으로 구멍을 내어 상처를 냄 • 종자와 모래를 섞어 비비거나 흔들어 상처를 냄

종피 연화	• 화학 물질을 이용하여 종피를 연화시키거나 변질시키는 것도 일종의 종피 파상이라고 볼 수 있음
	  – 아세톤, 알코올, 염산, 황산, 수산화나트륨, 수산화칼륨 등 이용
	  – 한국 잔디의 종자는 수산화나트륨(NaOH) 또는 수산화칼륨(KOH)과 같은 강염기를 20~30% 수
	    용액으로 만들어 30분 정도 처리함
	• 종피 연화 처리를 하면 아브시스산의 감소와 함께 구멍이 뚫려 휴면이 타파됨
	• 셀룰라아제(Cellulase)나 펙티나아제(Pectinase)를 처리하여 종피를 변질시킴

③ 생장 조정제의 처리

  ㉠ 지베렐린과 시토키닌은 발아 촉진 물질로 휴면 타파에 관여한다.

  ㉡ 아브시스산은 발아 억제 물질로 휴면 유도에 관여한다.

  ㉢ 지베렐린, 시토키닌, 아브시스산의 분포 양상에 따라 종자의 발아와 휴면이 결정된다(그림 10-7).

    지베렐린은 배의 휴면과 그 밖의 원인에 의한 종자 휴면을 타파하고 발아를 촉진한다.

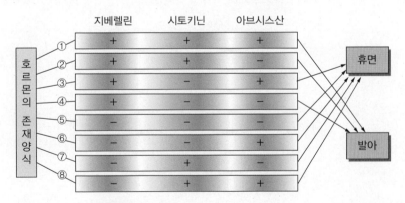

그림 10-7 식물호르몬과 종자의 휴면 타파와의 관계

ⓔ 에틸렌과 옥신은 발아를 촉진하여 종자의 휴면 타파에 효과가 있다.

ⓜ 이 외에도 푸시코신(Fusicoccin), 티오요소(Thiourea), 시아나이드(Cyanide, 호흡억제제), 과산화수소, 질산칼륨 등 다양한 물질이 종자의 휴면 타파에 효과를 나타내고 있다.

Level UP 이론을 확인하는 문제

장미과 종자를 층적법으로 습윤 저온 처리를 하였을 때 나타나는 변화는?

① GA 함량은 감소하고 ABA 함량은 증가한다.

② GA 함량은 증가하고 ABA 함량은 감소한다.

③ GA와 ABA 함량 둘 다 감소한다.

④ GA와 ABA 함량 둘 다 증가한다.

해설 찔레, 사과, 주목 등의 장미과 종자는 습윤 저온 처리를 하면 휴면 물질인 ABA 함량이 감소하고 대신에 발아를 촉진하는 GA 함량이 증가한다.

정답 ②

(1) 동아의 휴면

> 동아(겨울눈, Winter resting bud)
> 수목의 눈은 종자와 마찬가지로 생육의 특정 단계에서 휴면아(休眠芽)를 형성하여 겨울의 추위를 견디어 내며 월동을 하게 된다.

① 생리적 의의와 형태

　㉠ 휴면은 월동식물의 내한성과 밀접한 관련이 있다.

　㉡ 다년생 초본식물은 동화산물의 상당량을 지하부 뿌리(구근, 괴근, 괴경)에 저장한 상태로 생장을 멈추고 휴면에 들어가 월동한다.

　㉢ 일부 다년생 초본식물은 지상부를 포기하지 않고 식물체가 휴면 상태에 들어가 생장을 정지하거나 최소한의 생장을 하면서 월동을 하기도 한다.

　㉣ 다년생 목본식물은 가지의 정단이나 엽액에 눈을 형성하고 낙엽 후 휴면에 들어가 월동한다.

　　• 목본식물은 눈비늘조각(아린, 芽鱗, Budscale)으로 감싸인 동아를 형성하기 때문에 월동을 쉽게 할 수 있다.

　　• 눈비늘조각은 동아를 보호하여 월동 중 수분 손실을 막고 내한성을 키우는 역할을 한다.

　㉤ 온대 낙엽과수의 눈은 외재 휴면, 내재 휴면, 환경 휴면을 하며 특히 종자 휴면에서는 볼 수 없는 외재 휴면을 한다는 점이 특징적이다.

　㉥ 온대 낙엽과수의 눈은 여름에서 가을에 걸쳐 형성되고 곧바로 휴면에 들어가며 가을에서 겨울을 거치는 과정에서 휴면이 타파되어 이듬해 봄에 맹아한다.

　㉦ 소어(Saure, 1985)는 낙엽과수 눈의 휴면을 전 휴면(Pre-dormancy), 진정 휴면(True dormancy), 후 휴면(Post-dormancy)으로 구분하기도 하였다.

전 휴면	• 여름에 일어나는 여름 휴면 • 상관적 억제에 의하여 일어나는 휴면으로 외재 휴면에 해당됨
진정 휴면	• 가을을 지나 겨울에 일어나는 겨울 휴면 • 자발 휴면에 해당됨
후 휴면	• 겨울이 끝났지만 외부 환경이 여전히 나빠 휴면하는 것으로 타발 휴면, 강제 휴면에 해당됨 • 봄 휴면이라 할 수 있음

② 휴면 유도와 타파

    ㉠ 온대 수목에서 눈의 휴면을 지배하는 중요한 외적 요인은 일장과 온도이다.

    ㉡ 자연 상태에서 하지 이후 일장이 짧아지고 기온이 내려가면서 휴면에 들어간다.

        • 낙엽수목을 온실로 옮겨 장일처리를 하면 영양생장이 지속되는데 단일 조건에서는 낙엽이 빨라지고 휴면이 유도된다.

        • 식물의 일장 반응은 재배식물보다는 야생식물에서 더 잘 나타난다.

        • 여름에 눈이 형성되면 서서히 휴면에 들어가는데 가을의 낙엽기에는 이미 깊은 휴면에 돌입한 상태이다.

    ㉢ 일단 휴면에 들어간 동아는 일정 기간 저온에 두면 휴면이 타파된다.

        • 겨울에 식물들을 따뜻한 곳에 보관하면 봄에 계속해서 휴면을 하면서 결국에는 말라 죽는다.

        • 동아의 휴면 타파에 가장 적당한 온도는 0~5℃이며, 처리 기간은 200~1,000시간 이상이 요구된다.

    ㉣ 휴면 타파에 필요한 과수의 저온 요구도는 종류에 따라 다르다.

        • 호두, 사과, 포도는 저온 요구도가 크다.

        • 저온 요구도가 크면 동아의 활동이 늦어지기 때문에 한해(寒害)를 받을 위험은 적어진다.

        • 따뜻한 지방에 적합한 감이나 복숭아는 저온 요구도가 낮고 따라서 휴면이 상대적으로 얕다.

        • 온대 과수를 열대나 아열대 지방에서 재배하면 저온 요구도를 충족시킬 수 없어 실용적 재배가 어렵다.

    ㉤ 일부 수목에서는 봄의 장일 조건이 휴면 타파를 촉진한다.

③ 휴면과 식물호르몬

    ㉠ 동아의 휴면 유도와 타파에는 아브시스산과 내생의 지베렐린이 관여한다.

    ㉡ 휴면 중에는 아브시스산의 농도가 지베렐린에 비하여 높다.

    ㉢ 반대로 휴면이 타파되면 지베렐린의 농도가 상대적으로 높아진다.

    ㉣ 아브시스산을 처리하면 휴면이 유도되고 휴면 타파 시기에 아브시스산을 처리하면 맹아가 지연된다.

    ㉤ 사과, 배와 같은 온대 과수에 옥신 계통(NAA, 2,4-D, 2,4,5-T 등)을 시용하면 봄에 맹아와 개화가 14~16일 정도 늦어져 서리 피해를 막을 수 있다.

④ 동아의 인위적 휴면 타파

    ㉠ 휴면 중인 라일락 꽃눈의 기부에 물을 주사하면 휴면이 타파되어 개화가 3주 정도 빨라진다.

    ㉡ 이 외에도 알코올 주사, 에테르 주사, 온수욕, 라듐 조사, 연기 처리, 가압 처리, 연속 조명 등의 방법으로 휴면을 타파시킬 수 있다.

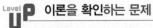

온대 과수에서 겨울눈의 휴면과 타파에 관한 설명으로 옳지 않은 것은?

① 저온 단일 조건에 의해 휴면에 들어간다.

② 일정 기간 저온에 두면 휴면이 타파된다.

③ 휴면 중에 ABA 농도가 GA보다 높다.

④ 겨울 동안 온실에서 재배하면 휴면 타파를 앞당길 수 있다.

> 해설 온대 과수에서 눈은 여름에서 가을에 걸쳐 형성된다. 그리고 곧바로 휴면에 들어가며 가을에서 겨울 동안의 저온 조건을 거치면서 휴면이 타파되어 이듬해 봄에 맹아한다. 겨울눈의 휴면 유도와 타파에는 ABA와 GA 가 관여한다. 휴면 중에는 ABA가, 휴면이 타파되면 GA 농도가 상대적으로 높다.
>
> 정답 ④

(2) 저장기관의 휴면

① 휴면하는 주요 저장기관

　㉠ 영양기관의 변태로 형성된 괴경, 괴근, 인경, 구경, 근경 등이 있다.

　㉡ 수확 이용의 대상이 되며 눈 또는 생장점이 있어 번식 기관으로서 중요하다.

　㉢ 수확 후 일정 기간 휴면을 하며 촉성 재배를 위해서는 인위적으로 휴면을 타파시켜야 한다.

② 저장기관의 휴면 타파

감자의 괴경	• 감자의 괴경은 수확 후 일정 기간이 경과해야 눈의 맹아가 가능함 　– 대개 산간 지역에서는 2~3개월, 평지에서는 4~5개월 정도 휴면함 　– 휴면 기간은 품종에 따라 차이가 큼 　– 인위적으로 휴면을 타파하기 위해서는 저온(5℃)이나 고온(35℃) 처리를 함 • 휴면은 아브시스산에 의하여 유도되고, 휴면 중인 괴경에는 아브시스산의 함량이 높음 • 지베렐린을 처리하면 휴면이 타파되어 맹아가 촉진됨 • 씨감자에서 휴면을 타파시키고 맹아를 촉진하기 위하여 에틸렌 클로로히드린(Ethylene chlorohydrin), 티오시안산칼륨(Potassium thiocyanate), 티오요소(Thiourea) 등을 사용함 • 저장 중 맹아를 억제하기 위해서는 수확 2~6주 전에 MH(Maleic hydrazide)를 살포함
마늘의 인경(구)	• 고온과 장일 조건에서 형성되고 바로 휴면에 들어감 • 마늘은 인편 분화 직후부터 휴면이 시작되며 구의 형성이 완료된 후에도 상당 기간 휴면이 지속됨 　– 마늘은 저온성 월동작물로 여름에 인경의 형태로 휴면하면서 고온을 극복함 　– 한지형 마늘은 자연 상태에서 자발 휴면이 구 형성 완료 후 약 50일 정도 지속됨 • 자발 휴면이 타파되면 내부에서 싹이 자라기 시작하고, 맹아 시기는 환경 조건에 따라 달라짐 • 마늘의 휴면은 저온에서 타파되며 고온에서는 휴면 타파가 지연됨 • 휴면성은 품종에 따라 다른데, 한지형 마늘은 난지형보다 휴면이 깊음 • 휴면이 깊으면 저장성이 좋고, 휴면이 얕으면 저장성이 떨어짐
구근류	• 구근류의 휴면은 모식물의 휴면과 구근의 휴면으로 구분함 • 고온과 장일 조건에서 모식물의 생장이 정지되면서 휴면에 들어갈 때 구형성이 일어나고, 형성된 구도 비대되면서 바로 휴면에 들어감

감자 괴경의 휴면을 타파시키고 맹아를 촉진하기 위하여 처리하는 생장조절제가 아닌 것은?

① 에틸렌 클로로히드린(Ethylene chlorohydrin)

② 티오시안산칼륨(Potassium thiocyanate)

③ 티오요소(Thiourea)

④ MH(Maleic hydrazide)

해설 포장에서 수확 2~6주 전에 MH를 살포해 주면 저장 중 맹아를 억제할 수 있다.

정답 ④

01

( )에 들어갈 내용을 옳게 나열한 것은?

> 고등식물의 세대교번은 (ㄱ)가 이끄는 무성세대와 (ㄴ)가 이끄는 유성세대가 교대로 이어지는 것을 말한다. (ㄷ)로부터 발달한 핵상이 2n인 이배체 식물체가 (ㄱ)이고, 핵상이 n인 반수체 생식세포(화분)나 생식구조(배낭)는 (ㄴ)이다.

① ㄱ : 포자체, ㄴ : 배우체, ㄷ : 접합자
② ㄱ : 포자체, ㄴ : 배우체, ㄷ : 대포자
③ ㄱ : 배우체, ㄴ : 포자체, ㄷ : 접합자
④ ㄱ : 배우체, ㄴ : 포자체, ㄷ : 대포자

> 해설 고등식물은 포자체가 이끄는 무성세대와 배우체가 이끄는 유성세대로 구분한다. 포자체는 접합자로부터 발달한다.

02

영양생장이 어느 정도 진행되면 일장에 관계없이 바로 생식생장으로 이행되는 중성식물만을 나열한 것은?

① 벼, 콩
② 보리, 유채
③ 가지, 토마토
④ 메밀, 코스모스

> 해설 중성식물인 가지, 토마토, 메밀은 영양생장이 어느 정도 진행되면 일장에 관계없이 바로 생식생장으로 이행된다. 벼, 콩, 코스모스 등은 단일식물이고, 보리, 유채 등은 월동 1년생 식물로 겨울을 경과하면서 춘화 처리를 받고 이듬해 봄에 고온 장일 조건에서 개화한다.

03

1년생 식물에 관한 설명으로 옳지 않은 것은?

① 코스모스는 장일에서 영양생장을 하고 단일에서 생식생장을 한다.
② 콩은 일장에 관계없이 영양생장이 어느 정도 진행되면 바로 생식생장으로 이행한다.
③ 유채는 종자 상태로 휴면하면서 여름의 고온을 극복한다.
④ 보리는 유식물 상태로 겨울에 춘화 처리를 받고 봄에 고온 장일에서 출수 개화한다.

> 해설 콩은 단일식물로 장일에서 영양생장을 하고 단일에서 생식생장을 한다.

04

1년차에 영양생장을 하고 2년차에 생식생장을 하는 2년생 식물만을 모두 고른 것은?

> ㄱ. 보 리
> ㄴ. 배 추
> ㄷ. 양 파
> ㄹ. 감 자

① ㄱ, ㄴ
② ㄱ, ㄹ
③ ㄴ, ㄷ
④ ㄷ, ㄹ

해설 배추, 양배추, 케일, 사탕무, 결구상추, 양파, 당근, 셀러리 등은 대표적인 2년생 식물로 1년차에 영양생장, 2년차에 생식생장을 한다. 보리는 1년생이고, 감자는 지하부가 살아남아서 월동하고 이듬해 봄에 다시 지상부가 자라나오는 다년생 초본식물이다.

05

2년생 식물의 특징에 관한 설명으로 옳은 것은?

① 월동 중 지상부가 죽는다.
② 마늘, 감자, 국화가 이에 해당한다.
③ 매년 영양생장과 생식생장을 반복한다.
④ 영양생장 후 월동 중 저온 자극을 받으면 꽃이 핀다.

해설 2년생 식물로 배추, 양배추, 케일, 사탕무, 결구 상추, 양파, 당근, 셀러리 등을 예로 들 수 있다. 종자가 발아한 1년차에는 영양생장을 하고, 월동 중에 저온 자극을 받고, 2년차에는 생식생장을 한다. 주로 녹식물 춘화형이다.

06

다년생 초본식물에 관한 설명으로 옳지 않은 것은?

① 주로 무성번식을 한다.
② 감자, 고구마, 숙근초 등을 예로 들 수 있다.
③ 월동 중 대부분 지상부가 살아남는다.
④ 딸기는 포복지를 번식 수단으로 삼는다.

해설 다년생 초본식물은 월동 중 대부분 지상부가 죽고 지하부가 살아남아 저장기관이며 번식 수단이 된다.

07

종자의 휴면에 있어서 1차 휴면은?

① 자발 휴면
② 타발 휴면
③ 상대 휴면
④ 강제 휴면

해설 식물 종자의 휴면은 크게 1차 휴면과 2차 휴면으로 분류한다. 식물체의 내적인 요인에 의하여 일어나는 1차 휴면은 자발 또는 절대 휴면이라고 한다.

08

수목에 있어서 정아 우세성에 의해 생장이 억제되는 주변 눈의 휴면 상태는?

① 내재 휴면 상태
② 외재 휴면 상태
③ 환경 휴면 상태
④ 생태 휴면 상태

해설 수목에서 눈의 휴면은 외재·내재·환경 휴면으로 분류된다. 정아 우세성에 의해 자라지 못하는 그 아래의 눈들에서 보는 것처럼 특정 눈이 주변 눈의 생장을 억제하는 경우를 외재 휴면이라 한다.

09

바로 채종한 인삼 종자가 발아하지 못하고 휴면 상태에 머물러 있는 이유는?

① 배의 발달이 불완전하기 때문이다.
② 종피가 단단하여 수분의 공급이 차단되기 때문이다.
③ 종피가 단단하여 공기의 공급이 차단되기 때문이다.
④ 배에 발아 억제 물질이 다량 함유되어 있기 때문이다.

해설 종자는 배, 종피, 발아 억제 물질 등에 의해서 휴면이 유도된다. 인삼 종자의 모식물체에 달려 있는 경우 배가 미성숙 상태로 남아있기 때문에 수확 직후에는 휴면 상태를 유지한다.

10

외형상 성숙한 종자로 채종되지만 배의 미숙으로 휴면 상태를 유지하는 종자만을 고른 것은?

```
ㄱ. 콩          ㄴ. 보 리
ㄷ. 사 과        ㄹ. 인 삼
ㅁ. 은 행
```

① ㄱ, ㄴ
② ㄴ, ㄷ
③ ㄷ, ㄹ
④ ㄹ, ㅁ

해설 벚나무, 은행나무, 물푸레나무, 유럽소나무, 인삼 등의 종자는 배의 발달이 미숙하여 휴면하는 종자들로 환경 조건이 적합해도 발아하지 못하고 일정한 후숙 과정을 거쳐야 휴면을 타파할 수 있다. 보리나 사과는 배의 발달은 완전하나 생리적 원인에 의해 휴면이 이루어지고, 콩은 단단한 종피의 기계적 억제로 휴면에 들어간다.

11

배의 발달이 완전하지만 생리적 원인에 의해 종자의 휴면이 일어나는 식물만을 나열한 것은?

① 콩, 감자
② 사과, 배
③ 인삼, 은행
④ 오크라, 나팔꽃

해설 콩, 감자, 오크라, 나팔꽃은 경실 종자로 종피의 불투수성, 인삼과 은행은 배의 미숙으로 종자가 휴면에 들어간다. 사과와 배는 배의 발달이 완전하지만 생리적 원인에 의해 종자의 휴면이 일어난다.

12

종자 휴면의 원인이 되기도 하는 강낭콩 종자의 경피에 관한 설명으로 옳지 않은 것은?

① 종자의 함수율이 낮을수록 경실 비율이 높아진다.
② 칼슘 농도가 낮으면 경실 종자가 많아진다.
③ 소립 종자일수록 경실 비율이 높다.
④ 숙도가 높은 종자일수록 경실 비율이 높다.

해설 영양과 관련하여 칼슘 농도가 높으면 경실 종자가 많아진다.

13

콩과식물에서 볼 수 있는 경실 종자의 불투수성의 원인에 관한 설명이다. ( )에 들어갈 말을 올바르게 나열한 것은?

콩과식물에서 볼 수 있는 경실 종자의 불투수성은 종피에 각피층과 두껍고 단단한 (㉠)이 있고, (㉠)에 펙틴과 (㉡)가(이) 축적되어 물이 통과하지 못해 발생한다.

① ㉠ 책상층, ㉡ 왁스
② ㉠ 책상층, ㉡ 수베린
③ ㉠ 해면층, ㉡ 왁스
④ ㉠ 해면층, ㉡ 수베린

해설 콩과식물 경실 종자의 불투수성은 두껍고 단단한 책상층이라는 불투수층이 원인이며, 원인 물질은 펙틴과 수베린인 것으로 알려져 있다.

14

종자의 발아 억제 물질에 해당하는 것은?

① 쿠마린(Coumarin)
② 티오요소(Thiourea)
③ 푸시코신(Fusicoccin)
④ 시아나이드(Cyanide)

해설 식물 생장 조절 물질로 푸시코신, 티오요소, 시아나이드, 과산화수소, 질산칼륨 등은 종자의 휴면 타파에 효과가 있다. 쿠마린은 ABA와 마찬가지로 종자의 발아를 억제하는 물질로 알려져 있다.

15

과즙의 삼투퍼텐셜이 낮아 수분을 흡수하지 못해 발아하지 못하는 종자는?

① 오 이
② 수 박
③ 토마토
④ 수세미

해설 겨우살이, 수세미는 과즙의 삼투퍼텐셜이 낮아 종자가 물을 흡수하지 못해 발아하지 못한다. 토마토, 오이, 수박, 참외, 표주박은 과즙 중에 특수한 발아 억제 물질이 존재하기 때문에 발아하지 못한다.

16

보리 종자의 외피에서 발견되는 발아 억제 물질이 아닌 것은?

① 쿠마린(Coumarin)
② 페놀산(Phenolic acid)
③ 스코폴레틴(Scopoletin)
④ 푸시코신(Fusicoccin)

해설 푸시코신은 종자의 휴면 타파에 효과를 보이는 물질이다.

17

종자의 휴면에 관한 설명으로 옳지 않은 것은?

① 도꼬마리 열매에서 위쪽 종자는 종피의 산소 투과성이 낮아 휴면이 된다.

② 소립땅콩은 종피의 기계적 저항으로 인하여 발아가 억제된다.

③ 수박의 과즙은 양배추의 종자 발아를 억제할 수 있다.

④ 가장 널리 분포하는 대표적인 발아 억제 물질은 GA이다.

> 해설 가장 널리 분포하는 대표적인 발아 억제 물질은 ABA이다. 이외 발아 억제 물질로 쿠마린, 페놀산, 카테킨, 카테킨타닌, 스코폴레틴 등이 잘 알려져 있다.

18

종자의 휴면 타파를 촉진하기 위한 방법이 아닌 것은?

① 경실 종자는 종피 파상 처리해 준다.

② 장미과식물의 종자는 충적법 처리해 준다.

③ 인삼 종자에 ABA를 처리해 준다.

④ 한국 잔디 종자를 30% NaOH 수용액에 30분 동안 담가둔다.

> 해설 ABA는 발아를 억제하는 물질로 휴면 유도 물질이다. 인삼 종자의 발아를 촉진하기 위해서는 GA를 처리해서 휴면을 타파해 주어야 한다.

19

한국 잔디 종자를 KOH와 같은 강염기 용액에 30분간 담가두었다. 그 이유는?

① 돌연변이를 유발하기 위해

② 종자의 휴면을 타파하기 위해

③ 염색체의 수를 배수화하기 위해

④ 병충해의 피해를 줄이기 위해

> 해설 NaOH 또는 KOH와 같은 강염기 20~30% 수용액에 한국 잔디 종자를 30분 정도 처리하면 종자 내 휴면 물질인 ABA의 함량이 감소하고 종피가 연화되어 휴면이 타파된다.

20

종자의 휴면 타파와 호르몬과의 관계에 관한 설명으로 옳은 것은?

① 장미과 종자는 습윤 저온 처리를 하면 ABA 함량이 감소한다.

② 지베렐린과 시토키닌이 높아도 ABA가 존재하면 종자는 휴면을 한다.

③ 지베렐린이 없어도 시토키닌은 단독으로 종자의 휴면을 타파할 수 있다.

④ ABA가 없으면 시토키닌은 종자의 휴면을 타파하고 발아를 유도한다.

> 해설 지베렐린과 시토키닌 함량이 높으면 ABA가 존재해도 발아가 촉진되지만, 시토키닌은 지벨렐린이나 ABA 없이 단독으로는 종자의 발아를 유도하지 못한다.

21

휴면 타파에 필요한 온대 과수의 저온 요구도에 관한 설명으로 옳은 것은?

① 휴면 타파에 가장 적당한 온도는 −5~0℃이다.
② 사과, 포도는 감이나 복숭아보다 저온 요구도가 낮다.
③ 저온 요구도가 크면 동해를 받을 위험이 커진다.
④ 저온 요구도가 낮으면 휴면이 상대적으로 얕다.

해설 비교적 따뜻한 지방에 적합한 감이나 복숭아는 저온 요구도가 낮아서 휴면이 상대적으로 얕다.

22

마늘 인경의 휴면에 관한 설명으로 옳지 않은 것은?

① 인편이 분화된 직후부터 휴면이 시작된다.
② 여름에 휴면하면서 고온을 극복한다.
③ 난지형이 한지형보다 휴면이 깊다.
④ 마늘의 휴면은 저온에서 타파된다.

해설 마늘의 휴면성은 품종에 따라 다른데, 한지형이 난지형에 비해 휴면이 깊다.

23

( )에 들어갈 내용을 옳게 나열한 것은?

> 마늘의 인경(구)는 (ㄱ)과 (ㄴ) 조건에서 형성되고 바로 휴면에 들어가고 마늘의 휴면은 (ㄷ) 조건에서 타파된다.

① ㄱ : 저온, ㄴ : 단일, ㄷ : 고온
② ㄱ : 저온, ㄴ : 장일, ㄷ : 고온
③ ㄱ : 고온, ㄴ : 단일, ㄷ : 저온
④ ㄱ : 고온, ㄴ : 장일, ㄷ : 저온

해설 마늘은 저온성 월동작물로 인경이 고온 장일 조건에서 형성되고 바로 휴면에 들어간다. 이 저장기관을 번식용으로 사용하려면 휴면을 인위적으로 타파시켜야 하는데 마늘의 휴면은 저온에서 타파되고 고온에서는 휴면 타파가 지연된다.

PART 11

종자의 발아

CHAPTER 01 종자의 저장양분

CHAPTER 02 종자의 발아 과정

CHAPTER 03 발아의 외적 조건

CHAPTER 04 종자의 수명과 저장

적중예상문제

● **학습목표** ●

1. 저장양분의 조성 성분에 따라 탄수화물, 단백질, 지방 종자로 분류할 수 있고, 종자의 양분 조성에 영향을 미치는 요인에 대해 설명할 수 있다.

2. 종자의 발아 과정을 수분의 흡수, 양분의 소화, 이동, 배의 생장과 발육 단계로 나누어 설명할 수 있다.

3. 외적 조건으로 수분, 온도, 산소, 광선, 화학 물질이 종자의 발아에 미치는 영향에 대해 설명할 수 있다.

4. 수명에 따라 종자를 분류할 수 있고 종자의 수명을 늘리기 위한 저장 조건에 대해 설명할 수 있다.

자격증·공무원·금융/보험·면허증·언어/외국어·검정고시/독학사·기업체/취업

이 시대의 모든 합격! 시대에듀에서 합격하세요!

www.youtube.com → 시대에듀 → 구독

종자의 저장양분

(1) 저장 부위와 용도

① 저장 부위

종자는 배, 배유 또는 자엽, 종피로 구성되며 배유와 자엽에 다양한 저장양분이 들어 있다.

② 용도

㉠ 종자의 저장양분은 발아 과정에서 분해되어 이용되는 양분이며 에너지원이다.

㉡ 벼, 보리, 콩 등의 종자 저장양분은 인간의 중요한 식량이 되며 공업 원료가 되기도 한다.

(2) 조성 성분

① 종자의 성분 조성은 종류에 따라 다르다.

② 주성분에 따라 탄수화물 종자, 단백질 종자, 기름 종자로 구별된다.

탄수화물 종자	• 녹말이 주로 배유에 저장되어 있음 • 녹말 알갱이(전분립)는 종류에 따라 특유의 모양과 크기를 나타냄 예 벼, 보리, 밀, 옥수수 등
단백질 종자	• 콩은 주로 자엽에 단백질을 함유함 • 탄수화물 종자인 밀의 경우는 단백질이 배와 배유에 함유되어 있음. 특히 배유 안의 호분층에 많이 함유됨 예 20~40%의 저장 단백질이 함유되어 있는 콩이나 완두
지방 종자	• 지방이 입자의 형태로 존재함 • 지방이 피마자와 목화는 배유에, 해바라기와 땅콩은 자엽 속에, 뽕나무는 배유와 자엽 속에 골고루 분포함 예 땅콩, 참깨, 아마, 피마자

③ 기타 성분으로 비타민류(티아민, 리보플라빈, 비타민 A), 식물호르몬류(옥신, 지베렐린, 시토키닌, ABA), 발아 억제 물질(쿠마린, 탄닌), 특수 성분(커피-카페인, 카카오-테오부로민, 피마자-리시닌, 고추-피페린), 색소, 섬유소 등이 종자에 함유되어 있다.

④ 특수 성분이 많은 경우 기호식품이나 약재로 이용된다.

⑤ 여러 가지 종자의 저장양분 조성

종 류	건물중당 평균 조성(%)			주 저장기관
	탄수화물	단백질	지 질	
옥수수	75	11	5	배 유
귀 리	66	13	8	
조	75	12	2	
호 밀	76	12	2	
보 리	76	12	3	
피마자	미량	18	64	
콩	26	37	17	자 엽
땅 콩	12	31	48	
누에콩(잠두)	56	23	1	
수 박	5	38	48	

(3) 성분 조성과 환경

① 종자의 여러 가지 성분의 조성은 유전적 특성이다.

② 토양이나 기상 조건에 따라 또는 재배 방식에 따라 종자의 성분 함량과 조성비가 달라질 수 있다.

  예 러시아 여러 지방에서 재배한 밀과 완두의 단백질 함량을 조사해 본 결과 지역 간에 상당한 차이를
  보였다.

Level UP 이론을 확인하는 문제

지방의 주 저장 장소가 잘못 연결된 종자는?

① 피마자 – 배유   ② 해바라기 – 배유

③ 땅콩 – 자엽   ④ 목화 – 배유

해설 해바라기는 지방 종자이며 지방을 자엽 속에 저장한다.

정답 ②

종자의 발아 과정

PLUS ONE

> **발아**
> • 종자 배의 생장으로 종피가 파열되고 유근이 삐져나오는 현상을 말한다.
> • 수분의 흡수에서 시작하여 양분의 소화와 이동, 생장 등의 복잡한 과정이 수반된다.

(1) 종자의 수분 흡수

① 종자의 수분 흡수 부위

    수분 흡수는 종피 전체를 통하여 일어나지만 콩과에서는 주공(珠孔)에서 많이 흡수한다.

② 종자의 수분 흡수량

    ㉠ 건조 종자가 흡수하는 수분량은 상당히 많다.

    ㉡ 탄수화물 종자(화곡류)는 건물중의 50%, 단백질 종자(콩과식물)은 150~200%까지 흡수하여 부피
       가 증가된다.

③ 벼 종자의 수분 흡수 3단계

    ㉠ 배유에 비하여 배의 흡수량이 많다.

    ㉡ 단계별로 흡수 양상의 구분이 명확하다(그림 11-1).

1단계 - 흡수기	• 종자 내외의 수분퍼텐셜에 따라 물리적으로 수분 흡수가 일어나는 단계 • 대개 종자의 생사와는 관계없이 수분을 급속하게 흡수함 • 18시간 정도 소요됨
2단계 - 발아 준비기	• 발아 준비를 위한 대사 작용이 활발해지는 단계로 수분 흡수가 일시적으로 정체되는 시기 • 죽은 종자는 이 단계에서 흡수가 정지됨 • 60시간 정도 소요됨
3단계 - 생장기	• 배의 생장이 나타나는 시기로 다시 흡수가 활발해지는 단계 • 종자의 내부 조직에 따라 흡수량과 흡수 양상이 달라 배는 배유에 비하여 훨씬 많은 양의 물을 흡수함 • 이 단계에 접어들면 배는 다량의 물을 흡수하지만 배유는 흡수에 거의 변화가 없음 그림 11-2

안심Touch

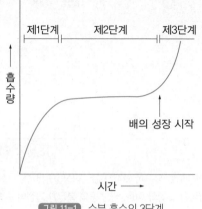

그림 11-1 수분 흡수의 3단계

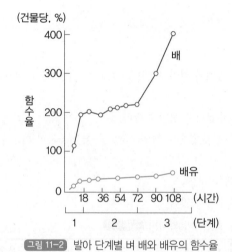

그림 11-2 발아 단계별 벼 배와 배유의 함수율

④ 종자의 수분 흡수 기작

　㉠ 초기에는 모세관 현상과 침윤에 의해, 그 후에는 삼투 작용에 의해 흡수가 일어난다.

　㉡ 종자의 크기, 종피의 투과성, 물과 접촉 상태, 용액의 농도, 내용물의 수화도, 수온, 수분퍼텐셜의
　　차이에 따라 결정된다.

　㉢ 종자는 반투성막이 있어 물을 선택적으로 흡수하면서 흡수량과 흡수 속도를 조절한다.

발아 중인 종자의 수분 흡수에 관한 설명으로 옳지 않은 것은?

① 콩과에서는 주공을 통해 많이 흡수한다.

② 건물중 기준으로 탄수화물 종자가 단백질 종자보다 흡수량이 많다.

③ 벼 종자는 배유에 비하여 배의 흡수량이 많다.

④ 건조 종자의 첫 흡수는 모세관 현상과 침윤에 의해 이루어진다.

해설 건물중 기준으로 탄수화물 종자는 건물중의 50%, 단백질 종자는 150~200%까지 흡수한다.

정답 ②

(2) 저장양분의 소화

① 분자량이 큰 저장양분이 물에 녹아 확산하기 쉬운 물질로 분해되는 과정을 소화(消化, Digestion)라고 한다.

② 소화는 종자가 흡수한 다음에 일어나는 최초의 화학적 변화이다.

③ 여러 가지 효소 작용에 의하여 일어난다.

④ 저장양분의 종류에 따라 다르기는 하지만, 대개 흡수 후 6~12시간 내에 일어난다.

녹 말	• 아밀로오스와 아밀로펙틴으로 구성
	• α-아밀라아제 또는 β-아밀라아제의 가수분해로 포도당과 맥아당(엿당)을 생성함
	• 가수분해된 당은 호흡의 첫 단계인 해당 과정으로 들어갈 수 있음
	• 보리 종자는 α-아밀라아제가 호분층에서 합성됨
	  - 배 안의 지베렐린이 합성을 유도함
	  - 기존의 불활성 α-아밀라아제가 지베렐린에 의하여 활성화되는 것은 아님

단백질	• 뿌리로부터 질소원을 흡수할 수 있을 때까지 필요한 질소는 저장 단백질을 분해하여 이용함 • 저장 단백질은 포로테아제에 의하여 아미노산과 펩티드로 분해 → 펩티드는 펩티다제의 작용으로 아미노산으로 분해됨 • 아미노산이 새로운 조직과 기관의 형성에 필요한 단백질로 재합성됨
지 방	• 리파아제의 작용에 의하여 글리세롤과 지방산으로 분해됨 • 글리세롤은 인산화된 후 역해당 과정인 포도당신생합성 경로로 들어감 • 지방산의 대부분도 글리옥실산 회로와 크렙스 회로를 거쳐 포도당신생합성 경로로 들어가 포도당, 설탕으로 전환되어 생장에 이용됨 • 지방산의 일부는 인지질과 당지질의 합성에 이용되어 기관 형성에 사용됨

( )에 들어갈 내용으로 옳은 것은?

> 발아 중인 종자에서 지방은 (ㄱ)의 작용에 의하여 글리세롤과 지방산으로 분해되고 이들은 (ㄴ) 경로를 거쳐 포도당으로 전환되어 생장에 이용된다.

① ㄱ : 프로테아제, ㄴ : 해당 과정

② ㄱ : 리파아제, ㄴ : 해당 과정

③ ㄱ : 프로테아제, ㄴ : 포도당신생합성

④ ㄱ : 리파아제, ㄴ : 포도당신생합성

해설 종자의 저장양분 가운데 녹말은 아밀라아제, 단백질은 프로테아제의 작용에 의해 가수분해되어 이용된다. 지방은 리파아제의 효소 작용에 의해 글리세롤과 지방산으로 분해되는데 이들은 역해당 과정인 포도당신생합성 경로로 들어가 생장에 이용된다.

정답 ④

(3) 양분의 이동

① 배반(胚盤, Scutellum)

　㉠ 벼, 보리, 옥수수 등에서 저장양분의 소화와 이동에 큰 역할을 담당하는 조직이다.

　㉡ 하나의 변태된 자엽으로 배와 배유 사이에 위치한다.

　㉢ 흡수가 진행되면 배와 배반에서 생산된 지베렐린을 방출한다.

② 보리 종자 저장양분의 분해 그림 11-3

　㉠ 배반에서 방출된 지베렐린이 신호 전달 물질로서 호분층으로 확산 이동한다.

　㉡ 지베렐린은 호분층에서 유전자(DNA)발현을 유도하여 가수분해효소인 α−아밀라아제와 프로테아제의 합성을 유도한다. 상추 종자에서는 피토크롬이 신호 전달 물질로 작용하여 자엽 내 유전자 발현을 유도한다.

　㉢ 새로 만들어진 효소가 배유조직으로 이동하여 녹말 등 저장 물질을 분해한다.

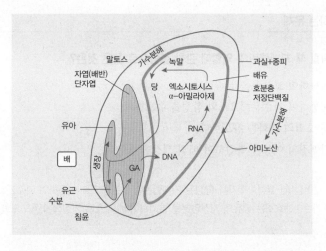

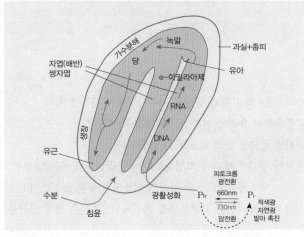

그림 11-3 보리(위)와 상추(아래) 종자에서의 저장양분의 분해와 이동

③ 보리 종자 저장양분의 동원(動員, Mobilization) 그림 11-3

  ㉠ 종자 속의 저장양분이 소화되어 배를 향하여 이동하는 현상을 말한다.

  ㉡ 가수분해된 수용성 양분들이 배 쪽으로 이동한다. 배반은 수용성 양분들을 흡수해 배 쪽으로 전달하는 중계 역할을 한다.

  ㉢ 발아 초기의 배에는 통도 조직이 분화되어 있지 않기 때문에 세포 간의 확산 이동에 의해서 생장하는 조직으로 양분이 이전된다.

  ㉣ 배의 생장점에서 가용성 양분이 세포벽이나 원형질로 변해 농도의 저하가 계속되므로 종자 내의 가용성 양분은 용질의 농도가 높은 곳에서 낮은 곳인 배 부분으로 확산 이동하게 된다.

보리 종자가 발아할 때 지베렐린의 역할에 관한 설명으로 옳은 것은?

① 호분층으로 이동하여 호분층을 분해한다.

② 호분층으로 이동하여 가수분해효소의 합성을 유도한다.

③ 배에서 뿌리와 초엽의 분화를 유도한다.

④ 탄수화물과 단백질의 이동을 촉진하여 배의 생장을 돕는다.

해설 보리 종자가 발아할 때 활성화되거나 합성된 지베렐린이 호분층으로 이동하여 가수분해효소의 합성을 유도한다. 생성된 가수분해효소는 배유의 저장양분을 분해하여 배의 호흡 기질에 이용되도록 한다.

정답 ②

(4) 배의 생장과 발육

① 배의 생장

㉠ 배는 수분 흡수 후 세포의 분열과 신장이 이루어지면서 생장을 한다.

㉡ 종자는 수분을 흡수하여 용적이 커지면서 종피가 찢어진다.

㉢ 배가 계속 생장하면 종피를 뚫고 밖으로 나오게 된다.

㉣ 배의 생장에 필요한 양분은 배유나 자엽으로부터 공급받는다. 저장양분이 배로 전류되면 배유나 자엽에는 셀룰로오스, 헤미셀룰로오스와 약간의 이동되지 못한 물질만이 잔류하게 된다.

㉤ 배의 생장 과정에서 시토키닌은 세포분열을 촉진하고, 옥신은 세포 신장을 촉진하여 유아와 유근의 생장을 돕는다.

㉥ 대부분 종자, 특히 쌍자엽식물은 발아할 때 유아보다 유근이 먼저 나온다. 이는 수분과 무기양분을 토양으로부터 확보해 자립 기반을 우선적으로 만들기 위한 것이다.

㉦ 때로는 유아가 먼저 나오는 경우도 있다. 벼의 경우 산소가 부족하면 유아가 먼저 나오고 유근이 잘 발달하지 못한다(그림 11-4).

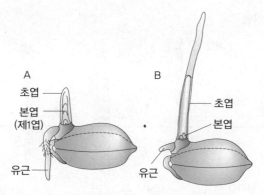

초엽
본엽
(제1엽)
유근

초엽
본엽
유근

A
B

그림 11-4 벼 종자의 발아와 생장의 조건(산소가 충분한 경우(A)와 부족한 경우(B))

◎ 배의 유근과 유아가 종피를 뚫고 밖으로 나와서 수분, 무기양분, 그리고 산소를 흡수하면 배는 왕성한 생장을 한다. 이때 배의 생장은 세포분열과 신장은 물론 배축의 형성, 새로운 조직과 기관의 분화 등으로 일어난다.

ⓐ 배의 생장 과정에서 유근이 토양에 뿌리를 내림과 동시에 배축의 우선 생성과 신장으로 광합성 기관인 잎을 빨리 지상으로 들어 올리는 것이 필요하다.

ⓐ 콩과식물에서는 대부분의 양분이 배축의 형성에 이용되며 배축이 생장 활동의 중심이 된다.

② **종자의 발아 양상**

종자가 발아 시 배유와 자엽의 위치에 따라 지하형(Hypogeal type)과 지상형(Epigeal type)으로 구분할 수 있다(**그림 11-5**).

지하형	• 하배축(Hypocotyl)은 신장하지 않고 상배축(Epicotyl)이 신장함 • 배유와 자엽을 지하에 남겨두고 유아만 땅 위로 나옴 　예 옥수수와 완두
지상형	• 하배축이 신장하여 배유와 자엽을 땅 위로 들고 나타남 • 종피는 수분 조건에 따라 지하에 남기도 하고 지상으로 쓰고 나오기도 함 　예 강낭콩과 양파. 양파는 종피를 쓰고 나옴

종 류	지하형	지상형
배유성 종자	벼, 보리, 밀, 옥수수	피마자, 메밀, 양파
자엽성 종자	완두, 잠두(누에콩), 팥	강낭콩, 오이, 호박, 땅콩, 콩, 녹두

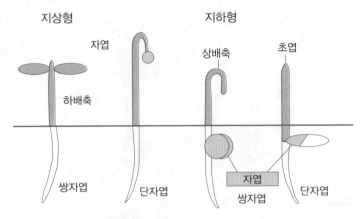

그림 11-5 지하형과 지상형의 발육 과정

③ 발아 시 특이 구조

유아갈고리 (Hook)	• 쌍자엽식물에서 볼 수 있음
	 • 발아 시 땅 위로 솟아나올 때 항상 줄기의 선단이 구부러지는데 이때 형성된 갈고리 모양
	   – 흙을 밀어 젖히고 안전하게 출아하는 데 중요한 역할을 함
	   – 유식물이 지상으로 출현하면 광조건이 배축의 신장을 억제하고 갈고리를 펴게 하면서 잎의 전개를 촉진함

걸이못 (Peg)	• 오이속(*Cucumis*) 식물에서 볼 수 있음 • 발아 시 하배축의 한쪽에 형성되는 돌기 • 돌기에 종피를 걸어서 어린 식물체가 쉽게 빠져나오게 하는 역할을 함

④ 유식물(幼植物)의 생장

㉠ 배가 종피를 뚫고 밖으로 나와서부터 독립 영양을 하게 될 때까지의 어린 식물체를 유식물, 아생(芽生) 또는 발아식물이라 한다.

㉡ 유식물이 저장양분에 의존하여 자라다가 스스로 자급 영양을 이루는 시기는 영양의 전환기로서 이유기(離乳期)라고 볼 수 있다.

㉢ 밀과 쌀보리 유식물은 배유 건물의 약 85%가 소모될 때가 배유 양분의 소진기(消盡期)로 볼 수 있으며, 이 시기에 배유 양분에서 독립하여 자급 영양 상태가 된다.

㉣ 식물의 이유기는 종류에 따라 다르다.

수 박	수분이 공급된 지 11일이 지나면 자급 영양 상태가 됨
논 벼	본엽이 4장, 발근 수가 5~7개일 때 배유 양분이 소진되면서 자급 영양 상태가 됨
밀	본엽이 3장, 발근 수가 5~9개일 때 배유 양분이 소진되면서 자급 영양 상태가 됨
겉보리	본엽이 2장, 발근 수가 5~8개일 때 배유 양분이 소진되면서 자급 영양 상태가 됨

㉤ 최종적으로 유식물은 지상부에 광합성을 하는 잎을 전개하고, 지하부에는 유근이 신장하고 지근이 생기며, 유근 선단부에는 근모가 발달하여 양수분의 흡수 면적을 증대시킨다.

㉥ 이렇게 되면 영양적으로 종자의 저장양분으로부터 완전히 독립하게 된다.

종자가 발아할 때 배의 생장에 관한 설명으로 옳은 것은?

① 보리 종자는 생장에 필요한 양분을 자엽으로부터 공급받는다.

② 옥신은 세포분열을 촉진하여 유아와 유근의 생장을 돕는다.

③ 대부분 종자, 특히 쌍자엽식물은 발아할 때 유근이 유아보다 먼저 나온다.

④ 유아가 종피를 찢고 나올 때 배유나 자엽의 셀룰로오스가 분해되어 양분으로 공급된다.

해설　보리 종자는 배유로부터 양분을 공급받는다. 세포분열은 시토키닌이 촉진하고 옥신은 분열된 세포의 신장을 촉진하여 유아와 유근의 생장을 돕니다. 셀룰로오스는 난분해성으로 자엽이나 배유에 잔류한다.

정답　③

(1) 수 분

성숙한 종자가 발아하려면 적당한 환경 조건이 주어져야 하고, 종자가 발아하여 생장하기 위해서는 다량의 수분이 필요하다.

① 발아 과정에서 수분의 역할
  ㉠ 먼저 종피를 연화시키고 팽창시켜 배가 쉽게 종피를 삐져나오도록 한다.
  ㉡ 종피의 가스 투과성을 증대시켜 산소 공급과 이산화탄소 배출을 쉽게 한다.
  ㉢ 저장양분의 분해와 수송을 가능케 하여 발아에 필요한 물질 대사를 원활하게 한다.
② 건조한 종자가 수분을 흡수하면 나타나는 현상
  ㉠ 조직이 팽창하면서 종자 전체가 팽윤 현상을 나타낸다.
    • 팽윤 정도는 단백질이 가장 크고, 다음이 녹말이며, 셀룰로오스가 가장 작다.
    • 단백질 종자인 콩류가 녹말 종자인 화곡류에 비해 용적 증대가 훨씬 크다.
  ㉡ 셀룰로오스가 주성분인 종피는 배나 배유가 팽창할 때 쉽게 파괴되는 특성을 나타낸다.
③ 종자의 발아에 필요한 수분 흡수량
  ㉠ 종류, 품종, 저장 조건 등에 따라 다르다.
  ㉡ 단백질 종자인 콩과식물의 종자는 많은 수분을 흡수하고, 녹말이나 지방 종자인 벼과식물이나 기름 종자는 흡수량이 적다.
  ㉢ 곡류는 건물중의 30% 이상, 콩과식물은 건물중의 50~60% 이상에 해당하는 수분을 흡수하면 발아가 가능하다.

(2) 온 도

① 종자의 발아 온도
  ㉠ 일반적으로 발아 온도는 생육 온도보다 다소 높다.
  ㉡ 식물의 종류별로 발아 적온 범위가 있는데, 최적 온도에서 가장 짧은 기간에 가장 높은 발아율을 나타낸다(그림 11-6).
    • 종자의 발아 적온은 종류에 따라 큰 차이를 보이지만 대체로 25~30℃의 범위이다.
    • 일반적으로 온대 원산의 식물 종자는 열대나 아열대 원산의 것보다 낮은 온도에서 발아한다.

- 상추는 저온 발아성으로 한여름에 재배할 때는 저온 조건에서 발아시키는 일이 필요하다.
- 고추는 고온 발아성으로 이른 봄 노지 파종에서 저온에 의한 발아 억제가 문제가 되고 있다.
- 옥수수, 벼, 콩, 녹두, 그리고 과채류는 발아 적온이 높고, 맥류, 근채류 및 엽채류는 발아 적온이 상대적으로 낮다.
- 주요 재배식물의 발아온도(단위 : ℃)

종 류	최 저	최 적	최 고	종 류	최 저	최 적	최 고
옥수수	8~10	32~35	40~44	수 박	21	25~35	40 이상
벼	8~13	30~37	40~42	토마토	15	25~30	35
보 리	3~5	19~27	30~40	고 추	15	25	35
콩	2~4	34~36	42~46	무	10 이하	15~25	35
녹 두	0~2	36~38	50~52	당 근	10 이하	15~25	30
완 두	4	18	31~37	순 무	10 이하	15~25	40
담 배	10	24	30	배 추	10 이하	15~25	40
호 박	16~19	30~40	45~50	상 추	10 이하	15~25	30
메 밀	3~5	25~31	35~45	시금치	10 이하	15~20	35
오 이	11~18	25~30	44~50	파	1~4	15~30	40

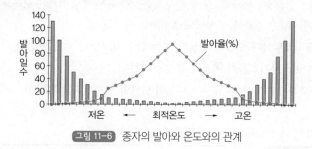

그림 11-6 종자의 발아와 온도와의 관계

ⓒ 종자의 발아 적온은 품종에 따라서도 다르다.
- 논벼는 저위도에서 고위도까지 널리 분포되어 있어 품종 간 발아 온도의 변이가 크다.
- 논벼는 고위도와 한지산의 종자는 저온에서도 발아가 잘 되지만 저위도, 열대산 종자는 그렇지 못하다.
ⓓ 온도의 주기적 변화, 즉 변온이 발아를 촉진하는 경우가 많다.
- 많은 야생식물과 잡초 종자 그리고 재배식물에서 변온이 발아를 촉진한다는 사실이 알려졌다.
- 켄터키블루그라스, 셀러리, 호박, 목화, 담배, 가지, 토마토, 고추, 옥수수 등은 변온이 발아를 촉진한다.
- 켄터키블루그라스는 20℃에서 16~18시간, 30℃에서 6~8시간 변온 처리를 하면 발아가 크게 촉진된다.
- 인도형 논벼는 고온에서 발아 저해 물질이 배에 축적되고, 저온에서 이 물질이 중화되어 발아가 촉진되는 것으로 변온 발아 촉진 기작을 추정하고 있다.

종자의 발아 온도에 관한 설명으로 옳지 않은 것은?

① 종자의 발아 적온은 대체로 25~30℃이다.

② 상추는 저온 발아성 종자로 고온에서 발아가 잘 안 된다.

③ 과채류는 근채류보다 발아 적온이 상대적으로 높다.

④ 고추 종자는 변온보다 항온에서 발아가 촉진된다.

해설 고추 종자는 항온보다 변온에서 발아가 촉진된다.

정답 ④

(3) 산 소

① 종자 발아와 산소

㉠ 발아에 많은 에너지가 필요하므로 정상 발아를 위해서는 충분한 산소의 공급이 필요하다.

㉡ 파종 후 복토가 두껍거나 과습 조건에 파종하면 산소 부족으로 발아율이 크게 떨어진다.

㉢ 산소가 부족한 상태에서 뚝새풀, 사과 종자 등은 2차 휴면에 들어가는 경우도 있다.

㉣ 수생식물 중에는 낮은 산소 농도에서도 발아하는 종자도 있다.

㉤ 산소가 적어도 잘 발아하는 습생 식물인 벼는 산소 요구량이 적을 뿐만 아니라 산소 없이도 에너지를 생산할 수 있는 무기호흡이 비교적 잘 이루어진다.

㉥ 벼는 산소가 부족하면 발아 후 유근과 본엽의 발달이 억제된다(그림 11-4).

② 산소 요구도

물속에서의 종자 발아 정도를 가지고 추정할 수 있다.

발아하지 못하는 종자	무, 양배추, 가지, 파, 머스크멜론, 귀리, 밀, 코스모스, 과꽃, 메밀, 콩, 알팔파, 메도우페스큐
발아가 쇠약해지는 종자	토마토, 담배, 석죽, 미모사, 흰토끼풀
발아에 이상이 없는 종자	상추, 당근, 셀러리, 피튜니아, 티모시, 켄터키블루그라스

발아 시 종자의 산소 요구도 정도를 옳게 표시한 것은?

① 무 > 토마토 > 상추
② 무 > 상추 > 토마토
③ 토마토 > 상추 > 무
④ 토마토 > 무 > 상추

해설 발아 시 종자의 산소 요구도는 물속에서의 발아 정도를 가지고 추정할 수 있다. 무, 양배추 등은 물속에서 발아하지 못하고, 토마토, 담배 등은 물속에서 발아가 쇠약해지고, 상추, 당근 등은 물속에서 발아에 이상이 없다.

정답 ①

(4) 광선

① 광과 종자 발아

종자의 광 감수성은 유전적 특성이지만 종자의 형성기나 발아 시의 환경에 따라 변할 수 있다.

광감수성 종자 (Photo-sensitive seed)	광발아성 종자 (Light-promotive seed)	광에 의해 발아가 촉진되는 종자 예 상추, 우엉, 담배, 켄터키블루그라스, 뽕나무, 차조기 등
	암발아성 종자 (Light-inhibitive seed)	광에 의해 발아가 억제되는 종자 예 가지, 수박, 호박, 오이, 양파, 파, 수세미 등
광불감수성 종자 (Photo-insensitive seed)		광과 무관하게 다른 조건이 충족되면 발아하는 종자 예 옥수수, 콩과식물, 화곡류 등

② 광발아성 종자

㉠ 일반적으로 광발아성 효과는 반드시 수분을 충분히 흡수하여 팽윤된 종자에만 나타난다.

㉡ 물을 충분히 흡수하면 약광의 짧은 시간의 조사(照射)만으로도 발아 촉진 효과가 나타난다.

- 담배가 전형적인 경우인데 약광의 순간적인 조사만으로도 효과가 잘 나타난다.
- 황색종 담배에서 200lux의 약광에 1/300초의 노출만으로 최고 발아율의 50% 정도가 발아하였다.
- 상추 종자의 경우도 물을 암조건에서 흡수시키고 수초 동안만 광을 조사해도 발아한다.

㉢ 연속적인 광보다는 어느 기간 광선에 노출시켰다가 그 후에 어둠에 두면 광발아 효과가 명확하게 나타난다.

③ 광질과 발아

㉠ 양상추 종자는 광발아성 종자로 적색광에서 발아율이 높고, 원적색광에서 발아율이 크게 떨어진다 (그림 11-7).

- 520~700nm의 빛이 발아에 촉진적인데, 특히 660nm의 적색광에서 가장 효과가 크다.
- 420~520nm와 700~800nm에서는 억제적으로 작용하며, 특히 730nm(원적색광)에서의 억제 효과가 가장 크다.

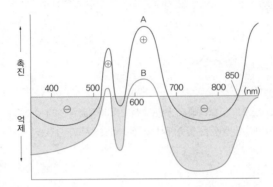

광발아 종자(A)와 암발아 종자(B)에 대한 광의 발아 촉진 및 억제 범위

ⓒ 상추 종자는 약 50% 발아율을 나타낼 수 있는 백색광을 먼저 조사한 다음에 적색광을 조사하면 발아율이 100%에 가깝게 촉진되고, 원적색광을 조사하면 0% 정도까지 발아율이 저해된다(그림 11-8).

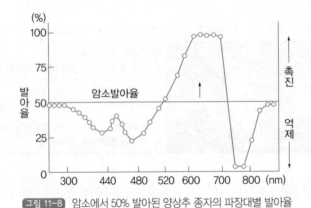

그림 11-8 암소에서 50% 발아된 양상추 종자의 파장대별 발아율

- 상추 종자는 단시간의 적색광 조사에 의하여 발아가 매우 촉진되었으며, 이 적색광에 의한 촉진 효과는 뒤이어 조사한 원적색광에 의하여 소멸된다.
- 적색광과 원적색광을 번갈아 가며 반복적으로 조사할 때 마지막으로 조사한 광선의 종류에 따라 발아율이 결정되었다.
- 이 반응을 '적색 및 원적색광에 의한 광가역적 반응(Red and farred photoreversible reaction)' 이라 한다.

- 적색광(R)과 원적색광(FR)에 의한 상추 종자 발아의 광가역적 반응

광 처리	조사 후 20°C 암소에서의 발아율(%)	
	68°C에서 조사	26°C에서 조사
R	73	70
R-FR	13	6
R-FR-R	74	74
R-FR-R-FR	8	6
R-FR-R-FR-R	75	76
R-FR-R-FR-R-FR	11	7
R-FR-R-FR-R-FR-R	77	81
R-FR-R-FR-R-FR-R-FR	12	7

ⓒ 적색 및 원적색광에 의한 발아의 광가역적 반응은 온도의 영향을 받지 않으며 짧은 시간의 저에너지
에서도 나타났다.

④ 피토크롬(Phytochrome)

㉠ 광수용 색소 단백질이다.

㉡ 광가역 반응을 일으키는 물질이다.

㉢ 암상태에서 P_r형으로 생성된다.

㉣ P_r형은 화학적으로 안정되어있지만 불활성이다.

㉤ P_r형은 적색광을 포함한 광을 조사받으면 곧바로 생리적 활성형인 P_{fr}형으로 전환된다.

㉥ 종자의 발아에 관여한다.

광발아성 종자	• 내부에 P_r형이 존재하는 암상태에서는 발아가 일어나지 않음 • 적색광을 포함한 광을 조사하면 P_r → P_{fr}형으로 전환이 일어나 발아가 일어남 • P_{fr}형 피토크롬은 원적색광에 의해 P_r형 피토크롬으로 전환되기 때문에 수준이 낮아지면 발아를 억제함
암발아성 종자	• 광발아성 종자에 있는 피토크롬과 다른 특별한 피토크롬이 존재 • 이 종자의 피토크롬은 암상태에서 물을 흡수하면 바로 P_r → P_{fr}형으로 전환을 일으키므로 암상태에서도 충분한 양의 P_{fr}형이 존재하여 발아가 가능해짐

⑤ 일장과 발아

㉠ 광발아성 종자는 일장 조건도 발아에 영향을 받는다.

- 광발아성 종자는 일반적으로 어느 한계 일장 전까지는 일장이 길어지면 발아율이 증가한다. 하지
만 한계 일장보다 길어지면 점차 발아율이 감소한다.

- 24시간 연속 조명에서 낮은 발아율을 나타낸다.

- 광발아성인 담배 종자의 경우도 야간 조명으로 계속 광조건에 두면 자연 일장에 두었을 때의 발
아율보다 50% 이하로 떨어진다.

㉡ 최고의 발아율을 나타내는 일장의 범위는 종류에 따라 다르다. 일장이 길수록 발아율이 높아지고,
24시간 조명에서 최고의 발아율을 나타내는 종자도 있다.

ⓒ 암발아성 종자는 연속적으로 암조건에 두는 것보다 약광을 매일 1~10분 조사해 주면 발아를 촉진하는 경우가 있다. 강광 조건에서는 이러한 발아 촉진 효과가 나타나지 않는다.

ⓓ 종자 발아에 미치는 일장의 효과는 주체적으로 종자 내의 피토크롬이 관여하는 것으로 알려져 있다.

Level UP 이론을 확인하는 문제

광과 무관하게 다른 조건이 충족되면 발아하는 광불감수성 종자끼리 나열한 것은?

① 콩, 옥수수　　　　　　　　　　② 상추, 우엉

③ 가지, 오이　　　　　　　　　　④ 수박, 호박

> **해설** 상추와 우엉은 광에 의해 발아가 촉진되고, 가지, 오이, 수박, 호박은 광에 의해 발아가 억제되는 광감수성 종자들이다.
>
> **정답** ①

(5) 화학물질

유해가스	• NH_3, SO_2, Cl_2 등 • 물을 흡수한 종자가 이들 가스에 노출되면 발아율이 떨어짐 • 토양에 시비한 유기물의 분해 과정에서 발생하는 NH_3가 발아나 초기 생육에 피해를 입히는 사례가 자주 발생함		
무기염류	• $MnSO_4$ 용액은 넓은 농도 범위에서 옥수수, 양배추 등의 종자 발아를 촉진함 • Pb염은 0.01~2.0% 범위에서 겨자 등의 발아를 억제함 • $AgNO_3$, KNO_3과 같은 질산염은 광발아성 종자의 암발아성을 촉진함 　圆 소나무 종자를 $AgNO_3$ 용액에 침지하면 암발아성이 커져 어두운 암조건에서의 발아가 촉진됨		
생장조절물질	지베렐린	• 담배와 같은 광발아성 종자의 암발아를 촉진함 • 사과, 배, 감자의 종자 발아에 촉진적으로 작용함	
	옥신류	• 2,4-D 0.01% 용액은 벼와 보리의 발아를 촉진하지만, 0.07% 용액은 발아를 억제함 • NAA는 밀의 수발아를 억제하는 효과가 있음	
	시토키닌	발아를 촉진함	
	ABA	발아를 억제함	
	에틸렌	• 상추, 유채, 땅콩 등에서 종자의 발아를 촉진함 • 상추는 적색광과 함께 에틸렌을 처리하면 발아가 더욱 촉진됨 • 포장에서는 종자로부터 발생하는 에틸렌이나 이산화탄소가 종자 주변에 어느 정도 보존되어 발아율을 높임 　클로버 종자는 페트리 접시 위에서 12% 발아하지만, 토양 중에서 저농도의 에틸렌을 가하면 62%까지 발아하고, 여기에 이산화탄소를 추가하면 83%까지 발아함	

화학 물질이 종자의 발아에 미치는 영향에 관한 설명으로 옳지 않은 것은?

① 에틸렌은 상추 종자의 발아를 억제한다.

② 소나무 종자를 $AgNO_3$ 용액에 침지하면 암발아성이 커진다.

③ 지베렐린은 담배와 같은 광발아성 종자의 암발아를 촉진한다.

④ 2,4-D 0.07%의 용액은 벼의 발아를 억제한다.

해설 에틸렌은 상추 종자의 발아를 촉진한다. 적색광과 함께 에틸렌을 처리해 주면 발아가 더욱 촉진된다.

정답 ①

(1) 종자의 수명(Longevity, Life span of seed)

① 종자가 발아력을 보유하고 있는 기간을 의미한다.

② 종자의 수명은 종류, 휴면성, 저장 조건 등에 따라 달라진다.

종자의 종류	식물 종자의 수명은 수개월에서 수백 년 이상 유지되는 것까지 다양함		
휴면성	• 휴면이 깊을수록 수명은 길어짐 • 경실 종자의 배는 휴면 상태에 있을 뿐 아니라 두꺼운 종피나 과피로 보호되어 있어 오랫동안 발아력을 유지함		
저장 조건과 수명	농가에서 보통의 실온에서 저장했을 때 재배식물 종자의 수명 유형		
	구 분	수 명	종 류
	단명종자	1~2년	고추, 양파, 콩, 메밀, 뽕나무
	상명종자	2~3년	토마토, 완두, 벼, 보리, 밀, 옥수수
	장명종자	4~6년	오이, 가지, 무, 녹두, 팥, 담배

③ 종자를 오래 저장하면 발아율이 낮아지고 발아의 균일성이 떨어진다.

　㉠ 종자는 묵을수록 발아율과 발아세가 떨어지며, 발아 후 생장이 억제된다.

　　• 배추, 가지, 토마토, 수박, 강낭콩은 1년 정도 묵은 종자도 새 종자에 비해 가치가 크게 떨어지지 않는다.

　　• 순무와 무는 당년에 생산된 종자만이 경제적 가치가 있고 묵을수록 가치가 떨어진다.

　　• 묵은 종자일수록 발아 이후의 생장력도 약해져 추대나 개화가 지연된다.

　㉡ 장기간 저장하면 호흡으로 인한 저장양분의 소모로 발아력이 떨어질 수 있다. 하지만 장기간 저장으로 발아력이 상실된 종자에서도 다량의 저장양분이 남아있는 것을 볼 수 있다.

　㉢ 발아력을 상실하는 가장 큰 요인은 단백질의 응고나 변성에 있다고 여겨진다.

실온에 저장했을 때 수명이 가장 긴 종자는?

① 고 추　　　　　　　　　　　② 양 파
③ 콩　　　　　　　　　　　　④ 오 이

해설　고추, 양파, 콩은 단명종자로 1~2년간 수명을 유지한다. 오이는 장명종자로 4~6년간 수명을 유지할 수 있다.

정답　④

(2) 종자의 저장 조건

종자 수명에 영향을 미치는 조건으로 종자의 함수량과 주변의 습도, 온도, 산소 조건 등이 있다.

종자 함수량	• 건조한 종자는 오랫동안 발아하지 않고 생명을 유지할 수 있으므로 종자의 함수량이 낮아야 발아력을 오래 유지함 • 수분이 공급되지 않으면 종자 안에 있는 배는 호흡 작용을 비롯한 대사 작용이 극히 미약해지고, 호흡으로 집적된 고농도의 이산화탄소에 의해 배의 생장 활동이 크게 억제됨 • 건조 종자는 외적 환경에 대한 저항력이 커지면서 불량한 환경에서 오랜 기간 살아남을 수 있음
주변의 습도	• 종자의 수명을 늘리려면 저장 시 주변 습도는 높지 않으면서 항습을 유지해 주는 것이 좋음 • 채소 종자를 밀봉하여 저장하면 외계 습도 변화에 따른 종자의 함수량 변화가 적어 수명이 길어짐 • 같은 습도 조건에서는 지방 종자는 흡습량이 적고, 녹말 종자는 흡습량이 많음
저장 온도	• 저장 온도가 높고 습도가 높으면 호흡이 왕성해지고 원형질과 단백질의 응고와 변성이 일어나기 쉬움 • 종자의 수명을 오래 유지하려면 저장 온도를 낮게 유지하는 것이 좋은데, 저온 효과는 함수량이 높은 종자에서 크게 나타남 • 습윤한 곳에 저장할 때 저온의 효과가 크고, 건조한 곳에 저장할 때는 온도 효과가 잘 나타나지 않음 • 콩류는 빙점 이하의 온도에서 장기간 저장할 수가 있음 • 현미는 15℃ 이하에 저장하면 2년 6개월까지는 발아력을 유지하며, 식미도 햅쌀과 거의 다름없이 유지됨
저장고 내 산소 조건	• 콩을 진공 상태 또는 산소를 뺀 기체 안에 저장한 결과 6년간이나 발아력을 유지함 • 산소가 전혀 없으면 함수량이 높은 종자의 경우는 혐기성 호흡에 의해 생성되는 유해 물질로 수명이 단축됨 • 일반적으로 장기 저장에서 종자가 건조하면 종피의 불투과성으로 인하여 산소 유무가 큰 문제가 되지 않음

01

탄수화물 종자에 해당하는 것은?

① 벼, 옥수수
② 완두, 녹두
③ 들깨, 땅콩
④ 유채, 해바라기

해설 벼, 옥수수는 탄수화물을, 완두와 녹두는 단백질을, 들깨, 땅콩, 유채, 해바라기는 기름을 주로 저장한다.

02

지질이 주 저장양분이 아닌 종자는?

① 피마자   ② 땅 콩
③ 잠 두   ④ 수 박

해설 잠두의 주 저장양분은 탄수화물이고, 지질의 함량은 1% 내외이다.

03

콩 종자에서 단백질이 저장양분으로 저장되어 있는 장소는?

① 배   ② 배 반
③ 배 유   ④ 자 엽

해설 콩은 자엽에 단백질을 주로 저장한다.

04

보리 종자 저장양분의 소화에 관한 설명이다. (　) 에 들어갈 말을 순서대로 나열한 것은?

> 보리 종자는 α−아밀라아제가 (　)에서 합성되는데 배 안의 (　)이 합성을 유도한다.

① 배반, 시토키닌
② 배반, 지베렐린
③ 호분층, 시토키닌
④ 호분층, 지베렐린

해설 보리 종자는 α−아밀라아제가 호분층에서 합성되는데 배 안의 지베렐린이 합성을 유도한다.

05

벼 종자의 발아 시 수분 흡수 3단계 중에 2단계인 발아 준비기에 관한 설명으로 옳지 않은 것은?

① 발아 준비를 위한 대사작용이 활발해지는 단계이다.
② 수분 흡수가 매우 활발하게 이루어진다.
③ 죽은 종자는 이 단계에서 흡수가 정지된다.
④ 대략 60시간 정도 소요된다.

해설 벼 종자의 수분 흡수는 흡수기, 발아 준비기, 배의 생장기의 3단계로 구분할 수 있다. 1단계 흡수기는 수분이 급속하게 흡수되며 종자 내외의 수분퍼텐셜에 따라 물리적으로 일어나는 흡수 단계이다. 2단계 발아 준비기는 수분 흡수가 일시적으로 정체되는 시기로 발아 준비를 위한 대사작용이 활발해지는 단계이다. 죽은 종자는 이 단계에서 흡수가 정지된다. 대략 60시간 정도 소요된다. 3단계는 배의 생장기로 다량의 물을 흡수하지만 배유는 흡수에 거의 변화가 없다.

06

건조한 벼 종자의 수분 흡수 1단계로 초기 흡수기에 관한 설명으로 옳은 것은?

① 종자 내외의 수분퍼텐셜에 따라 물리적으로 흡수가 일어난다.
② 죽은 종자는 이 단계에서 수분을 흡수하지 않는다.
③ 대사작용이 활발해 수분 흡수가 일시적으로 정체되기도 한다.
④ 대부분 삼투 작용에 의한 흡수가 일어난다.

해설 건조한 종자가 수분을 흡수할 때 처음에는 대사 작용이 활발해지기 이전으로 종자 내외의 수분퍼텐셜에 따라 모세관 현상과 침윤에 의해 물리적으로 흡수가 일어난다. 이 시기에는 죽은 종자도 수분을 흡수한다.

07

종자의 저장양분인 지방의 소화에 관한 설명으로 옳지 않은 것은?

① 지방은 프로테아제의 작용으로 글리세롤과 지방산으로 분해된다.
② 글리세롤은 인산화된 후 역해당 과정인 포도당신생합성 경로로 들어간다.
③ 지방산의 대부분은 글리옥실산 회로와 크렙스 회로를 거쳐 포도당신생합성 경로로 들어간다.
④ 지방산의 일부는 인지질과 당지질의 합성에 이용되어 기관 형성에 사용된다.

해설 종자의 지방은 리파아제(Lipase)의 작용으로 글리세롤과 지방산으로 분해된다.

08

보리 종자 저장양분의 분해 과정에 관한 설명으로 옳지 않은 것은?

① 배반에서 방출된 지베렐린은 호분층으로 확산 이동한다.
② 지베렐린은 호분층에서 α-아밀라아제와 프로테아제의 합성을 유도한다.
③ α-아밀라아제가 배유조직에서 배로 이동한 녹말을 분해한다.
④ 배반은 배유와 배 사이에 위치하며 양분 이동을 중계한다.

해설 녹말은 중합체로 배유조직에서 α-아밀라아제에 의해 분해되고, 분해된 양분이 배반을 거쳐 배 쪽으로 이동하여 생장에 이용된다.

09

보리 종자에서 배반에 관한 설명으로 옳지 않은 것은?

① 하나의 변태된 자엽이다.
② 배와 배유 사이에 위치한다.
③ 흡수되면 지베렐린을 방출한다.
④ 가수분해효소를 합성한다.

해설 가수분해효소는 호분층에서 합성된다.

10

발아할 때 배유를 지하에 남겨두는 배유성 종자는?

① 옥수수 ② 양 파
③ 완 두 ④ 팥

> **해설** 종자가 발아할 때 배유와 자엽을 어디에 두느냐에
> 따라 지상형과 지하형으로 구분할 수 있다. 양파는
> 지상형 배유성 종자이고, 완두와 팥은 지하형 자엽
> 성 종자이다.

11

발아할 때 자엽을 지상으로 들고 나타나는 종자는?

① 양 파 ② 메 밀
③ 강낭콩 ④ 완 두

> **해설** 강낭콩은 발아할 때 하배축이 신장하여 자엽을 땅
> 위로 들고 나온다. 양파와 메밀은 배유성 종자로 배
> 유를 들고 나오는 종자이다. 완두와 팥은 지하형 자
> 엽성 종자이다.

12

발아할 때 배유나 자엽을 땅 속에 남기고 출아하는
종자만을 모두 나열한 것은?

㉠ 옥수수	㉡ 완 두
㉢ 강낭콩	㉣ 메 밀
㉤ 양 파	

① ㉠, ㉡ ② ㉡, ㉢
③ ㉢, ㉣ ④ ㉠, ㉢, ㉣

> **해설** 벼, 보리, 밀, 옥수수 등의 배유성 종자와 완두, 잠
> 두, 팥 등의 자엽성 종자는 발아할 때 배유나 자엽
> 을 땅속에 남기고 출아하는 지하형 종자이고, 피마
> 자, 메밀, 양파 등의 배유성 종자와 강낭콩, 오이, 호

박, 땅콩, 콩, 녹두 등의 자엽성 종자는 배유나 자엽
을 땅위로 가지고 나오는 지상형 종자이다.

13

종자가 발아할 때 볼 수 있는 걸이못(Peg)에 관한
설명으로 옳지 않은 것은?

① 하배축의 한쪽에 형성된다.
② 돌기 모양으로 종피를 걸어서 어린 식물체가 쉽
   게 빠져나오게 한다.
③ 흙을 밀어 젖히고 안전하게 출아하는 데 중요한
   역할을 한다.
④ 잘 발달된 형태를 오이속 식물 종자의 발아 과
   정에서 볼 수 있다.

> **해설** 하배축의 한쪽에 형성된 돌기는 걸이못(Peg)라고
> 하는데 오이속 식물의 종자가 발아할 때 종피가 돌
> 기에 걸려서 어린 식물체가 쉽게 빠져나오게 한다.
> 발아 시 땅 위로 솟아나올 때 줄기의 선단이 구부러
> 져 형성된 갈고리 모양을 유아갈고리라 하는데, 이
> 는 쌍자엽식물이 흙을 밀어 젖히고 안전하게 출아
> 하는데 중요한 역할을 한다.

14

오이 종자가 발아할 때 보이는 유아갈고리의 역할은?

① 배축의 신장을 억제한다.
② 땅 위로의 안전한 출아를 돕는다.
③ 자엽의 양분 공급을 차단한다.
④ 종자의 껍질을 걸어 제거한다.

> **해설** 쌍자엽식물이 발아할 때 줄기의 선단이 갈고리 모
> 양인 유아갈고리(Hook)를 형성하는데, 이것이 식물
> 이 발아해 나올 때 흙을 밀어 젖히고 안전하게 출아
> 할 수 있게 도와준다.

15

종자가 발아하기 위한 외적 조건에 관한 설명으로 옳은 것은?

① 콩과식물의 종자는 건물중의 30%에 해당하는 수분을 흡수하면 발아가 가능하다.
② 일반적으로 발아 온도는 생육 온도보다 다소 높다.
③ 무 종자는 산소 요구도가 낮아 물속에서 발아가 잘 이루어진다.
④ 상추 종자는 암조건에서 발아가 촉진되는 종자이다.

해설 단백질 종자인 콩과식물의 종자는 건물중의 50~60% 이상에 해당하는 수분을 흡수해야 발아가 가능하다. 무 종자는 산소 요구도가 높아 물속에서 발아되지 않는다. 상추 종자는 광조건에서 발아가 촉진되는 광발아성 종자이다.

16

20~25℃에서의 발아율이 가장 높은 종자는?

① 옥수수   ② 벼
③ 보 리   ④ 녹 두

해설 식물의 종류별 발아 적온 범위가 있는데 최적 온도에서 가장 짧은 기간에 가장 높은 발아율을 나타낸다. 옥수수, 벼, 보리, 녹두의 최적 온도 범위는 각각 32~35℃, 30~37℃, 19~27℃, 36~38℃이다.

17

광발아성 종자만을 나열한 것은?

① 파, 양파   ② 가지, 수박
③ 호박, 오이   ④ 상추, 담배

해설 광발아성 종자로 상추, 우엉, 담배, 켄터키블루 그라스, 뽕나무, 차조기 등이, 암발아성 종자로는 가지, 수박, 호박, 오이, 양파, 파, 수세미 등이 있다.

18

( )에 들어갈 내용을 옳게 나열한 것은?

> (ㄱ)은/는 광발아성 종자로 광에 의해 발아가 촉진되고, (ㄴ)은/는 암발아성 종자로 광에 의해 발아가 억제된다.

① ㄱ : 담배, ㄴ : 상추
② ㄱ : 상추, ㄴ : 가지
③ ㄱ : 가지, ㄴ : 수박
④ ㄱ : 수박, ㄴ : 담배

해설 식물의 종자는 광과 관련하여 광감수성 종자와 광불감수성 종자로 나눌 수 있다. 광감수성 종자는 다시 광에 의해 발아가 촉진되는 광발아성 종자와 광에 의해 발아가 억제되는 암발아성 종자로 구별된다. 상추, 우엉, 담배 등은 광발아성 종자이고, 가지, 수박, 호박 등은 암발아성 종자이다.

19

종자 발아에 관여하는 피토크롬(Phytochrome)에 관한 설명으로 옳은 것을 모두 고른 것은?

> ㄱ. 광수용 색소 단백질이다.
> ㄴ. 암상태에서 P_{fr}형으로 생성된다.
> ㄷ. 적색광에 의해 생리적 활성형인 P_r형이 생성된다.
> ㄹ. 적색광과 원적색광에 의한 광가역 반응을 일으킨다.

① ㄱ, ㄴ   ② ㄱ, ㄹ
③ ㄴ, ㄷ   ④ ㄷ, ㄹ

해설 피토크롬은 적색광과 원적색광에 의한 광가역적 반응을 일으키는 광수용 색소 단백질로 암상태에서 P_r형으로 생성되고 적색광에 의해 생리적 활성형인 P_{fr}로 변한다.

20

상추 종자의 적색광과 원적색광에 의한 광가역적 반응에 관여하는 광수용 색소 단백질은?

① 크립토크롬
② 피토크롬
③ 플로리겐
④ 페오피틴

> 해설 상추 종자는 적색광에 의해 발아가 촉진되고, 원적색광에 의해 발아가 억제된다. 적색광에 의한 촉진 효과는 뒤이어 조사한 원적색광에 의하여 소멸되는데 이런 광가역적 반응을 조절하는 광수용 색소 단백질이 바로 피토크롬이다.

21

수분을 충분히 흡수한 상추 종자의 발아에 대한 적색광과 원적색광의 광가역적 반응에 관한 설명으로 옳지 않은 것은?

① 마지막에 조사한 빛이 적색광이면 발아가 촉진된다.
② 생육 범위 내에서는 온도의 영향이 크다.
③ 1분 이내의 짧은 시간에서도 효과가 나타난다.
④ 광수용 색소 단백질인 피토크롬이 관여한다.

> 해설 상추 종자의 발아에 대한 적색광과 원적색광의 광가역적 반응은 온도에 영향을 받지 않는다.

22

종자의 수명에 관한 설명으로 옳은 것을 모두 고른 것은?

> ㄱ. 휴면이 깊을수록 수명이 길어진다.
> ㄴ. 묵은 종자는 발아율과 발아세가 떨어진다.
> ㄷ. 묵은 종자는 저장양분의 소모로 발아력이 떨어진다.
> ㄹ. 묵은 종자는 단백질 변성으로 발아력이 떨어진다.

① ㄱ, ㄴ
② ㄱ, ㄴ, ㄷ
③ ㄴ, ㄷ, ㄹ
④ ㄱ, ㄴ, ㄷ, ㄹ

> 해설 종자의 수명은 종류, 휴면성, 저장 조건 등에 따라 다르지만 오래 저장하면 발아율과 균일성이 떨어진다. 종자가 발아력을 상실하는 가장 큰 요인은 단백질의 응고나 변성에 있다. 장기간 저장하면 호흡으로 인한 저장양분의 소모도 발아력 감소의 원인이 된다.

23

종자의 수명을 늘리는 조건으로 옳지 않은 것은?

① 종자의 함수량을 낮추어 준다.
② 저장 온도를 낮게 유지해 준다.
③ 주변 습도를 주기적으로 변화시켜 준다.
④ 건조한 채소 종자는 밀봉하여 저장한다.

> 해설 종자의 수명을 늘리려면 종자의 주변 습도를 높지 않으면서 항습을 유지하는 것이 좋다.

PART 12

식물 생장 생리

CHAPTER 01 기관의 생장

CHAPTER 02 생장 상관

CHAPTER 03 생장의 분석

CHAPTER 04 생장과 환경

적중예상문제

● 학습목표 ●

1. 식물의 생장을 세포의 분열, 확대, 분화 단계로 구분하여 이해하고, 식물 영양기관의 발달 과정을 설명할 수 있다.
2. 식물의 지하부와 지상부, 정아와 측아, 영양기관과 생식기관 상호간의 생장 상관에 대해 설명할 수 있다.
3. 식물의 생장 과정을 생장 속도로 이해하고 생장의 내용을 생장 해석으로 알아본다.
4. 식물의 생장에 영향을 미치는 환경으로 광, 온도, 수분, 토양 조건에 대해 알아본다.

(1) 생장의 단계

① 크게 세포분열, 확대, 분화 단계로 구분할 수 있다.

② 세포분열 단계

세포분열은 생장의 출발 단계로 분열조직에서 일어난다.

㉠ 분열조직의 종류

정단 분열조직 (Apical meristem)	• 뿌리나 줄기의 끝에 위치해 있음 • 뿌리나 줄기의 길이 생장을 유도함 • 정단 분열조직에 의한 길이 생장을 1차 생장(Primary growth)이라 함 • 정단 분열조직 부근을 생장점이라 함 　– 줄기의 생장점에서는 측생 기관이 형성됨 　– 뿌리의 생장점에서는 측생 기관이 발생하지 않음
측재(측생) 분열조직 (Lateral meristem)	• 유관속에 존재하는 형성층 • 줄기나 뿌리의 비대 생장을 유도함 • 측생 분열조직에 의한 비대 생장을 2차 생장(Secondary growth)이라 함
개재(부간) 분열조직 (Intercalary meristem)	• 마디, 엽초나 엽신의 기부에 분포함 • 그들의 신장 생장을 유도함

㉡ 분열조직의 특징

• 식물체에 분열조직의 수는 많으나 이들이 차지하는 부피나 무게는 상대적으로 적다.

• 분열조직들은 서로 경쟁적인 관계에 있다.

– 재배식물의 생산에 있어서 분열조직 간의 경쟁 관계를 어떤 방향으로 유도하느냐가 중요하다.

– 벼과식물에서 엽액의 분열조직을 활성화시키면 분얼 수가 많아져 수량이 증대된다.

③ 세포 확대 단계

㉠ 분열조직에서 생성된 세포들은 크기가 점차 확대된다.

㉡ 세포 확대가 활발한 부위는 신장대(Elongation zone)로 줄기에서는 생장점 바로 밑에, 뿌리에서는 생장점 바로 위에 위치하고 있다.

㉢ 세포가 확대되려면 유연한 세포벽이 필수적이다.

• 세포벽의 유연성이 뒷받침되지 않으면 열과에서 보는 것처럼 생장은커녕 조직이 파괴된다.

• 세포가 확대될 때 세포벽의 가소성이 비례적으로 커지며 유연해진다.

ㄹ 세포벽의 가소성은 낮은 pH와 옥신에 의하여 증가한다는 실험 결과 보고가 있다.

- 생장에 필수적인 세포벽의 가소성 증가가 세포벽의 산성화에 의하여 일어난다고 하여 이를 산생장설(酸生長說, Acid growth theory)이라 한다(그림 12-1).
  - 옥신(IAA)이 수용체(R)와 결합하여 IAA-R 복합체를 형성한다.
  - IAA-R 복합체가 세포막의 수소이온펌프인 에이티피아제(ATPase)를 활성화 시킨다.
  - 에이티피아제(ATPase)가 세포벽 쪽으로 H^+을 방출하여 세포벽의 pH를 낮춘다.
  - 세포벽 부위에 H^+의 증가로 활성화된 세포벽 연화효소(Hydrolase)의 작용으로 세포벽 구성 물질 간의 수소결합이 약해져서 세포벽이 느슨해지고 유연해진다.
- 익스펜신(Expansin)이라 부르는 단백질이 세포벽 구성 물질을 가수분해하거나 특정 결합 부위를 공격하여 미세섬유들 사이의 다당류 연결을 풀어주기 때문에 세포벽이 느슨해진다는 가설도 제기되고 있다.

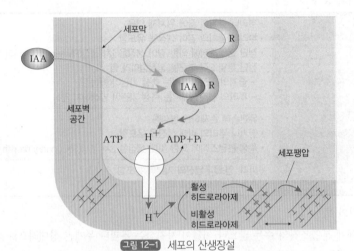

그림 12-1 세포의 산생장설

ㅁ 세포벽의 유연성 증가와 함께 팽압의 증가도 생장에 필수적이다. 세포벽이 유연해지면서 수분이 흡수되면 팽압이 증가하고 세포는 확대 생장한다.

ㅂ 세포 확대에 따라 새로운 물질이 합성되고 보충되어야 한다. 세포벽 물질은 골지장치에서 합성되어 세포벽에 첨가된다.

ㅅ 식물 세포의 생장에는 액포의 발달이 수반된다.

ㅇ 세포의 생장은 미세소관의 위치에 따라 일정한 방향성을 지니므로 독특한 형태를 나타내는데, 미세소관은 세포의 생장 방향과는 직각으로 배열된다.

④ 세포 분화 단계
　㉠ 어떤 세포 또는 세포 집단이 생화학적 또는 대사 활성의 차이와 함께 구조적, 기능적인 변화를 가져
　　오는 일련의 특수화 과정을 거치는 단계이다.
　㉡ 다양한 조직과 기관이 이 세포 분화 과정을 거쳐 형성된다.
　㉢ 배에서 뿌리와 줄기 → 물관부와 같은 조직의 원기 → 표피세포와 피층세포의 순으로 세포 분화가
　　일어난다.
　㉣ 세포의 분화는 세포의 극성(極性, Polarity)과 관련이 있다.
　　• 세포 극성은 세포 내 미세소관의 배치와 관련이 깊다.
　　• 유전적 조성이 같은 세포가 세포 내용물이나 극성과 같은 후생적인 영향으로 균일하지 못한 세포분
　　　열이 일어나고, 이러한 불균일한 세포분열이 세포 분화로 이어진다 그림 12-2 .

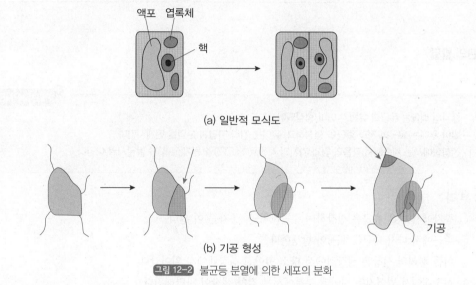

그림 12-2 불균등 분열에 의한 세포의 분화

　㉤ 세포의 분화 과정은 유전적 특성이지만 환경과 내생호르몬이 유전자 발현을 조절하여 세포의 분화
　　를 조절할 수 있다.

정단 분열조직에 관한 설명으로 옳지 않은 것은?

① 뿌리나 줄기의 끝에 위치한다.

② 세포분열은 생장점에서 이루어진다.

③ 뿌리나 줄기의 길이 생장을 유도한다.

④ 뿌리와 줄기의 생장점에서 측생 기관이 발생한다.

> **해설** 뿌리의 생장점에서는 측생 기관이 발생하지 않는다.
>
> **정답** ④

(2) 기관의 발달

PLUS ONE

- 종자의 배에는 유근과 유아가 이미 형성되어 있다.
- 발아 후에는 유근이 자라 주근을 형성하고, 유아는 자라 자엽과 본엽을 전개시킨다.
- 생장점에서는 계속해서 다음의 잎과 가지의 시원체(始原體)와 원기(原基)를 발달시켜 나간다.

① 뿌 리

ㄱ 종자에서 나온 유근은 신장하여 주근(1차근, 종자근)이 된다.

ㄴ 주근에서 다시 측근(2차근)이 발생한다.

ㄷ 이들 뿌리의 신장은 생장점에서 다소 떨어진 신장대에서 일어난다.

ㄹ 신장대에서 멀어지는 위아래 부분에서는 점차 생장이 완만해진다.

ㅁ 특히 신장대 윗부분의 근모, 물관부, 체관부, 내초 등이 생성되는 분화대에서는 신장이 거의 일어나지 않는다(그림 12-3).

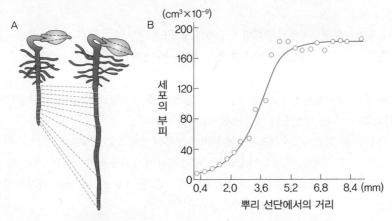

그림 12-3 완두 뿌리의 부위별 생장 속도(A)와 세포의 부피(B)

ⓑ 뿌리는 종류에 따라 모양이 다르고 측근의 발생 정도가 다르다.

주근 또는 직근계
(直根系,
Tap root system)
	• 크고 굴중성이 강한 주근과 그로부터 발생하는 1차 측근, 2차 측근 등으로 구성되는 근계
	• 쌍자엽식물에서 볼 수 있음
	  – 당근 : 주근의 비대 생장이 왕성하여 측근이 없는 것처럼 보임
	  – 사탕무 : 주근이 골고루 비슷하게 비대함
	  – 무와 순무 : 주근의 하배축 부분이 비대함
	  – 알팔파 : 측근이 거의 발달하지 않음

부정근 (不定根, Adventitious root)	• 유근, 주근 또는 측근에서 직접 발생하지 않은 뿌리 • 인경, 괴경, 괴근 등에서 생기는 뿌리, 삽목이나 취목 등에서 발생하는 뿌리 등
섬유근 또는 수근계 (鬚根系, Fibrous root system)	• 섬유 또는 수염 형태를 보이는 근계 • 벼과식물과 같은 단자엽식물에서 볼 수 있음 • 발생 초기에 주근의 생장이 멈추면서 지하 줄기의 기부에서 다수의 부정근을 발생시켜 섬유근 또는 수근계를 형성함 • 이들 뿌리는 형성층이 없어 비대 생장을 못 함

② 줄 기

㉠ 줄기는 종자의 발아 과정에서 생성된 유아의 세포분열과 생장에 의하여 형성된다.

㉡ 줄기에는 마디가 있고, 마디에는 잎이 생성된다.

㉢ 줄기의 줄기 신장과 비대 생장은 식물의 종류에 따라 다르다.

쌍자엽 식물	• 정단 생장점 세포의 분열과 확대에 의하여 줄기가 신장함 • 생장점이 지상부에 노출되어 있어 콩과 같은 작물은 생장 초기에 늦서리 피해를 입으면 재생이 안 됨 • 형성층에 의해 비대 생장이 이루어지는 경우 물관부가 주로 발달하기 때문에 줄기의 대부분은 물관부로 이루어짐
단자엽 식물	• 절간 분열조직의 세포분열과 확대에 의하여 줄기가 신장함 • 생장점이 지하에 위치해 있어 어린 옥수수 같은 작물은 생장 초기에 지상부가 늦서리 등으로 피해를 입어도 재생할 수 있음 • 대부분의 벼과식물은 초기에는 절간 분열조직의 활성이 없어 마디가 땅속에 밀집해 있고, 이 마디에서 측지, 잎, 부정근이 발생됨 • 벼과식물이 생식생장으로 들어가면 마디 기부의 분열조직이 활성화되어 4~5개 정도의 마디 사이가 급격히 신장함 • 형성층 기능이 일찍 퇴화되어 비대 생장이 일어나지 않음

③ 잎

    ⊙ 정아나 측아의 분열조직에서 분화한 엽원기의 생장으로 잎이 형성된다.

    © 엽원기는 정단 분열조직에서 아래쪽에 있는 것일수록 먼저 생장하고, 초기에는 정단 생장, 후기에는 주변 생장을 한다.

        • 담배 잎의 경우 엽원기가 1mm 정도 되면 엽병과 중록(中肋, Midrib)으로 구성된 중앙축이 형성되고, 3mm 정도 되면 정단 생장이 중지된다.

        • 그 후는 주연 분열조직의 세포분열에 의하여 고유의 엽형으로 생장한다.

    © 주연 분열조직은 표면에서 직각 방향으로 수층분열하여 표피층을 형성하고, 그 아래 분열조직에 의하여 해면조직이나 책상조직 같은 내부 조직이 형성된다. 내부 조직도 서로 직각 방향으로만 분열하기 때문에 잎의 두께는 일정하고 면적만 증가한다.

    ® 잎의 결각은 유관속 주변의 분열조직이 다른 부위에 비해 분열 능력이 크기 때문에 생긴다.

    © 잎의 유관속은 엽원기 기부의 전형성층에서 분화되어 중록을 형성하고 줄기의 유관속과 연결되며, 주연 분열조직이 활성화되면서 가장자리를 향한 엽맥이 형성되어 잎의 그물 모양 조직을 완성하게 된다.

    ⊞ 벼과식물의 잎은 분열조직이 엽신의 기부에 있어 끝에서부터 성숙하며 기부 쪽은 생리적 연령이 어리다.

        벼과식물은 분열조직과 신장대가 기부에 있기 때문에 잎을 베어 내도 다시 생장하는 것을 볼 수 있다.

    ⊗ 잎의 생장 단계와 생리적 연령을 정확히 표현하기 위하여 엽령지수(Plastochron index)를 사용한다. 엽령지수는 인접한 두 잎의 원기가 형성되는 시간적 간격으로, 밀과 보리의 엽령지수는 2~3일이다.

Level UP 이론을 확인하는 문제

뿌리의 발달에 관한 설명으로 옳은 것은?

① 종자에서 나온 유근은 죽고 새로운 주근이 발생한다.

② 측근 원기는 생장점에서 발달한다.

③ 분화대에서는 신장이 거의 일어나지 않는다.

④ 부정근은 주근에서 직접 발생한다.

> 해설 종자에서 나온 유근이 신장하여 주근이 된다. 측근 원기는 내초에 발달한다. 부정근은 유근, 주근 또는 측근에서 직접 발생하지 않은 뿌리를 말한다.
>
> 정답 ③

(3) 유한생장과 무한생장

① 기관의 생장

유한생장 (Determinate growth)	• 잎, 과실, 종자와 같은 기관은 일정한 크기에서 생장을 멈추는 유한생장을 함 • 1년생 식물 중 무, 배추와 같이 영양생장과 생식생장이 단계적으로 명확하게 구분되는 식물은 생식생장으로 전환될 때 외형적인 생장이 정지되는 유한생장을 함 　– 꽃눈분화 및 추대가 이루어지면 영양기관의 생장이 정지되거나 급격히 둔화됨 　– 해바라기의 경우 정단에 화서가 분화되면 줄기의 신장이 정지됨
무한생장 (Indeterminate growth)	• 다년생 목본식물의 줄기, 뿌리 등은 생장을 계속하여 해가 거듭될수록 증가됨 • 언젠가는 생장을 멈추고 죽음

② 재배식물(토마토)의 품종에 따른 생장형

　㉠ 토마토는 줄기의 생장점이 계속 생장하면서 9매의 잎이 분화되면 생장점이 비후 융기하여 제1화방이 된다.

　㉡ 제1화방 이후의 생장형에 따라 유한생장형과 무한생장형 품종으로 구분된다.

유한생장형	• 제1화방이 착생되고 2마디 건너 제2화방이 맺힘 • 그 후 1마디 건너 빈약한 제3화방을 착생시킨 후 생장을 멈추는 품종을 말함
무한생장형	• 제1화방이 착생되고 꽃눈에 인접하여 새로운 생장점이 형성되어 원줄기로 신장함 • 이후 잎이 3매 분화하면 다시 생장점이 꽃눈으로 분화하여 제2화방을 형성함 • 이처럼 꽃눈, 신생장점, 잎의 분화가 되풀이되면서 줄기가 신장하고 화방수가 계속 증가하는 품종을 말함

생장 상관

PLUS ONE

생장 상관(Growth correlation)이란 한 기관이 다른 기관의 생장 형태나 생장 속도에 영향을 주고받는 현상을 말한다.

(1) 지하부와 지상부

① 지하부와 지상부의 생장 상관

지하부	• 수분과 양분을 흡수하여 지상부 줄기에 공급함 • 뿌리 합성 아미노산과 식물호르몬, 특히 지베렐린과 시토키닌은 지상부 생장에 큰 영향을 줌

지상부	• 광합성산물을 지하부 뿌리에 공급함
	• 비타민과 호르몬을 공급해 뿌리의 생장을 도움
	  – 특히 지상부에서 공급되는 옥신은 측근과 근모의 발생을 촉진하는 등 뿌리의 생장을 촉진함
	  – 완두의 뿌리 부분만을 떼어 인공배지에서 키우면 측근의 발생이 고르지 않고, 계속해서 측근 발생이 이루어지지 않음

② T/R율(Top/Root ratio) 또는 S/R율(Shoot/Root ratio)

　㉠ 환경 조건에 따라 뿌리와 줄기의 생장이 달라지며 그에 따라 이들의 비율이 변화한다.

　㉡ 온도와 수분이 적당하고 질소가 충분하면 뿌리보다 지상부 생육이 더 촉진되어 T/R 또는 S/R율이 높아진다. 반면 질소 부족이나 건조, 저온 등의 조건에서는 뿌리의 생장률이 더 높아져 T/R 또는 S/R율이 감소한다.

Level UP 이론을 확인하는 문제

(　　)에 들어갈 내용을 옳게 나열한 것은?

뿌리에서 합성되어 줄기에 공급되는 (ㄱ)은/는 지상부의 생장에 큰 영향을 주고, 지상부에서 합성되어 뿌리에 공급되는 (ㄴ)는/은 측근과 근모의 발생을 촉진하는 등 지하부 생장을 촉진한다.

① ㄱ : 옥신, ㄴ : GA　　　　　　　　② ㄱ : GA, ㄴ : 에틸렌

③ ㄱ : 에틸렌, ㄴ : 시토키닌　　　　④ ㄱ : 시토키닌, ㄴ : 옥신

해설 지상부에서 공급되는 옥신은 측근과 근모의 발생을 촉진하는 등 뿌리의 생장을 촉진하고, 뿌리에서 합성되는 시토키닌은 지상부 생장에 큰 영향을 준다.

정답 ④

(2) 정아와 측아의 생장 상관

① 정부 우세성(Apical dominance)
  ㉠ 줄기의 정아가 측아에 비하여 생장이 우세하고, 주근의 정단부가 측근에 비해 생장이 우세한 현상을 말한다.
  ㉡ 쌍자엽식물에서 많이 볼 수 있다.

② 정부 우세성의 원인
  ㉠ 정아가 강력한 싱크 활성(Sink activity)을 나타낸다. 양분을 독점한 결과 측아에 영양 부족을 일으켜 나타난다.
  ㉡ 정단부와 어린잎에서 합성되는 옥신이 극성 이동하여 측아에 고농도로 축적되면서 측아의 생장을 억제한다. 옥신의 농도별 생장 반응은 부위별로 다른데 측아가 정아에 비해 더 민감하여 상대적으로 낮은 농도에서도 생장이 억제된다.
  ㉢ 측아에는 뿌리에서 합성되어 지상부로 이동하는 시토키닌이 부족하고 반면에 ABA와 같은 생장 억제 물질이 증가하여 정부 우세성을 나타낸다.

③ 줄기의 정부 우세성
  ㉠ 식물의 형태를 결정하며, 재배식물의 생산성을 결정한다.
  ㉡ 종류에 따라서는 정부 우세성을 억제하여 측아의 생장을 도모하기도 하고, 측지 발생을 억제하기 위하여 정부 우세성을 강화하기도 한다.
  ㉢ 실제로 참외, 토마토와 같은 원예작물 재배에서 적심을 하여 정아를 제거하면 측아의 생장이 유도되는데, 이때 측아에서 시토키닌이 증가하고 ABA가 감소한다.
  ㉣ 과수를 전정할 때 이 정부 우세성을 적절하게 활용해야 한다(그림 12-4).
    • 정아가 있으면 측아가 생장하지 않고, 정아를 제거하면 바로 아래 측아부터 생장한다.
    • 정아를 제거하고 바로 옥신을 처리하면 측아의 생장이 억제된다.
    • 반면 시토키닌을 발라주면 측아의 생장이 촉진된다.
    • 사과나무 줄기에서 잘 관찰되는데 가지의 선단부를 절단하면 아래 측아들이 발달하여 새 가지를 형성한다.
    • 사과나무의 긴 가지를 휘면 정점에 있는 측아가 먼저 발달하여 길게 자란다.

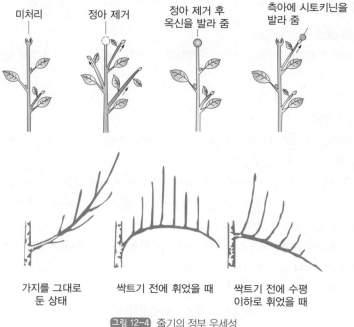

미처리   정아 제거   정아 제거 후   측아에 시토키닌을
옥신을 발라 줌   발라 줌

가지를 그대로   싹트기 전에 휘었을 때   싹트기 전에 수평
둔 상태   이하로 휘었을 때

그림 12-4 줄기의 정부 우세성

④ 뿌리의 정부 우세성

    ㉠ 주근의 생장이 측근에 비하여 우세하다.

    ㉡ 주근 선단부를 제거하면 측근의 발생이 많아진다.

    ㉢ 측근의 길이도 주근의 선단으로 갈수록 짧아진다.

    ㉣ 옥신과 시토키닌이 뿌리의 정부 우세성에 미치는 영향은 줄기의 정부 우세성에 미치는 영향과는 정반
대이다. 측근의 생장은 옥신에 의하여 촉진되며 시토키닌에 의해서는 억제된다.

Level UP 이론을 확인하는 문제

정부 우세성과 관련이 있는 생장 상관에 관한 설명은?

① 질소가 충분하면 지하부보다 지상부 생육이 촉진된다.

② 줄기의 정아가 측아에 비해 생장이 우세하다.

③ 액아를 제거하면 꽃눈 형성이 촉진된다.

④ 어린잎이 측아의 생장을 억제한다.

해설 식물은 기관 상호 간에 영향을 주고받으면서 생장 형태나 생장 속도에 있어서 상관을 한다. 줄기의 정부 우세성은
정아가 존재하면 측아의 생장을 억제하여 정아가 측아에 비해 생장이 우세해지는 현상을 말한다.

정답 ②

(3) 영양기관과 생식기관의 생장 상관의 예

① 생식기관의 발달은 영양기관의 생장을 억제함으로써 촉진시킬 수 있다.
  ㉠ 줄기를 유인하거나 환상박피 등을 하면 꽃눈분화가 촉진되고, 생식기관의 생장이 잘 된다.
  ㉡ 토마토에서 적엽이나 액아 제거로 꽃눈 형성이 촉진되는 품종이 있다.
  ㉢ 옥신 수송을 저해하여 영양생장을 억제하는 TIBA(2,3,5-Triiodobenzoic acid)를 처리하면 꽃눈 형성이 크게 촉진된다.
  ㉣ 낙엽 과수의 대부분은 신초 생장이 멈추는 시기에 꽃눈분화가 시작된다.
② 과도한 질소 시비에 영양생장이 왕성해지면 생식기관의 형성이 지연되거나 억제된다.
③ 꽃눈의 원기를 제거하면 영양생장이 촉진되고 식물의 수명이 연장된다.
  ㉠ 구근류에서도 꽃을 일찍 제거해 버리면 구근의 생장이 촉진된다.
  ㉡ 마늘에서도 꽃대(마늘종)를 일찍 뽑아 버리면 인편의 생장이 촉진된다.
④ 전체적으로 환경이 불량하여 영양생장이 억제되면 생식기관이 빨리 발달하고, 더 많이 형성되는 것을 볼 수 있다.

이론을 확인하는 문제

> **영양기관과 생식기관의 생장 상관에 관한 설명으로 옳지 않은 것은?**
>
> ① 생식기관의 발달은 영양기관의 생장을 억제한다.
> ② 줄기를 수평으로 유인하면 꽃눈분화가 촉진된다.
> ③ 줄기를 환상박피하면 꽃눈분화가 억제된다.
> ④ 구근류에서 꽃을 일찍 제거하면 구근의 생장이 촉진된다.
>
> ---
>
> **해설** 줄기를 환상박피 해주면 동화산물이 아래로 이동하는 것을 차단하므로 꽃눈분화가 촉진된다.
>
> **정답** ③

(4) 기타 생장 상관

① 잎과 액아의 생장 상관

　ㄱ 어린잎 또는 성숙한 잎은 겨드랑눈, 즉 액아의 생장을 억제한다.

　ㄴ 액아의 생장에도 여러 가지의 식물호르몬이 관여한다.

시토키닌	잎의 생장 억제 효과를 줄여 액아의 생장을 유도함
옥신, 에틸렌, ABA	액아의 생장을 더욱 억제함

② 보상적 상관(Compensatory correlation)

　ㄱ 같은 기관들 사이에 양분이나 호르몬 등에 있어서 경쟁 관계가 형성될 때 기관의 수를 줄이면 남은 기관의 크기가 커지는 현상을 말한다.

　ㄴ 작물 재배에서 적과, 적엽, 적화, 적아 등은 바로 보상적 상관을 이용하는 것이다.

Level UP 이론을 확인하는 문제

식물의 생장 상관에 관한 예시 가운데 보상적 상관에 해당하는 것은?

① 적과를 하였더니 남은 과실의 크기가 커졌다.

② 어린잎이 액아의 생장을 억제하였다.

③ 꽃을 제거하니 구근의 생장이 촉진되었다.

④ 옥신을 처리하니 삽수의 발근이 촉진되었다.

해설 식물의 동일한 기관들 사이에 양분이나 호르몬 등에 있어서 경쟁 관계가 형성될 때 기관의 수를 줄이면 남은 기관의 크기가 커지는 것을 볼 수 있는데, 이것을 보상적 상관이라고 한다. 과수에서의 적과, 적엽, 적화, 적아 등은 바로 보상적 상관을 이용하는 것이다.

정답 ①

(1) 생장 속도

① 식물의 발아 후 생장 속도는 초장, 부피, 생체중, 건물중의 증가로 측정할 수 있다.

② 식물 전체를 대상으로 하거나, 줄기, 뿌리, 과실 등 개개 기관을 대상으로 하거나 생장 속도의 모양은 다같이 S자형 곡선(시그모이드 곡선, Sigmoid curve)을 보인다(그림 12-5).

③ 일반적으로 생장 곡선에 나타난 생장 속도는 3단계로 구분된다.

초기 단계 (Lag phase)	• 주로 세포분열에 의한 생장의 기반을 다지는 시기 • 저장양분에 의존하여 생장하기 때문에 생장 속도가 느린 것이 특징임
중기 단계 (Log phase, Exponential phase)	• 초기 단계 이후의 생장 속도가 빠른 시기 • 세포의 확대 생장이 활발하고, 대사 작용이 왕성해 급격히 생장함 • 식물체나 기관 생장의 대부분은 이 시기에 주로 이루어짐
말기 단계 (Senescent phase, Stationary phase)	• 중기 단계 이후 생장 속도가 다시 느려지는 시기 • 광, 수분, 광합성 물질, 무기양분 등에 대한 경쟁, 생리적 활성의 둔화, 생장 억제 물질의 축적 등에 의하여 나타남 • 말기의 느린 생장 속도는 성숙과 노화를 예고함

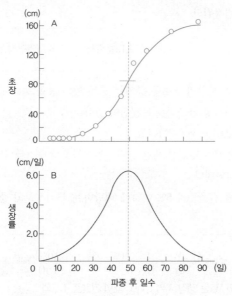

그림 12-5 파종 후 일수별 초장(A)과 생장률(B)의 변화

(2) 생장 해석

생장 해석(Growth analysis)이란
- 식물의 생장 특성, 생장 효율 또는 생산 효율을 수학적으로 분석하고 평가하는 것을 말한다.
- 식물 생장에 관한 유익한 정보를 얻을 수 있다.
- 생장 해석에 이용되는 기본 개념을 이해하면 분석은 컴퓨터의 도움으로 매우 간단하게 이루어진다.
- 생장 해석을 위해서는 시기별로 엽면적과 건물중의 두 가지 측정값만 필요하고 해석에 필요한 다른 양적 요인들은 모두 계산으로 유도해 낼 수 있다.
- 생장 해석은 식물 개체는 물론이고 군락 상태에 있는 식물에 대해서도 가능하다.

① 식물 개체의 생장 해석
  ⓐ 상대생장률(Relative growth rate ; RGR)
  - 일정한 기간 동안 식물체의 건물 생산 능력을 나타낸다.
  - 단위 기간 동안 원래 무게에 대한 건물중의 증가로 나타나며 생장의 복이율(複利律)에 근거하여 아래와 같이 계산한다.

$$RGR = 2.303(\log_{10}W_2 - \log_{10}W_1)/(t_2 - t_1)$$
단, W_1, W_2는 생장 시기 t_1과 t_2 때의 건물중이며, 2.303은 생산 능력 지수이다.

  - 건물중은 잎의 동화 능력에 의하여 결정된다고 보면 RGR은 순동화율과 식물체에서 잎이 차지하는 비율에 의하여 결정된다.

$$RGR = NAR(순동화율) \times LAR(엽면적률)$$

  - 위 식에 의하면 단위 시간의 건물중 증가는 모두 잎의 동화 능력에 의하여 결정되고 다른 기관에 의한 동화 능력은 사실상 무시되는 문제점이 있다.
  ⓑ 순동화율(Net assimalation rate ; NAR)
  - 단위 엽면적당 단위 시간의 건물 생산 능력, 즉 건물중의 증가를 의미한다.
  - 단위는 $g/m^2/t$로 나타낸다.
  - 건물중 증가는 전체 건물중의 5% 이하에 해당하는 무기성분의 증가는 무시하고 광합성 산물의 증가만을 의미한다.

$$NAR = \frac{dW}{dt} \times \frac{1}{L_A} = \frac{(W_2 - W_1) \times 2.303(\log_{10}L_{A2} - \log_{10}L_{A1})}{(t_2 - t_1)(L_{A2} - L_{A1})}$$
단, W_1와 W_2는 생장 시기 t_1과 t_2 때의 건물중, L_{A1}와 L_{A2}는 t_1과 t_2 때의 엽면적이다.

- 이 계산은 건물중과 엽면적 사이에는 직선적인 관계가 있다는 것을 전제로 하는데, 생장의 초기에는 이 관계가 충족되지만 후기로 갈수록 엽면적 증가율이 건물중 증가율을 상회하기도 하고 하회하기도 한다.
- NAR은 생장이 진행될수록 점차 감소하며, 이러한 감소는 불량 환경, 원소 결핍, 잎의 상호 차폐 등으로 더욱 커진다.

ⓒ 엽면적률, 비엽중, 비엽면적

엽면적률 (Leaf area ratio ; LAR)	• 식물체의 단위 무게에 대한 엽면적 비율(cm^2/g) • 식물의 잎 상태를 반영하는 것으로 다음 공식으로 산출함 $$LAR = \frac{(L_{A2}-L_{A1}) \times 2.303(\log_{10}W_2 - \log_{10}W_1)}{2.303(\log_{10}L_{A2} - \log_{10}L_{A1})(W_2 - W_1)}$$ $$= \frac{(L_{A2}-L_{A1})(\log_{10}W_2 - \log_{10}W_1)}{(W_2 - W_1)(\log_{10}L_{A2} - \log_{10}L_{A1})}$$ 단, L_{A1}와 L_{A2}는 생장 시기 t_1과 t_2 때의 엽면적이고, W_1, W_2는 t_1과 t_2 때의 엽건물중
비엽중 (Specific leaf weight ; SLW)	단위 엽면적당의 무게(g/m^2) $$SLW = \frac{1}{2}\left(\frac{L_{W2}}{L_{A2}} + \frac{L_{W1}}{L_{A1}}\right)$$ 단, L_{W1}와 L_{W2}는 생장 시기 t_1과 t_2 때의 엽건물중이고, L_{A1}와 L_{A2}는 t_1과 t_2 때의 엽면적
비엽면적 (Specific leaf area ; SLA)	• 단위 무게당의 엽면적(m^2/g) • 이들은 잎의 두께나 내용물의 충실도 등을 의미하며 주로 두 시기의 평균값으로 계산함 $$SLA = \frac{1}{2}\left(\frac{L_{A2}}{L_{W2}} + \frac{L_{A1}}{L_{W1}}\right)$$ 단, L_{A1}와 L_{A2}는 생장 시기 t_1과 t_2 때의 엽면적이고, L_{W1}, L_{W2}는 t_1과 t_2 때의 엽건물중

② 군락 상태의 생장 해석

ㄱ 엽면적 지수(Leaf area index ; LAI)

- 식물이 차지하는 땅 면적에 대한 엽면적의 비율을 말한다.
- 특별한 단위는 없고 엽면적은 잎의 한쪽 면만을 말한다.

$$LAI = \frac{L_{A2} + L_{A1}}{2} \times \frac{1}{G_A}$$

단, L_{A1}와 L_{A2}는 생장 시기 t_1과 t_2 때의 엽면적이고, G_A는 잎이 덮여 있는 땅면적이다.

- 엽면적이 증가할수록 동화 생산량은 증가하나 한계점 이상이 되면 호흡량이 증가하여 순생산량은 감소한다.
- 이론적으로 LAI가 1이면 모든 광을 흡수하지만, 실제로는 잎의 모양, 위치, 각도, 두께 등에 따라 차이가 난다.
  - 보통 재배식물의 최대의 건물 생산을 이룰 수 있는 LAI는 3~5이므로 과수원에서 전정할 때는 이러한 점을 참고해야 한다.
  - 직립성인 벼과 목초의 경우는 LAI가 8~10이 되어야 최대 광흡수가 가능하다.

ⓛ 순동화율
- 작물 군락의 순동화율은 식물 개체에서의 계산 방식과 동일하나 엽면적 대신에 엽면적 지수를 이용한다.

$$\text{NAR} = \frac{d\text{W}}{d\text{t}} \times \frac{1}{\text{LAI}} = \frac{(\text{W}_2 - \text{W}_1) \times 2.303(\log_{10}\text{LAI}_2 - \log_{10}\text{LAI}_1)}{(t_2 - t_1)(\text{LAI}_2 - \text{LAI}_1)}$$
단, W_1와 W_2는 생장 시기 t_1과 t_2 때의 건물중, LAI_1와 LAI_2는 t_1과 t_2 때의 엽면적이다.

- 식물 개체와는 달리 군락 상태에 있어서 순동화율은 많은 요인이 총 건물 생산에 관여하기 때문에 해석에 있어서 주의를 요한다.

ⓒ 작물생장률(Crop growth rate ; CGR)
- 일정 기간에 단위 면적당 작물 군락의 총 건물 생산 능력을 말하며 단위는 $g/m^2/t$이다.

$$\text{CGR} = \text{NAR} \times \text{LAI} = (\text{W}_2 - \text{W}_1)/(t_1 - t_2)$$
단, W_1과 W_2는 생장 시기 t_1과 t_2 때의 단위 면적당(m^2) 건물중(g)이다.

- C_3식물의 CGR은 하루 $20g/m^2$($200kg/ha/$일)이면 좋은 편이고, C_4식물은 하루에 $30g/m^2$까지 얻을 수 있다.
- 종실의 CGR과 식물체 전체의 CGR의 비율을 분배지수(Partitioning index) 또는 수확지수(Harvest index)라고 하는데, 이는 동화산물이 종실로 분배된 정도를 나타낸다.
- 벼에서 일반 벼는 분배지수가 45% 정도이지만 통일계는 55% 정도로 높다.
- CGR은 LAR과 LAI에 의하여 결정되기 때문에 재식밀도가 높은 경우에는 직립형의 초형을 가진 작물은 CGR이 높아질 수가 있다. 초형이 직립형인 사탕무와 수평형인 케일의 비교에서 확인할 수 있다(그림 12-6).
  - 순동화율(NAR)도, 작물생장률(CGR)도 사탕무가 케일보다 높다.
  - 엽면적지수(LAI) 증가에 따라 NAR은 감소하지만 CGR는 계속 증가하는데, 케일은 LAI가 3~4에서 최대에 도달한다.

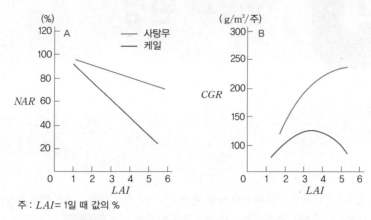

주 : LAI= 1일 때 값의 %

그림 12-6 사탕무와 케일의 LAI와 NAR(A) 및 CGR(B)의 비교

Level UP 이론을 확인하는 문제

작물생장률(Crop growth rate ; CGR)과 분배지수에 관한 설명으로 옳지 않은 것은?

① CGR은 순동화율과 엽면적 지수를 이용하여 계산한다.
② 초형이 직립형인 사탕무보다 수평형인 케일에서 CGR이 더 높다.
③ 종실과 식물체 전체 간의 CGR 비율을 분배지수라 한다.
④ 통일벼의 분배지수가 일반벼보다 높다.

해설 CGR은 순동화율과 엽면적 지수에 의해 결정되기 때문에 재식 밀도가 높은 경우에는 직립형의 초형을 가진 작물의 CGR이 더 높다.

정답 ②

04 생장과 환경

(1) 광

① 광도

ㄱ 식물은 광도가 증가하면 광포화점에 이를 때까지는 계속해서 광합성 속도가 증가한다.

ㄴ 높은 광도에서는 생장이 촉진되고 수확량이 증가한다.

ㄷ 광도가 약하면 생장이 쇠퇴하고 수확량이 감소한다.

양지식물 (Sun plant)	• 광도가 증가하면 지상부 건물중, 줄기 강도, 잎 두께 등이 증가하지만, 줄기의 신장은 억제되고 엽면적도 감소됨 • 약광에서는 줄기의 길이나 엽면적은 커지지만, 도장하기 쉽고 개화기나 결실기도 늦어짐
음지식물 (Shade plant)	• 광보상점이 낮아 그늘에서도 잘 적응함 • 광포화점이 양지식물에 비하여 낮아 광도가 증가해도 광합성이 크게 증가하지 않음 • 식물에 따라서는 광도가 증가하면 오히려 생장이 억제되고, 심하면 해작용이 일어나기도 함

② 광 질

ㄱ 광은 대개 혼합광으로 다양한 파장의 빛이 섞여 있다.

ㄴ 서로 다른 파장은 식물의 생장에 각각 독특한 영향을 끼친다.

가시광선 (390~760nm)	광합성 유효광 (Photosynthetically active radiation ; PAR)	• 가시광선 영역의 400~700nm의 광선 • 식물의 생육에 매우 중요함 • 650~680nm의 적색광과 430nm 부근의 청색광이 광합성에 가장 효과적임
	청색광 (400~450nm)	• 굴광 반응, 마디의 신장 생장 등 식물의 생장에 크게 관여함 • 청색광 수용체인 크립토크롬(cryptochrome)이 피토크롬과 상호 작용하면서 생장 반응을 조절함
자외선 (200~400nm)	UV-A (320~400nm)	플라보노이드와 각종 효소, 색소 등의 합성에 관여함
	UV-B (280~320nm)	DNA 구조를 변화시킬 수 있어 식물 생장에 해롭게 작용함
	UV-C (200~280nm)	

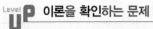
굴광 반응, 마디의 신장 생장 등 식물의 생장에 관여하는 크립토크롬이 수용하는 빛은?

① 적색광

② 청색광

③ UV-A

④ UV-B

해설 적색광은 광합성에 가장 효과적인 빛이며, UV-A는 플라보노이드와 각종 효소, 색소 등의 합성에 관여한다. UV-B와 C는 DNA 구조를 변화시킬 수 있어 식물 생장에 해롭다.

정답 ②

(2) 온도

① 식물 생장은 보통 저온에서는 느리지만 온도의 상승과 함께 빨라진다.

② 온도가 계속 높아지면 생장 속도는 다시 떨어진다. 고온에서는 증산량이 많고, 광합성보다 호흡량이 더 많기 때문에 생장 속도가 느리다.

③ 식물의 최적 생장 온도는 종류, 기관, 발육 단계, 생장 시기에 따라 다르고, 밤과 낮, 지상부와 지하부가 각각 다르다.

　㉠ 생장 최적, 최고, 최저 온도는 여름 작물이나 열대 식물은 높고, 겨울 작물이나 온대, 한대 식물은 낮다(그림 12-7).

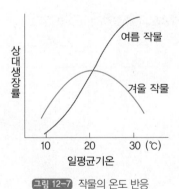

그림 12-7 작물의 온도 반응

　㉡ 예로 맥류와 같은 겨울 작물은 20℃ 부근에서, 여름 작물은 30℃ 부근에서 상대생장률이 최고치를 나타낸다.

④ 식물의 생장에 미치는 온도의 영향을 나타내는 지표로 적산온도를 사용한다.

적산온도 (Accumulated temperature)	• 하루의 평균 온도가 기준 온도보다 높은 날의 평균 온도를 누적시킨 것 • 기준 온도는 보통 0℃. 그러나 이 0℃가 생장에 실제로 유효한 온도가 아닐 경우가 대부분이기 때문에 겨울 작물은 5℃, 여름 작물은 10℃를 기준 온도로 설정함
생장온도일수 (Growing degree days)	하루 평균 온도에서 적산온도에서의 기준 온도를 뺀 차를 누적시킨 것

⑤ 밤과 낮의 온도 차이(DIF, Differential)는 식물의 생장에서 중요한 의미를 지닌다.

ㄱ 대개 주간 온도는 높고 야간 온도는 낮은 것이 생장에 유리하다. 야간 온도가 낮으면 호흡에 의한 탄수화물의 소모가 감소하여 당 함량이 높아지고, 뿌리로의 당 이동이 증가한다.

ㄴ DIF가 클수록 생장이 좋고 0이나 − 인 경우는 생장이 억제되어 작은 식물체를 얻을 수 있다.

ㄷ DIF가 화훼 작물에서 상업적으로 널리 이용되고 있다.

• 온실 재배에서 백합, 국화, 제라늄, 거베라, 피튜니아 등은 DIF 값에 반응이 좋다.

• 히야신스, 튤립, 수선화 등은 반응이 약하거나 없는 것으로 알려져 있다.

Level UP 이론을 확인하는 문제

시설재배에서 화훼작물의 초장 조절법으로 이용하는 DIF의 의미는?

① 명기와 암기의 차이

② 주야간 온도 차이

③ 양액의 농도 차이

④ 인공 광원의 파장 차이

해설 시설재배에서 주로 화훼작물의 초장 조절법으로 이용하는 DIF는 낮과 밤의 기온 차이를 의미한다.

정답 ②

(3) 토 양

토양 수분	• 세포의 신장에 광합성 산물로 생성된 세포벽 물질과 세포 내 용질의 증가가 필수적이기 때문에 토양 수분이 부족하면 세포의 팽압이 감소되어 생장이 억제됨 • 토양이 건조하여 체내 함수량이 낮아지면 광합성은 물론 원형질의 수화도가 낮아져 생장이 저하됨 • 뿌리의 분포 상태에도 영향을 미쳐 수분이 충분하면 지표면 가까이 분포하지만 부족하면 깊게 분포함
토양 산소	• 뿌리 생장, 양분의 능동적 흡수, 토양 미생물의 활성화, 무기원소의 유효도 등에 영향을 줌 • 토양 산소의 농도는 이산화탄소 농도가 과도하게 높지 않은 한 대기 중 산소 농도의 1/3 수준이면 뿌리 생장에 적절함 • 벼와 같은 수생식물은 통기조직이 잘 발달되어 있어 근권에 늘 산소가 필요한 것은 아님
토양 산도(pH)	• pH 5~8의 범위가 적당 • 이 범위를 벗어나면 여러 가지 생장 장해 현상이 나타남
토양 입자	• 토양의 입경 분포, 즉 토성에 따라 뿌리의 생장 속도가 달라짐 • 일반적으로 사질 토양에서는 생장 속도가 빠름. 하지만 조직이 치밀하지 못하고 노화가 촉진됨
토양 밀도	• 콩의 경우 토양 밀도가 높아지면 뿌리 생장이 억제됨 • 뿌리의 세포벽과 카스파리대가 두꺼워지면서 영양 흡수가 나빠짐

Level UP 이론을 확인하는 문제

식물의 생장과 토양 조건에 관한 설명이 옳지 않은 것은?

① 일반적으로 점질토양보다 사질토양에서 생장 속도가 빠르다.

② 토양수분이 부족하면 뿌리가 깊게 분포한다.

③ 토양 밀도가 높아지면 뿌리의 세포벽이 얇아진다.

④ 벼와 같은 수생식물은 통기 조직이 잘 발달되어 있다.

> 해설 일반적으로 사질 토양에서 생장 속도가 빠른 대신에 조직이 치밀하지 못하고 노화가 촉진된다. 토양수분은 뿌리의 분포 상태에도 영향을 미쳐 수분이 충분하면 지표면 가까이, 부족하면 깊게 분포한다. 토양 밀도가 높아지면 뿌리의 세포벽과 카스파리대가 두꺼워지면서 영양 흡수가 나빠진다.
>
> 정답 ③

01

다년생 목본식물의 1차 생장을 주도하는 분열조직은?

① 정단 분열조직　　② 측생 분열조직
③ 부간 분열조직　　④ 개재 분열조직

> **해설** 정단 분열조직에 의한 줄기나 뿌리의 길이 생장을 1차 생장이라 한다.

02

줄기나 뿌리의 비대 생장을 유도하는 분열조직은?

① 정단 분열조직　　② 측생 분열조직
③ 부간 분열조직　　④ 모든 분열조직

> **해설** 측생 분열조직은 유관속에 존재하는 형성층으로 줄기나 뿌리의 비대 생장을 유도한다. 측생 분열조직에 의한 비대 생장을 2차 생장이라 한다.

03

분열조직에서 생성된 세포들이 확대될 때 세포벽의 가소성 증가에 관여하는 호르몬은?

① 옥 신　　② 지베렐린
③ ABA　　④ 시토키닌

> **해설** 세포벽이 확대될 때 유연한 세포벽이 필수적인데 유연한 세포벽은 가소성의 증가로 이루어진다. 세포벽의 가소성은 낮은 pH에 의해 증가하는데 옥신이 세포벽 부위로의 수소이온의 이동에 관여한다.

04

세포의 확대에 의한 식물의 생장 생리에서 산생장설에 관여하는 호르몬은?

① IAA　　② ABA
③ GA　　④ JA

> **해설** 세포 확대에 필수적인 유연한 세포벽은 낮은 pH와 옥신(IAA)에 의하여 증가한다. IAA가 세포막의 에이티피아제(ATPase) 활성을 증가시켜 세포벽 쪽으로 H^+을 방출하게 한다. 세포벽 공간의 pH가 낮아지면 세포벽 연화효소가 활성화되고, 세포벽 구성 물질 간의 수소결합이 약해지면서 세포벽이 느슨해진다. 세포벽의 가소성이 증가하고 팽압이 커지면서 세포가 쉽게 확대되는데, 낮은 pH에 의해 유도되었기 때문에 이를 산생장설이라 한다.

05

분열조직에서 생성된 세포의 확대에 관한 설명으로 옳지 않은 것은?

① 세포벽이 유연해지면서 수분 흡수로 팽압이 증가하면 세포는 확대 생장한다.
② 식물 세포의 생장에는 액포의 발달이 수반된다.
③ 미세소관은 세포의 생장 방향과 평행하게 배열된다.
④ 확대에 필요한 세포벽 물질은 골지장치에서 합성되어 세포벽에 첨가된다.

> **해설** 세포의 생장은 미세소관의 위치에 따라 일정한 방향성을 지니는데 세포의 생장 방향과는 직각으로 배열된다.

06

세포의 분화에 관한 설명으로 옳지 않은 것은?

① 다양한 조직과 기관이 세포 분화 과정을 거쳐 형성된다.
② 피층세포가 물관부 원기보다 먼저 분화된다.
③ 세포의 극성은 세포 내 미세소관의 배치와 관련이 있다.
④ 불균일한 세포분열이 세포 분화로 이어진다.

> **해설** 배에서 뿌리와 줄기 → 물관부와 같은 조직의 원기 → 표피세포와 피층세포 등의 순으로 세포 분화가 일어난다.

07

주근계 뿌리에 관한 설명으로 옳지 않은 것은?

① 쌍자엽식물에서 볼 수 있다.
② 순무는 상배축 부분이 비대한 것이다.
③ 알팔파는 측근이 거의 발달하지 않는다.
④ 당근은 주근의 비대 생장이 왕성하여 측근이 없는 것처럼 보인다.

> **해설** 무와 순무는 주근의 하배축 부분이 비대한 것이다.

08

부정근에 해당하지 않는 것은?

① 측근에서 발생한 뿌리
② 엽삽으로 발생한 뿌리
③ 취목으로 발생한 뿌리
④ 캘러스에서 발생한 뿌리

> **해설** 유근, 주근 또는 측근에서 직접 발생하지 않은 뿌리를 부정근이라 한다.

09

섬유근계 뿌리에 관한 설명으로 옳은 것은?

① 알팔파는 섬유근계를 형성한다.
② 주근에서 다수의 측근 원기가 생겨 형성된다.
③ 형성층이 없어 비대 생장을 못한다.
④ 삽목으로 자란 식물은 모두 섬유근계를 형성한다.

> **해설** 알팔파는 측근이 거의 발달하지 않는 주근계 뿌리를 형성한다. 섬유근은 단자엽식물에서 볼 수 있는데 발생 조기에 주근의 생장이 멈추면서 지하 줄기의 기부에서 다수의 부정근이 발생하며 형성된다. 삽목 시 형성되는 근계는 식물 종류에 따라 다르다.

10

단자엽식물의 줄기 생장에 관한 설명으로 옳은 것은?

① 정단 생장점의 세포 분열과 확대로 신장한다.
② 형성층의 세포 분열로 비대 생장이 이루어진다.
③ 벼과식물은 생식생장기에 마디 사이가 급격히 신장한다.
④ 생장 초기에 늦서리해를 입으면 지상부의 재생이 안된다.

> **해설** 단자엽식물 줄기의 생장은 개재 분열조직에서의 세포 분열과 확대로 일어난다. 생장 초기에 늦서리해를 입어도 생장점이 지하부에 위치해 있어 재생할 수 있다. 형성층 기능이 일찍 퇴화되어 비대 생장이 일어나지 않는다.

안심Touch

11

잎의 발달에 관한 설명으로 옳은 것은?

① 표피층은 주연 분열조직의 병층분열로 형성된다.
② 내부조직은 표피층 아래 분열조직의 병층분열로 형성된다.
③ 잎의 유관속은 줄기 유관속의 수층분열로 형성된다.
④ 결각은 유관속 주변 분열조직의 분열 능력이 커서 생긴다.

> 해설 잎의 표층은 주연 분열조직이 표면에서 직각 방향으로 수층분열하여 표피층이 형성되고, 그 아래 분열조직에 의하여 해면조직과 책상조직과 같은 내부조직이 형성된다. 내부 조직도 서로 직각 방향으로만 수층분열한다. 잎의 유관속은 엽원기 기부의 전형성층에서 분화되어 중륵을 형성하고 줄기의 유관속과 연결된다.

12

잔디는 잎(엽신)의 일부를 절단해도 재생장한다. 그 이유는?

① 잘린 부위의 유조직세포들이 분열활동을 하기 때문이다.
② 엽신의 기부에서 분열조직이 활동하고 있기 때문이다.
③ 절단면 주변의 유관속 형성층이 활동하고 있기 때문이다.
④ 엽신 전면에 분열세포가 골고루 분포하고 있기 때문이다.

> 해설 잔디 잎은 분열조직이 잎(엽신)의 기부에 있어 기부에서부터 성숙한다. 분열조직과 신장대가 기부에 있기 때문에 잔디깎기로 잎을 베어 내도 다시 생장하게 된다.

13

식물의 생장 상관에 관한 설명으로 옳지 않은 것은?

① 토양이 건조하면 줄기보다 뿌리의 생장률이 높아진다.
② 어린잎은 측아의 생장을 억제한다.
③ 식물체의 꽃눈 원기를 제거하면 영양생장이 촉진된다.
④ 정부 우세성은 줄기에서 활발하며 뿌리에서는 일어나지 않는다.

> 해설 정부 우세성은 뿌리와 줄기 모두에서 나타난다.

14

줄기의 정아(부) 우세성의 원인에 해당하지 않는 것은?

① 고농도의 옥신이 측아에 축적되었다.
② 싱크 활성이 약해 측아로의 양분 공급 차단되었다.
③ ABA와 같은 생장 억제 물질이 측아에 축적되었다.
④ 뿌리에서 합성된 고농도의 시토키닌이 측아에 축적되었다.

> 해설 정아가 강력한 싱크 활성을 나타내어 양분을 독점하고, 정아에서 합성된 옥신이 극성 이동하여 측아에 고농도로 축적되며, 측아에는 뿌리에서 합성되어 지상부로 이동하는 시토키닌이 부족하고 반면에 ABA와 같은 생장 억제 물질이 증가하여 정부 우세성을 나타낸다.

15

뿌리의 정부 우세성에 관한 설명으로 옳지 않은 것은?

① 주근의 생장이 측근에 비해 우세하다.
② 시토키닌에 의해 측근의 생장이 억제된다.
③ 주근 선단부를 제거하면 측근의 발생이 많아진다.
④ 주근의 선단으로 갈수록 측근의 길이가 길어진다.

> **해설** 뿌리에서도 정부 우세성이 나타나 주근의 생장이 측근에 비해 우세하여 주근 선단부를 제거하면 측근의 발생이 많아지고, 측근의 길이도 주근의 선단으로 갈수록 짧아진다. 측근의 생장은 옥신에 의해 촉진되며 시토키닌에 의해 억제된다.

16

사과나무처럼 정부 우세성이 강한 식물에 관한 설명으로 옳지 않은 것은?

① 가지에 정아가 있으면 측아가 생장하지 않는다.
② 정아를 제거하고 옥신을 발라주면 측아의 생장이 억제된다.
③ 긴 가지를 휘어도 가지 끝의 정아 생장이 제일 좋다.
④ 측아에 시토키닌을 발라주면 측아의 생장이 촉진된다.

> **해설** 줄기의 정아는 측아에 비하여 생장이 우세하고, 적심을 하여 정아를 제거하면 측아의 생장이 유도되나 옥신을 발라주면 측아의 생장이 억제된다. 시토키닌은 정부 우세성을 타파하여 측아의 생장을 촉진한다. 긴 가지를 휘면 정점에 있는 측아의 생장이 제일 좋다.

17

과수에서 적과를 할 때 과실 상호 간에 형성되는 생장 상관은?

① 상가적 상관
② 상조적 상관
③ 보상적 상관
④ 길항적 상관

> **해설** 식물의 동일한 기관들 사이에 양분이나 호르몬 등에 있어서 경쟁 관계가 형성될 때 기관의 수를 줄이면 남은 기관의 크기가 커지는 것을 볼 수 있는데, 이것을 보상적 상관이라 한다. 과수에서의 적과, 적엽, 적화, 적아 등은 바로 보상적 상관을 이용하는 것이다.

18

( )에 들어갈 내용을 올바르게 나열한 것은?

> 잎은 액아의 생장을 억제하는데 (ㄱ)은/는 잎의 생장 억제 효과를 줄여 액아의 생장을 유도하고 (ㄴ)은/는 액아의 생장을 더욱 억제한다.

① ㄱ : 옥신, ㄴ : 에틸렌
② ㄱ : 에틸렌, ㄴ : ABA
③ ㄱ : ABA, ㄴ : 시토키닌
④ ㄱ : 시토키닌, ㄴ : 옥신

> **해설** 잎은 겨드랑눈, 즉 액아의 생장을 억제하는데 이 액아의 생장에도 호르몬이 관여한다. 시토키닌은 잎의 생장 억제 효과를 줄여 액아의 생장을 유도하지만, 옥신, 에틸렌, ABA는 액아의 생장을 더욱 억제한다.

19

식물의 발아 후 생장 속도의 모양은?

① S자형 곡선 ② U자형 곡선
③ V자형 곡선 ④ W자형 곡선

> **해설** 식물의 발아 후 생장 속도를 조사해 보면 일반적으로 S자형 곡선(Sigmoid curve)을 나타낸다. 이때 생장 속도는 초장, 부피, 생체중, 건물중의 증가로 측정하는데 줄기, 뿌리, 과실 등 개개 기관을 대상으로 하든 전체 식물체를 대상으로 하든 다 같이 S자형을 나타낸다.

20

개체 및 군락의 생장 해석에 관한 용어의 설명으로 옳지 않은 것은?

① 식물체의 단위 체적에 대한 엽면적의 비율을 엽면적 지수라 한다.
② 단위 엽면적당 단위 시간의 건물 생산 능력을 순동화율이라 한다.
③ 일정 기간 동안 단위 면적당 작물 군락의 총 건물 생산 능력을 작물생장률이라 한다.
④ 일정 기간 동안 식물체의 건물 생산 능력을 상대생장률이라 한다.

> **해설** 엽면적 지수는 식물이 차지하는 땅 면적에 대한 엽면적의 비율을 말한다.

21

엽면적 지수에 관한 설명으로 옳지 않은 것은?

① 식물이 차지하는 땅 면적에 대한 엽면적의 비율을 말한다.
② 엽면적은 잎의 한쪽 면만을 말한다.
③ 엽면적이 1일 때 식물의 건물 생산 능력이 최대치를 이룬다.

④ 과수보다 직립성 벼 군락의 최적 엽면적 지수가 높다.

> **해설** 이론적으로 엽면적 지수가 1이면 모든 광을 흡수하지만, 실제로는 잎의 모양, 위치, 각도, 두께 등에 따라 차이가 난다. 과수의 경우는 엽면적 지수가 3~5일 때 최대의 건물 생산 능력을 보이고, 직립성 벼와 목초의 경우는 엽면적 지수가 8~10이 되어야 최대 광흡수가 가능하다.

22

광도가 증가할 때 나타나는 양지식물의 생장 특징이 아닌 것은?

① 잎이 두꺼워진다.
② 줄기의 신장이 촉진된다.
③ 엽면적이 감소한다.
④ 지상부 건물중이 증가한다.

> **해설** 광도가 증가하면 지상부 건물중, 줄기 강도, 잎 두께 등이 증가하지만, 줄기의 신장은 억제되고 엽면적이 감소한다. 약광에서는 줄기가 도장하고 엽면적이 커지며 개화기나 결실기가 늦어진다.

23

플라보노이드와 각종 효소, 색소 등의 합성에 효과적인 빛은?

① 적외선 ② 녹색광
③ UV-A ④ UV-B

> **해설** 적외선은 식물을 도장시킨다. 자외선은 파장에 따라 UV-A, UV-B, UV-C로 나뉘는데 UV-A는 플라보노이드와 각종 효소, 색소 등의 합성에 관여하며, UV-B와 C는 에너지가 강해 식물 생장에 해롭다.

PART 13

개화 생리

CHAPTER 01   화성 유도와 꽃눈분화

CHAPTER 02   광주기성

CHAPTER 03   온도와 춘화 현상

CHAPTER 04   화기의 발달과 개화

적중예상문제

─● **학습목표** ●─

1. 유년상과 성년상의 특징을 알고 생식생장으로의 전환을 의미하는 화성 유도와 꽃눈분화 요인에 대해 학습한다.

2. 꽃눈분화와 개화 반응에 미치는 일장 효과로 식물의 광주기성을 이해하고 광주기성의 작용기구와 광주기성에 영향을 미치는 요인에 대해 학습한다.

3. 꽃눈분화와 개화 반응에 미치는 온도 효과로 춘화 현상을 이해하고 춘화의 작용기구와 춘화 현상에 미치는 요인에 대해 학습한다.

4. 꽃눈이 분화 되는 과정에서 화기의 발달 과정을 웅성과 자성기관으로 구분하여 이해하고 이들 성표현과 개화 반응에 대해 학습한다.

화성 유도와 꽃눈분화

PLUS ONE

- 성숙한 식물은 화성(花成)이 유도되고 이어서 꽃눈이 분화된다.
- 식물의 일생에서 화성 유도와 꽃눈분화는 영양생장에서 생식생장으로의 전환을 의미한다.

(1) 식물의 발달상

① 유년상(Juvenile phase)과 성년상(Adult phase)

유년상	• 꽃눈분화가 이루어지기 위해 발아 후 생장을 해서 반드시 일정한 크기에 도달하거나 일정한 나이가 되어야 하는 기간에 나타나는 생리적 양상 • 유년상을 가지는 기간이 유년기(幼年期, Juvenile period)임 • 유년기에는 어떠한 조건에서도 생식생장으로의 전환이 불가능함 • 종자 상태에서 유년기를 보내는 식물은 유년상이 없는 것처럼 보이기도 함 • 대부분의 식물은 수개월에서 수십 년에 이르는 다양한 유년기를 거침 　- 초본성 채소류는 유년기가 없거나 대단히 짧음 　- 토마토와 고추 등은 잎이 9매 정도 발달한 다음에 꽃눈이 분화함 　- 옥수수는 16마디 이상 발달해야만 꽃눈분화가 일어남 　- 사과는 6~8년, 배는 8~12년이 경과해야만 개화함
성년상	• 유년기를 완료하면 화숙(花熟) 또는 성숙(成熟)했다고 표현 • 성숙한 식물이 생식 능력 외에 유년기에 볼 수 없었던 여러 가지의 특성을 나타내는데 이러한 생리적 양상을 성년상이라 함 • 성년상을 나타내는 기간이 성년기(成年期, Adult period)임

② 유년상과 성년상의 형태적 차이

㉠ 무엇보다도 외부의 형태적 변화를 수반한다.

㉡ 식물에 따라 영양기관의 형태, 생장 특성, 색소 발현, 발근 능력 등에 있어서 변화를 보인다.

㉢ 송악(*Hedera helix*)은 이러한 형태적 변화를 보이는 전형적인 식물이다(그림 13-1).

유년기	• 잎들이 결각을 보임 • 줄기는 수평 생장을 함 • 발근이 잘 됨
성년기	• 잎들은 결각이 없음 • 줄기는 위로 서면서 조건이 갖추어지면 꽃이 핌

안심Touch

성년

유년

그림 13-1 송악의 유년상과 성년상의 형태적 차이

③ 생리적인 상전환(Phase change)
　　㉠ 식물이 유년기에서 성년기로 넘어갈 때 일어난다.
　　㉡ 식물의 생장 초기에는 유년상 생장을 하고 후기에는 성년상 생장을 한다.
　　㉢ 줄기의 아래 부분에는 유년 기관이 형성되고, 줄기의 윗부분에 성년 기관이 위치하게 된다.

Level UP 이론을 확인하는 문제

식물의 발달상에 관한 설명으로 옳은 것은?

① 유년기에는 생식생장으로의 전환이 불가능하다.
② 토마토는 잎이 3매 정도 발달하면 꽃눈이 분화한다.
③ 배의 유년기는 1~2년이다.
④ 성년기가 되면 과수는 유년상이 사라진다.

해설 토마토는 잎이 9매 정도 발달한 다음에 꽃눈이 분화한다. 배의 유년기는 8~12년이다. 식물의 생장 초기에는 유년상 생장을 하고 후기에는 성년상 생장을 한다. 따라서 줄기의 아래 부분에는 유년 기관이, 줄기의 윗부분에 성년 기관이 위치하게 된다.

정답 ①

(2) 꽃눈의 분화

① 화성 유도(Floral induction)
　　㉠ 꽃눈분화에 필요한 식물체 내부의 생리적 변화와 생화학적인 변화 과정을 거쳐 일어나는 생장점의
　　　질적인 변화를 말한다.
　　㉡ 영양생장기에서 생식생장기로 넘어가는 생리적 변화 단계이다.

② 꽃눈분화(Flower bud differentiation)

　㉠ 화성이 유도된 후 줄기의 생장점이 형태적으로 변하여 꽃눈으로 발달하기까지의 일련의 과정을 말한다.

　㉡ 계속되던 엽원기(영양기관)의 분화가 정지되고 꽃눈(생식기관)이 분화되기 시작한다.

　　• 꽃눈분화는 원추상의 생장점 조직이 편평해지거나 원주상으로 변하여 화상(花床)을 형성하면서 이루어진다.

　　• 화상 위에서는 꽃을 구성하는 꽃받침, 꽃잎, 수술, 암술 등의 소기관들이 구정적(求頂的)으로 분화한 후 생장하여 꽃눈을 완성한다.

　㉢ 꽃눈은 정아에서 형성되는 정생꽃눈과 액아에서 형성되는 액생꽃눈으로 구분한다.

③ 꽃눈분화 시기

낙엽과수	• 신초의 생장이 중지된 직후와 잎이 성숙되었을 때 꽃눈분화가 시작됨 • 사과, 배, 복숭아, 포도 등은 6~7월에 꽃눈분화가 시작됨
딸기	• 9월 중순에서 10월 중순까지 분화됨 • 품종에 따라 1개월 이상 차이가 남
가지과 채소	파종 후 20~40일 정도 지나면 꽃눈이 형성됨

④ 꽃눈분화의 요인

유전적 요인	• 종류와 품종에 따라 꽃눈분화 양상이 다르게 나타남 • 무는 저온에 감응하여 꽃눈분화가 일어나는데, 품종과 계통에 따라 저온 감응성이 다름 • 봄무 계통은 저온 감응성이 둔한데, 시무 계통은 특히 저온 감응성이 둔해 봄무 육종의 좋은 소재로 이용됨
내생 호르몬	• 옥신, 지베렐린, 에틸렌 등과 같은 식물호르몬이 관여함 • 플로리겐, 버날린 등과 같은 화성호르몬이 관여함
C/N율	• 체내 탄수화물과 질소화합물의 비율 • C/N율이 높을 때 꽃눈분화가 촉진됨 • 과수에서는 환상박피를 통해 동화산물의 하향 이동을 억제하여 꽃눈분화를 촉진함
환경 조건	• 식물이 성숙했다고 해도 적합한 환경 조건이 주어지지 않으면 꽃눈분화가 이루어지지 않음 • 가장 중요한 외적 환경 요인은 일장과 온도로, 일장의 효과는 광주기성, 온도의 효과는 춘화 현상으로 설명함

Level UP 이론을 확인하는 문제

자연 상태에서 꽃눈의 분화 시기가 가장 늦은 작물은?

① 사 과　　　　② 배　　　　③ 포 도　　　　④ 보통딸기

해설 낙엽과수는 신초의 생장이 중지된 직후와 잎이 성숙되었을 때 화아분화가 시작된다. 따라서 사과, 배, 복숭아, 포도 등은 6~7월에 화아분화가 이루어진다. 딸기는 9월 중순에서 10월 중순까지 분화되는데 품종에 따라 1개월 이상 차이가 난다.

정답 ④

광주기성

광주기성(Photoperiodism)이란
• 계절별 일장의 변화에 의하여 유도되는 생체 반응을 말한다.
• 광주성, 광주 반응, 일장 효과, 일장 반응 등 다양하게 불린다.
• 광주기성에 의한 생체 반응은 종자 발아, 개화, 추대, 저장기관의 형성, 낙엽, 휴면 등에서 다양하게 나타난다. 특히 개화 반응에 미치는 효과를 주로 광주기성이라고 부른다.

(1) 광주기성의 발견

① 1920년 미국의 가너와 알러드(Garner & Allard)가 담배에서 처음 발견하였다.
  ㉠ 여름(장일)에 담배(Maryland Mammoth 품종)를 재배하면 개화하지 않고, 겨울(단일)에 온실 재배하면 개화하는 것을 관찰하였다.
  ㉡ 여름에 햇빛을 차단하여 일장을 7시간으로 단축시켰을 때 개화하는 것을 확인하고, 개화에 있어 일장의 중요성을 밝히고 이를 광주기성이라고 불렀다.
② 이후 많은 식물의 개화와 일장과의 관계를 조사하여 단일식물과 장일식물로 구분하기도 하였다.

(2) 개화 반응

① 위도에 따른 일장 변화
  ㉠ 자연 상태에서 일장은 위도와 계절에 따라 변한다.
    • 북반부에서는 일장이 하지에 가장 길고 동지에 가장 짧다.
    • 춘분과 추분에는 낮과 밤의 길이가 12시간으로 같다.
    • 위도가 높을수록 일장의 계절적 변화가 커지고 낮을수록 작아진다.
    • 극지방은 낮과 밤이 6개월씩 되며, 적도는 연중 일장이 12시간으로 변화가 없다.
    • 우리나라는 북위 34~42°에 위치해 있어 일장이 하지는 16시간, 동지는 10시간 정도이다.

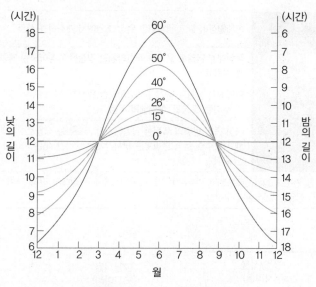

그림 13-2 위도별, 계절별 일장의 변화

ⓒ 위도에 따른 일장의 계절적 변화는 식물의 생체 반응과 지리적 분포에 영향을 미친다.

② 일장 반응 관련 용어 정의

유도 일장 (Inductive day length)	식물의 개화를 유도할 수 있는 낮의 길이
비유도 일장 (Non-inductive day length)	식물의 개화를 유도할 수 없는 낮의 길이
한계일장 (Critical day length)	식물의 개화 유도와 비유도의 한계가 되는 낮의 길이
최적 일장 (Optimum day length)	개화를 빨리 유도할 수 있는 낮의 길이
유도 기간 (Induction period)	개화에 필요한 일장 처리(연속적인 광주기 자극) 기간
일장 유도 (Photoperiodic induction)	• 일장 처리의 영향이 그 뒤에까지 계속되어 개화를 유도하는 것 • 광주기성의 후작용(Photoperiodic after-effect)이라고도 함

③ 한계일장에 따른 식물의 분류

㉠ 자연 일장이 12시간보다 짧으면 단일(Short day)이라 하고, 그보다 길면 장일(Long day)이라 한다.

㉡ 장일식물과 단일식물의 구분은 자연 일장 12시간을 기준으로 하는 것이 아니고, 한계일장을 기준으로 분류한다(그림 13-3).

장일식물 (Long-day plant)	한계일장보다 긴 일장 조건에서 개화하는 식물 예 사리풀(*Hyoscyamus niger* L.)
단일식물 (Short-day plant)	한계일장보다 짧은 일장 조건에서 개화하는 식물 예 도꼬마리(*Xanthium strumarium* L.)

중성식물 (Day-neutral plant)	한계일장이 없고 광범위한 일장 조건에서 개화하는 식물
장단일 식물 (Long-short day plant)	장일에서 단일로 옮기면 개화하지만 일정한 일장에서는 개화하지 못하는 식물 예 칼랑코에, 재스민(야래향)
단장일 식물 (Short-long day plant)	단일에서 장일로 옮기면 개화하지만 일정한 일장에서는 개화하지 못하는 식물 예 토끼풀, 초롱꽃, 에케베리아 등
정일식물, 중간식물 (Intermediate plant)	어떤 좁은 범위의 특정한 일장에서만 개화하는 식물로 2개의 한계일장을 가짐 예 사탕수수 품종 F-106은 12시간에서 12시간 45분 사이의 좁은 일장 범위에서만 개화함

장일(단일)식물 가운데 장일(단일)조건이 필수적으로 요구되는 것들은 절대적 장일(단일)식물, 촉진적으로 요구되는 것들은 상대적 장일(단일)식물로 구분함

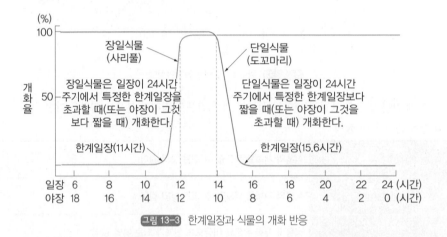

그림 13-3 한계일장과 식물의 개화 반응

ⓒ 일장 반응에 따른 식물 분류

구 분	장일식물	단일식물	중성식물
필수적 요구 (절대적)	사탕무, 귀리, 클로버, 가을보리, 시금치, 카네이션	국화, 담배, 포인세티아, 딸기, 일본나팔꽃	오이, 장미, 토마토, 고추, 감자
촉진적으로 작용 (상대적)	상추, 완두, 순무, 피마자, 봄밀	목화, 코스모스, 벼의 일부	

④ 광주기성 유형의 세분화

ㄱ 광주기성은 꽃눈분화와 개화의 두 가지 단계로 유형을 세분화할 수 있다.

ㄴ 각 단계에서 촉진적으로 작용하는 일장을 단일(S), 장일(L), 중성(I)으로 나타내고 단계별 광주기성을 조합시켜 9가지 유형(SS, SL, SI, LS, LL, LI, IS, IL, II)의 일장형을 표시할 수 있다.

  • 꽃눈분화와 개화로 세분화하여 볼 때 진정한 단일식물은 SS, SI, IS형 식물이고, 진정한 장일식물은 LL, LI, IL형의 식물이다.
  • 딸기는 SL형으로 꽃눈분화는 단일, 개화는 장일에서 촉진된다.

- 꽃눈분화 및 개화에 따른 식물의 일장형

| 일장형 | 기존 일장형 | 최적 일장 | | 작물 예 |
		꽃눈분화	개 화	
SL	단일식물	단 일	장 일	딸기, 시네라리아
SS	단일식물	단 일	단 일	만생종 콩, 코스모스, 나팔꽃
SI	단일식물	단 일	중 성	만생종 벼
LL	장일식물	장 일	장 일	시금치, 봄보리
LS	–	장 일	단 일	꽃범의꼬리
LI	장일식물	장 일	중 성	사탕무
IL	장일식물	중 성	장 일	봄 밀
IS	단일식물	중 성	단 일	해국(북극데이지)
II	중성식물	중 성	중 성	조생종 벼, 메밀, 고추

⑤ 광주기성과 식물의 지리적, 계절적 분포

㉠ 저위도 지방에서는 단일식물이 분포하고, 고위도 지방에서는 장일식물이 분포한다.

㉡ 중위도 지방인 온대에서는 장일식물과 단일식물이 모두 분포되어 있다.

- 단일식물은 봄에서 하지까지는 영양생장을 하고 그 후 일장이 짧아지는 시기에 개화한다.
- 장일식물은 가을에 발아하여 어린 식물체 상태로 월동하거나, 봄에 발아하여 늦은 봄에서 초여름 하지에 이르는 시기에 개화를 한다.
- 중성식물은 온도에 의한 생육 제한이 없는 한 계절과 위도에 관계없이 널리 분포한다.

Level UP 이론을 확인하는 문제

식물의 광주기성에 있어서 중성식물에 관한 설명은?

① 한계일장이 짧은 조건에서 개화가 촉진된다.

② 한계일장이 긴 조건에서 개화가 촉진된다.

③ 일정한 범위의 한계일장 조건에서 개화가 촉진된다.

④ 한계일장이 없고 광범위한 일장 조건에서 개화한다.

해설 장일식물은 한계일장보다 긴 일장 조건에서, 단일식물은 한계일장보다 짧은 일장 조건에서 개화하고, 중성 식물은 한계일장이 없고 광범위한 일장 조건에서 개화한다.

정답 ④

안심Touch

(3) 광주기성의 작용기구

① 화성호르몬설

　㉠ 1882년 독일의 작스(Julius von Sachs)가 화성설(花成說)을 주창하였다.

　　• 잎에서 생성된 미량의 화성 물질이 생장점으로 이동하여 꽃눈을 분화시킨다는 설이다.

　　• 화성 물질의 실체는 밝혀지지 않았으나 현재 화성호르몬설의 효시로 인정받고 있다.

　㉡ 일장 감응 부위는 잎이다.

　　• 막 전개한 젊은 잎으로 크기가 최대에 도달하기 직전이나 직후에 최고의 감응성을 나타낸다.

　　• 단일식물 도꼬마리 잎의 일장 감응 반응을 통해 확인할 수 있다.

　　　– 도꼬마리에서 잎을 모두 없애면 단일 처리를 해도 꽃눈이 형성되지 않는다.

　　　– 단 1개의 잎만을 남기고 도꼬마리에 단일 처리를 해도 꽃눈이 형성된다.

　㉢ 광주기 자극이 체관부를 통해 생장점으로 이동하여 화성을 유도한다(그림 13-4).

　　• 단 1개의 잎에만 단일 처리를 하거나 일장 처리를 받은 줄기를 무처리 식물에 접목하면 꽃눈분화가 유도되는 실험들을 통해 확인할 수 있다.

　　　– 광주기 자극의 이동은 상하 어느 방향으로도 가능하다.

　　　– 이동 속도는 광합성 물질의 전류 속도와 비슷하다.

　　　– 자극의 이동은 주로 광주기성 유도 기간에 일어난다.

　　• 일단 유도 일장에 감응된 식물은 감응 효과가 뒤에까지 계속되어 이후 비유도 일장 조건이 되어도 개화가 가능하다.

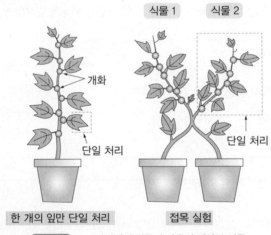

그림 13-4　도꼬마리에서 광주기 자극의 체관부 이동

　㉣ 1936년 러시아의 샤일라얀(Chailakhyan, Cajlachjan)은 광주기 자극에 의해 형성되는 화성 유도 물질, 즉 개화호르몬으로 플로리겐(Florigen, 화성소)을 가정하였다. 많은 실험적 근거에 의하여 인정되고 있지만, 물질적 본체는 아직 밝혀 내지 못하고 있다.

ⓜ 플로리겐이 장일 조건에서 합성되는 지베렐린과 단일 조건에서 합성되는 안테신(Anthesin)의 두 가지로 구성되어 있다는 가정도 제기되었다.
- 장일식물에서는 일장에 관계없이 충분한 안테신이 합성되나 지베렐린은 장일 조건에서만 합성되고, 단일식물에서는 일장에 관계없이 충분한 지베렐린이 합성되나 안테신은 단일 조건에서만 합성된다고 한다.
- 실제로 식물호르몬 중에서 지베렐린은 장일식물에서 일장 감응과 관계없이 개화를 유도할 수 있다.
- 무, 배추, 상추 등과 같이 장일 조건에서 추대하는 작물에서 지베렐린의 처리 효과가 잘 나타난다.
- 단일식물이나 단일 조건에서는 지베렐린에 의한 화성 유도 효과가 나타나지 않고 오히려 억제적으로 작용한다.

ⓑ 장일식물을 단일 조건에 두면 개화 저해제인 안티플로리겐(Antiflorigen, 항화성소)이 생산된다는 사실이 밝혀졌다.
일부 장일식물에서 접목 실험을 통해 안티플로리겐의 존재가 확인되었는데, 비유도 일장인 단일 조건에서 키운 장일식물의 줄기를 특정 식물에 접목시키면 그 식물의 개화가 저해된다.

② 암기와 피토크롬
㉠ 1938년 햄너와 보너(Hamner & Bonner)는 광주기성의 작용 기구로 낮보다는 밤의 길이, 암기가 더 광주기성에 의한 개화 반응에 중요한 의미를 갖는다는 사실을 발견하였다.

장야식물 (Long-night plant)	• 낮의 길이보다 연속적인 밤의 길이가 더 길 때 개화하는 식물 • 단일식물
단야식물 (Short-night plant)	• 낮의 길이보다 연속적인 밤의 길이가 더 짧을 때 개화하는 식물 • 장일식물

㉡ 실제로 암기의 길이가 개화에 미치는 영향을 보면 단일식물은 암기가 길어질 때, 장일식물은 암기가 짧아질 때 개화되는 것을 알 수 있다(그림 13-5).

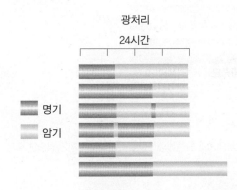

개화 반응	
단일식물	장일식물
개 화	영양생장
영양생장	개 화
영양생장	개 화
영양생장	개 화
영양생장	개 화
개 화	영양생장

그림 13-5 암기의 길이와 광중단이 개화 반응에 미치는 영향

③ 광중단(光中斷, Light break, Light interruption)과 개화

ⓐ 단일 조건에서 암기의 중간에 잠시 광을 조사해주는 것을 광중단이라고 한다.

ⓑ 광중단과 같은 의미로 야파(夜破, Night break), 암중단(Night interruption)이 있다.

ⓒ 암기 효과는 도중에 광중단 없이 한계 시간 이상으로 암조건이 유지될 때 나타날 수 있다.

ⓓ 암기 시간이 모자라거나, 암기 중간에 수 분간이라도 광이 조사되면 암기 효과가 없어진다.

ⓔ 광주기성의 결정적 인자가 암기임을 나타낸다(그림 13-5).
- 장일식물은 단일 조건에서 암기 중간에 적색광을 잠시 조사하면 개화가 가능해진다.
- 장일식물은 장일 조건에서 긴 명기의 중간에 잠시 암처리를 해도 원래대로 개화를 한다.
- 명기보다는 암기의 길이에 의해 일장 반응이 결정되는 것으로 볼 수 있다.

④ 광주기성과 암기

ⓐ 식물의 광주기성에서 밤의 길이가 더 크게 작용하는 이유는 아직 분명하지 않다.

ⓑ 피토크롬 유형 간의 상대적 농도 차로 암기의 역할은 설명할 수 있다(그림 13-6).
- 피토크롬이 낮에는 주로 P_{fr}형으로 존재하고, 밤에는 P_{fr}형이 P_r형으로 전환되기 때문에 밤의 길이에 따라 피토크롬 유형의 농도 분포가 달라진다.
- 단일식물은 $P_{fr} < P_r$ 조건에서 개화하고, 장일식물은 $P_{fr} > P_r$ 조건에서 개화하기 때문에 단일식물은 장야 조건이 필요하고, 장일식물은 단야 조건이 필요하다는 것이다.
- 단일 조건에서의 광중단 효과는 적색광이 P_r에 대한 P_{fr}의 비율을 증가시키기 때문이다.
- 원적색광은 P_{fr}을 P_r로 전환시키기 때문에 처리해도 광중단 처리 효과가 나타나지 않는다.
- 적색광과 원적색광을 교호로 조명하는 경우에는 최종적으로 조사한 광에 의해 개화 반응이 결정된다.

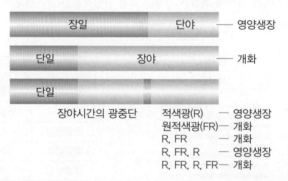

그림 13-6 단일식물의 개화에 있어서 적색광(R)과 원적색광(FR)의 교호 조명에 의한 광중단 효과

광주기성에 관한 설명으로 옳은 것은?

① 단일식물은 일장이 한계일장보다 짧아지면 개화가 억제된다.

② 광합성에 효과가 없는 정도의 빛은 일장 처리 효과가 없다.

③ 장일식물은 일정한 크기에 도달하면 한계일장보다 짧은 일장에서도 개화한다.

④ 도꼬마리는 광중단 처리에 의해서 개화가 억제된다.

해설 단일식물은 단일 조건에서 개화가 촉진되고 장일식물은 일정한 크기에 도달하였더라도 한계일장보다 짧은 단일 조건에서 개화가 이루어지지 않는다. 일장 처리 효과는 광합성에 효과가 없는 정도의 빛으로도 나타날 수 있다.

정답 ④

(4) 광주기성에 영향을 미치는 요인

광 도	• 광합성에는 효과가 없는 약광에서도 광주기 자극은 일어나고, 흐리거나 비 오는 날의 자연 일조에서도 일장 반응은 가능함 • 암기를 중단시킬 수 있는 광도는 보름달에서 나오는 0.9mW/m^2 정도보다는 훨씬 높은 에너지 수준임 • 솔즈베리(Salisbury, 1981)는 도꼬마리에서 일몰과 함께 암기가 시작될 때 400~600nm 파장에서 18~19mW/m^{2}의 에너지 수준에서 명기를 연장시킬 수 있었고, 16시간의 암기에 2~18mW/m^2 수준의 광을 2시간 정도 처리하여 암기를 중단시키는 효과를 확인함 • 단일식물이 단일에 의하여 꽃눈분화가 유도되기 위해서는 낮 동안 높은 광도를 필요로 하는 경우도 있음 • 국화재배에서 낮 동안의 광도가 낮으면 유도 일장에 대한 반응이 나쁘고 개화가 지연되는 현상을 볼 수 있음

광 질	• 광주기성에 적색광이 효과가 크고, 청색광은 효과가 떨어지며, 녹색광은 효과가 없음
	• 단일 조건에서 광중단 처리를 하면 단일식물인 도꼬마리의 꽃눈분화를 억제하고, 장일식물인 보리의 유수 형성을 촉진함
	  – 광중단은 적색광이 가장 효과적이고, 원적색광은 효과를 나타내지 않음
	  – 적색광과 원적색광을 교호로 조사하면 마지막에 조사된 광에 따라 개화 반응이 결정됨
	• 적색광과 원적색광은 피토크롬의 형태 전환으로 개화 반응을 조절함
	  – P$_r$형은 단일식물의 개화를 촉진하고 장일식물에서는 개화를 억제함
	  – P$_{fr}$형은 단일식물의 개화를 억제하고 장일식물의 개화를 촉진함 그림 13-6

온 도	• 자연 상태에서 일장과 온도는 상호 작용을 함
	  – 중성식물인 것이 특정 온도에서 일장 반응을 보이는 경우가 있음
	  – 유도 일장 처리를 받은 식물이 높은 온도에서 개화가 촉진되는 것이 일반적임
	  – 온도가 낮으면 일장 반응에 따른 개화 반응이 감소하고, 광주기성 유도 기간이 길어짐
	• 화훼 재배에 있어서 야간 온도에 따라 개화 반응이 달라지는 일이 생김
	  – 포인세티아는 야간에 13℃ 이하가 되면 단일에서도 꽃눈이 형성되지 않음
	  – 국화는 온도가 10~15℃로 떨어지면 단일에서도 꽃눈분화가 일어나지 않음

영 양	• 무기영양 상태는 생장 속도에 영향을 끼쳐 광주기성에 간접적으로 작용함
	  – 질소가 부족하면 베고니아, 제라늄은 개화가 빨라지고, 보리는 출수가 촉진됨
	  – 질소가 부족하면 국화는 꽃눈분화가 억제되고 개화가 지연됨
	• 꽃눈분화에 미치는 C/N율의 영향은 토마토와 같은 중성식물에서 잘 나타남

광주기성에 영향을 미치는 요인에 관한 설명으로 옳은 것은?

① 광합성에 효과가 없는 약광은 광주기 자극을 일으키지 못한다.

② 광주기성에 적색광의 효과가 크며 녹색광은 효과가 없다.

③ 광중단 효과는 원적색광에 의해 가장 잘 나타난다.

④ 광중단 처리를 하면 단일식물인 도꼬마리의 꽃눈분화가 촉진된다.

해설 광합성에는 효과가 없는 약광이라도 광주기 자극은 일어난다. 광중단은 적색광이 가장 효과적이고, 원적색광은 효과를 나타내지 않는다. 단일 조건에서 광중단 처리를 하면 단일식물인 도꼬마리의 꽃눈분화가 억제된다.

정답 ②

온도와 춘화 현상

CHAPTER 03

(1) 춘화 현상과 개화 반응

① 춘화 현상(春化現象, Vernalization)

㉠ 생육의 일정 단계에서 특별한 자극을 받아 꽃눈분화가 촉진되는 현상을 말한다.

㉡ 춘화 처리는 꽃눈분화를 촉진하기 위하여 특별한 자극을 주는 것을 의미한다.

㉢ 자극이나 처리 내용에 따라 온도 춘화, 일장 춘화, 화학 춘화 등으로 구분한다.

㉣ 가장 대표적인 춘화는 저온 춘화이다.

② 춘화 현상의 발견

가스너 (Gassner, 1918년, 독일)	• 1~2℃의 저온에서 최아시켜 봄에 파종한 추파형 호밀 품종의 정상 출수를 확인함 • 추파형 맥류는 발육 초기에 저온이 요구된다는 것을 밝힌 결과임

리센코
(Lysenko,
1929년, 러시아)
	• 가을밀에서 위와 같은 사실을 확인하고 상적 발육설을 주장함
	  – 추파성 맥류는 저온이 요구되는 감온상(Thermo-phase)과 장일 조건이 요구되는 감광상
	  (Photo-phase)으로 구분되는 2개의 발육상(Phase of development)을 갖고 있음
	  – 식물은 하나의 발육상을 완료해야 다음 발육상으로 넘어갈 수 있음
	• 춘화라는 용어인 야로비자치야(Yarovizatsiya)라는 말을 처음 사용함
	  'To make like spring' 또는 'Springization'의 뜻으로 추파성에서 춘파성으로의 변환을 의미함
	• 영어의 Vernalization은 라틴어 'Vernus(봄)'에서 유래한 용어임

밀러 (Miller, 미국)	결구한 양배추의 개화에서 이들이 출수 또는 개화하기 위해서는 생육의 특정 단계에서 저온 과정을 반드시 경과해야 한다는 사실을 밝힘

③ 저온 춘화의 종류

㉠ 월동하는 1년생과 2년생 식물은 춘화 현상이 잘 나타낸다.

㉡ 월동하는 1년생과 2년생 식물은 가을에 파종하면 종자나 어린식물 상태에서 한겨울의 저온 자극을 받고 꽃눈이 분화되어 이듬해 봄에서 여름에 걸쳐 개화된다.

㉢ 어느 단계에서 저온 자극을 받느냐에 따라 종자 춘화형(Seed vernalization type)과 녹식물 춘화형 (Green plant vernalization type)으로 구분한다.

종자 춘화형	• 종자 때부터 저온에 감응하여 꽃눈분화가 유도되는 식물 예 무, 배추, 순무, 맥류 등 • 최아시킨 종자를 2~5℃에서 15~20일간 저온 처리하면 꽃눈분화가 촉진됨 • 경우에 따라서는 채종포에서 등숙 과정에 저온에 자극을 받기도 함

녹식물
춘화형
	• 어느 정도 생장하여 녹식물 상태가 되었을 때 저온에 감응하는 식물
	  예 양배추, 당근, 양파 등
	• 작물의 종류와 품종에 따라 저온 감응 온도, 저온 처리 기간, 저온 감응에 적당한 식물체의 크기
	  등이 다름

④ 식물 종류와 저온 개화 반응

　　㉠ 식물의 종류에 따라 저온 자극이 화성 유도에 촉진적으로만 작용하는 경우도 있다. 2년생 월동 작물은 저온 처리가 필수적이고, 월동 1년생 작물은 촉진적으로 작용한다.

　　㉡ 호밀은 저온 자극이 촉진적으로 작용한다. 호밀이 저온 처리를 충분히 받으면 생장 개시 후 약 7주면 꽃눈이 형성되지만 저온 처리를 받지 않으면 14~18주가 소요된다.

⑤ 이춘화(離春化, Devernalization) 현상

　　㉠ 저온 자극 후 다시 고온 자극에 의하여 춘화 효과가 소거되는 현상을 말한다.

　　㉡ 이른 봄 무나 배추의 터널 재배에서 볼 수 있다.

　　㉢ 밤에 저온 춘화가 되고 낮에 고온 자극으로 이춘화가 되어 추대 방지 효과가 나타난다.

Level UP 이론을 확인하는 문제

배추의 춘화 현상을 유도하는 환경 조건은?

① 일장 변화　　　　　　　　　　　② 저온 자극

③ 고온 자극　　　　　　　　　　　④ 수분 스트레스

해설 춘화 현상은 생육의 일정한 단계에서 일정한 저온 자극을 받아야 개화가 되는 현상을 말한다. 인위적으로 개화를 촉진하기 위하여 저온 자극을 주는데 이를 춘화 처리라고 한다.

정답 ②

(2) 춘화 현상의 작용 기구

① 저온 감응 부위

　　㉠ 종자의 배, 줄기의 정단 분열조직에 있는 생장점이 저온 감응 부위이다.

　　　• 정단에만 저온 처리를 해도 개화가 일어난다.

　　　• 독일의 멜케르스(Melchers, 1937)는 사리풀의 접목 실험에서 춘화 처리를 받은 생장점을 처리를 받지 않은 생장점 부근에 접목하면 꽃눈이 분화되는 것을 관찰하였다.

　　　• 독일의 슈바베(Schwabe, 1954)는 국화에서 생장점을 제외한 나머지 부분에만 저온 처리를 하면 개화되지 않는 것을 확인하였다.

　　㉡ 하지만 생장점뿐만이 아니라 식물체의 모든 분열조직은 저온 자극을 받을 수 있다고 보고 있다.

② 생장점에서의 화성 유도

　　㉠ 원형질 변화설

　　　• 러시아의 리센코(Lysenko) 등이 주장하였다.

　　　• 저온 자극을 받은 생장점 조직은 원형질에 어떤 질적인 변화를 일으키고, 이것이 화성 유도와 꽃눈분화의 원인이 된다는 것이다.

ⓛ 화성호르몬설
- 생장점이 저온 자극을 받으면 생성되는 화성호르몬이 꽃눈분화를 유도한다는 가설이다.
- 영국의 퍼비스와 그레고리(Purvis & Gregory, 1937)가 가을호밀을 가지고 여러 가지 실험을 한후 화성호르몬에 관한 가설을 제시하였다.
- 저온 처리가 화성 유도를 촉진하는 것은 화성 물질(Flower forming substance)이 형성되기 때문이며, 최아 종자에 저온을 처리하면 배에서 화성 물질이 생성 집적되어 꽃눈분화가 촉진된다는것이다.
- 가을호밀이 저온 처리 후 단일 조건에서 출수가 촉진된다는 점에서 다음 이론을 정립하였다.

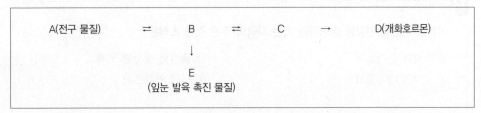

- 생장점 세포가 저온 자극을 받으면 전구 물질 A를 B로 변형시키는 대사가 일어난 후 조건에 따라 개화를 유도하게 된다.
- 단일에 의해 B는 C로, 장일에 의해 C는 D로 변하며, 합성된 D가 어느 정도 축적되면 생장점이질적으로 변해 꽃눈을 형성한다.
- A → B는 고온에 의해, B → C는 장일에 의해 반응이 거꾸로 진행될 수 있다. B는 C로의 변화가 억제되면 광조건과 관계없이 잎눈 발육 촉진 물질 E로 변한다.
- 멜케르스(Melchers, 1939)는 춘화에 관여하는 저온 자극 물질로 가상의 버날린(Vernalin)이라는 물질을 가정하였다.
- 멜케르스와 랭(Lang, 1948)은 저온 처리로 생성된 버날린이 개화호르몬 플로리겐을 합성하는 데필요한 이동성 전구 물질일 것으로 보고, '저온(춘화 처리) → 춘화 반응 → 전구 물질 생성(버날린) → 플로리겐 형성→ 개화'와 같은 개화 유도 과정을 제시하였다.
- 헤스(Hess, 1975)는 이상의 두 가지를 종합한 이론을 제시하였다(그림 13-7).

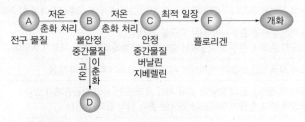

그림 13-7 저온 춘화에 의한 화성호르몬의 생성과 개화 유도

– 저온 처리에 의해 전구 물질 A는 불안정한 중간 물질인 B를 거쳐 안정된 물질인 C(버날린)로 변화된다.
– 버날린 만으로는 개화가 유지될 수 없고, 적당한 일장에서 개화호르몬인 플로리겐(F)이 생성되어 정단 분열조직이나 액아로 이동해야 개화가 이루어진다.
– 지베렐린을 처리하면 춘화 처리를 하지 않고도 저온 요구 식물이 개화하는 경우가 있다.
– 불안정한 중간 물질인 B는 고온 처리를 받으면 이춘화되어 D라는 물질로 변할 수 있다.

Level UP 이론을 확인하는 문제

식물에서 춘화 현상을 일으키는 저온 자극의 주된 감응 조직은?

① 뿌리의 근관조직 ② 줄기의 생장점 조직

③ 종자의 배유조직 ④ 잎의 엽육조직

해설 춘화 현상에서 저온에 감응하는 식물의 부위는 생장점으로 종자의 배, 줄기의 정단 분열조직이다.

정답 ②

(3) 춘화 현상에 영향을 미치는 요인들

온도	• 춘화 현상에 가장 큰 영향을 미치는 요인 • 효과적인 온도와 처리 기간은 작물의 종류와 품종에 따라 다름 – 춘화에 요구되는 저온은 −5~15℃이고, 3~8℃가 가장 유효함 – 리센코(Lysenko, 1932)에 의하면 봄 호밀은 −2~15℃에서 10~15일, 가을호밀은 −2~10℃에서 40~50일이 적당함 – 한셀(Hansel, 1953)은 가을호밀 페트쿠스 품종에서 −4℃ 이하나 15℃ 이상의 온도는 효과가 없고, 1~7℃가 개화 일수를 단축시키는 데 효과적임을 밝힘 – 종자 춘화형 채소류는 최아 종자로서 2~5℃에서 15~20일 정도 두면 꽃눈분화가 가능함 – 녹식물 춘화형인 양배추는 줄기 지름이 6mm 이상 될 때 10℃ 이하에서 20~30일 이상, 양파는 묘의 지름이 10mm일 때 0~2℃에서 60일 이상 저온 처리를 하면 꽃눈분화가 가능함 • 춘화 처리된 종자나 식물체를 25~35℃의 고온에 두면 이춘화되어 춘화 처리의 효과가 없어짐
수분	• 종자는 수분을 흡수해야 저온 자극을 쉽게 받음 • 등숙기 춘화의 경우 모식물에서 성숙하는 과정에서도 춘화 처리가 이루어질 수 있음
산소	산소가 부족하면 호흡이 억제되어 저온 처리 효과가 나타나지 않음
양분	• 종자 내 탄수화물의 함량과 춘화 처리 효과는 정(+)의 상관관계가 있음 • 배양액 중에 칼륨이 함유되어 있으면 춘화 처리 효과가 커짐
호르몬	에틸렌이나 지베렐린을 처리하면 저온 처리 기간을 단축시킬 수 있음

춘화 현상에 영향을 미치는 요인에 관한 설명으로 옳지 않은 것은?

① 춘화에 가장 효과적인 온도는 3~8℃이다.

② 춘화 처리된 종자는 30℃에 두어도 춘화 효과가 유지된다.

③ 산소가 부족하면 저온 처리 효과가 나타나지 않는다.

④ 지베렐린이 저온 처리를 대신할 수 있다.

해설 춘화 처리된 종자나 식물체를 25~30℃의 고온에 두면 이춘화되어 춘화 처리의 효과가 사라진다.

정답 ②

04 화기의 발달과 개화

꽃눈은 순차적으로 꽃받침, 꽃잎, 수술, 암술이 구정적으로 분화되고 계속 발달해 하나의 완성된 화기를 형성한다.

(1) 웅성기관(수술, Stamen)

① 수술의 구성 요소

화사 (花絲, filament)	유관속조직으로 구성되어 양수분의 통로로 작용하는 수송관
약 (葯, anther)	• 화분(꽃가루, Pollen)을 생산하는 생식 조직과 그들을 감싸고 있는 비생식 조직으로 구성됨 • 생식 조직인 약벽에서 화분모세포가 형성되고 이들이 감수분열하여 반수체인 소포자를 만듦 • 소포자는 유사분열하여 정핵을 지닌 웅성 배우체(화분)를 생산함

② 화분낭(花粉囊, Pollen sac)의 형성

ㄱ 꽃받침과 꽃잎이 윤생으로 나타난 후에 그 안쪽에 다시 윤생으로 수술 원기가 형성된다.

ㄴ 수술 원기가 나타난 직후 약과 화사 부분으로 분화되고, 약에서 화분낭이 형성된다.

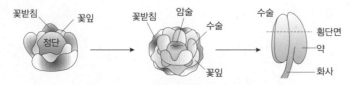

〈제1기 : 조직분화, 감수분열 및 소포자 형성〉

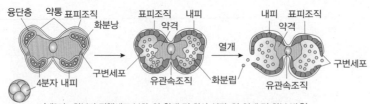

〈제2기 : 화분과 정핵세포 분화, 약 확대 및 화사 신장, 약 열개 및 화분 방출〉

그림 13-8 담배에 있어서 약의 발육 과정

③ 소포자(Microspore) 형성과 화분의 발육 과정

 ㉠ 소포자는 화분낭에서 형성되고 화분으로 발달한다(그림 13-8).

 ㉡ 피자식물의 경우 화분의 발육은 화분모세포가 형성되는 것으로부터 시작된다(그림 13-9).

   • 화분모세포가 감수분열로 반수체(n)인 네 개의 낭세포를 형성한다.

   • 낭세포는 소포자라고 부르며, 서로 붙어 있기 때문에 화분 4분자(Pollen tetrad)라고도 한다.

   • 화분 4분자가 약의 융단층(Tapetum)에서 합성되는 칼로오스(Callose)에 의하여 개개의 소포자 (n)로 분리된다.

   • 소포자는 1차로 세포질 분열이 없는 핵분열로 영양핵(화분관핵)과 생식핵(정핵)을 가진 화분이 된다.

 ㉢ 생식핵은 2차 핵분열로 2개의 정핵 세포가 만들어진다.

1핵성	• 가지과와 백합과에 속하는 식물의 화분 • 발아하여 화분관이 신장되는 동안에 2차 핵분열이 일어남 • 화분관 신장 전에 1핵성을 유지
2핵성	• 벼과나 배추과식물은 화분 방출 전에 2차 핵분열 과정이 완료되어 2핵성이 됨 • 화분관 신장 전에 2개의 생식핵을 가짐

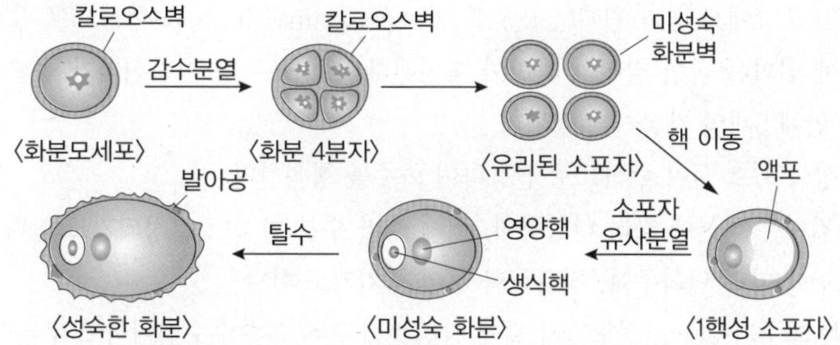

그림 13-9 피자식물의 소포자 형성과 화분의 발달

Level UP 이론을 확인하는 문제

수술의 구성 요소와 소포자 생성에 관한 설명으로 옳지 않은 것은?

① 수술은 화사(Filament)와 약(Anther)으로 구성되어 있다.

② 약벽에서 화분모세포가 형성된다.

③ 화사는 유관속조직으로 구성되어 있다.

④ 화분모세포가 유사분열하여 4개의 낭세포를 만든다.

해설 화분모세포가 감수분열하여 반수체인 4개의 낭세포를 만든다.

정답 ④

(2) 자성기관

자성기관이란 꽃의 중앙에 있고, 꽃눈 형성 과정에서 가장 늦게 형성되는 기관으로 암술(Pistil)을 말한다.

① 암술의 구성 요소

자방 (子房, Ovary)	• 수정 후에 종자나 과실로 발달됨 • 자방 안에는 수정 후 종자로 발달하는 배주(胚珠, Ovule)가 있음 • 배주는 중앙에 배낭(胚囊, Embryo sac), 그것을 감싸는 주심(珠心, Nucellus)과 주피(珠皮, Integument) 그리고 이를 지지하는 주병(珠柄, Funicle)으로 구성됨
화주 (花柱, Style)	자방 위에 위치하여 화분관이 침투해 들어가는 조직
주두 (柱頭, Stigma)	수분과 화분 발아가 일어나는 화주 끝의 머리 부분

② 암술의 형성 과정

ㄱ 암술은 꽃의 중앙에서 심피 원기(心皮原基, Carpel primordium)의 형성으로 시작된다.

ㄴ 분화 초기에 심피 융합이 일어나 자방이 형성된다. 토마토는 5개의 심피가 융합되어 자방을 형성하므로 과실 안에 5개의 자실이 형성된다.

ㄷ 자방이 형성되면 그 끝이 수직으로 신장하여 화주를 형성한다.

　• 화주의 길이는 식물에 따라 다양하며, 이에 따라 수분 방식이 결정되기도 한다.

　• 환경 조건에 따라 단화주화, 장화주화 등이 생기기도 한다.

　• 옥수수는 화주가 20cm 정도까지 길게 자라는데 흔히 옥수수수염이라고 부른다.

ㄹ 화주의 끝에 주두가 분화한다.

　• 주두에는 세포분열과 표피 세포의 확대로 유두돌기(乳頭突起, Papillae)가 형성되고 다양한 물질이 분비된다.

　• 주두에서 분비되는 물질은 화분을 잘 부착되게 한다.

　• 주두는 불화합성인 화분은 배척하고, 화합성인 화분의 발아를 촉진하는 인식 체계를 갖추고 있다.

③ 배주 발달 `그림 13-10`

ㄱ 배주는 자방의 내피에 있는 태좌(胎座, Placenta) 세포층의 병층분열로 원기가 형성되면서 발달한다.

ㄴ 배주 원기의 분열과 확대로 주피가 형성되고, 주병의 끝에서 주심도 형성된다.

ㄷ 주피가 신장하면 주심을 감싸는 과정에 주공(珠孔, Micropyle)이라는 작은 구멍을 남기는데, 이곳을 통하여 화분관이 들어간다.

ㄹ 주심의 내부에는 배낭모세포가 분화한다.

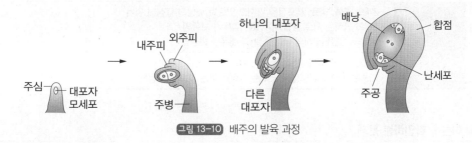

주심 — 대포자 모세포

내주피 외주피

주병

하나의 대포자

다른 대포자

배낭 — 합점

난세포

주공

그림 13-10 배주의 발육 과정

④ 배낭의 발달 그림 13-10

　㉠ 배주의 주심 조직에서 배낭모세포가 발달한다.

　㉡ 외주피와 내주피가 형성된 후 배낭모세포는 1차 감수분열을 한다.

　㉢ 네 개의 낭세포 중 나머지 3개는 퇴화하며, 합점 쪽에 위치한 세포질을 많이 가진 하나의 낭세포가 대포자(Magaspore)로 확대 신장한다.

　㉣ 대포자는 세포질 분열이 따르지 않는 3회의 핵분열을 거쳐 여덟 개의 반수체 핵을 가진 배낭으로 발달한다.

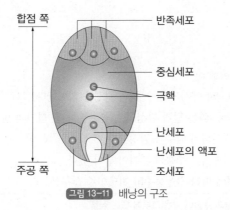

합점 쪽

주공 쪽

반족세포

중심세포

극핵

난세포

난세포의 액포

조세포

그림 13-11 배낭의 구조

⑤ 배낭의 구조 그림 13-11

　성숙 배낭은 1개의 난세포(卵細胞, Egg cell), 2개의 조세포(助細胞, Synergids), 3개의 반족세포(反足細胞, Antipodal), 그리고 2개의 극핵(極核, Polar nuclei)을 가진 중심세포로 구성되어 있다.

난세포	• 주공 쪽에 위치 • 난핵이 정핵과 결합하여 접합자를 형성함 • 난세포에는 주공 쪽으로 큰 액포가 위치하고 있기 때문에 합점(合點, Chalazal end) 쪽으로 치우쳐 있음
조세포	• 난세포 주위에 위치 • 부분적으로 세포벽이 있거나 원형질막으로 분리되어 있음 • 수정 과정에서 화분관이 주공을 통해 배낭으로 들어오면 2개 중 어느 1개의 정핵을 내놓게 해 각각 난핵과 극핵을 만나게 함

안심Touch

중심세포	• 2개의 극핵, 액포, 세포질을 가지고 있으며 배낭의 중심에 위치 • 2개의 극핵은 서로 융합되어 있는 경우가 보통임 • 정핵과 접합된 2개의 극핵은 3n의 배유를 형성함
반족세포	• 난세포의 반대쪽인 합점 쪽에 위치 • 기능은 배낭에 영양을 공급하는 역할을 하는 것으로 추정됨

 이론을 확인하는 문제

암술에서 배낭모세포가 발달하는 조직은?

① 자방의 내피 조직

② 배주의 주병 조직

③ 배주의 주공 조직

④ 배주의 주심 조직

해설 배주의 주심 조직에서 배낭모세포가 발달한다.

정답 ④

(3) 성표현과 개화

① 성표현(性表現, Sex expression)

㉠ 단성화(Unisexual flower)에서의 암수 성의 결정을 의미한다.

㉡ 양성화(Bisexual flower)와는 달리 단성화는 꽃눈분화 후 화기의 발달 과정에서 암술 또는 수술 중 어느 한쪽의 발육이 정지되어 암수가 결정된다.

㉢ 대부분 발육 정지된 암술이나 수술의 흔적이 남아 있다.

㉣ 단성화는 암수의 위치에 따라 자웅동주와 자웅이주로 구분한다.

자웅동주 (Monoecism)	암술과 수술이 같은 그루에 있는 식물 예 옥수수, 오이, 호박 등
자웅이주 (Dioecism)	암술과 수술이 다른 그루에 있는 식물 예 시금치, 은행나무, 아스파라거스 등

㉤ 단성화 성표현에 관여하는 요인

유전적 요인	옥수수에서 관련 유전자가 확인됨
식물 호르몬	옥신이 자성화를 촉진하고, 지베렐린은 웅성화를 촉진함
일장과 온도	• 박과채소류에서는 저온과 단일 조건이 자성화를 촉진함 • 오이의 경우 저온과 단일 조건은 암꽃의 착생 절위를 낮추고 암꽃수를 증가시킴

② 개 화

　　㉠ 주변 환경이 적당하면 꽃받침과 꽃잎이 전개된다.

　　㉡ 화피가 열리면 화분이 동시에 방출되기 때문에 개약(開藥)을 개화로 보기도 하지만 재배적으로는 화피가 열리는 것을 개화라고 한다. 경우에 따라서는 개화 전 또는 개화 후에 개약이 되는 것도 있다.

　　㉢ 꽃은 주로 이른 아침에 개화하는데 야간에 개화하는 꽃도 있다.

　　㉣ 개화 기간도 아침에 피고 저녁에 지는 꽃이 있는가 하면, 개화 후 수 일간 피어있는 경우도 있다.

　　㉤ 식물에 따라 개화한 꽃이 수정 후 닫히거나, 개폐를 반복하는 경우도 있다.

Level UP 이론을 확인하는 문제

암수가 다른 그루에 있는 식물끼리 짝지은 것은?

① 오이, 호박

② 호박, 옥수수

③ 옥수수, 시금치

④ 시금치, 아스파라거스

해설 　옥수수, 오이, 호박은 자웅동주이고, 시금치, 은행나무, 아스파라거스는 암술과 수술이 다른 그루에 있다.

정답 　④

적중예상문제

01

송악(Hedera helix)의 발달상에 관한 설명으로 옳지 않은 것은?

① 유년기 잎은 둥근 모양이고 성년기 잎은 결각을 보인다.
② 유년기 줄기는 수평 생장을 하고 성년기 줄기는 수직성을 보인다.
③ 성년기보다 유년기 줄기의 발근이 더 잘된다.
④ 유년기에 영양생장을 하고 성년기에 꽃이 핀다.

해설 유년기에 송악의 잎들은 결각을 보이고 줄기는 수평 생장을 한다. 반면 성년기 잎들은 결각이 없고 줄기는 위로 서면서 조건이 갖추어지면 꽃이 핀다.

02

꽃눈분화에 영향을 미치는 요인에 관한 설명으로 옳지 않은 것은?

① 무는 저온에 감응하여 꽃눈이 분화한다.
② 토마토는 체내 C/N율이 낮을 때 꽃눈분화가 억제된다.
③ 과수에 환상박피를 하면 꽃눈분화가 지연된다.
④ 가지과 채소는 일장과 무관하게 파종 후 20~40일에 꽃눈이 형성된다.

해설 과수에서는 환상박피를 통해 동화산물의 하향 이동을 억제하여 꽃눈분화를 촉진시킨다.

03

꽃을 구성하는 소기관의 분화 순서는?

① 암술 → 수술 → 꽃잎 → 꽃받침
② 수술 → 암수 → 꽃받침 → 꽃잎
③ 꽃받침 → 꽃잎 → 수술 → 암술
④ 꽃잎 → 꽃받침 → 암술 → 수술

해설 꽃을 구성하는 꽃받침, 꽃잎, 수술, 암술 등의 소기관들이 구정적으로 분화한 후 생장하여 꽃눈을 완성한다.

04

(   )에 들어갈 내용을 옳게 나열한 것은?

> 무는 (ㄱ)에 감응하여 꽃눈분화가 일어나는데,
> (ㄴ) 계통은 (ㄱ)감응성이 둔하다.

① ㄱ : 일장, ㄴ : 봄무
② ㄱ : 일장, ㄴ : 가을무
③ ㄱ : 저온, ㄴ : 봄무
④ ㄱ : 저온, ㄴ : 가을무

해설 무는 저온에 감응하여 화아분화가 일어나는데, 품종과 계통에 따라 저온 감응성이 다르다. 봄무 계통은 저온 감응성이 둔하고, 시무 계통은 특히 저온 감응성이 둔하여 봄무 육종의 소재가 되고 있다.

05

식물의 광주기성에 관한 설명으로 옳지 않은 것은?

① 일장 감응은 잎에서 일어난다.
② 흐린 날에도 일장 감응이 일어난다.
③ 청색광보다 적색광의 효과가 크다.
④ 일장 반응은 온도와 관계없이 일어난다.

해설　자연 상태에서 일장의 변화는 온도의 변화를 수반하기 때문에 일장과 온도는 상호 작용을 한다.

06

자연 상태에서 위도별 일장 변화에 관한 설명으로 옳지 않은 것은?

① 춘분보다 추분의 일장이 짧다.
② 북반부에서 하지에 일장이 가장 길다.
③ 위도가 높을수록 일장의 계절적 변화가 커진다.
④ 적도는 연중 일장이 12시간으로 변화가 없다.

해설　춘분과 추분의 일장은 12시간으로 동일하다. 위도가 높을수록 일장의 계절적 변화가 커지고 낮을수록 작아진다. 극지방에서는 낮과 밤이 6개월씩 되며, 적도에서는 연중 일장이 12시간으로 변화가 없다.

07

중성식물만을 나열한 것은?

① 담배, 딸기
② 시금치, 포인세티아
③ 국화, 카네이션
④ 감자, 오이

해설　담배, 포인세티아, 딸기, 국화, 나팔꽃은 단일식물, 귀리, 가을보리, 사탕무, 카네이션은 장일식물, 감자, 오이, 고추는 중성식물이다.

08

단일에서 장일로 옮기면 개화하지만 일정한 일장에서는 개화하지 못하는 식물은?

① 칼랑코에
② 도꼬마리
③ 포인세티아
④ 토끼풀

해설　칼랑코에는 장일에서 단일로 옮기면 개화하지만 일정한 일장에서는 개화하지 못한다. 도꼬마리와 포인세티아는 단일식물이다.

09

다음 중 절대적 단일식물을 모두 고른 것은?

> ㉠ 시금치
> ㉡ 카네이션
> ㉢ 국 화
> ㉣ 담 배
> ㉤ 포인세티아

① ㉠, ㉡, ㉢
② ㉡, ㉢, ㉣
③ ㉢, ㉣, ㉤
④ ㉠, ㉢, ㉤

해설　장일(단일)식물 가운데 장일(단일)조건이 필수적으로 요구되는 것들은 절대적 장일(단일)식물이라 하고, 촉진적으로 요구되는 것들은 상대적 장일(단일)식물이라 한다. 시금치, 카네이션은 절대적 장일식물이고, 국화, 담배, 포인세티아는 절대적 단일식물이다.

10

꽃눈분화는 단일 조건에서, 개화는 장일 조건에서 촉진되는 식물은?

① 딸 기   ② 코스모스
③ 시금치   ④ 사탕무

해설   꽃눈분화와 개화가 코스모스는 단일과 단일, 시금치는 장일과 장일, 사탕무는 장일과 중성에서 촉진된다.

11

시네라리아의 일장 반응에 대한 설명이다. ( )에 들어갈 말을 순서대로 나열한 것은?

> 시네라리아의 꽃눈분화는 ( ) 조건에서, 개화는 ( ) 조건에서 촉진된다.

① 단일, 단일
② 단일, 장일
③ 장일, 단일
④ 장일, 장일

해설   시네라리아는 일장형이 SL형으로 꽃눈분화는 단일 조건에서, 개화는 장일 조건에서 촉진된다.

12

광주기성을 보이는 식물에서 일장의 감응 부위는?

① 막 전개한 잎
② 1년생 가지
③ 1년생 뿌리
④ 정단 생장점

해설   광주기성의 일장 감응은 잎에서 일어난다. 특히 막 전개한 젊은 잎은 최고의 일장 감응성을 나타낸다.

13

일장에 따른 식물의 개화 반응에서 광주기 자극에 의해 식물에 형성되는 가상의 화성 유도 물질은?

① 버날린   ② 시토크롬
③ 피토크롬   ④ 플로리겐

해설   1936년 러시아의 샤일라얀은 일장에 따른 식물의 개화 반응에서 광주기 자극에 의해 형성되는 화성 유도 물질, 즉 개화호르몬으로 플로리겐을 가정한 바 있다.

14

가을 국화의 개화 시기를 늦추기 위한 처리는?

① 야파 처리   ② 춘화 처리
③ 단일 처리   ④ 차광 처리

해설   단일식물인 가을 국화에 야파 처리를 하면 장일 처리 효과가 나타나 개화가 지연된다. 반면에 차광 처리를 하면 단일 효과가 나타나기 때문에 국화의 개화 시기를 앞당길 수 있다.

15

광주기성의 작용 기구에 관한 설명이다. ( )에 들어갈 내용을 옳게 나열한 것은?

> 일장의 감응 부위는 (ㄱ)이며 광주기 자극의 이동은 (ㄴ)를 통해 이루어지며 상하 어느 방향으로도 가능하다.

① ㄱ : 생장점, ㄴ : 체관부
② ㄱ : 생장점, ㄴ : 물관부
③ ㄱ : 잎, ㄴ : 체관부
④ ㄱ : 잎, ㄴ : 물관부

해설 줄기의 접목 실험을 통하여 광주기성의 일장 감응은 잎에서 일어나고 광주기 자극이 체관부를 통하여 생장점으로 이동하여 화성을 유도한다는 것을 알 수 있다.

16

단일식물인 도꼬마리의 개화가 가능한 조건에 해당하는 것은?

① 장일 조건에서 암기 중간에 적색광을 조사하였다.
② 장일 조건에서 암기 중간에 원적색광을 조사하였다.
③ 단일 조건에서 암기 중간에 적색광을 조사하였다.
④ 단일 조건에서 암기 중간에 원적색광을 조사하였다.

해설 단일식물은 장일 조건에서는 영양생장을 한다. 단일 조건에서 암기 중간에 적색광을 조사하면 장일 효과가 나타나 단일식물은 영양생장을 계속하게 된다. 하지만 원적색광은 효과를 나타내지 않아 처리에 상관없이 개화가 유도된다.

17

녹식물 춘화형 식물만을 나열한 것은?

① 배추, 유채
② 무, 순무
③ 당근, 양파
④ 보리, 밀

해설 종자 춘화형은 종자 때부터 저온에 감응하여 꽃눈분화가 유도되는 것으로 무, 배추, 순무, 맥류 등이 이에 속한다. 녹식물 춘화형은 식물이 어느 정도 생장하여 녹식물 상태가 되었을 때 저온에 감응하는 식물로서 양배추, 당근, 양파 등과 같은 작물이 있다.

18

(   )에 들어갈 내용을 옳게 나열한 것은?

> (ㄱ)은/는 종자 때부터 저온에 감응하여 꽃눈분화가 유도되고, (ㄴ)은/는 어느 정도 생장하여 녹식물 상태가 되었을 때 저온에 감응하여 꽃눈분화가 유도된다.

① ㄱ : 당근, ㄴ : 배추
② ㄱ : 배추, ㄴ : 무
③ ㄱ : 무, ㄴ : 양배추
④ ㄱ : 양배추, ㄴ : 당근

해설 춘화에서 식물이 어느 단계에 저온 자극을 받는가에 따라 종자춘화형과 녹식물춘화형으로 구분한다. 무, 배추, 순무, 맥류 등은 종자 때부터, 양배추, 당근, 양파 등은 식물이 어느 정도 생장하여 녹식물 상태가 되었을 때 저온에 감응하여 꽃눈분화가 유도된다.

19

양배추의 춘화 현상에서 저온 처리 대체 효과가 있는 호르몬은?

① 옥 신
② 지베렐린
③ 시토키닌
④ ABA

해설 지베렐린을 처리하면 춘화 처리를 하지 않고도 저온을 요구하는 식물이 개화하는 경우가 있다.

안심Touch

20

1939년 멜케르스(Melchers)가 가정한 춘화에 관여하는 저온 자극 물질은?

① 플로리겐
② 안테신
③ 버날린
④ 지베렐린

해설 멜케르스가 가정한 춘화에 관여하는 저온 자극 물질은 버날린(Vernalin)이다.

21

(   )에 들어갈 내용을 옳게 나열한 것은?

(ㄱ)식물의 소포자는 화분관 신장 전에 1개의 생식핵을 유지하며, (ㄴ)식물의 소포자는 2핵성으로 화분 방출 전에 2차 핵분열 과정이 완료되어 화분관 신장 전에 2개의 생식핵을 가진다.

① ㄱ : 벼과, ㄴ : 배추과
② ㄱ : 배추과, ㄴ : 가지과
③ ㄱ : 가지과, ㄴ : 백합과
④ ㄱ : 백합과, ㄴ : 벼과

해설 1핵성 소포자는 세포질이 분열되지 않는 1차 핵분열로 영양핵과 생식핵을 가진 화분이 된다. 이후 생식핵은 2차 핵분열을 하는데 벼과나 배추과는 화분이 방출되기 전에 이루어져 2핵성이 되고, 가지과와 백합과에 속하는 식물은 화분이 방출되기 전에는 1핵성을 유지하다가 화분이 발아하여 화분관이 신장되는 동안에 2차 핵분열이 일어나 2핵성이 된다.

22

암술의 구성 요소에 관한 설명으로 옳지 않은 것은?

① 수정 후에 자방이 과실로 발달한다.
② 수정 후 배주가 종자로 발달한다.
③ 주두는 화분의 발아가 일어나는 곳이다.
④ 화주는 유관속조직으로 양수분 수송관이다.

해설 암술에서 화주는 화분관이 침투해 들어가는 조직이다. 수술의 구성 요소인 화사는 유관속조직으로 양수분 통로이다.

23

주두에서 발아하여 형성된 화분관이 신장하여 침투해 들어가는 암술의 구성 요소는?

① 화 사　　　　② 화 주
③ 주 병　　　　④ 주 심

해설 주두에서 발아한 화분관은 화주를 통해 계속 신장하여 침투해 들어가 배주에 도달한다.

24

배낭을 구성하는 세포가 아닌 것은?

① 난세포
② 조세포
③ 반족세포
④ 동반세포

해설 성숙 배낭에는 한 개의 난핵을 가진 난세포, 두 개의 조세포, 세 개의 반족세포, 그리고 2개의 극핵을 가진 중심세포로 구성되어 있다. 동반세포는 체관부를 구성하는 세포이다.

25

암술에서 배낭모세포가 발달하는 조직은?

① 자방의 내피 조직
② 배주의 주병 조직
③ 배주의 주공 조직
④ 배주의 주심 조직

해설 배주의 주심 조직에서 배낭모세포가 발달한다.

26

성숙 배낭의 세포와 핵의 수는?

① 세포 5개, 핵 6개
② 세포 6개, 핵 7개
③ 세포 7개, 핵 8개
④ 세포 8개, 핵 9개

해설 배낭모세포에서 발달한 대포자는 3회의 핵분열을 거쳐 일곱 개의 세포와 여덟 개의 핵을 가진 성숙 배낭이 된다. 주공 쪽에 두 개의 조세포와 한 개의 난세포, 합점 쪽에 세 개의 반족세포, 가운데 중심 세포가 위치한다. 각각의 세포에 핵이 하나씩 있는데 중심세포에는 두 개의 극핵이 자리 잡고 있다.

27

배낭의 난세포에 관한 설명으로 옳은 것은?

① 난세포는 합점 쪽에 위치한다.
② 정핵과 결합하여 2n의 배를 형성한다.
③ 합점 쪽으로 큰 액포가 위치해 있다.
④ 주위에 반족세포와 접해 있다.

해설 난세포는 주공 쪽에 위치하며, 주공 쪽으로 큰 액포가 위치해 있어 세포가 합점으로 치우쳐 있다. 주위에 조세포가 위치해 있다.

28

난세포의 반대쪽인 합접 쪽에 위치하는 배낭 구성 세포는?

① 방추세포   ② 방사세포
③ 반족세포   ④ 동반세포

해설 난세포는 주공 쪽에 위치하며 조세포와 접해 있다. 중심세포는 배낭의 중심에 위치해 있고 난세포의 반대쪽인 합점 쪽에는 반족세포가 있다.

29

암꽃과 수꽃이 한 그루에 있는 자웅동주에 해당하는 식물은?

① 옥수수   ② 시금치
③ 은행나무   ④ 아스파라거스

해설 옥수수는 자웅동주이고, 시금치, 은행나무, 아스파라거스는 암술과 수술이 다른 그루에 있다.

30

자웅이주 식물을 모두 고른 것은?

ㄱ. 옥수수	ㄴ. 오 이
ㄷ. 시금치	ㄹ. 아스파라거스

① ㄱ, ㄴ
② ㄱ, ㄹ
③ ㄴ, ㄷ
④ ㄷ, ㄹ

해설 단성화 가운데 옥수수, 오이, 호박은 자웅동주 식물이고, 시금치, 은행나무, 아스파라거스는 자웅이주 식물이다.

31

( )에 들어갈 내용을 옳게 나열한 것은?

> 단성화가 달리는 식물 가운데 (ㄱ)은/는 암술과 수술이 같은 그루에 있는 자웅동주(Monoecism)이고, (ㄴ)은/는 암술과 수술이 다른 그루에 있는 자웅이주이다.

① ㄱ : 옥수수, ㄴ : 오이
② ㄱ : 오이, ㄴ : 호박
③ ㄱ : 호박, ㄴ : 시금치
④ ㄱ : 시금치, ㄴ : 옥수수

해설 단성화 가운데 옥수수, 오이, 호박은 자웅동주이고, 시금치, 은행나무, 아스파라거스는 자웅이주이다.

32

오이의 성표현에 관한 설명이다. ( )에 들어갈 말을 순서대로 나열한 것은?

> 오이는 ( )과 ( ) 조건에서 암꽃의 착생 절위를 낮추고 암꽃 수를 증가시킨다.

① 저온, 단일
② 저온, 장일
③ 고온, 단일
④ 고온, 장일

해설 오이는 저온과 단일 조건에서 암꽃의 착생 절위를 낮추고 암꽃 수를 증가시킨다.

33

( )에 들어갈 내용을 옳게 나열한 것은?

> 오이 등에서 단성화는 꽃눈분화 후 화기의 발달 과정에서 암술 또는 수술 중 어느 한쪽의 발육이 정지되어 암수가 결정되는데 (ㄱ)이 자성화를 촉진하고, (ㄴ)은 웅성화를 촉진한다.

① ㄱ : 옥신, ㄴ : 지베렐린
② ㄱ : 지베렐린, ㄴ : 시토키닌
③ ㄱ : 시토키닌, ㄴ : ABA
④ ㄱ : ABA, ㄴ : 옥신

해설 식물의 성표현은 단성화에서 암수 성의 결정을 말하는데 내적으로 식물호르몬이 작용한다. 옥신은 자성화를 촉진하고, 지베렐린은 웅성화를 촉진한다.

PART 14

결실과 노화

CHAPTER 01 수분과 수정

CHAPTER 02 종자의 형성

CHAPTER 03 착과와 성숙

CHAPTER 04 노화와 탈락

CHAPTER 05 수확 후 생리

적중예상문제

● 학습목표 ●

1. 식물의 수분과 수정 과정을 이해하고 불임의 원인에 대해 학습한다.
2. 자방 안에서 수정 후 종자의 형성과 발달 과정을 단자엽과 쌍자엽으로 구분하여 학습한다.
3. 종자 형성과 착과 및 과실 비대의 관계를 이해하고 과실의 생장 과정과 단위결과에 대해 학습한다.
4. 식물 노화의 의미와 유형을 알아보고 기관의 노화와 탈락에 대해 학습한다.
5. 수화 후 산물의 성분의 변화, 호흡의 변화, 에틸렌 대사, 증산 등의 생리 현상에 대해 학습한다.

수분과 수정

(1) 수 분

> **수분(Pollination)**
> 성숙한 화분(꽃가루)이 암술의 주두로 이동하여 붙는 것을 말하고, 꽃가루받이라고도 한다.

① 수분 양식에 따른 분류

자가수분 (Self-pollination)	• 같은 개체 내에서 일어나는 수분 • 자가수분식물은 화기 구조가 닫혀 있거나, 꽃색이나 밀선 등도 방화 곤충의 시선을 끌지 못하고, 자가수분을 쉽게 받을 수 있는 구조를 가짐
타가수분 (Cross-pollination)	• 서로 다른 개체 사이에 일어나는 수분 • 식물은 종족 유지에 유리한 타가수분 쪽으로 진화해 온 것으로 보고 있음 • 타가수분식물은 개화기, 주두와 화사의 길이, 주두와 약의 성숙기의 차이, 자가 불화합성이나 웅성불임 등의 유전 현상으로 타가수분이 유도됨

② 꽃의 개화 유무에 따른 분류

개화수분 (Flower pollination)	꽃이 핀 상태에서 이루어지는 수분 방식
폐화수분 (Cleistogamy)	벼과식물에서처럼 꽃이 피지 않은 상태에서 이루어지는 수분 방식

③ 매개 방식에 따른 분류

충매수분
(蟲媒授粉)
	• 방화 곤충에 의해 이루어지는 수분 방식
	• 주로 타가수분작물에서 이루어짐
	• 이러한 방식으로 수분이 이루어지는 꽃을 충매화라 함
	  – 충매화는 꽃색이 화려하고, 밀선이 잘 발달되었으며, 향기를 발산하여 방화 곤충을 잘 유인하는 화기 구조를 가짐
	  – 충매화는 온실과 같은 밀폐된 곳에서는 꿀벌, 파리, 꽃등에 등을 방사하여 수분을 시킴

풍매수분
(風媒授粉)
	• 바람에 의해 날린 화분에 의해 이루어지는 수분 방식
	• 이러한 방식으로 수분이 이루어지는 꽃을 풍매화라 함
	  – 풍매화는 꽃이 빈약한 편이나 화분이 작고 양이 많아 바람에 잘 날림
	  – 한 포기의 옥수수가 평균 3,500만 개의 화분을 생산함

인공수분
(人工授粉,
Artificial pollination)
	• 인위적으로 이루어지는 수분
	  – 일대 교잡종 종자를 생산할 때 실시함
	  – 불량한 환경 조건에서 기형과를 방지하고 착과를 촉진하기 위해 실시함
	• 화분을 채집하여 붓으로 묻혀주거나, 수꽃을 따서 주두에 문질러 주며, 식물체를 흔들기도 함

자가수분식물의 특징에 해당하는 것은?

① 화기 구조가 닫혀 있다.　　　　② 주두와 화사의 길이가 다르다.

③ 주두와 약의 성숙 시기가 다르다.　　④ 자가 불화합성을 나타낸다.

> **해설** 자가수분식물은 화기 구조가 닫혀 있거나, 꽃색이나 밀선 등도 방화 곤충의 시선을 끌지 못하고, 자가수분을
> 쉽게 받을 수 있는 구조를 하고 있다. 나머지는 타가수분식물의 특징에 해당한다.
>
> **정답** ①

(2) 화분관 신장과 수정

① 화분 발아와 화분관(花粉管, Pollen tube) 신장

　㉠ 암술 주두의 화분이 수분을 흡수하여 대사 활동이 활성화되면 발아공을 통하여 화분관이 자라 나온
　　다(**그림 14-1**).

　　• 화분관 안에 1개의 영양핵과 2개의 정핵이 들어 있다.

　　• 화분관은 계속 자라 화주를 통하여 배주의 주공으로 들어가 배낭으로 정핵을 침투시킨다.

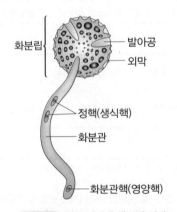

화분립 { 　발아공
　　　　　외막
　　　　　정핵(생식핵)
　　　　　화분관
　　　　　화분관핵(영양핵)

그림 14-1 화분 발아와 화분관 신장

　㉡ 주두가 화분과 상호 작용을 하는데, 주두는 발아, 화주 조직은 화분관 신장에 영향을 준다. 식물에
　　따라 주두나 화주에서 생성되는 특이한 물질이 화분 발아를 억제하거나, 침투해 들어가는 화분관을
　　파열시켜 불화합성을 나타내는 경우도 있다.

　㉢ 화분관이 신장할 때 골지장치에서 합성된 칼로오스(Callose)라고 하는 다당류가 화분관의 끝으로 수
　　송되어 셀룰로오스 대신에 화분관의 세포벽을 구성한다.

　㉣ 화분관이 신장할 때 세포질은 화분관의 선단 부위로 집적되어 압축되며 선단에서 먼 곳에서는 액포
　　가 발달한다.

② 수정(受精, Fertilization)

    ㉠ 조세포의 도움으로 배낭에 들어간 정핵이 난핵 및 극핵과 접합하는 것을 수정이라고 한다.

    ㉡ 두 개의 정핵 중 하나는 난핵과 만나 $2n$의 배를 만들고, 또 다른 하나는 극핵과 접합하여 $3n$의 배유를 생성하는데, 2회에 걸쳐 수정이 이루어지기 때문에 중복수정(重複受精, Double fertilization)이라고 부른다(그림 14-2).

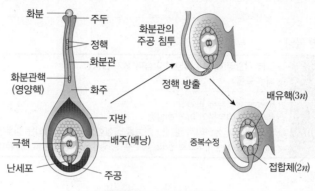

그림 14-2 식물의 중복수정

    ㉢ 화분의 발아에서 수정까지 걸리는 시간은 식물의 종류와 온도 조건 등에 따라 다르다. 옥수수와 보리는 5분 정도이고 오래 걸리는 것은 4개월이나 된다.

Level UP 이론을 확인하는 문제

화분관 신장에 관한 설명으로 옳지 않은 것은?

① 화분관이 신장할 때 화분관의 선단에 액포가 발달한다.

② 신장한 화분관은 배주의 주공으로 들어가 배낭에 정핵을 침투시킨다.

③ 칼로오스가 신장하는 화분관 선단의 세포벽을 구성한다.

④ 식물에 따라 화주의 특이한 물질에 의해 화분관이 파열되기도 한다.

해설 화분관이 신장할 때 세포질은 화분관의 선단 부위로 집적되어 압축되며 선단에서 먼 곳에서는 액포가 발달한다.

정답 ①

(3) 불임성

불임성(不稔性, Sterility)
- 어떤 원인에 의해 수정이 이루어지지 않아 종자가 형성되지 않는 현상을 말한다.
- 식물에서 불임은 성적 결함, 불수정, 불화합성, 수정 후의 퇴화 등이 주요 원인이다.

① 성적 결함에 의한 불임

자성불임 (Female sterility)	• 암술 기관인 배주나 배낭에 이상이 생겨 발생함 • 매우 드묾
웅성불임 (Male sterility)	• 수술의 결함으로 발생함 • 불임성의 대부분이 이에 해당됨 • 주로 화분이 생성되지 않거나 기능을 상실한 화분이 생성되는 경우가 많음 • 재배 또는 육종학적으로 양파, 옥수수 등에서 일대 교잡종을 경제적으로 채종하는 데 유용함

② 불수정에 의한 불임

암수 모두 형태나 기능 면에서 이상이 없는데도 암수 기관의 숙기가 다르거나, 암수의 위치와 구조적 특성 등의 이유로 수분, 수정이 이루어지지 않아 불임이 되기도 한다.

③ 불화합성(不和合性, Incompatibility)에 의한 불임

㉠ 정상적인 암수 간에 수분이 이루어졌다 하더라도 특정한 조합 간에는 서로 수정이 안 되는 유전적 특성에 의한 불임을 말한다.

㉡ 자가 불화합성과 타가 불화합성으로 구분한다.

자가 불화합성 (Self-incompatibility)	양성화에서 암수 모두 이상이 없는데 자가수분을 하면 수정이 되지 않아 불임이 되는 현상
타가 불화합성 (Cross-incompatibility)	타가수분을 하면 불임이 되는 현상으로 종속 간, 품종 간 교잡에서 주로 나타나 교잡 불화합성이라고도 함

㉢ 불화합성은 주두나 화주에서 생성되는 특이한 물질이 화분 발아를 억제하거나 침투해 들어가는 화분관을 파열시켜 일어나는 것으로 알려져 있다.

④ 수정 후 퇴화로 인한 불임

㉠ 수분 후에 화분관이 신장하여 수정이 정상적으로 이루어졌지만, 접합체가 생긴 후에 바로 퇴화하여 불임이 되기도 한다.

㉡ 배가 사멸되거나 배의 생장이 원만하지 못하여 종자가 형성되지 않는다.

웅성불임(Male sterility)에 관한 설명으로 옳은 것은?

① 자성불임보다 매우 드물게 일어난다.

② 정상적인 화분이 주두에서 발아하지 못해 일어난다.

③ 화주에서 생성되는 특이한 물질이 화분관을 파열시켜 일어난다.

④ 옥수수 등에서 일대 교잡종을 경제적으로 채종하는 데 유용하다.

해설 불임성의 대부분은 웅성불임이다. 재배 또는 육종학적으로 양파, 옥수수 등에서 일대 교잡종을 경제적으로 채종하는 데 유용하게 활용되고 있다. 정상적인 화분이 주두에서 발아하지 못하거나 발아하여 침투해 들어가는 화분이 파열되어 수정이 이루어지지 않는 현상은 불화합성이라 한다.

정답 ④

종자의 형성

(1) 종자의 발달

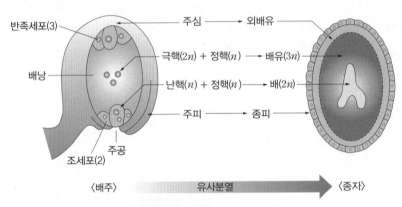

그림 14-3 배주로부터 종자의 발달

① 자방 안의 배주는 수정 후 발달하여 종자가 된다(그림 14-3).

  ㉠ 배낭에서 중복수정의 결과로 배($2n$)와 배유($3n$)가 발달한다.

  ㉡ 배낭 안에 있던 조세포와 반족세포는 수정 후 바로 퇴화해 버린다.

  ㉢ 배낭을 감싸고 있던 주피 조직은 종피로 발달한다.

  ㉣ 종자에 따라서는 주심 조직의 일부가 외배유로 발달하는 경우도 있다.

② 종자의 형성과 발달 과정은 단자엽식물과 쌍자엽식물이 서로 다르다.

단자엽식물
(옥수수)
	• 배유와 배 둘 다 잘 발달함
	• 배유가 배보다 먼저 발달함
	  – 배유는 수분 후 4~10일째 형성됨
	  – 배는 15~18일째에 발달하기 시작함
	  – 배유의 세포분열은 수분 후 28일이면 완료됨
	• 저장물질의 합성은 약 2주째부터 왕성하게 일어남

쌍자엽식물 (콩)	• 배만 발달하고 배유는 소진되어 흔적만 남음 • 배의 세포분열은 수분 후 2주 정도면 완료됨 • 배의 생장 속도는 처음에는 배유보다 느리지만 나중에는 빨라짐 • 배의 생장을 위해 배유는 완전히 소모되기 때문에 성숙한 콩 종자는 배유가 없어지고 배만 있게 되며, 종피가 배를 감쌈 • 콩의 종자도 미성숙 단계에서는 배유 세포와 그 안에 녹말이 발견되지만, 이 녹말은 배의 생장에 이용되어 성숙한 종자에서는 배유 세포의 흔적만 있음

종자의 형성과 발달 과정에 관한 설명으로 옳지 않은 것은?

① 배주가 수정 후 발달하여 종자가 된다.

② 배낭을 감싸고 있는 주피 조직이 종피로 발달한다.

③ 단자엽식물인 옥수수에서 배가 배유보다 먼저 발달한다.

④ 쌍자엽식물인 콩은 배만 발달하고 배유는 소진되어 흔적만 남는다.

해설 단자엽식물인 옥수수에서 배유가 배보다 먼저 발달한다. 배유는 수분 후 4~10일째 형성되고, 배는 15~18일째에 발달하기 시작한다.

정답 ③

(2) 종자의 성숙

① 종자는 성숙하면 탈수 건조되어 크기와 건물중은 더 이상 증가하지 않는다.

② 종자는 종류별로 특유의 양분을 저장하며 농업에서는 이들을 수확하여 이용한다.

　㉠ 일반적으로 화곡류나 콩류는 완전히 성숙한 상태에서 수확한다.

　㉡ 단옥수수나 풋콩 등은 미성숙 상태에서 수확하기도 한다.

착과와 성숙

(1) 착과와 과실 비대

① 착과(Fruit set)와 낙과

ㄱ 개화 후 과실이 발육하지 않으면 화병의 기부에 이층이 형성되어 낙과한다.

ㄴ 낙과는 과실이 비대 발육하는 도중에도 일어난다.

ㄷ 오이나 딸기에서 보는 것처럼 이층이 형성되지 않아 낙과하지 않는 경우도 있지만, 착과와 과실 발육을 보장하지는 않는다.

ㄹ 개화한 꽃 중에서 성숙한 과실로 발달하는 비율을 착과율이라 한다.

착과율은 식물의 종류와 품종에 따라 다르다. 화곡류는 70%, 콩류는 꼬투리로 계산하여 20~50%, 낙엽 과수류는 5~50% 정도를 나타낸다.

② 수분, 수정 그리고 종자의 형성은 착과와 과실의 비대 생장을 촉진한다.

ㄱ 종자가 형성되지 않으면 낙화, 낙과가 심하게 발생한다.

ㄴ 착과하여도 종자가 형성되지 않으면 비대가 불량하고 기형과가 많이 생긴다.

ㄷ 종자 형성은 그 과정 중에 옥신을 생성하기 때문에 과실 비대에 영향을 미친다.

- 옥신이 이층 형성을 억제하고 자방과 화상 조직의 세포를 확대시켜 과실 비대를 촉진한다.
- 일반적으로 과실의 비대 과정에서 옥신의 함량이 증가하는 것을 볼 수 있다.
- 오이같이 단위결과성이 높은 식물은 체내 옥신 함량이 높으며, 옥신 처리로 단위결과성을 높일 수도 있다.

ㄹ 딸기는 종자의 분포가 기형과를 결정짓고, 종자의 수에 비례하여 과실의 중량이 증가하는 것을 볼 수 있다(그림 14-4).

- 딸기에서 종자가 제대로 분포하면 과실이 정상적으로 비대한다(그림 14-4A).
- 한쪽의 종자를 조심스럽게 제거하면 그 부분의 과실 비대가 억제된다(그림 14-4B).
- 종자를 제거한 부분에 옥신을 도포하면 정상적인 과실로 생장한다(그림 14-4C).
- 결론적으로 수분, 수정, 그리고 종자 형성 과정에서 옥신이 생성되고, 이것이 착과와 과실 비대를 촉진한다라고 할 수 있다.

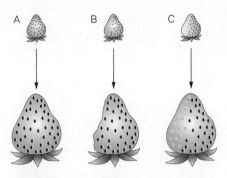

그림 14-4 딸기에서 종자와 과실 비대와의 관계

이론을 확인하는 문제

딸기 과실에 점점이 박혀 있는 종자를 일부분 제거하면 나타나는 현상은?

① 나머지 종자의 발달이 억제된다.　　② 부분적 비대 억제로 기형과가 된다.

③ 과실 전체의 착색이 촉진된다.　　④ 과실 전체의 성숙이 촉진된다.

해설 종자의 형성이 이루어지지 않으면 낙화, 낙과가 심하게 발생하고, 착과하여도 비대가 불량하고 기형과가 많이 생긴다. 딸기의 종자가 제대로 분포하면 과실이 정상적으로 비대해지는 반면 한쪽 종자를 제거하면 그 부분의 과실 비대가 억제되어 기형과가 된다.

정답 ②

(2) 과실의 생장 과정

① 과실의 생장 과정

㉠ 수정 후 착과가 되면 과실의 생장이 급격히 진행되고, 꽃잎은 시들고 노화하여 떨어진다.

㉡ 과실의 생장 과정은 건과(乾果)냐 육과(肉果)냐에 따라 다르다.

건과(화곡류, 콩류)	과실이 생장하는 과정에서 자방벽이 건조한 과피로 변함
육과(과채류, 과수류)	자방벽 또는 주변 조직이 발달하여 다육 다즙한 과실로 발달

㉢ 과실의 생장은 세포의 분열과 확대에 의하여 이루어진다.

- 과실의 대부분을 구성하는 자방벽과 태좌 부분의 조직은 대개 개화 후 세포의 분열이 끝나기 때문에 과실의 생장은 주로 세포의 확대에 의하여 이루어진다.
- 사과나 복숭아와 같은 과실은 개화 후에도 상당 기간 세포분열이 이루어진다.
- 딸기와 아보카도는 수확기까지 세포의 분열과 확대가 계속된다.

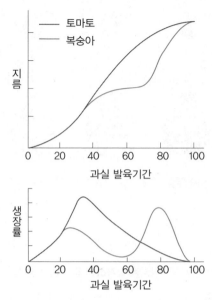

그림 14-5 과실 발육기간 동안의 토마토와 복숭아 과실의 지름과 생장률의 상대적 변화

② 과실의 생장 곡선

　　㉠ 수정이 이루어지면 자방 또는 주변 조직은 전형적인 S자형 곡선을 보이며 생장한다(그림 14-5).

　　　　• 토마토 과실은 단일 S자형 생장 곡선을 보인다.

　　　　• 콩의 경우 꼬투리는 단일 S자형 생장 곡선, 종자는 이중 S자형 생장 곡선을 그리기도 한다.

　　　　• 복숭아와 같은 핵과류와 포도는 이중 S자형 생장 곡선을 나타낸다(그림 14-6).

　　　　• 복숭아 과실의 생장은 3단계로 구분할 수 있다(그림 14-6).

　　　　　– 복숭아는 과피가 비대하여 식용 부위가 된 과실이다.

　　　　　– 과피는 외과피, 중과피, 내과피로 구분된다.

　　　　　– 과실의 핵은 내과피의 목질화로 형성된 것이며, 그 속에 종자가 들어 있다.

1단계	• 자방벽이 발달하여 과실(과피)이 급격히 증대됨 • 동시에 종자(배주)의 주심 또는 주피 조직도 크게 발달됨 • 주심과 주피는 완성되어 종피를 만들지만 과실은 최종 크기의 반 정도가 됨
2단계	• 외형적 크기의 증가는 없음 • 대신 종자의 배가 생장하고 내과피의 목질화가 집중적으로 일어남
3단계	과피가 다시 급속히 발육하여 성숙할 때까지 크기가 증가함

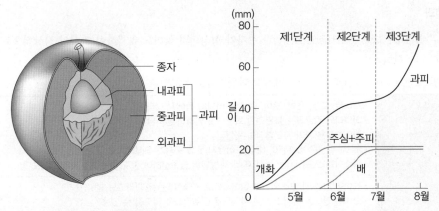

그림 14-6 복숭아 과실의 구조와 과실의 발육 단계

③ 과실 생장에 영향을 미치는 요인

호르몬	• 옥신과 지베렐린은 과실 생장을 촉진하는 호르몬으로 실용적으로 이용되고 있음 • 특히 지베렐린은 씨 없는 포도의 과실 비대를 촉진하는데, 씨가 있는 경우는 효과가 나타나지 않음 • 전형적인 이중 S자형 생장 곡선을 보이는 무화과에서 옥신을 처리해 주면 제2기 생장 기간을 단축시킬 수 있음. 이러한 효과는 에틸렌 처리로도 얻을 수 있음
착과량	• 착과 이후 과실은 모든 양분의 흡입 중심이 되므로 영양기관과 과실, 과실 상호 간의 양분 경합으로 착과 주기성이 생기며, 격년결실 등이 발생함 • 과수나 과채류를 재배할 때 인위적으로 영양생장과 생식생장의 균형을 도모하고, 착과 이전에 충분한 영양생장으로 엽면적을 확보해야 함 • 한 식물체에 착과량이 많으면 보상적 생장 상관에 의해 과실 크기가 작아짐 • 착과 후에는 과실 간의 경합을 줄이기 위하여 적절히 열매를 솎아주어야 함 • 실제 착과 조절을 위해 정지, 전정, 적엽, 적심, 유인, 적화, 적과, 인공수분, 착과제 처리 등을 실시함

Level UP 이론을 확인하는 문제

이중 S자형 생장 곡선을 보이는 과실은?

① 고추, 토마토

② 수박, 참외

③ 사과, 키위

④ 복숭아, 포도

해설 복숭아와 같은 핵과류와 포도는 이중 S자형 생장 곡선을 나타낸다.

정답 ④

(3) 단위결과

① 단위결과(單爲結果, Parthenocarpy)란 종자가 형성되지 않아도 착과하여 과실이 정상적으로 비대하는 현상을 말한다.

② 유발 요인에 따라 자연적, 환경적, 화학적 단위결과로 분류한다.

자연적 단위결과	• 토마토, 고추, 호박, 오이, 감귤류, 바나나 등에서 나타남 • 바나나와 감귤류는 불완전한 화분으로 인하여 일어남 • 파인애플은 자가 불화합성이 원인임 • 3배체 멜론은 화분관이 배주에 이르지 못해 종자가 형성되지 않음 • 복숭아와 포도에서는 수정 후 배의 발달이 불완전하여 종자 없는 과실이 생기기도 함
환경적 단위결과	• 특이한 환경 자극에 의하여 일어나므로 자극적 단위결과라고도 함 • 오이는 단일과 야간의 저온 자극으로 단위결과를 일으킬 수 있음 • 토마토는 야간 온도를 6~10℃ 정도로 낮게 해주면 수정이 되지 않고, 화분에서 분비되는 물질의 자극만으로 자방이 비대함 • 토마토와 배는 고온 자극으로 단위결과를 일으킴 • 그 밖에 일장, 안개, 환상박피, 타화수분, 곤충 등이 자극원이 될 수 있음

화학적
단위결과
	• 각종 생장 조절 물질에 의해 유기되는 단위결과
	• 지베렐린과 옥신은 단위결과를 유기하는 대표적인 생장 조절 물질
	  – 포도의 델라웨어 품종은 지베렐린 처리로 씨없는 과실을 만들고 과실의 비대를 촉진시킴
	  – 감과 배도 지베렐린으로 단위결과를 유도할 수 있으나 과실이 작아져 실용성은 떨어짐

Level UP 이론을 확인하는 문제

자연적 단위결과에 관한 설명으로 옳은 것은?

① 특이한 환경 자극에 의해 일어나는 자극적 단위결과를 말한다.

② 바나나는 자가 불화합성이 원인이다.

③ 파인애플은 불완전한 화분으로 인해 일어난다.

④ 3배체 멜론은 화분관이 배주에 이르지 못해 종자가 형성되지 않는다.

해설 특이한 환경 자극에 의해 일어나는 자극적 단위결과는 환경적 단위결과라 한다. 바나나와 감귤류는 불완전한 화분, 파인애플은 자가 불화합성이 원인이다.

정답 ④

(4) 성 숙

① 재배적 성숙(Mature)과 생리적 성숙(Ripe)

재배적 성숙	• 단순히 중량, 크기, 형태 등이 상업적 이용이나 소비가 가능한 상태 • 원예적 성숙이라고도 함 • 오이, 풋고추, 애호박 등은 재배적으로 성숙하면 수확할 수 있음
생리적 성숙	• 재배적 성숙 이후 색소, 경도 등이 변하여 익은 상태 • 사과, 토마토, 참외 등은 생리적으로 성숙해야만 수확해서 이용할 수 있음 • 이들 과실은 성숙 과정에서 외형적으로 고유 모양을 갖추고, 최대의 크기와 중량에 이르면 내부적으로 다양한 질적 변화를 일으킴

② 과실 성숙 중의 변화

색 깔	• 엽록소가 파괴됨 • 카로틴, 리코핀, 크산토필과 같은 카로티노이드(Carotenoid)와 안토시아닌(Anthocyanin)이 증가함 • 바나나는 엽록소의 분해만으로 특유의 색깔이 나타남
경 도	• 과실의 경도가 감소하면서 조직이 연해짐 　– 가수분해에 의한 녹말의 감소로 나타나기도 하지만 세포벽 중층의 펙틴질이 분해되어 세포 간 접착력이 약해지면서 일어나는 현상임 　– 예로 서양배는 성숙기가 가까워질수록 경도는 감소하고 가용성 펙틴이 증가함
맛과 향	• 과실은 성숙 중에 성분의 변화가 일어나면서 맛과 향이 변함 • 가용성 고형물(可溶性 固形物, Soluble solid)이 많아져 단맛이 증가함 • 유기산은 알칼리와 결합하여 중성염을 만들어 신맛이 줄어듦 • 특유의 휘발성 향기 성분이 생성되어 고유의 향을 발산함
호흡량과 에틸렌	• 일반적으로 과실은 성숙하면서 호흡량이 점차 감소하지만 어떤 과실은 호흡 급등(Climacteric rise) 현상을 보임 • 호흡 급등형 과실은 성숙 중에 에틸렌의 발생량도 크게 증가함 • 이와 같은 변화는 수확 후 과실의 품질에도 크게 영향을 미침

Level UP 이론을 확인하는 문제

주로 생리적으로 성숙했을 때 수확해서 이용하는 과실은?

① 오 이
② 토마토
③ 풋고추
④ 애호박

해설　과실에서 성숙은 원예적 성숙과 생리적 성숙으로 구분한다. 토마토는 색소, 경도, 화학조성 등이 변하여 생리적으로 익은 상태에서 수확하여 이용한다. 토마토는 생리적으로 성숙하지 못한 경우 아린 맛 때문에 이용이 힘들다.

정답　②

(1) 식물의 노화

① 식물의 노화(Senescence)

㉠ 식물체의 일부 기관, 또는 전체가 구조적으로나 기능적으로 쇠퇴해 가는 현상이다.

㉡ 식물 개체나 특정 기관이 생장을 멈추고 생장 속도가 0에 이르면 노화가 시작된다.

㉢ 죽음에 이르는 전 단계로 식물의 생활환에서 피할 수 없는 비가역적 현상이다.

㉣ 특히 1년생 초본식물의 경우는 개화 결실이 이루어지면 다시 유년기로 역행되지 않는다.

　　예 장일성인 시금치를 단일에 두면 개화가 억제되면서 노화가 일어나지 않지만, 일단 개화하면 단
　　　일 조건에서도 노화가 진행되어 고사한다.

㉤ 식물 노화의 유형은 전체 노화와 부분 노화로 구분한다(그림 14-7).

• 노화 유형과 상관없이, 식물 종류와 기관에 관계없이 서서히 점진적으로 노화가 진행된다. 다만 노화의 진행 속도와 기간이 다를 뿐이다.

• 1년생 또는 2년생 식물은 전체 노화가 일어나고, 다년생 식물은 부분 노화가 일어난다.

• 다년생 가운데 숙근초는 지상부의 잎과 줄기만, 낙엽수목은 지상부의 잎만, 상록수목의 경우는 하위엽부터 순차적으로 빠르게 노화가 진행된다.

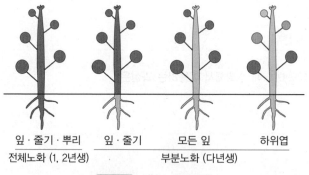

잎 · 줄기 · 뿌리　　잎 · 줄기　　　모든 잎　　　하위엽

전체노화 (1, 2년생)　　　　　부분노화 (다년생)

그림 14-7 식물 노화의 유형

② 노화의 생리 · 생화학적 변화

    ㉠ 식물의 기관이나 조직은 활력이 떨어지고 생리적 기능이 점차 약화된다.

    ㉡ 핵산과 단백질이 감소한다.

    ㉢ 효소 작용이 둔화되며 식물호르몬의 분포가 변한다.

    ㉣ 세포들은 구조적으로 변하고 기능은 점차 쇠퇴해 간다.

③ 노화의 생리적 의미

    ㉠ 다년생 식물에서는 부분적인 기관의 노화로 체내 양분을 경제적으로 이용한다.

       • 노화된 기관으로부터 각종 양분이 생장 기관으로 이동되어 재활용된다.

       • 상배축의 생장을 위해 하배축 세포의 RNA가 분해되어 상배축으로 이동한다든지, 노엽의 양분이 분해되어 젊은 잎으로 이동하여 이용된다.

    ㉡ 귀리는 한여름에 노화가 진행되어 수분 부족에 의한 스트레스를 회피할 수가 있다.

④ 노화에 영향을 미치는 요인들

생식생장	• 생식생장으로의 전환은 노화를 촉진함 – 생식기관의 분화와 생장으로 꽃이 피고 과실이 맺히면 양수분의 이동이 생식기관으로 집중되기 때문임 – 꽃에서 형성되는 생장 억제 물질이 영양기관으로 전달되어 노화가 촉진되는 것임 • 생식기관이 분화된 후 바로 제거하면 노화를 억제할 수 있음 그림 14-8
스트레스	• 식물은 스트레스를 받으면 노화가 촉진됨 • 고온, 암조건, 양수분의 부족 등은 식물체에 스트레스를 가하여 노화를 앞당김
호르몬	• 시토키닌, 옥신, 지베렐린은 노화를 억제함 • ABA와 에틸렌은 노화를 촉진함 • 뿌리에서 합성되는 시토키닌은 영양기관의 노화를 방지함 • 담배 잎의 절편에 시토키닌을 처리하면 RNA나 단백질함량이 높아지고 노화가 지연됨

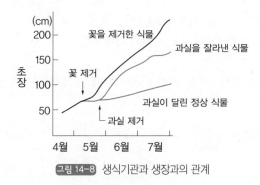

그림 14-8 생식기관과 생장과의 관계

(2) 기관의 노화

그 기관 자체의 생리적 활성이 저하하여 일어나는 경우와 그 기관 이외의 부분의 영향을 받아 일어나는 경우가 있다.

잎	• 노화 과정에 광합성 능력, 호흡량, RNA량, 단백질 함량 등이 점차 줄어듦
	• 노화 말기에는 엽록소가 퇴화하여 황적색 색소가 나타나면서 고사함
	• 잎 자체의 생리적 활성만으로 노화가 진행되지 않고 다른 기관의 영향을 받음
	• 생장점이 잎의 노화를 조절함
	  – 콩에서 제1엽은 발아 후 40일이면 노화하는데 4~5엽이 출현하기 전에 줄기 선단부를 제거하면 제1엽의 노화를 크게 억제시킬 수 있음
	  – 콩의 자엽은 발아 후 7일이면 노화하지만 정단부를 절제하면 노화가 일어나지 않고 오히려 자엽의 생장이 촉진되어 정상적인 자엽이 수배 크기로 자람
	  – 줄기 선단부의 생장점에서 생장 저해 물질이 생산되기 때문에 나타남
	• 잎의 노화는 생장점뿐만 아니라 뿌리와 관계가 깊음
	담배의 잎은 잘라 내면 점차 퇴색하여 노화하지만, 그 잎자루 기부에 부정근을 발생시키면 잎의 노화가 억제됨

과 실	• 종자의 발육과 관계가 깊음 • 종자 이외의 부분과는 상관없이 거의 독립적으로 진행됨
뿌 리	• 다른 기관의 영향을 받음 • 지상부에서 꽃과 과실을 맺으면 뿌리의 활성도가 떨어짐

Level UP 이론을 확인하는 문제

식물 잎의 노화에 관한 설명으로 옳지 않은 것은?

① 노화 과정에서 호흡량, 단백질량이 점차 감소한다.

② 엽록소가 퇴화하며 황적색 색소가 나타난다.

③ 줄기 선단부를 제거하면 잎의 노화가 촉진된다.

④ 잎자루 기부에 부정근이 발생하면 잎의 노화가 억제된다.

해설 줄기 선단부의 생장점이 잎의 생장을 저해하는 물질을 만들기 때문에 줄기의 선단부를 제거하면 잎의 노화를 억제할 수 있다.

정답 ③

(3) 기관의 탈락

① 탈리층(脫離層, Abscission layer)의 형성과 기관의 탈락

  ㉠ 기부에 형성되는 탈리층(이층 또는 떨켜)이라고 부르는 특수한 세포층에 의해 일어난다.

  ㉡ 탈리층은 기관이 발달하는 과정에서 형태학적, 생화학적으로 분화한다.

ⓒ 탈리층에서는 세포벽 분해효소(셀룰라아제, 펙티나아제)에 의해 세포벽이 약화되고 중층이 분해되며 나아가 세포가 붕괴되면서 세포들 간에 분리가 일어난다.

ⓔ 목본 쌍자엽식물에서는 엽병의 기부에 형성되는 이러한 세포층을 탈리대(Abscission zone)라고 한다.

ⓜ 탈리대는 분리층(Separation layer)과 보호층(Protective layer)으로 구분한다.

분리층	• 분리되어 떨어져 나가는 쪽에 형성 • 세포들이 작고 세포벽이 얇아서 구조적으로 매우 약함
보호층	• 분리층 아래에 발달 • 목전소, 납질과 같은 방수성 물질이 침적된 코르코 세포층 • 낙엽 후 엽흔으로 나타남 • 수분 증발과 미생물 등의 침입을 막아 분리면을 보호함

② 기관 탈락에 관여하는 요인들

ⓐ 탈리층의 형성과 기관의 탈락은 일장, 온도, 상처 등의 외부 자극에 영향을 받는다.

ⓑ ABA와 에틸렌은 기관 탈리에 촉진적으로 작용하고, 옥신은 억제적으로 작용한다.
- 엽신의 호르몬 농도 변화
  - 어린잎 : 옥신 > 에틸렌
  - 탈리기의 노엽 : 옥신 < 에틸렌
- 엽신을 제거하면 엽병의 탈리가 촉진되고, 엽신을 제거한 엽병에 옥신을 발라주면 엽병의 탈리가 억제된다.
- 식물체에 에틸렌을 처리하면 잎들의 탈락이 촉진된다.

ⓒ 옥신의 절대량보다는 농도 기울기가 탈리층에서 에틸렌 감수성을 조절하는 것으로 본다. 에틸렌이 탈리의 직접적인 조절 인자이며 옥신은 에틸렌 효과의 억제 인자로 작용하는 것으로 생각된다.

ⓔ 적정 농도 이상의 옥신은 에틸렌 생산과 탈리를 촉진한다.
- 상부에 눈이나 어린잎이 존재하면 하부의 잎들은 탈락하기 쉬운데 이것은 눈이나 어린잎에서 생산된 고농도의 옥신이 아래쪽 잎의 엽병에 작용하기 때문이다.
- 베트남 전쟁당시 고엽제로 사용되었던 '에이전트 오렌지'의 주성분인 옥신계의 합성호르몬인 2,4,5-T는 에틸렌 생합성을 증가시켜 잎의 탈리를 촉진한다.

젊은 잎	엽신에서 생산되는 높은 수준의 옥신이 탈리층 세포들을 에틸렌 비감수성 상태로 유지시켜 탈리를 억제함
탈리 유도기	옥신이 감소하고 에틸렌과 탈리층의 에틸렌 감수성이 증가함
탈리기	• 에틸렌이 옥신의 합성과 수송을 억제함 • 탈리층의 에틸렌 감수성 세포들이 낮은 에틸렌 농도에도 반응하여 세포벽 물질 분해효소들을 합성하고 분비하여 탈리를 일으킴

식물의 기관 탈락을 촉진하는 호르몬은?

① 옥 신
② 지베렐린
③ 시토키닌
④ ABA

해설 탈리층의 형성과 기관의 탈락은 내부적으로는 ABA, 옥신, 에틸렌 등의 자극을 받으며 조절된다. 기관의 탈락에 옥신은 억제적으로 작용하고, ABA와 에틸렌은 촉진적으로 작용한다.

정답 ④

수확 후 생리

> **PLUS ONE**
>
> 수확 후 생리(Post-harvest physiology)
> 작물의 수확 후 다양한 생리 현상은 재배적으로 뿐만 아니라 농산물의 유통과 저장 중 산물의 손실을 줄이고 품질을 유지시키기 위한 기술의 개발과 적용에 중요한 의미를 갖는다.

(1) 과실 품질과 성분의 변화

① 단맛이 증가한다.

　㉠ 산물의 품질을 좌우하는 가장 중요한 요소는 무엇보다도 단맛이다.

　㉡ 녹말의 분해 산물인 포도당, 과당, 설탕은 단맛을 결정하는 주요 당류이다.

　㉢ 보통 과실에서는 수확 후 녹말이 가수분해되어 당 함량이 증가한다(그림 14-9).

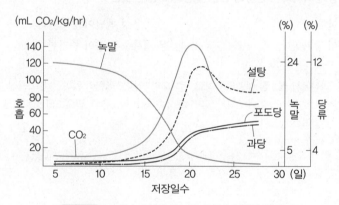

그림 14-9 　바나나 과실의 성숙 중 호흡과 당함량 변화

② 과육이 연해진다.

　㉠ 과실은 숙성 과정에서 세포벽 성분이 분해되면서 과육이 연화된다.

　㉡ 과육 연화는 펙틴질의 분해가 주도적인 역할을 한다.

　　• 펙틴질은 복합 다당류의 일종으로 세포벽의 중층을 구성하는 성분이다.

　　• 펙틴질은 칼슘이온과 협력하여 세포와 세포를 접착시켜주는 역할을 한다.

③ 신맛이 감소한다.

㉠ 채소나 과실의 신맛은 말산이나 구연산과 같은 유기산에 의해 결정된다.

㉡ 유기산은 수확 후 계속되는 호흡으로 소모되고 당으로 전환된다.

④ 엽록소가 감소한다.

㉠ 엽록소가 파괴된다.

㉡ 바나나, 감귤류, 토마토에서 수확 후 색깔의 변화는 엽록소가 파괴되면서 이미 합성되어 있던 카로티노이드가 발현되는 것이다.

㉢ 수확 전 토마토에서는 엽록소 파괴와 카로티노이드 합성이 동시에 이루어진다.

⑤ 안토시아닌이 합성된다.

사과, 블루베리 등에서는 안토시아닌(색소배당체)이 합성되어 고유의 색깔을 나타낸다.

⑥ 기타 성분의 변화

㉠ 바나나, 감 같은 과실은 페놀화합물(탄닌, 떫은맛 성분)이 감소하다.

㉡ 멜론, 바나나, 파인애플 등에서는 방향성 화합물이 증가한다.

㉢ 수확 후에는 비타민이 파괴되는데, 그 중에서 비타민 C가 가장 쉽게 파괴된다.

Level UP 이론을 확인하는 문제

과실의 성숙 과정에 나타나는 현상에 관한 설명으로 옳은 것은?

① 경도가 증가한다　　　　　　　② 가용성 펙틴이 증가한다.

③ 유기산 함량이 증가한다　　　　④ 엽록소 함량이 증가한다.

해설　과실은 성숙 과정에서 펙틴질 성분의 분해로 연화되며 가용성 펙틴이 많아진다. 가용성 고형물의 함량이 증가하나 유기산은 호흡 기질로 소모되거나 당으로 전환되어 감소한다. 엽록소의 함량은 감소하나 안토시아닌 색소의 함량은 급격히 증가한다.

정답　②

(2) 호흡의 변화

① 모든 농산물은 수확 후에도 살아있기 때문에 호흡을 하면서 다양한 생리 현상을 수반한다.

② 호흡 급등(Respiratory climacteric rise) 현상

㉠ 일부의 과실은 성숙 과정에서 호흡 속도가 갑자기 증가하는 호흡 급등 현상을 보인다(그림 14-10).

• 수확 적기는 급등 현상이 일어나기 전이다.

• 식용 적기는 호흡 급등 현상이 일어나는 전후이다.

• 급등 현상이 일어나면 과실은 바로 노화 단계로 접어든다.

• 과실을 냉장 보관하면 급등 현상이 일어나지 않거나 지연된다.

ⓛ 이러한 현상을 일으키는 과실을 급등형(Climacteric type)이라고 하고, 그렇지 않은 과실을 비급등형(Non-climacteric type)으로 분류한다.

급등형 과실	사과, 배, 복숭아, 감, 살구, 바나나, 키위, 망고, 무화과, 멜론, 토마토
비급등형 과실	감귤, 포도, 양앵두, 레몬, 오렌지, 파인애플, 딸기, 오이, 고추, 가지

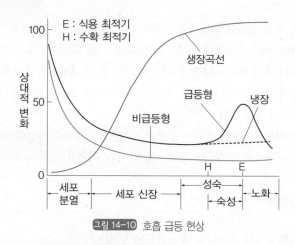

그림 14-10 호흡 급등 현상

③ 수확 후 산물의 호흡 속도에 영향을 미치는 요인들
　　㉠ 표면적이 큰 엽채류(브로콜리, 아스파라거스, 시금치)나 생리적으로 미숙한 수확물(완두, 옥수수 등)은 호흡 속도가 높아 저장력이 매우 약하다.
　　㉡ 호흡 속도가 낮은 각과류, 사과, 감귤, 감자, 양파, 포도 등은 상대적으로 저장력이 강하다.
　　㉢ 수확 후 산물의 호흡 속도는 재배 조건, 주변 온도, 공기 조성, 스트레스 등의 영향을 받는다.

Level UP 이론을 확인하는 문제

과실 성숙 과정에 나타나는 클라이맥터릭 라이즈(Climacteric rise)는 어떤 현상인가?

① 지속적으로 감소하던 호흡량이 급격히 상승하는 현상이다.
② 지속적으로 감소하던 유기산의 함량이 급격히 상승하는 현상이다.
③ 카로틴 함량이 급격히 상승하여 착색이 이루어지는 현상이다.
④ 급격한 성숙으로 펙틴질의 함량이 급격히 상승하는 현상이다.

해설　특정 과실은 성숙 과정에서 호흡이 감소하다가 어느 시점에 갑자기 호흡이 급상승했다가 다시 뚝 떨어지며 피크를 형성하는데 이러한 현상을 호흡 급등(클라이맥터릭 라이즈) 현상이라고 부른다.

정답　①

(3) 에틸렌 대사

① 과실의 성숙 과정에서 호흡이 급등하는 시점에서 에틸렌이 급격히 발생한다.

② 과실에의 물리적 자극은 이산화탄소 방출을 촉진하고 동시에 에틸렌 방출을 증가시킨다.

③ 에틸렌을 처리하면 호흡이 증가하고 과실의 숙성이 촉진된다. 에틸렌의 성숙 촉진 효과는 급등형 과실에서 잘 나타난다.

④ 주로 고추, 토마토, 감귤 등에서 착색 촉진을 목적으로 에틸렌을 처리해 준다.

⑤ 에틸렌을 처리할 때는 에틸렌 발생제인 에세폰(Ethephon)을 많이 이용하고 있다.

⑥ 에틸렌은 노화를 촉진하고 생리 장해를 유발하므로 저장고 내 에틸렌은 제거해야 한다.
저장고 내 에틸렌 제거 방법으로 저장고의 환기, 감압에 의한 생합성 억제, 자외선을 이용한 분해, 그리고 에틸렌 제거제 처리 등이 있다.

⑦ 스트레스 조건에서 에틸렌이 많이 발생하는데 이 에틸렌을 스트레스 에틸렌이라고 부른다. 스트레스 에틸렌은 기계적 상처, 병충해, 마찰, 멍, 압박, 건조, 저온, 자외선, 방사선 등이 발생 요인들이다.

Level UP 이론을 확인하는 문제

토마토나 감귤 수확 후 성숙을 촉진하는 데 사용되는 약제는?

① 다미노자이드   ② 에세폰

③ 파크라부트라졸   ④ 토마토톤

해설 식물호르몬 가운데 기체 상태의 호르몬인 에틸렌은 성숙호르몬으로 잘 알려져 있다. 고추, 감귤 등은 수확 후 에틸렌 가스를 처리하면 착색과 성숙이 크게 촉진된다. 에틸렌을 처리할 때는 에틸렌 발생제인 에세폰(Ethephon)을 많이 이용하고 있다.

정답 ②

(4) 수확 후 증산

① 산물의 증산 작용

㉠ 증산은 주로 산물의 표피 조직에서 일어난다.

㉡ 부피에 비해 표면적이 큰 엽채류 등에서 증산 작용이 잘 일어난다.

㉢ 표피 조직에 발달하는 기공이나 피목, 상처, 왁스층의 두께나 구조, 털의 유무는 증산에 영향을 미친다.

㉣ 증산은 주변의 공중 습도가 낮고 온도가 높을 때 활발해진다.

㉤ 적절한 공기의 유동은 증산을 촉진한다.

㉥ 계속되는 증산은 산물의 수분 손실을 일으키므로, 수분 함량이 높은 산물의 중량을 감소시키고 신선도를 저하시키며 외관을 손상시킨다.

② 증산 작용 억제 방법들

    ㉠ 저장고를 저온으로 유지하면서 습도를 높이고 공기의 유동을 제한한다.

    ㉡ 산물을 플라스틱 필름으로 포장하거나(MA저장) 표면에 왁스 처리를 해준다.

    ㉢ 감자나 고구마는 수확 시 생긴 상처를 치유할 목적으로 적절히 높은 온도와 습도 조건에서 큐어링(Curing)을 하면 상처 부위에 수베린층이 형성되어 수분 손실을 방지할 수가 있다.

Level UP 이론을 확인하는 문제

수확한 고구마의 저장 전 처리에 관한 설명이다. (   )에 알맞은 말을 순서대로 나열한 것은?

> 고구마는 수확 시 생긴 상처를 치유할 목적으로 적절한 조건에서 (   )을 하면 상처 부위에 (   )층이 형성되어 수분 손실을 방지할 수가 있다.

① 예건, 리그닌

② 예건, 수베린

③ 큐어링, 리그닌

④ 큐어링, 수베린

해설 감자나 고구마는 수확 시 생긴 상처를 치유할 목적으로 적절히 높은 온도와 습도 조건에서 큐어링(Curing)을 하면 상처 부위에 수베린층이 형성되어 수분 손실을 방지할 수가 있다.

정답 ④

01

타가수분을 유도하는 원인이 아닌 것은?

① 웅성불임
② 자가불화합성
③ 폐화수분
④ 개화기 차이

> **해설** 타가수분 식물은 개화기, 주두와 화사의 길이, 주두
> 와 약의 성숙기 차이, 자가불화합성이나 웅성불임
> 등의 유전현상으로 타가수분을 유도한다. 벼과 식물
> 은 개화하지 않은 상태에서 자기 꽃가루를 이용하여
> 수분이 이루어지는데 이를 폐화수분이라 한다.

02

벼의 수분(꽃가루받이)에 관한 설명으로 옳은 것은?

① 주두와 약의 성숙기가 달라 타가수분을 한다.
② 꽃이 피지 않은 상태에서 수분이 이루어진다.
③ 바람에 날린 화분에 의해 수분이 이루어진다.
④ 방화 곤충에 의해 수분이 이루어진다.

> **해설** 벼과식물에서처럼 꽃이 피지 않은 상태에서 이루어
> 지는 수분 방식을 폐화수분(閉花授粉, Cleistogamy)
> 이라고 말한다.

03

(   )에 들어갈 내용으로 옳은 것은?

> (ㄱ)은/는 바람에 의해 날린 화분에 의해 이루
> 어지는 풍매수분을 하고, (ㄴ)은/는 방화 곤충
> 에 의해 이루어지는 충매수분을 한다.

① ㄱ : 벼, ㄴ : 호박
② ㄱ : 호박, ㄴ : 옥수수
③ ㄱ : 옥수수, ㄴ : 사과
④ ㄱ : 사과, ㄴ : 벼

> **해설** 벼는 폐화수분을 한다. 반면 꽃이 핀 후에 일어나는
> 개화수분은 곤충(충매수분)이나 바람(풍매수분)에
> 의해 이루어진다. 호박이나 사과 같은 충매화는 꽃
> 색이 화려하고, 밀선이 잘 발달되었으며, 향기를 발
> 산하여 방화곤충을 잘 유인하는 구조다. 반면에 옥
> 수수와 같은 풍매화는 꽃이 빈약한 대신에 화분이
> 작고 양이 많아 바람에 잘 날린다.

04

충매화의 특징에 관한 설명으로 옳지 않은 것은?

① 꽃색이 화려하다.
② 밀선이 잘 발달되어 있다.
③ 향기를 발산한다.
④ 화분이 작고 양이 많다.

해설 충매화는 꽃색이 화려하고, 밀선이 잘 발달되어 있으며, 향기를 발산하여 방화 곤충을 잘 유인하는 화기 구조를 갖는다. 반면 풍매화는 꽃이 빈약한 편이나 작고 양이 많아 바람에 잘 날리는 화분을 가지는 것이 특징이다.

05

옥수수의 수분(꽃가루받이) 방식은?

① 충매수분
② 풍매수분
③ 폐화수분
④ 자가수분

해설 옥수수는 자웅동주로 타가수정을 한다. 한 포기의 옥수수가 평균 3,500만 개의 화분을 생산하며 바람에 날린 화분에 의해 타가수분이 이루어진다.

06

식물의 중복수정에 관한 설명이다. ( )에 들어갈 말을 순서대로 나열한 것은?

> 화분관을 따라 주공을 통해 배낭에 들어온 2개의 정핵 중 하나는 ( )과 만나 2n인 ( )를 만들고, 또 다른 하나는 ( )과 접합하여 3n의 ( )를 생성하는데, 2회에 걸쳐 수정이 이루어지기 때문에 중복수정(Double Fertilization)이라고 부른다.

① 난핵, 배, 극핵, 배유
② 난핵, 배유, 극핵, 배
③ 극핵, 배, 난핵, 배유
④ 극핵, 배유, 난핵, 배

07

( )에 들어갈 내용으로 옳은 것은?

> 암술 주두에 안착한 화분이 수분을 흡수하면 화분관이 자라 나온다. 화분관은 계속 자라 (ㄱ)을 통하여 배주의 (ㄴ)으로 들어가 배낭으로 정핵을 침투시킨다.

① ㄱ : 화사, ㄴ : 주공
② ㄱ : 화사, ㄴ : 주병
③ ㄱ : 화주, ㄴ : 주공
④ ㄱ : 화주, ㄴ : 주병

해설 암술의 주두로 옮겨진 화분은 발아하여 화분관을 신장시킨다. 화분관은 화주를 따라 계속 자라 배주에 도달하면 주로 주공을 통하여 배낭으로 침투해 들어간다.

08

불화합성의 원인에 관한 설명으로 옳은 것은?

① 암술 기관인 배주나 배낭에 이상이 생겨 발생한다.
② 약에서 화분이 생성되지 않아 발생한다.
③ 기능을 상실한 화분에 의해서 일어난다.
④ 주두의 특이한 물질이 화분의 발아를 억제해 일어난다.

해설 불화합성은 정상적인 암수 간에 나타나는데 주두나 화주에서 생성되는 특이한 물질이 화분 발아를 억제하거나 침투해 들어가는 화분관이 파열되면서 발생한다.

안심Touch

09

배주가 수정 후 발달하여 종자가 될 때 발달 관계의 연결이 옳지 않은 것은?

① 접합체(2n) → 배
② 배유핵(3n) → 배유
③ 주피 → 종피
④ 주심조직 → 자엽

해설 배주는 수정 후 유사분열을 계속하여 종자로 발달한다. 배주 안의 배낭에서 중복수정 결과로 형성된 접합체와 배유핵은 각각 배와 배유로, 배주의 주피는 종피로, 주심조직은 외배유로 각각 발달한다.

10

오이와 같이 단위결과성이 높은 식물의 특징은?

① 옥신 함량이 높다.
② 지베렐린 함량이 높다.
③ 시토키닌 함량이 높다.
④ 아브시스산 함량이 높다.

해설 오이같이 단위결과성이 높은 식물은 체내 옥신 함량이 높으며, 옥신 처리로 단위결과성을 높일 수도 있다.

11

씨 없는 포도의 과실 비대를 촉진하는 데 이용하는 호르몬은?

① 지베렐린　　　② 시토키닌
③ 에틸렌　　　　④ 아브시스산

해설 옥신과 지베렐린은 과실 생장을 촉진하는 대표적인 호르몬으로 실용적으로 이용되고 있다. 특히 지베렐린은 씨 없는 포도의 과실 비대를 촉진하는데 이용되는데, 씨가 있는 경우는 효과가 나타나지 않는다.

12

수확기까지 세포분열과 확대가 계속되는 과실은?

① 포 도　　　　② 토마토
③ 바나나　　　　④ 아보카도

해설 과실의 생장은 세포의 분열과 확대로 진행되는데 대개의 경우 개화 후 세포분열이 끝나기 때문에 과실의 생장은 주로 세포의 확대에 의해 이루어진다. 하지만 딸기와 아보카도처럼 수확기까지 세포분열과 확대가 계속되는 경우도 있다.

13

노화를 촉진하는 효과가 있는 호르몬만을 나열한 것은?

① ABA, 에틸렌
② 브라시노스테로이드, 폴리아민
③ 옥신, 시토키닌
④ 자스몬산, 지베렐린

해설 식물호르몬 가운데 시토키닌, 옥신, 지베렐린은 노화를 억제하지만 ABA와 에틸렌은 노화를 촉진한다. 자스몬산은 식물의 생장을 억제하고 노화를 촉진하는 ABA와 비슷한 작용을 한다.

14

노화를 지연 또는 억제하기 위한 처리가 아닌 것은?

① 생식기관이 분화된 후 바로 제거한다.
② 생장억제제인 ABA를 처리해 준다.
③ 양수분이 부족하지 않도록 관리한다.
④ 장일식물을 단일 조건에 둔다.

해설 ABA는 노화를 촉진하는 호르몬이다.

15

붉게 익어가는 토마토 과실에서 일어나는 변화가 아닌 것은?

① 펙틴질이 분해된다.
② 당함량이 증가한다.
③ 유기산 함량이 감소한다.
④ 안토시아닌 함량이 증가한다.

해설 과실 성숙 시 펙틴질이 분해되고, 유기산 함량이 감소하며 당함량은 증가한다. 이에 따라 경도와 신맛은 감소하고 단맛은 증가한다. 착색도 촉진되는데, 붉은 토마토의 경우 카로티노이드 함량이 증가한다.

16

수확 후에 호흡 속도가 높아 상대적으로 저장성이 약한 원예산물은?

① 감 자   ② 양 파
③ 사 과   ④ 브로콜리

해설 표면적이 큰 엽채류(브로콜리, 아스파라거스, 시금치)나 생리적으로 미숙한 수확물은 호흡 속도가 높아 저장력이 매우 약하다. 반면에 각과류, 사과, 감귤, 감자, 양파, 포도 등은 호흡 속도가 낮아 상대적으로 저장력이 강하다.

17

과실 성숙 과정 중에 호흡 급등 현상이 나타나는 과실만을 나열한 것은?

① 사과, 토마토   ② 파인애플, 아보카도
③ 레몬, 체리   ④ 자두, 오렌지

해설 사과, 배, 복숭아, 감, 살구, 바나나, 키위, 망고, 무화과, 멜론, 토마토는 호흡 급등형 과실이다.

18

수확 후 산물의 증산에 관한 설명으로 옳지 않은 것은?

① 주변의 공중 습도가 낮을 때 활발하다.
② 적절한 공기의 유동은 증산을 촉진한다.
③ 주로 산물의 표피 조직에서 일어난다.
④ 부피에 비해 표면적이 작은 산물에서 잘 일어난다.

해설 수확 후 산물의 증산은 부피에 비해 표면적이 큰 엽채류 등에서 잘 일어난다.

19

수확 후 산물의 증산을 억제하는 방법에 관한 설명으로 옳지 않은 것은?

① 저장고 온도를 낮춘다.
② 저장고를 자주 환기한다.
③ 고구마는 큐어링한다.
④ 표면에 왁스 처리를 한다.

해설 저장고에서 증산을 억제하기 위해서는 저온에서 습도를 높이고 공기의 유동을 제한하는 것이 좋다. 산물을 플라스틱 필름으로 포장하거나 표면에 왁스 처리를 해주면 증산 억제에 효과적이다. 감자나 고구마는 수확 시 생긴 상처 치유를 목적으로 큐어링(Curing)을 해주면 상처 부위에 수베린 층이 형성되어 수분 손실을 방지할 수 있다.

PART 15

식물호르몬

CHAPTER 01 식물호르몬

CHAPTER 02 옥 신

CHAPTER 03 지베렐린

CHAPTER 04 시토키닌

CHAPTER 05 아브시스산

CHAPTER 06 에틸렌

CHAPTER 07 기타 호르몬

CHAPTER 08 식물호르몬의 농업적 이용

적중예상문제

● 학습목표 ●

1. 식물호르몬을 정의하고 특징을 알아본다.
2. 옥신, 지베렐린, 시토키닌, 아브시스산, 에틸렌의 종류, 생합성과 이동, 생물검정에 대해 이해하고 주요 생리적 기능에 대해 학습한다.
3. 기타 호르몬으로 브라시노스테로이드, 폴리아민, 자스몬산의 특징과 생리적 기능에 대해 학습한다.
4. 식물호르몬이 실제 농업에 이용되고 있는 사례에 대해 살펴본다.

식물호르몬

(1) 식물호르몬(Phytohormone, Plant hormone)이란?

① 식물 생장 조절물질(Plant growth regulator, PGR)이라 부른다.

② 식물체 내에서 합성되어 식물의 생육을 조절하는 일종의 화학적 신호 물질이다.

③ 작용 기작은 다양한 경로의 신호 전달로 설명하고 있다.

    ㉠ 세포막이나 원형질에 분포하는 수용체 단백질들이 호르몬을 감지한다.

    ㉡ 수용체는 세포막의 운반체를 활성화시키거나 원형질 내의 특정 분자를 구조적으로 변화시키고 활성화시킨다.

    ㉢ 활성화된 물질을 전령분자(Messenger molecules)라고 한다.

    ㉣ 전령분자는 일련의 신호 전달(Signal transduction) 과정을 통해 세포막 투과성 등 세포 반응을 유도하거나 유전자 발현을 유도한다.

    ㉤ 호르몬 반응 유전자의 발현은 세포의 분열, 신장, 분화, 환경 자극에 대한 여러 가지 생리적 반응의 조절로 나타난다.

④ 호르몬은 동물에서 사용된 용어인데 그리스어로 '자극하다(Impetus)'에서 유래하였다.

(2) 식물호르몬의 특징

① 생합성과 작용 부위가 다르다.

② 합성 부위에서 작용 부위로 이동할 때 나름의 수송 통로와 방향성을 갖는다.

③ 극미량으로서 반응을 나타낸다. 10^{-9}M 정도의 농도로서도 효과를 나타낼 수 있다.

④ 반응이 형체적이며 비가역이라는 점에서 비타민과 효소 작용과는 구별된다.

다음 조건을 모두 충족하는 식물체 내에서 생성되는 물질은?

> ㄱ. 식물 생육을 조절하는 일종의 화학적 신호 물질이다.
> ㄴ. 극미량으로 반응을 나타낸다.
> ㄷ. 반응이 형체적이며 비가역적이다.

① 호르몬　　　　　　　　　　② 비타민
③ 효소　　　　　　　　　　　④ 자당

해설　호르몬의 반응은 형체적이고 비가역적이라는 측면에서 비타민 또는 효소작용과는 구별된다.

정답　①

옥신

PLUS ONE

옥신(Auxin)은 가장 먼저 발견된 식물호르몬이다.

(1) 역사

① **찰스 다윈(Charles Darwin, 1880)** : 카나리아 풀 유묘에 광을 차단시켜 황화시킨 후 한쪽에서만 광을 비춰 굴광성을 관찰하였다.

② **보이센 옌센(Boysen–Jensen, 1913)** : 귀리 자엽초의 선단에 젤라틴을 끼우면 귀리 자엽초의 선단으로부터 분비되는 물질이 젤라틴을 통과한다는 사실을 확인하였다.

③ **파알(Paal, 1919)** : 귀리 자엽초 선단을 자르고 한쪽에 얹어 두면 암흑 속에서도 굴곡이 일어난다는 사실을 발견하였다.

④ **벤트(Went, 1926)** : 귀리 선단에서 이동하는 생장 물질을 한천에 모아 자엽초의 굴곡 각도가 한천 중에 함유된 생장 물질의 농도에 비례한다는 사실을 발견하였다.

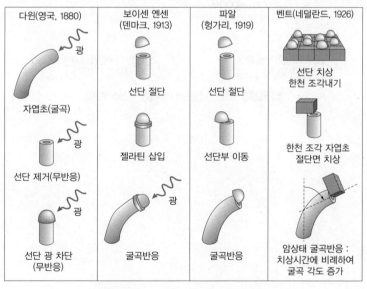

그림 15-1 옥신의 존재를 증명한 실험들

⑤ 쾨글(Kögl, 1931) : 옥신(Auxin, 그리스어 Auxein = to grow)을 명명하였다.

⑥ 이후 사람의 오줌(1934), 곰팡이 추출물(1935), 미숙 옥수수 낟알(1941)에서 천연 옥신인 IAA를 순수
분리하였다.

(2) 종 류

① 천연 옥신과 합성 옥신으로 구분하는데, 가장 대표적인 천연 옥신은 인돌아세트산(Indoleacetic acid,
IAA)이다.

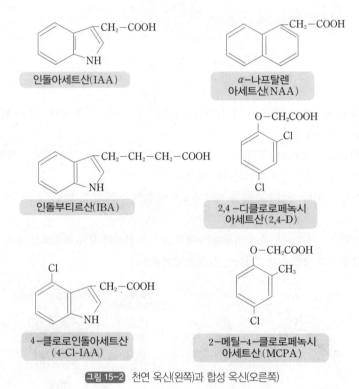

그림 15-2 천연 옥신(왼쪽)과 합성 옥신(오른쪽)

구 분	그 룹	종 류
천연 옥신	인돌산 (Indole acid)	• 인돌아세트산(Indoleacetic acid, IAA) • 4-클로로인돌아세트산(4-chloroindoleacetic acid, 4-Cl-IAA) • 인돌부티르산(Indolebutyric acid, IBA)
	비인돌산	페닐아세트산(Phenylacetic acid, PAA)
합성 옥신	인돌산	인돌프로피온산(Indolepropionic acid, IPA)
	나프탈렌산 (Naphthalene acid)	• 나프탈렌아세트산(α-naphthalene acetic acid, NAA) • 나프톡시아세트산(β-naphtoxyacetic acid)
	클로로페녹시산 (Chlorophenoxy acid)	• 2,4-디클로페녹시아세트산(2,4-dichlorophenoxy acetic acid, 2,4-D) • 2,4,5-트리클로페녹시아세트산(2,4,5-trichlorophenoxy acetic acid, 2,4,5-T) • 2-메틸-4-클로로페녹시아세트산(2-methyl-4-chlorophenoxy acetic acid, MCPA)
	벤조산 (Benzoic acid)	디캄바(Dicamba), 2,3,6-Cl-벤조산(2,3,6-trichlorobenzoic acid)
	피콜린산 (Picolinic acid) 유도체	피클로람(Picloram)

② 클로로페녹시산 그룹의 2,4-D와 2,4,5-T는 적정 농도 범위 내에서는 IAA와 같이 생장을 촉진하지만, 높은 농도로 사용하면 선택적 제초제로서 이용이 가능하다.

Level UP 이론을 확인하는 문제

다음 생장 조절 물질 가운데 천연 옥신은?

① NAA

② IAA

③ 2,4-D

④ 2,4,5-T

해설 옥신 계통의 식물호르몬에서 천연 옥신으로 인돌초산(IAA)이 있고, 합성 옥신으로 IPA, 2,4-D, 2,4,5-T, NAA, MCPA 등이 있다.

정답 ②

(3) 생합성과 이동

① 옥신의 생합성

㉠ 옥신의 생합성은 주로 줄기의 분열조직이나 어린 조직(경정)에서 일어난다.

㉡ 어린 열매나 종자에서도 옥신 함량이 높은데 이곳에서 생합성된 것인지 아니면 다른 조직으로부터 수송된 것인지는 불분명하다.

㉢ 트립토판(Tryptophan)이 IAA 생합성의 출발 물질이며 2가지 경로로 합성된다(그림 15-3).

- 트립토판의 탈탄산 반응으로 형성된 트립타민(Tryptamine)이 산화, 탈아미노 반응으로 인돌아세트알데히드로 전환되고 산화되면 IAA가 형성된다.
- 한편 트립토판의 아미노기 전이반응으로 형성된 인돌피루브산이 탈탄산 반응으로 인돌아세트알데히드를 형성하고 산화되면 IAA가 형성된다.

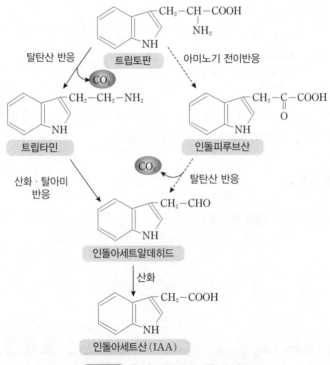

그림 15-3 옥신(IAA)의 주요 생합성 경로

㉣ 트립토판이 엽록체에서 합성된다는 점에서 일부 IAA는 엽록체에서 합성되는 것으로 본다. 세포 내 옥신의 1/3은 엽록체에, 나머지는 세포질에 존재한다.

㉤ 빛이 반드시 필요하지는 않지만, 있으면 더 많은 옥신이 생성될 수 있다.

㉥ 온도가 높을수록 식물의 생합성 능력이 증가해 겨울보다는 봄에 더 많은 옥신을 생성한다.

㉦ 조직이 오래될수록 옥신 생성 능력은 떨어지며 활발하게 신장하는 뿌리에서는 근단에서 옥신이 합성되기도 한다.

② 옥신의 이동

옥신은 극성(Polar) 또는 비극성(Non-polar) 두 가지 형태의 수송 체계를 갖고 있다.

극성 수송	• 옥신에서만 볼 수 있는 독특한 수송 형태
	• 정단부에서 기부로 향기적 이동을 하며, 반대 방향으로는 이동하지 않음
	• 자른 줄기를 뒤집어 놓아도 원래의 정단부에서 기부 방향으로 수송됨
	• 옥신 이동의 일방향성은 줄기 조직의 극성 때문
	• 뿌리에서는 극성이 약하거나 없음
	• 유관속조직의 유세포를 통하여 일어남
	• 극성 수송 모델로 화학 삼투설이 가장 널리 인정받고 있음 그림 15-4
	  – 옥신의 세포 내 흡수는 양성자 기동력에 의하고 세포 밖 유출은 세포의 아래쪽에 운집한 옥신 유
	    출 운반체가 기반임
	  – 아포플라스트(약산성, pH 5.5)에서는 IAAH(비해리형)으로 존재하며 이들은 수동적 확산으로 쉽게
	    막을 통과함
	  – 양성자가 떨어져 나간 IAA-(해리형)은 전기를 띠고 있어서 막을 바로 투과하지 못하고 H+-IAA
	    공동 수송체를 이용한 2차 능동수송을 통하여 들어옴
	  – 세포질은 중성(pH 7)이기 때문에 IAA는 주로 음이온의 해리형으로 축적됨
	  – 축적된 해리형 옥신은 세포 바닥의 세포막에 있는 옥신 유출 운반체에 의해 밖으로 수송됨
	  – 이 과정이 되풀이되면서 옥신은 위에서 아래쪽으로 이동됨

비극성 수송	• 성숙한 잎에서 합성되는 옥신은 대부분 체관부를 통하여 비극성 수송이 이루어짐
	  – 체관부에서 옥신의 적재와 하적은 운반체에 의해 이루어짐
	  – 체관부 수송은 수동적이며 공급부와 수용부의 힘에 의해 추진됨
	• 체관부 수송은 극성 수송의 경우보다 훨씬 빠르게 상하 양방향으로 멀리 뿌리까지 이어짐
	• 옥신의 이동 속도는 상온에서 1시간에 1cm 정도로 상당히 빨라 확산에 의한 이동 속도의 몇 배임

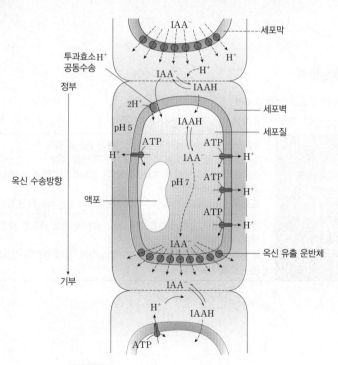

그림 15-4 옥신의 극성 수송의 화학 삼투 모델

③ 옥신의 불활성화

    ㉠ IAA는 광이나 효소에 의한 산화 작용으로 활성을 잃는다.

    ㉡ 미오−이노시톨(Myo−inositol), 아스파르트산, 포도당 당단백질 등과 결합된 형태로 변화됨으로써 그 활성을 잃기도 한다.

    ㉢ '결합형' 옥신은 일종의 저장 옥신으로 종자나 자엽, 그 밖의 저장기관에서 발아나 맹아할 때 유리되어 활성화된다.

Level UP 이론을 확인하는 문제

옥신의 극성 수송에 관한 설명으로 옳지 않은 것은?

① 줄기에서 향기적으로 이동한다.

② 뿌리에서는 극성이 약하거나 없다.

③ 유관속조직의 유세포를 통해 일어난다.

④ 자른 줄기를 뒤집어 놓으면 향정적으로 이동한다.

해설 정단부에서 기부로의 향기적 이동을 하며, 반대 방향으로는 이동하지 않는다. 자른 줄기를 뒤집어 놓아도 원래의 정단부에서 기부 방향으로 수송된다.

정답 ④

---

(4) 옥신의 정성과 정량분석

① 생물검정법(生物檢定法, Bioassay)

어떤 시료가 생물의 활성에 미치는 정도를 측정하여 그 물질의 존재 여부와 양을 측정하는 검정법이다.

아베나굴곡시험 (Avena curvature test)	• 귀리(*Avena sativa*)의 자엽초를 이용한 벤트의 검정 기법 • IAA 농도별 굴곡 각도를 측정하여 표준 곡선을 그림 • 농도를 알 수 없는 한천 조각을 귀리 자엽초의 절단면에 올려놓고 일정 기간이 지난 후 굴곡 각도를 측정함 • 표준 곡선을 이용하여 측정한 굴곡 각도(20°)에 상응하는 옥신 농도(IAA 1.0μg)를 구함
직선생장시험	• 완충 용액에 자엽초 절편을 띄워 놓고 옥신에 의해 유도된 자엽초 절편의 신장을 측정 비교하여 정량할 수도 있음 • 특정 농도의 범위 내에서만 측정이 가능하며, 광의 영향이 미치지 않도록 암 상태나 낮은 광도에서 실시해야 함

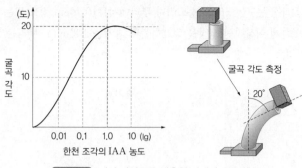

그림 15-5 귀리 자엽초를 이용한 아베나굴곡시험

② 질량분석법

 ㉠ 옥신의 화학 구조와 농도에 대한 정보를 모두 얻을 필요가 있을 때 사용한다.

 ㉡ 박막크로마토그래피(TLC), 고속액체크로마토그래피(HPLC) 등을 사용한다.

 ㉢ 옥신의 동정과 정확한 정량이 가능하기 때문에 옥신의 생합성 과정, 옥신의 전환, 식물체 내 옥신의 분포 등을 정확하게 분석할 수 있다.

Level UP 이론을 확인하는 문제

귀리 자엽초를 이용한 아베나굴곡시험을 통해 추정할 수 있는 것은?

① 옥신 함량
② 굴광 반응성
③ 귀리의 춘파성
④ 맥류의 도복성

해설   식물체에서 추출한 미지의 옥신을 처리하여 귀리 자엽초의 굴곡 정도를 측정하면 옥신의 농도를 추정할 수가 있다.

정답   ①

(5) 생리작용

① 세포분열과 생장 촉진

 ㉠ 옥신은 세포의 DNA 합성을 도와 세포분열을 촉진한다.

 ㉡ 산생장설에 의하면 옥신은 세포벽의 가소성을 증대시켜 세포의 신장과 확장을 촉진한다.

 ㉢ 옥신은 식물의 기관과 분포 농도에 따라 생장을 촉진하기도 하고 억제하기도 한다.

  • 옥신 농도에 뿌리가 가장 민감하고, 줄기는 둔감하며, 눈은 그 중간 정도이다.

  • 줄기의 생장을 촉진하는 농도의 옥신이 뿌리에서는 생장을 억제하는 작용을 한다.

- 줄기 생장의 적정 농도는 5ppm 정도이나 뿌리에서는 10^{-4}ppm 정도 또는 그 이하이다.
- 농도가 어느 한계 이상이면 생장을 억제하는데 줄기는 100ppm, 뿌리는 10^{-2}ppm보다 높으면 생장을 억제한다.

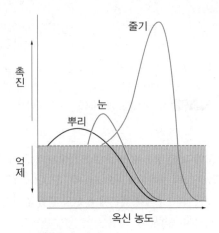

그림 15-6 옥신 농도와 기관별 생장 반응

② 세포 조직과 기관의 분화
　㉠ 옥신은 시토키닌과 공존하여 캘러스의 형성을 촉진한다.
　　• 조직배양에서 캘러스로부터 개체 완성을 위해 시토키닌과 적절한 옥신의 공급이 필수적이다.
　　• 줄기나 캘러스로부터 통도조직과 부정근의 분화를 유도한다.
　㉡ 삽목 시 옥신을 처리하면 발근이 촉진된다. 상업적으로 시판되고 있는 발근 촉진제인 루톤(Roo-tone)의 주성분이 NAA와 IBA이다.

③ 노화와 기관의 탈리 억제
　㉠ 식물의 잎은 옥신이 감소하면 생장을 멈추고 노화가 시작된다. 옥신을 처리하면 잎의 노화를 지연시킬 수 있다.
　㉡ 충분한 옥신이 생성되면 이층 형성이 억제되고, 옥신이 감소하면 이층 형성이 촉진된다. 과수의 낙과를 방지하기 위해 옥신을 처리해 준다.

④ 정아 우세성 지배
　㉠ 정아에서 극성 이동하는 옥신이 측아로 옮겨가면 측아 생장이 억제된다.
　㉡ 옥신의 지배를 받는 정아 우세성은 식물의 생장 형태를 결정한다.
　　• 해바라기처럼 정아 우세성이 강하면 곁가지의 발생이 적고 직립되기 쉽다.
　　• 감자나 토마토처럼 정아 우세성이 약하면 분지력이 강해 식물체가 무성해진다.

⑤ 굴광성과 굴중성
　㉠ 광 또는 중력의 영향으로 줄기나 뿌리에 옥신의 분포가 불균일해지면서 일어나는 현상이다.
　㉡ 굴지성은 옥신의 농도에 대한 생장 반응이 줄기와 다르기 때문에 일어난다.
　　• 고농도의 옥신은 줄기의 생장은 촉진하지만 뿌리의 생장은 억제한다.
　　• 수평으로 놓인 뿌리는 아래쪽이 위쪽보다 생장량이 적기 때문에 아래쪽으로 굽는다.

⑥ 착과 및 과실 비대

　　㉠ 수분, 수정 그리고 결실 과정에서 생성되는 옥신과 밀접한 관련이 있다.

　　㉡ 꽃눈분화가 동시에 일어나지 않는 파인애플에 NAA를 처리해 주면 과실이 균일해진다.

　　㉢ 암꽃이 많이 맺히는 식물체의 잎에 옥신 함량이 높은 것을 볼 수 있다.

　　　　• 옥신은 오이나 호박에서 암꽃의 착생을 촉진한다.

　　　　• 옥신에 의한 암꽃 증가는 옥신에 의한 에틸렌 합성을 통해 일어난다.

Level UP 이론을 확인하는 문제

옥신 농도에 가장 민감한 기관은?

① 줄 기
② 정 아
③ 측 아
④ 뿌 리

해설　옥신은 식물의 기관과 분포 농도에 따라 생장을 촉진기도 하고 억제하기도 한다. 옥신 농도에 뿌리가 가장 민감하고, 줄기는 둔감하며, 눈은 그 중간 정도이다. 줄기 생장의 적정 옥신 농도는 5ppm 정도이나 뿌리에서는 10^{-4}ppm 정도 또는 그 이하이다. 뿌리는 옥신 농도가 10^{-2}ppm보다 높으면 생장이 억제된다.

정답　④

Level UP 이론을 확인하는 문제

광 또는 중력의 영향으로 줄기나 뿌리의 분포에 영향을 주는 굴광성과 굴중성을 유도하는 식물호르몬은?

① 옥 신
② 지베렐린
③ 시토키닌
④ ABA

해설　굴광성과 굴지성은 광 또는 중력의 영향에 의하여 줄기 내 옥신의 분포가 불균일해지면서 일어난다. 굴지성은 옥신의 농도에 대한 생장 반응이 줄기와 다르기 때문에 일어난다.

정답　①

지베렐린

지베렐린(Gibberellin ; GA)

- 벼의 키다리 병에서 발견한 호르몬으로 식물의 키를 크게 하는 호르몬이다.
  - 1926년 일본의 구로자와가 키다리병 병원균의 균사에서 발견하였다.
  - 1935년 일본의 야부타가 순수 분리 후 지베렐린으로 명명하였다.
- 현재까지 다양한 수십 종의 GA들이 고등식물과 곰팡이에서 발견되고 있다.
- 지금까지 발견된 천연 GA의 종류는 136종으로 주로 고등식물에 분포하지만 곰팡이나 세균에서도 다수 발견된다.
- 1968년 발견된 순서대로 GAx로 번호를 매기는 명명법이 채택되어 사용되고 있다.

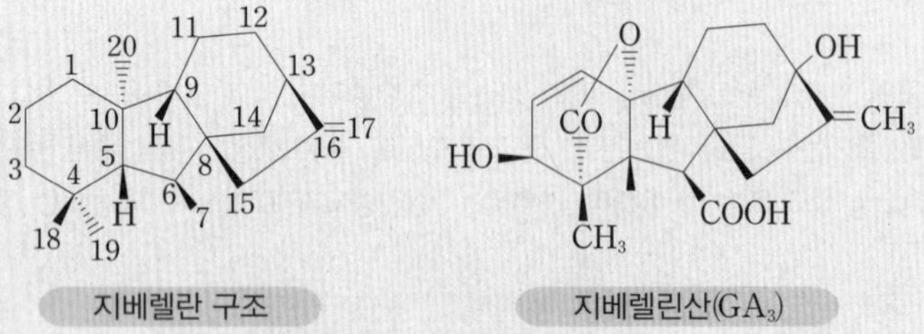

지베렐란 구조

지베렐린산(GA₃)

그림 15-7 지베렐란의 구조와 GA₃

(1) 특징

① 구조

ㄱ 구조가 복잡하여 인공 합성은 되지 않으며 농업용 GA는 식물이나 곰팡이에서 추출한다.

ㄴ GA는 4개의 고리로 형성된 지베렐란(Gibberellane)을 기본 구조로 가지고 있다(그림 15-7). 카르복실기, 수산기의 부착 위치와 수, 그리고 불포화도 차이에 따라 GA 종류가 결정된다.

ㄷ GA 간에 분자 구조가 쉽게 전환되고 유사한 화학 구조를 갖고 있지만 소수의 종류만이 생물적 활성을 갖고 있다.

ㄹ 농업용으로는 GA_3와 GA_{4+7}이 주로 많이 사용된다.

② 작용

　　㉠ GA 종류에 따라 식물의 생리적 반응이 다르다.

　　　　• 동일 GA라고 하더라도 식물의 종류에 따라 반응이 다르게 나타난다.

　　　　• 특정 발육 단계에 요구되는 GA의 종류도 식물에 따라 다르다.

　　㉡ 다량의 옥신은 에틸렌 합성으로 부작용을 일으키지만 다량의 GA는 특별한 부작용을 일으키지 않는다.

　　㉢ GA는 식물체 내에서 상당 시간 생리 활성을 유지한다.

　　㉣ GA는 옥신과 같은 극성 이동 현상 없이 물관부와 체관부 모두를 통해 이동한다.

　　㉤ GA의 불활성화는 GA 탄소 골격의 변형 또는 당과의 결합에 의해 일어난다.

　　　　• 당과 결합한 결합형 GA로 GA 글루코시드, GA 글루코실 에스테르 등이 있다.

　　　　• 결합형 GA들은 그 자체로는 GA 활성이 없어 저장형 GA라고도 한다.

　　　　• 결합형 GA는 생체에서 쉽게 분리되어 활성형 GA를 만든다.

　　㉥ 지베렐란 구조는 아니지만 GA와 유사한 기능을 하는 GA 유사 물질이 자연계에 존재한다.

Level UP 이론을 확인하는 문제

지베렐린에 관한 설명으로 옳은 것은?

① 체관부를 통한 극성 이동을 한다.

② 식물체 내에서 생리 활성 유지 시간이 짧다.

③ 다량의 GA는 에틸렌 합성을 유도한다.

④ 식물의 키를 크게 한다.

> 해설　지베렐린은 옥신과 같은 극성 이동 현상이 없이 물관부와 체관부 모두를 통해 이동한다. 식물체 내에서 생리 활성 유지 기간이 길며, 다량인 경우에도 에틸렌 합성을 촉진하는 옥신과는 달리 지베렐린은 특별한 부작용이 없다.
>
> 정답　④

(2) 생합성과 생물검정

① 생합성

㉠ 줄기나 뿌리 선단부, 어린잎과 과실, 그리고 발아하는 종자 등에서 합성된다.

㉡ 디테르펜계 화합물로 메발론산(Mevalonic acid)으로부터 합성된다.

초기 단계	메발론산 → 이소펜테닐 피로인산(Isopentenyl pyrophosphate) → 제라닐제라닐 피로인산(Geranylgeranyl pyrophosphate) → 카우레놀(Kaurenol)
중간 단계	카우레놀 → GA$_{12}$-알데히드(Aldehyde)
GA 합성 단계	GA$_{12}$-알데히드 → GA

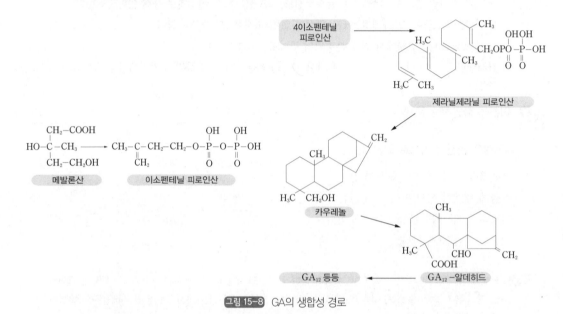

그림 15-8 GA의 생합성 경로

㉢ 고등식물과 미생물의 GA 생합성 경로는 중간 단계 이후의 경로는 서로 다르다(그림 15-8).

㉣ GA 생합성을 저해하면 식물의 생장이 억제된다. 식물 생장억제제로 Amo-1618, Phosphon-D, CCC, 다미노자이드(Daminozide, B-9), 안시미돌(Ancymidol, A-rest), 파클로부트라졸(Pa-clobutrazol, Bonzi), 유니코나졸(Uniconazole) 등이 개발되어 있다.

② 생물검정

㉠ GA에 잘 반응하는 왜성 벼(단은방주)나 왜성 옥수수 같은 왜성 식물을 주로 이용한다.

• 왜성은 체내에서 GA가 유전적으로 생성되지 않기 때문에 나타난다.

• 왜성 식물에 GA를 처리해 주면 농도에 비례하여 줄기가 신장한다.

㉡ GA 농도별 왜성 옥수수 줄기의 생장을 이용해 표준 곡선을 만들고, 농도를 알 수 없는 GA를 동일한 왜성 옥수수에 동일 시간 동안 처리한 후 줄기의 길이를 비교하면 농도를 알 수 있다.

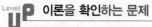

지베렐린의 생합성을 저해하여 식물의 생장을 억제하는 물질을 모두 고른 것은?

ㄱ. 다미노자이드	ㄴ. 안시미돌
ㄷ. 파클로부트라졸	ㄹ. 유니코나졸

① ㄱ, ㄴ ② ㄷ, ㄹ
③ ㄱ, ㄷ, ㄹ ④ ㄱ, ㄴ, ㄷ, ㄹ

해설 지베렐린의 생합성을 저해하면 식물의 생장이 억제되는데, Amo-1618, 포스폰-D, 사이코셀(CCC), 다미노자이드, 안시미돌, 파클로부트라졸, 유니코나졸 등의 생장억제제가 이용된다.

정답 ④

(3) 생리 작용

① 줄기의 생장 촉진

㉠ GA의 효과는 온전한 식물에 대하여 나타난다.

㉡ 줄기의 신장 효과가 가장 뚜렷하며 왜성 식물이나 로제트형 식물에서 잘 나타난다. 왜성 계통의 옥수수나 완두에 GA를 처리하면 신장 생장이 촉진되어 정상 식물만큼 커지지만 정상적인 크기의 계통에 처리하면 초장에 전혀 영향이 없다.

㉢ 왜성은 유전적으로 GA의 생산 능력이 부족하기 때문에 나타난다.
• 실제 왜성 개체에는 GA가 검출되지 않거나 매우 극미량으로 분포한다.
• 로제트형 식물에 GA를 처리하거나 또는 내생 GA의 생성을 촉진하는 적당한 환경 조건이 주어지면 줄기가 급속히 신장한다.

㉣ 줄기의 신장은 아정단 분열조직(Subapical meristem)이 조절한다(그림 15-9).
• 무나 당근과 같은 로제트형 식물은 아정단 분열조직의 활동이 미미하다.
• GA를 처리하면 아정단 분열조직의 유사분열 방추체와 분열면의 방향이 상하로 바뀐다.

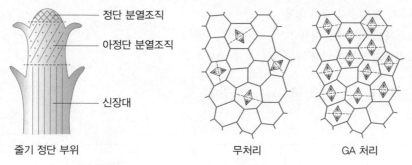

정단 분열조직
아정단 분열조직
신장대

줄기 정단 부위 무처리 GA 처리

그림 15-9 로제트형 식물 아정단 분열조직의 세포분열 방향

② 꽃눈분화와 개화 촉진

　　㉠ 2년생 식물인 당근, 순무, 양배추 등은 GA를 처리하면 저온을 거치지 않아도 추대 개화한다.

　　㉡ 상추, 무 등 1년생 장일식물은 GA를 처리하면 단일 상태라도 추대하여 개화 결실할 수 있다.

　　㉢ 장일이나 저온 처리로 유도되는 개화 반응들은 체내에 GA가 생성되었기 때문이며, 이러한 처리 대신 외부에서 GA를 처리해도 동일한 결과를 얻을 수 있다.

③ 휴면 타파와 발아 촉진

　　㉠ 광발아성 상추, 시금치, 담배 등의 종자에 GA를 처리하면 어두운 곳에서도 휴면 타파와 발아가 촉진된다.

　　㉡ 휴면 중인 감자를 2~3ppm의 GA 용액에 30~60분간 처리하면 맹아가 시작된다.

　　㉢ 종자의 결합형 GA는 발아 초기에 유리 상태로 전환되며 저장양분 가수분해효소의 합성을 촉진한다.

　　㉣ 종자의 휴면 타파는 ABA/GA 비율이 낮을수록 잘 일어난다.

　　㉤ 모든 휴면 중인 종자가 GA에 의해 휴면이 타파되는 것은 아니다.

④ 노화 억제와 착과 촉진

　　㉠ GA는 옥신처럼 노화를 억제한다. GA는 특히 엽록소, 단백질, RNA의 파괴를 억제하여 잎의 노화를 지연시킨다.

　　㉡ GA는 과실의 숙성을 억제해 감귤류나 바나나 과피의 엽록소 파괴를 지연시킨다.

　　㉢ GA는 착과와 과실 생장을 촉진한다.

　　㉣ GA는 토마토, 오이, 포도 등에서 단위결과를 유기한다. GA의 단위결과 유기는 옥신보다 낮은 농도에서도 가능하다.

　　㉤ 포도에서는 개화 2주일 전에 GA를 처리하여 씨없는 열매(무핵과)를 만들 수 있다. 무핵화 포도는 과실 크기가 작은 경향이 있으므로 개화 후 1주일 정도에 GA를 다시 한 번 처리하여 과립 비대를 촉진시켜야 한다.

　　㉥ 밀감에서는 GA 처리로 노화를 지연시켜 수확기를 연장시키기도 한다.

Level UP 이론을 확인하는 문제

GA의 생리적 작용에 관한 설명으로 옳지 않은 것은?

① 완두의 줄기 신장 촉진

② 양배추의 저온 춘화 처리 대체

③ 상추 종자의 광발아성 대체

④ 포도 삽수의 부정근 발생 촉진

[해설] 삽수의 부정근 발생을 촉진하는 호르몬은 옥신이다.

[정답] ④

시토키닌

(1) 역 사

① 1950년 미국의 수쿠그(F. Skoog)가 정어리 정자의 DNA 열분해산물에서 세포분열 활성 물질을 발견하고 Kinetin으로 명명하였다.

② 키네틴은 아데닌 유도체로 최초로 발견된 시토키닌이나 식물에서는 발견되지 않는다.

③ 1963년 뉴질랜드 리탐(Letham)이 옥수수 미숙 종자에서 제아틴(Zeatin)을 추출하였다.

④ 제아틴은 최초로 고등식물에서 발견된 시토키닌(Cytokinin)으로 아데닌 유도체이며 구조는 키네틴과 비슷하다.

(2) 종 류

시토키닌 활성을 보이는 화합물은 대부분이 핵산 염기의 일종인 아데닌의 유도체이다. 아데닌의 아미노기에 연결된 측쇄의 변이에 따라 종류가 구분된다.

① 아데닌 분자의 6번 위치에 있는 아미노기에 직선 또는 고리 모양의 측쇄가 연결되어야 하며 이 밖의 위치에 결합되면 활성이 감소되거나 불활성화된다.

천연 시토키닌	제아틴(Zeatin)과 이소펜테닐아데닌(Isopentenyl adenine) 등
합성 시토키닌	키네틴, 벤질아데닌(Benzyl adenine ; BA), 피라닐벤질아데닌(Pyranyl benzyl adenine ; PBA), 에톡시에틸아데닌(Ethoxy ethyl adenine) 등

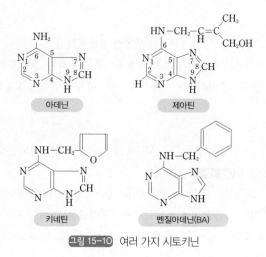

그림 15-10 여러 가지 시토키닌

② 실제로 많이 이용되는 시토키닌은 키네틴과 BA이다(그림 15-10).

③ 고등식물에서 시토키닌은 주로 유리된 상태로 존재한다.

④ 시토키닌도 당과 결합하여 제아틴 리보시드(Zeatin riboside)나 제아틴 글루코시드(Zeatin glucoside) 등과 같은 결합형으로도 존재하지만, 결합형 시토키닌은 그 활성이 매우 약하다.

Level UP 이론을 확인하는 문제

( )에 들어갈 내용을 옳게 나열한 것은?

(ㄱ)은 최초로 고등식물에서 발견된 천연 시토키닌으로 핵산 염기의 일종인 (ㄴ) 유도체이다. (ㄴ)의 아미노기에 연결된 측쇄의 변이에 따라 종류가 구분된다.

① ㄱ : 키네틴, ㄴ : 아데닌

② ㄱ : 키네틴, ㄴ : 구아닌

③ ㄱ : 제아틴, ㄴ : 아데닌

④ ㄱ : 제아틴, ㄴ : 구아닌

해설 시토키닌은 세포분열을 일으키는 호르몬으로 대부분이 핵산을 구성하는 아데닌의 유도체이다. 키네틴은 최초로 발견된 시토키닌이지만 동물 DNA의 분해 산물로 식물에서는 발견되지 않는다. 식물에서 처음으로 발견된 시토키닌은 제아틴인데 옥수수 미숙 종자에서 추출하였다.

정답 ③

(3) 생합성

① 생합성 장소

ㄱ 고등식물에서 뿌리가 시토키닌의 1차적인 생합성 장소이다.

ㄴ 뿌리 선단에서 합성된 시토키닌은 신초의 정부쪽으로 이동하여 눈에 집적된다.

ㄷ 생합성은 어린 과실이나 종자에서도 이루어지는데, 여기서 합성된 시토키닌은 다른 부위로 거의 이동하지 않는다.

② 생합성

ㄱ AMP에 이소펜테닐기가 결합하여 i^6AdoMP를 형성하고 여기서 리보실제아틴을 거쳐 제아틴이 합성되는 것으로 보고 있다(그림 15-11).

• 시토키닌 합성효소가 이소펜테닐피로인산(Isopentenyl pyrophosphate ; IPP)의 이소펜테닐기를 AMP의 N^6(6번 아미노기) 위치에 결합시켜 이소펜테닐 AMP N^6(i^6AdoMP)가 생성한다.

• 이로부터 리보실제아틴-5'-일인산(Ribosylzeatin-5'-monophosphate), 리보실제아틴을 거쳐 제아틴이 합성된다.

• 한편 i^6AdoMP는 이소펜테닐아데노신(Isopentenyl adenosine ; i^6Ado)을 거쳐 이소펜테닐아데 닌(Isopentenyl adenine)으로 전환되는 경로를 밟기도 한다.

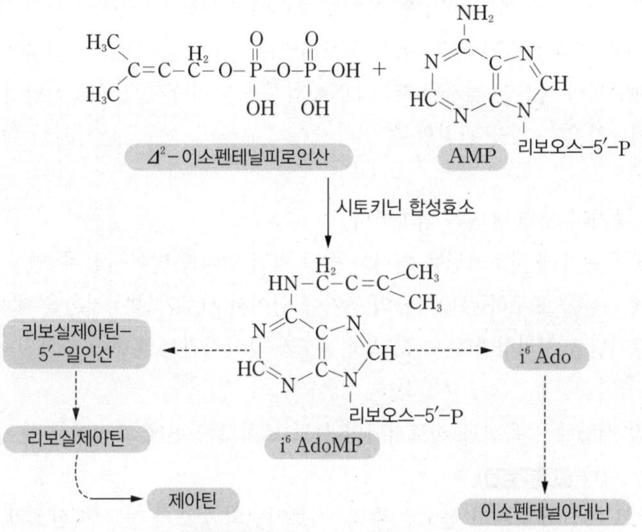

$$\Delta^2 - 이소펜테닐피로인산 + AMP \quad 리보오스-5'-P$$

시토키닌 합성효소

리보실제아틴– 5'–일인산 ← $i^6 AdoMP$ (리보오스-5'-P) → $i^6 Ado$

리보실제아틴 → 제아틴

이소펜테닐아데닌

그림 15-11 시토키닌의 생합성 경로

③ 분 해

　㉠ 산화효소에 의해서 측쇄가 제거되면 아데닌은 잔틴(Xanthin)을 거쳐 요소로 분해된다.

　㉡ 아데닌 분자가 변화하거나 파괴되면 시토키닌 활성이 없어진다.

Level **UP** 이론을 확인하는 문제

시토키닌 생합성의 출발 물질은?

① 트립토판(Tryptophan)

② 메발론산(Mevalonic Acid)

③ AMP(Adenosine Monophosphate)

④ 메티오닌(Methionine)

해설 트립토판은 IAA, 메발론산은 GA, AMP는 시토키닌, 메티오닌은 에틸렌의 생합성에 이용되는 전구 물질이다.

정답 ③

(4) 생리 작용

① 세포분열

ㄱ 가장 중요한 기능은 적정량의 옥신이 포함된 조직에서 세포분열을 유도하는 것이다.

ㄴ 옥신은 DNA 복제와 관련된 일을 하고, 시토키닌은 세포의 유사분열을 조절한다.

ㄷ 담배 조직배양에서 옥신만 첨가될 때는 DNA 합성은 일어나지만, 시토키닌이 첨가되기 전에는 세포분열이 일어나지 않는 것을 관찰할 수 있다.

② 휴면 타파

ㄱ 시토키닌은 종자나 눈의 휴면을 타파한다.

ㄴ 광발아성 상추 종자에 시토키닌을 처리하면 광 처리 없이도 발아시킬 수 있다.

ㄷ 휴면 타파에 저온을 요구하는 수목류의 종자에 있어서 시토키닌이 저온을 대체할 수 있다.

ㄹ 감자는 시토키닌을 처리하면 눈의 ABA의 농도가 낮아지면서 휴면이 타파된다.

③ 기관 형성

ㄱ 담배의 조직 배양에서 옥신과 시토키닌의 농도 조절로 절편체 조직에서 눈이나 뿌리를 성공적으로 유기시킬 수 있다(그림 15-12).

- 상대적으로 옥신의 농도가 높으면 뿌리, 시토키닌의 농도가 높으면 신초의 형성을 유도한다.
- 적당하지 않은 농도에서는 기관이 분화되지 않고 캘러스만 자란다.

ㄴ 뿌리혹 박테리아를 이용한 분자생물학적인 실험 결과에 따르면 옥신 합성유전자와 시토키닌 합성유전자 두 유전자가 모두 작용할 때는 캘러스만 형성되고 뿌리나 줄기는 생기지 않았다.

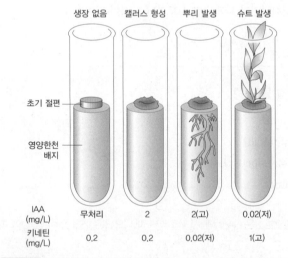

그림 15-12 담배 절편체 배양 시 옥신과 시토키닌 농도에 따른 기관의 분화

④ 노화 억제

    ㉠ 잎의 노화는 뿌리에서 생산되어 물관부를 통해 이동한 시토키닌의 양에 의해서 조절된다.

       • 시토키닌은 노화를 유기시키는 효소들의 활성을 감소시켜 엽록소, 핵산, 단백질의 분해를 억제하고 잎의 노화를 지연시킨다.

       • 잎에 국부적으로 시토키닌을 처리하면 다른 부위는 황화하지만 그 부위는 녹색을 유지한다.

    ㉡ 시토키닌은 수용 부위 활성을 증가시켜 물질을 집적시킨다.

    ㉢ 시토키닌이 처리된 잎으로의 아미노산 이동에서 확인할 수 있다.

⑤ 정아 우세성 억제

    ㉠ 시토키닌은 측아의 유관속 분화를 촉진함으로써 옥신에 의한 정아 우세성을 약화시킨다. 생장이 억제된 측아에 직접 시토키닌을 처리하면 생장 억제 현상은 소멸된다.

    ㉡ 측아의 생장이 억제된 식물체는 원줄기와의 유관속의 연결이 불량하다. 정단을 절단한 부위에 옥신을 처리하면 유관속 연결 조직의 형성이 억제되고 측아에 국부적으로 시토키닌을 처리하면 유관속 분화가 촉진된다.

Level UP 이론을 확인하는 문제

세포의 유사분열을 촉진하는 식물호르몬은?

① 옥 신

② 지베렐린

③ 시토키닌

④ ABA

해설   시토키닌은 적정량의 옥신이 포함된 조직에서 세포의 유사분열을 유도한다.

정답   ③

CHAPTER 05 아브시스산

(1) 역 사

① 1964년 미국의 애디코트(Addicott)는 목화의 미성숙 과실에서 탈리(Abscission)를 촉진하는 물질을 발견하고 '아브시신(Abscisin)'이라 명명하였다.
② 영국의 웨어링(Wareing, 1964)은 자작나무의 휴면을 유기하는 물질을 발견하고 이를 '도르민(Dormin)'이라고 불렀다.
③ 1967년 국제식물생장조절물질학회(IPGSA)에서 '아브시스산(Abscisic acid ; ABA)'이라 명명하였다.
④ ABA는 식물의 생장을 억제하는 대표적인 식물호르몬이다.

(2) 구조와 종류

① ABA는 탄소 15개의 세스퀴테르펜(Sesquiterpene)의 일종이다.
② ABA는 하나의 이중 결합과 2개의 메틸기를 가진 지방족 화합물 고리와 끝에 1개의 카르복실기가 있는 불포화 측쇄를 가지고 있다.
③ 카르복실기 방위에 따라 cis형과 trans형이 있으며 서로 전환될 수 있다. 생체에서 합성되는 형태는 거의 cis형이며 보통 ABA라고 할 때는 이 형태를 말한다.
④ ABA는 고리의 탄소 위치 1에 비대칭 탄소를 가지고 있어 S형(또는 +), R형(또는 −)의 광학적 대장체(Enantiomer)를 만들 수 있다.
  ㉠ 자연형은 모두 (+)형이고 기공 폐쇄와 같은 신속한 반응은 이 유형에 의해서만 유도된다.
  ㉡ 합성 ABA는 (+)형과 (−)형이 비슷한 비율로 혼합된 제품이다.
  ㉢ (+)형과 (−)형은 식물체 내에서의 상호 전환이 불가능하다.
⑤ ABA는 산화되면 파세산(Phaseic acid)과 디히드로파세산(Dihydrophaseic acid)으로 변하거나 포도당과 결합하면 활성이 없어진다.
⑥ 가장 흔한 결합형은 ABA−글루코실 에스테르이다.

식물체 내에서 생합성되는 자연형 ABA의 형태는?

① (+), cis형   ② (+), trans형

③ (−), cis형   ④ (−), trans형

해설 ABA는 카르복실기가 있는 불포화 측쇄를 가지는데 이의 방위에 따라 cis형과 trans형이 있으며 서로 전환될 수 있다. 생체에서 합성되는 형태는 거의 cis형이며 보통 ABA라고 할 때는 이 형태를 말한다. ABA는 고리 의 탄소 위치 1에 비대칭 탄소를 가지고 있어 S형(또는 +), R형(또는 −)의 광학적 대장체(Enantiomer)를 만들 수 있는데 자연형은 모두 (+)형이고 기공 폐쇄와 같은 신속한 반응은 이 유형에 의해서만 유도된다.

정답 ①

(3) 생합성과 이동

① ABA는 잎, 줄기 및 미성숙 과실의 엽록체에서 주로 합성된다.

② 세포 내 ABA는 광조건에서 약 70% 정도가 엽록체 안에 존재한다.

③ 균류에서는 메발론산(Mevalonate)로부터 합성되고, 식물에서는 카로티노이드계 색소인 비올라잔틴 (Violaxanthin)에서 잔톡신(Xanthoxin)을 거치는 경로로 합성된다(그림 15-13).

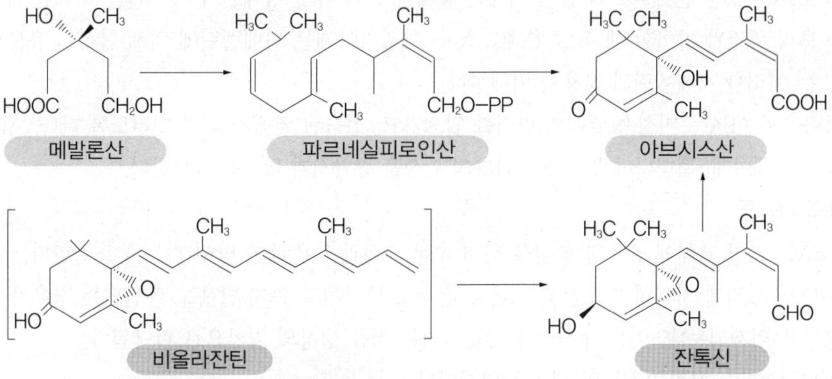

메발론산   파르네실피로인산   아브시스산

비올라잔틴   잔톡신

그림 15-13 ABA의 생합성 경로

④ 단일 조건과 수분 부족은 ABA의 합성을 촉진시킨다.

⑤ ABA의 이동은 물관부와 체관부 모두를 통해 이루어지나 체관부를 통한 이동량이 훨씬 많다.

ABA와 생리적 기능이 유사한 잔톡신(Xanthoxin)은 이동성이 거의 없으나, ABA는 어떤 방향성에 국 한되지 않고 쉽게 이동된다.

ABA에 관한 설명으로 옳지 않은 것은?

① 식물의 생장을 억제한다.

② 세스퀴테르펜(Sesquiterpene)의 일종이다.

③ 잎, 줄기 및 미성숙 과실의 엽록체에서 주로 합성된다.

④ 극성이 있어 특정 방향성을 갖고 이동한다.

해설 ABA는 식물의 생장을 억제하는 대표적인 식물호르몬으로 탄소 15개의 세스퀴테르펜의 일종이다. 잎, 줄기 및 미성숙 과실의 엽록체에서 주로 합성되는데 어떤 방향성에 국한되지 않고 쉽게 이동한다.

정답 ④

(4) 생리 작용

① 휴면 유도와 탈리 촉진

　㉠ 식물은 ABA 농도가 높고 GA 농도가 낮을 때 휴면하고, 반대인 경우 휴면이 타파된다. 감자 괴경이나, 낙엽과수 눈에도 휴면 중에는 ABA 함량이 높다.

　㉡ ABA는 저장양분 분해에 필수적인 여러 가수분해효소의 합성을 억제한다.

　　• ABA의 양분 분해효소의 합성 억제는 종자나 눈의 휴면 상태를 유지시키는 중요한 작용이다.

　　• 보리 종자가 발아할 때 녹말 분해효소 α-아밀라아제는 지베렐린에 의해 합성이 유도되는데 ABA는 이러한 지베렐린의 작용을 억제한다.

　㉢ 목화에서 ABA는 미성숙 열매의 탈리를 일으키고, 성숙된 열매가 터져 열리도록 한다. ABA가 탈리층의 프로테아제, 펙티나아제, 셀룰라아제의 활성을 증가시켜 탈리를 유도한다.

② 그 밖의 기능들

　㉠ ABA는 기공 폐쇄에 중요한 역할을 하며 수분 스트레스에 대한 방어 기능을 조절한다.

　㉡ ABA를 뿌리에 처리하면 수분과 이온의 흡수가 증가되고 측지 발생도 촉진되는 경우가 많지만 잎의 생장은 억제되는데, 이는 내건성을 강화시키는 적응 생장의 일환으로 판단된다.

　㉢ ABA는 줄기, 뿌리, 잎 등의 생육을 억제한다.

　㉣ 옥신은 세포벽을 산성화시켜 생장을 촉진시킬 수 있는 데 반해 ABA는 세포벽에서의 H^+의 증가를 억제한다.

　㉤ ABA는 곁눈의 생장을 억제시켜 정아 우세성을 강화시키는 역할도 한다.

　㉥ ABA는 잎의 노화를 촉진하며, GA나 시토키닌은 ABA의 노화 촉진 기능을 감소시킨다.

　　• 1~10ppm의 ABA 농도에서 벼 잎의 노화를 촉진한다.

　　• ABA와 키네틴은 잎의 엽록소와 RNA에 관하여 서로 길항적으로 작용한다.

ABA의 생리적 기능에 해당하는 것은?

① 잎의 노화 억제

② 오이 단위결과 유도

③ 종자의 휴면 유도

④ 삽수의 발근 촉진

해설 ABA는 대표적인 식물 생장 억제 물질이다. ABA 농도가 높고 GA 농도가 낮을 때 식물은 휴면에 들어간다.

정답 ③

안심Touch

06 에틸렌

에틸렌(Ethylene)
- 성숙과 노화를 촉진하는 식물호르몬이다.
- 식물호르몬 중 그 구조가 가장 간단하고 상온에서 기체 상태이다.
- 식물체의 전 부위에서 발생한다.
- 다른 식물호르몬과 상호 작용을 한다.

(1) 역사

① 1901년 러시아의 넬류보프(D. Neljubow)가 실험실 조명등에서 나온 천연가스 에틸렌에 의한 완두의 3중 반응(Triple reaction : 신장 감소, 줄기 비대, 수평 생장)을 발견하였다.

② 1910년 커즌스(H.H. Cousins)는 오렌지 과실에서 발산하는 기체 성분에 의한 바나나 성숙 촉진 사실을 보고하였다.

③ 1930년대에 과실 성숙과 관련하는 기체 성분이 에틸렌이라는 사실이 알려졌다.

④ 게인(R. Gane)은 사과에서 나오는 에틸렌이 과실의 성숙과 관계가 있으며 에틸렌이 식물대사의 자연 산물이라는 것을 화학적으로 밝히고 식물호르몬으로 분류하였다.

(2) 화학적 특성

① 에틸렌(C_2H_4)은 2개의 탄소가 이중결합으로 이루어진 가장 간단한 식물호르몬이다.

② 에틸렌은 식물체 내에 존재하는 무색의 기체로 상온에서는 공기보다 가볍다.

③ 에틸렌은 물속에서 적은 양이 용해된다.

④ 산소와 만나 산화되면 에틸렌옥시드, 옥살산 등을 거쳐 이산화탄소로 분해된다.

⑤ 에틸렌은 기체이기 때문에 이용상 편의를 위해 개발된 것이 에세폰이라는 생장조정제이다.

아세틸렌(C_2H_2)도 에틸렌과 유사한 생리적 기능을 갖고 있는 것으로 알려져 있으나 식물호르몬으로 취급되지는 않는다.

무색의 기체로 과실의 성숙을 촉진하는 식물호르몬은?

① 브라시카스테로이드　　　　　　② 지베렐린

③ 폴리아민　　　　　　　　　　　④ 에틸렌

해설　에틸렌은 기체 상태의 식물호르몬으로 성숙과 노화를 촉진한다. 성숙 촉진을 위해 과실에 처리하면 엽록소가 파괴되고, 카로틴 또는 안토시아닌 색소의 합성이 증가하며, 조직의 연화 등 여러 가지 생화학 반응이 일어난다.

정답　④

(3) 생합성

① 분자의 화학적 구조가 단순하여 유기화합물 산화 또는 연소 과정에서 쉽게 생성될 수 있다.

② 메티오닌(Methionine)이 식물에서는 유일한 에틸렌 생합성 재료이다(그림 15-14).

　㉠ 메티오닌에서 출발하여 S-아데노실메티오닌(S-adenosylmethionine ; SAM)과 1-아미노시클로프로판-1-카르복실산(1-aminocyclopropane-1-carboxylic acid ; ACC)을 거쳐 합성된다.

　㉡ 메티오닌의 S원자는 메틸티오아데노신(Methylthioadenosine)의 형태로 재순환되어 에틸렌 합성을 위한 메티오닌을 계속적으로 제공한다.

　㉢ SAM은 ACC 합성효소에 의하여 ACC로 전환되고 다시 에틸렌 형성효소(Ethylene forming enzyme ; EFE)에 의해 에틸렌으로 변화한다.

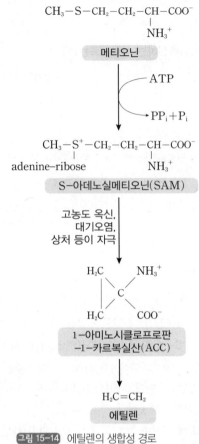

$$CH_3-S-CH_2-CH_2-CH-COO^-$$
$$NH_3^+$$

메티오닌

ATP

PP_i+P_i

$$CH_3-S^+-CH_2-CH_2-CH-COO^-$$
adenine-ribose $\quad$ NH_3^+

S-아데노실메티오닌(SAM)

고농도 옥신,
대기오염,
상처 등이 자극

H_2C $\quad$ NH_3^+
C
H_2C $\quad$ COO^-

1-아미노시클로프로판
-1-카르복실산(ACC)

$H_2C=CH_2$

에틸렌

그림 15-14 에틸렌의 생합성 경로

③ 에틸렌은 식물의 모든 기관에서 생성되나 성숙 중인 과실에서 특히 왕성하다.

④ 에틸렌 생성은 광조건에 의해 억제되고 스트레스 조건에서 현저하게 증가한다.

⑤ 식물체 내에서의 이동은 에틸렌 가스의 확산과 ACC의 이동으로 이루어진다.

Level UP 이론을 확인하는 문제

식물에서 에틸렌 생합성의 유일한 재료는?

① 트립토판(Tryptophan)

② 메발론산(Mevalonic acid)

③ AMP(Adenosine monophosphate)

④ 메티오닌(Methionine)

해설 트립토판은 IAA, 메발론산은 GA, AMP는 시토키닌, 메티오닌은 에틸렌의 생합성에 이용되는 전구 물질이다.

정답 ④

(4) 에틸렌의 생리 작용

① 숙성 및 노화 촉진

㉠ 에틸렌은 과실의 숙성을 유도하고, 잎과 꽃의 노화를 촉진한다. 과실에 에틸렌을 처리하면 엽록소의 파괴, 카로틴 또는 안토시아닌 색소의 합성 증가, 조직의 연화, 호흡의 증가, 향기 성분의 증가 등 여러 가지 생화학 반응이 일어난다.

㉡ 에틸렌의 생합성은 산소가 필수적이며 이산화탄소는 에틸렌 작용을 경쟁적으로 억제한다.
산소가 낮고 이산화탄소가 높은 조건에서는 에틸렌 생성 억제와 동시에 작용이 억제됨으로써 성숙 및 노화가 지연된다.

㉢ 그 밖에 AVG(Amino ethoxyvinylglycine)와 같은 에틸렌 생합성 억제제나 Ag^+과 같은 작용 억제 물질은 성숙을 지연시킨다.

㉣ 호흡 급등형 과실에서는 호흡의 증가 시점보다 빠르거나 같은 시기에 에틸렌 생성의 급증이 수반된다. 급등형 과실에서 에틸렌 생성의 억제는 호흡의 급등을 억제하거나 시기를 지연시킨다.

② 그 밖의 기능들

㉠ 에틸렌은 셀룰라아제와 폴리갈락투로나아제의 합성을 촉진시켜 기관의 이층 형성과 탈리를 유도한다. 호두, 양앵두, 목화를 수확하기 전에 에세폰을 처리하면 이층이 형성되고 탈리가 촉진되어 쉽게 수확할 수 있다.

㉡ 에틸렌은 대부분 식물의 지상부 신장 생장을 억제시키고 측면 생장을 증가시킨다.

㉢ 신장 생장의 감소와 측면 생장 증가에는 미소섬유와 미세소관의 배열이 관련되어 있는데 이러한 변화는 에틸렌이 옥신의 극성 이동을 방해하기 때문인 것으로 알려져 있다.

㉣ 에틸렌은 파인애플과 튤립의 개화를 촉진시킨다.

㉤ 박과채소에서는 암꽃 착생 절위를 낮추고 암꽃수를 증가시킨다.

㉥ 엽록소 분해를 촉진하여 수확 후 감귤류에 처리하면 착색을 촉진시킬 수 있다.

Level UP 이론을 확인하는 문제

에틸렌의 생합성 억제제는?

① AVG(Amino ethoxyvinylglycine)

② $AgNO_3$(Silver nitrate)

③ ACC(1-aminocyclopropane-1-carboxylic acid)

④ SAM(S-adenosylmethionine)

> **해설** AVG는 에틸렌의 생합성을 억제하나 Ag^+는 에틸렌 작용을 억제한다. ACC와 SAM은 에틸렌 생합성의 전구 물질이다.
>
> **정답** ①

CHAPTER 07 기타 호르몬

(1) 브라시노스테로이드(Brassinosteroid ; BRs)

① 1970년대 미국에서 배추과 *Brassica*속 유채의 화분에서 브라시놀라이드(Brassinolide)를 처음 추출하고 그 구조를 확인하였다 그림 15-15.

② 이후 검출된 다수의 스테로이드 계통 식물 생육 조절 물질을 브라시노스테로이드라 부르게 되었으며 '제6의 식물호르몬'으로 취급하고 있다. 예전에는 브라신(Brassin)이라고 불렀다.

③ 다수의 식물에서 발견되며, 특히 화분에 함유량이 많지만 식물의 모든 부위에 존재한다.

④ 옥신이나 GA와 유사한 생장 촉진 효과를 가지고 있다.

⑤ 다른 호르몬에 비해 아주 낮은 농도에서 활성을 나타낸다.

⑥ 효과적인 농도 범위는 0.001~1ppb이다.

⑦ 무, 상추, 고추, 콩, 감자, 고구마, 벼, 보리 등에 처리하여 수확량이 크게 증가한 예들이 있다.

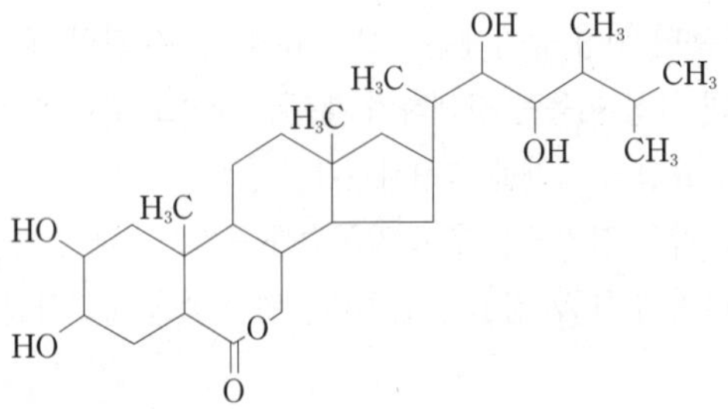

그림 15-15 브라시노스테로이드의 한 종류인 브라시놀라이드

Level UP 이론을 확인하는 문제

스테로이드 계통의 식물호르몬은?

① 폴리아민　　　　　　② 브라시놀라이드
③ 자스몬산　　　　　　④ 살리실산

해설 스테로이드(Steroid)계통의 식물호르몬인 브라시놀라이드(BRs)는 배추과 *Brassica*속 식물인 유채의 화분에서 처음으로 추출하였다. BRs는 생장 촉진 효과를 가지고 있다.

정답 ②

(2) 폴리아민(Polyamine)

① 두 개 이상의 아민기를 가지고 있는 다가 양이온 화합물이다(그림 15-16).

② 동식물체에 널리 분포하며 아미노산 아르기닌으로부터 생합성된다.

아민기 수	종 류
2개	푸트레신(Putrescine)
3개	스페르미딘(Spermidine)
4개	스페르민(Spermine), 사람의 정액(Sperm)에서 처음으로 결정체를 관찰한데서 유래한 명칭임

$$H_2N-(CH_2)_4-NH_2$$

푸트레신

$$H_2N-(CH_2)_3-NH-(CH_2)_4-NH_2$$

스페르미딘

$$H_2N-(CH_2)_3-NH-(CH_2)_4-NH_2-(CH_2)_3-NH_2$$

스페르민

그림 15-16 폴리아민류

③ 매우 작고, 용해성이며, 확산성 분자이므로 세포 내에서의 위치 고정이 어렵다. 세포 내에서 양이온으로 존재해 DNA, RNA, 인지질 및 단백질과 같은 중요한 세포 내 음이온 분자와 강하게 결합하여 세포 내 여러 기능에 영향을 준다.

④ 세포 내에 농도가 낮으면 생육이 억제되거나 중지되고, 폴리아민 결여 돌연변이체에 폴리아민을 처리하면 정상적으로 생장 발육한다.

⑤ 식물의 조직 내 농도는 다른 식물호르몬의 농도보다 높다.

⑥ 원형질막이나 세포 내 막이 분해되는 것을 방지하여 엽록소, 단백질, RNA 등의 감소를 지연시키고 잎이 노화되는 것을 억제한다.

⑦ 생합성에 있어서 에틸렌과 상호 경쟁적 관계에 있어 에틸렌의 형성이나 작용을 억제하며 에틸렌에 반대되는 항노화 작용을 한다.

⑧ 폴리아민류의 생합성에 에틸렌 생합성 과정의 중간산물인 SAM이 관여한다.

Level UP 이론을 확인하는 문제

폴리아민의 생합성 출발 물질은?

① 메티오닌 　　② 아르기닌 　　③ 아스파라긴 　　④ 글루탐산

해설 폴리아민은 두 개 이상의 아민기를 가지고 있는 다가 양이온 화합물로 아르기닌이라는 아미노산으로부터 생합성된다.

정답 ②

(3) 자스몬산(Jasmonic acid ; JA) 및 메틸-자스몬산(Methyl-jasmonate)

① 1971년 고구마 검은썩음병 병원균(Lasiodiplodia theobromae)의 배양액에서 발견하였다.

② 향수의 원료로 사용되어 온 휘발성 물질이다.

③ 식물체에 존재하는 JA의 복합체는 20종 이상이 알려져 있다.

④ 지방산의 하나인 리놀렌산(Linolenic acid)이 생합성 전구 물질이다.

⑤ 식물의 생장을 억제하고 노화를 촉진하는 ABA와 비슷한 작용을 한다.

　　㉠ 식물의 발아와 성장을 억제하지만 저해 활성은 ABA의 1/2~1/4 가량으로 그 효과가 낮다.

　　㉡ 잎의 노화, 탈리, 에틸렌 합성, 뿌리 발생 촉진 등은 ABA보다 촉진 작용이 크다.

⑥ 토마토나 사과 과실에 JA를 처리하면 엽록소가 파괴되고 β-카로틴 합성이 촉진된다.

⑦ JA의 효과는 시토키닌에 의해 역전되거나 효과가 없어진다.

⑧ 식물 스트레스 반응에도 관여하여 병균이나 해충이 침입하면 JA 합성이 증가하고 이로 인해 방어와 관련된 단백질을 합성하여 침입에 대한 저항성을 증대시킨다.

⑨ 식물체의 저항성 기작에 신호를 보내는 물질이라고 알려져 있다.

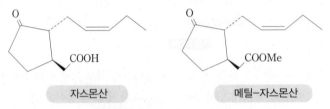

자스몬산　　　　　　　메틸-자스몬산

그림 15-17 자스몬산의 화학적 구조

Level UP 이론을 확인하는 문제

자스몬산(Jasmonic acid)의 생합성 전구 물질은?

① 리놀렌산(Linollenic acid)

② 글루탐산(Glutamic acid)

③ 피루브산(Pyrubic acid)

④ 숙신산(Succinic acid)

해설　지방산의 하나인 리놀렌산이 자스몬산의 생합성 전구 물질이다.

정답　①

식물호르몬의 농업적 이용

① 식물호르몬과 같은 화학 물질을 이용하여 식물의 생육을 조절하는 것을 식물의 화학적 조절(Chemical control)이라 한다.

② 식물의 화학 조절에 이용되는 일체의 화학 물질을 식물 생장조정제(Plant growth regulator, 또는 Plant bio-regulator)라고 한다.

③ 우리나라 농약관리법에 따르면 '농작물의 생리 기능을 증진 또는 억제하는 데 사용하는 약제'로 정의하고 있다. 생장조정제에는 천연 또는 합성 식물호르몬과 그와 유사한 기능을 갖는 호르몬성 유기 합성 화합물을 포함한다.

④ 화학적 조절은 집약적으로 재배되고 있는 원예작물에서 그 이용이 급격히 증가하여 생산성 향상에 크게 이바지하고 있다. 식물 생장조정제는 천연의 식물호르몬보다는 그와 유사한 기능을 하는 합성 호르몬이 상업적으로 더 많이 이용되고 있다.

구 분	유효성분	용 도	상품명
옥신계	4-CPA	토마토 착과 촉진	토마토톤
	1-NAA	원예식물 발근 촉진	루톤분제
지베렐린계	GA	생장, 과실 비대 촉진	지베렐린, 쑥쑥
시토키닌계	BA	감귤 꽃눈 형성 촉진	BA
에틸렌계	2-클로로에틸포스폰산	토마토, 감귤 착색 촉진	에세폰
생장억제제	클로르메쿼트-Cl(Chlormequat chloride, 일명 Chlorocholine Chloride)	화훼식물 신장 억제	CCC
	다미노자이드{Daminozide, 일명 N-(dimethylamino)succinamic acid}	화훼식물 신장 억제	B-9

⑤ B-9은 발암성 물질로 판정되어 관상용 원예식물에만 사용할 수 있다.

⑥ 생장조정제에 식물호르몬의 합성이나 이동을 방해하는 항지베렐린제와 항옥신제가 있다.

항지베렐린제	• B-9, CCC, TE 등 • 지베렐린 생합성을 방해함 • 신장 생장을 억제시켜 작물을 왜화 시키므로 도복을 방지할 수 있고, 화곡류의 분지를 조절할 수도 있음
항옥신제	• TIBA, NPA, 모르팍틴(Morphactin) 등 • 옥신의 극성 수송을 억제함 • 정부 우세성을 약화시키므로 관상식물의 분지수를 증가시키는 데 이용함

안심Touch

토마토에 처리할 경우 착과 촉진 효과가 나타내는 생장 조절 물질은?

① 1-NAA

② 4-CPA

③ BA

④ CCC

해설 4-CPA는 옥신계 생장조절제로 토마토의 착과를 촉진하는 효과가 있다. 옥신계 생장조절제인 1-NAA는 발근 촉진, 시토키닌계 생장조절제인 BA는 감귤에서 화아 형성을 촉진하는 효과가 있다. CCC는 생장억제제로 화훼식물의 신장을 억제하는 효과가 있다.

정답 ②

01

IAA의 생합성 출발 물질은?

① 트립토판(Tryptophan)

② 메발론산(Mevalonic acid)

③ AMP(Adenosine monophosphate)

④ 메티오닌(Methionine)

해설 트립토판은 IAA, 메발론산은 GA, AMP는 시토키닌, 메티오닌은 에틸렌의 생합성에 이용되는 전구 물질이다.

03

( )에 들어갈 내용을 옳게 나열한 것은?

> (ㄱ)은/는 천연 옥신이고, (ㄴ)은/는 합성 옥신이다.

① ㄱ : 인돌아세트산(IAA), ㄴ : 페닐아세트산(PAA)

② ㄱ : 페닐아세트산, ㄴ : 인돌부티르산(IBA)

③ ㄱ : IBA, ㄴ : 나프탈렌산(NAA)

④ ㄱ : NAA, ㄴ : IAA

해설 인돌아세트산(Indoleacetic acid, IAA), 인돌부티르산(Indolebutyric acid, IBA), 페닐아세트산(Phenylacetic acid, PAA)는 천연 옥신이고, 인돌프로피온산(Indolepropionic acid, IPA), 나프탈렌산(Naphthalene acetic acid, NAA), 2,4-D, 2,4,5-T 등은 합성 옥신이다.

02

높은 농도로 사용하면 선택적 제초제로서 상업적 이용이 가능한 합성 옥신은?

① IAA

② IBA

③ PAA

④ 2,4-D

해설 클로로페녹시산(Chlorophenoxy acid) 그룹의 2,4-D와 2,4,5-T는 적정 농도 범위 내에서는 IAA와 같이 생장을 촉진하지만, 높은 농도로 사용하면 선택적 제초제로서 이용이 가능하다.

04

루톤의 주요 성분과 용도는?

① 옥신, 발근 촉진

② 지베렐린, 착과 촉진

③ 시토키닌, 개화 억제

④ 에틸렌, 착색 촉진

해설 삽목 시에 발근 촉진을 위해 옥신을 처리한다. NAA와 IBA가 발근 촉진제로 많이 이용되며 상업적으로 이들을 주성분으로 하는 루톤이 시판되고 있다.

안심Touch

05

옥신의 생리적 기능에 해당하지 않는 것은?

① 단위결과성 유기
② 캘러스 신초 분화
③ 정아의 정부 우세성
④ 뿌리의 굴중성

해설 조직배양에서 캘러스의 신초 유기는 시토키닌, 부정근 발생은 옥신이 촉진시킨다.

06

호르몬의 생합성 장소에 관한 설명으로 옳지 않은 것은?

① 옥신은 주로 줄기의 분열조직이나 어린 조직에서 합성된다.
② 지베렐린은 어린잎과 과실, 발아하는 종자에서 합성된다.
③ 시토키닌은 정아가 1차적인 생합성 장소이다.
④ ABA는 잎, 줄기 및 미성숙 과실의 엽록체에서 주로 합성된다.

해설 시토키닌의 1차적인 생합성 장소는 뿌리이다.

07

로제트형 식물의 줄기 신장을 촉진시킬 수 있는 식물호르몬은?

① 옥 신
② 지베렐린
③ 시토키닌
④ ABA

해설 왜성 식물이나 로제트형 식물에 지베렐린을 처리하면 줄기의 신장 효과가 뚜렷하게 나타난다.

08

지베렐린의 생합성 출발 물질은?

① 트립토판(Tryptophan)
② 메발론산(Mevalonic acid)
③ AMP(Adenosine monophosphate)
④ 메티오닌(Methionine)

해설 트립토판은 IAA, 메발론산은 GA, AMP는 시토키닌, 메티오닌은 에틸렌의 생합성에 이용되는 전구 물질이다.

09

지베렐린 생합성을 저해하여 식물의 생장을 억제하는 화합물은?

① NAA
② CCC
③ Zeatin
④ ABA

해설 지베렐린 생합성을 저해하여 식물의 생장을 억제하는 식물 생장억제제로 B-9, CCC, TE 등이 있다.

10

씨 없는 포도 생산에 이용되는 식물호르몬은?

① 옥 신
② 지베렐린
③ 시토키닌
④ 에틸렌

해설 포도에서는 개화 2주 전에 GA를 처리하여 씨 없는 열매(무핵과)를 만들 수 있다.

11

( )에 들어갈 내용을 옳게 나열한 것은?

> 무나 당근은 (ㄱ) 분열조직의 활동이 미미해 로제트형을 유지한다. 이러한 로제트형 식물에 (ㄴ)를 처리하면 (ㄱ) 분열조직의 유사분열 방추체와 분열 면의 방향이 상하로 바뀌어 신장 촉진을 유도한다.

① ㄱ : 정단, ㄴ : 옥신
② ㄱ : 정단, ㄴ : 지베렐린
③ ㄱ : 아정단, ㄴ : 옥신
④ ㄱ : 아정단, ㄴ : 지베렐린

해설 줄기의 신장은 아정단 분열조직이 조절한다. 단축경을 가지고 있는 로제트형 식물은 아정단 분열조직의 활동이 미미한데 지베렐린을 처리하면 이 분열조직의 유사분열 방추체와 분열 면의 방향이 상하로 바뀌어 줄기 신장을 유도하게 된다.

12

개화 반응을 유도하는 장일 조건이나 저온 조건을 대체할 수 있는 식물호르몬은?

① 옥 신
② 지베렐린
③ 시토키닌
④ 에틸렌

해설 장일이나 저온 처리로 유도되는 개화 반응들은 체내에 지베렐린이 생성되었기 때문이다. 이러한 처리 대신에 외부에서 지베렐린을 처리해도 동일한 결과를 얻을 수 있다.

13

지베렐린 처리 효과에 해당하지 않는 것은?

① 바나나 과실의 엽록소 분해를 촉진한다.
② 토마토 과실의 착과를 촉진한다.
③ 포도의 단위결과를 유기한다.
④ 밀감의 노화를 지연시켜 수확기를 연장시킨다.

해설 지베렐린은 노화를 억제하고 과실의 착과를 촉진한다. 과실의 숙성을 억제해 감귤류나 바나나 과피의 엽록소 파괴를 지연시킨다. 토마토, 오이, 포도 등에서 단위결과를 유기한다. 밀감에서는 지베렐린 처리로 노화를 지연시켜 수확기를 연장시키기도 한다.

14

식물에서 발견되는 천연 시토키닌은?

① 제아틴(Zeatin)
② 키네틴(Kinetin)
③ 벤질아데닌(BA)
④ 피라닐벤질아데닌(PBA)

해설 천연 시토키닌으로 제아틴과 이소펜테닐아데닌 등이 있다.

15

시토키닌의 1차적 생합성 장소는?

① 눈
② 잎
③ 줄 기
④ 뿌 리

해설 시토키닌의 1차적 생합성 장소는 뿌리이다. 뿌리 선단에서 합성된 시토키닌은 신초의 정부로 이동하여 눈에 집적된다. 어린 과실이나 종자에서도 이루어지는데 여기서 합성된 시토키닌은 다른 부위로 거의 이동하지 않는다.

16

시토키닌보다 옥신 농도가 높을 때 조직 배양중인 담배 절편체에 나타나는 현상은?

① 신초가 발생한다.
② 뿌리가 발생한다.
③ 캘러스만 형성된다.
④ 생장 반응이 나타나지 않는다.

해설 담배의 조직배양에서 옥신과 시토키닌의 농도 조절로 절편체 조직에서 눈이나 뿌리를 성공적으로 유기시킬 수 있다. 상대적으로 옥신의 농도가 높으면 뿌리, 시토키닌의 농도가 높으면 신초의 형성을 유도한다.

17

(   )에 들어갈 내용을 옳게 나열한 것은?

(ㄱ)은 측아의 유관속 분화를 촉진함으로써 (ㄴ)에 의한 정아 우세성을 약화시킨다.

① ㄱ : 옥신, ㄴ : 지베렐린
② ㄱ : 지베렐린, ㄴ : 에틸렌
③ ㄱ : 에틸렌, ㄴ : 시토키닌
④ ㄱ : 시토키닌, ㄴ : 옥신

해설 정아에서 극성 이동하는 옥신이 측아로 옮겨 가면 이 옥신에 의해 측아 생장이 억제된다. 시토키닌은 측아의 유관속 분화를 촉진함으로써 옥신에 의해 생기는 정아 우세성을 약화시킨다.

18

(   )에 들어갈 내용을 옳게 나열한 것은?

식물은 (ㄱ)의 농도가 높고 (ㄴ)의 농도가 낮을 때 휴면하고, 이들 농도 분포가 반대인 경우에는 휴면이 타파된다.

① ㄱ : 지베렐린, ㄴ : 옥신
② ㄱ : 옥신, ㄴ : 시토키닌
③ ㄱ : 시토키닌, ㄴ : ABA
④ ㄱ : ABA, ㄴ : 지베렐린

해설 식물의 휴면은 ABA 농도가 높고 지베렐린의 농도가 낮을 때 일어난다. 반면에 농도 분포가 반대인 경우에는 휴면이 타파된다.

19

(   )에 들어갈 내용을 옳게 나열한 것은?

보리 종자가 발아할 때 녹말 분해효소 α-아밀라아제는 (ㄱ)에 의해 합성이 유도되는데, (ㄴ)는 이러한 (ㄱ)의 작용을 억제한다.

① ㄱ : 옥신, ㄴ : 시토키닌
② ㄱ : 시토키닌, ㄴ : 지베렐린
③ ㄱ : 지베렐린, ㄴ : ABA
④ ㄱ : ABA, ㄴ : 옥신

해설 보리 종자가 발아할 때 녹말을 분해하여 이용한다. 녹말 분해에 필수적인 α-아밀라아제가 지베렐린에 의해 합성이 유도되는데, ABA는 이러한 지베렐린의 작용을 억제한다.

20

식물에서 에틸렌 생합성의 유일한 재료는?

① 트립토판(Tryptophan)
② 메발론산(Mevalonic acid)
③ AMP(Adenosine monophosphate)
④ 메티오닌(Methionine)

해설 트립토판은 IAA, 메발론산은 GA, AMP는 시토키닌, 메티오닌은 에틸렌의 생합성에 이용되는 전구 물질이다.

21

에틸렌의 화학적 특성에 관한 설명으로 옳지 않은 것은?

① 상온에서 기체이다.   ② 공기보다 가볍다.
③ 물에 잘 용해된다.   ④ 색깔을 띠지 않는다.

해설 물속에서 적은 양이 용해된다.

22

고등식물에서 볼 수 있는 (㉯) 호르몬의 생합성 과정이다. 생합성 출발 전구 물질 (㉮)와 호르몬(㉯)를 순서에 맞게 나열한 것은?

> (㉮) → S-adenoxylmethionine(SAM) → 1-aminocyclopropane-1-carboxylic acid (ACC) → (㉯)

① ㉮ – 메티오닌 ㉯ – 에틸렌
② ㉮ – 트립토판 ㉯ – 에틸렌
③ ㉮ – 비올라잔틴 ㉯ – ABA
④ ㉮ – 메발론산 ㉯ – ABA

해설 에틸렌의 생합성 과정으로 메티오닌이 출발 전구 물질이다.

23

에틸렌의 생리적 작용에 관한 설명으로 옳지 않은 것은?

① 잎, 과실, 꽃의 이층을 형성하여 탈리를 유도한다.
② 대부분 식물의 줄기 신장을 억제하고 비대 생장을 증가시킨다.
③ 파인애플과 튤립의 개화를 촉진시킨다.
④ 박과채소에서는 암꽃 착생 절위를 높인다.

해설 박과채소에서는 암꽃 착생 절위를 낮추고 암꽃 수를 증가시킨다.

24

에틸렌 생합성 과정의 중간산물이 SAM에 대해 상호 경쟁적 관계에 있어 에틸렌의 합성이나 작용을 억제하며 항노화 작용을 하는 식물호르몬은?

① 브라시노스테로이드   ② 폴리아민
③ 자스몬산   ④ 살리실산

해설 폴리아민은 생합성에서 에틸렌과 상호 경쟁적 관계에 있어 에틸렌에 반대되는 항노화 작용을 한다.

25

브라시노스테로이드 호르몬에 관한 설명으로 옳은 것은?

① 특이적으로 화분에서만 발견된다.
② ABA와 유사한 효과를 나타낸다.
③ 무, 상추 등의 생장을 억제한다.
④ 가장 효과적인 활성 농도는 0.001~1ppb이다.

해설 브라시노스테로이드는 화분에 가장 많이 함유되어 있지만 식물의 모든 부위에 존재하며 옥신이나 지베렐린과 유사한 생장 촉진 효과를 나타낸다. 무, 상추, 고추, 콩, 감자, 고구마, 벼, 보리 등에 처리하여 수확량이 크게 증가한 예들이 있다.

26

폴리아민에 관한 설명으로 옳지 않은 것은?

① 2개 이상의 아민기를 가진다.
② 세포 내에서 양이온으로 존재한다.
③ 에틸렌과 유사한 효과를 나타낸다.
④ 아르기닌(Arginine)으로부터 생합성된다.

해설 폴리아민은 두 개 이상의 아민기를 가지고 있는 다가 양이온 화합물로 아르기닌이라는 아미노산으로부터 생합성된다. 폴리아민과 에틸렌의 생합성 과정에 SAM이 관여하여 상호 경쟁적 관계에 있어 폴리아민은 에틸렌의 형성이나 작용을 억제하며 에틸렌에 반대되는 항노화 작용을 한다.

27

자스몬산에 관한 설명으로 옳은 것은?

① 식물의 발아를 촉진한다.
② 시토키닌과 비슷한 작용을 한다.
③ 병 침입에 대한 저항성을 증대시킨다.
④ 숙신산(Succinic acid)으로부터 생합성된다.

해설 JA는 식물의 생장을 억제하고 노화를 촉진한다. 스트레스 반응에도 관여하는 데 병균이나 해충이 침입하면 합성이 증가하고 이로 인해 방어 관련 단백질이 합성되어 침입에 대한 저항성을 증대시킨다. 자스몬산은 지방산의 하나인 리놀렌산으로부터 생합성된다.

28

( )에 들어갈 호르몬을 옳게 나열한 것은?

> 폴리아민은 ( )의 형성이나 작용을 억제하며, 자스몬산의 효과는 ( )에 의해 역전되거나 효과가 없어진다.

① ㄱ : 옥신, ㄴ : 지베렐린
② ㄱ : 지베렐린, ㄴ : ABA
③ ㄱ : ABA, ㄴ : 에틸렌
④ ㄱ : 에틸렌, ㄴ : 시토키닌

해설 폴리아민과 에틸렌 생합성 과정에 SAM이 관여한다. 폴리아민은 에틸렌과 상호 경쟁적 관계에 있어 에틸렌의 형성이나 작용을 억제하며 에틸렌에 반대되는 항노화 작용을 한다. 자스몬산의 작용은 ABA와 비슷한데 시토키닌에 의해 역전되거나 효과가 없어진다.

29

ABA와 생리적 작용이 비슷한 식물호르몬은?

① 브라시놀라이드
② 폴리아민
③ 자스몬산
④ 살리실산

해설 자스몬산 및 메틸-자스몬산은 ABA와 비슷한 생리작용을 하는 천연 식물 생장조절제로 식물의 생장을 억제하고 노화를 촉진한다.

PART 16

환경 및 스트레스 생리

CHAPTER 01 환경과 스트레스

CHAPTER 02 저온 장해

CHAPTER 03 고온 장해

CHAPTER 04 가뭄 장해

CHAPTER 05 과습 장해

CHAPTER 06 광선 스트레스

CHAPTER 07 바람 스트레스

CHAPTER 08 염류 장해

CHAPTER 09 산도 스트레스

CHAPTER 10 환경 오염 스트레스

적중예상문제

● **학습목표** ●

1. 식물 생장에 절대적인 영향을 미치는 환경 요인들의 작용 법칙, 상호 작용, 반응에 대해 이해하고 스트레스 생리의 개념을 파악한다.
2. 온도 · 수분 스트레스에 대한 식물의 반응 생리를 이해하고 저온과 고온, 한발과 과습 장해의 종류와 피해 및 내성 기작에 대해 알아본다.
3. 광선과 바람, 염류와 산도 스트레스에 대한 식물의 반응 생리를 이해하고, 이들 스트레스에 의해 식물에 발생하는 장해 양상과 예방 및 방지 대책에 대해 알아본다.
4. 식물의 스트레스 요인으로 대기, 수질, 토양 등의 환경 오염에 대해 알아본다.

PART 18

환경과 스트레스

(1) 환경 생리

• 다양한 환경 조건에서 나타나는 식물의 생장 반응을 연구하는 학문을 환경 생리학(Environmental physiology)이라 한다.
• 환경 생리학의 주요 연구 주제는 환경 요인들의 작용 법칙, 요인들 간의 상호 작용, 환경에 대한 반응 생리 등이다.

① 환경 요인들의 작용 법칙

환경 매개변수에 대한 식물의 일반화된 작용(반응)법칙으로 포화(飽和, Saturation)나 최소량의 법칙(Law of minimum) 등을 예로 들 수 있다.

포화법칙	• 특정 환경 매개변수가 포화될 때까지 작용이 증가하다가 어느 수준에 이르면 더 이상 증가하지 않거나, 독성이나 저해 작용을 나타내는 법칙 그림 16-1 – 필수 요소에 대한 반응 곡선은 결핍, 내성, 독성(억제) 단계로 구분함 – 내성 단계에서는 추가적인 요소에 의해 수량 등의 생장 반응이 나타나지 않는데 이를 과소비라 함 – 비필수 요소는 결핍과 내성과는 무관하지만 높은 수준에서는 독성을 나타냄 • 광합성에서 설명한 광포화점이나 이산화탄소 포화점 등에 적용됨
최소량의 법칙	• 환경에 대한 작용이 여러 환경변수 가운데 최소량의 요인에 의해 결정되는 법칙 • 1840년 독일의 리비히(Justus von Liebig)가 저서 『농화학』에서 "식물의 생장은 최소로 공급되는 영양분의 양에 의존한다"는 최소량의 법칙을 정리함

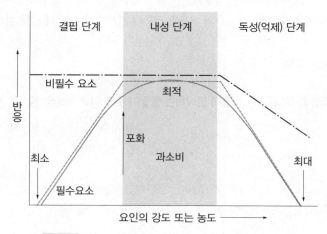

그림 16-1 환경 매개변수에 대한 식물의 일반화된 반응 곡선

안심Touch

② 환경 요인들 간의 상호 작용

　　㉠ 한 요인이 식물 생장에 미치는 작용은 다른 요인에 따라 달라진다.

　　　　• 2개의 환경 요인이 작용할 때 단독으로 작용할 때보다 효과가 더 커질 수 있는데, 이것을 상승작용(Synergism)이라고 한다.

　　　　• 특정 작용 법칙을 설명할 때는 대부분 다른 요인을 한정한다.

　　㉡ 식물의 생장은 환경의 변화에 따라 조절되며, 특히 불량 환경에서 큰 폭의 변화를 나타낸다.

　　　　• 식물의 경우에도 항상성(Homeostasis)이 있어 외부 환경의 변화가 클 때에 내적 조건은 항상 일정하게 유지하거나, 변화의 폭을 가능한 좁게 유지하려는 반응을 보인다.

　　　　• 이러한 항상성의 정도는 저항성과도 연관이 된다.

　　㉢ 환경의 영향이 세대를 건너 이어지는 것을 이월효과(Carryover effect)라고 한다.

　　　　• 불량 환경에서 몇 세대를 경과시키면 그 후 정상적인 생육 조건에 옮겨도 다시 몇 세대가 진전되어야 생장률이 회복되는 것이 한 예이다.

　　　　• 발생 과정에 있는 배는 환경과 모체에 의하여 조절되며 그 효과는 여러 세대를 거쳐 전달될 수가 있다.

　　㉣ 생물적 요인으로 식물과 식물, 식물과 동물 간의 상호 작용을 들 수 있다.

　　　　• 한 식물이 주변의 다른 식물의 생장을 저해하는 것을 타감 작용(Allelopathy)이라고 한다.

　　　　• 주로 타감 물질(Allelochemic)에 의한 작용인데 주변 식물체는 물론 동물이나 해충, 미생물에도 영향을 미칠 수 있다.

　　　　• 검은 호두나무의 주글론(Juglone, 5-hydroxynaphthoquinone)은 타감 물질로 토마토와 알팔파를 죽일 수 있지만 새포아풀의 생장은 촉진한다.

③ 환경에 대한 반응 생리

　　㉠ 어떤 식물은 초식성 동물에 대하여 방어 기구를 가진다.

　　　　예 장미는 가시를 가지고 구조적으로 대항한다.

　　㉡ 독성 물질이나 동물이 회피하는 물질을 함유하여 자신을 방어하기도 한다.

　　　　예 마늘의 항균 성분인 알린, 고추의 매운맛 성분인 캡사이신, 오이의 쓴맛 성분인 엘라트린 등

Level UP 이론을 확인하는 문제

식물 간의 상호 작용의 하나로, 한 식물이 분비하는 물질이 주변 다른 식물의 생장을 저해하는 현상은?

① 기지 현상　　　　　　　　　　② 길항 작용
③ 이월 효과　　　　　　　　　　④ 타감 작용

해설 한 식물이 주변의 다른 식물의 생장을 저해하는 것을 타감 작용이라고 하며 이것은 주로 특정 식물이 생산하는 타감 물질이 주변의 다른 식물에 영향을 미치기 때문에 나타나는 현상이다.

정답 ④

(2) 스트레스 생리

① 환경 스트레스

㉠ 식물이 최적 환경 조건에서 벗어났을 때 나타내는 생장 반응에 대해 연구하는 학문을 스트레스 생리학(Stress physiology)이라고 한다.

㉡ 저온과 고온, 가뭄과 홍수, 강광이나 약광, 강풍, 높은 염류 농도와 산도 등은 중요한 환경 스트레스가 된다.

가벼운 스트레스	• 일시적이며 가역적이고 눈에 잘 보이지 않음 • 환경이 정상으로 되돌아가면 바로 원래의 상태로 회복됨
심한 스트레스	• 열사, 동사, 건조사, 도복 등과 같은 장해가 나타남 • 장해가 가시적이고, 환경이 회복되어도 원래대로 돌아가지 못함

㉢ 자연 상태에서 식물이 환경 스트레스로부터 완전하게 벗어나기는 힘들고, 스트레스를 받으면 생장과 분화가 저해를 받는 것이 일반적이다.

㉣ 반면 환경 스트레스가 새로운 기관의 분화와 발육을 위한 환경 신호로 작용하기도 한다. 저온과 일장 스트레스 또는 각종 불량 환경 스트레스는 식물의 꽃눈분화에 일종의 환경 신호로 작용한다.

② 스트레스 저항성(Resistance)

㉠ 식물이 스트레스를 받더라도 이를 극복하여 장해를 받지 않는 특성을 말한다.

㉡ 회피성(Avoidance)과 내성(Tolerance)으로 세분할 수 있다.

저항성	회피성	• 물리적 또는 화학적인 방법으로 스트레스를 피해 가는 특성 • 수분 스트레스를 받고 기공을 닫는 것은 회피성임
	내 성	• 스트레스를 받지만 이를 감소시키거나 견디어 내는 특성 • 수분이 부족해도 견디면서 장해를 잘 나타내지 않는 것은 내성임

㉢ 진정한 의미의 저항성은 내성이라고 볼 수 있다.

③ 순화(馴化, Acclimation)와 적응(適應, Adaptation)

순화 {경화(硬化, Hardening)}	스트레스 강도를 서서히 높이면 저항성이 증가되는 현상
적 응	몇 세대에 걸쳐 유전적 원인으로 저항성이 증가되는 현상

Level UP 이론을 확인하는 문제

스트레스 강도를 서서히 높일 때 저항성이 증가되는 현상은?

① 순 화　　　　② 적 응　　　　③ 동 화　　　　④ 소 화

해설　순화는 경화라고도 한다. 적응은 몇 세대에 걸쳐 유전적 원인으로 저항성이 증가되는 현상을 말한다. 동화는 무기물이 유기물화 되는 과정을 말하고 소화는 양분의 분해 과정을 뜻한다.

정답　①

02 저온 장해

(1) 냉해

> **➕ PLUS ONE**
>
> 냉해(Chilling injury)
> - 식물이 영상의 저온에서 받는 생육 장해를 말한다.
> - 열대나 아열대원산의 작물을 이른 봄이나 늦가을에 재배할 때 냉해가 발생한다.
> - 특히 벼는 한여름의 이상 저온에 의한 생식세포의 장해로 불임이 되는 경우가 있다.

① 냉해의 기구

    ㉠ 저온에서 세포막의 특성이 변한다.

        • 포화지방산이 반결정 상태가 되어 막의 유동성이 떨어진다.

        • 단백질이 분해되어 세포막 고유의 특성을 잃어버린다.

        • 세포막의 무기이온과 기타 용질의 투과가 억제되어 관련 대사 작용이 장해를 받는다.

    ㉡ 각종 효소의 활성이 떨어져 여러 가지 물질 대사가 정상적으로 일어나지 못한다.

    ㉢ 세포 내 불완전한 산화로 독성 물질이 축적되어 장해가 발생할 수 있다.

    ㉣ 원형질 점성의 증가로 생화학적 교란에 의해 장해가 발생할 수 있다.

    ㉤ 이른 봄에 기온은 높지만 지온이 낮아 냉해가 발생한다.

        • 지온이 낮으면 뿌리의 호흡률이 낮아 무기양분의 흡수가 억제된다.

        • 물은 점성이 높아져 흡수가 억제된다.

        • 뿌리에서 시토키닌의 생성이 억제되어 생육이 저하된다.

② 냉해의 종류

    벼의 경우는 냉해를 지연형, 장해형, 병해형 그리고 복합형으로 구분한다.

지연형	• 영양생장기에 저온에 부딪혀 생장이 제대로 이루어지지 않아 발생하는 저온 장해 • 출수가 지연되고 등숙이 불량해져 수량이 떨어짐

장해형	• 생식생장기에 저온에 부딪혀 불임으로 일어나는 저온 장해
	• 저온에 가장 민감한 시기는 출수 11일 전 화분모세포의 감수분열기
	  – 이때 저온에 부딪히면 약벽의 타페트(Tapete, 융단조직)가 이상 비대하여 화분에 양분 공급이 불충실해짐
	  – 그로 인해 불량 화분이 생성되면서 개약이 되지 않아 수정이 일어나지 않음
	  – 암술은 전혀 문제가 없고 화분의 이상에 의해서 장해가 일어남 `그림 16-2`

병해형	• 저온에 의하여 도열병이 많이 발생해서 입게 되는 저온 장해 • 저온 조건에서 질소대사가 정상으로 진행되지 못해 단백질 합성이 억제되고 대신에 체내에 수용성 아미노산이나 아미드가 축적됨 • 도열병균은 직접 단백질 분해산물인 아미노산 등을 이용하므로 저온 장해 시 도열병이 쉽게 발생함
복합형	• 여러 가지 요인이 복합적으로 작용하여 나타나는 저온 장해 • 앞서 설명한 유형의 냉해가 동시에 나타남

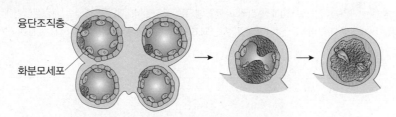

융단조직층

화분모세포

그림 16-2 저온에 의한 융단조직의 이상 비대

③ 내냉성(Chilling resistance)

㉠ 식물이 영상의 저온에 견디는 성질을 말한다.

• 일본형 벼 품종이 인도형이나 통일형 품종보다 내냉성이 강하다.

• 일본형 벼 품종은 저온에서도 발아가 잘 되고 생육도 빠르며, 장해를 나타내는 온도가 낮은 편이다.

㉡ 보통 내냉성이 강한 작물은 세포막에 불포화지방산이 포화지방산보다 많다.

• 식물은 저온 순화 시 불포화지방산의 비율이 증가하여 내냉성을 증가시킨다.

• 작물별 미토콘드리아 막의 지방산 조성 분포

지방산 (탄소수 : 불포화수)	내냉성이 강한 작물			내냉성이 약한 작물		
	꽃양배추 (눈)	순무 (뿌리)	완두 (지상부)	강낭콩 (지상부)	고구마 (지상부)	옥수수 (지상부)
팔미트산(16:0)	21.3	10.0	12.8	24.0	24.9	28.3
스테아르산(18:0)	1.9	1.1	2.9	2.2	2.6	1.6
올레인산(18:1)	7.0	12.2	3.1	3.8	0.6	4.6
리놀레산(18:2)	16.4	20.6	61.9	43.6	50.8	64.6
리놀렌산(18:3)	49.4	44.9	13.2	24.3	10.6	6.8
불포화/포화 비율	3.2	3.9	3.8	2.8	1.7	2.1

안심Touch

영양생장기에 저온에 부딪힌 벼의 생장 불량으로 발생하는 냉해 유형은?

① 지연형 냉해   ② 장해형 냉해

③ 병해형 냉해   ④ 복합형 냉해

해설 벼의 냉해는 지연형, 장해형, 병해형 그리고 복합형으로 구분한다. 지연형 냉해는 영양생장기에 저온에 부딪혀 생장이 제대로 이루어지지 않아 출수가 지연되고 등숙이 불량해져 수량이 떨어지는 저온 장해를 말한다.

정답 ①

(2) 동 해

PLUS ONE

동해(Freezing injury)
- 영하의 저온에서 일어나는 장해이다.
- 세포 내에 결빙이 생겨 조직이 파괴되면서 나타난다.
- 상해(霜害, Frost injury)와 한해(寒害, Winter injury)가 있다.

상 해	• 저온에 약한 여름작물을 재배할 때 입는 늦서리나 첫서리의 피해 • 0℃ 가까운 영하의 온도에서 일어남
한 해	• 월동하는 식물이 받는 피해 • 대개 저온에 잘 견디므로 0℃보다 훨씬 낮은 온도에서 장해가 나타남

① 동해의 기구

㉠ 조직 동결은 세포 외 동결과 세포 내 동결로 구분한다.

세포 외 동결	• 세포 간극에 자유수가 많기 때문에 세포 내 동결에 앞서 일어남 • 기온이 높아지면 회복되기 때문에 생명에 큰 지장을 주지 않음 • 영하의 온도가 계속되면 얼음 결정이 커지면서 세포 간극의 수분퍼텐셜이 낮아져 세포 밖으로 계속 탈수가 일어나면 세포 붕괴로 피해를 입을 수 있음
세포 내 동결	• 온도가 급격히 내려가거나 탈수가 잘 안 될 때 일어남 • 얼음 결정에 의한 기계적인 장해로 원형질이 파괴되어 세포가 죽음

㉡ 내동성이 약한 식물은 세포막의 수분 투과성이 낮아 세포 내 결빙이 빨리 이루어진다.

㉢ 내동성이 강한 식물은 세포막의 수분 투과성이 좋아 세포 간극에서만 결빙이 되고, 세포질은 용질의 농도가 높아지면서 수분퍼텐셜이 낮아져 과냉각(Supercooling) 상태가 된다.

㉣ 동해는 동결 속도에 의해 좌우되기도 한다.

느리면	• 세포 간극에 결빙이 일어남 • 세포질의 수분이 감소되어 세포 내부는 장해를 받지 않음
빠르면	• 세포질이 충분히 탈수되기 전에 세포 내에 결빙이 생겨 동해를 받음 • 아주 급격히 냉각되면 얼음 결정이 아주 미세하여 세포 내 조직에 기계적인 장해를 주지 않지만 자연 상태에서는 급격히 냉각되는 경우는 없음

  ⓜ 녹을 때의 온도와 속도가 중요하다.

서서히 녹으면	수분이 세포 안으로 들어가 세포질과 세포막이 같이 팽창되면서 장해를 받지 않음
급격히 녹으면	세포질보다 세포막이 먼저 녹아 팽창되면 기계적인 인력을 받아 죽음

  ⓗ 식물이 동해를 받는 기구는 근본적으로 조직의 동결 때나 녹을 때 받는 기계적 장해에 의해서 일어난다.

② 내동성

  ㉠ 자연 상태에서 내동성은 식물의 종류, 품종, 부위에 따라 차이가 크다. 영하 10℃에서 포플러 가지는 90일, 사과나무는 30일, 장미는 15일, 초본류는 수일간 견딘다.

  ㉡ 함수량에 따라 내동성이 다른데 수분 함량이 적을수록 내동성이 크다.

   • 조직 내 자유수가 적어 세포 내 결빙이 일어나지 않기 때문이다.

   • 건조한 종자는 절대영도(0K)에서 장기간 저장해도 장해를 받지 않는다.

   • 함수량이 적은 구근류도 다른 식물체에 비해 내동성이 크다.

   • 수목의 가지나 눈도 봄이 되어 수분을 흡수하면 저온에서도 동해가 발생한다.

  ㉢ 체내에 당 함량이 높으면 수분퍼텐셜을 낮추므로 탈수가 적게 되어 내동성이 증가한다. 친수성 콜로이드에 들어 있는 수분은 얼지 않으므로 그 함량이 많을수록 내동성이 커진다.

  ㉣ 세포막의 투과성이 클수록 내동성이 커진다.

   • 결빙될 때는 탈수되기 쉬워 세포 내 결빙이 어렵다.

   • 녹을 때는 세포 내로 빨리 물이 흡수되므로 기계적 저항을 적게 받는다.

  ㉤ 세포 내 결빙, 즉 얼음 결정이 생기려면 먼저 빙핵이 형성되어야 한다.

   • 빙핵은 안정적인 얼음 결정을 만들기 시작하는 단계에 형성된 수백 개의 물 분자 집단이다.

   • 일부의 다당류, 단백질, 미생물은 빙핵 형성제 역할을 하여 결빙을 촉진하는 경우가 있다.

  ㉥ 식물체는 저온에 순화되면 과냉각되어 빙점보다 낮은 온도에서도 결빙이 되지 않는다.

  ㉦ 저온에서 당이나 단백질이 축적되면 탈수 피해를 막으면서 세포막을 안정화시킬 수 있다.

  ㉧ 저온에서 내동성과 관계 깊은 부동단백질(Antifreeze protein)이 생성된다. 부동단백질은 자신의 친수성 아미노산이 얼음 결정 표면의 물분자와 수소결합하여 얼음이 커지는 것을 방해한다.

  ㉨ ABA를 처리하면 저온에서 특정 단백질을 축적시켜 내동성이 증가한다.

  ㉩ 내동성이 강한 식물에는 단백질 분자에 –SH(Sulfhydryl)기가 많고, 약한 것은 –S–S–(Disulfide)기가 많다.

동해에 관한 설명으로 옳지 않은 것은?

① 영하의 저온에서 일어나는 장해이다.

② 탈수에 의한 세포 붕괴로 피해가 발생한다.

③ 얼음 결정에 의한 조직의 파괴로 피해가 나타난다.

④ 세포 내 동결은 기온이 높아지면 회복되기 때문에 생명에 지장이 없다.

[해설] 세포 외 동결은 기온이 높아지면 회복되기 때문에 지속되어 탈수에 의한 세포 붕괴가 발생하지 않는다면 생명에는 큰 지장을 주지 않는다.

[정답] ④

고온 장해

PLUS ONE

고온 장해(Heat injury)
- 생육 적온보다 높은 온도에서 발생하는 열해(熱害)를 말한다.
- 온도가 더욱 높아 생육 한계 온도 이상이 되면 열사(Heat killing)한다.

(1) 고온 장해의 기구

① 고온에서는 세포막을 구성하는 지질의 유동성이 커진다.
- ㉠ 무기이온의 유출이 일어난다.
- ㉡ 열사할 때는 세포막의 지질이 액화된다.

② 고온에서는 단백질이 변성된다.
- ㉠ 세포막에 존재하는 효소의 활성이 억제되어 생리적 기능이 떨어진다.
- ㉡ 열사할 때는 단백질이 응고하여 효소의 기능이 상실된다.

③ 고온에서는 엽록체의 생리적 기능이 낮아진다.
- ㉠ ATP의 생성이 억제된다.
- ㉡ 열사할 때는 녹말이 응고하여 엽록체의 기능이 상실된다.

④ 고온이 되면 광합성과 호흡이 모두 감소하는데 호흡보다는 광합성이 더 억제되어 양분이 고갈되기 쉽다.

⑤ 고온에서 물질이 분해될 때 생성되는 암모니아가 독성 물질로 작용할 수 있다.

⑥ 온도가 높으면 증발산이 많아져 수분 부족으로 장해를 나타내기도 한다.

(2) 내열성

식물의 종류	• 일부의 식물은 엽온을 조절하여 고온 장해를 피함 • 잎을 아래로 늘어지게 하거나 말아서 수광 면적을 줄여 엽온을 내릴 수 있음 • 작은 잎은 바람에 흔들려 엽온을 내리는데 유리함 • 털이 많거나 큐티클층이 잘 발달한 잎은 광을 반사해 고온 장해를 줄일 수 있음
지방 분포	• 고온에서는 세포막의 유동성이 커지는 것이 문제임 • 포화지방산의 비율이 높아 세포막이 안정되어야 내열성이 커짐

단백질 특성	• 고온에서 단백질은 변성이 일어나 불활성화 되지만 응고되지 않으면 다시 기능이 회복될 수 있음
	  – 단백질 분자에 −SH기가 많으면 활성이 유지되지만 −S−S−기가 많아지면 단백질의 기능을 잃음
	  – 내건성, 내동성, 내열성이 강한 식물들은 단백질 분자에 −SH기가 많음
	• 열충격 단백질(Heat shock protein ; HSP)이 생성되면 내열성이 증가함
	  – 열충격 단백질은 핵이나 엽록체에 분포하며, 세포막의 포화지방산의 생성이나 단백질의 안정성을 높임
	  – 열충격 단백질은 수분 부족, ABA 처리, 상처, 염류 장해 때에도 발생함. 이는 한 가지 스트레스를 받으면 다른 스트레스에도 저항력이 생긴다는 의미가 있음

Level UP 이론을 확인하는 문제

고온 장해가 발생할 때 나타나는 현상이 아닌 것은?

① 세포막 지질의 유동성이 떨어진다.
② 엽록체의 ATP 생성이 억제된다.
③ 세포막 효소의 활성이 억제된다.
④ 호흡보다 광합성이 더 억제되어 양분이 고갈된다.

해설 고온에서 세포막 지질의 유동성이 커져서 막 구조가 변하여 고온 장해을 일으키는데, 엽록체의 ATP 생성과 세포막 효소 활성의 억제 등 생리적 기능이 낮아진다. 또한 고온에서는 광합성과 호흡이 모두 감소하는데 호흡보다는 광합성이 더 억제되기 때문에 양분이 고갈된다.

정답 ①

Level UP 이론을 확인하는 문제

내열성에 관한 설명으로 옳은 것은?

① 잎에 털이 많으면 내열성이 약하다
② 세포막에 불포화지방산이 많으면 내열성이 커진다.
③ 단백질 분자에 −SH보다 −S−S−기가 많으면 내열성이 강하다.
④ 열충격단백질(Heat shock protein)이 생성되면 내열성이 증가한다.

해설 잎에 털이 많거나 큐티클층이 잘 발달하면 내열성이 강하다. 고온에서는 세포막의 유동성이 커지는 것이 문제이므로 포화지방산의 비율이 높아야 세포막이 안정되어 내열성이 커진다. 단백질 분자에 −S−S−보다 −SH기가 많으면 내열성이 강하다.

정답 ④

가뭄 장해

PLUS ONE

가뭄 장해(Drought injury)
- 수분 부족으로 받는 생육 장해로 한발장해(早魃障害) 또는 한해(旱害)라고 한다.
- 수분 부족의 장해를 견디고 극복하는 능력을 내건성이라고 한다.

(1) 가뭄 장해의 기구

① 토양 건조가 심해지면 영구 위조 상태에 들어가 죽게 된다. 영구 위조점에 이르면 토양의 수분퍼텐셜은 -1.5MPa 정도로 뿌리의 수분퍼텐셜과 비슷해져 물을 잘 흡수하지 못한다.

② 증산이 왕성한 한낮에 수분 감소로 뿌리가 수축되어 근모가 토양 입자에서 떨어지는 경우 근모가 상처를 받을 수 있고 피층 외부에 수베린이 축적되면서 물의 흡수가 어려워진다. 가뭄이 심해지면 뿌리에서 줄기를 거쳐 잎으로 연결되는 물기둥이 끊겨 잎은 더 심한 수분 스트레스를 받게 된다.

③ 수분 결핍 상태에서 세포는 탈수될 때 또는 재흡수될 때 세포막의 기계적 파괴로 죽는다.

　㉠ 세포의 수분 함량이 감소하면 세포질은 수축되지만 세포벽이 두꺼우면 함께 수축되지 않으므로 세포질이 분리되고 이때 세포막이 파괴된다.

　㉡ 세포벽이 얇은 경우는 건조할 때 세포질이 분리되지 않더라도 물이 다시 흡수될 때 세포벽이 세포막보다 먼저 팽창하므로 장력을 받아 결국 세포막이 파괴된다.

(2) 내건성

① 식물은 수분 요구도에 따라 수생식물(벼), 중생식물(보리), 건생식물(선인장)로 나눈다.

② 같은 식물이라도 종자나 휴면 중에 있는 세포는 건조한 상태에서 잘 견디지만 생장 중인 세포는 쉽게 건조해를 입는다.

③ 세포 또는 액포가 작으면 건조나 수분 흡수 과정에 수축률이 낮아 피해가 적다.

④ 생장점 세포는 액포가 작고 세포질이 많아 수분퍼텐셜이 낮기 때문에 내건성이 강하다.

⑤ 식물의 내건성은 구조적 내건성(Constitutional drought resistance)과 세포질적 내건성(Cytoplasmic drought resistance)으로 구분한다.

구조적
내건성
	• 식물체가 수분의 손실을 방지하거나, 수분 흡수를 증대시킬 수 있는 형태나 구조에 의해 지배되는
	  내건성
	• CAM 식물은 건조에 강한 구조를 가지고 있음
	  – 잎이 퇴화하여 가시나 줄기 모양을 하고 있어 표면적이 작음
	  – 기공이 깊게 들어가 있으며, 각피가 발달하여 증산을 줄일 수 있음
	  – 저수 조직이 있어 물을 체내에 저장함
	  – 뿌리에는 수베린이 축적되어 건조한 조건에서도 수분을 잘 보존할 수 있음
	  – 무엇보다도 증산이 심한 낮에는 기공을 닫고 밤에만 기공을 열어 CO_2를 흡수함
	  – 일부 다육식물은 수분이 부족한 때에만 조건적 CAM 대사를 함
	• 내건성 식물은 수분 부족 상태에 놓이면 구조적 변화를 통해서도 건조를 견딤
	  – 기공을 폐쇄하여 증산을 억제함
	  – 세포의 신장을 억제시켜 엽면적을 작게 함
	  – 잎을 떨어뜨려 증산 면적을 줄임
	  – 잎 표면에 왁스를 축적시켜 각피 증산을 감소시킴
	  – 탄수화물을 이동시켜 뿌리의 신장을 도와 깊은 곳까지 뻗어나가 한발에 적응함
	• 수분 보존형과 수분 소비형으로 나뉨
	  – 수분 보존형 : 요수량이나 엽면적이 적어 증산량이 많지 않으므로 생육 초기에 토양 수분을 보존
	    하였다가 여름 건기에 이용함으로써 한발해를 지연시키거나 회피하는 식물
	  – 수분 소비형 : 증산량은 다른 식물과 비슷하지만 근계가 깊고 넓게 발달하여 한발에 잘 견딜 수
	    있는 식물

세포질적
내건성
	• 건조한 환경에서 체내 함수량이 감소하고, 세포 내 세포질의 함수량이 감소했을 때 또는 건조한 세
	  포가 수분을 흡수했을 때 세포질이 견디어 내는 정도
	  – 탈수 저항성(Dehydration tolerance)이라고도 함
	  – 진정한 의미의 내건성임
	  – 휴면 종자나 수분퍼텐셜이 낮은 생장점 조직은 세포질적 내건성이 강함
	  – 생장이 왕성한 식물체나 기관은 세포질적 내건성이 약해 함수량이 반감되면 죽음
	• 세포질적 내건성이 큰 세포는 수분이 부족하면 세포가 작아지고 세포액의 농도는 높아져 삼투퍼텐
	  셜이 감소함. 이때 효소의 활성이 증가하여 당, 유기산, 무기염류가 증가하며 더욱더 삼투퍼텐셜은
	  낮아지면서 토양으로부터 수분을 더 잘 흡수하게 됨
	• 세포질적 내건성이 큰 세포는 세포질에 있는 효소의 활성을 유지하기 위해 이온은 주로 액포 안에
	  보관하고, 세포질에는 효소의 작용을 저하시키지 않고도 이들과 균형을 이루는 프롤린, 소르비톨 등
	  과 같은 물질을 축적함. 이들 물질은 건조뿐 아니라 염류 장해에 대한 저항성을 높이는 데도 이용됨
	• 수분 스트레스가 직접 수분 부족에 의하여 일어나는 반응인지 또는 생장 억제로 생기는 현상인지는
	  불분명함. 수분이 부족할 때 삼투퍼텐셜의 조절이 비교적 서서히 일어나게 되고, 생장과 광합성도
	  수분 부족에 대해 영향을 받기 쉽기 때문임

Level UP 이론을 확인하는 문제

구조적 내건성을 보이는 CAM 식물의 특징에 관한 설명으로 옳지 않은 것은?

① 잎이 퇴화하여 가시나 줄기 모양을 하고 있어 표면적이 작다.

② 기공이 깊게 들어가 있으며, 각피가 발달하여 증산을 줄일 수 있다.

③ 저수 조직이 있어 물을 체내에 저장하고 있다.

④ 증산이 심한 낮에는 기공을 닫고 광합성을 하지 않는다.

해설 CAM 식물은 밤에 기공을 열어 CO_2를 저장하고 증산이 심한 낮에 기공을 닫은 상태로 저장해 둔 CO_2를 이
용해 광합성을 한다.

정답 ④

과습 장해

PLUS ONE

- 토양 공극이 물로 채워져 공기가 없으면 식물은 산소 부족 장해를 나타내는데, 이를 과습 장해(Excess moisture injury) 또는 습해라고 한다.
- 식물체가 모두 물에 잠겨 나타나는 식물의 피해를 관수(冠水) 장해(Overhead flooding injury)라고 한다.
- 장마기에 배수가 불량한 토양에서 과습 장해가 자주 발생하며, 홍수가 나면 저지대 식물은 관수 장해를 받기 쉽다.

(1) 과습 장해의 기구

① 산소 결핍으로 일어난다.

　㉠ 물에는 산소가 잘 녹지 않으며 용존 산소는 7~8ppm으로 공기 중 산소 농도(21%)의 약 1/25,000 에 지나지 않는다.

　㉡ 양액 재배에서 일반식물을 물속에 담가 재배할 때 산소를 공급하면 정상 생육을 한다.

② 산소가 부족하면 식물과 토양에 호흡 기질의 고갈, 저해 물질의 생성, 환원 물질의 생성, 청고와 적고 현상 등 여러 가지 변화가 일어난다.

호흡 기질 고갈	• 산소가 부족하면 무기호흡을 하며, 에너지 효율이 극히 낮아짐 • 뿌리 세포가 ATP를 얻기 위해 포도당과 같은 호흡 기질을 과도하게 소모하게 되고 결과적으로 양분이 소모되어 에너지를 요구하는 대사 작용이 장해를 받음
저해 물질 생성	• 산소가 부족하면 알코올 발효로 에탄올이 축적됨 • 축적된 에탄올은 지질로 구성된 세포막을 용해시켜 장해를 일으킴 • 뿌리 조직의 괴사, 목질화, 양수분 흡수 저해 등으로 이어져 생육이 억제됨
환원 물질 생성	• 산소가 부족하면 토양의 미생물은 NO_3^-, SO_4^{2-}, MnO_2, Fe_2O_3 등에 결합된 산소를 이용하며 이들 물질을 환원 물질로 변환시킴 • NO_3^-은 탈질되어 비효를 감소시킴 • 철과 망간은 가용성 Fe^{2+}과 Mn^{2+}으로 변해 과잉 장해를 일으킴 • SO_4^{2-}은 심하게 환원되어 H_2S가 되면 근부(根腐)현상이 나타남
청고와 적고 현상	• 벼의 관수 장해 • 청고(靑枯)는 탁한 물이 정체되고 수온이 높아질 때 녹말, 당, 유기산이 급격히 소모되면서 죽을 때 잎이 청색을 띠는 현상 • 적고(赤枯)는 맑고 흐르는 물에 잠겼을 때 수온이 높지 않아 양분이 서서히 소모된 후 최종적으로 엽록소에 붙어 있는 단백질마저 기질로 이용되어 잎이 적갈색으로 변하는 현상임

(2) 내습성

① 과습으로 인한 산소 부족의 장해를 극복할 수 있는 능력을 내습성이라고 한다.

② 식물의 내습성은 작물의 종류와 품종에 따라 다르다.

③ 식물은 통기조직(Aerenchyma)의 발달, 세포벽의 목질화, 대사 작용의 변화, 유독 물질의 불용화 등 다양한 도구를 통해 과습 장해를 극복한다.

통기조직 발달	• 내습성이 큰 식물은 통기조직이 잘 발달되어 있음 • 습생식물은 뿌리의 피층 세포가 직렬로 배열되어 세포 간극이 크기 때문에 과습 상태에서도 잘 적응할 수 있는 구조임 그림 16-3 • 벼는 파생 통기조직이 잘 발달되어 있으며, 산소가 부족하면 이 통기조직이 더 크게 발달됨 그림 16-4 • 옥수수는 산소가 부족하면 뿌리 선단에 에틸렌과 그 전구 물질인 ACC가 생성되며, 에틸렌이 세포를 괴사시켜 파생 통기조직을 발달시킴 • 콩도 과습 조건에서 1차 뿌리가 썩으면서 근경부에서 통기조직이 발달됨
세포벽 목질화	• 물속에서 자라는 벼의 뿌리는 표피가 심하게 코르크화 또는 목질화됨 • 골풀과 같은 식물은 근모까지 목질화됨 • 목질화는 통기조직을 통하여 공급된 산소가 뿌리 밖으로 확산되지 않고 생장점으로 공급되도록 함 • 밭작물의 경우는 과습한 곳에서 통기조직이 발달하지만 벼와는 달리 뿌리세포가 목질화되지 않음. 그로 인해 지상부에서 내려온 산소가 뿌리 밖으로 확산되어 나가고, 생장점까지 도달하지 못하기 때문에 쉽게 습해가 나타남
대사 작용 변화	• 내습성이 강한 식물은 무기호흡 조건에서 에탄올 대신에 말산을 축적함 • 해당 과정에서 생긴 PEP가 피루브산과 아세트알데히드를 거쳐 에탄올로 변하지 않고, 바로 PEP 카르복실라제에 의하여 CO_2와 결합하여 OAA를 거쳐 말산으로 변하여 에탄올에 의한 작용을 막음
유독 물질 불용화	벼와 같은 내습성이 강한 작물은 철, 망간 등의 환원 물질이 과다하게 흡수되어도 과잉 흡수 장해가 나타나지 않음. 통기조직으로 산소가 공급돼 뿌리에서 산화되어 불용화 되기 때문
발근력	• 뿌리가 발근력이 크면 습해를 줄일 수 있음 • 벼는 한여름에 수온이 높아 용존 산소 농도가 낮고 유기물 분해가 촉진되어 토양 환원이 심해지면 표토 부근에 가는 뿌리를 많이 발달시킴
초 장	일본형 벼가 통일형 벼보다 관수 저항성이 큰 이유는 일본형이 통일형에 비하여 키가 커서 관수해를 회피할 수 있기 때문임

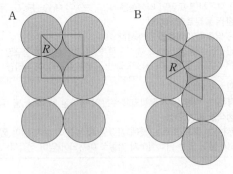

그림 16-3 세포 배열과 세포 간극

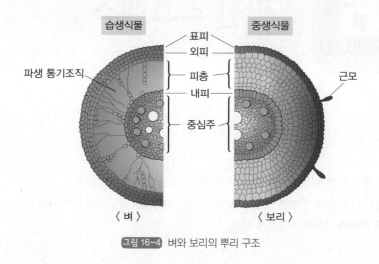

그림 16-4 벼와 보리의 뿌리 구조

Level UP **이론을 확인하는 문제**

내습성이 강한 식물의 뿌리 특징에 관한 설명으로 옳지 않은 것은?

① 표피 근모 발달
② 통기조직 발달
③ 표피의 목질화
④ 피층세포의 직렬 배열

해설 내습성이 큰 식물은 뿌리에 통기조직이 잘 발달하고, 표피가 코르크화 또는 목질화되며 피층세포는 직렬로 배열하여 큰 세포 간극을 갖는다.

정답 ①

(1) 광 질

① 자외선은 생육을 억제하며, 파장이 긴 적외선은 도장을 촉진한다.

② 음지에서는 파장이 긴 반사광이 많고, 온실에서는 피복재를 통과하면서 자외선이 흡수되며, 광질이 장파장으로 변하여 식물이 도장하게 된다.

(2) 광 도

① 광도가 너무 낮으면 광합성이 감소한다. 음지, 온실, 군락 속에 있는 잎은 대개 충분한 광을 받지 못해 생육이 억제될 수도 있다.

② 자연 상태에서 음지식물을 제외하고는 광도가 높아서 장해를 받는 경우는 적다. 맑은 날에는 자연광의 약 1/3이면 광포화점에 이른다.

③ 음지에서 자란 식물을 갑자기 강광에 노출시키면 엽록소의 광산화에 의해 잎이 타서 죽는데, 이것을 솔라리제이션(Solarization)이라고 한다. 벼를 육묘할 때 발아 후 바로 직사광선에 노출시키면 엽록소 파괴로 백화묘(白化苗)가 된다.

④ 카로티노이드계의 색소는 엽록소의 광산화를 방지해 준다(그림 16-5).

   ⊙ 광합성 과정에서 발생되는 산소와 전자가 반응하여($O_2 + e^- \rightarrow O_2^-$) 생성하는 활성산소의 일종인 O_2^-(Superoxide)가 엽록소를 산화시키면 엽록소가 기능을 잃는다.

   ⓛ 카로티노이드가 자신이 산화하면서 산화된 엽록소를 본래의 안정된 엽록소로 환원시키므로 그 기능을 회복할 수 있다.

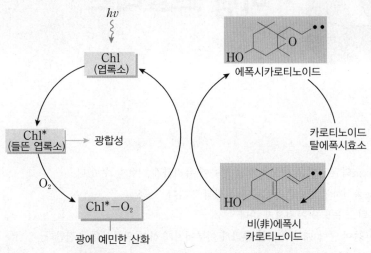

그림 16-5 엽록소의 광산화와 카로티노이드의 산화 방지

음지에서 자란 식물이 갑자기 강광에 노출되었을 때 일어나는 현상은?

① 버날리제이션

② 메틸레이션

③ 솔라리제이션

④ 글루코실레이션

해설 음지에서 자란 식물을 갑자기 강한 광에 노출시키면 엽록소의 광산화에 의해 잎이 타서 죽는 현상을 솔라리제이션이라고 한다.

정답 ③

바람 스트레스

(1) 미풍

① 시속 4~6km의 부드러운 바람은 식물 생육에 유리하게 작용할 수 있다.
   ㉠ 증산을 촉진하여 양수분의 흡수를 원활하게 한다.
   ㉡ 이산화탄소 농도를 유지시켜 준다.
   ㉢ 잎을 흔들어 군락 내부까지 광 투과가 이루어지게 하여 광합성을 촉진한다.
   ㉣ 풍매화의 수분을 돕고, 기온과 지온을 낮추며, 서리 피해를 줄인다.
   ㉤ 수확기에 생산물의 건조를 돕는다.
② 상황에 따라서는 미풍이 식물 생육에 불리하게 작용할 수도 있다.
   ㉠ 건조를 조장한다.
   ㉡ 병원균이나 잡초 종자를 전파하여 간접적 피해를 입히기도 한다.

(2) 강풍

① 작물의 도복을 유발한다.
② 과수는 가지가 부러지거나, 상처를 입고, 낙화와 낙과 등으로 큰 피해를 입힌다.
③ 풍속이 강하고 건조하면 탈수에 의한 피해가 커진다.
   ㉠ 식물은 대개 표면에 불투수성 각피층이 발달되어 있고, 강풍이 불면 기공이 닫히므로 토양 수분이 충분하면 탈수에 의한 피해는 크지 않다.
   ㉡ 벼는 출수 직후에 영화(潁花)의 각피층이 발달되지 않은 상태에서 강풍이 불면 기공이 닫히더라도 탈수 속도가 빨라 수분 스트레스를 받으면서 백수(白穗)가 된다.
   ㉢ 풍속이 빠를 때 기공이 닫히는 것은 공변세포의 탈수 속도가 주변 세포의 물 공급 속도보다 빨라 팽압을 잃기 때문이다.
④ 강풍으로 상처를 받으면 병원균의 침입으로 피해를 보기도 하고 상해 호흡(Wound respiration)이 커지면서 기질 양분의 소모가 커져 생육이 억제된다.
⑤ 식물의 내풍성을 강화하기 위하여 도복 저항성 품종을 선택하고, 재배 시기를 조절하며, 방풍림이나 방풍망을 설치한다.

염류 장해

① 토양 중 염류 농도는 Na^+농도를 나타내는 나트륨도(Sodicity)와 총 염을 나타내는 염도(Salinity)로 구분한다.

② 바닷가 간척지는 나트륨도가 중요하지만 일반 경작지에서는 염도가 더 큰 의미를 갖는다.

  ㉠ 경작지에서는 NaCl과 함께 K^+, Ca^{2+}, Mg^{2+}, SO_4^{2-} 등이 염도에 큰 영향을 미치기 때문이다.

  ㉡ 염도가 높아지면 토양 수분퍼텐셜이 낮아져 수분 결핍과 같은 영향으로 생장을 억제한다.

③ 고농도의 염 이온은 효소를 불활성화하고 단백질 합성을 저해하며 원형질막의 투과성에 변화를 준다.

④ 식물은 염류 농도가 높으면 스트레스를 받아 다양한 생육 장해를 유발한다.

⑤ 염류 장해는 해변 지역, 시설 토양, 강우량이 적은 건조 지역 등에서 잘 나타난다.

⑥ 식물이 높은 염류 농도에 적응하기 위한 조건

  ㉠ 높은 삼투압을 극복하면서 수분을 흡수할 수 있어야 한다.

  ㉡ 고농도의 무기이온이 갖는 독성을 극복해야 한다.

  ㉢ 나트륨에 의해 포화된 토양은 토양 입단이 형성되지 않는데, 이를 극복할 수 있어야 한다.

⑦ 토양 염류의 총체적 농도에 대한 식물의 생장 반응은 종류별로 다르다.

비염생식물 (Glycophyte)	• 염류 농도에 민감한 식물로 대부분 작물이 비염생임 • 내염성이 강한 식물로 사탕무, 대추야자가 있음
염생식물 (Halophyte)	• 염류 농도에 둔감하여 높은 염류 농도에서도 자랄 수 있는 식물 • 고농도의 염분 조건에서 오히려 생장이 촉진되는 식물도 있음

⑧ 염생식물이 고농도의 염 조건에 적응하는 기작은 회피, 배제, 개선, 내성의 네 가지로 생각할 수 있다.

회 피	• 고농도의 무기이온이 집적되는 시기를 피하는 기작 • 우기에 생존하는 식물들은 일시적으로 염류 농도가 낮아지는 시기에 생장하는 것임
배 제	• 뿌리의 선택적 흡수 기능을 활용하여 독성 이온의 흡수를 차단하는 기작 • 선택적 흡수는 한계가 있기 때문에 농도가 높지 않을 때 가능함
개 선	• 체내로 흡수된 무기이온이 나타낼 수 있는 스트레스를 최소화시키는 기작 • 흡수한 염류를 세포 내외에 또는 특정 조직에 축적시킴 　－ K, Ca, Mg 등은 식물체 전체에 골고루 분포되지만, Cu, Zn, Mn, Al, Cd 등은 뿌리에 집적함 　－ 일부 염생식물은 잎 표면에 염선(Salt gland)을 만들고 이곳에 염분을 모아 결정화시켜 무독화함 • 분비샘 등을 통하여 능동적으로 배출하기도 함 • 오래된 조직, 예로 노엽에 축적시켰다가 탈리시킴으로써 체내 무기이온의 축적을 방지할 수도 있음 • 흡수된 무기이온을 다른 화합물에 결합시킴으로써 농도를 줄이거나 독성을 나타낼 수 없는 형태로 바꾸기도 함

내 성	• 고농도의 무기이온이 축적되어도 대사 작용이 정상적으로 이루어지는 것은 식물체가 내염성 물질을 갖고 있기 때문인 것으로 보고 있음 • 염생식물은 다량의 프롤린(Proline)을 합성하고, 기타 아미노산, 유기산 등을 합성하는데, 이들은 삼투적 적응에 중요한 역할을 하는 내염성 물질임 • 일반적으로 염 스트레스 조건에서 생성되는 물질에는 프롤린 외에도 글리세롤, 소르비톨, 만니톨, 아스파르트산, 글루탐산, 베타인 등이 있음 • 내염성 물질은 대사 과정에 필요한 효소를 불활성화 시키지 않기 때문에 세포에 비교적 고농도로 축적되어도 기능을 저해하지 않음

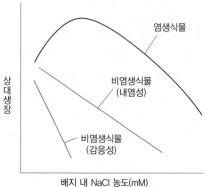

그림 16-6 NaCl 농도에 따른 생장 반응

Level UP 이론을 확인하는 문제

프롤린, 아미노산, 유기산과 같은 내염성 물질의 염생식물 내 주된 역할은?

① 염류의 중화

② 염의 불용화

③ 길항 작용

④ 삼투적 적응

해설 체내에 고농도의 무기이온이 축적되는 염생식물은 프롤린, 아미노산, 유기산 등의 내염성 물질을 합성하여 삼투적으로 대응하기 때문에 대사 작용이 정상적으로 이루어진다.

정답 ④

산도 스트레스

① 토양의 산도(pH)는 미생물의 활동과 무기이온의 용해도를 결정하는 중요한 요인이다.

② 토양이 적정 산도의 범위를 벗어나면 식물은 다양한 형태의 스트레스를 받게 된다.

③ 일반적으로 토양 pH가 9 이상이거나 3 이하인 경우에서 스트레스 증상이 나타난다.

④ 토양의 pH는 특정 무기이온의 결핍과 과잉 흡수, 또는 수소이온(H^+) 자체의 독성으로 스트레스를 유발한다.

    ㉠ 산성 토양에서 Ca이 적어지면 수소이온의 독성이 커진다.

    ㉡ 알칼리성 토양에서는 Fe, Zn, Cu, Mn 등이 수산화물로 침전되어 흡수가 억제된다.

⑤ 인산은 pH 5.5~6.5에서 흡수가 가장 잘 된다.

    ㉠ pH가 높아지면 인산의 양은 증가하지만 불용성의 인산칼슘으로 되어 흡수율은 떨어진다.

    ㉡ pH가 낮아지면 알루미늄의 농도가 높아져 인산알루미늄을 형성하여 불용화되기 때문에 역시 흡수율이 떨어진다.

⑥ pH 4.7 이하에서는 가용성 알루미늄의 농도가 높아져 생장이 억제되고, 가용성 인산의 양은 감소하며 철의 흡수는 방해된다.

Level UP 이론을 확인하는 문제

알칼리 토양에서 수산화물로 침전되어 식물에 의한 흡수가 억제되는 성분에 해당하지 않는 것은?

① Ca

② Fe

③ Zn

④ Mn

해설 알칼리 토양에서는 Fe, Zn, Cu, Mn 등이 수산화물로 침전되어 흡수가 억제된다.

정답 ①

환경 오염 스트레스

> 대기 · 수질 · 토양 오염은 작물에게 스트레스를 주어 생산성과 품질을 떨어뜨린다.

(1) 대기 오염

① 대기 오염 물질의 대부분은 화석 연료 등의 연소 과정에서 배출되며 종류가 다양하다.

② 오염 물질은 주로 잎에 부착하여 기공이나 수공을 통해 흡수된다.

③ 오염 물질에 노출된 작물은 어느 수준까지는 잘 견디다가 한계 수준(한계치, Threshold value)을 넘어서면 갑자기 피해가 크게 나타나는 특징이 있다.

④ 작물에 입히는 장해는 가시적인 것과 불가시적인 것이 있다.

　㉠ 가시적 장해는 급성형과 만성형으로 구분한다.

　㉡ 주요 피해 증상으로는 잎 끝이 황색으로 변하거나 잎 표면 또는 엽맥 사이에 반점이 생긴다.

⑤ 실제로 작물의 피해 발생은 오염 물질의 종류, 농도, 노출 시간, 횟수, 재배 조건, 작물의 상태, 기상 환경 등의 영향을 받는다.

　예 과수는 개화기에, 벼는 활착기나 유수 형성기에, 작물이 도장하는 경우에 피해가 크다.

⑥ 작물에 스트레스를 주는 오염 물질은 이산화황(SO_2), 이산화질소(NO_2), 오존(O_3), 일산화탄소(CO), 암모니아(NH_3), 불화수소(HF), 염소(Cl_2), 질산과산화아세틸(Peroxyacetyl nitrate, PAN) 등이 있다.

이산화황(SO_2)	• 세포 내에서 물에 녹아 아황산, 황산, 황산염 등을 만듦 • 아황산과 황산은 수소이온으로 엽록소의 Mg을 추출하여 잎을 황화시킴 • 황산염은 Ca의 이용을 저해하지만 농도가 높지 않으면 시비 효과를 나타냄
이산화질소 (NO_2)	• 물에 녹으면 NO_3^-가 되어 대사 작용에 이용되므로 소량인 경우에는 질소질 비료의 시비 효과를 나타냄 • 대량으로 흡수되면 세포 내 pH가 낮아져 장해가 발생함
오존(O_3)	• 오존층에서 자외선에 의해 산소(O_2)가 O로 해리된 후 다른 O_2와 결합하여 생김 $$O_2 + hv \rightarrow 2O \rightarrow O + O_2 \rightarrow O_3$$ • 내연기관의 열에 의해 공기 중의 질소와 산소가 반응하여 NO_2가 생성되고, 이 NO_2가 광 에너지를 받아 NO와 O로 분해된 후 O가 O_2와 결합하여 생성됨 • 오존은 쉽게 분해되지 않지만 산소로 분해되어 활성화되면 독성을 가짐 • 대기의 오존층은 자외선을 흡수하여 생물을 보호함. 오존층이 파괴되면 자외선이 다량으로 지표에 전달되어 동물은 물론이고 식물에게도 피해를 입힐 수 있음

| 산성비 | • 대기 중의 CO_2는 빗물에 녹아 H_2CO_3이 되어 pH 5.6을 유지함
• 대기에 SO_2, NO_2, Cl_2, F_2 등이 많으면 빗물은 pH가 5.6보다 낮아지는데 이것이 산성비(Acid rain)임
• 대기 중의 아황산가스(SO_2)는 광화학 반응으로 물과 결합하여 황산으로 변해 비를 산성으로 만듦
• 산성비는 대개 황산 : 질산의 비율이 2 : 1이고, 해를 받지 않는 범위에서는 질소와 황을 공급하여 작물 생장에 유리하게 작용하기도 함
• 물의 pH가 4.5 이하이면 식물들이 스트레스를 받기 시작하는데, 산성비의 피해는 식물, 기상 환경 등에 따라 다르지만 대개 pH 3.0 이하에서 발생함
• 식물별로는 쌍자엽 초본식물 < 쌍자엽 목본식물 < 단자엽식물 < 침엽수의 순으로 산성비에 대한 저항성이 큼
• 피해 양상은 잎의 무기염류를 유실시키고, 표피세포와 엽육세포의 생리적 교란을 일으켜 생육을 저해함
• 피해가 커지면 잎에 갈색, 황색, 흰색의 괴사 반점이 생김
• 산성비는 토양과 하천을 산성화시키고, 산림을 황폐화시킴
• 토양이 심하게 산성화되면 알루미늄이온이 용탈되어 하천이나 호수로 이동되어 어류에도 피해를 줌 |

Level UP 이론을 확인하는 문제

농도가 높을 경우 작물에 스트레스를 주는 대기 오염 물질이 아닌 것은?

① CO_2
② NO_2
③ SO_2
④ PAN

해설 대기 오염 물질은 종류가 매우 다양한데 이산화황(SO_2), 이산화질소(NO_2), 오존(O_3), 일산화탄소(CO), 암모니아(NH_3), 불화수소(HF), 염소(Cl_2), 질산과산화아세틸(Peroxyacetyl nitrate, PAN) 등이 있다. 이산화탄소(CO_2)는 광합성의 원료로 시설 재배를 할 때 인위적으로 공급하여 광합성을 촉진하기도 한다.

정답 ①

(2) 수질 오염

① 화학 비료는 물론이고 가축 분뇨 같은 것을 과다 사용하면 토양이 오염되고 나아가 하천, 강, 호수의 수질이 오염된다.

② 공장 폐수, 생활 하수, 또는 축산 폐수는 농업 용수를 오염시켜 작물에 큰 피해를 준다.

③ 수질 오염 물질에는 무기화합물, 유기화합물, 중금속류, 방사성 물질, 미생물 등 다양하다.

　㉠ 유기물은 수생 미생물이나 어패류의 영양분으로 이용되는데 용존 산소가 충분하면 호기성 미생물의 활동으로 이산화탄소와 물로 분해되는데, 이를 물의 자정작용이라고 한다.

　㉡ 다량의 유기물이나 무기염류가 유입되면 부영양화(富營養化, Eutrophication)가 일어나면서 식물성 플랑크톤이나 조류가 급속히 증가하여 용존 산소량이 부족하게 된다.

　㉢ 혐기성 미생물이 증식되어 황화수소나 암모니아를 방출하면 호수와 하천은 자정 능력을 상실한 죽은 물로 변할 수 있다.

④ 수질 오염의 척도로 BOD(Biochemical oxygen demand), COD(Chemical oxygen demand), SS(Suspended solid) 등을 사용한다.

BOD	• 생물화학적 산소 요구량으로 호기성 미생물을 이용하여 수중의 오탁 유기물을 분해하는 데 소요되는 총산소량(ppm 또는 mg/L) • 일반적으로 시료를 채취하여 20℃에서 5일간 배양했을 때 소모되는 산소량 • 수질 오염의 전형적인 지표 항목으로 1mg/L는 매우 깨끗한 상태임 　－ 5mg/L까지는 농업 용수로 사용 가능함 　－ 10mg/L 이상이면 불쾌감을 주며 공업 용수로도 사용이 어려움 　－ 하수는 200mg/L 정도임
COD	• 수중의 유기물을 간접적으로 측정하는 방법 • 화학적 산소 요구량으로 수중의 전 유기물을 화학적으로 산화하는 데 필요한 산소량(ppm 또는 mg/L) • COD 측정은 2시간이면 가능함
SS	• 부유 물질로 물에 녹지 않고 수중에 현탁되어 있는 유기물과 무기물을 함유하는 고형 물질 • 보통 공극이 0.1μm 정도의 여과지를 통과하지 못하는 물질이 부유 물질임 • 여과되지 않은 부유 물질은 건조시킨 후 측정하여 ppm 또는 mg/L로 나타냄

Level UP 이론을 확인하는 문제

농업 용수로 사용이 가능한 BOD 농도는?

① 5mg/L

② 10mg/L

③ 15mg/L

④ 20mg/L

해설 BOD는 생물화학적 산소요구량으로 호기성 미생물을 이용하여 수중의 오탁 유기물을 분해하는 데 소요되는 총산소량(ppm 또는 mg/L)을 말한다. 수질 오염의 전형적인 지표 항목으로 1mg/L는 매우 깨끗한 상태를 나타내고, 5mg/L까지는 농업 용수로 사용이 가능하다. 10mg/L 이상이면 불쾌감을 주며 공업 용수로도 사용이 어렵다.

정답 ①

(3) 토양 오염

① 토양은 완충력이 크기 때문에 외부 투입 요인에 따라 쉽게 영향을 받지 않는다. 하지만 심하면 작물이 스트레스를 받는 경우도 흔히 발생하고 있다.

② 수질 오염 물질, 중금속, 고형 폐기물, 농업 자재, 농약과 화학 비료 등이 토양 오염원이다.

　㉠ 무엇보다도 농약, 제초제, 화학 비료의 남용은 심각한 문제이다.

　㉡ 특히 지나친 화학 비료의 시용은 토양에 염류를 집적시켜 작물에 스트레스를 주고 염류 농도 장해를 일으키고 있다.

ⓒ 중금속으로는 카드뮴(Cd), 구리(Cu), 아연(Zn), 비소(As) 등이 큰 비중을 차지하고 있다.

ⓓ 중금속은 주로 폐광이나 제련소 주변의 농경지에서 발견되고 있다.

(4) 수질과 토양 오염 스트레스

① 오염된 관개수는 토양을 오염시키고 작물의 생육을 저해하며 생산력을 크게 떨어트린다.

② 중금속과 같은 유독 물질은 농산물에 이동·축적될 수도 있다.

③ 질소의 과잉 장해

ⓐ 도시 근교의 논은 질소 함량이 높은 관개수를 사용하기 때문에 피해를 나타낸다.

ⓑ 관개용수의 질소는 식물체에 직접 또는 토양 질소 과잉으로 피해를 주기도 한다.

ⓒ 일반적으로 질소가 과다하면 과번무, 도복, 등숙 불량, 병해충 발생 등이 나타난다.

ⓓ 양축장 주변 토양은 질산태질소의 농도가 높고, 두엄간은 암모늄태질소 농도가 높다.

ⓔ 농경지와 주변의 토양 질소의 함량

토지 용도	질산태질소(kg/ha)	암모늄태질소(kg/ha)
관개된 알팔파 경작지	90	–
천연 초지	100	–
비관개 농지	290	–
관개 농지	570	–
양축장	1,600	–
소나무 천연림	63	24
두엄간	460	2,500

※ 6m의 토양 기둥을 채취하여 조사하였다.

④ 유기물에 의한 토양 환원

ⓐ 논과 같은 혐기 조건에서 관개용수의 유기물은 분해되어 수소나 메탄과 같은 가스, 초산이나 낙산과 같은 유기산, 알코올류 등을 생성한다.

ⓑ 논토양에서 유기물은 서서히 분해되면서 토양의 산화환원 전위를 낮추고, 그에 따라 환원성 유해 물질이 생성되어 수량을 감소시키게 된다.

ⓒ 철, 망간, 황 등이 환원되어 과잉의 Fe^{2+}, Mn^{2+}, H_2S 등을 생성한다. 이들은 체내 대사를 저해해 뿌리의 신장을 억제하고 뿌리를 부패시키며, 무기양분의 흡수를 방해한다.

⑤ 중금속 스트레스

　　㉠ 토양 내 주요 중금속으로 카드뮴, 구리, 아연, 비소 등이 있다.

카드뮴	• 주로 제련 과정에서 배출되어 대기와 하천을 통해 경지로 유입됨 • 일반 토양은 3ppm 이하이며, 이보다 높으면 오염된 토양임 • 식물이 흡수해도 특별한 장해를 나타내지 않음 • 토양이 산성화되면 카드뮴의 흡수가 촉진됨
구 리	• 일반 토양은 보통 150ppm 이하이지만, 오염된 토양에서는 500~2,000ppm까지 측정됨 • 토양 중에 150ppm 이상이 되면 생육 장해를 나타내고 심하면 고사함 • 산성 토양에서 용해가 잘 되고, 알칼리성 토양에서는 어려움
아 연	• 200ppm 이상이면 오염 • 밀은 200ppm 이상, 벼는 400ppm 이상, 채소류는 400~600ppm에서 피해가 나타남
비 소	• 자연 상태에서 2~10ppm 정도 함유 • 10ppm 이상이 되면 수량이 떨어짐

　　㉡ 중금속 장해 대책 가운데 하나는 중금속을 불용화하는 것이다.

　　　• 일반적으로 중금속 화합물의 불용화는 유화물 > 수산화물 > 인산염의 순으로 잘 이루어진다. 철과 망간은 산화적으로, 카드뮴, 동, 아연은 환원적으로 불용화한다.

　　　• 밭토양에서는 산화적 불용화가 많이 일어난다.

　　　• 논토양에서는 담수 상태이기 때문에 환원적 불용화가 일어나는데, 황화수소(H_2S)는 황화물이 되어 불용화된다.

Level UP 이론을 확인하는 문제

논과 같은 혐기 조건에서 유기물이 분해될 때 일어나는 현상이 아닌 것은?

① 수소, 메탄 가스가 발생한다.

② 토양의 산화환원 전위가 높아진다.

③ 환원성 유해 물질이 생성된다.

④ 과잉의 Fe^{2+}, Mn^{2+}, H_2S 등을 생성된다.

해설 논토양에서 유기물은 서서히 분해되면서 토양의 산화환원 전위를 낮추고, 그에 따라 환원성 유해 물질을 생성시켜 수량을 감소시킨다.

정답 ②

01

환경 매개변수에 대한 식물의 일반화된 작용 법칙에 관한 설명으로 옳지 않은 것은?

① 포화 법칙에 따르면 빛에 대한 광합성 반응에는 독성(억제) 단계가 발생하지 않는다.
② 식물의 환경에 대한 작용은 여러 환경 변수 가운데 최소량의 요인에 의해 결정된다.
③ 환경의 영향이 식물의 세대를 건너 이어지는 것을 이월 효과라고 한다.
④ 식물은 외부 환경의 변화가 클 때에 내적 조건은 일정하게 유지하려는 항상성이 있다.

해설 특정 환경 매개변수가 포화될 때까지 작용이 증가하다가 어느 수준에 이르면 더 이상 증가하지 않거나, 독성이나 저해 작용을 나타내는 법칙을 포화 법칙이라고 한다. 이때 필수요소에 대한 반응 곡선은 결핍, 내성, 독성(억제) 단계로 구분이 된다.

02

환경 매개변수에 대한 식물의 일반화된 작용 법칙으로 포화법칙에 관한 설명으로 옳지 않은 것은?

① 광합성에서 광포화점이나 이산화탄소 포화점 등에 적용된다.
② 필수 요소에 대한 반응 곡선은 결핍, 내성, 독성 단계로 구분한다.
③ 결핍 단계에서는 추가적인 필수 요소에 의해 생장 반응이 나타나지 않는다.
④ 비필수 요소는 결핍과 내성과는 무관하나 높은 수준에서 독성을 나타낸다.

해설 포화법칙은 광합성에서 광포화점이나 이산화탄소 포화점에서처럼 어떤 환경 매개변수가 점차 높아지면 포화될 때까지 작용이 증가하다가 어느 수준에 이르면 더 이상 증가하지 않거나, 독성이나 저해 작용을 나타내는 것을 말한다. 결핍, 내성, 독성 단계로 구분하는데 내성 단계에서는 추가적인 필수 요소에 대해 생장 반응이 나타나지 않는데 이를 과소비라 한다. 비필수 요소는 높은 수준에서 독성을 나타낸다.

03

냉해의 기구에 관한 설명으로 옳지 않은 것은?

① 불포화지방산이 많은 경우 막의 유동성이 떨어져 발생한다.
② 세포막의 무기이온과 기타 용질의 투과가 억제되어 발생한다.
③ 세포 내 독성 물질의 축적이 많아져 발생한다.
④ 원형질의 점성 증가로 생화학적 교란이 일어난다.

해설 저온에서 포화지방산은 반결정 상태가 되므로 포화지방산이 많을수록 막의 유동성이 더 떨어진다. 불포화지방산이 많은 경우 막의 유동성이 증가하며 내냉성이 커진다.

04

벼의 생식생장기에 저온에 부딪힌 약벽 융단조직의 이상 비대로 발생하는 냉해의 유형은?

① 지연형 냉해
② 장해형 냉해
③ 병해형 냉해
④ 복합형 냉해

> 해설 장해형 냉해는 생식생장기의 저온으로 발생한 불임 장해이다. 생식생장기는 저온에 매우 민감한데 화분모세포의 감수분열기에 약벽의 융단조직이 이상 비대하여 화분에 양분 공급이 불량해지면 불량 화분이 생성되면서 수정이 제대로 일어나지 않는다.

05

벼의 장해형 냉해에 관한 설명으로 옳은 것은?

① 영양생장기에 생장이 제대로 이루어지지 않아 발생한다.
② 생식생장기에 약벽의 융단조직의 이상 비대로 발생한다.
③ 저온에 의하여 도열병이 많이 발생해서 입게 되는 저온 장해이다.
④ 출수가 지연되고 등숙이 불량해져 수량이 떨어지는 장해이다.

> 해설 저온에 가장 민감하게 반응하는 시기는 출수 전 11일경 화분모세포의 감수분열기이며, 이때 저온에 부딪히면 약벽의 융단조직이 이상 비대하면서 화분에 양분 공급이 불충실해지면서 장해형 냉해가 발생한다.

06

( )에 들어갈 내용을 옳게 나열한 것은?

> 벼의 장해형 냉해는 생식생장기에 저온에 부딪혀 불임으로 일어나는 장해인데 (ㄱ)은 전혀 문제가 없고 (ㄴ)의 이상에 의해 장해가 일어난다. 저온에 부딪히면 (ㄷ)의 융단조직(Tapete)이 이상 비대한다.

① ㄱ : 암술, ㄴ : 화분, ㄷ : 약벽
② ㄱ : 암술, ㄴ : 화주, ㄷ : 주피
③ ㄱ : 수술, ㄴ : 배낭, ㄷ : 심피
④ ㄱ : 수술, ㄴ : 배주, ㄷ : 주피

> 해설 장해형 냉해는 화분 모세포의 감수분열기에 저온에 노출되었을 때 암술은 문제가 없고 약벽의 융단조직의 이상 비대로 생긴 불량 화분때문에 불임이 되어 나타난다.

07

내냉성과 식물 세포막의 특성에 관한 설명으로 옳지 않은 것은?

① 포화지방산의 비율이 높으면 내냉성은 감소한다.
② 세포막의 유동성이 좋으면 식물의 내냉성은 증가한다.
③ 내냉성이 큰 식물은 세포막의 투과성이 낮다.
④ 저온 순화 시 불포화지방산의 비율이 증가한다.

> 해설 일반적으로 내냉성이 강한 작물은 세포막에 포화지방산보다 불포화지방산을 더 많이 함유한다. 불포화지방산의 비율이 높으면 세포막은 유동적이고 투과성이 좋아진다. 식물을 저온 순화 동안에 불포화지방산의 비율이 증가하여 내냉성이 커진다.

08

결빙에 의한 동해 발생 시 가장 큰 피해를 주는 조건은?

① 느리게 얼고 느리게 녹을 때
② 느리게 얼고 빨리 녹을 때
③ 빨리 얼고 느리게 녹을 때
④ 빨리 얼고 빨리 녹을 때

해설 느리게 얼면 세포 간극에 결빙이 일어나고, 세포질의 수분이 감소되어 세포 내부는 장해를 받지 않는다. 동결 속도가 빠르면 세포질이 충분히 탈수되기 전에 세포 내 결빙이 생겨 동해를 받는다. 느리게 녹으면 수분이 세포 안으로 들어가 세포질과 세포막이 같이 팽창되면서 장해를 덜 받는다. 하지만 급격히 녹으면 세포질보다 세포막이 먼저 녹아 팽창되면서 기계적인 인력을 받아 죽게 된다.

09

식물의 내동성에 관한 설명으로 옳은 것은?

① 체내에 수분 함량이 높으면 내동성이 강하다.
② 체내에 당 함량이 높으면 내동성이 강하다.
③ 친수성 콜로이드 함량이 적을수록 내동성이 커진다.
④ 세포막의 투과성이 적을수록 내동성이 커진다.

해설 체내에 수분 함량이 높으면 얼음 결정이 잘 생기므로 내동성이 약화된다. 친수성 콜로이드에 들어 있는 수분은 얼지 않으므로 같은 수분 함량이면 친수성 콜로이드 함량이 많을수록 내동성이 강해진다. 결빙될 때 탈수되기 쉬우면 세포 내 결빙이 어렵고, 반대로 녹을 때 세포 내로 빨리 물이 흡수되면 기계적 저항을 적게 받으므로 세포막의 투과성이 클수록 내동성이 커진다.

10

식물의 내동성에 관한 설명으로 옳지 않은 것은?

① 단백질 분자에 −S−S−보다 −SH기가 많으면 내동성이 커진다.
② 저온에 순화 처리를 하면 내동성이 커진다.
③ 빙핵을 형성하는 물질이 많으면 내동성이 커진다.
④ 부동 단백질이 생성되면 내동성이 커진다.

해설 얼음 결정이 생기려면 먼저 빙핵이 형성되어야 하므로 빙핵 형성 물질이 많은 식물은 동해 발생 우려가 크다.

11

적정 범위 내에서 함량이 많을수록 동해의 발생을 줄이는 효과가 있는 체내 성분을 모두 고른 것은?

ㄱ. 수 분
ㄴ. 당
ㄷ. 친수성 콜로이드
ㄹ. 부동단백질

① ㄱ, ㄴ, ㄷ
② ㄱ, ㄷ, ㄹ
③ ㄴ, ㄷ, ㄹ
④ ㄱ, ㄴ, ㄷ, ㄹ

해설 체내 당함량이 높으면 수분퍼텐셜이 낮아져 세포가 동결될 때 탈수가 적게 되어 내동성이 증가한다. 친수성 콜로이드에 들어있는 수분은 얼지 않으므로 함량이 많을수록 내동성이 커진다. 부동단백질은 자신의 친수성 아미노산과 얼음 결정의 물분자와 수소결합을 하여 얼음이 커지는 것을 방해해 내동성을 증가시킨다. 반면 조직 내에 동결 대상인 수분 함량이 높으면 동해를 받기 쉽다.

12

내건성 식물이 수분 부족 상태에 놓였을 때 보이는 구조적 변화가 아닌 것은?

① 기공을 폐쇄한다.
② 엽면적을 작게 한다.
③ 뿌리의 신장을 억제한다.
④ 잎 표면에 왁스를 축적한다.

해설 식물은 수분 손실를 방지하거나, 수분 흡수를 증대시킬 수 있는 형태나 구조의 변화를 통해 내건성을 나타낼 수 있는데 기공 폐쇄, 엽면적 축소나 잎 탈락, 잎 표면 왁스 축적 이외에도 뿌리로의 탄수화물 이동을 촉진시켜 뿌리의 신장을 도와 가뭄에 적응한다.

13

과습으로 토양에 산소가 부족해지면 일어나는 현상에 관한 설명으로 옳지 않은 것은?

① NO_3^-은 탈질되어 비효를 감소시킨다.
② 철은 Fe^{3+}로 변하여 부족 장해를 일으킨다.
③ 망간은 가용성 Mn^{2+}로 변하여 과잉 장해를 일으킨다.
④ SO_4^{2-}은 심하게 환원되어 H_2S가 되면 근부(根腐)현상이 나타난다.

해설 과습으로 산소가 부족하면 토양 내 환원 물질이 축적된다. 철과 망간은 가용성 Fe^{2+}과 Mn^{2+}으로 환원되어 과잉 장해를 일으킨다.

14

벼의 청고 현상이란?

① 가뭄 장해이다.   ② 저온 장해이다.
③ 관수 장해이다.   ④ 바람 장해이다.

해설 식물체가 모두 물에 잠겨 나타나는 식물의 피해를 관수 장해라 하는데, 홍수가 나면 저지대의 식물은 관수 장해를 받기 쉽다. 청고 현상은 탁한 물이 정체되고 수온이 높아질 때 녹말, 당, 유기산이 급격히 소모되면서 죽을 때 잎이 청색을 띠는 것을 말한다.

15

벼의 청고 현상에 관한 설명으로 옳지 않은 것은?

① 산소 결핍으로 일어난다.
② 탁한 물이 정체될 때 일어난다.
③ 수온이 높을 때 일어난다.
④ 양분 소모가 서서히 진행되면서 일어난다.

해설 청고 현상은 탁한 물이 정체되고 수온이 높아질 때 녹말, 당, 유기산이 급격히 소모되면서 죽을 때 벼의 잎이 청색을 띠는 것을 말한다.

16

흐르는 맑은 물에 잠겼을 때 수온이 높지 않아 양분이 서서히 소모된 후 최종적으로 엽록소에 붙어 있는 단백질마저 기질로 이용되었을 때 벼의 잎에 나타나는 현상은?

① 청색을 띤다.   ② 적색을 띤다.
③ 황색을 띤다.   ④ 흰색을 띤다.

해설 적고 현상은 맑고 흐르는 물에 잠겼을 때 수온이 높지 않아 양분이 서서히 소모된 후 최종적으로 엽록소에 붙어 있는 단백질마저 기질로 이용되어 잎이 적갈색으로 변하는 것을 말한다.

17

과습에 잘 견디는 벼의 특징에 관한 설명으로 옳지 않은 것은?

① 파생 통기조직이 잘 발달되어 있다.
② 뿌리 표피가 목질화되어 있지 않다.
③ 과다 흡수된 철과 망간을 불용화시킨다.
④ 산소가 많은 표토 부근에 뿌리를 발달시킨다.

> **해설** 물속에서 자라는 벼의 뿌리는 표피가 심하게 코르크화되거나 목질화된다. 통기조직을 통하여 공급된 산소가 뿌리 밖으로 확산되지 않고 생장점으로 공급되도록 하는 장치가 있어 과다 흡수된 철과 망간을 산화시켜 불용화한다.

18

(   )에 들어갈 내용을 옳게 나열한 것은?

> 태양광 중에 (ㄱ)은 식물의 생육을 억제하고, (ㄴ)은 식물의 도장을 촉진한다.

① ㄱ : 적색광, ㄴ : 청색광
② ㄱ : 청색광, ㄴ : 자외선
③ ㄱ : 자외선, ㄴ : 적외선
④ ㄱ : 적외선, ㄴ : 적색광

> **해설** 광질 면에서 광합성과 일장 반응 등에 유용한 가지 광선 영역보다 파장이 짧은 자외선은 생육을 억제하며, 파장이 긴 적외선은 도장을 촉진한다. 가시광선 영역의 적색광과 청색광은 광합성에 유용한 광으로 식물의 건전한 생육을 도모한다.

19

염류 장해가 나타날 확률이 가장 작은 지역은?

① 산간 경사지
② 바닷가 간척지
③ 시설재배 토양
④ 강우량이 적은 건조 지역

> **해설** 식물은 염류 농도가 높으면 스트레스를 받아 다양한 생육 장해를 일으킨다. 이러한 염류 장해는 해변 지역, 시설 토양, 강우량이 적은 지역 등에서 잘 나타난다. 반면 산간 지역은 강우 시 토양 유실과 무기염류의 용탈이 일어나는데 이는 영양 결핍이나 산도 장해를 유발할 수 있다.

20

고농도 염 조건에서 염류 농도가 일시적으로 낮아지는 우기에 생장하는 식물들의 적응 기작은?

① 회 피
② 배 제
③ 개 선
④ 내 성

> **해설** 염생식물이 고농도의 염 조건에 적응하는 기작으로 회피, 배제, 개선, 내성이 있다. 배제는 뿌리의 선택적 흡수 기능을 이용하여 독성 이온의 흡수를 차단하는 것이고, 개선은 일단 무기이온이 체내로 흡수되면 그들이 나타낼 수 있는 스트레스를 최소화시키는 것이다. 내성은 무기이온이 고농도로 축적되어도 대사작용이 정상적으로 이루어지는 상태를 말하는데 삼투적 적응에 중요한 내염성 물질을 식물이 고농도로 갖고 있을 때 가능하다.

21

염생식물이 고농도의 염 조건에 적응하는 내성 기작에 해당하는 것은?

① 무기염류를 노엽에 축적시켰다가 탈락시켰다.
② 분비샘을 통해 무기염류를 능동적으로 배출하였다.
③ 내염성 물질을 비교적 고농도로 세포에 축적시켰다.
④ 무기이온을 다른 화합물과 결합시켜 형태를 바꾸었다.

> **해설** 위 해설 참고. 일단 흡수된 무기염류를 노엽에 축적시켰다가 탈락 또는 분비샘을 통해 배출하거나 다른 화합물과 결합시켜 형태를 바꿔 고농도의 염 조건에 적응하는 기작은 개선 기작에 해당한다.

22

산성 토양의 특징에 관한 설명으로 옳지 않은 것은?

① 수소이온의 독성이 커진다.
② Fe, Zn, Cu, Mn 등이 수산화물로 침전된다.
③ 인산이 인산칼슘으로 불용화 된다.
④ 가용성 알루미늄의 농도가 높아진다.

> **해설** 인산은 토양 pH가 5.5∼6.5에서 흡수가 가장 잘 된다. 이보다 토양 pH가 높으면 인산의 양은 증가하지만 불용성의 인산칼슘으로 되어 흡수율이 떨어진다.

23

산성비에 대한 저항성이 가장 작은 식물은?

① 침엽수
② 단자엽식물
③ 쌍자엽 초본식물
④ 쌍자엽 목본식물

> **해설** 대기에 이산화황(SO_2)이나 이산화질소(NO_2) 등이 많으면 빗물에 황산이나 질산의 함량이 많아지면서 pH가 낮아지는데 이를 산성비라 한다. pH가 4.5 이하이면 스트레스를 받기 시작하는데 쌍자엽 초본식물 < 쌍자엽 목본식물 < 단자엽식물 < 침엽수의 순으로 산성비에 대한 저항성이 크다.

24

부영양화와 그에 따른 수질 오염에 관한 설명으로 옳지 않은 것은?

① 다량의 유기물이나 무기염류의 유입으로 일어난다.
② 식물성 플랑크톤이나 조류의 급속한 증식이 일어난다.
③ 용존 산소량의 감소로 혐기성 미생물이 증식된다.
④ 혐기성 미생물이 유기물을 이산화탄소와 물로 분해한다.

> **해설** 다량의 유기물이나 무기염류의 유입으로 부영양화가 일어나면 식물성 플랑크톤이나 조류가 급속히 증식하고 이로 인해 용존산소량이 부족하게 되면 혐기성 미생물이 증식하게 된다. 혐기성 미생물이 증식하면 호수와 하천은 유기물을 이산화탄소와 물로 분해하는 자정 능력을 상실하고 유화수소나 암모니아를 방출하는 죽은 물로 변하게 된다.

PART 17

그 밖의 주요 생리

CHAPTER 01   지질대사

CHAPTER 02   2차 대사산물(2차 산물)

CHAPTER 03   피토크롬

CHAPTER 04   식물의 운동

적중예상문제

● 학습목표 ●

1. 생체를 구성하는 지질의 기본 구성에 대해 이해하고, 에너지원 중성지방과 세포막 구성 막지질, 식물 보호 성분 큐틴, 수베린, 왁스의 특성과 생리적 기능에 대해 살펴본다.

2. 필수는 아니지만 유익한 기능을 담당하는 2차 대사산물로 알칼로이드, 페놀화합물, 테르펜, 기타화합물의 종류와 특징, 그리고 생리적 기능에 대해 알아본다.

3. 식물 생육 중에 다양한 형태 발생을 조절하는 광형태발생에 관여하는 피토크롬 광수용 색소의 특성과 생리적 기능에 대해 살펴본다.

4. 외부 환경의 자극이나 생리적 리듬에 대한 차등 생장과 팽압 변화의 결과로 나타나는 식물의 운동을 크게 경성운동과 굴성운동으로 나누고 종류와 원리, 생리적 의미에 대해 살펴본다.

지질대사

> • 지질(Lipid)은 기본적으로 글리세롤과 지방산의 결합으로 생성되는 소수성 화합물의 총칭이다.
> • 지질은 유기용매에 잘 녹고, 물에 잘 녹지 않는다.

(1) 지방산(Fatty acid)

① 지질의 기본적인 구성 성분으로 지질의 특성을 결정짓는 중요한 요소이다.

② 특 성

　㉠ 끝에 카르복실기(−COOH)를 갖는 긴 사슬의 탄화수소이다(그림 17−1).

　㉡ 비극성이며 물에 잘 녹지 않는다.

　㉢ 유관속을 통한 장거리 수송이 어려워 필요한 부위에서 자체 생산해야 한다.

③ 생합성

　㉠ 색소체에서 일어난다.

　㉡ 출발 물질은 피루브산 또는 아세트산으로부터 생성되는 아세틸−CoA이다.

　㉢ 아세틸−CoA가 생합성 경로를 한 번씩 순환할 때마다 2탄소 단위씩 길이가 증가한다.

　　• 2탄소(아세트산)씩의 증가로 생합성된 천연 지방산은 탄소 수가 짝수가 된다.

　　• 천연 지방산의 탄소의 수는 주로 16~18개이다.

　㉣ 불포화 결합 포함 여부에 따라 포화지방산과 불포화지방산으로 구분한다.

포화지방산	긴 사슬의 탄화수소가 단일 결합으로만 구성되어 있는 지방산 예 팔미트산(Palmitic acid, 16:0), 스테아르산(Stearic acid, 18:0)
불포화지방산	긴 사슬의 탄화수소에 이중 또는 삼중 결합을 포함하고 있는 지방산 예 올레산(Oleic acid, 18:1), 리놀렌산(Linolenic acid, 18:3)

　　• 대부분의 불포화지방산은 9번째와 10번째 탄소 사이에 이중 결합을 가진다.

　　• 불포화지방산은 이중 결합 부위가 cis형의 구조를 하여 분자가 밀착되지 않고 먼 거리를 유지한다.

　㉤ 지방산의 불포화 결합 여부, 불포화 결합의 숫자와 위치는 지방산 특성, 지질의 특성으로 이어져 나타난다.

ⓑ 종자에 따라 지방산 구성이 다르다.

• 콩과 옥수수는 필수 지방산인 리놀레산(Linoleic acid)의 함량이 높다.

• 유채는 길이가 긴 지방산을, 야자유는 포화지방산을 다량으로 함유하고 있다.

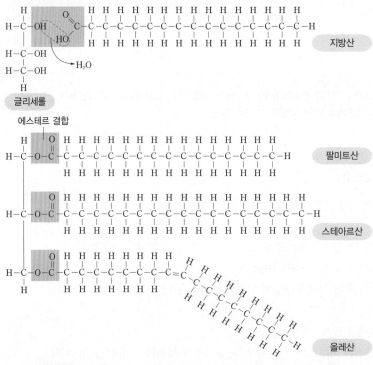

그림 17-1 글리세롤과 지방산의 에스테르 결합 그리고 트리아실글리세롤

Level UP 이론을 확인하는 문제

지방산에 관한 설명으로 옳지 않은 것은?

① 지질의 기본 구성 성분이다.

② 카르복실기(-COOH)를 갖는 긴 사슬의 탄화수소이다.

③ 비극성으로 물에 잘 녹지 않는다.

④ 유관속을 통해 장거리 수송이 수월하다.

해설 유관속을 통한 장거리 수송이 어려워 필요한 부위에서 자체 생산해야 한다.

정답 ④

(2) 중성지방

PLUS ONE

- 글리세롤(Glycerol)과 지방산으로 구성된 지질로 극성을 띠지 않는다.
- 글리세롤의 히드록실기(−OH)와 지방산의 카르복실기(−COOH)가 탈수 축합으로 에스테르(Ester) 결합을 하고 있다(그림 17−1).

① 중성지방의 종류

㉠ 중성지방은 글리세롤에 결합되어 있는 지방산의 숫자에 따라 분류한다.

모노아실글리세롤(Monoacylglycerol)	1개 글리세롤 + 1개 지방산
디아실글리세롤(Diacylglycerol)	1개 글리세롤 + 2개 지방산
트리아실글리세롤(Triacylglycerol)	1개 글리세롤 + 3개 지방산

㉡ 가장 널리 분포하는 식물의 대표적인 중성지방은 트리아실글리세롤이다.

㉢ 트리아실글리세롤은 결합된 지방산의 특성에 따라 단순지방과 혼합지방으로 구분한다.

단순지방	결합되어 있는 3개의 지방산이 모두 동일한 트리아실글리세롤
혼합지방	결합되어 있는 3개의 지방산이 동일하지 않은 트리아실글리세롤

- 트리아실글리세롤은 완전 산화하면 1g당 9.3kcal의 에너지를 방출한다.
- 식물의 저장 에너지원으로 중요하다.

㉣ 중성지방의 특성은 지방산에 의해 결정되고, 지방과 기름을 합쳐 유지(油脂)라고 한다.

유지 (Fats and fatty oils)	지방(Fat)	• 동물성 중성지방으로 실온에서 고체 • 포화지방산을 많이 함유
	기름(Oil)	• 식물성 중성지방으로 실온에서 액체 • 불포화지방산을 많이 함유

② 트리아실글리세롤의 생합성

㉠ 색소체에서 생성된 지방산이 아실−CoA 형태로 소포체로 이동한다(그림 17−2).

㉡ 소포체에서 지방산이 글리세롤−3−인산(G−3−P)의 1과 2번 탄소와의 에스테르 결합으로 포스파티드산(PA)이 된다.

㉢ PA에서 탄소 3번 위치의 인산이 가수분해로 탈락되어 디아실글리세롤(DAG)이 되면 지방산이 추가로 에스테르 결합을 형성하여 트리아실글리세롤(TAG)이 된다.

㉣ 합성된 TAG는 소포체 막지질 이중층 사이에 축적된다.

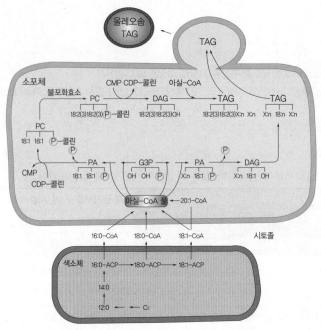

그림 17-2 트리아실글리세롤(TAG)의 생합성 경로. ACP ; Acyl carrier protein, TAG ; Triacylglycerol, DAG ; Diacylglycerol, G3P ; Glycerol-3-phosphate, PA ; Phosphatidic acid, PC ; Phosphatidylcholine

③ 올레오솜(Oleosome)의 생성

　㉠ 부푼 소포체 막과 여기에 축적된 트리아실글리세롤이 떨어져 나오면서 반단위막의 독특한 구조체인 올레오솜을 형성한다.

　㉡ 올레오솜은 인지질 반단위막(일중층 막, 이중층 막의 반)이다.

　　• 막 구성 인지질의 친수성 말단은 시토졸 쪽으로 노출되어 있다.

　　• 소수성인 탄화수소 사슬은 안쪽을 향하여 트리아실글리세롤을 감싸고 있는 형태를 하고 있다.

　　• 올레오솜은 유체, 기름 방울, 스페로솜 등으로도 부른다.

④ 트리아실글리세롤의 당으로의 전환

　㉠ 종자가 발아할 때 지방(트리아실글리세롤)은 당으로 전환되어 이용된다(그림 17-3).
　　발아 중인 호박 종자에서 지질 함량은 줄고 당 함량이 증가하는 것을 볼 수 있다.

　㉡ 물질의 전환에 이소시트르산리아제(Isocitrate lyase)의 활성이 관여한다(그림 17-3).

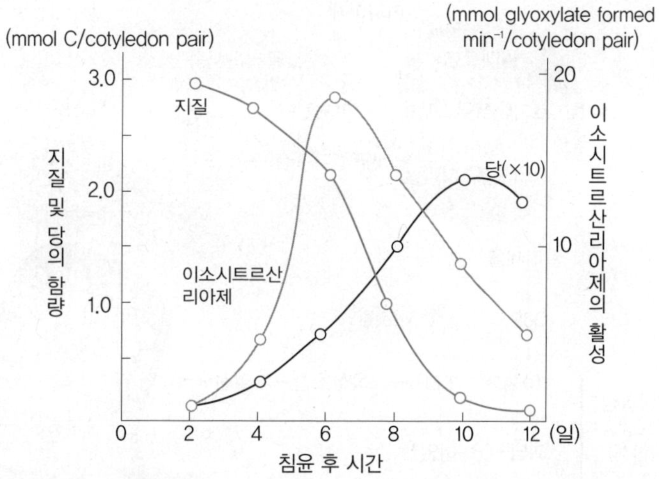
(mmol C/cotyledon pair)
(mmol glyoxylate formed min⁻¹/cotyledon pair)
3.0
2.0
1.0
20
10
지질
당(×10)
이소시트르산리아제
지질 및 당의 함량
이소시트르산리아제의 활성
0
2
4
6
8
10
12 (일)
침윤 후 시간

그림 17-3 호박 종자의 발아 시 지질과 당 함량의 변화

㉢ 지방이 당으로 전환되는 과정은 올레오솜, 글리옥시솜, 미토콘드리아, 시토졸의 4곳이 조화롭게 연관되어 이루어진다(그림 17-4).

올레오솜	막에 분포하는 리파아제의 촉매로 지방(트리아실글리세롤)을 글리세롤과 지방산으로 분해함
글리옥시솜	• 올레오솜으로부터 지방산을 받아 β-산화로 아세틸-CoA를 만듦 • 아세틸-CoA가 글리옥실산회로를 돌려 여러 가지 중간산물을 만듦 • 중간산물의 하나인 숙신산을 미토콘드리아에 공급함 ※ 글리옥시솜은 지방 종자에서만 발견되며, 종자가 발아하여 광합성을 시작하면 점차 사라짐
미토콘드리아	글리옥시솜에서 받은 숙신산이 크렙스 회로를 통해 말산이 됨
시토졸	• 올레오솜에서 나온 글리세롤은 글리세롤-3-인산(G3P)이 됨 • G3P는 DHAP로 산화되며 포도당신생합성(Gluconeogenesis) 경로를 거쳐 설탕으로 전환됨 • 미토콘드리아에서 나온 말산도 포도당신생합성 경로로 연결되어 설탕을 합성함 • 합성된 설탕은 액포에 저장되거나 필요한 부위로 수송됨

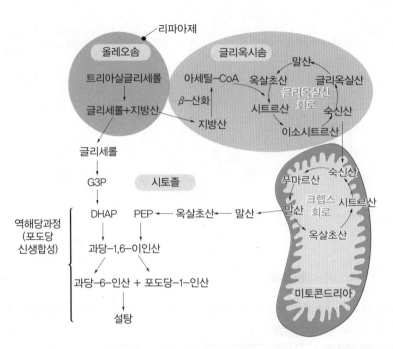

그림 17-4 중성 지방의 당으로 전환 경로

^{Level} U^P 이론을 확인하는 문제

트리아실글리세롤(Triacylglycerol)에 관한 설명으로 옳지 않은 것은?

① 1개의 글리세롤에 3개의 지방산이 결합된 중성지방이다.

② 가장 널리 분포하는 식물의 대표적인 중성지방이다.

③ 완전 산화하면 1g당 9.3kcal의 에너지를 방출한다.

④ 색소체에서 생합성된다.

해설 트리아실글리세롤은 색소체에서 생성된 지방산이 아실-CoA 형태로 소포체로 이동하고 소포체에서 글리세롤-3-인산과의 결합으로 생합성된다.

정답 ④

(3) 막 구성 지질

PLUS ONE

- 식물의 세포막을 구성하는 기본 지질은 인지질이며, 당지질, 황지질, 스테롤 등이 첨가된다.
- 지질 성분이 다르기 때문에 막에 따라 기능이 다르다(아래표 참조).
- 미토콘드리아와 소포체의 막은 주로 인지질로 구성되어 있다.
- 엽록체의 막은 지방산의 불포화도가 높은 당지질을 다량 함유하고 있다.
- 원형질막에는 스테롤(Sterol, 테르펜의 일종)이 다량으로 함유되어 있다.
- 주요 막 구조의 지질 조성(단위 : mol %)

지질	막	소포체 (피마자 배유)	미토콘드리아 (완두 잎)	엽록체(시금치 잎)	
				포 막	틸라코이드막
인지질	포스파티딜콜린	47	37	20	4.5
	포스파티딜에탄올아민	30	42	0	0
	포스파티딜글리세롤	4	2	9	9.5
	포스파티딜이노시톨	14	6	4	1.5
	포스파티딜세린	2	0	0	0
	카르디올리핀	3	13	0	0
당지질	MGDG	0	0	31	52
	DGDG	0	0	30	26
황지질	술포리피드	0	0	6	6.5

① 인지질

㉠ 인산이 결합된 지질로 주로 소포체 막에서 합성된다.

㉡ 생합성 출발 물질은 포스파티드산(Phosphatidic acid)이다.

㉢ 자연계에서 가장 풍부한 인지질은 포스파티딜콜린(Phosphatidyl choline), 레시틴(Lecithin)과 포스파티딜에탄올아민(Phosphatidyl ethanolamine), 세팔린(Cephalin)이다.

- 비극성인 소수성 꼬리와 극성인 친수성 머리로 나누어져 있다(그림 17-5A).
- 물속에서 미셀이나 이중층 등의 특이한 형태로 존재할 수 있다(그림 17-5B).

㉣ 세포막을 구성하는 극성 지질로 이중층을 형성된다.

㉤ 인지질의 꼬리 부분에 불포화지방산이 있는 경우 이중 결합 부분이 비틀어져 있어 막 구조가 느슨해지면서 막의 유동성이 증가하게 된다.

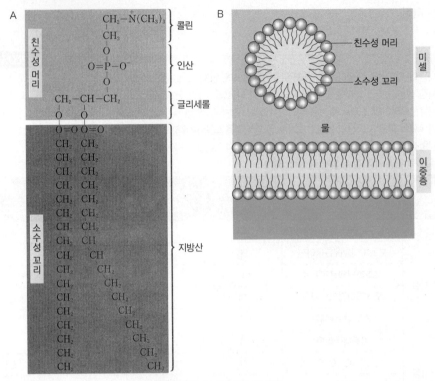

그림 17-5 인지질과 수중 분포

② 당지질

㉠ 당이 결합된 지질로 주로 엽록체의 포막에서 합성된다.

㉡ 디아실글리세롤 골격의 머리 부분에 갈락토오스가 결합되어 있다.

㉢ 주요 당지질로 모노갈락토실디아실글리세롤(Monogalactosyl diacylglycerol ; MGDG)과 디갈락토실디아실글리세롤(Digalactosyl diacylglycerol ; DGDG)이 있다(그림 17-6).

㉣ 구성 지방산의 종류에 따라 당지질의 종류가 구분된다.

㉤ 당지질은 엽록체의 포막과 틸라코이드막을 구성하는 중요한 성분이다.

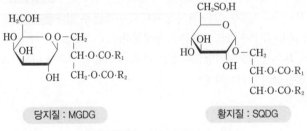

그림 17-6 당지질과 황지질

③ 황지질

    ㉠ 황지질도 당지질과 비슷한 합성 과정을 거쳐 생성된다.

    ㉡ 설포퀴노보실디아실글리세롤(Sulfoquinovosyl diacylglycerol ; SQDG)이 있다(그림 17-6).

Level UP 이론을 확인하는 문제

소포체의 막을 구성하는 주 지질 성분은?

① 인지질

② 당지질

③ 황지질

④ 스테롤

> 해설   세포막은 기본적으로 인지질로 되어 있으며, 여기에 당지질, 황지질, 스테롤 등이 첨가된다. 미토콘드리아와
> 소포체의 막은 주로 인지질로 구성되어 있고, 엽록체의 막은 지방산의 불포화도가 높은 당지질을 다량 함유
> 한다. 원형질막에 스테롤이 다량 함유되어 있다.
>
> 정답   ①

(4) 큐틴(Cutin), 수베린(Suberin), 왁스(Wax)

① 식물체의 잎, 줄기, 과실의 외부를 덮는 특수한 지질이다.

② 수분의 증발을 방지하고 병원성 미생물의 침입을 차단한다.

③ 탈리층이나 상처 부위, 뿌리의 내피 조직 등에서도 이들이 있어 식물을 보호해 준다.

큐틴	• 각피소(角皮素)라고 함 • 왁스와 함께 지상부 표피 조직 외벽에 발달하는 각피(Cuticle)의 주성분 • 지방산의 중합체로 분자량이 크며 기본 구성 단위는 C_{16} 지방산. 지방산들이 수산기와 카르복실기에 의해 서로 교차 결합됨 • 적은 양의 페놀화합물이 들어 있어 세포벽의 펙틴 성분과 결합할 수도 있음
수베린	• 목전소(木栓素)라고 함 • 지하부 세포 외벽의 주성분으로 세포막과 세포벽 사이에 분포함 • 뿌리 내피에 형성되는 카스파리대의 주성분임 • 목본식물 주피의 코르크 조직, 잎의 이층이나 상처 부위에서도 합성됨 • 수베린의 기본 구성 단위는 $C_{16\sim24}$ 지방산이며 긴 것은 C_{30}도 있음 • 지방산 중합체이지만 큐틴과는 달리 선상 구조임 • 페룰산(Ferulic acid)과 같은 페놀화합물이 함유되어 있는데, 이들은 수베린의 지질 부분을 세포벽에 결합시켜 주는 역할을 함

왁 스	• 밀랍(蜜蠟)이라고 함 • 중합체가 아니라 길이가 길고 소수성이 강한 지질 분자들의 복합체임 • 각피 왁스는 표면(Epicuticular)과 내부(Intracuticular) 왁스로 나눔	
	표면 왁스	• 다양한 종류의 지질로 구성된 일정한 구조가 없는 지질층 • 탄화수소, 케톤, 지방산 에스테르, 알코올, 알데히드, 지방산 등이 포함되어 있음
	내부 왁스	• 큐틴에 섞여 있고 지하부에서는 수베린과 섞여 있음 • 큐틴과 수베린에 섞여 있는 구성 지질의 종류는 단순하지만 길이는 다양함

 이론을 확인하는 문제

특수한 지질에 관한 설명이다. 이에 해당하는 성분은?

• 지상부 표피 조직 외벽에 발달하는 각피의 주성분이다.
• 지방산의 중합체로 분자량이 크며 기본 구성 단위는 C_{16} 지방산이다.
• 지방산들이 수산기와 카르복실기에 의해 서로 교차 결합되어 있다.
• 적은 양의 페놀화합물이 들어 있어 세포벽의 펙틴 성분과 결합할 수도 있다.

① 큐틴(Cutin)
② 수베린(Suberin)
③ 왁스(Wax)
④ 리그닌(Lignin)

해설 큐틴에 관한 설명이다.

정답 ①

2차 대사산물(2차 산물)

> **➕ PLUS ONE**
>
> 2차 대사산물(二次代謝産物, Secondary metabolite) 또는 2차 산물(Secondary product)
> - 필수는 아니지만 유익한 기능을 담당하는 물질을 말한다.
> - 주로 초식동물이나 곤충, 미생물의 공격으로부터 식물 자신을 보호하는 기능을 한다.
> - 특정 식물에서만 합성되는 경우가 많은데, 농업에서는 기능성 물질이라고 부르기도 한다.
> - 구조와 합성 과정에 따라 알칼로이드, 페놀화합물, 테르펜, 기타화합물로 분류한다.

(1) 알칼로이드(Alkaloid)

① 특 징

    ㉠ 질소 원자가 포함된 헤테로 고리(Hetero cyclic ring)를 가진 방향족 질소화합물이다.

       • 양전하를 띠고 염기성이며 일반적으로 수용성이다.

       • 종류별로 고리의 구조가 다르다 그림 17-7.

       • 종류가 다양하며 유관속식물의 20~30%에 분포한다.

       • 주로 초본성 쌍자엽식물에서 많이 발견되며, 양귀비에는 20여종의 알칼로이드가 있다.

    ㉡ 생합성의 전구 물질은 아미노산이다.

② 주요 기능

    ㉠ 인간과 동물에서는 기호용과 의료용으로 활용되고 있다 그림 17-7.

기호용	니코틴(Nicotine), 카페인(Caffeine), 코카인(Cocaine) 등
의료용	모르핀(Morphine), 코데인(Codeine), 아트로핀(Atropine), 에페드린(Ephedrine), 키니네(Kinine) 등

       • 자극, 진정, 진통 등의 효과가 있다.

       • 대부분 많이 사용하면 독성을 나타낸다.

    ㉡ 식물체 내에서의 기능은 일부에서만 밝혀져 있다.

       • 사탕무나 선인장에 있는 베탈라인(Betalain)은 주로 안토시아닌이 없는 식물의 꽃, 열매, 잎 등의 붉은 색 또는 노란색을 나타내게 하는 물질이다.

       • 일부 베탈라인 계통의 물질은 병원성 균류나 바이러스의 침입에 대한 식물의 방어 기능을 수행한다.

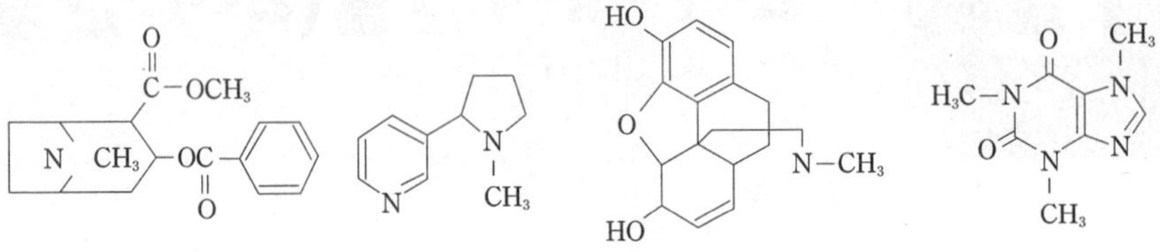

코카인 니코틴 모르핀 카페인

그림 17-7 알칼로이드 계통의 2차 대사산물

Level UP 이론을 확인하는 문제

알칼로이드 계통의 2차 대사산물은?

① 베탈라인(Betalain)
② 쿠마린(Coumarin)
③ 아스피린(Aspirin)
④ 리그닌(Lignin)

해설 베탈라인(Betalain)은 사탕무나 선인장에 함유되어 있는데 주로 안토시아닌이 없는 식물의 꽃, 열매, 잎 등에서 붉은 색 또는 노란색을 나타내는 알칼로이드 계통의 물질이다. 쿠마린, 아스피린, 리그닌은 페놀화합물이다.

정답 ①

(2) 페놀화합물(Phenolic compound)

PLUS ONE

- 치환성 수산기가 있는 방향족 고리 구조의 2차 대사산물의 총칭이다.
- 화학적으로 이질적인 물질들이 포함되며, 수용성과 지용성이 있다.
- 초식동물이나 병원균의 공격으로부터 방어, 기계적 지지, 수분매개의 유도, 종자의 분산, 인접 식물의 생장 저해 등의 작용 기능이 있다.
- 주로 시킴산(Shikimic acid) 경로에서 합성된 방향족 아미노산인 페닐알라닌과 티로신을 원료로 합성된다.
- 이 시킴산 경로는 동물에는 없고 식물에만 있다.

① 단순 페놀화합물

㉠ 유관속식물에 널리 분포하는 단순 페놀화합물에는 쿠마린(Coumarin), 벤조산유도체(Benzoic acid derivatives), 페닐프로판(Phenylpropane)의 3종류가 있다(그림 17-8).

ⓛ 이들의 기능은 곤충과 균류의 공격에 대한 방어와 타감 작용이다.

쿠마린	• 광 독성(光毒性, Phototoxicity)을 나타내는 푸라노쿠마린(Furanocoumarin)은 쿠마린의 일종임 • 푸라노쿠마린은 자외선을 흡수하면 DNA의 피리미딘 염기와 결합하여 그들의 전사와 회복을 방해하여 세포를 죽게 함
벤조산유도체	• 아세틸살리실산(Acetyl salicylic acid)은 벤조산유도체의 일종임 • 아세틸살리실산이 바로 해열진통제로 널리 알려진 아스피린(Aspirin)임
페닐프로판	• 타감 물질인 카페인산(Caffeic acid)과 페룰산(Ferulic acid)은 페닐프로판의 일종임 • 이들 타감 물질은 인접한 식물의 발아와 생장을 저해하여 자신에게 광, 수분, 양분 등의 이용을 유리하게 해줌

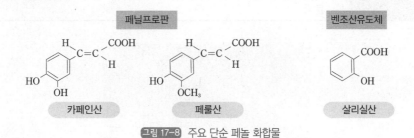

그림 17-8 주요 단순 페놀 화합물

② 리그닌(Lignin)

ⓐ 페닐프로판 알코올(Phenylpropane alcohol)로 구성된 분지가 많은 중합체이다.

• 페닐알라닌으로부터 신남산(Cinnamic acid)의 유도체를 거쳐 생합성된 코니페릴알코올(Coniferyl alcohol), 쿠마릴알코올(Coumaryl alcohol), 시나필알코올(Sinapyl alcohol)이 기본 구성 물질이다.

• 기본 구성 물질이 퍼옥시다아제(Peroxidase)에 의해 중합체가 된다.

ⓑ 주로 2차 세포벽에 축적되지만 1차 세포벽과 중층에도 셀룰로오스(Cellulose), 헤미셀룰로오스(Hemicellulose) 등과 함께 분포한다.

• 리그닌이 축적되어 식물체가 단단해지는 것을 목질화(木質化, Lignification)라고 한다.

• 목질화는 식물의 지지 조직(줄기)과 유관속조직을 튼튼하게 한다.

• 특히 헛물관과 물관요소 세포벽의 구성 물질로 물관부의 수송에서 발생하는 장력에 대하여 저항성을 갖도록 해준다.

③ 플라보노이드(Flavonoid)

ⓐ 2개의 방향족 고리에 3개의 탄소 연결 고리를 갖는 페놀화합물로 종류가 다양하다.

ⓑ 치환기의 구조와 위치에 따라 플라본(Flavone), 플라보놀(Flavonol), 이소플라본(Isoflavone), 안토시아닌(Anthocyanin)의 네 가지로 구분한다(그림 17-9).

플라본, 플라보놀	• 꽃에서 자외선 영역의 단파장 빛을 흡수함 • 사람에게는 보이지 않지만 벌과 나비는 볼 수 있는 색소임 • 잎에도 있는데 자외선을 흡수해 자외선으로부터 식물을 보호함

이소플라본	• 플라본에서 B고리의 위치가 이동된 구조의 플라보노이드
	• 가장 널리 알려진 물질은 항균 작용을 하는 피토알렉신(Phytoalexin)임
	  – 식물은 병원성 미생물이 침투하면 합성함
	  – 식물은 초식성 동물로부터 자신을 보호하기 위해 합성함
	  – 식물은 각종 스트레스 조건에서도 피토알렉신이 증가함
	  – 피토알렉신의 합성은 식물의 일반적 방어 기작의 하나임

안토시아닌	• 3번 탄소에 당이 결합된 배당체 구조를 갖는 플라보노이드
	• 당이 없는 것은 안토시아니딘(Anthocyanidin)이라 함
	• 꽃과 과실에서 다양한 색깔을 결정하는 물질임
	  – B고리의 히드록시기($-OH$)와 메톡시기($-OCH_3$) 수에 의해 색깔이 결정됨
	  – 철 등의 금속 이온, 플라본과 같은 보조 색소, 저장 장소인 액포의 pH 등도 색깔 결정에 영향을 줌

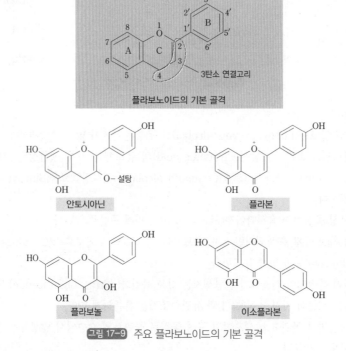

그림 17-9 주요 플라보노이드의 기본 골격

④ 탄닌(Tannin)

㉠ 플라보노이드를 단량체로 하는 페놀화합물이다.

㉡ 식물은 뿌리에서 갈산(Gallic acid)이 당에 결합된 중합체 갈로탄닌(Gallotannin)을 토양으로 분비하여 타감 작용을 일으킨다.

㉢ 식물에서 세균의 침입을 막아 주고 초식동물에게 독성을 나타낸다. 입 안에서 침의 단백질과 결합하여 떫은맛을 내 포유동물로 하여금 섭취를 피하게 한다.

㉣ 동물의 가죽에 탄닌을 처리하면(Tanning) 콜라겐과 결합하여 열, 수분, 세균 등에 대한 내성이 증가한다.

다음 2차 대사산물 중 페놀화합물이 아닌 것은?

① 안토시아닌(Anthocyanin)   ② 리그닌(Lignin)

③ 사포닌(Saponin)   ④ 탄닌(Tannin)

해설 사포닌은 테르페노이드 계통의 2차 대사산물이다.

정답 ③

(3) 테르펜(Terpene)

① 테르페노이드(Terpenoid) 또는 이소프레노이드(Isoprenoid)라고도 한다.

    ㉠ 일반적으로 물에 녹지 않는다.

    ㉡ 2차 대사산물 가운데 종류가 가장 많다.

    ㉢ 식물의 생장, 보호와 방어 등에 있어서 다양한 기능을 한다

② 기본 단위 구조가 이소프렌(C_5H_8, isoprene, $CH_2=C(CH_3)CH=CH_2$)이다.

이소프렌 단위 수(개)	탄소 수(개)	종 류
1	5	헤미테르펜(Hemiterpene)
2	10	모노테르펜(Monoterpene)
3	15	세스퀴테르펜(Sesquiterpene)
4	20	디테르펜(Diterpene)
6	30	트리테르펜(Triterpene)
8	40	테트라테르펜(Tetraterpene)
10	50	폴리테르펜(Polyterpene)

모노테르펜	• 모노테르펜 및 그 유도체들은 살충 작용을 함
	  – 국화에 있는 피레트로이드(Pyrethroid)는 살충 효과가 강함
	  – 소나무의 수지에 포함된 피넨(Pinene), 리모넨(Limonene), 미르센(Myrcene) 등은 나무좀과 같은 곤충에 독성을 나타냄
	• 식물 잎의 휘발성 정유(精油, Essential oil)는 상업적으로 향수 제작 등에도 사용됨
	  예 박하의 멘톨(Menthol), 레몬유의 리모넨(Limonene)

세스퀴테르펜	• ABA의 전구 물질 • 국화과식물의 선모에 있는 세스퀴테르펜 락톤(Sesquiterpene lactone)은 포유동물과 초식성 곤충을 퇴치함 • 목화의 고시폴(Gossypol)은 곤충과 세균에 대한 저항성을 가짐
디테르펜	• 지베렐린의 전구 물질 • 엽록소의 피톨(Phytol) 사슬은 디테르펜의 유도체임 • 소나무와 열대 콩과식물의 수지에 함유되어 있는 아비에트산(Abietic acid)은 곤충의 공격을 물리적으로 방어함 • 대극과식물의 포르볼(Phorbol)은 포유동물의 피부를 자극하고 체내에서 독성을 나타냄
트리테르펜	• 스테로이드 계통의 물질이 대표적 • 카르데놀리드(Cardenolide)와 사포닌(Saponin)은 스테로이드 배당체로 척추동물에 독성을 띰 • 카르데놀리드 계통의 물질은 동물의 세포막에 작용하여 심장 박동을 느리고 강하게 하여 강심제로 사용됨 • 감귤류의 열매에서 쓴맛을 내는 리모노이드(Limonoid)는 곤충을 퇴치함 • 스테롤(Sterol)은 세포막의 주요 구성 성분임

기타 테르펜	• 과실이나 꽃의 노란색, 주황색, 빨간색을 나타내는 카로틴류(Carotenes)와 잔토필류(Xanthophylls)의 카로티노이드 색소는 테트라테르펜에 속함
	  – 토마토의 적색은 카로틴의 일종인 리코펜(Lycopene), 옥수수 종자의 황색은 잔토필의 일종인 제아잔틴(Zeaxanthin) 색소임
	  – 당근의 황색 색소인 β–카로틴은 인체 내에서 비타민 A로 변함
	• 고무는 1,500~15,000개의 이소프렌 단위가 분지 없이 연결된 폴리테르펜으로 초식동물이나 미생물의 침입으로부터 자신을 보호하는 기능이 있음

Level UP 이론을 확인하는 문제

2차 대사산물로 테르펜(Terpene)의 분류가 옳지 않은 것은?

① 모노테르펜 – 멘톨(Menthol), 리모넨(Limonene)
② 세스퀴테르펜 – 피톨(Phytol), 아비에트산(Abietic acid)
③ 트리테르펜 – 스테롤(Sterol), 사포닌(Saponin)
④ 테트라테르펜 – 카로틴(Carotene), 잔토필(Xanthophyll)

해설 엽록소의 피톨, 소나무와 열대 콩과식물의 수지에 함유되어 있는 아비에트산은 디테르펜류이다.

정답 ②

피토크롬

⊕ PLUS ONE

- 빛은 광합성 작용 외에도 생육 중에 다양한 형태 발생을 조절하는데 이것을 광형태 발생(光形態發生, Photo-morphogenesis)이라고 한다.
- 광형태 발생에는 적색광과 원적색광을 흡수하는 피토크롬(Phytochrome) 색소, 청색과 보라색광을 잘 흡수하는 크립토크롬(Cryptochrome) 색소와 280~320nm의 빛을 잘 흡수하는 UV−B라는 광수용체 등이 관여한다.

(1) 피토크롬의 발견

① 1920년경 가너와 알라드(Garner & Allard, 미국)가 담배에서 일장이 개화를 조절한다는 사실을 발견하였다.

② 1930년대에 적색광이 개화 유도에 효과적이고 상추 종자의 발아를 촉진한다는 사실이 밝혀졌다.

③ 1952년 핸드릭스(Hendricks, 미국) 등이 적색 및 원적색광에 의한 상추 종자의 광가역적 반응을 발견하였다.

④ 1959년 버틀러와 노리스(Butler& Norris)는 광가역 반응을 일으키는 광수용체 물질을 성공적으로 추출하여 피토크롬이라고 명명하였다.

(2) 피토크롬의 광전환성(Photoreversibility)

① 암조건에서 자란 유식물의 피토크롬은 적색광(Red)을 흡수하는 P_r형으로 존재한다.

② P_r형은 적색광을 흡수하면 원적색광(Far−red)을 흡수하는 P_{fr}형으로 전환된다.

③ P_{fr}형은 다시 원적색광을 비추면 P_r형으로 전환된다.

④ P_r/P_{fr}의 광전환성은 순수 분리된 피토크롬에서도 관찰할 수 있다(그림 17−10).

⑤ 피토크롬의 광형태 발생 조절 반응은 적색광에 의해 전환된 P_{fr}형에 의해 이루어진다. P_{fr}형의 양과 식물 반응은 상관 관계를 보이고, 전체 피토크롬 중 P_{fr}형이 차지하는 상대적인 양이 식물의 반응 정도와 비례하는 것으로 보아 P_{fr}형이 생리적 활성형인 것을 알 수 있다.

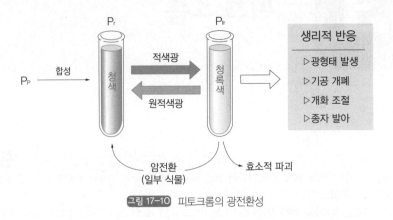

그림 17-10 피토크롬의 광전환성

식물체 내 광수용 색소 단백질인 피토크롬의 주된 기능은?

① 타감 작용   ② 저온 춘화

③ 광형태 발생   ④ 굴성 운동

> **해설** 빛은 식물의 다양한 형태 발생을 조절하는데 이를 광형태 발생(Photo-morphogenesis)이라고 한다. 식물의 광형태 발생에는 적색광과 원적색광에 의해 효과적으로 조절되는데 이 빛을 흡수하는 색소 단백질이 바로 피토크롬이다.
>
> **정답** ③

(3) P_{fr}형 함량의 조절

① P_{fr}형의 함량은 P_r형으로부터의 광전환, 그리고 암파괴와 암전환에 의해 조절된다(**그림 17-10**).

광전환	적색광에 의해 P_{fr}형이 증가하고, 원적색광에 의해 P_{fr}형이 감소할 수 있음
암파괴	• P_{fr}형은 암조건에서 효소 작용이나 단백질의 변성으로 파괴될 수 있음 • 두 가지 모두 가수분해효소의 기질이지만, P_{fr}형이 P_r형보다 쉽게 분해됨
암전환	• 암조건에서 서서히 P_{fr}형이 P_r형으로 바뀌는데 이를 암전환(Dark reversion)이라 함 • 암전환의 속도는 온도와 pH의 영향을 받으며 환원제를 처리하면 수 초 동안에 반응이 일어남

② 피토크롬의 양은 분해 과정뿐 아니라 생합성 단계에서도 조절된다. 암조건에서 P_r형으로 합성되지만 적색광에 의하여 그 합성이 억제된다.

③ 적색광에 의하여 생성된 P_{fr}형은 피토크롬 단백질의 전사 과정을 억제하는데, 이것은 유전자 발현을 피드백 조절하는 한 예이다.

(4) 피토크롬의 구조

① 발색단(發色團, Chromophore)과 아포단백질(Apoprotein, 결손단백질)로 구성되어 있다.

발색단	• 아포단백질의 시스테인 잔기에 결합하는 보결 분자단으로 비단백질 부분 • 색소체에서 합성된 피토크로모빌린(Phytochromobilin)이라는 테트라피롤의 열린 사슬 구조임 • P_r형에서 P_{fr}형으로 전환될 때 구조가 cis형태에서 trans형태로 전환됨 그림 17-11
아포단백질	• 단백질 부분으로 결손 단백질이라고도 함 • 분자량이 약 120kDa 정도 • 반드시 발색단과 결합해 완전 단백질(Holoprotein)을 형성해야 광흡수가 가능

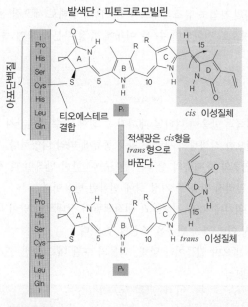

그림 17-11 피토크로모빌린(Phytochromobilin)의 광전환

② 피토크롬 단백질은 소수성 아미노산을 많이 함유하고 있어 P_r형이 P_{fr}형으로 전환될 때 소수성 부위가 많이 노출되면서 단백질 구조가 미묘하게 변하는 것으로 보고 있다.

　㉠ 대부분의 피토크롬은 핵으로 이동하여 유전자 발현을 조절한다.

　㉡ 소량의 피토크롬 풀은 세포질에 남아서 빠른 생화학적 반응을 매개한다.

③ 피토크롬은 식물의 종류별로 특성이 달라 피토크롬 A, B, C, D 등으로 분류한다.

(5) 피토크롬의 분포

① 광합성 세균을 제외한 모든 광합성 생물에 존재한다.

② 세포 내 세포질, 색소체, 핵, 미토콘드리아, 소포체 등 거의 모든 세포 소기관에 분포한다.

③ 암조건에서 자란 황백화된 식물에 많이 분포하며 그들은 모두 P_r의 형태로 존재한다.

　㉠ 조직이 녹화되면 빛의 작용으로 피토크롬이 파괴되고 그의 생합성이 억제되어 녹색식물의 피토크롬 함량은 크게 낮아진다.

　㉡ 암소에서는 P_{fr}형이 합성되지 않는다.

④ 황백화된 유식물은 P_r형 함량이 높아 약한 적색광이라도 탐지하여 반응할 수 있다.

　㉠ 황백화된 벼나 귀리의 자엽초 유조직세포에서는 P_r의 형태로 세포질 전체에 넓게 퍼져 있다.

　㉡ 빛에 노출되어 P_{fr}형으로 전환되면 수 분 이내에 특정 부분에 모여 특정 피토크롬 수용체와 결합하는 것으로 보인다.

(6) 피토크롬의 조절 반응

① 광자극을 받은 후 형태학적 반응이 나타날 때까지 수 분에서 수 주일까지 걸린다.

② 반응이 유도되는 데 필요한 적색광의 광량도 반응 종류에 따라 다양하다.

　예 황백화된 귀리 자엽초와 중배축의 생장은 반딧불이 한번 반짝일 때 광량의 1/10 정도로도 반응을 보인다. 이 반응은 알려진 반응 중 가장 광에 민감한 반응이다.

③ 자연광은 시간, 계절, 위치에 따라 적색광과 원적색광의 상대적인 양이 다르기 때문에 그에 따라 체내 P_r/P_{fr}의 비율이 달라져 여러 가지 반응을 조절할 수 있다.

　예 한낮에는 적색광이 많으며 일몰이나 달빛, 식물의 수관 내 그늘진 곳, 그리고 토양 중에는 원적색광이 상대적으로 더 많다.

구 분		광도(μmol m^{-2} s^{-1})	R/FR ratio
주 광		1,900	1.19
일 몰		26.5	0.96
달 빛		0.005	0.94
담쟁이수관		17.7	0.13
1m 깊이 호수	블랙호	680	17.2
	레벤호	300	3.1
	보랄리호	1,200	1.2
5mm 깊이의 토양		8.6	0.88

④ 피토크롬은 종자 발아와 개화 반응 외에도 쌍자엽식물의 혹(Hook, 유아 갈고리) 열림, 화본과식물의 분얼, 귀리 유식물의 탈황백화, 겨자의 엽원기 형성, 완두의 절간 신장 등의 생장 반응 조절에도 관여한다.

쌍자엽식물의 혹열림	• 쌍자엽식물이 발아하여 지면을 뚫고 올라올 때 적색광에 노출되면서 바로 혹열림(Hook opening) 현상이 일어남 • 혹은 배축이 구부러진 구조로 토양을 밀고 위로 솟을 때 어린잎을 보호함
화본과식물의 분얼	• 벼 이앙 시 묘 개수에 관계없이 분얼 수가 비슷해짐 • 밀식된 지역의 식물은 인접한 식물의 잎이 적색광을 흡수하고 원적색광을 많이 반사시켜 분얼이 억제되었기 때문에 볼 수 있는 결과임
양지식물의 줄기 신장	• 피토크롬은 양지식물로 하여금 자신이 음지에 처해 있는지의 여부를 감지할 수 있게 해줌 그림 17-12 • 음지일수록 원적색광의 함량이 높고 그에 따라 P_{fr}형이 P_r형으로 전환되어 총 피토크롬(P_{total})에 대한 P_{fr}형의 상대적 함량이 낮아짐 • 양지식물은 음지에 놓이면 줄기를 신장시켜 광합성에 유용한 빛을 더 많이 받으려고(음지회피반응) 분지 활동을 억제하는 대신에 줄기를 신장시킴 • 음지식물은 거의 변화가 없음

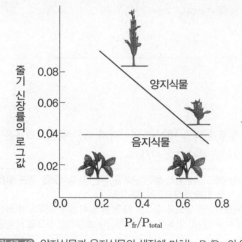

그림 17-12 양지식물과 음지식물의 생장에 미치는 P_{fr}/P_{total}의 영향

피토크롬이 관여하는 생장 조절 반응에 해당하는 것을 모두 고른 것은?

> ㄱ. 벼과식물의 분얼
> ㄴ. 귀리 유식물의 탈황백화
> ㄷ. 쌍자엽식물 발아 시 유아 갈고리 열림
> ㄹ. 양지식물의 음지 회피 반응에 따른 줄기 신장

① ㄱ   ② ㄱ, ㄴ
③ ㄱ, ㄴ, ㄷ   ④ ㄱ, ㄴ, ㄷ, ㄹ

해설 피토크롬이 조절하는 생장 반응에는 종자 발아와 개화 반응 외에도 쌍자엽식물이 발아하여 지면 위로 올라왔을 때 유아 갈고리 열림현상을 일으킨다. 벼과식물의 분얼, 귀리 유식물의 탈황백화, 겨자의 엽원기 형성, 완두의 줄기 절간 신장 등의 조절에도 관여한다.

정답 ④

(7) 피토크롬의 작용 기작

① 빛을 이용한 신호 전달 체계가 막을 매개로 일어나기 때문에 피토크롬은 세포막에 어떤 변화를 일으켜 조절 반응을 유도하는 것으로 파악되고 있다.

엽록체	• 엽록체는 광조건에 따라 회전 운동을 하는데, 적색광을 주면 빛을 수직으로 받도록 회전하고, 원적색광을 주면 빛과 평행되도록 회전함 • 빛을 세포막에만 닿도록 하였을 때 빛을 받지 않은 엽록체가 회전하는 것으로 보아, 피토크롬이 세포막에 분포하면서 엽록체의 회전 현상을 조절하는 것으로 해석됨
미토콘드리아	• 귀리 유식물에 적색광을 조사하면 미토콘드리아의 막에 상당량의 P_{fr}형이 결합되는 것을 볼 수 있으며, 적색광을 조사하지 않으면 막과 결합한 P_{fr}형을 볼 수 없음 • 피토크롬 P_{fr}형이 세포막에 결합한다는 것을 증명하는 결과임

② 미모사나 자귀나무에 적색광을 쪼이면 잎이 열리고 원적색광을 비추면 잎이 접히는 운동은 바로 피토크롬이 막의 기능을 조절하는 예이다.

㉠ 미모사나 자귀나무의 잎 운동은 엽침의 기동세포에서 K^+이 유입되거나 유출되면서 일어나는 팽압 변화의 결과이다.

㉡ 피토크롬이 막의 투과성에 영향을 미쳐 K^+의 투과를 조절한 결과로 파악되고 있다.

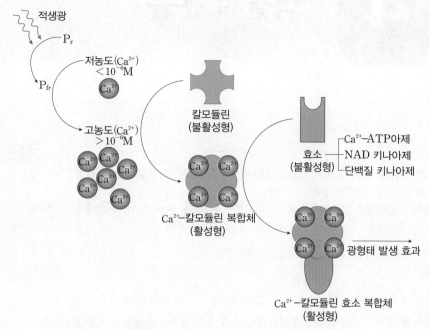

그림 17-13 피토크롬의 광형태 발생 반응 모델

③ 반응 모델에 따르면 피토크롬은 K^+이나 Ca^{2+} 등의 수송을 조절한다.

④ 특히 피토크롬은 Ca^{2+}의 수송을 조절하여 약한 빛의 신호를 증폭하여 생장과 발달을 유도하는 것으로 파악되고 있다(그림 17-13).

    ㉠ Ca^{2+} 농도 변화로 신호 전달에 참여한 칼모듈린이 관련 효소를 활성화시켜 큰 생리적 반응을 유발한다는 것이다.

    ㉡ P_{fr}형이 Ca^{2+}의 수송을 조절하여 세포 내 농도를 증가시킨다.

    ㉢ 칼모듈린(Calmodulin)이 수송된 Ca^{2+}와 칼슘–칼모듈린 효소 복합체를 형성하며 활성화된다.

    ㉣ 활성화된 복합체가 관련 효소를 활성화시켜 광형태 발생 효과를 나타낸다.

식물의 운동

PLUS ONE

- 식물이 외부의 자극이나 내적인 생리적 리듬에 의해 일정한 방향으로 생장하는 것을 말한다.
- 차등 생장과 팽압 변화의 결과로 나타난다.
- 경성운동(傾性運動, Nastic movement)과 굴성운동(屈性運動, Tropism movement)으로 구분한다.

(1) 경성운동

① 식물이 자극에 대해 일정한 방향으로 일으키는 운동 반응 중의 하나이다.

② 운동의 방향이 자극 방향이 아닌 기관의 구조적 또는 생리적 비대칭에 의해 결정된다.

③ 경성운동으로 상·하편생장(上下偏生長, Epinasty/Hyponasty), 수면운동(睡眠運動, Nyctinasty), 경촉운동(傾觸運動, Thigmonasty)이 있다.

상·하편생장	• 주로 복엽을 구성하는 소엽에서 일어남 • 잎이 위로 굽혀지는 것이 하편생장, 아래로 굽혀지는 것이 상편생장 • 엽병, 엽신, 또는 소엽의 기부에 있는 기동세포(機動細胞, Motor cell)로 구성된 엽침(葉枕, Pulvinus)에서 내외로 수분의 이동이 일어나기 때문에 나타남 • 엽침이 없는 식물에서도 볼 수 있는데, 그것은 엽병이나 엽신의 위아래 세포의 차등 생장에 의해서 일어남

수면운동	• 낮에 수평 방향으로 있다가 밤에 수직 방향으로 움직이는 잎의 운동
	• 자귀나무는 이중으로 된 복엽을 가지고 뚜렷한 수면운동을 보임
	   – 자귀나무 소엽이 밤에는 서로 일어나 소엽병의 말단부 쪽으로 향함
	   – 밤에 수분이 엽침의 상층부에서 빠져 나와 하층부로 이동하기 때문에 하층부 바깥쪽은 팽압이 높아지고 안쪽은 팽압이 낮아지면서 잎이 접힘
	• 수분의 이동은 K^+의 이동과 관련이 있고, K^+의 이동은 바로 피토크롬의 생장 반응 조절 중의 하나임

경촉운동	• 접촉에 의해 야기되는 경성운동으로 콩과식물 미모사에서 민감하게 일어남
	• 미모사는 자귀나무와 비슷한 소엽과 엽침을 가지고 있는데 접촉 자극을 주면 잎들이 신속하게 접힘
	   – 하나의 잎이 자극을 받아도 식물체의 전 부분으로 전달됨
	   – 소엽의 이런 운동은 엽침의 기동세포에서 물이 빠져나감으로 인해 일어나며, 자극 전달은 전기적 신호와 화학적 신호로 설명됨

④ 접촉형태발생(Thigmomorphogenesis)

㉠ 기계적 자극이나 마찰에 대한 식물의 생장과 발달 반응을 말한다.

㉡ 줄기의 신장 생장이 억제되고, 줄기가 굵어지는 반응을 보인다.

㉢ 자연계에서는 바람이 접촉의 효과로 식물의 발달에 영향을 끼친다.

㉣ 농기구나 작업자에 의한 마찰 역시 생장에 억제 효과를 나타낸다.

　　　　예 온실에서 하루에 10초간 물을 분무한 결과 토마토의 생장이 대조군보다 60% 정도 감소하였다는
　　　　　결과가 보고된 바 있다.
　　　ⓗ 관상용 화훼식물에서 식물체를 진동 장치 위에 놓았을 때도 접촉형태발생과 똑같은 효과를 나타내
　　　　었다. 이 현상을 특별히 진동형태발생(Seismo-morphogenesis)이라고 한다.
　⑤ 벼과식물의 접힘 또는 열림 운동
　　　㉠ 수분이 충분하면 잎이 펴지고, 수분이 부족하면 잎이 접히거나 말린다.
　　　㉡ 수분이 부족할 때 잎이 접히거나 말리는 것은 증산 작용을 최소화하기 위한 운동 반응이다.
　　　㉢ 모양이 거품처럼 부풀어 있는 거품세포(Bulliform cell)라고 부르는 기동세포의 팽압 소실에 의해 일
　　　　어난다.
　　　㉣ 기동세포는 세포벽이 얇고 액포가 크며 큐티클 층이 발달되지 않아 수분이 부족하면 빠르게 증산으
　　　　로 수분을 잃고 팽압을 낮춰 잎이 쉽게 접혀지게 한다.

(2) 굴성운동

① 자극원에 대하여 식물의 기관이 일정한 방향으로 굽는 것을 말한다.
② 굽는 방향은 환경 자극 방향과 그에 따른 기관의 세포 신장 속도의 차이에 의해 결정된다.
③ 주요 굴성운동에는 굴광성(屈光性, Phototropism), 굴중성(屈重性, Gravitropism), 굴촉성(屈觸性,
　　Thigmotropism) 등이 있다.

굴광성	• 식물의 자엽초나 줄기가 빛을 향해 굽는 현상 • 빛이 쪼이는 쪽과 반대쪽의 차등 생장 때문에 일어남. 차등 생장은 옥신이 빛이 조사되지 않은 어두운 부위로 이동하기 때문에 일어남 • 잎도 굴광성을 나타내는데, 그늘이 지면 빛이 비추는 쪽으로 잎이 굽어지며 거의 중첩되지 않게 잎모자이크(Leaf mosaic)를 형성함 • 많은 식물들은 낮 동안 편평한 엽신이 태양을 향하도록 하여 잎에 의한 광흡수를 최대화하는 태양추적(Solar tracking, Heliotropism) 능력이 있음 　－ 태양 추적이야말로 진정한 의미의 굴광성 　－ 목화, 대두, 강낭콩, 알팔파, 그리고 아욱과식물에서 태양 추적 현상이 잘 관찰됨 • 잎의 운동은 엽병에 연결되어 있는 엽침의 기동세포에 의해 조절됨
굴중성	• 지구의 중력 자극에 대한 양성적 또는 음성적 생장 운동 반응 • 뿌리는 대개 양성 굴중성을 나타내며, 2차근보다는 1차근이 더욱 양성적임 • 3차근 이상은 거의 굴중성이 나타나지 않아 수평에 가깝게 생장함 • 줄기와 화경은 음성 굴중성이 나타남 　－ 원줄기는 중력 자극에 대하여 정반대 방향으로 자람 　－ 가지와 엽병, 포복줄기 등은 수평적으로 생장 　－ 굴중성의 강도에 따라 적절한 공간 배치로 빛과 CO_2를 효율적으로 흡수하게 됨 　－ 상하 수직 방향의 것은 정상 굴중성(Orthogravitropism)이라 하고, 중간 각도로 자라는 것은 경사 　　굴중성(Plagiotropism)이라 함 　－ 측면으로 놓인 줄기나 자엽초에서 보이는 음성적 굴중성은 하층부로 이동한 옥신에 의한 차등 생 　　장의 결과임 • 굴중성의 인지 장소는 중력에 반응하는 근관(根冠)임 　－ 근관에 있는 생장 억제 물질이 아래 부분의 생장을 억제하여 뿌리가 밑으로 굽음 　－ 근관에는 녹말체(Amyloplast)가 많이 함유되어 있는데 이 녹말체가 굴중성의 인지 기작을 제공 　－ 녹말체가 근처의 소포체와 접촉하여 생장 조절 물질의 이동에 영향을 줌

| 굴촉성 | • 접촉 자극에 의해 발생하는 굴성적 생장 반응
• 감촉성이라고도 하는데 덩굴성 식물에서 이 반응을 쉽게 볼 수 있음
• 덩굴성 식물은 지지가 가능한 물체에 닿아 감촉 자극을 받으면 그 물체를 타고 기어오르거나 감고 올라가는 특성이 있음 |

Level UP 이론을 확인하는 문제

식물에서 생장이나 운동 방향이 자극 방향이 아닌 기관의 구조적 또는 생리적 비대칭에 의해 결정되는 반응이 아닌 것은?

① 상편생장   ② 수면운동

③ 하편생장   ④ 굴성운동

해설 식물에서 상·하편 생장, 수면운동 반응은 자극 방향이 아닌 기관의 구조적 또는 생리적 비대칭에 의해 결정되는 반면 굴성운동은 환경 자극 방향과 그에 따른 기관의 세포 신장 속도의 차이에 의해 굽어 생장이나 운동 방향이 결정된다.

정답 ④

Level UP 이론을 확인하는 문제

근관세포 녹말체의 인지 기작으로 발생하는 식물의 굴성운동은?

① 굴중성   ② 굴광성

③ 굴촉성   ④ 굴감성

해설 뿌리 굴중성의 인지 장소는 근관이고, 굴중성의 인지 기작을 제공하는 것은 녹말립이 함유되어 있는 녹말체라고 보고 있다. 실제로 중력에 반응하는 근관에 녹말체가 많이 있는 것을 확인할 수 있다.

정답 ①

01

지방산의 생합성 출발 물질에 해당하는 것은?

① 메발론산
② 숙신산
③ 포스포글루콘산
④ 아세틸−CoA

> **해설** 지방산의 생합성은 색소체에서 일어나며, 생합성 출발 물질은 아세틸−CoA이다.

02

지방산에 관한 설명으로 옳지 않은 것은?

① 아세틸−CoA로부터 합성된다.
② 합성 장소는 소포체이다.
③ 천연 지방산이 갖는 탄소 수는 주로 16~18개이다.
④ 맨 처음 합성되는 팔미트산과 스테아르산은 포화지방산이다.

> **해설** 지방산의 생합성은 색소체에서 일어난다.

03

다음 중 불포화도가 가장 높은 지방산은?

① 팔미트산(Palmitic acid)
② 스테아르산(Stearaic acid)
③ 올레산(Oleic acid)
④ 리놀렌산(Linolenic acid)

> **해설** 팔미트산과 스테아르산은 포화지방산이고, 올레산은 이중 결합이 1개, 리놀렌산은 3개 함유하고 있는 불포화지방산이다.

04

( )에 들어갈 내용을 옳게 나열한 것은?

> (ㄱ)은 긴 사슬의 탄화수소가 단일 결합으로만 구성되어 있는 포화지방산이고, (ㄴ)은 긴 사슬의 탄화수소에 이중 결합을 포함하고 있는 불포화지방산이다.

① ㄱ : 팔미트산, ㄴ : 스테아르산
② ㄱ : 스테아르산, ㄴ : 올레산
③ ㄱ : 올레산, ㄴ : 리놀렌산
④ ㄱ : 리놀렌산, ㄴ : 팔미트산

> **해설** 팔미트산(C_{16} : 0)과 스테아르산(C_{18} : 0)은 포화지방산이고, 올레산(C_{18} : 1)과 리놀렌산(C_{18} : 3)은 불포화지방산이다.

05

포화지방산을 다량 함유하고 있는 종자는?

① 콩　　　　　　　② 옥수수
③ 유 채　　　　　　④ 야자유

해설　종자에 따라 지방산 구성이 달라 콩과 옥수수는 불
포화지방산인 리놀레산(Linoleic acid)의 함량이 높
고, 유채는 길이가 긴 지방산을, 야자유는 포화지방
산을 다량으로 함유하고 있다.

06

식물성 기름의 특징이 아닌 것은?

① 중성지방이다.
② 실온에서 액체이다.
③ 모노아실글리세롤의 함량이 높다.
④ 불포화지방산을 많이 포함하고 있다.

해설　가장 널리 분포하는 식물의 대표적인 중성지방은
글리세롤에 3개의 지방산이 에스테르 결합한 트리
아실글리세롤이다.

07

중성지방에 관한 설명으로 옳지 않은 것은?

① 글리세롤과 지방산으로 구성되어 있다.
② 글리세롤이 양성, 지방산이 음성으로 극성을 띤다.
③ 글리세롤과 지방산이 에스테르 결합을 하고 있다.
④ 트리아실글리세롤이 가장 대표적이다.

해설　글리세롤과 지방산으로 구성된 지질이며 극성을 띠
지 않아 중성지방이라 한다.

08

올레오솜에 있는 지방이 당으로 전환되는 대사 과
정에서 거치지 않는 장소는?

① 시토졸　　　　　② 글리옥시솜
③ 미토콘드리아　　④ 액 포

해설　올레오솜에서 생산된 지방산이 글리옥시솜에서 β-
산화되어 아세틸-CoA를 만들고 글리옥실산회로를
돌려 숙신산을 만든다. 숙신산은 미토콘드리아로
공급되어 크렙스 회로에 참여하여 말산을 시토졸로
공급한다. 시토졸에서는 말산이 포도당신생합성 경
로를 거쳐 포도당을 합성한다.

09

인지질에 관한 설명으로 옳지 않은 것은?

① 색소체에서 합성된다.
② 생합성 출발 물질은 포스파티드산(Phosphatidic
acid)이다.
③ 소수성 꼬리와 친수성 머리로 구성되어 있다.
④ 세포막에서 이중층을 형성한다.

해설　인산이 결합된 지질로 주로 소포체 막에서 합성된다.

10

당지질을 주요 구성 성분으로 가지는 생체막은?

① 원형질막　　　　② 틸라코이드막
③ 미토콘드리아 막　④ 소포체 막

해설　원형질막에는 스테롤(Sterol)이 다량으로 함유되어
있다. 미토콘드리아와 소포체의 막은 주로 인지질
로 구성되어 있고, 엽록체의 막은 지방산의 불포화
도가 높은 당지질을 다량 함유하고 있다.

11

( )에 들어갈 내용을 옳게 나열한 것은?

> 미토콘드리아 막의 주 구성 지질은 (ㄱ)이고 엽록체 막의 주 구성 지질은 (ㄴ)이다.

① ㄱ : 인지질, ㄴ : 당지질
② ㄱ : 당지질, ㄴ : 황지질
③ ㄱ : 황지질, ㄴ : 스테롤
④ ㄱ : 스테롤, ㄴ : 인지질

해설 막에 따라 기능이 다른 것은 지질 성분이 다르기 때문이다. 미토콘드리아 막은 주로 인지질로 구성되어 있고, 엽록체 막은 지방산의 불포화도가 높은 당지질을 다량 함유한다. 원형질막에는 스테롤이 다량으로 함유되어 있다.

12

세포막을 구성하는 당지질에 관한 설명으로 옳지 않은 것은?

① 주로 소포체의 포막에서 합성된다.
② 주요 당으로 갈락토오스당을 포함하고 있다.
③ 구성 지방산에 따라 당지질의 종류가 구분된다.
④ 엽록체의 틸라코이드막을 구성하는 주 성분이다.

해설 당지질은 주로 엽록체의 포막에서 합성된다. 글리세롤 골격의 머리 부분에 갈락토오스 당이 결합되어 있는데 구성 지방산에 따라 당지질의 종류가 구분된다. 당지질은 엽록체의 포막과 틸라코이드막을 구성하는 중요한 성분이다.

13

특수한 지질에 관한 설명이다. 이에 해당하는 성분은?

> • 지상부 표피 조직 외벽에 발달하는 각피의 주 성분이다.
> • 지방산의 중합체로 분자량이 크며 기본 구성 단위는 C_{16} 지방산이다.
> • 지방산들이 수산기와 카르복실기에 의해 서로 교차 결합되어 있다.
> • 적은 양의 페놀화합물이 들어 있어 세포벽의 펙틴 성분과 결합할 수도 있다.

① 큐틴(Cutin)
② 수베린(Suberin)
③ 왁스(Wax)
④ 리그닌(Lignin)

14

수베린(Suberin)에 관한 설명으로 옳지 않은 것은?

① 중합체가 아닌 길이가 긴 소수성이 강한 지질 분자들의 복합체이다.
② 뿌리 내피에 형성되는 카스파리대의 주성분이다.
③ 지하부 세포 외벽의 주성분으로 세포막과 세포벽 사이에 분포되어 있다.
④ 목본식물 잎의 이층이나 상처 부위에서도 합성된다.

해설 수베린도 지방산 중합체이지만 큐틴과는 달리 선상 구조로 되어 있다. 중합체가 아닌 길이가 긴 소수성이 강한 지질 분자들의 복합체는 왁스이다.

15

( )에 들어갈 내용을 옳게 나열한 것은?

> 식물체의 특수 지질 성분으로 (ㄱ)은/는 지상부 표피 조직 외벽에 발달하는 각피의 주성분으로 각피소라 하고, (ㄴ)은/는 지하부 세포 외벽의 주성분으로 목전소라 하는데 세포막과 세포벽 사이에 분포한다.

① ㄱ : 왁스, ㄴ : 큐틴
② ㄱ : 큐틴, ㄴ : 수베린
③ ㄱ : 수베린, ㄴ : 리그닌
④ ㄱ : 리그닌, ㄴ : 왁스

해설 각피의 주성분으로 각피소라 부르는 성분은 큐틴이고, 목본식물에서 축적되는 지방산의 중합체로 목전소라 부르는 성분은 수베린이다. 둘 다 지방산의 중합체로 큐틴은 기본 구성 단위는 C_{16} 지방산이고, 수베린의 기본 구성 단위는 C_{16-24}이며 이보다 긴 것도 있다.

16

왁스에 관한 설명으로 옳지 않은 것은?

① 밀랍이라고도 한다.
② 중합체이다.
③ 소수성이다.
④ 각피 구성 성분이다.

해설 왁스(밀랍)는 중합체가 아니라 길이가 길고 소수성이 강한 지질 분자의 복합체로 각피의 구성 성분이다.

17

알칼로이드 화합물에 관한 설명으로 옳지 않은 것은?

① 산성으로 음전하를 띤다.
② 일반적으로 수용성이다.
③ 질소를 함유하는 화합물이다.
④ 방향족 고리 구조를 가진다.

해설 알칼로이드는 방향족 질소화합물로 질소 원자를 포함하는 헤테로 고리를 가진다. 양전하를 띠고 염기성이며 일반적으로 수용성이다.

18

식물이 2차 대사산물을 합성하여 축적하는 가장 중요한 이유는?

① 에너지원으로 이용하기 위해서이다.
② 식물의 노화를 방지하기 위해서이다.
③ 외부로부터 자신을 보호하기 위해서이다.
④ 주요 저장양분의 산화를 방지하기 위해서이다.

해설 식물체는 초식동물이나 곤충, 미생물의 공격으로부터 자신을 보호하기 위해 2차 대사산물을 합성하여 축적한다.

19

페놀화합물에 관한 설명으로 옳지 않은 것은?

① 질소를 함유하는 화합물이다.
② 방향족 고리 구조를 가진다.
③ 치환될 수 있는 수산기가 있다.
④ 페닐알라닌과 티로신이 합성 원료이다.

해설 질소 원자를 포함하고 헤테로 고리를 갖는 질소화합물은 알칼로이드이다.

20

광독성(Phototoxicity)이 있어 자외선을 흡수하면 DNA의 피리미딘 염기와 결합하여 그들의 전사와 회복을 방해하여 세포를 죽게 하는 페놀화합물은?

① 푸라노쿠마린(Furanocoumarin)
② 아세틸살리실산(Acetyl salicylic acid)
③ 카페인산(Caffeic acid)
④ 페룰산(Ferulic acid)

해설 쿠마린의 일종인 푸라노쿠마린은 광독성(光毒性, Phototoxicity)이 있어 자외선을 흡수하면 DNA의 피리미딘 염기와 결합하여 그들의 전사와 회복을 방해하여 세포를 죽게 한다.

21

인접한 식물의 발아와 생장을 저해하여 자신에게 광, 수분, 양분 등의 이용을 유리하게 해주는 단순 페놀화합물계 타감 물질은?

① 카페인(Caffeine)
② 카페인산(Caffeic acid)
③ 플라본(Flavone)
④ 탄닌(Tannin)

해설 유관속식물에 널리 분포하는 단순 페놀화합물에는 쿠마린(Coumarin), 벤조산유도체(Benzoic acid derivatives), 페닐프로판(Phenylpropane)의 3종류가 있다. 이들은 곤충과 균류의 공격에 대한 방어와 타감 작용을 한다. 카페인은 알칼로이드계 화합물이다. 플라본은 2개의 방향족 고리에 3개의 탄소 연결 고리를 갖는 플라보노이드계 페놀화합물이다. 탄닌은 플라보노이드를 단량체로 하는 페놀화합물이다. 식물 뿌리에서 갈산과 당의 중합체인 갈로탄닌을 토양에 분비하여 타감 작용을 일으킨다.

22

( )에 들어갈 내용을 옳게 나열한 것은?

> 페놀화합물의 일종으로 (ㄱ)은 페닐알라닌으로부터 신남산(Cinnamic acid)의 유도체를 거쳐 생합성된 기본 구성 물질인 코니페릴알코올, 쿠마릴알코올, 시나필아코올 등이 (ㄴ)에 의해 결합된 중합체이다.

① ㄱ : 수베린, ㄴ : 퍼옥시다아제
② ㄱ : 수베린, ㄴ : 에이티피아제
③ ㄱ : 리그닌, ㄴ : 퍼옥시다아제
④ ㄱ : 리그닌, ㄴ : 에이티피아제

해설 리그닌은 기본 구성물질이 코니페릴알코올, 쿠마릴알코올, 시나필알코올 등이다. 이들은 페닐알라닌으로부터 신남산의 유도체를 거쳐 합성되며 퍼옥시다아제에 의해 중합체로 리그닌을 합성된다.

23

목질화를 통해 식물의 지지 조직과 유관속조직을 튼튼하게 해주는 페놀화합물은?

① 수베린(Suberin)
② 리그닌(Lignin)
③ 큐틴(Cutin)
④ 프럭탄(Fructan)

해설 리그닌이 축적되어 식물체가 단단해지는 것을 목질화라고 한다. 목질화는 식물의 지지 조직(줄기)과 유관속조직을 튼튼하게 한다. 특히 물관 세포벽의 구성 물질로 물관부의 수송에서 발생하는 장력에 대하여 저항성을 갖도록 해준다.

24

플라보노이드에 관한 설명으로 옳지 않은 것은?

① 체내에서 항산화 작용을 한다.
② 페놀 화합물의 일종이다.
③ 3개의 방향족 고리를 갖는다.
④ 안토시아닌은 배당체이다.

[해설] 플라보노이드는 2개의 방향족 고리에 3개의 탄소 연결 고리를 갖는 페놀화합물이다.

25

안토시아닌에 관한 설명으로 옳지 않은 것은?

① 페놀화합물의 일종이다.
② 배당체 구조를 갖는다.
③ 꽃과 과실에서 색깔을 결정한다.
④ 피토알렉신이 대표적이다.

[해설] 페놀화합물 가운데 안토시아닌은 플라보노이드의 일종이다. 안토시아닌은 플라보노이드의 기본 골격에서 3번 탄소에 당이 결합된 배당체로 꽃과 과실에서 다양한 색깔을 결정한다. 피토알렉신도 플라보노이드의 일종이나 기본 골격에서 B고리의 위치가 이동된 구조로 이소플라본이라 부른다. 피토알렉신은 향균 물질로 세균이나 균류의 침입, 초식동물의 공격이나 각종 스트레스 조건에서 합성되어 식물 자신을 보호하는 역할을 한다.

26

입 안에서 침의 단백질과 결합하여 떫은맛을 내게 하는 페놀화합물은?

① 탄닌(Tannin)
② 플라본(Flavone)
③ 쿠마린(Coumarin)
④ 페닐프로판(Phenylpropane)

[해설] 탄닌은 동물의 입 안에서 침의 단백질과 결합하여 떫은맛을 내 섭취를 피하게 한다.

27

(   )에 들어갈 내용을 옳게 나열한 것은?

> 탄닌은 (ㄱ)를 단량체로 하는 페놀화합물로 특정 식물의 뿌리는 갈산이 당과 결합한 중합체인 갈로탄닌을 토양에 분비하여 (ㄴ)을 일으킨다.

① ㄱ : 플라보노이드, ㄴ : 타감 작용
② ㄱ : 테르페노이드, ㄴ : 타감 작용
③ ㄱ : 플라보노이드, ㄴ : 길항작용
④ ㄱ : 테르페토이드, ㄴ : 길항작용

[해설] 탄닌은 플라보노이드를 단량체로 하는 페놀화합물이고, 갈로탄닌은 갈산이 당과 결합한 중합체로 타감물질이다.

28

(   )에 들어갈 내용을 옳게 나열한 것은?

> (ㄱ)은 질소 원자가 포함된 헤테로 고리를 가진 방향족 질소 화합물인 알칼로이드의 일종이고, (ㄴ)은 치환성 수산기가 있는 방향족 고리 구조의 2차 대사산물인 페놀화합물이다.

① ㄱ : 니코틴, ㄴ : 리그닌
② ㄱ : 리그닌, ㄴ : 카페인
③ ㄱ : 카페인, ㄴ : 사포닌
④ ㄱ : 사포닌, ㄴ : 니코틴

[해설] 니코틴과 카페인은 알칼로이드, 리그닌은 페놀화합물, 사포닌은 테르펜의 일종이다.

29

2차 대사산물 테르펜(Terpene)에 관한 설명으로 옳은 것은?

① 배당체 구조를 갖는다.
② 페놀화합물의 일종이다.
③ 일반적으로 물에 잘 녹는다.
④ 기본 단위 구조가 이소프렌이다.

해설 테르펜은 탄소 다섯 개의 이소프렌 단위를 기본 구조로 하는 2차 대사산물로 일반적으로 물에 녹지 않는다. 페놀화합물의 일종으로 배당체 구조를 갖는 2차 대사산물은 플라보노이드이다.

30

세스퀴테르펜에 해당하는 2차 대사산물은?

① 박하의 멘톨
② 목화의 고시풀
③ 소나무의 아비에트산
④ 토마토의 리코펜

해설 박하의 멘톨은 모노테르펜, 소나무의 수지에 함유되어 있는 아비에트산은 디테르펜, 토마토의 리코펜은 테트라테르펜의 일종이다. 목화의 고시풀은 세스퀴테르펜으로 곤충과 세균에 대한 저항성이 있다.

31

다음 설명에 해당하는 2차 대사산물은?

> ㄱ. 테트라테르펜의 일종이다.
> ㄴ. 인체 내에서 비타민 A로 변한다.
> ㄷ. 당근의 주황색 색소이다.

① 베타카로틴   ② 리코펜
③ 리모넨   ④ 리모노이드

해설 리코펜도 테트라테르펜의 일종이나 토마토에 많이 함유되어 있고 붉은색을 띤다. 리모넨은 모노테르펜, 리모노이드는 트리테르펜의 일종이다.

32

식물체 내 광수용 색소 단백질인 피토크롬의 주된 기능은?

① 타감 작용   ② 저온 춘화
③ 광형태 발생   ④ 굴성운동

해설 빛은 식물의 다양한 형태 발생을 조절하는데 이를 광형태 발생(Photo-morphogenesis)이라고 한다. 식물의 광형태 발생에는 적색광과 원적색광에 의해 효과적으로 조절되는데 이 빛을 흡수하는 색소 단백질이 바로 피토크롬이다.

33

피토크롬의 유형 및 함량 조절에 관한 설명으로 옳은 것은?

① 적색광에 의해 P_{fr}형이 P_r형으로 전환된다.
② 원적색광에 의해 P_r형이 P_{fr}형으로 전환된다.
③ 암상태에서 P_{fr}형이 P_r형보다 효소에 의해 쉽게 분해된다.
④ 암조건에서 P_r형이 P_{fr}형으로 암전환이 일어난다.

해설 적색광에 의해 P_r형이 P_{fr}형으로, 원적색광에 의해 다시 P_r형으로 전환된다. 암조건에서 P_{fr}형이 P_r형으로 암전환된다.

34

광발아성 상추 종자의 광가역 반응을 일으키는 피토크롬의 광전환성에 관여하는 광은?

① 적색광과 원적색광
② 자색광과 청색광
③ 녹색광과 근적색광
④ 자외선과 적외선

해설 광발아성 상추 종자의 광가역 반응은 적색광과 원적색광에 의해 유도되는 피토크롬의 광전환성으로 일어난다.

36

벼과식물 잎의 접힘 또는 열림 운동을 조절하는 기동세포 조직에 관한 설명으로 옳지 않은 것은?

① 세포벽이 얇고 액포가 크다.
② 큐티클층이 발달되어 있다.
③ 수분이 부족하면 빠르게 증산으로 수분을 잃는다.
④ 세포의 팽압이 낮아지면 잎이 쉽게 접혀진다.

해설 기동세포에 수분이 충분하면 잎이 펴지고, 수분이 부족하면 잎이 접히거나 말린다. 세포벽이 얇고 큐티클층이 발달되어 있지 않아 수분이 빠르게 유입되거나 빠져나갈 수 있다.

35

피토크롬에 관한 설명으로 옳지 않은 것은?

① 발색단(Chromophore)과 아포단백질(Apo-protein)로 구성되어 있다.
② P_r형에서 P_{fr}형으로 전환될 때 발색단 구조가 cis형태에서 trans형태로 변환된다.
③ 암조건에서 자란 유식물의 피토크롬은 적색광(Red)을 흡수하는 형태인 P_r형으로 존재한다.
④ P_r형은 활성형으로 다양한 생리적 반응을 일으킨다.

해설 피토크롬의 광형태 발생 조절 반응은 적색광에 의해 형성된 P_{fr}형에 의해 이루어진다.

37

식물의 자엽초나 줄기가 빛을 향해 굽는 굴광성에 관여하는 식물호르몬은?

① 옥 신
② 지베렐린
③ 시토키닌
④ 에틸렌

해설 굴광성은 빛이 쪼이는 쪽과 반대쪽의 차등 생장때문에 일어나는데 옥신이 빛이 조사되지 않은 어두운 부위로 이동하기 때문이다.

기출문제

01

식물의 환경 스트레스에 대한 설명으로 가장 옳은 것은?

① 건조종자는 생육과정의 식물보다 고온장해에 대하여 저항성이 약하다.

② 식물은 영상의 저온에서는 생육장애가 일어나지 않는다.

③ 저온장해는 크게 냉해와 한발 피해로 나눌 수 있다.

④ 저온에서는 세포막의 특성 변화와 그에 따른 투과성 저하 등이 일어난다.

해설 일반적으로 생육 중인 식물 조직보다 생장을 멈춘 식물 조직이 환경 스트레스에 대한 저항성이 강하다. 저온장해는 크게 냉해(Chilling Injury)와 동해(Freezing Injury)로 구분할 수 있는데 냉해는 영상의 저온에서 발생하는 생육장애이다.

02

광합성에서 광인산화반응에 의하여 생성된 ATP와 NADPH를 이용해 CO_2를 고정하여 환원하는 곳은?

① 엽록체 이중막 사이

② 스트로마

③ 그라나

④ 틸라코이드막

해설 광합성 과정은 크게 명반응과 암반응으로 구분할 수 있다. 명반응은 광조건에서 암반응에 필요한 ATP와 NADPH를 합성하면서 산소를 방출하는 과정으로 엽록체의 틸라코이드막에서 일어난다. 암반응은 엽록체의 스트로마에서 일어나는데 명반응에서 생성된 ATP와 NADPH를 이용하여 CO_2를 고정하여 환원하는 과정을 말한다.

03

광파장 영역에 대한 설명으로 가장 옳지 않은 것은?

① 400~700nm 파장의 가시광선은 작물 광합성에 이용된다.

② 그늘에서는 상대적으로 짧은 파장의 광이 비친다.

③ 유리 온실에서는 생육을 억제하는 자외선이 부족하여 식물이 도장하기도 한다.

④ 적외선은 기온과 엽온을 상승시킬 수 있다.

해설 광은 혼합광으로 다양한 파장의 빛이 섞여 있는데 짧은 파장(자외선, 청색광 등)은 도장을 억제하는 반면 긴 파장(적색광, 적외선 등)은 도장을 촉진하는데 그늘에서는 상대적으로 긴 파장이 많아 식물이 도장하는 경향이 있다. 유리는 자외선 차단 효과가 있다. 적외선은 가시광선이나 자외선에 비해 강한 열작용을 하기 때문에 열선이라고도 한다.

04

수분퍼텐셜이 가장 높은 상태인 것은?

① 식물 세포의 팽만 상태
② 식물 세포의 원형질 분리 상태
③ 사막지대 관목의 잎
④ 호글랜드 용액

해설 식물 세포의 수분퍼텐셜은 주로 압력과 삼투퍼텐셜에 의해 좌우되는데, 팽만 상태는 압력과 삼투퍼텐셜이 같은 상태로 수분퍼텐셜이 0MPa에 가깝다. 원형질 분리 상태의 식물 세포는 압력이 작용하지 않는 상태로 수분퍼텐셜이 삼투퍼텐셜에 의해 결정되므로 팽만 상태보다 낮은 값을 가지게 된다. 대체로 잎의 수분퍼텐셜은 −0.2∼−0.8MPa이지만 매우 건조한 사막지대에서 적응한 관목의 잎은 보통 −1.5∼−6.0MPa의 수분퍼텐셜 값을 나타낸다. 호글랜드 용액은 양액의 일종인데 수분퍼텐셜이 약 −0.05MPa이다.

05

식물체 내에 존재하는 2차대사물질의 주요 특성으로 가장 옳지 않은 것은?

① 개체와 환경의 상호작용을 담당한다.
② 특이적이고 다양하며 적응하는 특성이 있다.
③ 개체의 성장과 발달을 담당한다.
④ 대사과정에 관여하는 유전자는 가변적인 환경의 선발압력을 받는 기능을 유연하게 조절한다.

해설 식물 개체의 성장과 발달을 담당하는 보편적 필수 대사산물을 1차대사산물이라 하는데 탄수화물, 단백질(아미노산), 지질(지방산) 등을 예로 들 수 있다. 이에 비해 필수는 아니지만 환경 변화에 특이적이고 다양한 적응 특성을 보이며 유익한 기능을 담당하는 대사산물을 2차대사산물이라고 한다.

06

수분생리에서 항상 양의 값을 보유하고 있는 것은?

① 압력퍼텐셜   ② 삼투퍼텐셜
③ 매트릭퍼텐셜   ④ 수분퍼텐셜

해설 각각 용질 분자와 매트릭스(토양입자, 고형물, 세포벽 등)에 의해 생기는 삼투와 매트릭퍼텐셜은 항상 음(−)의 값으로 수분퍼텐셜을 낮추는 작용을 한다. 반면 압력에 의해 생기는 압력퍼텐셜은 양(+)의 값으로 수분퍼텐셜을 높이는 작용을 한다.

07

〈보기〉의 식물 기관 생장의 세포 확대 단계에서 산생장설(Acid Growth Theory)에 대한 설명을 순서대로 바르게 나열한 것은?

ㄱ. 세포벽 쪽으로 H^+ 이온을 방출하여 세포벽의 pH를 낮춘다.
ㄴ. 세포벽 구성물질 간의 수소결합이 약해져서 세포벽이 느슨해진다.
ㄷ. 옥신이 수용체와 복합체를 형성하여 H^+-ATPase의 활성을 증가시킨다.
ㄹ. 세포벽 부위에 H^+ 이온이 증가하면 Expansin이 활성화된다.

① ㄱ → ㄹ → ㄴ → ㄷ
② ㄱ → ㄹ → ㄷ → ㄴ
③ ㄷ → ㄱ → ㄴ → ㄹ
④ ㄷ → ㄱ → ㄹ → ㄴ

해설 세포가 확대되려면 적당한 팽압과 함께 가소성 증가에 따른 유연한 세포벽이 필수적이다. 산생장설에 따르면 세포벽의 가소성 증가는 낮은 pH와 옥신에 의하여 증가한다. 우선 옥신이 수용체와 복합체를 형성해 세포막에 있는 H^+-ATPase의 활성을 증가시켜 세포벽 쪽으로 H^+를 방출함으로써 세포벽의 pH를 낮춘다. 이렇게 세포벽 부위에 H^+이 증가해 pH가 낮아지면 익스펜신(Expansin)과 세포벽 연화

효소(Hydrolase)가 활성화되고 세포벽 구성 물질 간의 수소결합이 약해져서 세포벽이 느슨해진다. 세포벽이 느슨해진 상태에서 적당한 팽압이 가해지면 세포는 생장하게 된다.

08

〈보기〉에서 지방종자 발아 시 트리아실글리세롤(TAG)이 당으로 전환되는 일련의 과정이 일어나는 세포 내 장소를 각각 순서대로 바르게 나열한 것은?

⊙ 지방을 분해하여 지방산 생성
⊙ 지방산으로부터 아세틸–CoA를 만들어 숙신산을 공급
ⓒ 숙신산을 받아 말산을 공급
ⓔ 말산으로부터 설탕을 합성

① ⊙ 올레오솜, ⊙ 엽록체, ⓒ 시토졸,
　ⓔ 미토콘드리아
② ⊙ 엽록체, ⊙ 올레오솜, ⓒ 미토콘드리아,
　ⓔ 시토졸
③ ⊙ 올레오솜, ⊙ 글리옥시솜, ⓒ 미토콘드리아,
　ⓔ 시토졸
④ ⊙ 글리옥시솜, ⊙ 올레오솜, ⓒ 시토졸,
　ⓔ 미토콘드리아

해설 지방종자가 발아할 때 지방이 당으로 전환되어 이용되는 데 올레오솜, 글리옥시솜, 미토콘드리아가 밀접하게 관련이 되어 있다. 이때 올레오솜은 저장 중인 중성지방을 분해하여 지방산을 생성해 글리옥시솜으로 내보낸다. 글리옥시솜은 지방산으로부터 아세틸–CoA를 거쳐 숙신산을 만들어 미토콘드리아에 공급한다. 미토콘드리아는 숙신산을 말산으로 만들고 말산을 세포질로 내보낸다. 세포질에서 말산은 최종적으로 당으로 전환되어 종자의 발아에 이용된다.

09

식물 노화의 징후에 대한 설명으로 가장 옳지 않은 것은?

① 일반적으로 엽록체는 잎의 노화가 개시될 때 파괴되는 최초의 세포기관이다.
② 단백질 · 핵산 · 지질 가수분해효소가 증가하여 핵산과 단백질의 분해가 가속화된다.
③ 세포막의 투과성이 증가한다.
④ 과실이 성숙할 때에는 세포벽 분해효소 등의 합성이 급격히 감소한다.

해설 과실이 성숙할 때 과실의 경도가 낮아져 부드러운 상태가 되는데 이는 세포벽 분해효소 등의 합성이 급격히 증가하기 때문이다.

10

식물조직 및 세포의 구조와 기능에 대한 설명으로 가장 옳은 것은?

① 엽록체의 틸라코이드막에는 광합성색소, 전자전달계, ATP 합성효소 등이 배열되어 있다.
② 물관부는 물관, 헛물관, 동반세포, 섬유세포, 유세포로 구성된다.
③ 조면소포체는 단백질과 RNA로 구성된 과립이며, 단백질 합성장소이다.
④ 체관부는 천공을 통해 동화산물이 통과하는데, 상처가 났을 경우 칼로오스로 막아 물질의 이동을 차단한다.

해설 물관부는 통도요소인 물관과 헛물관, 지지작용을 하는 섬유세포, 후형물질을 저장하는 유세포로 구성되어 있다. 동반세포는 체관부의 구성 요소로 체관세포의 탄수화물 수송을 조절하는 역할을 한다. 단백질과 RNA로 구성된 과립으로 단백질 합성장소는 리보솜이다. 체관부에서 동화산물의 이동은 체공을 통해 이루어진다. 천공은 물관부에 있는 구멍으로 물의 이동 통로이다.

11

낮과 밤의 온도차이(DIF)로 인해 나타나는 반응에 대한 설명으로 가장 옳지 않은 것은?

① DIF가 작아질수록 종자 내부의 생리 · 생화학적 반응이 촉진된다.
② DIF가 커질수록 종자 껍질의 기계적 파괴를 유도한다.
③ DIF가 커질수록 식물체 내에 당 함량이 높아져 생장에 유리하다.
④ 백합, 국화 등은 DIF에 민감한 식물이다.

해설 DIF는 식물의 생장에서 중요한 의미가 있다. 대개 주간온도가 높고 야간온도는 낮은 것이 식물 생장에 유리한데, DIF가 커지면 당함량이 높아지기 때문이다. DIF 값이 0이나 (−)인 경우는 생장이 억제되어 식물체를 왜화시킬 수 있는데 백합, 국화, 제라늄, 거베라, 페튜니아, 토마토 등은 DIF에 반응이 좋은 반면 히야신스, 튤립, 수선화 등은 반응이 약하거나 없다. DIF가 작아 항온 조건이 되면 종자는 생리 · 생화학적 반응이 억제되어 생장 반응이 약하거나 일어나지 않는다.

12

무기양분의 식물체 내 막투과 수송과 이동에 대한 설명으로 가장 옳지 않은 것은?

① 물과 함께 흡수된 무기이온은 카스파리대를 거쳐 선택적으로 투과되어 물관으로 이동한다.
② 엽면시비로 잎에서 흡수된 무기양분은 물관을 통해 상하 이동한다.
③ 2차 능동수송에는 세포막의 양성자펌프(H^+-ATPase)에 의해 생긴 전기화학적 H^+ 기울기가 구동력으로 작용한다.
④ 이온화된 무기양분은 수송관단백질과 운반체단백질을 통한 확산으로 선택적으로 수송된다.

해설 엽면시비로 잎에서 흡수된 무기양분은 체관을 통해 아래로 이동한다.

13

식물의 호흡작용에 대한 설명으로 가장 옳은 것은?

① 포도당이 피루브산으로 전환되는 해당 과정은 미토콘드리아에서 일어난다.
② 피루브산은 크렙스 회로를 거치면서 8개의 NADPH와 2개의 $FADH_2$를 생성한다.
③ 산소를 이용하지 않는 무기호흡(발효호흡)에서는 CO_2를 생성하지 않는다.
④ 5탄당인산회로에서 생성된 $NADPH+H^+$는 에너지 ATP로 산화되지 않고 합성반응에 더 많이 이용된다.

해설 식물의 호흡 과정에서 해당은 시토졸에서 일어난다. 크렙스 회로는 피루브산이 일련의 반응을 거쳐 이산화탄소와 물로 완전히 산화되는 순환적 반응 경로인데, 한번 도는 과정에서 1분자의 피루브산이 산화되면서 2분자의 이산화탄소를 방출하고, 3분자의 NADH, 1분자의 $FADH_2$, 1분자의 ATP를 생성한다. 식물의 무기호흡(알코올 발효) 과정에서는 1분자의 포도당이 2분자의 알코올, 2분자의 CO_2, 2분자의 ATP를 생성한다.

14

식물의 생장상관에 대한 설명으로 가장 옳지 않은 것은?

① 뿌리가 수분과 양분을 줄기에 공급한다.
② 뿌리에서 합성되는 아미노산과 식물호르몬이 줄기생장에 영향을 미친다.
③ 질소가 충분할 때 지상부보다 뿌리의 생육이 더욱 촉진된다.
④ 지상부에서는 광합성 산물, 비타민, 호르몬을 뿌리에 공급해 영향을 미친다.

해설 지상부와 뿌리의 생장은 환경 조건에 따라 달라지며 그에 따라 이들의 비율이 변하는데, 온도와 수분이 적당하고 질소가 충분하면 뿌리보다는 지상부의 생육이 더 촉진되나 질소 부족이나 건조, 저온 등의 조건에서는 뿌리의 생육이 더 촉진된다.

15

아미노산을 동화하고 동화된 아미노기를 전이시키는 GS/GOGAT 회로에 직접적으로 관여하지 않는 아미노산은?

① 글루탐산
② 아스파라진산
③ 글루타민
④ 타이로신

해설 GS(Glutamine Synthase)/GOGAT(Glutamate Synthase 또는 Glutamine Oxoglutarate Aminotransferase) 회로는 질소 대사에서 매우 중요한 역할을 한다. GS는 글루탐산의 카르복실기(−COOH)에 암모니아를 고정시켜 글루타민의 생성을, GOGAT는 글루타민을 다시 α−케토글루타르산과 반응시켜 2분자의 글루탐산의 생성을 촉매한다. 이때 아미노기 전이효소(Aminotransferase)에 의해 글루탐산의 아미노기가 다른 α−케토산에 전이되어 다양한 아미노산을 만드는데 아스파라진산은 글루탐산의 아미노기가 옥살아세트산에 전이되어 만들어진다. 반면 타이로신은 페닐알라닌 수산화효소에 의한 페닐알라닌의 페닐기 4번 탄소의 수산화 반응을 통해서 직접 합성된다.

16

결핍될 경우 동화물질의 전류가 억제되고 옥신이 과량 생산되어, 형성층이 이상 비대하여 표피조직에 균열이 생기는 식물의 필수 영양소는?

① B
② K
③ Ca
④ P

해설 칼륨(K)은 결핍될 경우 세포의 pH가 증가하여 물질 대사의 진행이 억제된다. 오래된 잎부터 황백화되고, 잎의 가장자리가 황갈색으로 변하기도 한다. 줄기와 뿌리는 가늘어지고 특히 줄기의 유관속은 목질화가 억제되어 조직이 연약해지고 잘 쓰러진다. 칼슘(Ca)은 결핍될 경우 황화하거나 괴사하며, 세포벽이 용해되어 연해지고 흑갈색으로 변한다. 인(P)은 결핍되면 핵산의 합성이 억제되어 단백질이 감소하고 세포분열이 저해된다. 잎의 색깔이 암녹색을 띠거나 안토시안의 발현으로 녹자색을 띤다. 줄기는 가늘고 딱딱해지며 과실은 작고 성숙이 늦어진다.

17

식물의 광주기 반응에 영향을 미치는 요인으로 가장 옳지 않은 것은?

① 대기건조도
② 생장 단계
③ 무기영양
④ 온 도

해설 계절별 일장의 변화에 의하여 유도되는 생체반응을 광주기 반응 또는 광주기성이라 한다. 이러한 광주기 반응은 식물의 생장 단계에 따라 다르게 나타나며 온도, 무기영양상태가 이들 반응에 영향을 미칠 수 있다. 자연상태에서 일장의 변화가 온도의 변화를 수반하기 때문에 일장과 온도는 상호작용을 하며 광주기 반응에 영향을 미친다. 무기영양상태는 식물의 생장 속도에 영향을 끼쳐 간접적으로 광주기 반응에 영향을 줄 수 있다.

18

식물의 내습성에 대한 설명으로 가장 옳지 않은 것은?

① 산소가 부족하면 알코올 발효에 의한 에탄올이 축적되고, 이로 인해 지질로 구성된 세포막이 용해된다.

② 토양 내 유리산소가 부족하면 철과 망간이 불용성으로 변하여 흡수장해를 일으킨다.

③ 내습성이 강한 식물은 통기조직이 잘 발달되어 있고, 뿌리 세포의 목질화로 산소의 유실을 막을 수 있다.

④ 내습성이 강한 식물은 무기호흡에 의한 에탄올 축적 대신 Malic acid를 축적한다.

해설 토양 내 유리산소가 부족해 환원되면 산화 상태에서 불용화되었던 철, 망간 등이 녹아 나오기 때문에 내습성이 약한 밭작물의 경우 과습조건에서 이들 미량원소의 과잉흡수로 장해가 발생할 수 있다.

19

식물의 동화산물에 대한 설명으로 가장 옳지 않은 것은?

① 녹말은 포도당의 중합체로 엽록체에서 합성된다.

② 전분은 아밀로오스와 아밀로펙틴의 형태로 존재한다.

③ 설탕은 포도당과 과당으로 구성된 수용성 이당류이다.

④ 녹말과 설탕은 같은 장소에서 합성되며 서로 경쟁적이다.

해설 녹말과 설탕의 생합성은 서로 경쟁적이나 합성 장소는 다르다. 녹말은 엽록체에서, 설탕은 엽록체 바깥의 시토졸에서 합성된다.

20

엽록소에 대한 설명으로 가장 옳지 않은 것은?

① C_3 식물의 경우 엽록소 a와 b의 분포비율은 대략 3:1 정도이다.

② 엽록소는 글루탐산을 출발물질로 Mg의 결합 등 여러 단계를 거쳐 생성된다.

③ 엽록소 a는 포르피린에 알데히드기, b는 메틸기를 갖는 구조적 차이가 있다.

④ 겉씨식물은 암상태에서도 효소작용으로 엽록소가 합성되지만 속씨식물은 광조건에서 합성된다.

해설 엽록소의 분자구조는 머리부분(포르피린 고리)과 꼬리부분(피톨 측쇄)으로 구분되는데 엽록소 a와 b의 구조적 차이는 머리부분에 엽록소 a는 메틸기($-CH_3$)를, 엽록소 b는 알데히드기($-CHO$)를 갖는다는 것이다.

좋은 책을 만드는 길
독자님과 함께하겠습니다.

도서에 궁금한 점, 아쉬운 점, 만족스러운 점이
있으시다면 어떤 의견이라도 말씀해 주세요.
시대인은 독자님의 의견을 모아 더 좋은 책으로 보답하겠습니다.

www.sidaegosi.com

2022 농촌지도사·농업연구사 작물생리학 핵심이론 합격공략

개정2판1쇄발행	2022년 01월 05일 (인쇄 2021년 09월 17일)
초 판 발 행	2020년 04월 03일 (인쇄 2020년 03월 03일)
발 행 인	박영일
책 임 편 집	이해욱
저 자	유덕준
편 집 진 행	박종옥 · 노윤재 · 한주승
표지디자인	박수영
편집디자인	박지은 · 윤준호
발 행 처	(주)시대고시기획
출 판 등 록	제 10-1521호
주 소	서울시 마포구 큰우물로 75 [도화동 538 성지 B/D] 9F
전 화	1600-3600
팩 스	02-701-8823
홈 페 이 지	www.sidaegosi.com
I S B N	979-11-383-0596-9 (13520)
정 가	29,000원

시대북 통합서비스 앱 안내

시대에듀

연간 1,500여 종의 실용서와 수험서를 출간하는 시대고시기획, 시대교육, 시대인에서
출간도서 구매 고객에 대하여 도서와 관련한 **"실시간 푸시 알림"** 앱 서비스를 개시합니다.

이제 수험정보와 함께 도서와 관련한 다양한 서비스를
찾아다닐 필요 없이 스마트폰에서 실시간으로 받을 수 있습니다.

사용방법 안내

1. 메인 및 설정화면

- 로그인/로그아웃
- 푸시 알림 신청내역을 확인하거나 취소할 수 있습니다.
- 시험 일정 시행 공고 및 컨텐츠 정보를 알려드립니다.
- 1:1 질문과 답변(답변 시 푸시 알림)

2. 도서별 세부 서비스 신청화면

메인화면의 [콘텐츠 정보] [정오표/도서 학습자료 찾기] [상품 및 이벤트]
각종 서비스를 이용하여 다양한 서비스를 제공받을 수 있습니다.

[제공 서비스]

- **최신 이슈&상식** : 최신 이슈와 상식 제공(주 1회)
- **뉴스로 배우는 필수 한자성어** : 시사 뉴스로 배우기 쉬운 한자성어(주 1회)
- **정오표** : 수험서 관련 정오자료 업로드 시
- **MP3 파일** : 어학 및 MP3파일 업로드 시
- **시험일정** : 수험서 관련 시험 일정이 공고되고 게시될 때
- **기출문제** : 수험서 관련 기출문제가 게시될 때
- **도서업데이트** : 도서 부가자료가 파일로 제공되어 게시될 때
- **개정법령** : 수험서 관련 법령개정이 개정되어 게시될 때
- **동영상강의** : 도서와 관련한 동영상강의가 제공, 변경 정보가 발생한 경우
- ***향후 서비스 자동 알림 신청** : 이 외의 추가서비스가 개발될 경우 추가된 서비스에 대한 알림을 자동으로 발송해 드립니다.
- ***질문과 답변 서비스** : 도서와 동영상 강의 등에 대한 1:1 고객상담

📱 앱 설치방법   ▶ Google Play   App Store

시대에듀로 검색

※ 본 앱 및 제공 서비스는 사전 예고 없이 수정, 변경되거나 제외될 수 있고, 푸시 알림 발송의
  경우 기기변경이나 앱 권한 설정, 네트워크 및 서비스 상황에 따라 지연, 누락될 수 있으므로
  참고하여 주시기 바랍니다.
※ 안드로이드와 IOS기기는 일부 메뉴가 상이할 수 있습니다.

AI면접
이젠, 모바일로

기업과 취준생 모두를 위한 평가 솔루션 윈시대로! 지금 바로 시작하세요.

www.winsidaero.com